花卉无土栽培理论与实践

王继华　李绅崇　李进昆　著

科学出版社

北　京

内 容 简 介

为了适应无土栽培技术发展的需要，云南省农业科学院花卉研究所结合多年花卉无土栽培的研究成果及生产实践经验完成了本书编写。全书共两篇23章。第一篇为基础理论部分，共8章，全面介绍了无土栽培基本概念、基本理论和基本技能，同时介绍了无土栽培的应用和发展方向。第二篇为无土栽培实例，共15章，系统介绍了多种花卉的无土栽培生产技术。本书在内容上既重视对花卉无土栽培理论的系统阐述，又融合了近年来无土栽培的新技术和新成果，同时结合无土栽培的生产一线实践，图文并茂、直观、易于操作、实践性强。

本书适合从事花卉无土栽培的研究人员、无土栽培技术推广人员、花卉生产的技术人员、花卉种苗生产经营者及花卉种植爱好者阅读，可作为花卉无土栽培的指导书。

图书在版编目(CIP)数据

花卉无土栽培理论与实践/王继华，李绅崇，李进昆著. —北京：科学出版社，2024.12

ISBN 978-7-03-057214-1

Ⅰ.①花… Ⅱ.①王… ②李… ③李… Ⅲ.①花卉–无土栽培
Ⅳ.①S680.4

中国版本图书馆 CIP 数据核字（2018）第 084573 号

责任编辑：武雯雯/责任校对：彭 映
责任印制：罗 科 / 封面设计：墨创文化

科学出版社 出版
北京东黄城根北街16号
邮政编码：100717
http://www.sciencep.com

成都蜀印鸿和科技有限公司 印刷
科学出版社发行 各地新华书店经销

*

2024 年 12 月第 一 版 开本：787×1092 1/16
2024 年 12 月第一次印刷 印张：29 1/4
字数：694 000
定价：248.00 元
（如有印装质量问题，我社负责调换）

作 者 名 单

王继华　李绅崇　李进昆

桂　敏　蒋亚莲

李树发　崔光芬　周旭红　卢珍红　解玮佳

蔡艳飞　段　青　贾文杰　彭绿春　宋　杰

杜文文　王丽花　李少明　邹　凌　单芹丽

前　　言

　　无土栽培(soilless culture)是一种不用土壤而用营养液或固体基质加营养液和其他设备栽培作物的种植技术。无土栽培以矿物质营养学说为理论基础，自 1840 年矿物质营养学提出以来，经过大量的探索和实践，无土栽培技术不断进步、发展和完善，并与植物学、植物生理学、植物营养学、作物栽培学、材料学、设施学等多学科相结合。随着科技的不断进步和计算机控制系统的使用，无土栽培已经实现集约化、自动化、现代化、工厂化生产，通过无土栽培方法使设施园艺作物的产量和品质大幅度提高，并且实现循环生产，生态环境得到进一步保护。可以说，无土栽培生产技术的发展水平和应用程度已成为世界各国农业现代化水平的重要标志之一。

　　我国对无土栽培的研究及应用始于 20 世纪 70 年代后期，随着改革开放、国际交流发展、科技进步而得到飞速发展。近年来，随着劳动力、地租、生产物资等成本上升，干旱、霜冻等极端气候的影响，以及环境保护、消费转变等产业结构调整的压力，如何尽快从主要追求产量和依赖资源消耗的粗放式发展道路转到数量、质量、效益、环保并重，实现产出高效、产品安全、资源节约、环境友好的可持续发展道路，已成为影响花卉产业发展的重大挑战和亟待破解的突出难题。但随着无土栽培技术研发队伍的不断壮大，研发经费投入的不断增加，无土栽培系统和栽培方式不断推陈出新，无土栽培凭借自身独特的技术优势、高效优势、生态优势等成为促进我国现代农业、设施农业、生态农业、旅游观光农业、都市农业和节水农业发展强有力的技术支撑。

　　本书在编写过程中参阅了大量国内外无土栽培相关参考资料，在此对这些资料的作者表示感谢。参与撰写本书的专业技术人员，多年来承担国家、省、市各级相关科研项目，长期探索与实践无土栽培技术，积累了丰富的实践经验。本书的编写是为适应新时代花卉产业发展的需要。本书从无土栽培的基础理论和主要花卉生产实践方面对无土栽培进行说明，希望对读者实际操作技能的提高及基础知识的增长有所裨益，为从事花卉产业的企业及花农朋友们提供技术帮助，从而提高我国花卉产品的市场竞争力，对我国花卉产业的发展起到推动作用。由于无土栽培涉及的学科比较多，限于编者水平，书中疏漏之处在所难免，恳请读者不吝赐教，给予批评指正。

目　　录

第一篇　基础理论部分

第一章　无土栽培概述 ·· 3
第一节　无土栽培概念及特点 ·· 3
一、无土栽培的概念 ·· 3
二、无土栽培的特点 ·· 3
第二节　无土栽培类型 ·· 5
一、固体基质栽培 ·· 6
二、非固体基质栽培 ·· 7
第三节　无土栽培发展史、现状与发展趋势 ································ 7
一、无土栽培的发展史 ·· 7
二、无土栽培现状与趋势 ··· 11
第二章　无土栽培的理论基础 ··· 13
第一节　无土栽培与矿质营养学说 ·· 13
第二节　植物根系及其功能 ··· 13
一、根系的形态和结构 ·· 14
二、根系功能 ·· 14
三、植物根系对水的吸收 ··· 16
四、蒸腾作用及其生理意义 ··· 18
五、影响根系吸水的因素 ··· 19
六、植物根系对养分的吸收 ··· 20
第三节　花卉无土栽培生理学基础 ·· 24
一、花卉的生长分化 ·· 24
二、花卉生长营养 ·· 26
三、影响花卉的环境因子 ··· 34
四、成花诱导与抑制 ·· 40
第三章　花卉无土栽培营养液的配制与管理 ······························ 43
第一节　花卉无土栽培营养液的配制 ······································ 43
第二节　花卉无土栽培营养液的管理 ······································ 45
第四章　基质的选择与处理 ··· 46
第一节　基质作用及选用原则 ·· 46

　　一、固体基质的作用 ……………………………………………………… 46

　　二、固体基质的理化性质 ………………………………………………… 47

　第二节　基质的性能及分类 ………………………………………………… 51

　　一、无土栽培基质的分类 ………………………………………………… 51

　　二、常用基质的性能 ……………………………………………………… 51

　第三节　基质的消毒处理 …………………………………………………… 60

　　一、常用基质消毒处理的方法 …………………………………………… 60

　　二、基质的更换 …………………………………………………………… 61

第五章　无土栽培生产系统中的技术设备 ………………………………… 63

　第一节　灌溉用水和灌溉装置 ……………………………………………… 63

　　一、灌溉用水的来源与质量 ……………………………………………… 63

　　二、灌溉方法 ……………………………………………………………… 65

　　三、水肥一体灌溉所需硬件 ……………………………………………… 69

　第二节　植物生产系统 ……………………………………………………… 74

　　一、地面种植生产系统 …………………………………………………… 74

　　二、离地生产系统 ………………………………………………………… 78

　第三节　小结 ………………………………………………………………… 81

第六章　无土栽培的环境控制 ……………………………………………… 84

　第一节　光照控制 …………………………………………………………… 84

　　一、光照及其调控原理 …………………………………………………… 84

　　二、光照调节与控制 ……………………………………………………… 85

　第二节　温度控制 …………………………………………………………… 87

　　一、温室设施温度特性与保温节能 ……………………………………… 87

　　二、温室加温 ……………………………………………………………… 89

　　三、温室降温 ……………………………………………………………… 90

　第三节　湿度控制 …………………………………………………………… 91

　　一、温室内湿度情况 ……………………………………………………… 91

　　二、湿度与作物生长 ……………………………………………………… 92

　　三、湿度环境的调节与控制 ……………………………………………… 92

　第四节　CO_2 施肥与控制 ………………………………………………… 93

　　一、施肥原理 ……………………………………………………………… 93

　　二、CO_2 的肥源与施用 ………………………………………………… 94

　第五节　环境的综合调控 …………………………………………………… 95

第七章　无土育苗技术 ……………………………………………………… 97

　第一节　无土育苗设施 ……………………………………………………… 97

　　一、穴盘育苗 ……………………………………………………………… 97

　　二、塑料钵育苗 …………………………………………………………… 98

　　三、基质育苗床育苗 ……………………………………………………… 99

四、育苗盘(箱)育苗 …………………………………………………………… 99

五、育苗块育苗 ………………………………………………………………… 99

六、水培育苗 …………………………………………………………………… 100

七、基质的使用 ………………………………………………………………… 100

第二节　无土育苗营养液 ………………………………………………………… 101

一、无土育苗营养的供应 ……………………………………………………… 101

二、营养液的供应方式 ………………………………………………………… 102

三、营养液的浓度要求 ………………………………………………………… 102

第三节　工厂化育苗技术 ………………………………………………………… 102

一、工厂化育苗的意义 ………………………………………………………… 102

二、育苗前处理 ………………………………………………………………… 103

三、工厂化育苗的设施及生产过程 …………………………………………… 103

第四节　无土育苗环境综合控制 ………………………………………………… 105

第八章　植物工厂 …………………………………………………………………… 106

第一节　植物工厂的概念 ………………………………………………………… 106

第二节　植物工厂的特点 ………………………………………………………… 107

一、意义和特征 ………………………………………………………………… 107

二、植物工厂的类型 …………………………………………………………… 108

三、植物工厂的主要设施与装备 ……………………………………………… 108

第三节　植物工厂发展存在的问题和发展方向 ………………………………… 109

一、存在的问题 ………………………………………………………………… 109

二、发展方向 …………………………………………………………………… 109

参考文献(第一章至第八章) ……………………………………………………… 110

第二篇　无土栽培实例

第九章　月季无土栽培 ……………………………………………………………… 113

第一节　切花月季无土栽培 ……………………………………………………… 113

一、切花月季品种概况 ………………………………………………………… 113

二、栽培品种 …………………………………………………………………… 113

三、生长习性 …………………………………………………………………… 121

四、无土栽培系统 ……………………………………………………………… 122

五、种植系统 …………………………………………………………………… 130

六、环境管理 …………………………………………………………………… 132

七、植株管理 …………………………………………………………………… 132

八、病虫害防治 ………………………………………………………………… 133

九、采收及包装运输 …………………………………………………………… 136

第二节　盆栽月季 …………………………………………………………… 138
一、种类与品种 ……………………………………………………………… 139
二、生长习性 ………………………………………………………………… 139
三、种植方式和观赏形态 …………………………………………………… 140
四、无土栽培设施 …………………………………………………………… 140
五、花盆的选用 ……………………………………………………………… 142
六、基质配制及处理 ………………………………………………………… 142
七、营养液配制及管理 ……………………………………………………… 143
八、微型盆栽月季的栽培管理 ……………………………………………… 144
九、病虫害防治 ……………………………………………………………… 147
十、分级包装与运输 ………………………………………………………… 149
参考文献 ……………………………………………………………………… 151

第十章　百合无土栽培 ……………………………………………………… 152
第一节　切花百合 …………………………………………………………… 153
一、品种介绍 ………………………………………………………………… 153
二、生长习性 ………………………………………………………………… 155
三、无土栽培系统 …………………………………………………………… 155
四、基质配制及处理 ………………………………………………………… 156
五、栽培环境管理 …………………………………………………………… 156
六、病虫害防治 ……………………………………………………………… 158
七、采收与分级 ……………………………………………………………… 158
八、包装与运输 ……………………………………………………………… 159
九、花期调控 ………………………………………………………………… 159
第二节　盆栽百合 …………………………………………………………… 159
一、品种介绍 ………………………………………………………………… 159
二、生长习性 ………………………………………………………………… 160
三、无土栽培系统 …………………………………………………………… 160
四、基质配制及处理 ………………………………………………………… 160
五、栽培环境管理 …………………………………………………………… 161
六、病虫害防治 ……………………………………………………………… 161
七、包装与运输 ……………………………………………………………… 162
八、花期调控 ………………………………………………………………… 162
参考文献 ……………………………………………………………………… 162

第十一章　香石竹 …………………………………………………………… 163
第一节　切花香石竹 ………………………………………………………… 163
一、香石竹的地理分布和生产贸易现状 …………………………………… 163
二、香石竹的生长发育过程 ………………………………………………… 172
三、香石竹生长发育的环境条件 …………………………………………… 174

　　　四、香石竹无土栽培 ………………………………………………………… 175
　　　五、香石竹常见病虫害及防治方法 …………………………………………… 186
　　第二节　盆栽香石竹 ……………………………………………………………… 191
　　　一、盆栽香石竹分类 …………………………………………………………… 191
　　　二、盆栽香石竹流行品种介绍 ………………………………………………… 191
　　　三、盆栽香石竹生长习性 ……………………………………………………… 192
　　　四、盆栽香石竹无土栽培 ……………………………………………………… 193
　　　五、盆栽香石竹管理 …………………………………………………………… 196
　　　六、病虫害防治 ………………………………………………………………… 199
　　　七、盆花出圃标准 ……………………………………………………………… 205
　　　八、包装、运输及到货处理 …………………………………………………… 205
　　参考文献 …………………………………………………………………………… 208

第十二章　非洲菊无土栽培 …………………………………………………………… 210
　　一、植物学特征 ………………………………………………………………… 210
　　二、非洲菊产业现状 …………………………………………………………… 212
　　三、品种选择 …………………………………………………………………… 213
　　四、非洲菊种苗繁殖技术 ……………………………………………………… 215
　　五、温室及设施 ………………………………………………………………… 221
　　六、环境参数 …………………………………………………………………… 232
　　七、无土栽培开放系统 ………………………………………………………… 237
　　八、非洲菊切花栽培 …………………………………………………………… 248
　　九、常见病虫害及防治 ………………………………………………………… 252
　　十、切花采收和采后保鲜贮运 ………………………………………………… 261
　　参考文献 …………………………………………………………………………… 264

第十三章　盆栽菊花 …………………………………………………………………… 266
　　一、种类与品种 ………………………………………………………………… 266
　　二、生长习性 …………………………………………………………………… 266
　　三、栽培系统 …………………………………………………………………… 266
　　四、基质配制 …………………………………………………………………… 268
　　五、花盆选用 …………………………………………………………………… 270
　　六、营养液配制 ………………………………………………………………… 270
　　七、剪条扦插 …………………………………………………………………… 271
　　八、栽培管理 …………………………………………………………………… 273
　　九、病虫害防治 ………………………………………………………………… 275
　　参考文献 …………………………………………………………………………… 278

第十四章　高山杜鹃 …………………………………………………………………… 280
　　一、杜鹃花的概况 ……………………………………………………………… 280
　　二、高山杜鹃的概念 …………………………………………………………… 280

三、高山杜鹃的主要品种 ·························280
四、高山杜鹃的生物学习性 ·····················288
五、高山杜鹃的繁育 ···························288
六、高山杜鹃的无土栽培技术 ·················294
七、病虫害防治 ·······························299
八、花期调控 ·································303
九、产品分级 ·································304
十、包装与运输 ·······························305
参考文献 ·····································306

第十五章　盆栽茶花 ·····························307
一、茶花品种分类与主要盆栽品种介绍 ·········307
二、生长习性 ·································309
三、茶花种苗繁殖 ·····························311
四、基质的选择及配制 ·······················314
五、花盆的选择及上盆 ·······················316
六、盆栽后的环境控制管理 ···················317
七、茶花的修剪和整形 ·······················319
八、病虫害防治 ·······························319
九、茶花花期调控 ·····························323
参考文献 ·····································326

第十六章　大丽花无土栽培 ·······················327
第一节　切花大丽花无土栽培 ·················327
一、大丽花的概况 ·····························327
二、大丽花的主要原种与品种分类 ·············327
三、切花栽培品种 ·····························331
四、生长习性 ·································331
五、繁殖方法 ·································332
六、切花大丽花无土栽培基质及营养液配制方法 ·332
七、切花栽培管理 ·····························335
八、病虫害防治 ·······························336
九、切花采收及采后处理 ·····················343
第二节　盆栽大丽花无土栽培 ·················343
一、盆栽大丽花栽培品种 ·····················343
二、生长习性 ·································343
三、繁殖方法 ·································344
四、盆栽大丽花无土栽培基质及营养液配制方法 ·344
五、盆栽管理 ·································344
六、病虫害防治 ·······························346

参考文献 ··· 346

第十七章　风信子 ··· 347
　　一、概况 ··· 347
　　二、形态特征 ··· 347
　　三、种类与品种 ··· 347
　　四、生物学习性 ··· 349
　　五、繁殖方式 ··· 351
　　六、风信子无土栽培管理 ··· 353
　　七、病害防治 ··· 355
　　参考文献 ··· 359

第十八章　盆栽舞春花 ··· 360
　　一、盆栽舞春花分类 ··· 360
　　二、盆栽舞春花流行品种介绍 ··· 360
　　三、盆栽舞春花生长习性 ··· 361
　　四、盆栽舞春花无土栽培基质种类及配制 ··· 361
　　五、盆栽舞春花无土栽培营养液配方 ··· 363
　　六、盆栽舞春花管理 ··· 363
　　七、病虫害防治 ··· 365
　　八、盆花出圃标准 ··· 366
　　九、包装、运输及到货处理 ··· 366
　　参考文献 ··· 367

第十九章　盆栽三角梅 ··· 369
　　一、概况 ··· 369
　　二、三角梅种苗繁殖 ··· 370
　　三、盆栽基质选择及配制 ··· 372
　　四、花盆选择及上盆 ··· 372
　　五、环境条件与栽培管护 ··· 372
　　六、修剪和整形 ··· 373
　　七、病虫害防治 ··· 373

第二十章　盆栽长寿花 ··· 374
　　一、种类与品种 ··· 374
　　二、生长习性 ··· 377
　　三、无土栽培设施 ··· 378
　　四、花盆选用 ··· 378
　　五、基质配制及处理 ··· 378
　　六、营养液配制及管理 ··· 379
　　七、采条扦插 ··· 379
　　八、栽培管理 ··· 381

　　九、病虫害防治 ·· 386

　　十、分级包装与运输 ·· 387

　参考文献 ·· 388

第二十一章　矾根 ·· 389

　　一、概况 ·· 389

　　二、品种介绍 ·· 389

　　三、种苗繁育 ·· 390

　　四、无土栽培技术 ·· 392

　参考文献 ·· 394

第二十二章　秋海棠无土栽培 ······························ 395

　　一、秋海棠概述 ·· 395

　　二、秋海棠的分类及栽培品种 ································ 396

　　三、秋海棠生长习性 ·· 397

　　四、繁殖技术 ·· 399

　　五、秋海棠无土栽培基质的选择与配制 ················ 401

　　六、栽培管理 ·· 408

　　七、病虫害防治 ·· 411

　参考文献 ·· 413

第二十三章　盆栽多肉植物 ································· 415

　　一、常见多肉植物品种及生长习性 ······················ 416

　　二、种苗繁殖 ·· 440

　　三、基质选择及配制 ·· 445

　　四、设施和环境条件 ·· 447

　　五、栽培管理 ·· 449

　　六、盆花出圃标准、包装、标识及贮运 ················ 452

　参考文献 ·· 452

第一篇　基础理论部分

第一章　无土栽培概述

第一节　无土栽培概念及特点

一、无土栽培的概念

自古以来，土壤是农业生产的根基，农业生产离不开土壤。但近年来，无土栽培技术飞速发展，并以其独特的优势，在农业生产中占据越来越重要的地位，无土栽培(soilless culture)即不用天然土壤，使用或不使用基质，用营养液灌溉植物的根系，或用其他施肥方式来栽培植物的方法。无土栽培用人工制造的作物根系环境取代了土壤环境，有效解决了传统土壤栽培中难以解决的水分、空气、养分的供应矛盾，使作物处于最适宜的生长环境中，从而充分发挥作物的增产潜力。无土栽培技术把农业生产提升到工业化生产和商业化生产的新阶段。无土栽培作为现代农业设施栽培的高新技术，其核心和实质是营养液代替土壤向作物提供营养，独立或与固体基质共同创造良好的根际环境，使作物完成从苗期开始的整个生命周期。

二、无土栽培的特点

无土栽培技术涉及植物学、植物生理学、植物营养学、作物栽培学、材料学、计算机应用技术、环境控制等多个方面，与传统土壤栽培相比既有其优越的一面，也存在一些缺点。

(一)优点

1. 产量高、品质好、价值高

无土栽培的突出优点是产量高、品质好、价值高。无土栽培与设施园艺相结合，根据作物种类在不同生育阶段科学提供作物所需的各种营养元素，同时人为调节适合作物生长发育最佳的光、温、水、肥等环境条件，使作物的生长发育过程更加协调，生长发育健壮，生长势强，可充分发挥作物增产潜力，实现高产、优产、高价值。例如无土栽培的香石竹，其香味浓、花朵大、花期长、产量高，盛花期比土壤栽培的提早两个月。又如仙客来，在水培中生长的花丛直径可达 50cm，高度达 40cm，一株仙客来在花期平均每月可开 20 朵花，一年可达 130 朵花，同时还易度过夏季高温。另外，无土栽培的金盏菊的花序平均直径为 8.35cm，而对照的花序直径只有 7.13cm。

2. 省水、省肥

传统土壤栽培时灌溉的水分养分大量渗漏流失，浪费太多。传统的土壤栽培中施用的肥料，其平均利用率只有50%，我国农村有些施肥技术水平低，肥料的利用率只有30%～40%，大部分肥料都浪费了。而过多浪费的肥料又打破了土壤溶液中各营养元素的平衡，造成污染。

无土栽培不存在像土壤栽培那样的水分渗漏损失，耗水量只有土壤栽培的1/10～1/5，水分的利用效率也很高，所以特别适宜干旱缺水的地方。无土栽培是根据作物不同品种和不同生育期的特性，以营养液的方式来供应作物所需营养，所有的营养物质均为水溶性，而且很多营养液是循环供给，有90%～95%的养分被作物吸收利用，流失的只有少数。即使是开放式的无土栽培系统，营养液的流失也很少。同时也不存在土壤对养分的固定问题，所以营养的利用效率很高。

3. 省力、省工

无土栽培不需要繁重的翻土、整畦、除草等劳动过程，而且随着计算机智能控制的应用，自动化、机械化程度逐渐提高，大大降低了劳动强度，节省了劳动力，提高了劳动生产率。目前在花卉生产中很多技术已经实现了计算机控制，极大地节约了成本。

4. 病虫害少，无连作障碍

传统的土壤栽培由于作物重茬诱发土壤连作障碍，一般采用换土、消毒、灌水冲洗等传统处置方法进行处理，但是局限性大、费工费时、效果差。增施肥和加大农药用量又造成成本升高和环境污染，甚至会导致作物品质下降。无土栽培在一定程度上隔绝了外界环境、土壤病原菌和害虫对作物的侵染，因此病虫害的发生较为轻微，即使发生了也较容易控制。无土栽培还可以从根本上解决土壤连作障碍。每种植一茬作物之后，只要对设施进行必要的清洗和消毒处理就可以马上种植下一茬作物，不会因连作而造成病虫害的大量发生，也不会出现土壤中的次生盐渍化、地力衰竭等问题。

5. 充分利用土地资源、极大拓展生产空间

无土栽培对土地没有特殊要求，不受地域限制，设施随处可建，作物生产人为控制，极大扩展了农业生产的可利用空间。无土栽培进入生产领域后，许多沙漠、荒原、海岛等难以耕种的地区都可以采用无土栽培，甚至进行多层立体栽培，充分利用空间，有利于挖掘设施农业生产的潜力；另一层面上增加了土地的产出能力，节约了土地的用量，高效利用了时间、空间。

6. 实现农业现代化

无土栽培使农业生产摆脱了自然环境的制约，人为控制作物生长环境因子，使作物生产按照人们的意志进行，使农业生产向着工业化、现代化迈进。目前，荷兰、俄罗斯、美国、日本、奥地利等国都有"水培工厂"，荷兰的盆栽红掌、岩棉栽培的玫瑰等全部能够

实现自动化和机械化管理，是现代化农业的标志。进入 20 世纪 90 年代以后，我国先后引进了许多现代化温室，同时也引进了配套的无土栽培技术，在一些科技示范园区进行示范，并经过实际生产应用推广，有力地推动了我国农业现代化进程。

（二）缺点

无土栽培在有众多优点的同时也有一些缺点，应考虑其优缺点的平衡，寻求妥善的解决办法，充分发挥无土栽培的优势。大体来说，无土栽培的缺点主要有以下三点。

1. 一次性投资较大，运行成本高

无土栽培生产一次性投资较大，需要具备一定的设施、设备条件，即使是简易的无土栽培都要比土壤种植的投资高得多。而大规模、集约化、现代化无土栽培生产投资更大，每平方米为 1000～1500 元，甚至更高。生产过程中所需肥料要求高纯度、高质量，营养液的循环流动、回收、温室加温、降温等能源消耗高，造成生产运行成本较土壤栽培高。另外，必须尽量生产高附加值的产品，以求高额的经济回报。同时需因地制宜，结合市场状况和可利用的资源条件选择适宜的无土栽培设施和形式。

2. 技术要求严格，管理人员素质要求较高

在无土栽培生产过程中需要依据栽培的不同作物和季节对营养液的配制、浓度、pH 以及地上部分的温度、湿度、CO_2 浓度等进行调控，调控相对土壤种植来说更为复杂，要求技术人员具备一定的文化水平并经过严格培训。作物生长过程中还需对大棚或温室的其他环境条件进行必要的调控，这就在技术上对管理人员提出了较高的要求。管理人员必须具备较高的素质，否则难以取得良好的种植效果。因为无土栽培是在密闭的环境中种植，更容易出现因管理不善而成片受害成灾的情况。现在预先配制好不同作物无土栽培专用的固体肥料以及计算机自动化管理的使用，降低了操作上的复杂程度。

3. 管理不当易发生某些病害的迅速传播

无土栽培生产是在相对密闭的栽培环境中进行，其环境条件不仅有利于作物生长，在一定程度上也利于某些病原菌的生长，特别是在营养液循环并在高温高湿的环境条件下病原菌更易快速繁殖而侵染植物，造成大量作物死亡，最终导致种植失败。营养液缓冲能力差、水肥管理不当还容易导致作物出现生理性障碍。因此，为了取得无土栽培的成功，很重要的一点是要加强管理，规范操作，每一生产环节都严格按要求进行，并落实责任到人，做好详细记录，尽量避免对作物生长有不良影响的因素，即使出现问题也能够及时找出原因，解决问题。

第二节　无土栽培类型

无土栽培根据栽培容器不同，可以分为槽培、袋培、管道栽培、箱式栽培等类型；根

据栽培基质不同可以分为水培、沙培、砾培、岩棉培、珍珠岩培等类型；根据栽培方式不同可以分为墙体栽培、立柱栽培、深液流栽培、浅液流栽培等类型。

现在通用的无土栽培分类方法是以植物生长是否使用固体基质来分类，可分为固体基质培养和非固体基质培养，非固体基质培养又分为水培和雾培。所以无土栽培总的来说可以分为固体基质栽培、水培和雾培三种(图 1.1)。而这三大类型，又可根据固定植物根系的材料不同、设施构造不同和栽培技术上的差异细分，不同的无土栽培类型在技术难度、应用效果、一次性投资额度等方面差别都很大。

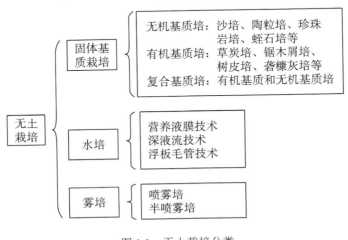

图 1.1　无土栽培分类

一、固体基质栽培

固体基质栽培即通常所说的基质培，是目前最常见的无土栽培类型，即使用各种天然或人工合成的固体基质栽培作物，基质主要是固定根系(少量也提供营养)，再加入营养液向作物供应营养、水分和氧气。由于基质培本身的环境条件较为接近土壤环境，并且可以通过基质选择或人工混配，创造适宜不同作物的三相比，故可以更方便地协调解决肥、水、气之间的矛盾。固体基质栽培根据基质的不同可分为无机基质培、有机基质培和复合基质培；而根据在生产实际中基质放置的不同分为槽培、箱培、盆培、袋培和立体栽培等。

1) 无机基质培

无机基质培是指用河沙、岩棉、珍珠岩、蛭石等无机基质作为作物栽培基质的无土栽培方式。岩棉培应用最广泛，在西欧、北美的基质栽培中占绝大多数。我国则以珍珠岩培、陶粒培、蛭石培和沙培等较为常见。目前无机基质培发展最快，应用范围较广。

2) 有机基质培

有机基质培是指用草炭、木屑、稻壳、椰糠等有机基质作为作物栽培基质的无土栽培方式。由于这类基质为有机物，为保持其使用时理化性状的稳定，达到安全使用的目的，在使用前多做发酵处理。在实际生产中应根据作物需求及运行成本选择合适的有机基质栽培方式。

3）复合基质培

复合基质培是指把有机基质、无机基质按适当的比例混合而成的复合基质作为作物栽培基质的无土栽培方式。复合基质培可改善单一基质理化性质单一的缺点，提高基质的实际使用效果，更有利于人工调整作物生长环境；同时复合基质配方选择的灵活度较大，因而基质成本较低，故复合基质培是目前我国应用广、成本低、使用效果稳定的一种栽培方式。

二、非固体基质栽培

非固体基质栽培方式下植物的根系直接生长在营养液或含有营养成分的潮湿空气中，根际环境中除了育苗时用固体基质外，一般不再使用固体基质。非固体基质栽培又分为水培和雾培两种类型。

1）水培

水培是指作物根系直接生长在营养液层中的无土栽培方法。依据营养液层的深度不同又可以分为多种形式：以 1～2cm 的浅层流动营养液来种植作物的营养膜技术（nutrient film technique，NFT）；液层深度为 6～8cm 的深液流技术（deep flow technique，DFT）；在深液流技术基础上，在栽培槽内的营养液上放置一块上铺无纺布的泡沫板，部分根系生长在湿润的无纺布上的浮板毛管水培（floating capillary hydroponics，FCH）技术。

2）雾培

雾培又称为喷雾培或气培，是将营养液用喷雾的方式直接喷到作物根系上。根系悬空在密闭黑暗的栽培箱内，栽培箱内装有自动定时喷雾装置，定期将雾化的营养液喷洒到植物根系表面。雾培同时解决了根系对水分、养分和氧气的需求。为了降低对喷雾装置的要求，有些作物可以使用半雾培系统，即一部分根系生长在浅层的营养液中，另一部分根系生长在雾状营养液空间中，这样既解决了根系对氧气和水分的需求，又降低了停电对作物生长造成的潜在风险。

第三节 无土栽培发展史、现状与发展趋势

一、无土栽培的发展史

无土栽培从人们科学自主地进行试验研究到现在规模化生产已历经近两百年，大体上可分为试验研究，生产应用和大规模集约化、自动化生产应用三个时期，而在试验研究时期之前可以说是一个无意识的萌芽阶段。最早有关无土栽培的文字记载可追溯到 2000 多年以前，那时人们无意识地进行了无土栽培的生产实践。汉末时南方水乡就有利用葑田种稻、种菜的图文记载。这一时期人们对"作物需要什么营养"这个问题的认识很肤浅，也可以说此时的无土栽培只是人们某种无意识的种植行为。

(一)试验研究时期(1840~1930年)

在这之前人们都被植物究竟需要什么营养,或植物的营养本质是什么所困扰。先后有许多人提出植物是以水作为营养,或是以"油""火""水""土"为营养;也有人提出植物是以腐殖质作为营养(腐殖质营养学说)。直到1840年德国科学家李比希(Liebig)提出植物是以矿物质为营养的矿质营养学说以后,通过各种试验的广泛开展,该学说最终被后来的科学工作者所认同和证实,人们不断地补充和完善矿质营养学说,使矿质营养学说成了后来无土栽培的理论基础。

1842年德国科学家维格曼(Wiegmann)和泊斯托洛夫(Postolof)在铂坩埚内放置石英砂和铂碎屑支撑植物,并加入溶解有硝酸铵和植物灰分浸提液的蒸馏水来栽培植物,他们发现仅用硝酸铵溶液时植物发育不够完全,而加入植物灰分浸提液后,植物生长健壮。这是人类真正开展营养液栽培的雏形。此后,法国的让·布森戈(Jean Boussingault)采用了在盛有河沙、石英砂和木炭的容器中加入已知植物生长所需化合物溶液来研究控制植物生长的方法。1856~1860年,萨尔姆-霍斯特马尔(Salm-Horstmar)对这些方法进行了改进,进一步证实了矿质营养学说的正确性。

1860年尤利乌斯·冯·萨克斯(Julius von Sachs)利用石英砂作为植物固定基质,然后加入营养液来进行栽培实验。

1865年萨克斯又与克诺普(W. Knop)利用广口瓶装进行水培试验,他们将营养液倒入瓶中,用棉花塞固定植物,把植物悬挂起来而根系伸入瓶内的营养溶液中(图1.2)。然后利用化学分析法分析植物所需养分组成,提出了早期的10种植物必需元素学说,这10种元素为C、H、O、N、P、K、Ca、Mg、S、Fe。营养液是以无机化合物$Ca(NO_3)_2$、KNO_3、KH_2PO_4、$MgSO_4$作为植物的营养来源(添加少量的$FePO_4$作为铁源),称其为克诺普营养液,又称"四盐营养液"(表1.1)。后来,斯夫为了减少营养液配方中化合物的组成种类,研究出了一种以$Ca(NO_3)_2$、KH_2PO_4和$MgSO_4$作为营养来源的营养液配方,称为"三盐营养液"(表1.1)。这种利用含有矿质元素的溶液(即营养液)进行科学研究的方法被称为溶液培养(solution culture)或水培(water culture),这种方法现仍在许多科学研究领域应用。可以说,萨克斯和克诺普是现代无土栽培技术的先驱。

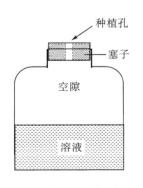

图1.2　萨克斯和克诺普的水培装置

表 1.1　克诺普的"四盐营养液"和斯夫的"三盐营养液"配方

化合物	克诺普的"四盐营养液"/(g/L)	斯夫的"三盐营养液"/(g/L)
$Ca(NO_3)_2$	0.80	0.83
KNO_3	0.20	—
KH_2PO_4	0.20	2.45
$MgSO_4$	0.20	1.89

注：这两个配方中都需加入少量的 $FePO_4$ 作为铁源。

随着科技的进步，继萨克斯和克诺普的工作之后，世界上很多国家的科学工作者对营养液做了大量研究工作，研制出了许多营养液的配方，有很多标准营养液配方如今仍然被广泛使用。在 1865 年至 20 世纪 30 年代的几十年中，这方面最有代表性的科学工作者有诺贝(Nobbe)、托伦斯(Tollens)、申佩尔(Schimper)、普费弗(Pfeffer)、克龙(Crone)、托丁汉姆(Tottingham)、夏夫(Shive)、霍格兰(Hoagland)和阿农(Arnon)等。

在众多工作者中，值得一提的是美国的霍格兰和阿农，他们在 1938～1940 年通过试验对营养液中各种营养元素的比例和浓度进行了大量研究，并阐明了在营养液中加入微量营养元素的重要性，并在此基础上研制了许多营养液标准配方，许多配方现在仍在使用。

此时期人们的工作以实验研究为主，众多研究者主要关注营养元素或化合物的数量和比例，以及其他一些需要注意的问题等，还未认识到溶液培养是一项潜能巨大的先进农业生产技术。

(二)生产应用时期(1931～1960 年)

从 20 世纪 30 年代开始，无土栽培技术从实验室研究逐渐走向实用化的生产应用过程。在 1929 年，美国加利福尼亚大学的格里克(W.F.Gericke)教授参照霍格兰营养液配方配制营养液种植的番茄植株高达 7.5m，一株收获了 14.5kg，成为第一个把无土栽培技术应用于商业化生产的人。从此无土栽培引起人们的关注，此时也被认为是无土栽培应用于实践的开始。

格里克教授把营养液放入一个容器中，在这个容器上方安放一个定植网框，四周安装木板，网框内铺上一层泥炭、蛭石、炭化稻壳(砻糠灰)等基质以支撑植物生长，并确保作物根系生长的基质环境和营养液处于黑暗中。植物种植在这些基质中，随着植株长大，根系就会穿过金属网的网眼伸入种植槽中吸收养分和水分(这种装置如图 1.3 所示)。格里克把这种种植植物的装置命名为"水培植物装置"并取得专利。为了区别一般的水培(water culture)，称其为液培(aqua culture)，后来又叫作溶液水培(hydroponics, hydro 意为 water，ponic 意为 working)法。

1935 年格里克指导一些蔬菜和花卉种植者建立了面积达 8000m² 的无土栽培生产设施，对无土栽培进行了大规模实践，首次把无土栽培发展到了商业生产的层次。而同期美国新泽西农业试验场利用沙子作基质进行沙培(sand culture)玫瑰获得成功。格里克后来又指导泛美航空公司在太平洋中部的威克岛上建立了一个蔬菜无土栽培基地，解决公司服务人员及乘客食用新鲜蔬菜的困难。这种技术很快应用于世界上的许多国家。

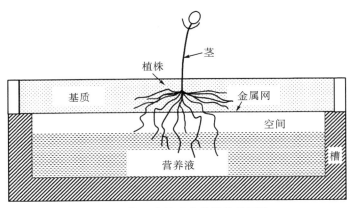

图 1.3　格里克的"水培植物装置"

1938 年埃利斯(Ellis)出版了《植物的无土栽培》(*Soilless Growth of Plants*)，该书对营养液栽培技术的理论基础以及生产应用方面都进行了详细的描述，之后在拉科石油公司的农场主伊斯托瓦特等的协助下于 1951 年、1953 年再次出版。1946 年韦斯罗乌出版了《营养液栽培》(*Nutriculture*)。1952 年英国的休伊特(E. J. Hewitt)总结了 23 年的研究成果，出版了《植物营养研究的砂培和水培法》(*Sand and Water Culture Methods Used in the Study of Plant Nutrition*)，该书于 1965 年再版，我国于 1965 年将这本书翻译为中文，由科学出版社出版。这可能是我国最早的全面介绍无土栽培的中文书籍。

这一时期，无土栽培越来越受到人们的重视和接受，无土栽培的优越性充分体现，已从最初的实验室探索研究走向生产应用。

(三)大规模集约化、自动化生产应用时期(1961 年至今)

1960～1965 年主要是无土栽培固体基质探索时期，20 世纪 70 年代末 80 年代初岩棉培取得成功，并以其来源广泛、体轻、易搬运等优点迅速在丹麦、荷兰、瑞典等国发展起来。20 世纪 70 年代英国的库珀(Cooper)发明的营养液膜技术(NFT)和丹麦首先开发后在荷兰普及的岩棉培(rockwool culture)技术，使无土栽培技术取得重大突破。随着时代的进步，科学技术不断发展，无土栽培设施设备的开发也取得很大进步，无土栽培技术逐步成熟，栽培模式的标准化，管理系统的建立及计算机控制技术的应用，使无土栽培实现了机械化、自动化操作和管理，进而实现集约化生产，使传统农业朝着现代化农业的方向发展。

从 20 世纪 60 年代开始，随着无土栽培理论和技术不断进步并完善成熟，特别是在生产实践应用上已经显示出的优越性，无土栽培作为新的农业生产模式引起了人们普遍关注，并成为农业生产者所期望的一种农业新技术。由于广阔的应用前景和社会需要，众多研究者和农业、非农业生产机构的介入，使无土栽培技术在第二次世界大战以后真正进入大规模生产应用阶段。同时随着科学技术的不断进步以及化工工业技术的发展，无土栽培中大量使用的塑料产品(如管道、薄膜等)价格下降。水泵、电磁阀、定时器、酸度计、电导仪和计算机等控制仪器仪表的应用，使无土栽培使用的设施标准化生产，安装使用操作简易方便，栽培环境洁净化，且成本投入大幅度降低。20 世纪 80 年代以后，随着各种管理系统、辅助设施、仪器、仪表的开发应用，以及计算机全自动控制技术的高速发展及应用，基本实现了温室内温度、湿度、光照度等环境调控与营养液管理的自动化；随着设施园艺技术的发展，温室内栽培床、运送机械设备等的研发和使用，使得无土栽培的生产全程逐步实现机械化、自动化与智能化，生产规模日益扩大，设施不断向大型化方向发展。无土栽培技术已在世界范围内广泛研究和推广应用，由于其省工、省力、能克服连作障碍等优点，实现优质高效农业，生产规模日渐扩大，大型的机械化或自动化的植物工厂在世界各地建立，代表着未来无土栽培技术的发展方向。

二、无土栽培现状与趋势

(一)国外无土栽培的发展现状与展望

在无土栽培技术一百多年的发展历程中，其发展非常迅速，特别是最近几十年的发展速度更是到了惊人的程度。目前已有 100 多个国家和地区将无土栽培技术应用于蔬菜、花卉、果树和药用植物种植等方面。许多国家还成立了无土栽培技术的研究和开发机构，从事无土栽培的基础理论研究和生产应用技术的研究。在 1955 年第十四届国际园艺学会上成立了国际无土栽培工作组(International Working Group on Soilless Culture，IWGSC)，隶属于国际园艺学会，并于 1963 年、1969 年、1973 年、1976 年在意大利和西班牙轮流召开了 4 届国际无土栽培学术会议。1980 年在荷兰召开的第五届国际无土栽培学术会议上，国际无土栽培工作组改名为"国际无土栽培学会"(International Society of Soilless Culture，ISOSC)，以后每 4 年举行一次年会。国际无土栽培学会的成立，推动了世界无土栽培技术的发展，促使无土栽培技术逐渐从园艺栽培学中分离出来并独立成为一门综合性应用科学，无土栽培学与生物科学、作物栽培相结合，成为现代农业新技术，其研究与应用已进入一个崭新的阶段。

随着无土栽培技术不断发展并日趋成熟，无土栽培应用范围和栽培面积不断扩大，经营与技术管理水平不断提高，已经实现了集约化、工厂化生产。荷兰、美国、日本等是比较有代表性的国家。

荷兰是世界上温室园艺、无土栽培技术最发达的国家之一。国际无土栽培学会(ISOSC)总部设在荷兰，极大地促进了荷兰无土栽培技术的发展。荷兰的无土栽培主要采用岩棉培，其面积占无土栽培总面积的 2/3。在荷兰无土栽培的主要作物有番茄、黄瓜、甜椒和花卉(主要是切花)等，其中花卉栽培面积占荷兰无土栽培总面积的 50%以上，生产实现高度自动化、现代化。

美国既是研究无土栽培较早的国家之一，也是最早将无土栽培进行商业化应用的国家，还是将无土栽培技术广泛传播的国家。无土栽培主要使用在自然条件差的地区，无土栽培研究水平相当先进，家庭普及率高，几百万个家庭都在使用无土栽培，所以开发出很多小规模、家用型的无土栽培装置。目前，美国无土栽培的研究重点已经转向太空。

日本无土栽培技术的发展得益于美国的支持，1946 年驻日本美军在东京的调布建起了当时世界最大的无土栽培基地，共 $22hm^2$，该无土栽培基地用于军需蔬菜供应。之后日本进行了学习和研发，无土栽培技术得到快速发展。无土栽培的作物种类中蔬菜约占

72.0%、花卉约占 27.1%、果树约占 0.9%。日本对无土栽培极为重视，开展的实验研究及应用方面均处于世界领先水平，而且开展了许多超前性研究，值得一提的是其在植物工厂方面的研究居世界领先水平。

随着无土栽培技术的不断发展，人类对作物生长发育的整个环境条件逐步实现了精密控制，使农业生产有条件地摆脱了自然条件的制约，按照人类的愿望向着智能化、机械化、自动化和工厂化的方向发展，精确控制使农作物的品质得以大幅度提高。

(二)我国无土栽培的发展现状与展望

我国无土栽培起步较晚，自 20 世纪 70 年代后期，我国无土栽培技术的研究及开发应用取得了明显效果，通过许多学者努力，研究开发出了符合国情、国力的无土栽培设施与配套技术。中国农业大学、中国农业科学院、南京农业大学、上海农业科学院、北京蔬菜研究中心、江苏农业科学院、华南农业大学等许多研究院校都开展了有关无土栽培方面的研究与开发应用推广工作，研究出了符合我国国情的无土栽培技术。其中，浮板毛管水培和有机生态型无土栽培最具特色。

我国于 1985 年成立了第一个无土栽培学术组织——中国农业工程学会无土栽培学术委员会，1986～1992 年每年召开一次年会，1992 年年会上决定改名为"中国农业工程学会设施园艺工程专业委员会"。我国另一个涉及无土栽培技术的学术组织是中国园艺学会设施园艺分会，这个学术组织也常组织和召开有关设施园艺方面的研讨会。这对于我国无土栽培技术的发展起着重要的推动作用。2021 年 10 月 13 日至 10 月 16 日，中国农业工程学会设施园艺工程专业委员会、中国园艺学会设施园艺分会在海南大学国际交流中心主办了中国设施园艺学术年会。

目前我国的无土栽培形式是以基质培为主，多种形式并存的发展格局，经济发达的沿海地区和大中城市是无土栽培发展的重点地区，无土栽培已成为都市农业和观光农业的主要组成部分。

第二章 无土栽培的理论基础

"万物土中生"是人们对作物生长种植的传统认识，但传统栽培却没有无土栽培的高产优势。无土栽培之所以能够使作物优质高产，是因为其提供了作物生长最适宜的光照、温度、湿度、水分、养分等环境条件。

第一节 无土栽培与矿质营养学说

在 1840 年前，植物究竟以什么作为其营养一直困惑着人们，腐殖质营养学说和矿质营养学说是欧洲当时两种对立的植物营养学说。

腐殖质营养学说的代表者是德国的泰伊尔(Thaer)，他在 1809 年明确提出腐殖质营养学说。腐殖质营养学说在欧洲风行一时，但也有很多学者反对该学说，并开展了一些实验。1834 年法国农业化学家布森戈采用定量分析方法，证明植物中的碳素来源于空气中的二氧化碳，并发现豆科作物有利用空气中氮素的能力，而谷类作物只能吸收土壤中的化合态氮素。1840 年，德国的李比希在英国有机化学学会发表了《化学在农业和生理学上的应用》，正式提出了植物矿质营养学说，并否定了腐殖质营养学说，最终解决了植物是以什么作为其营养的问题。自此以后，矿质营养学说获得了很多学者的证实，1858 年克诺普和萨克斯用盐类制成的人工营养介质栽培植物成功，有力地证明了矿质营养学说的正确性。此后人们对植物营养需求才有了较为清晰的认识，也是对土壤本质即土壤肥力这一核心思想的认识。

无土栽培技术在以前主要用于证明矿质营养学说的正确性，现在看来，无土栽培技术还充实和丰富了矿质营养学说的内容，推动了矿质营养学说的发展。随着科学技术的不断进步和日趋完善，植物营养学说又进一步推动了无土栽培技术的发展，使得无土栽培技术从实验室走向大规模商业化应用，使无土栽培技术发展成为一种高产、优质、高效的先进农业生产技术。

第二节 植物根系及其功能

根系是植物吸收养分和水分的主要器官，它的生长状况直接影响植物地上部分的生长。无土栽培的最显著优越性之一就是控制根际环境，为根系提供优良的生长环境，促进植物快速生长。所以对植物根系的结构、形态及其功能进行了解是很有必要的。

一、根系的形态和结构

(一)根系的形态

一株植株所有的根的总体称为根系。植物的根系主要分为直根系和须根系。

由一明显的主根和各级侧根组成的根系称为直根系。直根系的最大特点是主根粗大而长,侧根从主根上生出,侧根相对短而细,根系看起来主次分明[图 2.1(a)]。根系生长具有强烈的向地性,总是垂直向下生长,深扎的主根有利于吸收深层土壤的水分,周边分散的侧根容易吸收土壤中的有效养分。

由许多粗细相近的不定根组成的根系称为须根系。须根系的主要特征是根无主次之分,根系呈须状[图 2.1(b)]。须根系作物根系主次不清,其根一般都向周围生长,伸入土壤较浅,整个根系呈须状。须根系形态有利于吸收土壤表层的有效养分,不利于吸收深层土壤的养分和水分。

(a)直根系 (b)须根系

图 2.1 直根系和须根系示意图

(二)根系的结构

根系的外观呈圆柱形,从根基部到根尖逐渐变细。根尖可依次分为根冠、分生区、伸长区和成熟区(根毛区)四个部分(图 2.2)。如果从根的横切面观察,从外向内可分为表皮、(外)皮层、内皮层和中柱四个部分。

二、根系功能

无土栽培为作物创造的根系生长的环境条件比土壤栽培优异得多,其提供的优良水分、养分、氧气、温度等条件促使作物根系的功能更好地发挥出来。根系具有的功能主要有以下几种。

1)支撑功能

在传统的土壤栽培中,根系生长到土壤中,支撑起地上部使之保持直立而正常生长。在基质栽培中根的支撑作用与土壤栽培类似。如沙培、岩棉培等中,根的固定支撑功能尤

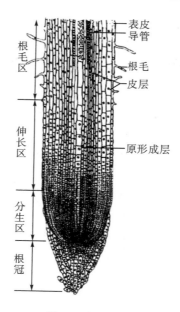

图 2.2　植物根系

为重要，根系扎在生长介质中，支撑起整个植株；而在水培和喷雾培中，根系漂浮在营养液中或悬空露在潮湿的空气中，因此根系的支撑作用不大，植株的固定和支撑需要人工辅助措施来完成。

2）吸收功能

吸收功能是根系最主要的生理功能之一。植物生长过程中所需要的水分和矿质营养大部分都是通过根系吸收获得。根系不同的部位，由于其成熟程度不同，组织的分化程度对水分和养分的吸收能力存在着很大的差异。从根尖开始到根基部，随着组织的老熟，吸收水分和养分的能力逐渐降低。水分和矿质养分主要是通过根系表皮的细胞壁和细胞内质膜进入植物体内，然后通过输导组织往地上部分运输，矿质营养以溶于水中的离子形态被根系吸收。

3）输导功能

根系的输导功能是指根系将其吸收的水分、矿质营养和其他物质以及根系合成的各种物质输送到地上部分供植物生长所需，同时也可将地上部合成的有机物质运送到根部。

4）代谢功能

在根系中进行着许多物质的代谢过程。根系利用地上部分输送来的糖类，以及根系本身所吸收的 CO_2、$NO_3^- - N$ 与 $NH_4^+ - N$ 等合成许多有机物质，如氨基酸、维生素、植物激素、生物碱等。例如，植物体内约 1/3 的赤霉素是在根内合成的；细胞分裂素主要是在根尖的分生组中合成的。根系还能分泌出糖类、有机酸等近百种物质。根系分泌物根据分子质量的大小可以分为高分子分泌物和低分子分泌物，前者主要包括黏胶（多糖、多糖醛酸）和外酶，后者包括低分子有机酸、糖、酚及各种氨基酸。根系分泌物中还含有一些生理活性物质，如激素、维生素及各种自伤性和他伤性化合物。根系分泌物往往会在养分缺乏、养分过多或干旱等逆境胁迫的条件下大幅度增加。在干旱时，根系还会分泌水分以溶解养分，使之易被根系吸收。

5) 贮藏功能

有些植物的根系还是养分的贮藏器官，这些作物的根系膨大使得养分被贮藏起来。许多球根花卉根部贮存了大量的糖和脂肪等，当植物需要时，这些大分子物质降解为小分子物质被其利用，如大丽花、芍药等。较大的根冠对生长在干旱环境中的植物来说具有重要意义。

6) 呼吸与气体交换功能

根系在生长过程中需要不断地呼吸，与环境进行气体交换。大多数情况下，植物进行有氧呼吸，但在短时间淹水的情况下，有些植物也会通过无氧呼吸来维持生命。自然界中，很多植物茎上会长出气生根，气生根可以吸收空气中的水分进行气体交换，以维持植物的生长。

7) 其他功能

根系除了具备以上功能外，还具有感应功能、寄生功能、收缩功能、与菌的共生功能等。

三、植物根系对水的吸收

(一)吸水的原理

1. 吸水途径

植物生长过程中很多生理活动都需要水分的参与。正常生长的植物需水量非常大，一般植物每生产 1g 干物质需要消耗 200～1000g 水分。植株中的水分含量可占全株重量的 75%～95%，在幼嫩的植株或植物生长旺盛的部位含水量较高，而成熟的组织含水量相对较低，如完熟的种子含水量只有 10% 左右，老熟的茎秆含水量只有 30%～40%，而幼芽和叶片含水量可高于 95%。

植物对水分的吸收绝大部分是由根系完成，叶片和茎秆的表面也可以吸收水分，但其数量很少。根系吸水的主要部位是根的尖端，从根尖开始向上约 10mm 的范围内，包括根冠、根毛区、伸长区和分生区，其中以根毛区的吸水能力最强。根尖的其他部位吸水较少，主要是木栓化程度高、输导组织未形成或不发达，细胞质浓厚，水分扩散阻力大，移动速度慢的缘故。由于植物吸水主要靠根尖，因此在移栽植物时要保护好根系，尽量保留细根，提高移栽植株成活率。

水在植物体内的运动包括三个阶段：①由介质迁移到根系皮层组织，再运送到木质部导管；②由根系木质部导管向地上部运输并分配到各器官中；③由地上部器官释放到空气中（主要是叶片以水蒸气的形式释放）。

植物根部吸水主要通过根毛、皮层、内皮层，经中柱薄壁细胞进入导管。水分在根内的径向运转有质外体和共质体两条途径。质外体途径是指水分通过由细胞壁、细胞间隙、胞间层以及导管的空腔组成的质外体部分的移动过程。水分在质外体中的移动不越过任何膜，所以移动阻力小，移动速度快。但根中的质外体常常是不连续的，它被内皮层的凯氏带分隔成为两个区域：一是内皮层外，包括根毛、皮层的胞间层、细胞壁和细胞间隙，称为外部质外体；二是内皮层内，包括成熟的导管和中柱各部分细胞壁，称为内部质外体。

因此，水分由外部质外体进入内部质外体时必须通过内皮层细胞的共质体途径才能实现。共质体途径是指水分依次从一个细胞的细胞质经过胞间连丝进入另一个细胞的细胞质的移动过程。共质体运输要跨膜，因此水分运输阻力较大。总之，水分在根中可从一个细胞移动到相邻细胞，通过内皮层到达中柱，再通过薄壁细胞进入导管。

2. 吸水机理

植物根系吸水，按其吸水动力不同可分为两类：主动吸水和被动吸水。

由植物根系生理活动而引起的吸水过程称为主动吸水，它与地上部分的活动无关。根的主动吸水具体反映在根压（root pressure）上。根压是指由于植物根系生理活动而促使液流从根部上升的压力。根压可使根部吸进的水分沿导管输送到地上部分，同时土壤中的水分又不断地补充到根部，这样就形成了根系的主动吸水。大多数植物的根压为 0.1～0.2MPa，有些木本植物可达 0.6～0.7MPa。在幼苗期或生长势旺盛的植物，由于根压强烈，常在清晨时见叶尖有水珠分泌出来，这就是植物的吐水现象。但根压使水分在植株内上下垂直运输的距离较短，一般只有 10～20cm，最多不超过 30cm，因此，根压的作用还不足以进行水分的长距离运输，还需要通过蒸腾作用才能达到长距离运输水分的目的。

植物根系以蒸腾拉力为动力的吸水过程称为被动吸水。蒸腾拉力是指因叶片蒸腾作用而产生的使导管中水分上升的力量。当叶片蒸腾时，气孔下腔周围细胞的水以水蒸气形式扩散到水势低的大气中，导致叶片细胞水势下降，就产生了一系列相邻细胞间的水分运输，使叶脉导管失水而压力势下降，造成根冠间导管中的压力梯度，在压力梯度下，根导管中水分向上输送，其结果造成根部细胞水分亏缺，水势降低，从而使根部细胞从周围土壤中吸水。在一般情况下，土壤水分的水势很高，很容易被植物吸收，并输送到数米甚至上百米高的枝叶中。在光照下，蒸腾着的枝叶可通过被麻醉或死亡的根吸水，甚至一根无根的带叶枝条也照常能吸水。可见，根在被动吸水过程中只为水分进入植物体提供了通道。当然，发达的根系扩大了与土壤的接触面，更有利于植株对水分的吸收。

主动吸水和被动吸水在植物吸水过程中所占的比例因植物生长状况和蒸腾速率而异。通常正在蒸腾着的植株，尤其是高大的树木，其吸水的主要方式是被动吸水，只有春季叶片未展开或树木落叶以后，以及蒸腾速率很低的夜晚，主动吸水才成为其主要的吸水方式。

（二）根系对淹水的适应性

为了适应不同的生长环境，植物可按其对生长的生态环境及根系对淹水适应性的不同分为水生植物、沼泽性或半沼泽性植物和旱生植物三类。水生植物的根系有些只有固定植株的功能，其吸收功能主要依靠叶片来进行。沼泽性或半沼泽性植物体内具有输导氧气到根系以供根系生长所需的生理途径或通道，因此，在较长时间的淹水期仍可正常生长。而旱生植物的根系一般不耐淹水，较长时间的淹水，特别是水中氧气经根系消耗之后不能够马上得到补充的情况下，根系较容易出现腐烂甚至死亡的现象。

许多研究和生产实践证明，在水培条件下，如果能够给根系生长提供足够的氧气，并且其他生长条件合适，即使旱生植物也可生长良好。

在水培作物时，无论是深液流水培还是浅层液流水培，给作物根系供应充足氧气是取得种植成功的关键因素之一。其原因是水培中作物所需的氧气有一部分是生长在营养液中的根系直接吸收营养液中的氧气获得的，另一部分是依靠裸露在营养液外的根系直接吸收空气中的氧气获得的。一般情况，裸露于空气的根系所占的比例越大，营养液中的溶解氧含量越高，作物根系的生长就越好；反之亦然。

四、蒸腾作用及其生理意义

1. 蒸腾作用与蒸腾系数

植物经常处于吸水和失水的动态平衡之中。植物一方面从土壤中吸收水分，另一方面又蒸发水分到大气中。植物一生中耗水量很大，其中只有极少数（占 1.5%～2.0%）水分是用于体内物质代谢，绝大多数都散失到体外。其散失的方式，除了少量的水分以液体状态通过吐水的方式散失外，大部分水分以气态，即以蒸腾作用的方式散失。水分从植物体内由地上部以水蒸气的形式扩散的过程称为蒸腾作用。与一般的蒸发不同，蒸腾作用是一个生理过程，受到植物体结构和气孔行为的调节。

蒸腾作用产生的蒸腾拉力是植物水分吸收与传导的主要动力，蒸腾拉力保证了大株型植物的水分供应。蒸腾作用有多种方式。幼小的植物，整个地上部都可以进行蒸腾作用；植物长大后，有部分茎秆木栓化后就在一定程度上限制了蒸腾作用的进行，未木栓化的部位有皮孔，可以进行皮孔蒸腾，但皮孔蒸腾的量甚微，仅占全部蒸腾量的 0.1%左右，植物的茎、花、果实等部位的蒸腾量也很有限。因此，植物蒸腾作用绝大部分是靠叶片进行。

叶片的蒸腾作用方式有两种，一是通过角质层的蒸腾，称为角质蒸腾；二是通过气孔的蒸腾，称为气孔蒸腾。气孔蒸腾是通过密布在叶背的气孔进行，而角质层蒸腾是通过除了气孔之外的角质层来进行蒸腾，其蒸腾量大小与角质层的厚薄程度有关。幼嫩叶子的角质蒸腾可达总蒸腾量的 1/3～1/2。一般植物老熟的叶片或在阳光充足下生长的植物，其角质层往往较厚，蒸腾量较小。植物的蒸腾作用主要通过气孔完成，气孔的蒸腾量占总蒸腾量的 80%～90%。

根系吸收的水量如果比蒸腾作用所消耗的水量少，植物就会出现茎叶萎蔫，如果萎蔫状态维持的时间不长，对植物的正常生长影响不大；如果萎蔫状态维持的时间较长，即使介质中有充足的水分供应，植物仍不能从萎蔫状态恢复，造成永久萎蔫，将对植物正常生长产生很大的伤害，甚至导致植株死亡。在生产中要绝对避免这种状况的发生，即使是暂时的萎蔫也应尽量避免。

不同植物的耗水量差异很大，可根据蒸腾系数来相互比较。蒸腾系数又称需水量，是指植物在一定生长时期内的蒸腾失水量与其干物质积累量的比值，通常用每产生 1g 干物质所需散失的水量表示。因此，蒸腾系数也可以理解为水分的利用效率，即蒸腾系数越大，植物的水分利用效率越低；即生产同等重量的干物质，蒸腾系数大的植物耗水量较多，而蒸腾系数小的耗水量就少。蒸腾系数的大小取决于气象条件、作物类型和基质条件等因素，大多数植物的蒸腾系数为 125～1000。

2. 蒸腾作用的生理意义

植物根系吸收的水分除了部分贮存于细胞内和参与代谢（如光合作用）消耗之外，大多数都通过蒸腾作用散失到空气中。

蒸腾作用的生理意义，首先是提供蒸腾拉力，蒸腾拉力是植物被动吸水与转运水分的主要动力，保证了水分在植株中的运输，为各种生理代谢的正常进行提供了充足的水分，这对高大的植物尤为重要。其次，通过蒸腾作用降低植物体的温度，特别是在夏季高温时植株体内及叶表面保持一定的温度，可避免或减少高温的危害。因为水的汽化要吸收大量的热量（1g 水汽化为水蒸气需 500cal 的热量），在蒸腾过程中可以散失掉大量的辐射热，使得植物表面及内部的温度不至于过高。再次，蒸腾作用有利于植物根系对养分的吸收。由于蒸腾拉力让根系不断地向介质吸水，而根系吸水使得介质中形成质流，养分离子就可以通过质流以较快的速率迁移至根表面而被根系吸收。当植物水分吸收不足时，养分的吸收数量也会减少，生长会受到影响。最后，蒸腾作用有利于植物生物合成的物质在体内进一步分配。植物体内合成的物质溶于体内水中，并在不同的组织或器官甚至在同一细胞的不同细胞器之间进行迁移。而蒸腾作用使得植株的吸水过程得以进行，有利于体内物质的运输。例如在根系合成的许多激素、生物碱等物质，就可通过蒸腾流运输到地上部分的组织中，供植物生长所需。

五、影响根系吸水的因素

除去植物自身的生长状况因素外，根系对水分的吸收还受到温度、光照、相对湿度、风速等环境因素的影响，而基质的含水量对总蒸腾耗水量有着极显著的影响。根系的向地性等导致整个根区水分的吸收转运速率不均一。

1）温度

温度是影响根系吸收水分最重要的环境因素之一。在一定范围内，根系吸收水分的速率随基质温度的升高而加快。但是基质温度过高对根系吸水也不利，其原因是基质温度过高会提高根的木质化程度，加速根的老化进程，还会使根细胞中的各种酶蛋白变性失活。低温会使根系吸水速率下降，其原因有三点：①水分在低温下黏度增加，扩散速率降低，同时由于细胞原生质黏度增加，水分扩散阻力加大；②根呼吸速率下降，影响根压产生，主动吸水减弱；③根系生长缓慢，不发达，有碍吸水面积的扩大。在冬季和早春季节，适当提高根际的温度对于改善植物的水分吸收，进而促进植物的生长有着重要作用。如果气温稍低，可以提高根际温度在其适宜范围，植物大多能正常生长，这也体现了气温和根温的互补性。如果气温或根际温度过高，超过了其各自的适宜温度上限，会造成蒸腾强度过大，根系易出现早衰，从而代谢紊乱，影响水分的吸收。

2）介质中溶液的浓度

无土栽培是以营养液（有些基质中放入固体肥料）来提供营养，而植物根系所吸收的水分中含有一定溶质的溶液（含有养分离子或其他物质），当溶液浓度较低时，水势较高，根系易于吸水。但水中溶质浓度过大时，则介质中的水势较低，不利于植物吸水。如果溶液的水势比根系细胞的水势更低，会使得植物体内原有的水分通过质膜反渗透到介质中，使得植物出现缺水甚至萎蔫、死亡，这就是常说的生理失水。所以在无土栽培中溶液的养分浓度要适宜，切勿过高，否则会影响水分和养分的吸收，短时并无大碍，但严重时会导致植株生长受影响甚至死亡。

3）根系

当根系受到某些病原菌侵染时，其生长会受到影响，严重时会出现根尖变黑、根系发黄甚至腐烂的现象。受病原菌侵染的根系，其吸收功能会受到影响，水分的吸收量急剧减少。在循环式水培中，一旦溶液消毒不彻底，腐霉侵染就会导致根系腐烂，植株地上部分会由于水分供应不足而出现凋萎死亡。因此，防止根系病害的发生对于无土栽培来说也极为重要。

4）根系的通气状况

根系周围的 O_2 和 CO_2 浓度对植物根系吸水的影响很大。根系维持较强的呼吸作用是根系生长、养分吸收的能量来源，而呼吸作用需要消耗 O_2。这是因为 O_2 充足，会促进根系有氧呼吸，这不但有利于根系主动吸水，而且有利于根尖细胞分裂、根系生长和吸水面积的扩大。但 CO_2 浓度过高或 O_2 不足，根的呼吸作用会减弱，能量释放减少，这不但会影响根压的产生和根系吸水，还会因无氧呼吸累积较多的酒精而使根系中毒受伤。大多数作物根系在 O_2 含量低于 0.5%～2.0%时，根系生长速度减缓，吸水量急剧降低，而 O_2 含量达到 5%～10%时，根系生长良好，吸水量增加。在无土栽培中，改善根系的通气状况对促进植物生长和产量提高有着很重要的作用。

5）空气湿度

植物生长环境的空气湿度对根系水分的吸收有很大影响。当空气湿度较低时，植物的蒸腾作用很强，蒸腾拉力大，根系吸水量多；当空气湿度较大时，植物蒸腾作用弱，蒸腾拉力小，根系吸水量少。因为无土栽培作物大多种植在大棚或温室中，棚室密闭性较强，棚内的空气流通性较差，造成棚室内空气湿度非常高，甚至达到 100%，这时植物的吸水量会大幅度降低。同时，棚室内过高的湿度也较易造成病害的发生和蔓延。

六、植物根系对养分的吸收

(一)植物的营养成分

植物体内的物质组成很复杂，新鲜的植物含有10%～95%的水分和5%～25%的干物质，将干物质于 600℃灼烧时，有机物中的 C、H、O、N 等元素以 CO_2、H_2O、分子态 N、NH_3 和 N 的氧化物形式挥发掉，一小部分硫变为 H_2S 和 SO_2 的形式散失，余下一些不能挥发的灰白色残渣称为灰分。灰分中的物质为各种矿质的氧化物、硫酸盐、磷酸盐、硅酸盐等，构成灰分的元素称为灰分元素。经分析发现灰分中所含的元素种类非常多，包括 P、K、Ca、Mg、S、Fe、Mn、Zn、Cu、Mo、Cl、Si、Na、Al 等，植物体内的矿质元素种类很多，现已发现 70 多种元素存在于不同的植物中，但不是每种元素都是植物必需的。有些元素在植物生活中并不太需要，但在体内大量积累；有些元素在植物体内含量较少却是植物所必需的。目前公认高等植物必需的营养元素有 16 种，即碳(C)、氢(H)、氧(O)、氮(N)、磷(P)、钾(K)、镁(Mg)、硫(S)、铁(Fe)、锰(Mn)、锌(Zn)、铜(Cu)、硼(B)、钼(Mo)、氯(Cl)和钙(Ca)。

植物必需元素(essential element)是指植物生长发育必不可少的元素。国际植物营养学会规定的判定植物必需元素的三条标准：①该元素是植物正常生长所不可缺少的，如果缺少，植物生长发育受阻，植物就不能完成其生活史，即营养元素的必要性；②该元素在植物体内的营养功能不能被其他元素所代替，除去该元素，表现为专一的病症，这种缺素病症可用加入该元素的方法预防或恢复正常，即营养元素功能的专一性；③该元素必须直接参与植物的代谢作用，即起直接作用，而不是间接作用，即营养元素功能的直接性。现已确定上述 16 种植物必需的营养元素都符合这三条标准。现还证明有些元素对某些植物可能也是必需的，而一些元素可能对植物生长起一定的促进作用。

植物必需的 16 种营养元素在植物体内的含量有很大差别，一般按照植物体内含量的多少分为大量元素(major element，macroelement)和微量元素(minor element，microelement，trace element)。大量元素占植物体干重的 0.01%～10%，植物对此类元素需要的量较多，即 C、H、O、N、P、K、Ca、Mg、S 9 种。有时也把 Ca、Mg、S 这 3 种营养元素称为中量元素或次量元素。植物体内必需元素含量(大约值)见表 2.1。微量元素约占植物体干重的 $1 \times 10^{-7} \sim 1 \times 10^{-4}$。即 Fe、Mn、Zn、Cu、B、Mo、Cl 等。植物对这类元素的需要量很少，但缺乏时植物不能正常生长；若稍有逾量，反而对植物有害，甚至致其死亡。

表 2.1　植物体内必需元素含量及其相对比例(与 Mo 含量比较)(王忠等，2000)

	元素	化学符号	植物利用的形式	原子量	在干物质中的含量/%	与钼相比较的相对原子数
微量元素	钼	Mo	MoO_4^{2-}	95.95	0.00001	1
	铜	Cu	Cu^{2+}、Cu^+	63.54	0.0006	100
	锌	Zn	Zn^{2+}	65.38	0.0020	300
	锰	Mn	Mn^{2+}	54.94	0.0050	1000
	硼	B	H_3BO_3	10.82	0.002	2000
	铁	Fe	Fe^{2+}、Fe^{3+}	55.85	0.010	2000
	氯	Cl	Cl^-	35.46	0.010	3000
大量元素	硫	S	SO_4^{2-}	32.07	0.1	30000
	磷	P	$H_2PO_4^-$、HPO_4^{2-}	30.98	0.2	60000
	镁	Mg	Mg^{2+}	24.32	0.2	80000
	钙	Ca	Ca^{2+}	40.08	0.5	125000
	钾	K	K^+	39.10	1.0	250000
	氮	N	NO_3^-、NH_4^+	14.01	1.5	1000000
	氧	O	O_2、H_2O	16.00	45	30000000

元素	化学符号	植物利用的形式	原子量	在干物质中的含量/%	与钼相比较的相对原子数
碳	C	CO_2	12.01	45	35000000
氢	H	H_2O	1.01	6	60000000

植物 16 种必需营养元素中，C、H、O 三种元素主要来自空气和水，而其他 13 种营养元素主要是根系从生长的介质中以离子形态吸收的，所以也称矿质营养元素。

(二)植物根系对矿质养分的吸收

1. 根系的矿质养分吸收过程

矿质元素必须溶于水后才能被植物吸收。过去认为植物吸收矿质是被水分带入植物体的。按照这个思路，水分和盐分进入植物体的数量应该成正比。但后来的大量研究证明，植物吸水和吸收盐分的数量会因植物和环境条件的不同而有很大变化。根系可通过扩散和质流的方式吸收养分。扩散是养分通过其浓度梯度移动的过程。质流是指溶液将溶解在其中的养分挟带到另一地点的过程。扩散过程相对较慢，移动 1cm 的距离需要几小时或者几天，移动速度主要取决于浓度梯度的大小。通过质流则速度快很多，元素通过质流的方式移动 1cm 只需要几秒或更快。当蒸腾作用较强烈，水分移动较快，或者采用水分灌溉时，养分和氧气通过质流的方式移向根表。

根系是植物吸收矿质的主要器官，根部吸收矿物质的部位和吸收水分的部位一样，主要是根尖，其中根毛区是吸收离子最活跃的区域。过去不少人分析过进入根尖的矿质元素，发现根尖分生区积累最多，由此以为根尖分生区是吸收矿质元素最活跃的部位。后来更细致的研究发现，根尖分生区大量积累离子是该区域无输导组织，离子不能很快运出而积累的结果；而实际上根毛区才是吸收矿质离子最快的区域，根毛区积累离子较少是由于离子能很快运出根毛区。根部吸收溶液中的矿物质有两个步骤：①离子被吸附在根系细胞的表面。根部细胞呼吸作用放出 CO_2 和 H_2O，CO_2 溶于水生成 H_2CO_3，H_2CO_3 解离出 H^+ 和 HCO_3^-，这些离子作为根系的交换离子分别迅速与周围溶液的阳离子和阴离子进行离子交换，盐类离子被吸附在细胞表面。②离子进入根部内部。与水分进入根部一样，可通过质外体途径与共质体途径进入根部内部。

2. 植物从营养环境中吸收离子的选择性

离子的选择吸收是指植物对同一溶液中不同离子或同一种盐的阳离子和阴离子吸收的比例不同的现象。根部对离子的吸收之所以有选择性，与不同载体和通道的数量有关。离子的选择性吸收还表现在对同一种盐的阴离子和阳离子吸收的差异上。例如，供给 $NaNO_3$，植物对其阴离子（NO_3^-）的吸收大于阳离子（Na^+）。由于植物细胞内总的正负电荷数必须保持平衡，因此就必须有 OH^- 或 HCO_3^- 排出细胞。环境中会积累 Na^+，同时也积累了 OH^- 或 HCO_3^-，从而使介质 pH 升高，故称这种盐类为生理碱性盐，如多种硝酸盐。同理，如供给 $(NH_4)_2SO_4$，植物对其阳离子 (NH_4^+) 的吸收大于阴离子 (SO_4^{2-})，根细胞会向外释放 H^+，因此在环境中就会大量地积累 H^+，使介质 pH 下降，故称这种盐类为生理酸性盐，如多种铵盐。例如供给 NH_4NO_3，会因为根系吸收其阴、阳离子的量很相近，而不改变周围介质的 pH，所以称其为生理中性盐。根系细胞膜对于允许哪种元素进入植物还会表现出特异选择性。对于 Na^+、K^+ 来说，尽管在土壤中 Na^+ 的浓度通常比 K^+ 的浓度高很多倍，但 K^+ 被植物正向吸收，而 Na^+ 不被吸收，甚至被很多植物体分泌出来。

3. 影响根系吸收矿质元素的因素。

植物对矿质元素的吸收受环境条件的影响。其中以温度、通气状况、介质养分浓度和介质 pH 的影响最为显著。

1) 温度

在一定温度范围内，根系吸收矿质元素的速度随基质 (溶液) 温度的升高而加快，但是当超过一定温度时，吸收速度反而下降。这是由于温度能通过影响根系呼吸而影响根对矿质元素的主动吸收。温度也影响酶的活性，在适宜的温度下，各种代谢加强，需要矿质元素的量增加，根吸收也相应增多。在高温 (40℃以上) 时根系吸收矿质元素的速度下降，其原因可能是高温使酶钝化，进而影响根部代谢；高温还会导致根尖木栓化加快，减少根吸收面积；高温还能引起原生质透性增加，使被吸收的矿质元素渗透到环境中。温度过低时，根吸收矿质元素减少，低温代谢弱，主动吸收慢，细胞质黏性增大，离子进入困难。

2) 通气状况

基质通气状况直接影响根系的呼吸作用，通气良好时根系吸收矿质元素速度快。但缺氧时，根系的生命活动受影响，从而会降低对矿质的吸收。土壤的通气状况主要从三个方面影响植物对养分的吸收：①根系的呼吸作用；②有毒物质的产生；③土壤养分的形态和有效性。通气良好的环境，能使根部供氧状况良好，会减少 CO_2 的作用。CO_2 过多会抑制根系呼吸，影响根对矿质的吸收和其他生命活动。这一过程对根系正常发育、根的有氧代谢以及对离子的吸收都具有十分重要的意义。

3) 介质养分浓度

据试验，当介质养分浓度很低时，根系吸收矿质元素的速度随着养分浓度的增加而增加，但达到某一浓度时，再增加养分浓度，根系对养分的吸收速度不再增加。这一现象可用离子载体的饱和现象来说明。浓度过高会引起水分的反渗透，导致"烧苗"。所以，介质中养分浓度过大，或叶面喷施化肥及农药的浓度过大，都会引起植物死亡，应当注意避免。

4) 介质 pH

pH 对土壤中养分的形态和有效性的影响十分显著，介质 pH 对矿质元素吸收的影响因离子性质不同而异，一般阳离子的吸收速率随 pH 升高而加速；阴离子的吸收速率则随 pH 增高而下降。pH 对阴阳离子吸收影响不同的原因与组成细胞质的蛋白质为两性电解质有关，在酸性环境中，氨基酸带正电荷，根易吸收外界溶液中的阴离子；在碱性环境中，氨基酸带负电荷，根易吸收外部的阳离子。一般认为介质溶液 pH 对植物营养的间接影响比直接影响大得多。例如，当介质的碱性逐渐增加时，Fe、Ca、Mg、Cu、Zn 等元素逐渐变成不溶性化合物，植物的吸收量也逐渐减少；在酸性环境中，PO_3^-、K^+、Ca^{2+}、Mg^{2+}等溶解性增加。另外，介质酸性过强时，Al、Fe、Mn 等溶解度增大，当其数量超过一定限度时，就可引起植物中毒。一般最适合植物生长的 pH 为 6～7，但也有些植物喜酸，一些植物喜碱。

第三节　花卉无土栽培生理学基础

一、花卉的生长分化

花卉生长是指花卉在生命周期中其细胞，组织，器官的数目、体积或干重不可逆地增加的过程。花卉分化是指花卉细胞类型转变成形态与功能与原来不相同的异质细胞类型的过程。花卉分化是花卉生长过程中发生的一系列质变。

(一)花卉生长周期

1. 生长大周期

花卉从种子到种子、从种球到种球的整个生活史叫作花卉的生长大周期(生命周期)或生活史。不同种类植物的生命周期长短不一(图 2.3)。一般草本花卉的生命周期较短，有些最短的仅有几天(如短命菊)，也有长达 1 年至数年的(如翠菊、万寿菊、凤仙花、须芭石竹、蜀葵、洋地黄、金鱼草、美人樱、三色堇等)。一般木本花卉的生命周期较长，从数年至数百年，如牡丹的生命周期可达 300~400 年之久。

2. 生长年周期

花卉生长的年周期明显地表现为两个阶段，即生长期和休眠期。休眠有种子休眠、宿根休眠、球茎休眠等。

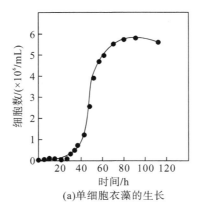

(a)单细胞衣藻的生长

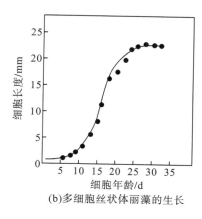
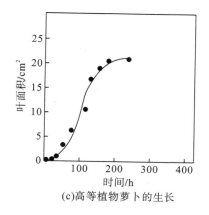

图 2.3　植物生长曲线

一年生花卉的年周期就是其生命周期,短而且简单。二年生花卉在秋季播种后,以幼苗状态越冬休眠或半休眠。大多数球宿根花卉开花结实后,其植株地上部分就枯死,地下部分进入休眠越冬(如萱草、芍药、鸢尾、唐菖蒲、大丽花、百合等)或休眠越夏(如秋植球根类的郁金香、风信子、水仙等)。有许多落叶木本花卉冬季落叶休眠,许多常绿木本花卉休眠也在冬季,而有些常绿花卉终年无休眠,如万年青、书带草和麦冬等。

(二)花卉的分化

花卉的分化是指花卉植物个体从生命发生至死亡所经历的一系列变化过程,是一个质变过程。如果从精卵细胞结合形成合子开始计算,合子发生细胞分裂、生长和分化,形成胚后和种子脱离母体,再生长发芽形成新的植株及形成枝、叶、花、果等器官。一、二年生花卉在果实成熟之后就开始衰老甚至死亡,多年生花卉每年都有新的枝、叶、花和果实形成,许多年后才衰老死亡。有的花木的寿命长达上千年(如银杏的寿命可长达几千年),有些仅几年。花卉的分化受遗传基因和环境条件(如光、温度、水分、通气和养分)的影响。因此,在花卉的栽培管理中,可以采取人为调整环境因素,达到控制株型大小、提前或延迟花期的目的。

无性繁殖也是生长分化,其基本原理是植物的单个细胞在适当环境中可以形成完整的植株。例如用茎扦插时,上端长出茎,下端长出根;用根扦插时,从根上长出茎和叶;用叶扦插时,向下长出根,向上长出茎和叶。但这些变化都必须适当的条件。

通过控制花卉生长的环境因素可以控制花卉的生长分化,环境因素主要有光照、温度、水分、通气和养分等。如用嫩枝扦插育苗时,用适当比例及浓度的激素处理,诱导细胞形成根原基,使基质通气并保持适当湿度和营养,促使根原基生长形成不定根;保持空气湿度在 60%以上使叶子进行正常的光合作用产生有机营养,供给根、芽分化所需等。

(三)植物细胞的生长分化

植株生长分化是从细胞开始的,了解细胞生长分化的基本知识,有利于在生产中合理调控花卉的生长分化过程。细胞是生命的结构和功能单位。植物的生长分化就是细胞生长分化的宏观表现。因此，要知道花卉是如何生长分化的，首先必须了解细胞的生长分化。

细胞的生长就是细胞数量和体积的不可逆增加，也就是只增不减。分化是细胞生长过程中的特化或异质化，如形态功能上一致的细胞转化成另一类细胞。细胞生长分化按时间进程分为三个时期：分生期、伸长期和成熟期。这种划分是相对的，实际上当分生期尚未结束时，伸长期就已经开始，伸长的过程已伴随着分化。

细胞的分化受环境和遗传的控制，环境条件如光照、温度、水分、氧气、养分和激素等都对其分化有影响，其影响首先是一种量的变化，只有当影响足够大时才引起质的变化。如梅花的叶芽细胞，当缺水时，分化成花芽，因此，生产上常用"扣水"的方法促使梅花提前分化花芽。另外，遗传的控制是根本性的。从理论上讲，植物细胞具有全能性，在一定条件下一个细胞可以形成完整的植株。因此，可以用植物的体细胞进行组织培养，诱导出组织，再生长成完整的植株。

二、花卉生长营养

花卉的营养生理就是花卉吸收、运输、贮存和利用各种营养物质的生理规律。花卉营养可分为无机营养和有机营养两大类，但从根本上讲，有机营养也是从无机营养转化来的。因此，花卉营养从根本上说都是无机营养。

(一)花卉无机营养的生理作用

到目前为止，已知的植物必需元素有 16 种。还有一些有益元素，有人称其为候补必需元素。按营养元素在植物体内的多少可以将其分为大量元素和微量元素，按生物化学作用和生理功能可以把植物必需元素划分为以下四组。

第Ⅰ组：结构元素，碳(C)、氢(H)、氧(O)、氮(N)、磷(P)和硫(S)。它们是生物体化合物(碳水化合物、蛋白质、脂类、核酸)的结构成分和代谢反应的中间体。例如构成细胞壁的成分几乎全是碳水化合物和含碳、氢、氧的化合物；细胞质主要是由碳、氢、氧、氮和少量硫所组成的蛋白质；细胞器里的核酸由碳、氢、氮和磷所组成。

第Ⅱ组：酶活化剂，钾(K)、钙(Ca)、镁(Mg)、锰(Mn)和锌(Zn)。其中，钾一直被看作是调节细胞渗透势的元素，实际上钾的作用更重要的是调节酶活性和参与物质的运输。自从发现钙调蛋白之后，人们对钙的作用有了更全面的认识，它不仅是细胞壁的成分，而且在调节细胞膜通透性方面起重要作用。但钙过量对植物生长不利，特别是像杜鹃花一类的嫌钙植物，在钙质土中生长不良，其机理还不十分清楚。北方水土碱性地区，自来水中的钙、镁含量很高，在设计营养液配方时应该考虑这一因素，否则容易造成营养液的钙、镁比例过高。

第Ⅲ组：氧化还原剂，铁(Fe)、铜(Cu)和钼(Mo)，以其多价态进行氧化-还原(电子供体和受体)反应的元素。在呼吸作用和光合作用过程中，靠这些元素的价态变化传递能量，实现呼吸电子传递链和光合电子传递链，产生三磷酸腺苷。

　　第Ⅳ组：功能尚未确定的元素，硼（B）和氯（Cl）。硼在土壤中以硼酸根离子（BO_3^-）形式存在。当缺硼时，脱氧核糖核酸、核糖核酸合成减少，但尚不能建立它们之间的联系；最近研究表明，硼与细胞膜系统的物质运输有关。缺硼时根尖的伸长迅速受到抑制，这表明硼有可能参与根的生长。氯在使叶绿体隔离，保持其空间距离方面是必需的，也很可能作为钾的陪伴阴离子，但这也不及硝酸根离子（NO_3^-），其作用还需进一步研究。

　　1）氮的生理功能

　　作物吸收的氮素以硝酸根离子（NO_3^-）、铵离子（NH_4^+）和亚硝酸根离子（NO_2^-）等无机态离子为主，也可吸收一部分有机态氮。一般作物体内氮的含量为干重的 0.3%～5%，其含量在不同作物种类、不同器官和生育期是不同的。一般来说，生长旺盛的器官、种子等的氮含量会较高，茎秆的氮含量则较低。

　　氮是植物体内许多重要有机化合物的组分，如蛋白质、核酸、叶绿素、酶、维生素、生物碱和一些激素等，这些物质在生命活动中有特殊用途，涉及遗传信息传递、细胞器建成、光合作用、呼吸作用等几乎所有的生化反应，因此氮被称为"生命的元素"。

　　2）磷的生理功能

　　磷素主要是以 $H_2PO_4^-$、HPO_4^{2-} 的形式被植物吸收，当 pH<7 时，$H_2PO_4^-$ 居多；当 pH>7 时，HPO_4^{2-} 较多。此外，植物还可以吸收偏磷酸根和焦磷酸根形态的磷，但数量较少。作物还可以吸收有机态的磷，如磷酸酯、核酸、植素等。

　　植物体的含磷量为干物重的 0.2%～1.1%，其中大部分是有机态磷，约占全磷量的 85%，以核酸、磷脂和植素等形态存在。无机态磷仅占 15%左右，主要分布在液泡中，只有一小部分存在于细胞质和细胞器内，并因作物种类、器官和生长期的不同而异。一般来说，无机态磷的含量作物生长前期高于后期、幼嫩组织的高于老熟组织的。

　　磷是核酸、核蛋白和磷脂的主要成分。磷在植物体内易移动，也能被重复利用。缺磷时老叶中的磷能大部分转移到正在生长的幼嫩组织中。因此，缺磷症状首先在下部老叶出现，并逐渐向上发展。磷肥过多时，叶上会出现小焦斑，系磷酸钙沉淀所致；磷过多还会阻碍植物对硅的吸收。水溶性磷酸盐还可与介质中的锌结合，减少锌的有效性，故磷过多易引起缺锌病。

　　3）钾的生理功能

　　钾在水中解离成 K^+ 而被植物吸收。钾主要集中在生命活动最旺盛的部位，如生长点、形成层、幼叶等。一般植物体内的含钾量占干物重的 0.3%～5.0%，在植物体内钾含量是所有金属元素中最高的。钾呈离子状态存在于细胞中，细胞质中钾浓度的水平较低，且十分稳定，为 100～200mmol/L。当植物组织含钾量较低时，钾首先分布在细胞质内，直到钾的数量达最适水平。过量的钾几乎全部转移到液泡中，液泡中的钾浓度变化为 10～200mmol/L。存在于作物体内的钾尽管不是体内结构的组成成分，但其生理功能很多。

　　钾在细胞内可作为 60 多种酶的活化剂。因此钾在碳水化合物代谢、呼吸作用及蛋白质代谢中起重要作用。钾能促进蛋白质的合成，钾充足时，形成的蛋白质较多，从而使可溶性氮减少。钾与蛋白质在植物体中的分布是一致的，例如在生长点、形成层等蛋白质丰富的部位，K$^+$含量也较高。K$^+$是构成细胞渗透势的重要成分。在根内，K$^+$从薄壁细胞转运至木质部，降低了木质部的水势，使水分能从根系表面转运到木质部中；K$^+$对气孔开放有直接作用；离子态的钾，有使原生质胶体膨胀的作用，故施钾肥能提高作物的抗旱性。

缺钾时，植株茎秆柔弱，易倒伏，抗旱、抗寒性降低，叶片失水，蛋白质、叶绿素被破坏，叶色变黄而逐渐坏死。充足供钾有利于减轻由氮肥过多引起的抗病性下降、倒伏等不利影响。钾也是易移动可被重复利用的元素，因此，缺钾的症状首先出现在老的组织或器官中。

4) 钙的生理功能

植物从介质中吸收盐类中的钙离子。钙离子进入植物体后一部分仍以离子状态存在，一部分形成难溶的盐(如草酸钙)，还有一部分与有机物(如植酸、果胶酸、蛋白质)相结合。钙在植物体内主要分布在老叶或其他老组织中。植物体内钙的含量为 0.1%～5.0%，大部分存在于细胞壁上。细胞中的钙主要分布在液泡中，细胞质中较少，以防钙与磷酸形成沉淀。不同植物种类、部位和器官的含钙量变幅很大。通常，双子叶植物细胞壁中的阳离子交换量大，含钙量较高，而单子叶植物含钙量较低。作物体内一般地上部分比根系的含钙量高，茎叶的含钙量较高，果实和籽粒较低。钙是难移动、不易被重复利用的元素，故缺素症状首先表现在上部幼茎幼叶上。缺钙初期顶芽、幼叶呈淡绿色，继而叶尖出现典型的钩状，随后坏死。

钙是植物细胞壁胞间层中果胶酸钙的成分，因此，缺钙时，细胞分裂不能进行或不能完成，形成多核细胞。钙缺乏时就会由于细胞不能分裂而造成生长点死亡。钙离子能作为磷脂中的磷酸与蛋白质的羧基间联结的"桥梁"，起稳定膜结构的作用。钙还能结合在钙调蛋白上形成复合物，复合细胞中的许多酶类对细胞的代谢调节起着重要作用。

5) 镁的生理功能

镁以离子状态进入植物体，一部分在植物体内形成有机化合物，一部分仍以离子状态存在。植物体内含镁量为干重的 0.05%～0.70%，种子含镁较多，茎叶次之，根系较少。作物生长初期，镁大多存在于叶片中，到了结实期，由于镁在韧皮部中移动性强，贮存在营养体或其他器官中的镁可以被重新分配和再利用，转移到种子中，以植酸盐的形态贮存。缺镁最明显的病症是叶片贫绿，其特点是首先从下部叶片开始，往往叶肉变黄而叶脉仍保持绿色，这是与缺氮病症的主要区别。严重缺镁时可引起叶片的早衰与脱落。

镁是叶绿素的组成成分，对光合作用起着重要作用。镁还是许多酶类的活化剂，参与碳水化合物、脂肪和类脂的合成，并且在核酸和蛋白质代谢中也起着重要作用。

6) 硫的生理功能

硫主要以 SO_4^{2-} 形式被植物吸收，SO_4^{2-} 进入植物体后，贮藏在液泡中，一部分仍保持不变，而大部分被还原成硫，进而同化为含硫氨基酸，如胱氨酸、半胱氨酸和蛋氨酸，是组成蛋白质的必需成分。植物吸收的硫首先满足合成有机硫的需要，多余时才以 SO_4^{2-} 形态贮藏于液泡中。同一植物蛋白质中硫和氮的含量基本上是恒定的。缺硫时则植物体 S/N 发生变化，可用 S/N 来诊断植物的硫营养状况。

植物体内的含硫量为干物重的 0.1%～0.5%，十字花科植物种子含硫量可高达 1.7%，豆科、百合科植物次之，禾本科植物较少。植物体内硫的移动性很小，难以再利用，因此，缺硫时的症状首先表现在幼叶上。

7）铁的生理功能

铁主要以 Fe^{2+} 的螯合物被吸收。铁进入植物体内就处于被固定状态而不易移动。铁是许多酶的辅基，如细胞色素、细胞色素氧化酶、过氧化物酶和过氧化氢酶等。大多数植物的含铁量为 100～300mg/kg（干重），铁主要分布于茎叶中，籽粒、块茎等贮存器官中较少。

无机铁在二价和三价之间的变化中，获得或释放一个电子，可起氧化还原作用。但无机铁的氧化还原能力较低，如能和某些稳定的有机物结合，其氧化还原能力就有飞跃的提高。铁是多种酶的成分，广泛存在于植物体内的过氧化氢酶和过氧化物酶，也是铁卟啉与蛋白质的结合物，铁还以离子形态与酶结合，是呼吸作用中许多重要酶的成分。铁虽不是叶绿素的成分，但缺乏有效铁会影响叶绿体的片层结构，进而影响叶绿素的形成。铁是细胞色素的成分，通过铁的价变把电子最后传给氧分子，完成呼吸反应，参与呼吸作用和三磷酸腺苷的形成。

铁的再利用程度低，老叶中的铁很难再转移到新生的组织中，缺铁的典型症状是幼叶叶脉间失绿黄化，下部老叶仍能保持绿色，缺铁导致根的伸长受阻，根尖部分的直径增加，产生大量的根毛。

8）铜的生理功能

铜为多酚氧化酶、抗坏血酸氧化酶、漆酶的成分，在呼吸的氧化还原中起重要作用。铜也是质蓝素的成分，它参与光合电子传递，故对光合有重要作用。铜主要以 Cu^{2+} 形式被吸收。植物体内铜的含量较少，为 5～25mg/kg（干重），主要分布于幼嫩叶片、种子胚等生长活跃的组织中，而茎秆和老熟叶片中较少。在叶细胞中，约有 70%的铜结合在叶绿体中。植物缺铜时，叶片生长缓慢，呈现蓝绿色，幼叶缺绿，随之出现枯斑，最后死亡脱落。另外，缺铜会导致叶片栅栏组织退化，气孔下面形成空腔，使植株即使在水分供应充足时也会因蒸腾过度而发生萎蔫。

9）锌的生理功能

锌以 Zn^{2+} 形式被植物吸收，植物体内的含锌量一般为 25～150mg/kg。存在于植物体内的锌移动性很小，缺乏时往往在幼叶部位首先出现症状。

植物体内的锌是蛋白酶、肽酶和脱氢酶的组成成分。主要存在于叶绿体中的碳酸酐酶能够催化 CO_2 水合作用生成碳酸氢盐，有利于碳素的同化作用。锌是色氨酸酶的组分，能催化丝氨酸与吲哚形成色氨酸，而色氨酸又是吲哚乙酸（IAA）的合成前体，所以锌能促进细胞生长，缺锌时导致植物生长受阻，出现通常说的"小叶病"。

10）锰的生理功能

锰主要以 Mn^{2+} 形式被植物吸收。植物体内的锰含量占干物重的十万分之几至千分之几，不同作物及不同部位的含量有较大差异。锰是光合放氧复合体的主要成员，缺锰时光合放氧受到抑制。锰为形成叶绿素和维持叶绿素正常结构的必需元素。锰在作物体内的移动性较小，缺锰时植物不能形成叶绿素，叶脉间失绿褪色，但叶脉仍保持绿色，此为缺锰与缺铁的主要区别。

锰参与光合作用中水的光解,在叶绿体内存在一个含锰的蛋白质。它与光系统Ⅱ结合,参与水的光解,放出 O_2 和电子,并把所产生的电子传递给光系统Ⅱ。锰也是许多酶的活化剂,如一些转移磷酸的酶和三羧酸循环中的柠檬酸脱氢酶、草酰琥珀酸脱氢酶、苹果酸脱氢酶、柠檬酸合成酶等都需要锰的活化,故锰与光合和呼吸均有关系。锰还是硝酸还原的辅助因素,缺锰时硝酸就不能还原成氨,植物也就不能合成氨基酸和蛋白质。此外,锰还影响组织中生长素的代谢,能活化吲哚乙酸(IAA)氧化酶,促进 IAA 的氧化和分解。

11)硼的生理功能

硼以硼酸(H_3BO_3)的形式被植物吸收,植物体内硼的含量变幅很大,为 $2\sim95$ mg/kg。植株各器官中硼的含量以花最高,花中又以柱头和子房为高,因为硼对繁殖器官的形成有重要作用,其与花粉形成、花粉管萌发和受精有密切关系。缺硼时花药花丝萎缩,花粉母细胞不能向四分体分化。

硼能参与糖的运转与代谢。硼能提高尿苷二磷酸葡萄糖焦磷酸化酶的活性,故能促进蔗糖的合成。硼还能促进植物根系发育,特别对豆科植物根瘤的形成影响较大,因为硼能影响碳水化合物的运输,从而影响根对根瘤菌碳水化合物的供应。因此,缺硼会阻碍根瘤形成,降低豆科植物的固氮能力。此外,缺硼时氨基酸很少掺入蛋白质中,这说明缺硼对蛋白质合成也有一定影响。硼对细胞壁的合成和结构的稳定非常重要,缺硼抑制细胞壁的合成,细胞分裂和生长受阻。缺硼时,受精不良,籽粒减少。根尖、茎尖的生长点停止生长,侧根侧芽大量发生,其后侧根侧芽的生长点又死亡而形成簇生族,植物生长畸形。

12)钼的生理功能

钼以钼酸盐(MoO_4^{2-})的形式被植物吸收,当吸收的钼酸盐较多时,可与一种特殊的蛋白质结合而被贮存。钼是植物必需营养元素中含量最少的,正常植株的含钼量为 $0.1\sim300$mg/kg(干重),通常不到 1mg/kg。叶片含钼量通常高于茎和根,但豆科植物根瘤中含钼量比叶片高很多,因为钼是固氮酶的组分。

植物体内钼的生理功能主要表现在氮素代谢方面。钼是硝酸还原酶的组成成分,缺钼则硝酸不能还原,呈现出缺氮病症。豆科植物根瘤菌的固氮特别需要钼,因为氮素固定是在固氮酶的作用下进行的,而固氮酶是由铁蛋白和铁钼蛋白组成的。钼还影响叶绿素的合成,缺钼时叶绿素含量减少,叶较小,叶脉间失绿,有坏死斑点,且叶边缘焦枯,向内卷曲。十字花科植物缺钼时叶片卷曲畸形,老叶变厚且枯焦。

13)氯的生理功能

氯是在 1954 年才被确定的植物必需元素。氯以 Cl^- 的形式被植物吸收。大部分的氯也以 Cl^- 的形式存在,只有极少量的氯被结合成有机物。植物最适生长所需的氯浓度为 $0.2\sim0.4$mg/kg,但植物体内氯的含量常高达 $2\sim20$mg/kg。因此氯存在的问题是氯的毒害而不是氯的缺乏。氯主要分布于茎叶中,籽粒中较少。

氯在植物体内参与光合作用,在光合作用中,氯作为锰的辅助因子参与水的光解反应,并与 H^+ 一起由间质向类囊体腔转移,起着平衡电性的作用。在光合作用中 Cl^- 参加水的光解，叶和根细胞的分裂也需要 Cl^- 的参与，Cl^- 还与 K^+ 等离子一起参与渗透势的调节，如与 K^+ 和苹果酸一起调节气孔开闭。缺氯时，叶片萎蔫，失绿坏死，最后变为褐色；同时根系生长受阻、变粗，根尖变为棒状。

(二)缺素和元素过量症状

花卉植物缺乏必需元素会出现花卉生长受阻、发育不良等问题，这在很多文献中都有大量阐述，但对元素过量的危害重视不够。对于花卉栽培要点是营养平衡，营养缺乏(不良)或营养过剩都不利于花卉生长。

植物的养分状况能比较集中地在叶子上表现出来。因此，很多年以来人们都是根据叶色和叶斑判断植株的营养是否正常，必要时以其他器官的特征作为辅助判断。

有关植物必需元素缺乏和过量症状归纳于表 2.2。

表 2.2　元素缺乏症状和过量症状

元素	缺乏症状	过量症状
氮(N)	老叶先淡绿或黄色，植株矮小，枝纤细	叶大、茎长、徒长，茎木质化程度低
磷(P)	老叶先暗绿，易过早脱落，茎、叶脉紫红，茎细短	叶肥厚、密集、色浓，植株矮小、节间短、早熟
钾(K)	老叶先出现斑驳失绿，叶缘叶尖坏死，叶身卷曲发黑枯死	引起缺镁症
钙(Ca)	幼叶尖或缘白化坏死，顶芽白化枯死，根尖停止生长、变白和死亡	引起缺铁、锰、镁，干扰锌的吸收
镁(Mg)	老叶脉间先失绿，有时有红、橙、紫等鲜明色泽	叶暗绿，小叶和年轻叶子卷曲，毒害可因高浓度钙减轻
硫(S)	与缺氮相似，但先从幼叶开始，叶脉失绿，如"茶黄病"	叶蓝绿，小叶卷曲，限制钙的吸收
铁(Fe)	幼叶脉间失绿，叶脉绿色	老叶褐色斑，根灰黑色，易腐烂
锌(Zn)	节间生长严重受阻，叶畸形，脉间失绿，簇生	植株对过量锌的耐受力较强
锰(Mn)	幼叶脉间失绿，有坏死斑点	缺铁症，缺钙症
铜(Cu)	幼叶叶尖坏死，叶片枯萎发黑，花器褪色	新叶失绿，老叶坏死，叶柄、叶背紫红色，很像缺铁
硼(B)	幼叶基部失绿、枯死、捲曲，老叶变厚、变脆、畸形，茎木栓化，花器发育受阻，果小、畸形	成熟叶片尖端和边缘出现白化斑驳、幼苗可以通过吐水泌硼
钼(Mo)	老叶脉间失绿，叶缘坏死，有大小不一的黄或橙色斑，叶片扭曲呈杯状，变厚枯焦，十字花科呈鞭尾叶	植物耐受力强
氯(Cl)	叶尖凋萎，而后叶片失绿，呈青铜色，以致坏死	叶缘似烧伤，早熟性发黄，叶片脱落

(三)根外施肥

无机营养主要是通过植物的根吸收，少量也可能通过茎叶吸收，叶片吸收营养的方式叫根外施肥。生产上常把速效性肥料(多数是微肥)直接喷施在叶面上以供植物吸收，这种施肥方法称为根外施肥或叶面营养。

溶于水中的营养物质喷施到植物叶面以后，主要通过气孔(有一部分也通过湿润的角质层)进入叶内。

　　营养物质进入叶片的量与叶片的内外因素有关。新叶比老叶的吸收速率和吸收量大，这是由于二者的表层结构差异和生理活性不同。温度对营养物质进入叶片有直接影响，在30℃、20℃和10℃时，叶片吸收 ^{32}P 的相对速率分别为100、71 和 53。由于叶片只能吸收溶解在溶液中的营养物质，所以溶液在叶面上保留时间越长，被吸收的营养物质的量就越多。所以外界环境因素(如光照、风速、气温、大气湿度等)会影响叶片对营养物质的吸收。故而向叶片施肥时应选择在凉爽、无风、大气湿度高的时间(如阴天、傍晚)进行。

　　根外施肥具有肥效快、用量省等特点，特别是在植物生长后期，因为此时植物根系活力降低、吸肥能力衰退；或因基质缺水、pH 等因素影响不利于植物吸收养分；或是肥力效果差时(如铁在碱性基质中有效性很低、钼在酸性基质中被固定等情况下)，采用根外追肥可以收到明显效果。常用于叶面喷施的肥料有尿素、磷酸二氢钾及微量元素。

　　根外施肥的不足之处是对角质层厚的叶片(如柑橘类)效果较差，以及喷施浓度稍高就易造成叶片伤害。

(四)花卉有机营养

　　花卉植物从环境中吸收无机物，在体内合成复杂的有机物，用以建造自己的身躯。植物吸收利用无机物与有机物合成的关系如图2.4 所示。

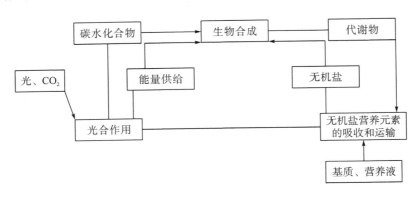

图 2.4　植物利用无机物与有机物的关系

　　图 2.4 表明：①光合作用把二氧化碳(CO_2)转变为碳水化合物，实现无机物向有机物的转变；②有机物、无机物和能量的代谢以生物合成为中心进行；③物质、能量在植物体内的转变受环境因素(大气和介质因素)的调控。因此，可以通过调控大气和介质因素来控制植物的代谢。

1. 光合作用

　　光合作用指绿色植物吸收光能，把二氧化碳和水合成有机物，同时释放氧气的过程。光合作用主要在叶片中进行，叶绿体是光合作用的细胞器。光合作用包括两个基本过程，即光反应和暗反应。

1) 光反应

光反应是叶绿体在光的照射下分解水（H_2O），形成用于其他化学反应的同化力[三磷酸腺苷（adenosine triphosphate，ATP）和还原型烟酰胺腺嘌呤二核苷酸磷酸（nicotinamide adenine dinucleotide phosphate，NADPH+H$^+$）]，以及放出氧气的过程。无机离子氮、磷、钾、钙、镁、铁、硫、锌、锰、铜等参与该反应[式（2.1）]。

$$H_2O \xrightarrow[\text{N,P,K,Ca,Mg,Fe,S,Zn,Mn,Cu}]{\text{光、叶绿体}} \text{ATP+NADPH+H}^++O_2 \qquad (2.1)$$

2) 暗反应

暗反应是叶绿体利用光反应产生的同化力（ATP 和 NADPH+H$^+$）把空气中的二氧化碳还原成有机物——糖[$(CH_2O)n$]的过程。无机离子氮、磷、钾、钙、镁、硫、铁、锌、锰、硼、氯等参与该反应[式（2.2）]。

$$CO_2 \xrightarrow[\text{N,P,K,Ca,Mg,Fe,S,Zn,Mn,B,Cl}]{\text{ATP,NADPH+H}^+\text{，叶绿体}} (CH_2O)_n \qquad (2.2)$$

综合上述两个过程，可以得到光合作用的公式如下：

$$CO_2+H_2O \xrightarrow[\text{绿色植物}]{\text{光能}} (CH_2O)_n+O_2 \qquad (2.3)$$

光合作用把无机物转化为有机物，是植物与环境关系的内外因联系，调节植物的光合作用可以通过调控环境因素来实现。

2. 呼吸作用

呼吸作用是线粒体所进行的把光合作用形成的复杂的有机物分解为二氧化碳和水并释放能量的过程。

在有氧条件下，有机物完全氧化分解，产生二氧化碳和水，以葡萄糖（$C_6H_{12}O_6$）作为呼吸底物，则有氧呼吸的总反应式如下：

$$C_6H_{12}O_6+6O_2 \longrightarrow 6CO_2+6H_2O+2870kJ \qquad (2.4)$$

呼吸作用释放的部分能量用以形成能量载体——三磷酸腺苷。三磷酸腺苷贮存能量，可以为生物体内所进行的各种消耗能量的反应提供能量。按三磷酸腺苷转化为二磷酸腺苷（adenosine diphosphate，ADP）时释放的自由能为−30.5 kJ/mol（负号表示释放能量）计算，1mol 葡萄糖完全氧化分解时将产生 38mol 三磷酸腺苷，共得自由能 1159kJ/mol，相当于氧化 1mol 葡萄糖释放能量的 40%，其他能量则用作分子内能和维持植物体温。

植物的每个生活细胞每时每刻都进行着呼吸作用，即使是那些含水量极低的种子，同样也存在着极微弱的呼吸作用。细胞停止了呼吸作用，也就是停止了生命活动。在花卉栽培中，可以通过改善根系周围的通气条件和空气条件，使植株根系和地上部分都有充足的氧气,同时及时排放呼吸作用产生的二氧化碳,促进植株的呼吸就是增强植株的生命活力。

(五)影响植物营养代谢的环境因素

1. 基质因素

基质因素主要是指植物根系所处基质(溶液)的环境物质。其温度、pH、水分含量、通气状况、养分浓度等都影响植物对养分的吸收和根系的生理功能。

基质温度一般比气温低,通常以 $15\sim25℃$ 最合适。在冬季,如果有条件,把根系温度控制在该范围内,可以促进花卉生长,提早上市。在夏季,基质温度不应过低或过高,否则根系功能受限制,造成地上部分的伤害。

pH 对植物营养生理影响极大,植物根系对基质酸碱度的适应性与遗传性有关。有的植物能在酸性基质中生长良好,如杜鹃花;有些植物在中性甚至偏碱的基质中生长良好,如菊花。植物对酸碱度的适应主要在根部。

水分与通气是相互矛盾的,水分多则通气不好,使基质的氧气供应减少,二氧化碳排不出去,造成根系缺氧窒息。水分不足,根系吸收不到足够的水分而干死。基质的水分多少要根据植物及其所处的特定环境来决定。

植物对养分的需求和忍耐有一个合适的范围,超过或低于该范围将出现中毒或缺素症。同时植物对养分的吸收具有选择性,即使营养液的离子比例不是很合适也没太大关系,只要在有效范围内,植物可以选择性地吸收所需的养分。

2. 大气因素

大气因素主要有光、温、水和气体等。

由于植物原产地光照的不同,植物已经适应了光的强弱、光质和光照时间。光照是控制花卉植物生长分化的重要因素之一,它主要影响植物的光合作用、光控发育系统,从而间接地控制着营养和水分的吸收。生产上常常采用控制光照的方法改变植物的光合作用,或是直接控制其生长分化。

所有生化反应都有酶的参与,而温度是影响酶活性最重要的因素。温度适宜时酶活性较强,代谢加快。

空气湿度也影响花卉生长发育,在生产中要保证空气湿度在花卉生长适合的范围内。

空气质量对花卉生长和质量都有重要影响。在大气污染的地区(如二氧化硫、酸雾、氟化物等)对花卉生长不利。而有些植物(如吊兰)对一些有毒气体的吸收能力很强。

三、影响花卉的环境因子

(一)光

光是植物制造有机物的能量源泉和光控发育系统的基本条件,可以说光是植物的生命之源。一般来说,光照充足,光合作用旺盛,花卉生长和发育就健壮,有利于花芽分化和开花。一般而言,光照对花卉的影响主要表现在光照度、日照长度和光质三个方面。

1. 光照度

不同种类的花卉对光照度的要求不同，主要与它们的原产地光照条件相关。根据花卉对光照度的要求不同，可将其划分为以下三类。

（1）阳性花卉。这类花卉喜强光，不耐荫蔽，必须在全光照下才能正常生长。如果光照不足，则枝条纤细、节间伸长、枝叶徒长、叶片黄瘦，花小而不艳、香味不浓，开花不良甚至不能开花。原产于热带与温带的平原、高原、南坡以及高山阳面岩石上的花卉均为阳性花卉，如大多数露地一、二年生花卉及宿根花卉、仙人掌科、景天科和番杏科等多浆植物。

（2）阴性花卉。这类花卉要求适度荫蔽（50%～80%）才能正常生长，不能忍受强烈的直射光，多原产于热带雨林或高山阴坡及林下，具有较强的耐阴能力，在适度荫蔽的条件下生长良好。阴性花卉主要是一些观叶花卉和少数观花花卉，如蕨类、兰科、苦苣苔科、凤梨科、天南星科和秋海棠科植物。其中一些花卉可以较长时间在室内陈设。

（3）中性花卉。该类花卉对光照度要求不严格，对光照度的要求介于上述二者之间，既不很耐阴又怕夏季强光直射，如萱草、耧斗菜、山茶、白兰花、桔梗、白及等。

花卉与光照度的关系不是固定不变的，随着花卉年龄和环境条件的改变会相应地发生变化甚至变化较大。光照度对花蕾开放和花色都有影响。有的花卉在早晨开放，如荷花；有的在傍晚开放，如紫茉莉、晚香玉等；有的在烈日下开放，如半支莲、酢浆草；有的在晚上开放，如昙花。各类喜光花卉在开花期若适当减弱光照，不仅可以延长花期，而且能保持花色艳丽；而各类绿色花卉（如绿月季、绿牡丹、绿菊花、绿荷花等）在花期适当遮阴则能保持花色纯正、不易褪色。

光照度对花色也有影响，紫红色花是由于花青素的存在而形成的，花青素必须在烈日下产生，如春季芍药的紫红色嫩芽以及秋季的红叶（还受温度影响）。一般随温度升高，蓝色部分增加，随光强度增大，白色部分增加。

2. 日照长度

植物开花的多少、花朵的大小等除与其本身的遗传特性有关外，日照长度对花卉花芽分化和开花也具有显著的影响。植物开花对日照长度的反应叫作"光周期反应"（表2.3）。

表 2.3　部分花卉的光周期 （单位：h）

长日照花卉	日照时数	短日照花卉	日照时数
木槿	>12	落地生根	<12
大涅菊	>12	菊花	<15
金光菊	>10	黄花波斯菊	<14
倒挂金钟	>12	高凉菜	<12
莳萝	>11	一品红	<12.5
天山子	>10	蝶花堇菜	<11
蝎子掌	>13	—	—

注：中日照花卉有凤仙花、栀子、圣诞树、千日红、千里红、月季等。

根据花卉对光照时间的反应不同，通常将花卉分为以下三类。

(1)长日照花卉。长日照植物要求每天的光照必须长于一定的时间(一般在12h以上)才能正常形成花芽和开花。延长光照可促进或提早开花，在短日照下则延迟或阻止开花。二年生花卉属于此类，秋播后开始营养生长，春季长日照时开花，如瓜叶菊、紫罗兰；早春开花的多年生花卉如福禄考也属此类。此类花卉日照时间越长，生长发育越快，营养积累越充足，花芽多而充实，因此花多色艳，种实饱满，否则植株细弱，花小色淡，结实率低。

(2)短日照花卉。这类植物要求每天的光照必须短于一定的时间(一般在12h以内)才有利于花芽的形成和开花。延长黑暗或缩短光照可促进或提早开花，延长日照可以抑制开花或不能成花。一年生花卉，春天播种秋天开花。其他秋天开花的多年生花卉也属此类，如菊花、一品红是典型的短日照植物，当日照时间减少到10～11h，才开始进行花芽分化。多数自然花期在秋、冬季的花卉属于短日照植物。

(3)日照中性花卉。这类植物对日照长短不敏感，只要其他条件满足，在长短日照下均能开花，如大丽花、香石竹、月季、扶桑、非洲菊、非洲紫罗兰等。

3. 光质

光质又称光的组成，是指具有不同波长的太阳光的成分。植物的生长分化对不同波长的光有不同的反应，因此，不同波长的光具有不同的生理效应。作用吸收最多的是红光，其次为黄光，蓝紫光的同化效率仅为红光的14%。红光、橙光促进碳水化合物合成，促进植物的高生长、不定根形成和需光种子发芽，促进长日照植物开花。蓝光促进蛋白质、维生素C、花青素合成，促进植物的径向生长，抑制徒长和促进短日照植物开花。

(二)温度

1. 花卉对温度三基点的要求

温度是影响植物体内酶活性和物理化学反应速率最重要的因素。每种花卉生长分化对温度的要求都有三基点，即最低温、最适温和最高温，亦即最低点、最适点和最高点。

由于原产地不同，花卉生长对温度的要求有很大差异，如原产热带的不耐寒的花卉，一般在18℃以上生长；原产寒带的花卉是耐寒性花卉，对温度三基点要求较低，如雪莲在4℃时就开始生长。能忍耐-30～-20℃的低温。原产温带的花卉，介于耐寒与不耐寒花卉之间，一般10℃左右开始生长；原产亚热带的花卉，在15～16℃开始生长。在花卉栽培过程中，为利于花卉生长，应尽可能提供与原产地近似的生态条件。

2. 不同花卉种类对温度的要求

根据不同花卉对温度的要求，一般可将花卉分为以下五种类型。

(1)耐寒花卉。此类花卉多原产于高纬度地区或高山，性耐寒而不耐热，一般能忍耐0℃的低温，有些种类能忍受-10℃或更低的气温而不受害，如木本花卉中的榆叶梅、牡丹、丁香、荷包牡丹、荷兰菊、芍药等。

（2）喜凉花卉。此类花卉在冷凉气候下生长良好，稍耐寒但不能太寒，不耐高温，一般在-5℃左右不受冻害，如梅花、桃花、月季、菊花、三色堇等。

（3）中温花卉。此类花卉原产温带，一般耐轻微短期霜冻，在我国长江流域以南大部分地区露地能安全越冬，如山茶、云南山茶、杜鹃花、报春花等。

（4）喜温花卉。此类花卉性喜温暖而绝不耐霜冻，一经霜冻，轻则枝叶坏死，重则全株死亡。一般在5℃以上能安全越冬，如茉莉、叶子花、白兰花、瓜叶菊、非洲菊、蒲包花和大多数一年生花卉。

（5）耐热花卉。此类花卉原产热带，生长期要求温度在15℃以上，能耐40℃或以上的高温，但极不耐寒，在10℃甚至15℃以下便不能适应，如米兰、扶桑、红桑、变叶木及许多竹芋科、凤梨科、天南星科、胡椒科热带花卉。

3. 温度对花卉生长分化的影响

1）主要花卉的昼、夜最适温度

花卉所处的环境中温度总是变化的，有两个周期性的变化，即季节的变化及昼夜的变化，所需的最适温度也在不断变化，一般而言，一年生花卉种子萌发可在较高温度下（尤其是土壤温度）进行。一般喜温花卉的种子，发芽温度在25～30℃为宜；而耐寒花卉的种子，发芽可以在10～15℃或更低时就开始。幼苗期要求温度较低，幼苗渐渐长大又要求温度逐渐升高，这样有利于进行同化作用和积累营养。旺盛生长期需要较高的温度，否则容易徒长，而且营养物质积累不够，影响开花结实。热带花卉的昼夜温差应在3～6℃，温带花卉在5～7℃，而沙漠植物（如仙人掌）则要求10℃以上。这种现象称为温周期。

昼夜温差也有一定的范围。如果日温高夜温过低也生长不好。不同花卉要求的昼夜最适温度不同（表2.4）。

表2.4　一些花卉的昼夜最适温度　　　　　　　　（单位：℃）

种类	白天最适温度	夜间最适温度
金鱼草	14～16	7～9
心叶藿香蓟	17～19	12～14
香豌豆	17～19	9～12
矮牵牛	27～28	15～17
彩叶草	23～24	16～18
翠菊	20～23	14～17
百日草	25～27	16～20
非洲紫罗兰	23.5～25.5	19～21
月季	21～24	13.5～16

2）春化作用

有些花卉开花之前需要一定时期的低温刺激，这种低温诱导植物开花的作用叫作春化作用，也称感温性。这个低温周期叫作春化阶段。不同植物所要求的低温值和处理时间不同。根据花卉对低温的要求不同将其分为以下三类。

(1) 冬性植物。冬性较强的花卉要求温度越低、持续时间也越长才能完成春化作用，这类花卉要求低温 0～10℃、30～70 天内完成春化作用，如二年生花卉月见草、洋地黄、毛蕊花等；秋播草花如虞美人、蜀葵及香矢车菊等；多年生早春开花种类如鸢尾、芍药等。

(2) 春性植物。这类植物要求 5～12℃、5～15 天的低温处理才能成花。一年生花卉、秋季开花的多年生草花属此类。

(3) 半冬性植物。这类植物介于上述两类之间，对低温不太敏感，3～15℃、15～20 天完成春化作用。

3) 温度与花芽分化

植物通过春化阶段后，在适宜的温度条件下花芽才能正常分化。不同花卉其适宜温度也不同，据此将花芽分化大致分为以下两类。

(1) 在高温下花芽分化。这类花卉在夏季花芽分化。例如，花木类的杜鹃花、山茶花、梅花、桃花、樱花、紫藤花等在 6～8 月 25℃以上分化，入秋后打破休眠才开花；许多球根类花卉(如唐菖蒲、晚香玉、美人蕉等)在夏季 17～18℃分化；而郁金香、风信子是在夏季休眠期进行分化。

(2) 在低温下花芽分化。许多原产温带中北部及各地的高山花卉，其花芽分化多在 20℃以下较凉爽的气候条件下进行。例如，八仙花、卡特兰属、石斛属的某些种类，在 13℃左右短日照下分化花芽。秋播草花(如金盏、雏菊等)也要求在低温下分化。

温度还会影响花色。有些花卉在弱光、高温下开花，但几乎不着色。例如，蓝白复色的矮牵牛，蓝色和白色部分的多少受温度的影响，在 30～35℃高温下，花呈蓝色或紫色；在 15℃以下呈白色；在 15～30℃时，则呈蓝和白的复色花。月季在低温下呈浓红色，在高温下呈白色；菊花、翠菊及其他草花在寒冷地区栽培均比在暖地浓艳。而喜冷凉的花卉，如遇 30℃以上的高温则花朵变小，花色黯淡，如虞美人、三色堇、金鱼草、菊花等。

多数花卉开花时如遇气温较高、阳光充足的条件，则花香浓郁。不耐高温的花卉遇高温时香味变淡。这是由于参与各种芳香油形成的酶类的活性与温度有关。花期气温高于适温时，花朵提早脱落，同时，高温干旱条件下，花朵香味持续时间也缩短。

(三) 水分

水是植物的重要组分，没有水就没有生命。水是原生质的组分，植物体内进行的一系列生理生化反应都离不开水，水分的多少直接影响着植物的生存、分布、生长和发育。水也是物质运输的介质，是维持细胞膨压(紧张度)的重要条件。植物缺水会造成叶片萎蔫，生长缓慢以致停止生长，严重缺水时植物会枯死。根据花卉对水分的反应将其划分为以下五类。

(1) 旱生花卉。旱生花卉多原产热带干旱、沙漠地区或雨季与旱季有明显区分的地带。这类花卉耐旱性强，能忍受长期的大气和土壤干燥而继续生活。这类花卉的形态特征是叶片退化为刺针状或肉质化；表皮层和角质层加厚，气孔下陷，叶表有厚茸毛，细胞液浓度升高，渗透势负值加大；同时根系发达，吸水力强。这些特征是为适应干旱环境而演化的，有利于吸水和减少蒸腾。在栽培管理中，应掌握宁干勿湿的浇水原则，防止水分过多造成花卉烂根、烂茎而死亡。

（2）半旱生花卉。半旱生花卉叶片多呈革质、蜡质、针状、片状或具有大量茸毛，如山茶、杜鹃花、白兰花、天门冬、梅花、蜡梅以及常绿针叶植物等。栽培中的浇水原则是干透浇透。

（3）中生花卉。大多数花卉属于中生花卉，不能忍受过干或过湿的条件，但是由于种类众多，因而对干与湿的忍耐程度具有很大差异。有些种类的习性偏于旱生，有些则偏于湿生。大多数露地花卉均属于这一类。凡根系分枝力强，能深入地下的种类，能从干旱地表下层的土壤里吸收水分，其抗旱力强，一般宿根花卉属于这一类。一、二年生花卉与球根花卉根系不及宿根花卉强大，耐旱力弱。常见的花卉不怕积水的如大花美人蕉、栀子花、凌霄、南天竹、棕榈等，怕积水的如月季、虞美人、桃、挺茎遍地金、西番莲、大丽花等。

（4）湿生花卉。湿生花卉多原产于热带雨林中或山涧溪旁，喜生于空气湿度较大的环境中，这类花卉耐旱性弱，要求经常有大量水分存在，或栽培基质内有饱和水汽的空气。其根、茎和叶有发达的通气组织与外界空气相通。其中，喜阴的如海芋、华凤仙、翠云草、合果芋、龟背竹等，喜光的如水仙燕子花、马蹄莲、花菖蒲等。在养护中应掌握宁湿勿干的浇水原则。

（5）水生花卉。生长在水中的花卉叫水生花卉。水生植物根或茎一般都具有较发达的通气组织，在水面以上的叶片大，在水中的叶片小，常呈带状或丝状，叶片薄，表皮不发达，根系不发达。如荷花、睡莲、王莲等。

同一种花卉在其生长分化的不同阶段对水分的需求不同。种子萌发时需水量较多，幼苗阶段根系弱，分布浅，抗旱力弱，要求经常保持湿润。种子萌发后，在幼苗期因根系浅而瘦弱，根系吸水力弱，保持土壤湿润状态即可，不能太湿或有积水，需水量相对于萌芽期要少，但应充足。旺盛生长期需要充足的水分供应，以保证生理代谢活动顺利进行。开花结实期，需水较少，要求空气湿度小，否则花粉容易破裂。种子成熟时更要求空气干燥。

水分对花卉的花芽分化及花色也有影响。一般情况下，控制水分供给可以起到控制营养，促进花芽分化的作用。例如，风信子、水仙、百合等用 30～35℃的高温处理种球，使其脱水，可以使花芽提早分化并促进花芽的伸长。此外，在栽培中常用"扣水"的方法来停止花芽生长，从而转向花芽分化，控制花期。

花色在水分供给正常时才能显现正常色彩。缺水时花色浓，色素形成多，如蔷薇、菊花均属此类。在花卉栽培中，水分不足时容易出现萎蔫，特别是一些叶片大而薄的花卉如瓜叶菊更容易出现萎蔫。中午日照强烈时给花卉浇足够的水也会导致萎蔫，这是因为水的温度比根系周围的低，使根系受冷，吸水困难所致。

基质中的水分含量与通气是相反的关系。当基质含水量多时，占用了基质的气体空间，使根系通气受到影响；基质中水分减少时基质里的空气湿度不够，根系容易干燥而受害。因此，栽培技巧之一就是恰如其分地掌握供水时机和供水量，保持基质中水分和空气的含量处于最佳比例。

花卉与环境的关系还有许多，如酸碱问题、营养问题、气体问题等。这些将在无土栽培的有关章节中加以介绍。

四、成花诱导与抑制

由营养生长转入生殖生长是花卉植物生命周期中的一大转折，但是花卉植物都必须达到一定的生理状态后，才能感受所要求的外界条件而开花。植物的成花一般必须具备 4 个条件，即花前成熟、光周期反应、春化作用、营养条件。

(1)花前成熟。即花卉植物必须达到一定大小、年龄或发育阶段，才能接受成花诱导。

(2)光周期反应。某些花卉植物必须经过合适的光周期诱导才能成花。有些花卉需要一段时间的长日照，有些花卉则需要一定时间的短日照。

(3)春化作用。二年生和越冬的一年生植物，以及某些多年生植物，只有通过一个时期的低温才能获得成花的能力。

(4)营养条件。营养条件和其他外部条件也是影响成花的因素。

花卉的成花诱导和抑制根据具体花卉成花生理原理，可以人为地采取物理、化学等手段促进或延缓其开花过程，使其在人们最需要花卉的时候开花。

1. 温度处理

温度处理包括打破休眠、春化作用、花芽分化、花芽生长和花茎伸长的控制等方面。根据花卉对打破休眠的温度需求，进行适当的温度处理可以提前打破休眠，形成花芽并加速花芽生长而提早开花；反之，不给相应的温度条件，可使之延迟开花。表 2.5 举例说明了几种花卉的温度处理。

表 2.5　几种花卉的温度处理

花卉	处理			作用
	时期	温度/℃	时间/天	
麝香百合	9 月下旬	14	14	元旦开花用作切花
郁金香	6 月以后	先 20 后 8	20～25 50～60	促进开花，再 10～15℃处理则促进发根
唐菖蒲	3 月中旬	3～5	栽后 75	抑制球茎萌芽生根 早花品种开花

2. 光照处理

对于长日照植物和短日照植物，可以人为地控制日照长度，以提早或延迟其花芽分化和生长，调节花期。人工增加日照时间可以诱导长日照花卉成花，抑制或延缓短日照花卉成花。相反地，人工减少日照时间可以诱导短日照花卉成花，抑制或延缓长日照花卉成花。

下面以秋菊为例说明人工短日照处理的具体方法。

(1)品种。如需夏开，可选白色、黄色品种；如需盛夏前后开，可选粉色和红色品种。

(2)株高。应达一定高度。切花要求株高 50cm 以上，高秆品种为 24cm，矮秆品种为 36cm。

（3）遮光时间。前半月 11h，以后缩短为 9h。

（4）遮光日数。35～50 天。如将长日照加短日照处理则花期延迟。

（5）遮光时刻。遮去早晨和傍晚的阳光。

（6）遮光材料。黑色塑料膜。

（7）注意事项。在 10～15℃下短日照处理。

3. 光照与温度组合处理

多数花卉要求光照与温度组合处理，以诱导或延迟开花。如秋菊，短日照，高于 15℃花芽才分化。又如报春花，短日照，16～21℃花芽分化；低于 10℃长短日照均可分化花芽；30℃不论日照长短均不分化花芽。

4. 药剂处理

可以通过药剂处理来打破球根花卉及花木类的休眠，促进萌芽和生长，提前开花。常用植物生长调节剂、延缓剂处理花卉，以诱导或延缓其成花。部分药剂的作用见表 2.6。

表 2.6　成花调控物质及其作用

名称	合成部位	主要作用
生长素	主要由茎尖合成	最明显的是促进细胞伸长生长，低浓度时促进生长、高浓度时抑制生长；促进插条不定根的形成；对养分起调运作用
赤霉素	主要存在于发育的组织细胞内	促进茎的生长；诱导植物开花；打破休眠；促进雄花分化；还可以加强 IAA 对养分的动员效应，促进坐果
细胞分裂素	在根尖合成	促进细胞分裂；促进芽的分化；促进细胞扩大；促进侧芽发育，消除顶端优势；延缓叶片衰老；打破种子休眠
脱落酸	在根尖合成，在根系干旱时合成更多	促进休眠；促进气孔关闭；抑制生长；促进脱落；增强抗逆性
乙烯	在近成熟的细胞里合成	抑制茎的伸长、促进茎或根的横向增粗及茎的横向生长；促进成熟；促进脱落；促进开花和雌花分化；还可诱导插枝不定根的形成
氯化氯胆碱	人工合成	促使植株矮化、花芽分化
比久	人工合成	促使枝条矮化、花芽分化、果实着色
乙烯利	人工合成	与乙烯作用一致，促使果实早熟
多效唑	人工合成	矮化植株，促进开花坐果

（1）赤霉素的应用。打破休眠：200～4000mg/L 对杜鹃花、樱桃有效，500～1000mg/L 对牡丹有效，滴在芽上 4～7 天开始萌动。茎叶伸长：100～400mg/L 对菊花、紫罗兰、金鱼草、报春花、四季报春、仙客来有效。仙客来出现花蕾时，以 5～10mg/L 为好。促进花芽分化：50～100mg/L 可以代替春化作用，对紫罗兰、秋菊、紫菀等花卉有效。

（2）生长素类的应用。一般认为吲哚乙酸、萘乙酸、2,4-二氯苯氧乙酸等对开花激素的形成有抑制作用。例如，秋菊在分化前用萘乙酸 50mg/L 处理，3 天 1 次共 50 天，可延迟开花 10～14 天。但对于凤梨科植物（如老人须），萘乙酸则促进其开花。

（3）其他试剂的应用。碳化钙或乙炔促进花芽分化。2-氯乙醇 40%溶液 1000mL 加水 1L，促进唐菖蒲发芽。乙醚促进小苍兰发芽。

5. 栽培措施

根据花卉的生长开花习性，通过调节繁殖期或栽植期，采取修剪、摘心、施肥和控水、控温等措施，可以有效地调节花期。

在实际工作中，应该根据不同花卉的生长发育规律及各种相关因子，采取相应措施。需先后使用的，应提前进行试验，再确定最佳方案。经常采用综合性技术处理，诱导和延缓成花更有效。

第三章　花卉无土栽培营养液的配制与管理

营养液配制与管理是花卉无土栽培的关键技术，花卉无土栽培成功与否，以及花卉品质取决于营养液组成配方是否合理，营养液中的各种营养元素能否有效地供给作物生长，以及营养液管理能否满足花卉在整个生长过程中不同生长时期对养分的需求，对于花卉栽培的优质稳产至关重要。

第一节　花卉无土栽培营养液的配制

花卉无土栽培是用非土壤的基质供应营养液或完全利用营养液栽培，基质本身没有营养或不足，营养液中必须含有植物生长所必需的全部营养元素，即氮(N)、磷(P)、钾(K)、钙(Ca)、镁(Mg)、硫(S)等大量元素和铜(Cu)、锌(Zn)、铁(Fe)、锰(Mn)、硼(B)、钼(Mo)等微量元素。其中碳、氢、氧来自大气和水，其他营养元素由根部从营养液中吸收，营养液均由含营养元素的各种化合物组成。营养液配方是通过对植株进行营养分析，了解植物对各种大量元素和微量元素的吸收积累量，并根据不同植物对各种营养元素的不同需要，确定总盐浓度及各元素之间的比率而形成；再对实际栽培结果进行分析总结，进而对配方进行修正和完善，形成稳定、实用的营养液配方。无土栽培营养液的配制一方面要考虑植物对各种营养元素的实际需要，另一方面要考虑植物的吸肥特性。

1)营养液的组成原则

营养液必须含有植物生长所必需的全部营养元素，营养元素的化合物必须是根部可以吸收的状态，也就是可溶于水呈离子状态的化合物，通常是无机盐类以及有机螯合物，营养元素的数量和比例应符合植物生长发育的要求和生理平衡，营养元素的无机盐类构成的总盐分浓度及其酸、碱反应应符合植物的生长要求，组成营养液的各种化合物应在较长时间内保持其有效状态，在被根系吸收过程中产生的生理酸碱反应保持平衡。

2)营养液的配制原则

确保在配制营养液时不会产生难溶性化合物沉淀，要避免营养液在使用过程中相互作用而重新沉淀。在配制营养液的许多盐类中，以硝酸钙、磷酸盐最易和其他化合物起化合作用产生沉淀。如硝酸钙和硫酸钾混在一起，容易产生硫酸钙沉淀；硝酸钙的浓溶液和磷酸盐混在一起，也容易产生磷酸钙沉淀；其他大量元素肥料和微量元素肥料可以混合施用，在配制营养液时，分类配成母液，再稀释混合使用。

3)营养液水的选择

水质与营养液的配制关系密切，水是营养液养分的介质，水质的好坏直接关系到所配制营养液的浓度、稳定性和使用效果，必须用洁净无害的水源来配制营养液，在生产中选用符合饮用标准的雨水、井水和自来水，经人工净化后一般都可用于无土栽培生产用水。配制营养液所用的水应先测其钙含量，确定是软水还是硬水，以便选择营养液配方。在配制营养液时，应测定水的电导率，再换算成配制的营养液电导率。

4）营养液肥料的选择

花卉无土栽培规模化生产中，大量元素多使用化学肥料或工业原料(如硝酸钙、硝酸钾、磷酸二氢钾、硫酸镁等)，微量元素多采用化学试剂或螯合微肥。在无土栽培施肥时，要注意肥料的纯度，确定所选盐类的养分含量百分率达到配制要求，要尽量选用纯度高、杂质较少的肥料。很多肥料吸湿性很强，需干燥储藏。若因储藏不善而吸湿明显的，必须测定其水分含量，计算出其中干物质的量，再计算肥料用量，其中化学试剂按纯品称量即可。

5）营养液的配制类型

在花卉无土栽培实际生产中，营养液的配制方法有两种，一种是先配制成浓缩营养液（或称母液），然后用浓缩营养液配制成工作营养液；另一种是直接称取营养元素化合物直接配制成工作母液。根据实际需要选择配制方法，但不论选择哪种配制方法，都要在配制过程中以不产生难溶性沉淀物质为指导原则。

6）浓缩营养液的配制方法

首先把相互之间不会产生沉淀的化合物分别配制成浓缩营养液，然后根据浓缩营养液的浓度倍数稀释成工作营养液。在配制母液时要根据配方中各种化合物的用量及其溶解度来确定其浓缩倍数。浓缩倍数不能太高，否则可能因化合物过饱和而析出。而且浓缩倍数太高时，溶解较慢，操作不方便，一般以方便操作的整数倍来浓缩：大量元素一般可配制成浓缩 250 倍液或 500 倍液；而微量元素由于其用量小，为了称量方便且精确，可配制成1000 倍液。营养液组成配方的化合物会发生有沉淀生成的化学反应，在配制时为了防止营养液产生沉淀而使部分离子失效，营养元素不能充分供应引起花卉生长不良，不能将配方中的所有化合物放置在一起溶解，而是将其进行分类，把相互之间不会产生沉淀的化合物放在一起溶解，如以钙盐为中心的化合物(A 液)，以磷酸盐为中心的化合物(B 液)，以及微量元素放在一起(C 液)。

7）工作营养液的配制方法

花卉在不同的生长时期，所需营养液的浓度也不相同，应根据实际情况利用浓缩营养液稀释为适当浓度的工作营养液。根据实际需要的工作营养液的体积，计算量取 A、B、C 母液的体积。母液的吸取量(mL)=工作母液的体积(mL)/浓缩倍数。配制时应先在盛装工作营养液的贮液池中放入需要配制体积的 50%～70%的清水，量取所需要的 A 液倒入，开启水泵循环或搅拌使其均匀，然后量取所需 C 液用较大量清水稀释后，分别在贮液池的不同位置倒入，并让水泵开启循环或搅拌均匀，最后量取所需 B 液，按照浓缩 C 液的方法加入贮液池，经水泵循环流动或搅拌均匀调节至适当的浓度即完成工作营养液的配制。在花卉规模化生产中，因为工作营养液所需的总量很大，如果配制浓缩营养液后再经稀释来配制工作营养液，势必要配制大量的浓缩营养液，这将给实际操作带来不便，故常常采用称取各种营养物质来直接配制工作母液。具体配制方法是：在贮液池中放入所需要配制营养液总体积 50%～70%的清水，然后称取 A 液的各种化合物放在一个容器中，溶解后倒入贮液池中，开启水泵循环流动，然后称取 B 液的各种化合物放入另一个容器中，溶解后用大量水稀释，并加到贮液池中，开启泵循环流动，取另一容器称取微量元素化合放在一起溶解，并倒入贮液池中，开启水泵循环流动至整个贮液池的营养液均匀为止。直接称量配制工作营养液时要注意，在贮液池中加入钙盐及不与钙盐产生沉淀的盐类后，不要立即加入磷酸盐及不与磷酸盐产生沉淀的其他化合物，而应在水泵循环大约 30 分钟或更长的时间后才加入。加入微量元素化合物时也要注意，不应在加入大量营养元素之后立即加入。两种配制工作营养液的方法可根据实际生产中的操作方便与否来选择，有时可将这两种方法配合使用。配制工作营养液的大量营养元素时采用直接称量配制方法，而微量营养元素可采用先配制浓缩营养液再稀释为工作营养液的方法。

第二节　花卉无土栽培营养液的管理

花卉无土栽培营养液的管理包括浓度、pH、溶氧量以及营养液的更换，下面逐个方面详细讲述。

1) 营养液的浓度管理

影响营养液浓度的因素有两个，即水和营养元素。在生产上，可以用电导仪来测知营养液的电导率，根据电导率变化粗略地判断营养液中离子浓度的变化情况。在气温高的时候植株蒸腾作用强，蒸发量大时应该注意营养液电导率的变化，及时补充水分，保证营养液电导率的稳定。每次补充营养元素都是直接全价补充元素。

2) 营养液的 pH 管理

大多数植物根系在 pH 为 5.5～6.5 的弱酸性条件下生长最好，因此，营养液 pH 也要在这个范围内。pH 对植物的生长发育非常重要。营养液的 pH 会因作物种类、生育时期、气候、用水的质量等而发生微小变化。营养液配方有生理酸性和生理碱性之分，但是大多数植物喜好中性偏酸的根际环境，这也要求种植时营养液或者基质的 pH 稳定。pH 偏高可以用稀硫酸或者稀硝酸来调节，pH 偏低可以用稀氢氧化钠或者氢氧化钾来中和，pH 一般都是不断变化的，所以要经常测定和调节 pH。

3) 营养液的溶氧量管理

植物根系发育需要有足够的氧气供给。如果氧气不足，会产生缺氧而影响根系发育和地上部发育，很容易发生烂根的现象。可以通过搅拌、压缩空气和营养液循环流动等措施增加氧气含量，补充营养液的溶氧量。后两种方法在实际生产时比较常用，静水培可以通过鼓入空气来增加溶氧量，营养液膜栽培的可以采用循环流动来增加溶氧量。基质培不容易缺氧，是因为基质本身具有较大的孔隙度，饱和持液时还能保留 20% 的空隙，另外还有间歇滴灌的原因。

4) 营养液的更换

准确的营养液更换时间要通过化学分析了解营养液中的养分消耗情况后确定。营养液使用 1～2 个月后就要完全更新。如果营养液沉淀较多、浑浊、颜色变化、有异味、生长较多藻类，就需要更换。

第四章　基质的选择与处理

第一节　基质作用及选用原则

基质是指一类代替土壤栽培花卉的固体物质。在无土栽培中，基质的使用非常普遍，有固体基质的无土栽培类型由于植物根系生长的环境较为接近天然土壤，因此在管理中较为方便。无土栽培常用的固体基质有河沙、石砾、蛭石、珍珠岩、岩棉、泥炭、锯木屑、炭化稻壳(砻糠灰)、多孔陶粒、泡沫塑料等，新型基质不断被研发并投入应用，总的方向是管理方便、投资少，有较好的实用价值和经济效益。在生产过程中应该注意选用原则和常用固体基质的主要理化性能及基质的消毒方法等。

一、固体基质的作用

1) 固定支撑植物的作用

固定支撑植物是无土栽培中所有的固体基质最主要的作用之一。固体基质更像土壤环境，可以很好支持并固定植物根系，有利于植物保持直立，以及植物根系的伸展和附着。

2) 持水作用

固体基质一般都可以保持一定的水分，但是不同基质的持水能力差异很大。例如颗粒粗大的石砾持水能力较差，只能吸持相当于其体积10%～15%的水分；而泥炭可吸持相当于其本身重量10倍以上的水分。种植不同作物应选择吸水能力适合的基质类型。一般要求固体基质所吸持的水分能够维持在两次灌溉间歇期间作物不会失水而受害，同时间隔的时间又不会太短，以减少管理上的不便。

3) 透气作用

固体基质的另一个重要作用是透气。固体基质的孔隙存有空气，可以供给作物根系呼吸所需的氧。固体基质的孔隙同时能够吸持水分。但是持水性和透气性之间存在矛盾，透气性好则持水性差，反之亦然。这就要求固体基质能够很好地协调水分和空气的关系，满足植物对空气和水分的需要，这样才能够让植物生长良好。

4) 缓冲作用

缓冲作用可以使根系生长的环境比较稳定，即当外来物质或根系本身新陈代谢过程中产生一些有害物质危害根系时，缓冲作用会将这些危害化解。但并不是每一种固体基质都具有缓冲作用，作为无土栽培使用的固体基质也并不被要求具有缓冲作用。具有物理化学吸附功能的固体基质都具有缓冲作用，如蛭石、草炭等。具有缓冲作用的固体基质能让养分较为平缓地供给植物生长所需，给生产带来一定的方便。同时有一个弊端，就是养分会被基质所吸附，生产中应注意使用。

二、固体基质的理化性质

固体基质的作用由其本身的物理性质与化学性质决定，不同固体基质的物理性质和化学性质不一样，对其物理性质和化学性质有一个比较具体的认识，才能够了解基质的特性，扬长避短，发挥其良好的作用。

（一）固体基质的物理性质

在无土栽培中，对植物生长影响较大的基质物理性质主要包括容重、总孔隙度、大小孔隙比以及颗粒大小等。

1. 容重

容重指单位体积固体基质的重量，用 g/L、g/cm^3 或 kg/m^3 来表示。具体测定某一种固体基质的容重时，可以取一个一定体积的容器装满基质，称其重量，然后用其重量除以容器的体积即得到容重值。容重主要受基质的质地和颗粒大小影响，同一种基质由于受到颗粒粒径大小、紧实程度等的影响，其容重也有一定的差别。例如新鲜蔗渣的容重为 $0.13g/cm^3$，经过 9 个月堆沤分解，原来粗大的纤维断裂，容重增加至 $0.28g/cm^3$。

基质的容重可以反映基质的疏松和紧实程度。容重过大，则基质过于紧实，通气透水性能较差；而容重过小，则表示基质过于疏松，通气透水性能较好。容重过大或过小均不利于花卉根系生长，一般基质容重为 $0.1\sim0.8g/cm^3$ 时花卉的生长效果较好。在生产中为了克服单一基质容重过重或过轻所带来的弊端，常把几种容重不同的基质混合，使其符合花卉生长要求。

容重包含了基质中的空隙及水分体积，而密度的单位体积就是基质本身的体积，不包括基质中空气或水分的体积。

2. 总孔隙度

总孔隙度是指基质中包括通气孔隙和持水孔隙在内的所有孔隙的总和占基质体积的百分数（%）。总孔隙度大的基质，其水和空气的空间就大，反之则小。

基质的总孔隙度可以用式（4.1）来计算：

$$总孔隙度（\%）=\left(1-\frac{容重}{密度}\right)\times100 \tag{4.1}$$

如果一种基质的容重为$0.2g/cm^3$，密度为$1.4g/cm^3$，则总孔隙度为(1-0.2/1.4)×100%=85.71%。

由于基质的密度测定较为麻烦，在生产中进行粗略估测，方法如下。

取一已知体积(V)的容器，称其重量(W_1)，在此容器中加满待测的基质，再称重(W_2)，然后将装有基质的容器放在水中浸泡一昼夜(加水浸泡时要让水位高于容器顶部，如果基质较轻，可在容器顶部用一块纱布包好，称重时把纱布取掉)，称重(W_3)，然后通过式(4.2)来计算这种基质的总孔隙度(重量以 g 为单位，体积以 cm^3 为单位)。

$$总孔隙度（\%）=\frac{(W_3-W_1)-(W_2-W_1)}{V}\times100 \qquad (4.2)$$

总孔隙度大的基质较轻，基质疏松，容纳空气与水的量大，这样的基质有利于作物根系生长，但对于作物根系的支撑固定作用效果较差，易倒伏。岩棉、蛭石、蔗渣等的总孔隙度为90%～95%。总孔隙度小的基质较重，水、气的总容量较少，如沙的总孔隙度约为30.5%，不利于植物根系的伸展，必须频繁供液以弥补此缺陷。在生产中为了克服这一基质总孔隙度不适作物生长要求的弊病，常将2种或3种不同颗粒大小的基质混合制成复合基质来使用。

3. 大小孔隙比

基质的总孔隙度是反映基质中能够容纳水分和空气的空间总和，它不能反映基质中分别容纳水分和空气空间大小。而在无土栽培条件下，能给植物提供多少空气和容易被利用的水分是基质最重要的物理性质。

大小孔隙比是指在一定时间内，基质中容纳气、水的相对比值，通常以基质的大孔隙和小孔隙之比来表示。大孔隙是指基质中空气能够占据的空间，即通气孔隙；小孔隙是指基质中水分能够占据的空间，即持水孔隙。通气孔隙与持水孔隙的比值称为大小孔隙比，用式(4.3)表示：

$$大小孔隙比=\frac{通气孔隙所占比例（\%）}{持水孔隙所占比例（\%）} \qquad (4.3)$$

测定大小孔隙比就要先测定基质中大孔隙和小孔隙所占的比例，其测定方法如下。

取一已知体积(V)的容器，装入固体基质按照上述方法测定其总孔隙度后，将容器上口用一已知重量的湿润纱布(W_4)包住，把容器倒置，让容器中的水分流出，放置2h左右，直至容器中没有水分渗出为止，称其重量(W_5)，通过式(4.4)、式(4.5)计算通气孔隙和持水孔隙所占的比例(重量以 g 为单位，体积以 cm^3 为单位)：

$$通气孔隙（\%）=\frac{W_3+W_4-W_5}{V}\times100 \qquad (4.4)$$

$$持水孔隙（\%）=\frac{W_5-W_2-W_4}{V}\times100 \qquad (4.5)$$

一般地，通气孔隙是指孔隙直径在 0.1mm 以上，灌溉后的水分不能被基质的毛细管吸持，在重力的作用下流出基质的那部分空间；而持水孔隙是指孔隙直径在 0.001～0.1mm 的孔隙，由于毛细管作用水分会被吸持在这些孔隙中，故也称之为毛管孔隙，这种孔隙的主要作用是贮水，通常称这些水分为毛管水。

固体基质的大小孔隙比是基质栽培中最重要的指标，对花卉植物栽培日常管理有重要意义，能够直接反映出基质中水、气之间的比例状况。如果大小孔隙比大，说明空气容量大而持水容量较小，即通透性强而贮水力弱；反之，如果大小孔隙比小，则空气容量小而持水量大。大小孔隙比过大，基质过于疏松，保水性能差，给植物浇水的次数增加；而大小孔隙比过小，说明基质持水性好而透气性不足，易造成基质内蓄水，作物根系生长不良，严重时根系腐烂死亡。一般而言，大小孔隙比在(1∶4)～(1∶2)的基质，对大多数植物根系的生长都是适宜的。

4. 颗粒大小

基质的颗粒大小是指颗粒的直径大小(即粗细程度),用 mm 表示。颗粒大小直接影响到基质的容重、总孔隙度、大小孔隙度及大小孔隙比等其他物理性状。一般来说,同一种固体基质其颗粒越细,容重越小,总孔隙度越大,大孔隙容量越小,小孔隙容量越大,大小孔隙比越小;反之颗粒越粗,则容重越大,总孔隙度越小,大孔隙容量越大,小孔隙容量越小,大小孔隙比越大。在生产上使用的基质既要满足对植物根系供氧气的要求,又要满足供水分的要求,同时也要使管理方便,基质的颗粒大小适中。有时候没有颗粒粗细适中的基质,可以选择不同粗细的基质混合,以保证基质中通气和持水容量均保持在一个较为适中的水平。

不同基质的物理性质不同。同一种基质,由于颗粒粗细程度不一,其物理性状也有很大的不同。在具体使用时应根据实际情况来选用适合的基质。表 4.1 为几种常用固体基质的物理性状,供参考。

表 4.1　几种常用固体基质的物理性状

基质种类	总孔隙度/%	大孔隙度/% (通气容积)	小孔隙度/% (通气容积)	大小孔隙比
菜园土	66.0	21.0	45.0	0.47
沙子	30.5	29.5	1.0	29.50
煤渣	54.7	21.7	33.0	0.64
蛭石	95.0	30.0	65.0	0.46
珍珠岩	93.2	53.0	40.0	1.33
岩棉	96.0	2.0	94.0	0.02
泥炭	84.4	7.1	77.3	0.09
锯木屑	78.3	34.5	43.8	0.79
炭化稻壳	82.5	57.5	25.0	2.30
蔗渣(堆沤 6 个月)	90.8	44.5	46.3	0.96

(二)固体基质的化学性质

除了物理性质以外,基质的化学性质也对植物有较大影响。基质的化学性质主要是其化学组成和由此所产生的化学稳定性、酸碱性、物理化学吸附能力(阳离子代换量)、pH缓冲能力和电导率等。

1)基质的化学稳定性

基质的化学稳定性是指基质发生化学变化的难易程度。这与基质的化学组成密切相关,直接影响基质营养液的搭配、使用要求、栽培管理等,也会影响作物的生长。因此,在无土栽培中要求基质的化学稳定性强,基质不能含有有毒物质,这样可以减少基质与营养液的互扰,保持施用的营养液的有效性,也有利于栽培管理和作物正常生长。

基质的化学稳定性主要由基质的化学成分所决定。由白云石、石灰石等碳酸盐矿物组成的无机矿物构成的基质，化学稳定性较差；由长石、云母、石英等无机矿物构成的基质，则化学稳定性较强。由有机基质组成的化学稳定性在使用前要实验使用，有些基质还要进行堆沤处理，堆沤一段时间后基质中易分解的或有毒的物质就可以转变为微生物难分解的、无毒的物质，用于栽培。

2）基质的酸碱性（pH）

无论是无机基质或是有机基质，都由一种或多种成分构成，各种基质的酸碱性不同，有些基质偏酸性，有些偏碱性，有些是中性的。在无土栽培中，要求基质的酸、碱性应保持相对稳定，基质过酸或过碱一方面可能直接影响作物根系的生长，另一方面可能会影响营养元素的平衡、稳定性和对作物的有效性，因为营养液也可能会与基质中的某种成分发生化学反应而改变 pH。例如，在含碳酸钙（$CaCO_3$）较多的石灰质（石灰岩）的砾和沙作基质时，碳酸钙会释放到营养液中，从而提高营养液的 pH，导致铁的沉淀，降低了铁的有效性，可能造成植物缺铁。因此，使用新基质时先要测定其 pH 是否适合，如果过酸（pH<5.5）或过碱（pH>5.5）则先要调节才可使用。

3）基质的阳离子代换量

基质的阳离子代换量（cation exchange capacity，CEC）也叫盐基交换量，是在一定的 pH 下，以每 100g 基质能够代换吸收阳离子的物质的量（mmol/100g）来表示。不同基质的阳离子代换量有很大的差异，如大部分的无机基质几乎没有阳离子代换量而有机基质却很高。在生产实践中，阳离子代换量大对作物吸收有利有弊，不利的一面是基质会对营养液中阳离子产生较强烈的吸附，影响营养液的平衡，对作物吸收量不好确定，对营养液使用难度增加；有利的一面也是由于基质的吸附作用，使基质中保存较多的养分，减少养分因灌溉或冲洗而损失，利用率提高；同时还具有缓冲的作用。因此，在使用某种基质之前必须对该基质的阳离子代换能力有所了解。表 4.2 列了几种常用固体基质的阳离子代换量，以供参考。

表 4.2　常用固体基质的阳离子代换量

基质种类	阳离子代换量/(mmol/100g)
高位草炭	140～160
中位草炭	70～80
蛭石	100～150
树皮	70～80
沙、砾、岩棉等惰性基质	0.1～1

4）基质的 pH 缓冲能力

基质的 pH 缓冲能力是指在基质中加入酸碱物质后，基质所具有缓和 pH 变化的能力。不同基质的缓冲能力不同，主要是由基质阳离子代换量大小和基质中弱酸及盐类的多少而决定。一般来说基质的阳离子代换量大，其缓冲能力就较强；阳离子代换量小，则缓冲能力就较弱。不同基质的缓冲能力大小为：有机基质>无机基质>惰性基质>营养液。含有较多的碳酸钙、镁盐的基质对酸的缓冲能力大，但因为其阳离子的性质，其缓冲作用是偏碱性的(只缓冲酸性)。在无土栽培中,首先要了解清楚基质的缓冲能力,尽可能充分发挥其优点,避免其缺点。

5)基质的电导率

基质的电导率也叫电导率,是表示传输电流能力强弱的一种测量值,它反映了基质中所含有的可溶性盐分的多少(electric conductivity,EC),直接影响作物根系发育和生长,是配制营养液的重要参考指标。含有较多盐分的基质其电导率相对高一些,如某些树种的树皮等,海沙因为含有较多的氯化钠,故电导率也较高。基质电导率较高可能会形成反渗透压,将根系中的水分置换出来,使根尖变褐或者干枯。使用基质前应对其电导率进行测定,如果太高则用淡水淋洗或做其他适当处理。

基质的电导率可以使用电导仪进行测量,基质的电导率和硝态氮之间存在相关性,故可由电导率值推断基质中的氮素含量,判断是否需要施用氮肥。一般在花卉栽培时,当电导率值小于 0.5mS/cm 时(相当于自来水的电导率值),必须施肥;电导率值达 1.3mS/cm 时,一般不再施肥,并且最好淋洗盐分。

第二节　基质的性能及分类

一、无土栽培基质的分类

无土栽培用的固体基质有许多种,如蛭石、珍珠岩、草炭、稻壳、椰糠、陶粒等,其分类方法有很多种。

从基质的来源分类,可以分为天然基质和人工合成基质,如沙、石砾等为天然基质;岩棉、海绵、多孔陶粒等则为人工合成基质。

从基质的组成分类,可以分为无机基质和有机基质,如沙、蛭石和珍珠岩等为无机基质;而泥炭、树皮、椰糠等为有机基质。

从基质是否提供养分分类,可以分为活性基质和惰性基质,这与阳离子代换量有关。活性基质是基质本身能够提供作物生长所需养分的基质,大多数有机基质有此功能;惰性基质是不能提供养分的基质。例如泥炭、蛭石、蔗渣等基质本身含有植物可吸收利用的养分并且具有较高的阳离子代换量,属于活性基质;而沙、石砾、岩棉、泡沫塑料等基质本身不含有养分,也不具有阳离子代换量,属于惰性基质。

从使用的角度分类,可以分为单一基质和复合基质。一般在配制复合基质时,基质的种类不宜过多,两种或三种单一基质复合而成较为适宜,如果种类过多则配制过程较为麻烦。

二、常用基质的性能

(一)沙

沙是来源最广泛的无土栽培基质,在河流、大海、湖泊的岸边以及沙漠等地均有大量的分布。特别是沙漠地区更是有数量丰富的基质。由于就地取材价格便宜，沙作为无土栽培基质具有以下特点。

1) 不保水也不保肥，透气性好

沙是矿物质，主要成分是 SiO_2，特点是质地紧密，容重较大，几乎没有孔隙，所以水分只停留在沙粒的表面，流动性很大，而溶解在水里的营养物质也容易随水分的流失而丢失，所以沙既不保水也不保肥。沙里的水分养分流失之后，颗粒间的孔隙充满空气。但是只要沙底层有足够的水分，就能通过虹吸作用使水分到达一定高位，维持适当的含水量。较为理想的沙粒粒径组成应为：大于 4.7mm 的占 1%，2.4～4.7mm 的占 10%，1.2～2.4mm 的占 26%，0.6～1.2mm 的占 20%，0.3～0.6mm 的占 25%，0.1～0.3mm 的占 15%，0.07～0.122mm 的占 2%，0.01mm 的占 1%。颗粒越细，含水量越高，但总的来说沙易于排水。

2) 提供一定量钾肥，氢离子浓度受沙质影响

常用的沙含有一些有钾的无机物，它们可以缓慢地溶解，提供少量的钾肥。甚至有些植物的根系还能分泌一些有机物，溶解或螯合沙里的钾，以便被根系吸收。能生长在沙里的植物通常不缺钾。海沙通常会有较多的氯化钠，必须用清水冲洗后才能使用。有些沙由石灰质的矿物组成，通常其 pH 会大于 7，影响营养液的酸碱性，使一些养分失效，如果不改造，对一般植物来讲是不合适的。改造的方法为调节营养液的氢离子浓度。

3) 沉重

由于沙密度较大，带有支架的离体栽培或是在高层无土栽培并不适用。但因其来源丰富，成本低，经济实惠，用作基层种植仍是理想的无土栽培基质。对于沙漠地区来说沙培是最经济直接的无土栽培。

用沙作为无土栽培基质的主要优点在于其来源广泛、价格低廉、令作物生长良好，但由于沙的容重大，给搬运、消毒和更换等管理工作带来了很大的不便。

(二) 石砾

石砾的来源主要是河边石子或石矿场的岩石碎屑。与沙一样，其主要优点是价格便宜、容易取材。石砾的保水保肥能力不如沙，但通气性比沙强。有些石砾含有石灰质，对营养液的 pH 有一定影响，在用于无土栽培基质时应慎重使用，也可用磷酸盐溶液处理的方法来进行石砾的表面处理。

石砾的容重非常大，达到 1.5～1.8g/cm³，给搬运、清理和消毒等日常管理工作带来很大的麻烦。近年来，单独使用石砾作为无土栽培基质越来越少，为了节约成本，石砾在有些无土栽培中可作为底层基质使用。另外，一些轻质的人工合成基质[如岩棉、海氏砾石(多孔陶粒)]的广泛应用，逐渐代替了沙、石砾。

(三) 蛭石

蛭石为水合镁铝硅酸盐，是由云母类硅质矿物质加热至 800～1000℃时，使颗粒片层爆裂，形成小的、多孔的、海绵状的片形核。蛭石形成的主要原因是云母类无机物中含有水分子，加热时水分子膨胀变成水蒸气，把坚硬的无机物层爆裂开。经高温处理膨胀后的蛭石体积是原来矿物质的 18～25 倍，容重很小，仅为 0.07～0.25g/cm³，总孔隙度大(可达

95%以上），电导率为 0.36mS/cm。无土栽培用的蛭石的粒径应在 3mm 以上，用作育苗的蛭石可稍细(0.75～1.0mm)。但蛭石较容易破碎，使其结构受到破坏，孔隙度减小，因此在运输、种植过程中不能受到重压。对绝大多数花卉植物而言，蛭石是很好的无土基质。蛭石用作无土栽培基质具有以下特点。

1)孔隙度大(95%)，透气性高、吸水性能强

蛭石的孔隙度大，有极大的气体空间，又具有极强的吸水能力。当水量充足时，每立方米的蛭石可以吸收 100～650kg 水，达到自身重量的 1.25～8 倍。吸水使气体空间减少，达到饱和状态下含水量很大而透气性很差。在生产实践中可根据不同花卉种类人为地调控蛭石的水分含量。由于吸水性能好，蛭石是很多花卉最理想的栽培基质。

2)蛭石的 pH 因产地及组成成分不同而稍有差异

蛭石一般为中性至微碱性，也有些是碱性的(pH 在 9.0 以上)。酸性基质与蛭石混合使用时一般不会出现问题，如单独使用需提前测定 pH。在使用时首先应该确定其酸碱度，如果 pH 偏高则有些花卉不适宜，需要加入少量酸进行中和后才可使用。

3)安全卫生

蛭石是在 1000℃高温下形成的基质，无异味，不散发有害气体，不含病原菌和虫卵，使用新的蛭石时，不必消毒处理。使用过的蛭石可以采用高温消毒，或用 1.5g/L 的高锰酸钾溶液或福尔马林消毒后还可以继续使用，但使用一两次之后，其结构就变差了，需重新更换。

4)阳离子代换量高

蛭石的阳离子代换量很高，达 100mmol/100g，并含有较多的钾、钙、镁等营养元素，这些养分是作物可以吸收利用的，属于速效养分。

(四)珍珠岩

珍珠岩是由灰色火山岩加热到 1000℃，岩石颗粒膨胀而形成的矿物质，因具有珍珠状球形裂纹而得名。它是一种封闭的轻质团聚体，容重为 80～180kg/m³，pH 为 7.0～7.5，电导率为 0.31mS/cm，这种矿物质具有密闭的胞状构造。珍珠岩用作无土栽培基质具有以下特点。

1)透气性好，含水量适中

珍珠岩的孔隙度约为 93%，其中空气容积约为 53%，持水容积为 40%。珍珠岩的吸水量可达本身重量的 2～3 倍，当灌水后，大部分水分保持在表面，由于水分张力小，容易流动。因此，珍珠岩易于排水，易于通气。

2)化学性质稳定

珍珠岩的氢离子浓度为 31.63～100mmol/L(pH 为 7.5～7.0)。珍珠岩成分为二氧化硅(SiO_2)、氧化铝(Al_2O_3)、氧化铁(Fe_2O_3)、氧化钙(CaO)、氧化锰(MnO)、氧化钠(Na_2O)、氧化钾(K_2O)等。其他微量元素有锰(Mn)、铬(Cr)、铅(Pb)、镍(Ni)、铜(Cu)、硼(B)、铍(Be)、钼(Mo)和砷(As)等。二氧化硅和氧化铝是主要成分，其中二氧化硅含量在 70%以上，氧化铝含量在 11%以上。

3）没有吸收性能

珍珠岩的阳离子代换量小于 1.5 mmol/kg，pH 为 7.0～7.5。几乎没有养分吸收能力，珍珠岩中的养分大多数不能被植物吸收利用。其氢离子浓度比蛭石高，珍珠岩通过颗粒间的水分传导，能将下层的水吸入整个盆内的珍珠岩中并保持适当的通透性，在栽培一些对水气比例要求严格的花卉时更有优势，这也正是它更适合种植南方喜酸性花卉的原因之一。

4）较易破碎

珍珠岩在使用时有几个问题值得注意：①珍珠岩粉尘污染较大，对嗓子有强烈的刺激性，使用前最好先用水喷湿，避免粉尘纷飞；②珍珠岩的比重比水小，在种植槽或与其他基质组成混合基质时，在淋水多时会浮在表面，使珍珠岩与植物根系的接触不牢靠，植物易倒伏。③珍珠岩使用过程中，由于长时间潮湿，在见光的一面表面容易有绿藻产生，需要更换表层珍珠岩或是翻一翻。

（五）片岩

园艺上的片岩是在 1400℃的高温炉中加热膨胀而制成的。容重为 0.45～0.85g/cm³，孔隙度为 50%～70%，持水容积为 4%～30%。片岩的化学组成为：二氧化硅(SiO_2)52%、氧化铝(Al_2O_3)28%、氧化铁(Fe_2O_3)5%、其他物质 15%。片岩的结构性良好，不易破碎。

（六）火山熔岩

火山熔岩是火山喷发出的熔岩经冷却凝固而成。外表为灰褐色或黑色，多为多孔蜂窝状的块状物，经打碎之后即可使用。其容重为 0.7～1.0g/cm³、粒径为 3～15mm 时，其孔隙度为 27%，持水容积为 19%。

火山熔岩的化学组成为：二氧化硅(SiO_2)51.5%、氧化铝(Al_2O_3)18.6%、氧化铁(Fe_2O_3)7.2%、氧化钙(CaO)10.3%、镁(Mg)9.0%、硫(S)0.2%、其他碱性物质 3.2%。

火山熔岩结构良好，不易破碎，但持水能力较差。

（七）岩棉

岩棉由 60%的辉绿石、20%的石灰石和 20%的焦炭混合，然后在 1500～2000℃的高温炉中熔化，将熔融物喷成直径为 0.005mm 的细丝，再压成容重为 80～100kg/m³ 的片，然后在冷却至 200℃左右时，加入一种酚醛树脂以减少岩棉丝状体的表面张力，使生产出的岩棉能够较好地吸持水分。由于加工过程经过高温处理，所以加工成的基质本身无菌、无污染。

岩棉在欧洲使用得非常普遍，1969 年由丹麦的霍努姆（Hornum）首先将其运用于无土栽培。1970 年岩棉在荷兰试验种植作物获得成功，随后在欧洲各国迅速普及。岩棉主要由丹麦罗丹（Groden）公司生产，应用于无土栽培最多的是荷兰，现在荷兰蔬菜无土栽培中有 80%是利用岩棉作为基质。在世界无土栽培中，岩棉所占面积居第一位。岩棉作为无土栽培基质有如下特点。

1) 价格低廉，使用方便，安全卫生

因岩棉是在高温条件下制作而成，因此，它不含病菌和其他有机物。而由于材料的特殊性，经压制成型的岩棉块在种植作物的整个生长过程中不会产生形态上的变化。岩棉栽培所用设施的成本也低。

2) 用途广泛

岩棉基质可以用于各种花卉的无土栽培。在育苗及营养膜技术、深液流技术、滴灌、多层立体栽培等技术中都可以用岩棉作为基质；无论是粗根系还是纤细根系植物，都可以在岩棉中生长良好。特别是对不需要经常更换基质的花卉非常适合。

3) 水气比例对许多植物都合适

岩棉的外观是白色或浅绿色的丝状体，孔隙度大，可达 96%，作物根系很容易穿插进去，有很强的持水性和透气性，水气协调。岩棉吸水后，含水量会因厚度的不同从下至上递减；相反，空气含量自上而下递增；气体则从上到下逐渐减少，因此，岩棉块中的水气比例从上到下形成梯度变化(表 4.3)。种植在岩棉块中的植物，其根系生长趋向于最合适的根系环境(即水气的比例合适)。岩棉的主要成分(表 4.4)多数是植物不能吸收利用的。

表 4.3　岩棉块中水分和空气的垂直分布状况

自下而上的高度/cm	孔隙容积/%	持水容积/%	空气容积/%
1.0	96	92	4
5.0	96	85	11
7.5	96	78	18
10.0	96	74	22
15.0	96	54	42

表 4.4　岩棉的化学组成

成分	含量/%	成分	含量/%
二氧化硅(SiO_2)	47	氧化钠(Na_2O)	2
氧化钙(CaO)	16	氧化钾(K_2O)	1
氧化铝(Al_2O_3)	14	氧化锰(MnO)	1
氧化镁(MgO)	10	氧化钛(TiO)	1
氧化铁(Fe_2O_3)	8	—	—

4) 岩棉性能稳定

岩棉的阳离子交换量很低，对营养液平衡不会产生太大影响，未使用过的新岩棉的 pH 较高，一般在 7.0 以上，使用前加入少量的酸，1～2 天之后 pH 就会很快降低下来。

(八)膨胀陶粒

膨胀陶粒又称多孔陶粒、轻质陶粒或海氏砾石(haydite)，它是在 1100℃的陶窑中加热制成的。陶粒的外观特征大部分呈圆形或椭圆形球体，但也有一些仿碎石陶粒不是圆形或椭圆形球体，而呈不规则碎石状。陶粒内部结构松、孔隙多，类似蜂窝状，容重为

$1.0g/cm^3$。膨胀陶粒坚硬，不易破碎，质地轻，在水中能浮于水面。陶粒作为无土栽培基质具有以下特点。

1）保水、排水、透气性能良好

膨胀陶粒的排水性能好，而且每个颗粒内部有许多微孔可以持水，当有充足的水分时，吸入一部分水仍能保持部分气体空间。当根系周围的水分不足时，孔隙内的水分通过陶粒表面扩散到陶粒间的孔隙内，供根系吸收和维持根系周围的空气湿度。通常选用团粒较大的陶粒作为无土栽培基质时，团粒间的孔隙大，与团粒小的陶粒相比较，团粒大的空气湿度小，水分含量较少。陶粒大小的选择，可以使植物得到其所需的良好的水分条件和通气条件。陶粒也常与其他基质混用，单独使用时多用在循环营养液的种植系统中，也有用来种植需要通气较好的花卉，如兰花等。

2）保肥能力适中

正如陶粒的保水性能一样，陶粒的保肥能力和其他基质相比处于适中的水平。许多营养物质除了能附着在陶粒表面外，还能进入陶粒内部的孔隙间暂时贮存，当陶粒表面的养分浓度降低时，孔隙内的养分向外运动以满足根系吸收养分的需求。

3）化学性质稳定

膨胀陶粒的来源不同，其化学成分及物理性质也有差别，其 pH 为 4.9～9.0，有一定的阳离子代换量（CEC 为 6～21mmol/100g）。有一种用凹凸棒石（一种矿物）发育的黏土制成的、商品名为卢索尔（Lusol）的膨胀陶粒，其 pH 为 7.5～9.0，阳离子代换量为 21mmol/100g。膨胀陶粒化学性质稳定，排水、通气性能良好，可以单独用于无土栽培，单独使用时多用在循环营养液的种植系统中或用来种植需通气较好的花卉。

4）安全卫生

陶粒很少滋生虫卵和病原物，本身无异味，也不释放有害物质，适合家庭、饭店等场所装饰花卉的无土栽培。但是由于其多孔的特性，长期使用以后有可能造成病菌在颗粒内部积累。

5）不宜用作根系纤细植物的无土栽培基质

陶粒团粒直径比沙、珍珠岩等都大，对粗壮根系的植物来说，根系周围的水气环境非常适合；而对于根系纤细的植物如杜鹃花来说，陶粒间的孔隙大，根系容易风干，因此不宜用来种植这类植物。

（九）锯末

锯末是木材加工过程的副产品，是比较便宜的无土栽培基质。锯末作为无土栽培基质的特点如下。①轻便。锯末基质很轻，和珍珠岩、蛭石一样，轻便易运输，它们的容重相当，在高层建筑上栽培花卉是很好的基质。长途运输也很方便。②吸水透气。锯末具有良好的吸水性与通透性，对大多数粗壮根系的植物都很容易满足其水气比例。但因为通透性强，基质也很容易失水，栽培花卉时要特别注意。③有些锯末（如松柏科植物）含有有毒物质，不能直接使用。而且 C/N 值很高，对植物生长不利。有些经过堆沤处理的树皮，不仅可使有毒的酚类物质分解，本身的 C/N 值降低，其原先含有的病原菌、线虫和杂草籽等大多会被杀死，在使用时不需要进行额外的消毒。④确认无毒的锯末，最好选择避风、日光充足的地方堆放 1 年，使其有足够的时间发酵，直到锯末颜色由浅变深（褐色），然后在烈日下翻晒数次，用日光曝晒法消毒。经过消毒的锯末可以随时装盆使用。

（十）甘蔗渣

甘蔗渣是甘蔗制糖后的副产品，在种植甘蔗的地方其来源丰富，使用起来经济实惠。因为甘蔗本身的特性，新鲜甘蔗渣的 C/N 值很高，达 170 左右。不能将甘蔗渣直接作为基质使用，必须经过堆沤处理后才能够使用。堆沤时先将甘蔗渣淋水至含水量为 70%～80%，在堆沤过程中可以加入少量尿素（甘蔗渣干重为 0.5%～1%）等速效氮肥来加速甘蔗渣的分解速度，加快其 C/N 值的降低，经过一段时间堆沤的甘蔗渣，其 C/N 值以及物理性状都会发生很大的变化（表 4.5）。由表 4.5 可以看出，当甘蔗渣堆沤时间超过 6 个月时，甘蔗渣分解速度会更快，而产生通气不良的现象，所以在堆沤过程中应将覆盖的塑料薄膜打开、翻堆后重新覆盖塑料薄膜，使其堆沤分解更加均匀。甘蔗渣作为无土栽培基质，与其他基质一样，要根据不同用途选择，如果作为育苗用，应选粒径稍细的甘蔗渣，一般以粒径不要超过 5mm 为宜；而用作袋培或槽培的甘蔗渣可稍粗大一些。

表 4.5　甘蔗渣堆沤之后物理化学性质的变化（刘士哲和连兆煌，1994）

堆沤时间	全碳/%	全氮/%	C/N	容重/(g/L)	通气孔隙/%	持水孔隙/%	大小孔隙比	pH
新鲜甘蔗渣	45.26	0.2680	169	127.0	53.5	39.3	1.36	4.68
堆沤 3 个月	44.01	0.3105	142	118.5	45.2	46.2	0.98	4.86
堆沤 6 个月	42.96	0.3613	119	115.5	44.5	46.3	0.96	5.30
堆沤 9 个月	34.30	0.6058	56	205.0	26.9	60.3	0.45	5.67
堆沤 12 个月	31.33	0.6357	49	278.5.	19.0	63.5	0.30	5.42

（十一）泥炭

泥炭有时也被称为草炭，是泥炭藓、苔、芦苇等水生植物的分解残留体，因其自身的特性，在无土栽培中最为常用，被公认是最好的一种无土栽培基质。泥炭可以单独使用，也可以与其他基质一起混合使用。也有将泥炭、沙、蛭石、珍珠岩等基质（以泥炭为主要成分）制成含有养分的泥炭钵（小块），或是直接放在育苗穴盘中育苗，在工厂化无土育苗中经常使用。泥炭也常作为基质，用在袋培营养液滴灌中或槽培滴灌中，植物生长良好。

1. 泥炭用于无土栽培的特点

（1）吸水量大，吸收养分的能力强。因为泥炭本身的物理特性，湿润的泥炭吸水能力最强，甚至超过其自身重量 5～14 倍，而在干燥时却不易吸水。溶解在水里的养分很容易随着水分进入泥炭里，缓慢地供给植物所需，这也是泥炭有很强的缓冲性的原因。

（2）强酸性。泥炭氢离子浓度为 10～100mmol/L，所以 pH 为 4～5。根据作物对基质酸碱性的适应性，栽培时要调整基质和水分的酸碱度。所以当栽培的水质偏碱时，泥炭还具有中和水质碱性的作用，在一定时间内浇偏碱性的水不会导致盐分毒害。但是在水质中性偏酸的地区,需要加入一些碱性物质,调节酸度。可在 1 m³ 泥炭中加入白云石粉4～7 kg,使氢离子浓度下降(pH 上升)至满意的种植范围。

(3)透气,能提供少量氮肥。对于花卉作物而言,一般泥炭能满足花卉根系透气性的要求,只要其有机质不腐烂,透气条件就能充分满足根系生长需要。泥炭的含氮量为1%～2%,并且其氮因不易释放,氮素释放速度较慢,能长期为植物提供氮素。

2. 使用泥炭时应注意的问题

①泥炭干时,因其本身的特性不易吸水,很难湿润,需要加热水或加一些表面活性剂,即润湿剂。②泥炭常用来作为混合基质的主要成分,常与珍珠岩、蛭石、沙等配成各种营养土。泥炭占比为25%～75%,但需要根据不同的植物而定。③有时泥炭中含有有害盐分,待确认无毒之后再扩大使用。

(十二)椰糠

椰糠是椰子外壳纤维粉末,是从椰子外壳纤维加工过程中脱落下的一种纯天然的有机质介质,经加工处理后的椰糠非常适合用于培植植物,是目前比较流行的园艺栽培基质。椰糠在许多热带和亚热带国家都有生产,如印度、斯里兰卡、马来西亚、菲律宾等国。我国海南省也有少量椰糠生产。

新鲜椰糠的颜色比较浅,一般为棕色至褐色,纤维为长纤维,松泡多孔,保水和通气性能良好。椰壳纤维基质容重为 0.10～0.25g/cm³,总孔隙度高达 80%～94%,偏酸,pH 为4.40～5.90。阳离子交换量为32～95mol/kg,EC 值为0.4～0.6mS/cm,C/N 值约为117,含有较多的木质素和纤维素,具有丰富的有机质和营养元素,作物栽培应用效果不亚于草炭,也是公认的无土栽培的良好基质。

因产地和组分不同,椰糠栽培介质的矿质元素也不同。椰糠的质量与椰糠的类型、分解度直接相关。不同地域生产的椰糠颜色、矿质元素含量差异比较大,但同一地区或区域生产的椰糠矿质元素含量差异不大;而且种植过作物的椰糠灰分含量较高。新鲜椰糠的颜色比较浅,一般为棕色至褐色,水分过多或沤制过的椰糠颜色比较深;结构比例(小于等于 0.5cm 和大于 0.5cm)是反映椰糠成色的一种间接途径,较好的椰糠的比例为(5∶1)～(6∶1)。

(十三)菇渣

菇渣是种植草菇、香菇、蘑菇等食用菌后废弃的培养基质。刚种植过食用菌的菇渣一般不能够直接使用,因为其可能含有有毒成分,需要堆沤之后才可以使用。具体做法是:将已经废弃的菇渣加水至其最大持水量的70%左右,再堆成一堆,盖上塑料薄膜,堆沤3～4 个月之后再摊开风干,然后打碎,过 5mm 筛,筛去菇渣中粗大的植物残体即可使用。菇渣容重约为 0.41g/cm³,持水量为 60.8%,含氮 1.83%,含磷 0.84%,含钾 1.77%。菇渣中含有较多石灰,pH 为 6.4～6.9(未堆沤的更高)。菇渣的氮、磷含量较高,与泥炭、甘蔗渣、沙等基质按一定的比例混合制成复合基质后使用,混合时所含菇渣比例不应超过总体积的 40%～60%。

(十四)泡沫塑料

泡沫塑料是以化学有机物为原料合成的固体基质,现在使用的泡沫塑料主要是聚苯乙烯、脲甲醛和聚氨基甲酸酯,尤以聚苯乙烯最多。这些泡沫塑料可取自塑料包装材料制造厂家的下脚料。国外有些厂家有专门出售供无土栽培使用的泡沫塑料。泡沫塑料的容重小,为 $0.1 \sim 0.15 \text{g/m}^3$。有些泡沫塑料可以吸收大量的水分,而有些几乎不吸水。例如,1kg 脲甲醛泡沫塑料可吸持 12kg 水。

泡沫塑料非常轻,用作基质时必须用容重较大的颗粒(如沙、石砾)来增加容重,以便更好地固定植物,否则植物容易倒伏。由于泡沫塑料的排水性能良好,它可以作为栽培床下层的排水材料。若用于家庭盆栽花卉(与沙混合),则较为美观且植株生长良好。

(十五)复合基质

复合基质又称混合基质,是指由两种以上基质按一定比例混合制成的基质。各基质组分互相补充,克服了生产上单一基质可能造成的容重过轻或过重、不透气或太过透气等弊端,从而使基质的各个性能指标达到标准,在生产上得到越来越广泛的应用。理论上,在不考虑成本的前提下,混合的基质种类越多,效果越好。但在实际生产中一般以 2 种或 3 种基质混合为宜。

无土栽培的复合基质,大多数是以泥炭为主,混以珍珠岩、蛭石或沙等,用以栽培或育苗。例如,当泥炭:蛭石:珍珠岩为 2:1:1 时,含水量高,常用作观叶植物栽培。当泥炭:珍珠岩:黄杉树皮为 1:1:1 时,用作附生植物盆栽基质。

无土栽培复合基质混配还有许多种类,如腐殖酸土、腐叶土、草炭土等。无土栽培基质的配制应该就地取材,有什么就用什么,可以节约大量成本。配制复合基质时应满足以下要求:①增加基质的孔隙度;②提高基质的保水保肥能力;③改善基质的通透性。配制的原则是,制成的基质能为植物根系生长提供最佳的环境条件以及最佳的水气比例。同时在配制复合基质中可以预先混入一定量的肥料[如三元复合肥料(15-15-15)],也可以按其他营养配方加入。

无论是单一基质还是复合基质,在使用前必须测定其盐分含量,以确定该基质是否会产生肥害,特别是加入了肥料的复合基质。基质盐分含量可通过电导率仪测定基质中溶液的电导率测得。将测定的电导率值与表 4.6 中的安全临界值比较,以判断所配制的复合基质的安全性。

表 4.6 基质电导率对作物生长的影响

电导率/(mS/cm)	对植物的安全程度
<2.6	对各种植物均无害
2.6~2.7	某些植物(菊花等)会受轻害
2.7~2.8	所有植物根受害,生长受阻
>2.8	植物不能生长

第三节 基质的消毒处理

为了节能减耗，保护环境，基质可进行重复利用，但基质在经过一段时间的使用之后，由于空气、灌溉水、前作种植积聚了许多根系分泌物、盐分、烂根、病菌、病虫等，并且使用过后基质本身理化性状发生变化，而使后作作物产生病害，严重时会影响后作作物的生长，甚至造成大面积的病菌传播导致整个种植过程的失败，因此，需要重复使用的固体基质在使用一段时间之后要进行消毒处理。

一、常用基质消毒处理的方法

基质的消毒、灭菌处理是重复利用基质的重要措施，基质的消毒方法有很多，常用的方法有蒸汽消毒、热水消毒、化学药剂消毒和太阳能消毒等。

(一)蒸汽消毒

蒸汽消毒就是利用高温的蒸汽(80～100℃)通入基质中以达到杀灭病原菌的方法。消毒时将基质放在专门的消毒箱等容器中，通过蒸汽管道将高温的蒸汽通入消毒箱内，密闭约 1h 即可杀灭多数病原菌和虫卵。具体消毒温度和时间要根据基质情况灵活掌握，如黄瓜病毒等需 100℃才能将其杀死，裸露岩棉蒸汽消毒需 2h，包裹的则需 5h。一般基质含水量以 35%～45%为宜，过湿或过干都可能降低消毒的效果。并且每次进行消毒的基质体积要控制好，基质过少则消毒成本增加，基质过多可能造成基质内部消毒效果不佳。蒸汽消毒简便易行、经济实惠、效果良好、安全可靠，但成本高。

(二)热水消毒

热水消毒与蒸汽消毒的原理都是利用高温来消灭病菌，热水消毒主要是通过给基质持续灌注 90℃以上的热水，使基质温度足以杀死虫害和病菌。为保证热水能渗透基质，基质要保持疏松。消毒前在基质槽中铺设耐热滴管，然后覆盖一层保温薄膜，将热水加热到 90℃以上，灌注到基质中进行消毒处理。每平方米每次用水量为 50L 左右。或是利用消毒池进行集中消毒，先将基质放入消毒池(基质厚度不超过 50cm)，然后将热水灌注到基质中进行消毒，并在基质之上覆盖一层保温薄膜。最后将经过消毒的基质进行晾晒，重新利用。

(三)化学药剂消毒

化学药剂消毒是利用一些化学药剂达到杀死基质中残留病原菌和虫卵的方法。化学药剂消毒的效果不及蒸汽消毒，而且对操作人员有一定的副作用，使用时要特别小心，加强保护。但是化学药剂消毒方法简便、成本低廉，特别是在大规模生产中使用较方便，因此使用得很广泛。常用的化学药剂消毒方法有以下几种。

1）甲醛消毒

平时人们所说的福尔马林就是含有甲醛的溶液，甲醛液体无色透明，具有腐蚀性，开瓶后瞬间就会散发出强烈的刺鼻味道，在操作时工作人员必须戴上口罩做好防护性工作。消毒时把1%甲醛溶液用花洒或喷雾器将待消毒的基质喷湿，用塑料薄膜覆盖封闭1～2天；将消毒的基质摊开，暴晒2天以上，直至基质中没有甲醛气味方可使用。

2）溴甲烷消毒

溴甲烷又称溴代甲烷、一溴甲烷或甲基溴，是一种无色无味的气体。它具有强烈的熏蒸作用，能高效、广谱地杀灭各种有害生物。由于溴甲烷在常温下为气态，无色无味，为了保证使用者的安全，常常在这种熏蒸剂中加入约2%的催泪剂，用作警报剂。消毒时先将基质堆起，将溴甲烷注入基质中，每立方米基质用药100～150g，基质施药后，随即用薄膜盖严，3～7天后揭去薄膜，打开塑料薄膜让基质暴露于空气中4～5天即可使用。溴甲烷的消毒效果很好，使用中要严格遵守操作规程，如手脚和面部不慎沾上溴甲烷，要立刻用大量清水冲洗，否则可能会造成皮肤红肿，甚至溃烂。

3）高锰酸钾消毒

高锰酸钾是一种强氧化剂，一般只能用于石砾、粗沙等没有吸附能力且较容易用清水清洗干净的基质消毒，一般不使用于有较大吸附能力的活性基质或者难以用清水冲洗干净的基质，如泥炭、木屑、岩棉、甘蔗渣和陶粒等。消毒时先配制好浓度约为1/5000的溶液，将要消毒的基质浸泡于此溶液10～30min后，将高锰酸钾溶液排掉，用大量清水反复冲洗干净即可。

4）次氯酸钙消毒

次氯酸钙是一种白色固体，即日常所说的漂白粉，常用于自来水消毒。次氯酸钙溶解在水中时产生的氯气可杀灭病菌。使用时用含有有效氯0.07%的溶液浸泡需消毒的物品4～5h，浸泡消毒后要用清水冲洗干净。与高锰酸钾一样，次氯酸钙不可用于具有较强吸附能力或难以用清水冲洗干净的基质。

除以上几种化学药剂外，还有很多化学药剂可用于基质消毒。总的来说药剂消毒成本较低，消毒效果较好，但安全性较差，在使用时要注意保证人的安全，并且化学药剂也可能对周围环境造成污染。

（四）太阳能消毒

太阳能消毒是一种廉价、安全、简单实用的基质消毒方法。先将基质喷湿（含水量约为60%），然后把基质堆成20～25cm高的长条，并用塑料薄膜盖严，暴晒30天以上。

二、基质的更换

无土栽培基质使用一段时间之后，会积累各种病菌、根系分泌物和烂根等。并且基质长期使用后会造成其物理性状发生变化，如通气性下降、保水性过高，从而影响作物生长。虽然采取上述消毒措施对基质进行消毒处理，可以杀灭大多数的病菌和虫卵，但这些消毒方法大多数不能彻底杀灭病菌和虫卵，要防止后作病虫害的大量发生，可采取轮作或更换基质的方法。同时，使用过多次的基质其物理性质发生的改变是不可逆的，基质的效能会降低，所以较为保险的做法是把原有的基质更换掉。

更换掉的旧基质可能含有病菌和虫卵，需要妥善处理，避免对环境产生二次污染。有些基质(如泥炭、甘蔗渣、木屑等)经消毒处理，配以一定量的新材料后可反复使用，使用时最好用于不同作物，有时也可施到农田中作改良土壤之用。难以分解的基质(如岩棉、陶粒等)可进行填埋处理，或是用于非农业生产。

第五章 无土栽培生产系统中的技术设备

提高作物的产量和生产效率是将无土栽培引入商业规模化生产的主要驱动力。具体来说，无土栽培技术的引进减轻了土壤中不同作物的根系病害强度、根区缺氧程度和灌溉方法的复杂性。在 20 世纪 50～60 年代，室外苗圃中广泛采用无土容器来栽培作物。20 世纪 70 年代初期，在温室中，用岩棉作为载体来栽培作物显著提高了基于无土栽培作物生产的可行性。施肥和灌溉方面的技术创新催生了灌溉施肥技术，将完全可溶的肥料溶解在灌溉水中，将营养物质更有效地提供给植物，以此实现植物更好地生长。

在所有现代化的生产系统中，施肥和灌溉已经被整合为一体。因为植物生长所必需的营养元素都可以通过完全可溶的肥料盐来供应。这些盐以相对较高浓度的形式储备在特殊的容器中。通过使用一个或多个注射器，可将这种浓缩的溶液注入灌溉水中进行稀释后对作物同时进行施肥和灌溉。本章重点介绍温室条件下无土栽培生产的灌溉和施肥技术设备。本章还将论述哪种系统最适合哪种作物，以及哪些持续的创新可能促进未来的技术进步。

第一节 灌溉用水和灌溉装置

一、灌溉用水的来源与质量

无论是在室外苗圃还是在温室条件下，充足的优质水供应都是无土栽培作物生产的基础。潜在的水源包括雨水、地表水和地下水。灌溉水的质量通常通过量化水中溶解的矿物质和盐分来评价。通常以电导率(EC)来衡量盐度，高盐度(EC＞2mS/cm)的水可能导致许多植物的生长被抑制。在一些地区，灌溉水的高 EC 值给种植者带来了严峻的挑战。灌溉水的 EC 值是由供水中的溶解物质和溶解在水中的肥料共同决定的。对于供水的理想状态是 EC 值小于 0.5mS/cm 和钠离子浓度小于 0.5mmol/L。这就允许添加足够的营养元素离子，使灌溉溶液低于可能导致问题的水平。在再循环灌溉系统中，随着时间的推移，一些可溶性物质将逐渐积累，如果源水的 EC 值高于 1mS/cm，则 EC 值的控制特别具有挑战性。这也是无土栽培系统中需要持续改善和创新的领域，因为世界很多地区的水质都很差，含有较高水平的钠离子(Na^+)和其他有害元素(如 SO_4^{2-}、Fe^{2+} 或 Mg^{2+} 等)。除了对植物生长造成负面影响外，水中溶解的物质也可能给灌溉系统带来问题。例如，铁和碳酸盐会沉积在管道中，导致管道和过滤器堵塞。

1. 雨水

自从农业出现以来，雨水一直在农作物生产中发挥作用。这种水源的优点是通常非常清洁(低 EC 值)，缺点是具有不确定性。这种不确定性和潜在的问题使根系区的营养状况不稳定。因此，在无土栽培中如使用雨水作为灌溉用水，则需要建设和完善雨水收集和储存的基础设施。

一般来说，雨水的 EC 水平非常低，但有时降雨中的 Na^+ 浓度会因海洋附近的雨和风而增加。雨水可以从温室的屋顶收集。在荷兰，全年雨量充沛，种植者每公顷生产设施的雨水储存能力至少为 $500m^3$。每月降雨量平均值为 $50 \sim 90mm$，因此在有储存设施的情况下 $500m^3/hm^2$ 的能力可以提供约 60% 的灌溉用水需求；如果蓄水量增加到 $1500m^3/hm^2$ 或 $4000m^3/hm^2$，则可以通过这种方式分别获得所需水量的 75% 和 95%。雨水储存在容量较小的水池或水箱中(图 5.1)，因为生产小容量的储水容器更经济，并且只需较小的空间来容纳这些容器。

图 5.1　雨水储存系统

由于各种原因，有些生产区没有使用雨水。如果其他水源的质量很高，而且可以以较低的成本获得，那么在雨水收集设备和储蓄方面进行投资就没有必要，因为这种设备会占空间。而且，在使用低成本温室的地区，一般都没有规划相应的排水沟或排水管来进行雨水收集。同时，降水分布不均匀的地区，需要建设很大的储水器也让雨水收集不可行。在一些地区，雨水可以储存在地下蓄水层中，这样节省了空间，保持了水质。事实上，许多地下水源都是下渗的雨水。还有一个问题是，光靠收集雨水来满足植物 100% 的用水需求是不够的。因此，灌溉系统必须包括供水系统。

2. 自来水

自来水经过处理可供人饮用，但可能不适合在封闭的无土栽培系统中使用，因为加工过程中加入了钙和氯，若要用于无土栽培，应把氯化物控制在 1.5mmol/L 以下。 在世界干旱和半干旱地区，水中的氯化物含量通常比较高，在这种情况下，种植者通常种植耐盐的作物品种。在世界很多地方，市政饮用水相对比较便宜并且水质较好。如果情况并非如此，温室就必须使用地下水或地表水，并结合使用储存的雨水。

3. 地表水

地表水源(小溪、河流和湖泊)是灌溉用水量大且便宜的资源。但这些水资源仍然会受人为因素影响，农业的面源污染是恶化水质的重要因素。可能全年各个时期的地表水质量都会发生变化，需要经常检测。如果水质在一年的特定时间恶化，那么种植者需要使用水处理设备来改善水质。为了提高灌溉用水的质量，可以混合优质与劣质的水。另外，反渗透是一种常用的改善水质的方法，这个方法是有效的。为了开发水资源，海水淡化已经过测试可用于温室园艺，但由此产生的淡水价格非常高，没有经济可行性。

4. 地下水

在有含水层的地区，地下水是一个很好的灌溉用水来源。通常含水层的含水量很大且缓冲很好，因此供水质量相对稳定。这对种植者来说很重要，因为这意味着施肥系统设计不需要随时间变化。但是，对于种植者来说，也应定期(如 6~12 个月)监测水质。在许多实行集约化农业的地区，地下水枯竭是一个严峻的问题。沿海地区农业生产频繁，由于气候温和，盐度高的水浸入含水层可能导致灌溉用水的盐含量过高(如 EC 值达到 10~15mS/cm)。地下水资源的日益匮乏是世界性的难题。例如，在西班牙阿尔梅里亚周围的地区，灌溉用水主要来源于该地区附近的山脉(EC 值为 0.4~3.5mS/cm)，从 150~600m 深的井中大量地抽水用作灌溉，最终造成了地下水位下降，引发了环境问题。在美国加州中部海岸地区也有同样的问题。

二、灌溉方法

将水源转化为适合的灌溉用水的设备应具备改善水质和对水加压的功能。除了过滤器之外，沙过滤是常用的简单清理水的方法。一般用水泵来产生水压。加压的作用是便于均匀灌溉。在水输送系统中，通常最大内径的管道靠近泵，因为管道中的水量越大，压力越低。这个问题也可以通过减少管道横截面积来解决。最终灌溉供水系统必须满足每条回路中的压力足以确保均匀灌溉。如第四章所述，可以从植物冠层以上到根区域的顶部，或从根区域的下面进行灌溉。每种灌溉方法需要不同的设备装置。有土栽培和温室无土栽培的灌溉方法如图 5.2 所示。在无土栽培条件下，灌溉和施肥一般都是整合在一个系统里。

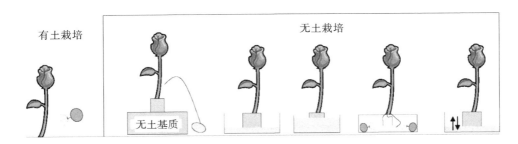

图 5.2　有土栽培和无土栽培的灌溉方法

注：从左到右依次为有土栽培条件下喷洒式灌溉，无土栽培条件下的滴灌技术、营养液膜技术、深液流技术、雾培法和气栽水培法、潮汐式灌溉法。

1) 喷洒式灌溉

喷洒系统从植物上方进行灌溉(图 5.2)。在一些温室和遮阳结构中，管道安装在头顶上。这种架空安装方式能够保护管道，避免人为的机械损伤。喷洒系统也可以埋在作物下面的土壤中或安装在相应的基础设施上。从植物上方喷洒的优点是以较低的投入为离土壤近的大部分根区供水，以及较低的维护成本。缩短多个洒水喷头之间的距离可以尽可能地实现均匀的灌溉。用喷洒系统从植物上方进行灌溉的弊端在于作物润湿的叶子可能会有引发植物病害发展的风险。用离地面近的微型喷灌系统可以将水输送到植物的基部，降低植物病害发展的风险，但是这种离地面近且数量有限的微型喷灌系统，难以实现均匀灌溉。在温室生产中，由于上述缺点，喷洒式灌溉不常用。

2) 滴灌技术

在温室里，滴灌是目前无土栽培中最常用的灌溉方式。滴灌系统有两种类型：滴灌微管系统或滴灌内嵌系统。滴灌微管系统在主供应管道外有分管，这种分管一般安装在靠近植物基部进行灌溉。滴灌内嵌系统是将滴灌发射器嵌入或分置到主供应管道，用微管(毛细管)和滴灌发射器灌溉(图 5.2)，压力在泵或源头相对较高，而在微管(毛细管)和滴灌发射器的压力均匀且较低。这种方法允许种植者尽可能地确保灌溉均匀性，对种植密度低的栽培方式非常有效。每个发射器通常被固定在理想的位置，以保证在准确的地点释放水肥溶液。发射器或喷嘴释放的水肥流量压力因作物和基质的不同而异。不同的滴灌发射器通常与特定匹配基质类型配合使用，目的是使水肥有较高的渗透和排水率。压力补偿器可以用于获得更均匀的水肥分配。有泄漏保护的发射器确保水肥只在灌溉过程中被使用(图 5.3)，并防止系统中的各个节点产生泄漏。除此之外，密闭的系统在灌溉需要的时候启动得更快，提高了灌溉的效率。

3) 营养液膜技术

营养液膜技术是维持植物根部周围有一层薄的营养液来提供植物所需的营养，不需要使用土壤或基质。该技术首次推出时，人们从理论上推理其可以对根部施肥和灌溉实现精准控制，还可以省掉土壤和基质的投入。然而直到今天，该技术仅用于一些特定的作物，未被广泛采用。原因是这样的系统缺乏缓冲能力，最轻微的水和营养供应中断都会造成

图 5.3 滴灌微管系统

灾难性的后果，并存在根部病害暴发的极大风险。该系统由角度很小的斜坡槽组成，植物的根置于这个槽的底部。营养液不断施加在该系统的顶部，这样营养液正好以所需的速率向下流过槽，保持根部完全湿润。槽的底端是排水系统。营养液层应该尽可能薄，最好是一层薄膜。槽的宽度根据作物而异，如 4.8cm 宽的槽适合莴苣和菊花等作物，番茄和甜椒则需要 15cm 的槽。槽的长度为 1～20m。根据作物和槽的大小使用各种材料。一些试验证明，对于一些农作物来说，水流速度为 $3～81m^2/h$ 对菊花和莴苣最优。但是该技术最大的缺点就是排在最底层的植物获得的营养物质最少，特别是钾。

4) 深液流技术

深液流技术可使作物根部不断处于流动的水和营养物质中。而营养液膜技术的水肥薄膜越薄越好。深液流技术连续流动的营养液的深度为 5～15cm。充足的水和营养物质提供了巨大的缓冲能力。但是，只有相对较小部分的水和养分被植物所吸收。大量的水也可以让种植者精确控制温度，使得该系统在温度波动大的地方得以应用 (Ikeda, 1985; Ito, 1994; Park et al., 2001)。深液流技术系统中槽的宽度通常为 100～130cm。用聚苯乙烯板或聚氨酯泡沫将植物固定在孔中，面板浮在水面上或放置在水槽的侧壁上。该系统工作高度的设计必须便于作物的种植和收获。

5) 雾培法和气栽水培法

在雾培和气栽水培系统中，植物的根部悬浮在容器中，发射器不断用营养液喷洒根部。这种系统和深液流技术的结构类似，但是没有水层；而是用源源不断的营养液雾对根部进行喷洒。在早期的日本商业广告中，在聚苯乙烯板的三角形结构中有个封闭空间。一般来说，在这个三角形结构的空间里相对湿度为 100%，应注意增加植物根部的氧气供应量 (图 5.4)。但是，使用雾培法应该注意使处于上层的植物接收到足够的水肥。通常在气栽结构的底部会形成一层薄薄的水层，起到对植物的缓冲作用。Kratky(2005)的研究结果表明，提高根部氧气的含量，与连续的水层在根周围的条件下相比，莴苣的产量较高。营养液膜技术和气栽系统由于缺乏缓冲区，导致水肥不能为植物提供足够的水和营养。另有学者结合气栽系统与深液流技术开发了一个混合系统，称为"EinGedi系统"，并创造了"气栽水培系统"。在这个系统中，植物的根被置于一个面板中并延伸下来，悬挂在空中。大量补充了氧气的流动营养液，通过汽化在根部形成了薄膜，接触到根部的水和营养物质的流量超过了其他任何无土栽培系统。对于该系统而言，电力是实现水肥灌溉植物的关键。这种系统商业生产的可行性需要综合考虑其成本和长期收益。

图 5.4　雾培法

注：图中显示的是营养液发射器和植物的根。

图 5.5　潮汐式灌溉系统

6) 潮汐式灌溉法

在潮汐式灌溉系统中，容器中生长的植物在盛满了大量水或水肥的托盘或地板上进行灌溉。在灌溉期间，水流到托盘或地板，当托盘或地板被注了大量水或水肥时，每个容器的底部都被淹没（图 5.5）。淹水持续时间取决于容器中的植物生长基质。持续时间应足以让水或水肥由于毛细管效应一直到达根的顶部，持续时间通常为 10～30min。灌溉完毕后，水必须彻底排出，因为托盘或者地板上如果有积水会导致根部病害、藻类生长和不均匀的灌溉。

三、水肥一体灌溉所需硬件

水在植物生长中起着重要的作用：水是一切生物生长所离不开的，也是营养物质的运输介质。水肥一体灌溉是通过使用完全可溶肥料和水结合的一个系统。以下重点介绍动态控制水肥一体灌溉系统中的养分供应。稀释器/分配器单元将浓缩的可溶肥料和灌溉水储存在2～8个容器中(图5.6)，通过泵和阀门系统将水肥运输至每一株植物。灌溉量由灌溉时间或水肥具体的量来控制。阀门连接营养稀释器/分配器单元到温室的各个灌溉分支。每个分支都配备了仪表来监测和记录供水与排水量、EC值、pH和用水量的平均值。水的管理包括对雨水、排出的水、自来水、地下水以及地表水源的管理。清洁的水是非常宝贵的资源，不同来源的水在未检测之前不应事先混合。在封闭的栽培系统中，排出的水是循环使用的，当与高浓度的化肥母液直接混合时，可能发生结晶盐的沉淀。回收的排水应用一定比例的淡水混合来达到预定的EC值以获得达标的水源。准确控制水源的EC值和pH对于这个系统非常关键，有助于减少或避免不达标的EC值和pH所导致的沉淀。

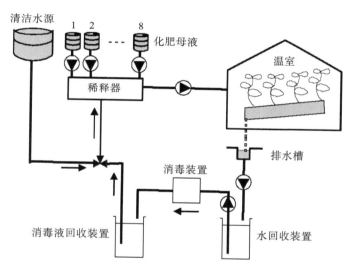

图5.6　水肥一体灌溉装置示意图

(一)传感器与监测

1)电导率和pH传感器

电导率(EC)和pH传感器是无土栽培系统的重要组成部分。EC传感器测量肥料的质量。在使用过程中，一般使用两个并联的EC传感器来互相校准，提供更加准确的测量值。在实际生产中，EC传感器的测量范围为0～10 dS/m。pH代表溶液的酸碱度。大多数pH传感器的预期使用寿命为一年。用EC传感器和pH传感器获得的数据(一般是两周测量一次)有助于分析水肥的质量。

2）测量特定离子的传感器

离子选择电极（ion selective electrode，ISE）是一种能够测量溶液中特定离子活性的传感器，将活性转化为电位，可以通过电压表测量（图 5.7）。电压在理论上取决于特定离子的活性的对数，并根据能斯特（Nernst）方程算出（Chang，1990）。感应部分的电极通常是一个离子特异性膜以及一个参比电极。ISE 传感器可用于测量大量元素，如 K^+、Ca^{2+}、NO_3^-、SO_4^{2-}、NH_4^+、Na^+ 和 Cl^-。

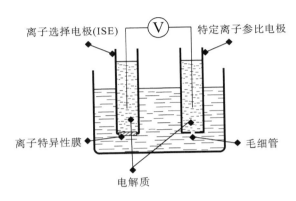

图 5.7　离子选择电极（ISE）工作示意图

3）基质水分

监测土壤或基质的水分是必要的。在开放的生长系统（无回收水肥系统）中，过度灌溉会导致一些营养元素的流失，造成环境污染。在封闭的系统中，可以通过回收排水解决这个问题。生长基质的含水量由灌溉水的量决定。测量水分含量的传感器可以监测基质中水的含量和估量基质的重量变化。

4）电介质传感器

用介电方法测定基质含水量越来越普遍，因为介电常数与每种特定的生长介质类型之间的关系是相关的，经过校准步骤，可以准确地衡量含水量。在时域反射计中，短的电脉冲被发送到一对电极之间，反射回来的时间就是衡量含水量的一个变量。在另一种方法中，在特定的（高）频率测量两个电极针之间的阻抗也可以测量含水量和 EC。这个基于频域（frequency domain，FD）的方法，相比时域反射（time domain reflectometry，TDR）方法更容易实现自动化和小型化。商业化版本可用于测量基质的温度、EC 值和湿度。

5）液压张力计

水势可以使用充满蒸馏水的密封管末端的多孔杯在相对湿润的条件下进行测量。当配备的杯子接触到生长基质时，在杯子内部产生的压力与土壤或基质的吸力会达到一种动态平衡。杯子内部的压力可以用压力传感器进行测量。该方法适用于低于-80 kPa 的吸入压力。对于更低的压力，有空气进入杯子的风险从而导致误差。液压张力计现在在市场上都可以买到。

（二）不同水肥母液的类型：A 罐和 B 罐与单桶水肥的比较

液体肥料可以针对特定作物进行特定的配方。1970 年，当水培生产在荷兰率先使用时，Verwer(1978) 开发了中央水箱，用于容纳灌溉水和两种化肥母液 A 和 B 混合以后的水肥。这样的系统在今天仍然被广泛使用。这两种母液一般在 100 倍或 200 倍稀释后以供植物生长。母液 A 中含有所有钙化合物。母液 B 中含有溶解的硫酸盐和磷酸盐(图 5.8)。如果将这两种母液在浓缩状态下混合，就会产生沉淀堵塞管道、阀门和水肥发射器，造成灾难性后果。因此，来自 A 罐和 B 罐的溶质被混合容器中的淡水稀释，以实现营养液合适的浓度和 EC 水平。一个额外的容器中含有酸或碱来控制该水肥的 pH。

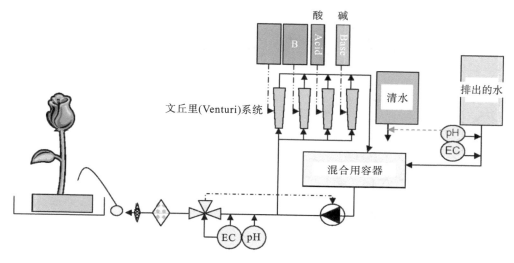

图 5.8　水肥一体化系统示意图

注：文丘里(Venturi)系统起到增压的功能，将水肥压送至水肥发射器。

A 罐和 B 罐营养元素的组成根据特定的作物配比，并在实验室每两周分析一次营养元素的量和比例。通常通过人工将肥料添加到 A 罐和 B 罐。这个步骤非常耗时耗力，尤其是在大型商业化的温室。解决这个难题的一个方法是寻找预混各种液体肥的供应商，这些供应商用类似油罐车运输水肥。一般来说，因供应商而异，6～10 种液体肥料在按照标准配方混合后被提供给生产者。车所拉的肥料罐里有不同的分隔段，每个分隔段都装载特定的浓缩肥料。卸载以既定的标准和步骤填装到温室的水肥容器中，尽可能地减小事故发生的概率。这种方法可以节约人力，但明显的缺点是运输成本高，因为运输物含有大量的水。这种方法在温室密集的地方比较流行。还有一个方法是从 A 罐和 B 罐中手动混合 25kg 的固体肥料袋。A 罐和 B 罐母液的配制是按顺序准备的，但是在两个罐中配制水肥是在同一时间完成的，以确保化学反应在 A 罐和 B 罐中同时发生。

营养液必须满足作物从苗期发展到生殖期不同生长阶段的需求。特定适量的营养液配方是决定植物生长的重要因素。这个配方的制定主要根据实验室的数据，每两周对植物根系周围的土或基质进行一次取样并检测营养状况。结合植物的生长状态分析后对配方给出建议。现在，肥料已经从单一元素的肥料发展到多元素的复杂组合，并针对植物的特定生长阶段进行微调。对于液体肥料，通过加入酸性或碱性肥料溶液可以调整 pH（图 5.9）。在配方过程中，某些离子混合后可能会导致沉淀，使得植物不能有效吸收这些营养元素离子。不合理的配方会产生沉淀物堵塞管道，甚至会导致爆炸（Schrevens and Cornell，1993）。优化合理的配方会产生更高的效费比。

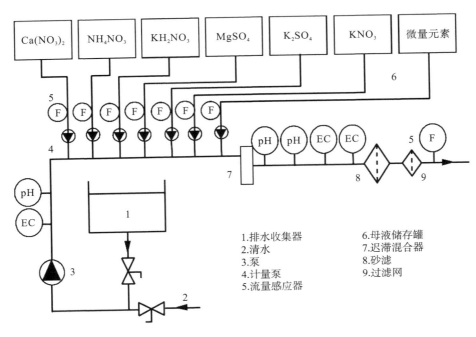

图 5.9　水肥配置系统示意图

（三）商业化的水肥注射系统

　　浓缩肥料混合罐系统和混合稀释容器的操作原理如下。混合稀释容器连接到各种肥料母液的储罐上（图 5.8），在这些母液储罐中，固体肥料以高浓度溶于水并经过不同的分配器系统后，根据配方混合，用淡水稀释至预设的适宜浓度，通过泵向温室里的作物提供水肥。一般来说，有下列几种方法把高度浓缩的肥料混合物输送到混合稀释容器：①计量泵将母液输送到非加压的混合稀释容器中或直接进入主供应线以供植物；②主供应线内的文丘里管接头产生压力促使肥料母液进入混合稀释容器（图 5.8）；③将小容器管（约 5L）放置在混合稀释容器上方，一个容器管连接一种浓缩母液（图 5.10）。管底部的阀门将精确数量的母液释放到混合稀释容器中。管底部的压力传感器测量母液释放的量。容器管通过简单的泵或重力来填充母液（储备罐处于较高的位置）。供应溶液的 EC 值通过改变营养元素的稀释度来控制，pH 通过酸或碱溶液进行调节。通常安装两个同样的 EC 传感器和 pH 传感器确保安全运行。嵌入式计算机系统控制混合过程、警报和操作员通信。混合罐分配器用于高架洒水喷头、滴灌系统或在潮汐式灌溉系统中。该系统输出水肥的范围为 $1\sim40\,\mathrm{m}^3/\mathrm{h}$。

图 5.10 控制母液流入量的容器管示意图

　　直接注射系统使用计量泵对输出的母液量进行计量，并主要通过压力将浓缩肥料注入供应系统中，是一种好的替代方案。通过文丘里系统(图 5.8)产生压力差，吸取浓缩肥料注入淡水中。这种肥料运输手段使用更少的设备以降低维护成本。简易的直接注射稀释器/分配器单位在一个范围根据预设的量将来自 A 罐和 B 罐的肥料注入预混合室，混合并加入水混合稀释到植物生长所需的浓度。混合和稀释高度浓缩母液的系统更加复杂(图 5.11)。每个肥料分配器都连接特定的母液储罐。主供应线上的文丘里系统驱动浓缩的肥料流体运动。

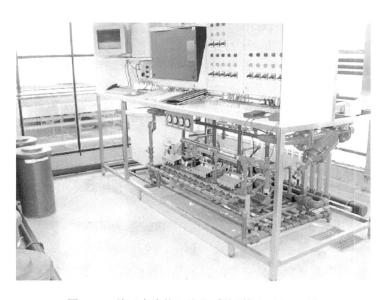

图 5.11 单元素液体肥注入系统［普瑞瓦(Priva)］

混合高度浓缩的离子营养液可能会产生危险，必须采取预防措施来保护种植者及其他工作人员。为此，传感器应该时常监测稀释、混合过程中所面临的问题和风险，如：①个别肥料渠道流量过大或不足；②液体肥料泄漏；③空气混入肥料混合通道；④容量意外下降；⑤通道堵塞。还应进行以下常规检查：①与预期的 EC 值和 pH 变化突然或大幅偏离；②储罐中母液的泄漏（设备处于关闭时也应检查）；③储罐应储存在封闭且独立隔离的地方。

第二节　植物生产系统

自从采用无土栽培以来，不同的生产系统已经被开发出来用于生产特定的作物。一般来说，这种种植生产方式适合经济回报率很高的作物，这样投入比较昂贵的基础设施和密集型的系统对种植者是有利的。这种种植生产方式的初始阶段主要是人为改善土壤的肥力和实现对病害的管控。现在的无土栽培系统，有些系统还是接触到地面，而有些系统是离地的，人为地切断了植物和土壤之间的联系。这些不同类型的生产系统各有优劣，本节讨论这些生产系统的优点和缺点，以及其对特定作物的适用性。

一、地面种植生产系统

1. 地面种植生产系统要素的准备

在准备地面种植生产要素时，要尽量减少病原物和杂草。可采用蒸汽灭菌、化学处理或日晒处理顶层 10cm 的土壤来防治病害和杂草。保证土壤具有良好的排水系统也很有必要。如果种植区域不在一个水平，会造成部分区域干旱部分区域积水，因此植物对水分的利用率不一致，积水的地区容易发生缺氧和诱发根部病害，这也可能导致不同区域 EC 水平的差异，从而导致作物产量和质量的下降。因此整平种植地区的土地非常有必要。可以对坡整个长度被细分为 20～25m 的部分区域分段进行整平。通常需要在生产系统和地面之间布设一个塑料屏障来防治杂草和避免多余的水分。浅色的塑料屏障可以将光反射回植物，这在高纬度冬季夜长的地区尤为重要。浅色材料的缺点是穿透的光线会导致一些杂草的萌发，并且浅色的塑料容易被紫外线损害。黑色的底衬在这种情况下就非常有价值，因为它会在白天储存更多的热量并在晚上释放出来。同时，黑色的材料通常也更能抵抗紫外线辐射对其的损害。有些生产系统中，水必须渗到地下，在这种情况下必须用有网眼的编织材料，而不是防渗膜，而且应避免整个地面过度紧实。地面植物的种植类型有很多种，一些生产系统由单行植物以一定间距组成（即"单行"），其他系统由多排植物组成。

2. 单行种植方式

单行系统通常用于玫瑰、黄瓜、西红柿、胡椒、草莓和生菜等作物的种植。对于窄行的作物，在生产过程中通常使用少量高密度的基质。然后将种子或插枝条转移到该生产系统中进行扩繁。一般来说，单行系统由两个单排相邻的植物构成（形成一对排，如图 5.12

所示)。这便于收获和管理,并有效地节省了过道空间,产生更高的生产效率。一般来说,植物根区的无土基质被塑料膜包裹,灌溉用水也能够被包含其中。预成型基质砖一般装在足够结实的袋子里。在一个基于土壤的开放系统中,排水直接从根区穿过内衬进入作物下面的土壤(图 5.12)。这种传统方法的好处是所需的材料少且投资低,但会造成大量的水和肥料浪费,污染环境。欧洲和北美大部分地区的政府现在都立法控制硝酸盐流失量,生产开放系统正在被淘汰,也加速了封闭生产系统的发展。

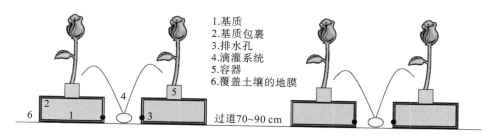

1.基质
2.基质包裹
3.排水孔
4.滴灌系统
5.容器
6.覆盖土壤的地膜

过道70~90 cm

图 5.12　基于土壤的开放单行生产系统示意图

排水槽可使用各种材料,如塑料薄膜、U 形聚丙烯槽、聚氯乙烯(PVC)、金属槽。其中,最便宜的封闭系统由塑料袋或薄膜包裹在基质平板周围并有收集袋回收排水,通常需要沿着植物铺设排水管以保证排水系统工作正常。图 5.13 是几种单行封闭生产系统中常用的排水装置。

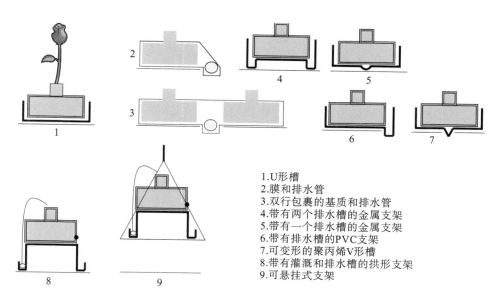

1.U形槽
2.膜和排水管
3.双行包裹的基质和排水管
4.带有两个排水槽的金属支架
5.带有一个排水槽的金属支架
6.带有排水槽的PVC支架
7.可变形的聚丙烯V形槽
8.带有灌溉和排水槽的拱形支架
9.可悬挂式支架

图 5.13　几种单行封闭生产系统中常用的排水装置

选择排水槽的材料时需要考虑的一个重要因素是要方便消毒。如果蒸汽或热水被用于薄塑料制造的槽中,那么槽很可能会变形。这些材料可以经受日晒消毒,但消毒的有效温度至少须达到 70℃，这取决于当时的天气状况。PVC 的缺点是在高温下，氯会被释放到大气中，因此被有些国家禁止。聚乙烯和聚丙烯的使用则可以避免造成太严重的污染。

如果地上的土壤存在下陷的可能，那么就需要一个由金属槽和塑料膜组成的系统，部分采用悬挂的方法(图 5.14)。镀了金属的槽可塑性较强并且比纯塑料的材质好。金属槽通常比塑料槽贵，但是更耐用，可以持续用十多年。

图 5.14 采取悬挂方法的番茄生产系统

3. 垂直栽培系统

垂直栽培系统是把一些植物堆叠成行在垂直的结构物上进行种植。这种系统已经试用于草莓和菊苣等小作物，但效果有限(图 5.15)。营养液在顶部施用，通过装满基质的袋子保肥，排水收集器在底部。这种系统通常与雾培法和垂直堆放的容器结合使用或将容器固定在支柱上使用。使用这种方法是为了最有效地利用空间。但是底部的植物获得的光照较少，这会带来一些不理想的后果。例如，所有植物不会在同一时间成熟，与底部的植物相比，在顶部的植物一般会早熟一些，质量和产量会更好。垂直栽培系统也给采摘工作带来了一些不便。垂直栽培系统在商业上并未获得广泛使用和推广。生产者利用过 A 形架来提高单位面积的产量。有人将垂直栽培系统应用于比利时菊苣(图 5.16)的生产，尽管存在以上问题，但总的来说是可行的。也有生产者将植物种植在容器中，随后放置在 100cm×120cm 4～8 层的架子上。营养液从顶部以 Z 形流至容器的底部，然后对排水进行回收。这种方法也应用于芦笋的生产中。

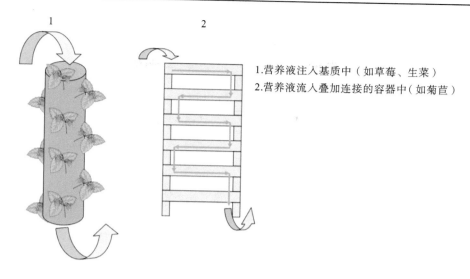

图 5.15　垂直栽培示意图

图 5.16　应用于比利时菊苣的垂直栽培系统

4. 在植床上栽培的作物

菊花、康乃馨、小苍兰或六出花属植物一般种植在植株密度为 20～60 个/m² 的植床上（图 5.17）。在这种植床上，没有使用上述单行系统，因为投资回报不足以支持这种昂贵的系统。

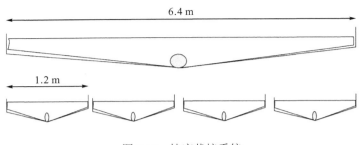

图 5.17　植床栽培系统

二、离地生产系统

人们发现生产系统离开地面以后，植物周围的空气流通加强，植物病害的发生减少，植物根系周围的温度也更加容易被精确控制。离地生产系统的另一个优点是改善了工人在温室的工作条件，并且便于收获。离地生产系统是固定的或可移动的，一般用于盆栽植物（如草莓、生菜、月季、番茄、辣椒、黄瓜、大丁草），特别是广泛应用于温室盆栽植物的生产中。

1. 离地生产系统的单行种植方式

由金属或木材制成的架子安装在石块、金属或经过处理的木材所做的立管上，以承载植物的种植系统称为离地种植生产系统。这样的系统已经广泛用于玫瑰、非洲菊和草莓的种植上（图 5.18）。同时种植者正在对各种其他作物进行实验。架子置于地上，这种系统最简单的例子是放置直径为 15～25cm 的容器在金属架上，在容器的正下方放置一个排水槽，排水槽可以用聚丙烯、PVC 或者涂层金属来制作。另一个例子使用装填了基质的长托盘（长100～133cm、宽 15～20cm、高 7.5～10cm），每个托盘由托架支撑。更复杂的系统是由铝制成框架，容器悬挂在框架上，框架放置在牢固的架子上，这个架子的高度可以调整。在温室外，作物的种植也可以用离地生产系统，但是必须安装防雨罩。

(a)固定的架子以承载容器　　　　　　　　　　(b)生长槽或者长型的容器置于架子上
（如非洲菊和草莓的种植）

图 5.18　离地生产系统的单行种植方式示意图

2. 悬浮槽

悬浮槽也属于离地生产系统，这个系统通过钢绳悬挂起来。在这种情况下，下面不需要支架来支撑，这样的系统必须有坚固的材料才可行。一般每隔 2.5～4m 就有钢绳提供悬挂力。悬浮槽一般以一定的角度倾斜，以便两侧的小通道用于排水（图 5.14）。由角度造成的高度差异可以及时排出积水，避免根部被水浸泡，从而最大限度地减少了根部病害的传播。

3. A 形框架

使用 A 形框架可以提高空间的利用效率(Morgan and Tan，1983)。Leoni 等(1994)系统地描述了基于 A 形框架的番茄和莴苣生产系统(图 5.19)。Morgan 和 Tan(1983)开发的A 形框架系统底部宽 240cm、顶部宽 40cm、高 230cm。基于营养液流动的技术，一个 A形框架上共种植了 12 株莴苣植株，这个系统使每单位面积内莴苣的植株数量增加了一倍(多达 40 个/m^2)，一年可以收获 8～9 季。Leoni 等(1994)设计的系统由两块 100cm 宽的聚苯乙烯板组成。两个面板组成了一个 120cm 的 A 形框架形状(图 5.19)，该系统的基部长 3.2m。在这个系统中，位于较低层的植物由于接收到的光线较少导致产量较低，而位于顶部的很多莴苣会生长弯曲，形状不能达到市场要求。

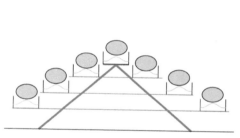 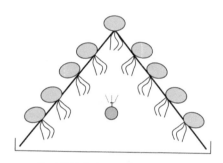

(a)基于流动营养液技术的A形框架生产系统　　　　(b)基于雾培技术的A形框架生产系统

图 5.19　A 形框架生产系统示意图

4. 植床生产系统

植床生产系统通常用来并排容纳大量的植株，并尽量减少生产区域的过道空间。工作台的宽度标准为工人可以便捷地接触到床上的每一株植物，植床可以是固定的或者是移动的(图 5.20)。固定植床不能移动，空间利用率相对较低(有效生产空间为 65%～75%)。移动式植床通常被安装在由材质更轻且牢固的材料所做的两根长的金属管上。植床可以从金属管上松开，整个植床可以左右翻转。植床移动的距离是严格控制的，以防止工作台滚落。在这样的系统中，只需要一个走廊的空间，因此空间利用率提高到 85%～93%。移动式植床在使用了铝合金材质后，重量显著降低。通常一个植床的宽度小于 1.4m，如果工人的平均身高较矮，那么植床的宽度就需要减小。可运输式植床(图 5.21)通过悬挂的方式将大批的植株直接运输给工作人员，以供操作和收获，在鲜切花(月季和非洲菊)的生产系统中，这种可运输式植床已经被测试过。然而，这种可运输式植床需要人们去开发另一种灌溉系统，这个灌溉系统必须方便拆解和重新连接。另外，这种可运输式植床的传输效率还需要提高。

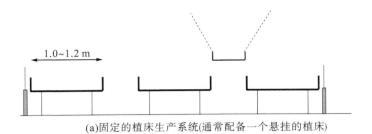

(a)固定的植床生产系统(通常配备一个悬挂的植床)

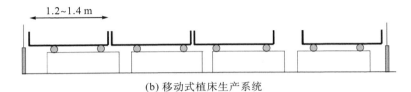

(b) 移动式植床生产系统

图 5.20   植床生产系统

图 5.21   可运输式植床生产系统

　　在密集的温室生产环境中，研究人员正在研究和开发能对单株植物进行管理的方法，以提高作物产量。"会行走的植物系统"(图 5.22)能够提供最个性化的管理。机器人可以将盆栽的个体植物放在运输带上运输。该系统可以通过编程将植株以特定的间隔进行摆放。然而这种系统的运行成本非常高，只适用于经济价值极高的作物。

图 5.22　会行走的植物系统

第三节　小　　结

　　灌溉和灌溉系统以及与之有关的所有技术正在持续经历创新转变，这种转变的特点是自动化和标准化的广泛使用。特别是灌溉方法已经发生了相当大的变化和创新，如灌溉用水的排放减少和重新利用，以及基于压力补偿发射器的滴灌和喷灌技术。在世界各个地区，水资源越来越稀缺以致使用成本越来越昂贵，肥力过剩造成污染，这些都是我们应该重视的问题。过滤设备的出现和不断改进是无土栽培技术取得重大进步的关键。在菊花和生菜等作物的生产系统中，营养液流技术有一定的利用空间。深液流技术的使用，可以有效避免由于不断循环使用营养液而导致温度升高的现象。潮汐式灌溉主要用于基于植床生产的盆栽植物。雾培离商业化还有一定的距离，如果可以有效解决该技术营养缓冲力低的技术障碍，该技术便能得到更广泛的使用。本章所介绍的方法都可以生产出品质高的产品，但每种方法都需要不同的策略和正确的管理，使植物达到最佳的生长条件。

　　20 世纪 80 年代，第一个无土栽培系统是开放的，即所排放的水肥直接流入土壤、地表水或者地下水体中。一些研究结果显示，节约用水并结合温室条件，通过灌溉水或者水肥的再循环使用可以减少地表水的富营养化。在许多国家，这导致政府决策者迫使种植者转向重复利用灌溉水或者水肥的封闭系统来进行生产。这种方法背后的基本逻辑和意图很好地被种植者所理解和接受，因为这样可以节约水和肥料。但是这种方法的系统成本非常高，并且需要对循环使用的水或水肥进行消毒。很多事例证明这种系统在技术上是可行的，政府应该鼓励所有种植者采取这种系统，以扩大该系统的推广面，由此提高其经济上的可行性。随着欧洲和北美地区大幅增加监管力度和实施相关立法，自 2000 年以来，许多种植者都认识到这种转变的必要性，以避免污染生态环境所造成的罚款。与此同时，随着与再循环有关的新组件的创新和技术的迅速发展及商业化，学术界也对此作出了重大的贡献。例如 Stanghellini 等 (2003) 计算了在封闭的温室条件下番茄的水分利用效率，结果表明，生产 1kg 番茄，在封闭可控的温室条件下水分的利用效率最高，是基于土壤的温室栽培条件下的 2 倍，是温室外栽培的 3 倍。这意味着在封闭的温室生产条件下，干燥和较热的地区可以利用该系统以较少的水资源进行农业生产，而且可以节约水肥。20 世纪 80 年代至 90 年代初，无土栽培系统所生产出来的作物被商业化，促使更多不同种类的作物转向无土系统。因为无土栽培技术已经非常成熟。然而，到目前为止，有很多农作物还未转向无土栽培，这是由于初期需要巨大的投资和维系成本。无土栽培系统的优点是显而易见的：在相同的植株密度下无土栽培系统可以显著增加产量，提高空间利用率，甚至以较低的种植密度获得更高的产量，如转变为无土栽培的作物(如番茄、黄瓜和甜椒)，以相对低的密度(2～5 株/m²)实现了产量增加，主要原因是这些作物在土壤中生长会受到许多土传病害的影响。现在荷兰的大部分作物都使用无土系统进行栽培。

另一方面，叶菜在土壤中的种植密度一般很高(10～20 株/m²)，完全覆盖地面。无土栽培与土壤栽培相比，产量增加相对较少。空间利用率只能在一些特殊情况下增加。在这样的系统中，产量必须通过生物量的更快积累来实现，在环境可控的条件下，这种产量提高的方式是可行的。因此，使用无土系统来栽培这些作物足以让种植者收回初期大量的投资。然而，来自露天土壤种植者和其他国家种植者的竞争，减慢了种植者收回投资的速度。花卉(如菊花、小苍兰和六出花)的种植已广泛尝试无土系统，技术和培养方法没有问题，问题仍然是其商业化程度，因为这些花卉种类可以以很高的种植密度种植，提升产量及温室空间利用率的空间不大。对于月季和非洲菊，植物种植密度不能过高，就可以利用无土系统提高空间的利用率；此外，在无土栽培中，这些作物受到土传病害侵袭的概率小。

施肥控制包括精确控制各种营养元素离子的量和比例，是更好地提供植物营养所需的方法。过去，这主要是通过控制母液的配方来实现。随着水肥和灌溉水的循环使用，各类营养元素有可能会在回收的排放用水中增加，这对水肥的配方是一个挑战，因此需要知道各种营养元素离子的浓度。目前，大多数种植者在大型储水池中收集回流水，量化回收水中植物可利用营养元素的量，然后用种水与新的水肥混合，新的水肥配方必须进行修改以达到目标作物的需求。虽然特定离子监测电极理论上可以动态监测再循环水，但是这一技术尚不成熟。需要进一步的研究和开发以改善这一技术的稳定性。许多研究者已经建立了植物营养相关现象的数学模型并广泛用于研究，通过计算机编程控制施肥管理系统。

未来，如果特定离子监测电极的功效可以与现有的 pH 传感器和 EC 传感器一样稳定，那么基于模型预测离子浓度的方法就会被淘汰。基于特定离子监测的电极对营养元素进行量化，从理论上来说是最精确的，因此应该聚焦并逐渐解决这个技术所面临的难题。由于植物需求的变化，植物对各种离子的吸收率以及营养液中各离子的占比会随着时间的推移而变化，使用特定离子电极监测可以更精确地监测各营养元素的动态，并通过调整离子含量来及时调整水肥配方。特定离子监测电极最大的优点在于水肥可以根据人们的需求动态回收，而不是机械地按批次回收。总的来说，在可预见的未来，基于封闭系统的温室生产的创新控制技术的应用将涵盖以下内容：①封闭式生长系统中营养液的特定离子监测；②监测与植物生长有关的变量，如光合作用效率、叶面积指数、吸水量和渗滤液流量；③根据对回收水的离子含量的反馈数据来调整水肥配方；④使用基于模型的软件预测植物对水分和养分的吸收；⑤使用植物基质互作模型，调控植物白天对营养物质的吸收以提高营养元素的使用效率；⑥通过反馈信息来调整和控制水和营养元素离子的供应量是目前研究的热点，已经取得了一些进展。自动化设施、传感器和其他基于模型优化的研究项目将会进一步完善，从而不断地改善无土栽培技术。

第六章　无土栽培的环境控制

花卉的生长发育主要取决于作物本身的遗传因素，但外界环境条件对花卉的质量和产量也有很大的影响。要获得优质高产的花卉产品就要重视以下三方面的工作：①选择高产优质的新品种；②通过育种、驯化等手段使作物更好地适应当地的自然环境；③调节生长环境，使生长条件更好地适合作物的生长发育规律，从而实现花卉的高质丰产。

自然条件下作物生长的环境复杂多变，有四季变化、早晚变化、地域变化等。冬季的低温寡照不适宜作物的生长发育，甚至发生冻害；在冬季种植长日照花卉需要补光。夏季高温高湿也会造成病虫害大量发生，还会抑制有些花卉品种的生长；夏季的长日照还会影响短日照植物的正常发育，需要遮光处理。为了打破自然条件的限制，人们利用现代温室等条件，通过技术手段把一定的空间与外界环境隔离开来，形成一个半封闭的系统。设施内的环境因子(包括光照、温度、湿度、CO_2 及营养等)组成及成分，虽在很大程度上受外界环境的影响，但与露地栽培相比存在根本差别，甚至可以通过人工调控达到作物理想的生产环境条件，这对促进设施作物的安全、优质、高产、高效与环保，以及改善劳动环境都具有重要意义。

第一节　光　照　控　制

一、光照及其调控原理

光照对作物的生长发育产生光效应、热效应、形态效应，直接影响作物的光合作用、光周期反应和器官形态的建成，对喜光作物尤有决定性的影响。植物利用光能将 CO_2 和水转化为碳水化合物的过程称为光合作用，光合作用是地球上生物赖以生存和发展的基础。在光合作用中，光作为能量源泉，在作物生长过程中是控制光周期的一种信息。因此，光照是无土栽培温室设施极其重要的环境因子。

太阳不断地以电磁波的形式向宇宙释放能量，太阳辐射穿过大气层时，由于臭氧、水汽、CO_2 和尘粒等的吸收、反射、散射，透射到地球表面的太阳辐射能量仅占大气层上界太阳总辐射的 50%左右；到达地表的太阳辐射光谱也发生了很大变化，光谱范围仅限于 0.30～3.00μm。狭义的太阳光能是指 0.38～0.76μm 的可见光部分，广义的太阳光能是包含光谱为 300～3000nm 的到达地面的整个太阳辐射能，除可见光外，还包括紫外线(其波长在 0.38μm 以下)和红外线(其波长在 0.76μm 以上)。大气上界的太阳辐射光谱是一个波长从零至无穷大的连续光谱，但 99%的能量集中在 0.17～4.00μm。最大能量的波长为

0.475μm。其中，紫外光波长为 0.29～0.38μm，占 7%；可见光波长为 0.38～0.76μm，占 47%；红外光 0.76～4.00μm，占 46%。地球表面平均温度 300K 的辐射能量集中在 3～80μm，最大能量波长为 10μm。

绿色植物对辐射具有选择性的吸收特性，有效作用的辐射波长为 0.30～0.75μm，在 0.30～0.44μm 与 0.67～0.68μm 两处呈现吸收高峰，对 0.55μm 一段吸收率较低。对绿色植物光合作用有效的这一部分辐射称为植物光合有效辐射，有时也叫生理辐射。生理辐射基本上就是可见光部分，占太阳总辐射能的 45%～50%。往往随时间、地点和天气状况的不同而变化。投射到植物叶面的辐射，一部分被叶面反射，一部分被叶绿素吸收，另一部分被叶子透射。反射、吸收及透射的比率因辐射波长、植物种类及叶龄而异。

温室内的光环境与室外的光环境具有不同的特征。①总辐射量低，光照度弱。光照受温室结构、材料、方位，以及透明覆盖材料的种类、老化程度、洁净度等影响，一般仅为室外的 50%～80%。冬季喜光花卉就必须加光。②辐射波长组成与室外有很大差异。由于覆盖材料对光辐射不同，波长的透过率不同，温室内辐射波长的组成与室外有很大差异，一般紫外光的透过率低，但当太阳短波辐射进入设施内被作物和土壤或基质等吸收后，又以长波的形式向外辐射，因受到覆盖材料的阻隔，使整个设施内的红外光长波辐射增多，这也是设施具有保温作用的重要原因。塑料薄膜、玻璃与硬质塑料板材等覆盖材料的特性直接影响设施内的光质组成。③光照分布在时间和空间上极不均匀。例如高纬度地区冬季设施内光照度弱、光照时间短，严重影响温室作物的生长发育。

二、光照调节与控制

在自然条件下，光照度与光照时间受季节、纬度、天气状况变化的影响。在设施温室中，太阳光投射到温室表面会发生反射、吸收和透射，使温室形成特有的光环境。影响室内光环境的主要因素，除变化的太阳辐射等气象要素外，也有设施本身结构与管理技术等要素。室内光照度、分布及光谱的组成机理较复杂。在生产中对设施的要求是最大限度地透过光线(透光率大)、透光面积大、光照时间长和光分布均匀，对光质也有一定的要求。除采用适当的温室结构与朝向外，还应选择透光率高、耐老化、无滴防尘、具散光性的覆盖材料，以增大栽培床面的光照。

通常温室光照调节主要增加光照度，满足花卉光合作用对光照的需求，提高花卉质量。或是依作物的光周期特性，利用人工照明延长光照时间或利用遮光缩短光照时间来调节开花期或休眠期。例如，秋菊为典型的短日照花卉，进行补光处理可使其一直处于营养生长阶段，延缓开花，非常符合切花要求，实现反季节栽培，增加淡季菊花供应，提高效益。

(一)人工光照补光

在花卉作物栽培过程中，当自然光照远不能满足花卉作物生长所需要的光照时，就要考虑人工光照补光。常用的人工光源有荧光灯、钠灯、氙灯及植物效应灯等，人工补光栽培最好用高压气体放电的植物效应灯或荧光灯，高压气体放电灯是现代电光源，其中金属卤化物灯的光效高，光色好，光谱主要集中在可见光区域内，功率高，寿命长达 4000h

以上，是目前高强度人工补光的主要光源，但其价格高。

处理的强度、方法均因作物种类而异。通常作物光合强度 P、光能利用率 η、辐照度 Ee 的关系如图 6.1 所示。不同花卉作物的光合曲线不同，通常作物光合效率随着光照度的增加而增加，直到光饱和点。植物在高辐照度时，光合强度很高，但光能利用率很低；低辐照度时，光合强度较低，但光能利用率很高。所以人工光合补光的光照度与光照时间的确定应通过试验以单位产品经济效益为依据。一般来说采用较低的光照度，延长光照时间是较为经济的方法。

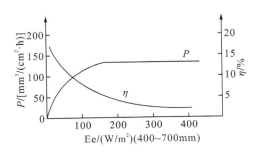

图 6.1　辐照度与光合强度及光能利用率的关系(刘士哲等，2001)

(二)遮光

遮光的目的是减少一部分太阳直接照射，通过遮光可以有效控制气温、土温和叶温的上升，使温度保持在适宜的范围内，达到提升品质、保护作物稳定生产的目的。特别是喜阴作物和花卉的幼苗，必须进行遮光处理。也可以利用遮光来调控光照时数或光照度作为短日照处理。对于遮光材料的要求是有一定的透光率、较高的反射率和较低的吸收率。遮阳率一般为40%~70%。遮阳网(凉爽纱)包括由维尼纶、聚酯等编织而成的白色、黑色、银灰色和灰色等产品，强度和耐候性均强。但以维尼纶为原料的遮光网，干燥时收缩率达2%~6%，覆盖时不能拉得太紧。聚乙烯(PE)网是以聚乙烯为材料，编压成网，通气性、强度、耐候性均佳。聚乙烯醇(PVA)纤维网以聚乙烯醇为原料，有黑色和银灰色两种；无纺布网光滑柔软，不易与作物发生缠绕牵挂等障碍。遮光方式分为外覆盖与内覆盖两类，但也有在玻璃温室表面内侧涂白以遮挡部分日光。外覆盖的遮阳降温效果好，但易受风害，使用时间短于内覆盖，分为直接覆盖屋面和离屋面 40~50cm 覆盖，有固定式、动力卷取式之分。内覆盖不易受风吹，但易吸热再放出，降温的效果不如外覆盖。

(三)光周期处理

光周期处理包括遮光的光周期调节和补光的光周期调节两类，其主要目的都是人为控制作物生长发育状态。

1)遮光的光周期调节

有些短日照花卉通过延长暗期促进花芽分化，达到提前开花的目的。长日照花卉恰好相反。常用的材料有黑布或黑色塑料等，在温室大棚顶面及四周铺设、严密搭接，使室内光照降到临界光周期照度以下（一般不高于 22lx）。遮光的时间根据花卉种类而定，一般来说应使连续暗期大于 14.5h，通常从黑夜向傍晚和清晨两头延长。

　　2）补光的光周期调节

　　补光的光周期调节与遮光的光周期调节处理方式不同，但都是达到控制花卉生长发育的目的。大体来说短日照花卉补光控制花芽分化，使花卉一直处于营养生长状态，达到切花生长的长度要求。而长日照花卉作物恰好相反。人工光周期补光是作为调节作物生长发育的信息提供的，需用的照度较低。

　　通常白炽灯或白色荧光灯 $0.01 \sim 0.10 W/m^2$ 辐射强度相当于 $1 \sim 10lx$ 的光照度。不论何种灯具种类，只要有几至数十勒克斯白色光照射 1h，即有长光照处理效果。光照度与光照时间的乘积（即照射量与长日效应间歇照明的照射量）远比连续照明小却有相同效果，可见必要照射量因电光源照射方法而异，实用照射量设定值要高于上述值的数倍。光源设置方法多采用吊挂在苗床、栽培床的上方。菊花为离株高 $0.8 \sim 1.0m$ 处每 $10m^2$ 挂一只 100W（或每 $8m^2$ 挂一只 60W）的白炽灯，随植株的长高提升灯位，一般要在花芽分化前 10 天开始照光，停止处理时间则依品种、温度、预定开花日期等而异。

第二节　温　度　控　制

　　各种花卉对温度环境的要求与原产地生态环境条件是相互匹配的，喜温性的花卉植物一般原产于热带、亚热带，不耐低温，甚至短期霜冻就会造成极大危害；反之原产热带、亚热带的花卉一般是喜温花卉。原产于温带气候条件下的多为喜凉性作物，耐寒性较强。花卉作物处于不同的生长发育时期，对温度的要求也不同。在同一天中也要求白天温度高，夜间温度低，昼夜有一定的温差（大多数作物需要有 10℃左右的温差），这就是"温周期"现象。植物在整个生活周期中所发生的一切生物化学反应，都必须在一定的温度条件下进行。任何作物的生长发育和维持生命活动都要求一定的温度范围，即最适、最高、最低界限的"温度三基点"，温度降至某一低温或超过某一高温时，作物将停止生长甚至死亡。维持在某一适温范围时，生长发育最好。一般作物光合作用的最低温度为 0～5℃，最适温度为 20～30℃，最高温度为 35～40℃。在光合适温范围内，温度提高 10℃，光合强度提高约一倍。适温范围以外的低温或高温下，光合强度都会显著降低。呼吸作用的最低温度为-10℃，最适温度为 36～46℃，最高温度为 50℃。在呼吸适温范围内，温度每提高 10℃，呼吸强度提高 1.0～1.5 倍。应根据温室设施的温度条件，随时采取必要的保温、加温与降温措施，以满足作物的适温要求。

一、温室设施温度特性与保温节能

　　1）温室效应

　　温室的覆盖材料能让大多数的太阳短波透过，而长波被阻止。无加温条件下，温室内温度的来源主要为太阳的直接辐射和散射辐射，阳光透过透明覆盖物照射到地面，提高室内气温和地温。在温室内土壤、苗床等反射出来的是长波辐射，大多数被温室覆盖物阻挡，热量留在温室内，所以进入温室内的太阳能多，反射出去的少，温室温度随之升高；还有一个原因是温室密闭，空间较小，隔绝了与外界的对流热交换，室内的温度自然比外界高，这就是所谓的"温室效应"。温室的温度随外界温度的变化而变化，其不仅有季节性变化，还有日变化；不仅日夜温差大，还有局部温差。在寒冷季节，利用温室大棚或某些保护设施的温室效应是提高作物环境温度最经济有效的措施。

2）温室设施的温度特性

由于地球的公转及自转运动，温室设施的温度随太阳辐射的变化呈昼夜与季节的变化。一般密闭、土壤干燥、非供暖、单层覆盖温室，白天室内气温都会很高，达室外气温的两倍以上。室内气温基本上随太阳辐射的变化而变化。在晴天的情况下，上午室内气温每小时可升高 5～7℃，14 时达最高，下午每小时下降 4～5℃。日落后每小时降温约 0.7℃，在日出前到达最低温。一般情况下，室内最低温度要比室外气温高 2～3℃，但有时也会出现"温室逆温"现象，即有风的晴天夜间，温室表面由于强烈的净辐射，可能出现室内气温低于室外气温 1～3℃的现象。"温室逆温"现象一般出现在凌晨，从 10 月至翌年 3 月都有可能出现，尤以春季逆温的危害最大。

此外，室内气温的分布存在不均匀状况，一般室温上部高于下部，中部高于四周。保护设施面积越小，低温区比例越大，分布也越不均匀。不论季节变化或日变化，地温的变化均比气温变化小。一般水平方向温差为 2～3℃，垂直方向温差可达 4～6℃。

3）温室的保温原理与措施

温室温度的降低主要由室内外温差引起，热量的支出包括如下几个方面：①通过覆盖材料对流、传导、辐射传出的热量损失占总散热量的 70%左右；②通风换气及冷风渗透的热量损失占 20%左右；③通过地中传出的热量占 10%以下。根据温室温度降低热量丧失的情况分析，保温措施要考虑减少贯流放热、换气放热和土壤传导失热，在白天尽量提高室内土壤对太阳辐射的吸收率。

根据热量支出的三个方面来分析，温室保温的措施，主要是增加外围护结构的热阻、减小通风换气及冷风渗透、减小围护结构底部土壤的传热三个方面。常用的方法是采用多层覆盖、设防寒沟、增加温室的密闭性。多层覆盖是最有效、实用、经济的方法，包括围护结构固定覆盖、内设保温幕帘外设保温被及地面设小拱棚等。表 6.1 为常用覆盖材料对红外辐射的热工特性。

表 6.1　常用覆盖材料对红外辐射的热工特性

覆盖材料	厚度/mm	透射率/%	吸收率/%	反射率/%
玻璃	3	0	90	10
聚氯乙烯薄膜	0.1	40～50	40～50	10
聚乙烯薄膜	0.1	70～80	10～20	10
醋酸乙烯薄膜	0.1	45	50	5
镀铝薄膜	0.1	0	10～20	80～90

二、温室加温

在冬季，由于温度较低，花卉的品质会下降很多，为了提高花卉品质，应对温室大棚进行保暖加温，以保持花卉正常生长所需温度。但加温增加了投入的设备费用和运营费用，应尽量做到高效、节能、实用。常用的加温方式有热水加温、热风加温与电热加温等。各种加温方式在使用、成本、效果等方面区别很大。一般来说，大规模温室群多采用热水加温，其有温度均匀、完全易控等特点。热风加温热利用率高达 80%～90%，但要注意通风补气，防止温室内缺氧、逆火倒烟、煤气中毒等危险。其热源有燃煤、燃油、燃气、电力等。燃煤的成本低，热稳定性好，生产安全可靠，但易污染环境；燃油省时省工省力，又不污染环境，但成本较高；燃气则在天然气资源充足、价格便宜地区采用较适，否则成本也高。表 6.2 列举了部分加温方式及其特点。

表 6.2　加温方式及其特点

加温方式	方式要点	加温效果	控制性能	维修管理	设备费用	适用对象	其他
热风加温	直接加热空气	停机后缺少保温性，温度不稳定	预热时间短，容易操作	容易操作	比热水加温便宜	各种温室	必须通风换气
热水加温	用 60～80℃热水循环或热水转换为热气吹入室内	因水暖管加热温度低，加热缓和，余热多，停机后保温性好	预热时间长，可根据负荷的变动，改变热水温度	对锅炉的要求比蒸汽加温低，水质处理较容易	需用配管和散热器，成本较高	大型温室	在寒冷地方管道怕冻，需充分保护
蒸汽加温	用 100～110℃蒸汽加温，可转换成热水和热风加温	余热少，停机后缺少保温性	预热时间短，自动控制难	对锅炉的要求高，水质处理不严格，输水管易被腐蚀	比热水加温成本高	大型温室	可同时用作基质消毒
电热加温	用电热温床线或电暖风加热加温	停机后缺少保温性	预热时间短，易控制	操作容易	设备费用最低	小型育苗温室	耗电高，成本高
空气能加温	用 50～60℃热水循环	因水暖管加热温度低，加热缓和，余热多，停机后保温性好	预热时间长，可根据负荷的变动改变热水温度	操作容易	前期设备费用高，维修方便	各种温室	耗电低，运行成本低

近年来空气能加温已成为新的加温方式，它的热源来自空气中的温度，具有节能、安全、环保、洁净、可靠的优点。空气能加温的核心装备是热泵，热泵技术是近年来在全世界备受关注的新能源技术。热泵是一种能从自然界的空气、水或土壤中获取低品位热能，经过电力做功，提供可被人们所用的高品位热能的装置。热泵实质上是一种热量提升装置，热泵的作用是从周围环境中吸取热量，并把热量传递给被加热的对象（温度较高的物体），其工作原理与制冷机相同，都是按照逆卡诺循环工作的，只是工作温度范围不一样。

热泵在工作时，本身消耗一部分能量，把环境介质中贮存的能量加以利用，通过传热工质循环系统提高温度进行利用，而整个热泵装置所消耗的功仅为输出功中的一小部分，因此采用热泵技术可以节约大量高品位能源。在运行中，蒸发器从周围环境中吸取热量以蒸发传热工质，工质蒸汽经压缩机压缩后温度和压力上升，高温蒸汽通过冷凝器冷凝成液体时，释放出的热量传递给储水箱中的水。冷凝后的传热工质通过膨胀阀返回到蒸发器，然后再被蒸发，如此循环往复，这便是热泵运行的基本原理(图6.2)。

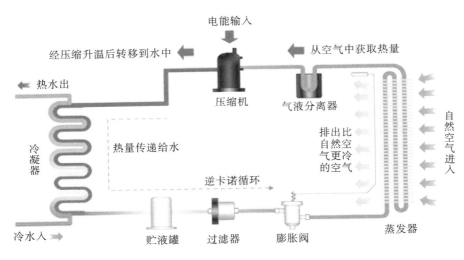

图6.2　热泵工作原理

空气能热泵热水机组以电能为工作能源，热源来自空气中的热能，不存在任何污染。运行过程中水电完全隔离，靠铜管导热，使用绝对安全。工作过程主要热量从空气中获得，同时电热能也转换为热量，因此它加热同样体积热水所需费用非常低，能效比为年平均300%以上。

三、温室降温

夏季由于太阳辐射增强和温室效应的双重作用，温室大棚内的气温高达40℃甚至50℃以上，如此高的温度已经远远超出花卉作物生长适温范围。因此，夏季在温室种植花卉要特别注意高温的负面影响，首先解决降温问题。根据温室热量收支平衡原理，温室降温可从以下三方面采取措施。

1)减少太阳辐射降温

最常用的方法是遮阳降温，分为外遮阳与内遮阳。外遮阳是在温室大棚屋脊高处挂上黑色或银灰色遮阳网(通常高于屋脊40cm以上)，减少直接照射进温室的阳光，遮阳网通过钢缆驱动系统或齿条副传动开启和闭合，一般遮阳网遮光率在60%~70%时，室温可降低4~6℃，降温效果显著。内遮阳效果没有外遮阳好，但使用时间长、不易损坏。此外，还有屋顶涂白遮光降温等方法。

2)增加温室的潜热消耗降温

(1)屋顶喷淋降温。在玻璃温室屋脊设置喷淋管，通过喷淋管道将水分喷洒于屋面，达到降低温室屋顶温度、减少透光率、吸收太阳辐射热能的目的，通过喷淋方式可使室温下降 3～4℃。此法方法简便，但易生藻类，要清除屋面水垢污染。同时此方法要求水质达标，如果是硬水，需经软化处理后才可使用。

（2）蒸发冷却法。蒸发冷却的原理是每升水蒸发时需吸收约 2400kJ 的热量，利用水蒸发吸收热量的方式达到降温目的。用蒸发冷却法降低室内温度会增加室内湿度，当空气中相对湿度达到 100%时，水不能继续蒸发，所以要不断地将湿气从室内排出，达到降温的效果。蒸发冷却主要有两种方法：①湿帘排气法，在温室一侧安装湿帘，启动水泵并通过水槽将水淋在湿帘垫上，在湿帘对面的侧墙安装风扇，启动风扇将室内空气强制抽出，形成负压，达到降低温度的效果；②细雾喷散法，在温室内安装弥雾系统，从温室上部向下降雾或由温室旁侧底部向上喷，喷雾要尽可能细，雾滴大小在 50μm 以下蒸发冷却效果好，并且在天窗处或侧面安装换气扇，打开换气扇进行喷雾效果最佳。一般来说，当温室外温度为 37℃时，使用排气扇及喷雾装置后可使温室降温 5～8℃。

3）通风换气降温

通风换气降温是最常用的降温方法，包括自然通风和强制通风（启动排风扇排气）。此方法简单、方便、经济。自然通风与通风窗面积、位置、结构形式等有关，通常温室设有天窗和侧窗，大棚也常用卷帘器在侧部、顶部进行卷膜放风。特别需要注意的是，天窗的朝向要与季风方向一致，如果方向与季风方向相反，则风易灌入温室大棚内，也容易造成温室大棚的损坏。单纯的自然通风或强制通风降温效果并不太明显，满足不了高档次花卉生产的要求。

第三节　湿度控制

一、温室内湿度情况

温室大棚是一种封闭或半封闭的系统，内部空间相对较小，空气流动缓慢甚至不流动，内部空气相对湿度受植物蒸腾、蒸发、温度及通风换气的影响。所以温室内的湿度有如下特点。①一般情况下温室大棚内相对湿度和绝对湿度均高于室外，在阴天、灌水或作物茂密的情况下，温室大棚相对湿度高达 90%左右。到了夜晚，随着气温下降，夜间相对湿度常出现 100%的饱和状态。②湿度的日变化和季节变化明显。日出后随着温度升高，相对湿度逐渐下降。季节变化一般是低温季节相对湿度高，高温季节相对湿度低。湿度环境的日变化为夜晚湿度高，白天湿度低，白天的中午前后湿度最低。设施空间越小，这种变化越明显。在通风好的情况下，相对湿度会急剧下降。温室大棚内的相对湿度在一天内的变化幅度比较大，不同的设施一天的湿度变化不同。③温室内湿度分布不均匀。由于设施内温度分布存在差异、通风状况不佳等，导致相对湿度分布也存在差异。一般情况下，温度较低的部位相对湿度较高，而且经常导致局部低温部位产生结露现象，对设施环境及植物生长发育造成不利影响。不同结构温室空气湿度状况如图 6.3 所示。

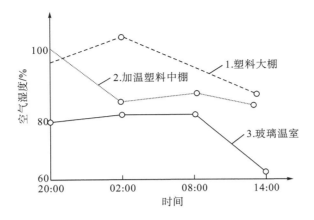

图 6.3　不同结构温室空气湿度状况比较(刘士哲等，2001)

二、湿度与作物生长

1)影响园艺作物的气孔开闭和叶片蒸腾作用

空气湿度过低，蒸腾速率提高，作物失水也相应增加。作物将自我调节，以部分关小气孔开度来控制蒸腾量，这样将影响 CO_2 的摄入，造成 CO_2 不足而直接影响光合性能及体内水分吸收和运输，严重时植株会失水萎蔫甚至叶片失水干枯。相对湿度过高(如 95% 以上)时蒸腾受到抑制，影响和阻碍了根系对养分的吸收和输送，造成光合强度的下降。并且空气湿度还直接影响作物生长发育，如果空气湿度过低，将导致植株叶片过小、过厚，机械组织增多，开花坐果差，果实膨大速度慢等。

2)湿度与作物病害有密切关系

多数病害发生要求高湿条件，而温室设施内是一个相对密闭的环境，温室内空间小、通风换气不佳等因素，致使温室大棚内的空气处于高湿状态。当相对湿度为 90% 以上时常导致病害严重发生，因为病原菌孢子的形成、传播、发芽、侵染均需 90% 以上的相对湿度，这样的湿度在温室里是很常见的。在高湿低温条件下，水汽易结露，不论是直接在植株上结露，还是在覆盖材料上结露滴到植株上，都会加剧病害发生和传播。尤其是在秋冬季节，结露现象经常发生，更要注意病虫害的防治。有些病害在高温干旱低湿条件下容易发生，如病毒病。在干旱条件下还容易导致蚜虫、红蜘蛛等虫害发生。因此，从创造植株生长发育的适宜条件、控制病虫害发生、节约能源、提高产量和品质、增加经济效益等方面综合考虑，空气相对湿度应以 60%～85% 为宜，但控制标准因季节、作物种类不同而异。

三、湿度环境的调节与控制

控制环境湿度的目的是防止空气湿度过低或过高，创造一个适宜作物生长所需的湿度条件，从而达到调节植株生理状态、抑制病虫害发生的目的。

（一）除湿与降湿调节

1）通风换气降湿

密闭的环境是造成温室内高湿的主要原因之一。一般采取打开通风窗、揭开薄膜、扒缝等方法进行通风，达到降低设施内湿度的目的，或是在温室内加装换气风扇，通过强制通风换气，降低室内湿度。要根据不同季节和作物适宜的湿度来进行调控。

2）加温降湿

在秋冬季节，夜晚温度降低会导致作物叶片结露，温室设施内适当地加温可以降低室内相对湿度。除作物需要的温度条件外，就湿度控制而言，加温一般以保持叶片不结露为宜。

3）地膜覆盖与控制灌水

覆盖地膜可以减少地表水分蒸发，把滴灌设置在地膜覆盖以下可使地面蒸发降到最低限度，从而减少设施内空气的水分含量，降低相对湿度。没有地膜覆盖，温室大棚内夜间相对湿度达 95%～100%；覆盖地膜后可降至 75%～80%，这对防止病害的发生与蔓延非常有效。

4）采用吸湿材料

在设施内张挂或铺设有良好吸湿性的材料，以吸收空气中的湿气或者承接薄膜滴落的水滴，可有效防止空气湿度过高和作物沾湿，特别是可防止水滴直接滴落到植物上，减少病害发生，如大型温室和连栋大棚内部顶端设置的具有良好透湿和吸湿性能的保温幕，以及普通钢管大棚或竹木大棚内部张挂的无纺布幕。

（二）加湿调节

温室的密闭性导致温室内空气与外界空气交换较少，为了创造适宜作物生长的湿度条件，当温室内相对湿度低于 40%时，需要进行加湿处理。常用的加湿方法有湿帘风机系统加湿、弥雾系统加湿、喷灌等，在加湿的同时还可以达到降温的目的，并且降温效果十分明显，根据作物需要将室内相对湿度保持在 60%～85%即可。湿帘风机系统加湿和弥雾系统加湿的优点是不会出现因加湿而打湿叶片的现象，防止病虫害发生。

第四节　CO_2 施肥与控制

影响花卉生长发育的气体主要是 O_2 和 CO_2。一般大气中 O_2 含量约为 21%，而 CO_2 含量只有 0.03%～0.04%（体积比）（300～400mL/m³），还有其他微量气体。大气中 CO_2 虽然很少，但对植物生长作用很大，光合作用就是将 CO_2 和水同化为有机物。

一、施肥原理

CO_2 是植物光合作用的原料之一，植物吸收的 CO_2 主要来自叶片周围空气。由于设施相对密闭，植物光合作用将消耗设施内大量的 CO_2，使设施内 CO_2 浓度显著降低，甚至严重匮缺，对植物光合作用造成影响，抑制作物生长发育，降低作物产量和品质，因而调节 CO_2 浓度十分必要。而相对封闭的设施环境条件也为 CO_2 调控创造了条件。

光合作用可简单表示为 $6CO_2 + 6H_2O \xrightarrow{\text{光能、叶绿体}} C_6H_{12}O_6 + 6O_2\uparrow$。

在一定条件下，作物对 CO_2 的同化吸收量与呼吸释放量相等，表现光合速率为 0，此时的 CO_2 浓度即 CO_2 补偿点；随着 CO_2 浓度升高，光合作用逐渐增强，当 CO_2 浓度升高到一定程度，光合速率不再增加时的 CO_2 浓度称为 CO_2 饱和点，如图 6.4 所示。在其他环境条件固定的情况下，补偿点至饱和点间，光合作用强度大体随 CO_2 浓度的增加而直线增加，所以保证叶片周围 CO_2 浓度接近饱和点的 CO_2 浓度是作物光合强度的最适浓度，也是最适施肥浓度。光合作用加强，有利于植物生长发育。在正常光强和温度条件下，C_3 植物的 CO_2 补偿点一般为 $30\sim90\mu L/L$，C_4 植物较低，为 $0\sim10\mu L/L$。C_3 植物的 CO_2 饱和点处于 $1000\sim1500\mu L/L$。但是由于作物、环境等多因素的不同，CO_2 饱和点也不同，在生产实际中比较难把握；而且，施用饱和点浓度的 CO_2，在经济方面也不一定划算。当 CO_2 浓度超过补偿点浓度时，在一定浓度范围内，光合强度与 CO_2 浓度无关，而当 CO_2 浓度过高时将导致作物气孔关闭、光合强度下降甚至光合作用停止，导致作物生长异常，产生叶片失绿黄化、卷曲畸形和组织坏死等中毒症状。

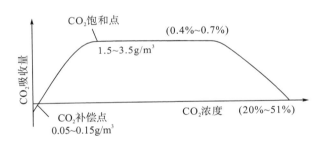

图 6.4　叶子周围 CO_2 浓度与光合作用强度的关系

二、CO_2 的肥源与施用

1. CO_2 的肥源

目前 CO_2 肥源主要有以下几个方面。①液态 CO_2。此类肥不含有害物质，安全可靠，但成本较高。通常装在高压钢瓶内，施肥时打开瓶栓直接释放，并借助管道疏散，较易控制施肥用量和时间。主要来源有酿造工业、化工工业副产品、从空气中分离、地贮 CO_2 等。②利用化学反应。利用强酸(硫酸、盐酸)与碳酸盐(碳酸钙、碳酸铵、碳酸氢铵)反应释放出 CO_2。硫酸-碳铵反应法是应用最多的一种类型，通过硫酸供给量控制 CO_2 生成量，方法简便，操作安全，应用效果较好。③燃料燃烧。这种方法比较简便实用。通常是利用低硫燃料如天然气、白煤油、石蜡、丙烷等燃烧释放 CO_2，白煤油是常温常压的液体，便于储运，1kg 白煤油完全燃烧可产生 3kg CO_2。国外的装置主要有 CO_2 发生机和中央锅炉系统，在我国也有将燃煤炉具改造，通过在烟道尾气增加净化处理装置，输出纯净的 CO_2

的做法。这种装置通常以成本较低的焦炭、木炭、煤球、煤块等为燃料，使用时很容易把控时间和浓度。此外，还有以沼气或酒精为燃料的沼气炉、酒精灯也可用于 CO_2 施肥。无论是何种燃料，要注意解决燃烧不完全或燃料中的杂质气体(如乙烯、丙烯、硫化氢、一氧化碳、二氧化硫等有害气体)等问题，以免对作物造成危害。④CO_2 颗粒气肥。这是一种圆柱形颗粒，使用时按要求将颗粒均匀埋于作物基质中，施入基质后在理化、生化等综合作用下可缓慢释放 CO_2。该类肥源使用方便、安全，但对储藏条件要求极其严格，释放速度难以人为控制。⑤二氧化碳气肥。在大棚中安装二氧化碳气体发生器，发生器靠电解式制备二氧化碳气体，使用中必须用电和水，并随时添加化工原料，使用烦琐不便。⑥放置干冰。在大棚内不同位置放置少量干冰，使 CO_2 可以缓慢释放到大棚内，这种方法费用高，劳动强度大。

2. CO_2 施用时期

从理论上讲，作物在上午的光合产物占全天的 3/4，下午的占 1/4。CO_2 施肥应在作物一生中光合作用最旺盛的时期和一天中光照条件最好的时间进行。苗期 CO_2 施肥应及早进行，因为苗期 CO_2 施肥利于缩短苗龄、培育壮苗、提早花芽分化、提高早期产量。定植后的 CO_2 施肥时间取决于作物种类、栽培季节、设施状况和肥源类型。冬季光照较弱、作物长势较差、CO_2 浓度较低时，可提早施用。每天的 CO_2 施肥时间应根据设施 CO_2 变化规律和植物的光合特点进行。CO_2 施肥多从日出时或日出后 0.5～1.0h 开始，在通风换气之前结束；严寒季节或阴天不通风时，可到中午停止施肥。

3. CO_2 施用浓度

CO_2 为气态物质，容易逸散，因此施用 CO_2 局限于玻璃温室、塑料大棚等密闭性较好的设施中。CO_2 的施用浓度一般应在 CO_2 饱和点以下，并因花卉种类的不同而有差异，一般来说 $1.5～3.5g/m^3$ 的浓度比较适宜。CO_2 施用时间的长短应根据栽培花卉种类与环境温度、光照条件而定，考虑到经济问题，一般在上午换气前 30min 就停止施用。在整个栽培过程中，前期施用时间较短，所以浓度也较低，随着作物生长，逐渐增加浓度，使作物适宜新的 CO_2 环境。

第五节　环境的综合调控

环境的综合调控是以先进设备的使用为必要条件，为作物的生长发育创造最佳的栽培条件，从而保证作物的产量和品质。在花卉无土栽培设施中，众多的环境因子之间相互作用、相互协调，是一个综合动态环境条件。环境对作物产生影响的同时作物也对环境产生重要影响。为创造作物生长的最佳生态环境，不可能只考虑单一因子，而应考虑多种环境因子的相互影响。在现代化栽培中，传统的环境调节与管理已远不能满足市场经济发展的需要。并且随着对花卉质量的要求越来越高，人们必须根据不同花卉种类的需要，采用综合环境调节措施，把多种环境因子(如光照、温度、湿度、CO_2 浓度、气流速度、电导率等)都维持在一个相对最佳组合下(即合适的平衡点)。另外，必须考虑花卉生产是一种经济行为，需要进行经济核算，以最小的成本投入并在可接受的风险范围内操作，以达到优质、高产、低耗、经济、可持续生产的目的。

花卉作物生长受环境因素影响很大，人的经验、精力是有限的，即使经验丰富、精明能干的生产能手，也难以始终如一地实现综合环境控制和科学的管理。何况一天的气候变化极快，在晴朗夏天的密闭温室里，温度可高达四五十摄氏度，如果不及时降温，会造成灾难性的损失。计算机及物联网应用技术的飞速发展使温室设施的综合环境调节控制提高到了智能化水平。可应用各种探头、传感器对综合环境因子进行自动采集、处理、显示、存储，对温度、湿度、光照、营养液配方等进行调节与管理，以及对异常情况进行紧急处理与报警等。各种生理生化设备的适时应用，可以对花卉作物的生长状况进行监测，实现环境综合因子与花卉作物生长状况的同步监控。自 20 世纪 60 年代开始，荷兰率先在温室环境管理中应用计算机技术，随着计算机应用技术的飞速发展，计算机已广泛地应用于温室环境综合调控和管理中。我国于 20 世纪 90 年代开始了在温室环境管理中应用计算机软硬件的研究与开发。随着 21 世纪我国大型现代温室的日益发展，计算机及物联网技术在温室综合环境管理中的应用越来越广泛和深入，使温室设施的综合环境调节控制提高到智能化水平。虽然计算机在综合环境自动调控中功能强大、效率高、节能、省工、省力，但有些方面只能依靠人们的经验进行综合判断，要完全智能化还有一定困难，必须实行计算机与人的合作管理。

第七章　无土育苗技术

　　无土育苗是指不用土壤，而用基质和营养液或单纯用营养液进行育苗的方法。有时也将固体肥料掺入基质中，小苗生长过程只浇清水。根据是否使用基质材料来分类，无土育苗可以分为基质育苗和营养液育苗(水培、雾培育苗)两类。基质育苗是利用蛭石、珍珠岩、岩棉等代替土壤并浇灌营养液进行育苗。营养液育苗则不用任何材料作基质，而是利用特殊装置(用于固定植株，如泡沫)和营养液进行育苗。采用无土育苗方法有利于实现育苗过程的规范化管理，使育苗生产工厂化、专业化，大大降低了劳动强度，而且无土育苗还可以有效防止土传病虫害的发生，使得壮苗率和成活率高，规格质量整齐，有利于大规模生产。无土育苗的幼苗在定植后，具有缓苗期短或不需要缓苗等优点。这些优点是土壤育苗无法比拟的。但无土育苗需要一定的育苗设备，技术要求比普通土壤育苗高，还有基质或营养液配方的选择、营养供应方式以及播种、催芽和生长过程控制等许多技术要求。发达国家的无土育苗已发展到较高水平，实现了多种花卉的工厂化、商品化和专业化生产。

第一节　无土育苗设施

　　塑料大棚、日光温室和大型连栋温室均可作为育苗的场所。工厂化育苗最好选用结构性能优良、环控能力强的现代大型连栋温室，因为温室内多种设备(包括多层覆盖、遮阳网、湿帘风机降温系统或弥雾降温系统、加温设施设备等)的使用，可以很好地控制环境，为种苗提供更好的条件。如果是小规模无土育苗，可以选用单栋、连栋塑料温室大棚，配备必要的加温、降温设备，主要是用于防止冬季(晚秋、早春)低温或是夏季高温，或突然发生极端天气对幼苗造成危害。

　　无土育苗使用的设施和育种方法要根据现有条件和花卉种类而定，具体使用的育苗容器、育苗基质、育苗方法以及对花卉的管理要求等也不尽相同。不同的无土育苗方法会用到不同的容器，可根据花卉幼苗的大小、管理和移栽的方便程度以及是否具有经济性等实际情况而定。

一、穴盘育苗

　　育苗穴盘是目前生产中使用得最普遍的一种育苗容器，其主要优点是节省种子、节约空间、便于机械化操作、育苗效率高、成苗便于存放、适宜集中育苗和远距离销售。穴盘是按一定规格制成的带有许多上大下小(平底)的方锥形或圆锥形小穴的塑料盘。根据材质和加工工艺不同分为聚乙烯注塑盘、聚丙烯薄穴盘和聚苯乙烯泡穴盘。孔穴的大小因孔穴数量不同而不同，常用的穴盘孔穴数为 32 个、40 个、50 个、72 个、128 个、200 个、288 个等(图 7.1)。在育苗前要根据花卉作物的特性来选择穴盘，主要考虑花卉作物根系发育特性，要能兼顾生产效能和种苗品质，花卉幼苗株型大、苗龄长，所用的育苗盘孔穴也要相应增大并适宜根系生长。可以一次性选择适宜的大小穴盘，也可以培育小苗后再移栽至培育大苗用的穴盘。

图 7.1　穴盘

基质的填装可由机械系统完成或是人工填装，基质填装后进行播种，播种时一穴一粒，成苗时一室一株，用少量基质覆盖后稍微压实，再浇水即可。

二、塑料钵育苗

育苗用的塑料钵的种类很多，按材质的软硬不同可分为软质钵和硬质钵，按外形不同可分为圆形钵和方形钵，按是否连体可分为单体钵和连体钵，按原材料不同可分为聚乙烯钵和聚氯乙烯钵等(图 7.2)。生产中最常见的是聚乙烯单体软质圆形钵，上口直径为 8～14 cm，下口直径为 6～12 cm，在底部有一个或多个排水孔。生产上根据不同的花卉种类、苗期长短和成苗大小选用不同规格的塑料钵。可一次成苗的作物直接播种，也可待秧苗长至一定大小后再分苗，但一般情况下不建议采用分苗方式，因为分苗会增加时间经济成本，而且容易伤到花卉作物的根系。

图 7.2　塑料钵

三、基质育苗床育苗

　　扦插育苗多采用基质育苗床育苗，在已经做好的苗床上放入混有肥料的育苗基质，基质的厚度根据不同的花卉作物来定，一般厚度为 5～12cm，再按一定的距离播种，在种子上覆盖厚度为 0.5～1.0cm 的基质，最后喷洒清水或营养液直至基质潮湿透。如果在秋末、初春或冬季气温较低时育苗，基质要稍厚些，也可在苗床内安装加温电热丝后再放入基质，保证基质温度不能太低而使幼苗受冻，如果温度骤降还要加温保苗。

四、育苗盘(箱)育苗

　　日常用的育苗盘、育苗箱多为塑料制品，由聚乙烯树脂加入耐老化剂后模压成型。育苗盘规格一般为 60cm×30cm×5cm 或 40cm×30cm×5cm，育苗箱规格为 50cm×40cm×12cm。在育苗盘(箱)的底部有许多小孔，起通气、透水的作用。育苗盘(箱)既可用于播种后分苗，也可用于育成苗，还可作为盛放育苗钵等的容器。

五、育苗块育苗

　　育苗块是利用专门的机械将营养基质压制成固定大小和形状的小块，育苗块中有作物苗期生长所需要的养分，因此育苗过程中只需浇水，无须另行提供营养。用育苗块育苗最大的优点是操作简便、省工省时，并且成苗后可直接定植，移栽过程不伤根，无缓苗期，提高了定植成活率，后期生长速度也较快。

育苗块最早由挪威生产，由 30% 的纸浆、70% 的泥炭并且加入一些化学肥料及胶黏剂压缩成圆饼状的育苗小块（图 7.3），外面包有弹性的尼龙网（也有一些没有），直径约为 4.5cm，厚度约为 7mm。使用时先加水使其膨胀至厚度约为 4cm，再在育苗块中间凹槽处放种子，适量喷水，待苗长得足够大、根系伸出尼龙网之后就可将小苗连同育苗块一起定植。

图 7.3　育苗块育苗

六、水培育苗

水培育苗是利用成型的聚苯乙烯泡沫穴盘（图 7.4）、四周和底部带孔的塑料钵填装少量基质，或直接用岩棉块、聚氨酯泡沫方块、海绵块等作为根系固着的载体，将植物的根系直接浸润于营养液中培育幼苗的方法。水培法育成的幼苗适用于深液流栽培、营养液膜栽培、浮板毛管栽培、深水漂浮栽培和雾培，也可用于基质栽培。

七、基质的使用

无土育苗常用的基质有草炭、蛭石、珍珠岩、沙、椰糠、锯末等，基质的理化性质前面章节中已经叙述过，这里不再细说。使用时可以单独使用或是几种基质混合使用。选

图 7.4　泡沫穴盘

择育苗基质首先应考虑其适用性，应具备良好的理化性状，一般粒径为 2～8mm，容重小于 $0.9g/cm^3$，总孔隙度在 60% 以上，其中通气孔隙度在 15% 以上，气水比为 (1∶4)～(1∶2)，持水力为 100%～120%，且化学性质稳定。大多数植物喜欢微酸性至近中性环境，幼苗在 pH 为 5.5～6.8 的基质中生长良好。基质初始可溶性盐分含量不宜高于 0.75mS/cm，铵态氮小于 10mg/kg，钠不超过 30mg/kg，氯不超过 40mg/kg。同时，按照经济实用的原则，应尽量选择当地资源丰富、价格便宜、性状符合要求的轻型基质。如果是选用混合基质或专门厂家生产的基质，质量必须有保障。

　　可以根据不同花卉作物的需求自己混合基质。例如，选用 2 份泥炭和 1 份蛭石或珍珠岩(体积比)混合，珍珠岩的作用主要是调节透气性，比例不可过高。根据基质中养分状况和花卉作物幼苗的生长需求，在配制混合育苗的基质时，可加入肥料以节省苗期供应营养液工作，平时管理只需要浇水或是少量浇营养液即可。可在每立方米的混合基质中加入氮磷钾(15-15-15)的三元复合肥 1.5～2.5kg，或是加入尿素和磷酸二氢钾各 0.5～1.2kg。

第二节　无土育苗营养液

一、无土育苗营养的供应

　　当无土育苗基质中的肥料不能满足整个苗期作物生长的需要时，要进行施肥。一般情况下施入的肥料以大量元素为主,在生长期间也需要适当补充一些中量元素和微量元素。氮肥以尿素态氮和铵态氮占 40%～50%,硝态氮占 50%～55%,氮、磷、钾配比以 1∶1∶1 或 1∶1.7∶1.7 为宜,基质 pH 以 5.5～7.0 为宜。温度适于秧苗生长,不能过高或过低。肥料中磷的浓度稍高对培育壮苗有利。不适宜混入肥料基质(如岩棉、石砾等)以营养液的形式来供应幼苗养分。

二、营养液的供应方式

不同育苗方式采用的营养液供应方式不同,根据实际情况而定,一般分为上方灌溉和下方灌溉两种方式。

1)上方灌溉方式

上方灌溉方式就是采用人工喷淋或自动喷洒设备把营养液从上到下喷淋到育苗基质上。次数根据基质湿度情况而定,在夏季高温蒸腾较大时可多喷一些,每天喷水 2～3 次,每隔 1 天喷 1 次营养液;在温度较低的冬春季节蒸腾量较小时可少喷一些,每天喷 1 次营养液,1 天内喷 1～2 次水即可。

2)下方灌溉方式

漂浮育苗是最典型的下方灌溉方式,在不漏水的育苗床中放入营养液,把育苗穴盘放到营养液上方,在基质毛细管的作用下,营养液由基质内部自下而上供应幼苗水分和养分。用岩棉育苗块育苗,可在育苗床面铺上一层厚约 2mm 的无纺布,营养液通过无纺布逐渐扩散到岩棉育苗块的下部,再通过岩棉育苗块的毛细管作用而上升供幼苗生长所需营养。

三、营养液的浓度要求

通常幼龄期的营养液浓度稍低,随着秧苗生长,逐渐提高营养液的浓度。幼苗期的营养液浓度可采用成株期标准浓度的 1/2 或 1/3,或是采用育苗的专用肥。营养液供应早晚对幼苗生长有明显的影响,在种子的发芽期不用补充养分,但在子叶展开前必须及时浇灌营养液。一般在幼苗出土进入绿化室后开始浇灌营养液,每天 1 次或两天 1 次,真叶展开后调整浇液次数和浓度。在冬季育苗时,由于光照较弱,幼苗易徒长,浇液量和浇液次数可少些,达到控苗的作用。夏季育苗,营养液用量要适当增加,而且苗床应经常喷水保湿,以提供充足的养分。

第三节　工厂化育苗技术

一、工厂化育苗的意义

工厂化育苗是以先进的育苗设施和设备配置种苗生产车间,以现代生物技术、环境调控技术、施肥灌溉技术、信息管理技术贯穿整个育苗过程,以现代企业经营的模式来进行种苗生产和经营,实现种苗的规模化生产。

工厂化育苗不仅仅是技术上对常规育苗方式的提升和加强,更是将产业化提高到新的高度,其专业化程度更高,运营方式更科学。从技术层面来讲,在工厂化育苗的整个生产过程中实现了规范化、标准化的管理,因此成苗规格统一、管理方便,一次成苗,种苗生长整齐、生命力强、病虫害少、品质稳定、移植成活率高。从运营层面来讲,由于全部实行标准化管理,省工省力,极大提高了种苗生产效率,并且其具有周年生产、供苗稳定、运营风险小等优点。

二、育苗前处理

在进行育苗操作前,首先要对种子(扦插苗)质量进行测试,种子播种前应进行适当精选、发芽测试及活力检测,以提高育苗效率及苗的质量。

1)种子活力检测

种子活力检测就是测试种子的活力。充分成熟、充实饱满、健康无病虫、完整无损伤、耐贮性好的非休眠种子,在正常的环境条件下,应抗逆性强,发芽、出苗快速整齐,苗壮生长,正常发育,能长成健壮整齐的幼苗,具有实现高产量和品质的潜在能力。目前,种子活力已成为检测种子品质的一项全面的性能指标。

2)精选种子

一般精选可采用常规的物理方法进行,如风选、水选、盐水选、大小选(筛网选)等。有些种子表面带有绒毛,自动播种机播种时常会导致缺株,应在种子精选阶段去除种子表面的绒毛。

3)浸泡、包衣和丸粒化防治病虫

许多作物种子过小,但由于生产成本(或是小规模生产不需要)的原因,厂家没有对种子进行丸粒化处理,导致在工厂化育苗精量播种时出现问题,常有漏播或多播的情况。可以在播种育苗前对种子进行丸粒化处理来解决这个问题,丸粒化时还可以将农药、肥料、生长调节剂、保水剂、增氧剂等有效成分和一些辅助材料有序分层包敷到种子上,使种子丸粒化(使小粒种子体积放大几十倍到几百倍)。通过浸泡、包衣和丸粒化等方法进行种子处理,可增加种子重量及体积,提高精量播种的准确性,还可以达到防治病虫的目的。

4)打破休眠

对于有休眠现象的种子,需先打破休眠,常用的方法有温水浸种,赤霉素、细胞分裂素处理等。打破种子休眠可提高发芽率和整齐度。

三、工厂化育苗的设施及生产过程

工厂化育苗全部或大部分实现机械化生产,设备主要有基质消毒机、基质搅拌机、育苗穴盘、自动精播生产线装置、自动洒水覆土装置、恒温催芽设备、自动喷水系统等。在工厂化育苗实践中可根据需要及财力、物力选择其中主要的设备使用。生产流程就是在基质消毒、基质装填、自动供盘、自动播种等工作后，将种苗放到催芽室或温室等设施内进行有效的水分、养分和环境管理，生产出健壮整齐的幼苗。

（一）生产设施

1）基质消毒机

育苗基质由专业公司生产，消毒后装袋出售。如需重复利用的，在使用前必须进行消毒处理，防止基质中残留致病性微生物或线虫等。

2）基质搅拌机

使用复合基质或是加入缓效肥的基质，在装盘之前搅拌基质，使基质、养分、水分等分布均匀，并防止结块情况发生，影响装盘的质量。如果基质过于干燥，可以在搅拌过程中加入水分，使水分均匀。

3）育苗穴盘

育苗穴盘是工厂化育苗的必备育苗容器，根据不同花卉种类及对苗的要求选择不同的育苗穴盘，穴盘的穴格有形状、直径、深浅、容积等方面的差异，有些花卉种类可以用花盆进行育苗。

4）自动播种生产线

自动播种生产线是工厂化育苗的核心设备，由育苗穴盘摆放机、送料及基质装盘机、压穴及播种机、覆土机和喷淋机五大部分组成。这五大部分是单独的，连在一起形成自动生产线，有时只需个别部分连接作业。播种机有真空吸入式和齿轮转动式两种，后者要求用丸粒化种子。

5）供水系统

在以播种或是扦插等方式育苗时，可采用顶部喷淋与底部潮汐灌溉相结合的方式对幼苗进行供水，喷入每穴基质中的水量要均匀。到了苗后期，底部潮汐灌溉供水方式可减少湿度和病害发生。

6）农药喷洒系统

悬挂在苗上方的喷洒农药装置，通过定期喷洒农药防止病虫害发生，有时也用于给苗喷水。

除以上设施设备外，工厂化育苗过程中还可能用到 CO_2 增施机、营养液回收循环利用系统、育苗床架等设备。

（二）工作过程

工厂化育苗的工作流程为基质消毒→混合搅拌→装填→播种→覆土→喷水→接盘输送。

首先对基质进行消毒处理，新基质可不进行消毒处理（由专业公司生产的基质一般已消毒，可直接使用），再把育苗用的基质（单种基质或多种基质）以及肥料按要求混合，用搅拌机重新搅拌之后，进入基质填装程序。基质填装机将育苗盘（育苗盆）传送到指定位置后，将混合好的育苗基质均匀地装入育苗盘（育苗盆）中，待育苗盘（育苗盆）装满基质后进行刮平并稍微压实，然后打穴。已装满基质并打了穴的育苗盘（育苗盆）传送至播种机进行播种，每穴播 1 粒(也可以多粒)。播种后的育苗盘(育苗盆)运送至覆土机，在种子上覆盖一层厚约 0.5cm 的基质，最后将育苗盘(育苗盆)传送到自动洒水装置喷水后即进入催芽室中催芽，待种子萌发之后移入生长室中生长。

第四节 无土育苗环境综合控制

环境综合调控是培育优良种苗的关键所在，幼苗所需要的生长环境条件要求比成苗更严格，所以要把光照、温度、湿度、水分等环境因子控制得很好。由于不同的育苗季节、不同的花卉作物种类对环境条件的要求不一样，进行环境调控的侧重点和方法也有所不同。

1) 光照控制

光照是植物光合作用的能量来源，是植物生长的动力。光照不足常造成幼苗瘦弱、节间细长、徒长；而光照过强又易出现日光烧灼的问题(尤其是夏季)。在夏天可采用遮阳率为 70% 左右的遮阳网进行遮阳。

2) 温度控制

温度是影响幼苗成长的主要因素，温度包括气温和基质温度。不同花卉种类对温度的需求不同，同种花卉在不同生长时期对温度的需求也不同，一般苗期抗逆性弱，适宜温度较高，随着苗的生长，适宜温度逐渐下降。普通温室内存在着温差现象(即夜温一般低于日温 10℃ 左右)，基质温度(根际温度)比气温低 5～7℃，而基质温度过低会抑制根系的吸收能力，也会影响根部吸收的矿质营养向地上部的输送，从而影响幼苗的生长，所以温度太低时要进行加温。

3) 水分控制

水分控制是育苗的关键环节，基质缺水会造成幼苗萎蔫，如果延续时间较长，可能会造成幼苗的永久性萎蔫以致死亡。但基质含水量过高会造成幼苗根系的呼吸作用受阻，甚至发生沤根死苗现象，导致病害发生、加重。

4) 空气湿度控制

育苗工厂内的空气湿度主要影响苗的蒸腾作用和周围的温度。对于植物来说，空气湿度与蒸腾作用呈负相关，湿度越高，蒸腾作用越小。当空气湿度达到饱和时，蒸腾作用就趋于停止，造成幼苗根系对养分吸收的减少，也易造成病害的发生。如果空气湿度过低，幼苗的蒸腾强度过大，蒸腾量过多，造成叶片萎蔫，影响光合作用及其他代谢过程。

5) 病虫防治

工厂化育苗要及时防治病虫害，以防为主。设置防虫网，对环境进行严格控制，出入人员应严格消毒，再定期进行药剂防治。

第八章 植物工厂

第一节 植物工厂的概念

植物工厂是指利用现代化农业栽培、生物工程、材料科学、计算机等先进技术，在密闭的设施内高精度地控制环境，实现作物周年连续生产的高效农业系统。主要利用计算机和电子传感器对植物工厂内的光照、温度、湿度、氧气、二氧化碳、水分、养分的供应实现精准控制，使设施内植物的生长发育不受或少受自然条件制约。植物工厂还可以针对不同作物和不同生长时期进行调整调控，使设施内植物一直处于最适宜的生长环境中，产品的产量和质量均得以大幅度提高，是省力型的生产方式。

世界上第一座真正意义上的植物工厂于 1957 年在丹麦创立，农场名称为"约克里斯顿"，面积为 1000m²，其光源是人工光源和自然光源并用，为后来不断发展的植物工厂奠定了基础。目前日本是全世界拥有最多植物工厂的国家，也是全世界植物工厂发展程度最高的国家之一。植物工厂是现代设施农业发展的高级阶段，具有高投入、高技术、精装备等特点，使农业生产从自然生态束缚中脱离出来，实现周年性植物产品生产，生产过程完全实现了机械化和自动化，劳动强度大大降低，而生产效率大为提高。因此，植物工厂被认为是 21 世纪的未来农业。

20 世纪 70 年代初至 80 年代中期是植物工厂由试验研究阶段过渡到快速发展阶段的关键时期，20 余家企业都曾利用植物工厂来生产莴苣、菠菜、番茄、牧草、药材等作物，但除了日本，其余各国大多停留在示范和小规模应用阶段。1974 年，日本建立了首座以计算机技术为核心的可远程控制的花卉蔬菜工厂，很大程度上缩短了栽培时间。

20 世纪 80 年代中期至今是植物工厂高速发展的阶段，许多国际著名非农业大企业，如美国的通用电气，荷兰的菲利浦，日本的日立、中央电力研究所、三菱重工等纷纷介入植物工厂关键技术的研发，为植物工厂的快速发展奠定了坚实基础。

我国从 20 世纪 80 年代中期开始，先后引进了荷兰、美国、以色列等国家的大型连栋玻璃温室。科技部在"九五"期间立项的"国家重大科技产业化工程"中的"工厂化高效农业示范工程"在上海、北京、广东、沈阳、浙江和天津六个省市展开研究，在 2000 年底均通过了专家验收，已取得了一定的阶段性成果，但与发达国家相比，在植物工厂的开发方面仍有较大差距。2000 年后，我国植物工厂产业蓬勃发展，仅 2016 年上半年投入运行的人工光植物工厂就有 20 座以上，但是，我国植物工厂规模普遍偏小（面积多小于 200m²），生产植物以叶菜为主，环控技术装备水平参差不齐，以示范展示性和研究性的居多，商业化运行的较少。

第二节　植物工厂的特点

一、意义和特征

传统农业生产主要是露地种植，这种栽培方法受自然条件(四季温度变化、光照时间及强度、降雨量、病虫害等)的影响较大，作物的产量及品质等无法得到保障，也不能持续性地向市场提供优良产品，无法满足市场需求。同时露地种植还受到土壤连作障碍等问题困扰，花卉作物的质量越来越低，病虫害越来越重，采用传统的防治方法已经不能达到要求。故设施栽培应运而生，通过设施栽培能够防雨、防虫、调节温度和改善水分养分供给，在一定程度上提高了作物产量和品质。但是一般的设施条件只能对植物生长的环境进行改善，不能创造植物生长的最佳环境使得植物最高效地生长。植物工厂采用密闭的生长环境，保证厂房内环境控制在最适合植物生长的范围之内，同时厂房内外隔绝，病虫害无法入侵，不需要或很少需要施用农药。

植物工厂都是采用无土栽培技术来种植作物，通过计算机及传感器的使用对作物所需的养分和水分进行有效、精确地调控，并且对多余的肥水进行回收消毒后再利用，绿色环保。无论是采用基质栽培还是无基质栽培，都没有连作障碍，产品清洁卫生。植物工厂有以下几个特点：生产计划性强，适宜在非可耕地上生产，不受或少受耕地的限制；不受外界环境影响，单位面积产量高，可达到露地栽培的30～40倍；机械化、自动化程度高，劳动强度低；不施用农药，产品安全无污染；多层式、立体栽培，资源(土地、水等)利用率高。露地栽培、设施栽培和植物工厂在生产上的比较见表8.1。

表 8.1　露地栽培、设施栽培和植物工厂在生产上的比较

作物的生产情况	露地栽培	设施栽培	植物工厂
单位面积产值	低	较高，为露地栽培的3～10倍	高，为陆地栽培的30～60倍
单位面积产量	低	较高，为露地栽培的1～2倍或更高	高，为露地栽培的20～30倍
单位产品价格	低	较高，品质较露地栽培好	高，品质比设施栽培好
周年生产情况	不能周年生产	可以做到，但有相当的难度	可以做到
种植作物种类	种植作物种类受季节制约	受季节影响较小，但在一定程度上可克服	不受季节及作物特性影响
农药施用情况	绝对必要	需要，但施用量较少	基本不需要，但消毒时仍需要少量药剂
劳动强度	大	稍轻	小
机械化作业程度	少数作业可实现机械化	许多作业过程可实现机械化	多数作业过程实现机械化
自动化程度	低	部分环境因素的调节可自动化	多数环境因素的调控已实现自动化
投入成本	低	较高	最高
运营成本	低	较高	最高

二、植物工厂的类型

依据植物工厂中光源的供给方式不同，可将植物工厂分为人工光源利用型（又称完全环控型）和自然光利用型（又称补光型）两大类型。人工光源利用型完全利用人工光源代替太阳光进行光照；自然光利用型是将太阳光与人工光源结合起来进行光照。

1）人工光源利用型植物工厂

人工光源利用型植物工厂又称完全环控型植物工厂，植物生长所需的光源全部来源于人工光源。生产厂房采用不透光、隔热性能较好的材料建成，光源采用高压卤素灯（高压钠灯等）或 LED 灯等，整个生产环境基本上是全封闭性的人工生态环境。植物生长的环境因子（温度、湿度、光源、CO_2 浓度和水培营养液的液温、EC、pH、溶氧量等）都是根据设定值由计算机控制系统自动控制。其生产特点是生产效率极高，植物的生长较为稳定；同时也存在设备要求严格、耗能高、运行成本高等问题。

2）自然光利用型植物工厂

自然光利用型植物工厂又称补光型植物工厂，植物生长所需的光源主要是自然光，在日照不足时，利用人工光源进行补光。这类植物工厂受自然环境影响，强光高温需要遮光，防止高温危害，在低温期进行保温或加温。生产厂房的建造与玻璃温室大同小异。自然光源植物工厂已经在许多国家开始使用，由于受到自然条件的影响，种植的作物种类也在一定程度上受季节的限制。

三、植物工厂的主要设施与装备

植物工厂建设的主要设施设备应包括厂房及生产车间、育苗及栽培装置、环境控制系统（照明设备、温湿度控制、空气环流机等）、肥水控制设备（含 CO_2 施肥系统）等。

1）厂房及生产车间

建设厂房及生产车间要因地制宜、因物制宜，要根据所生产的作物种类及人工光源或自然光源植物工厂来设计厂房及生产车间，充分考虑节能、成本、生产效果等因素。

2）育苗及栽培装置

无论是基质栽培还是水培方式，栽培作物要与栽培床（槽、穴）相适宜，床架高度也要根据作物而定。采用立体多层栽培时要注意植物采光一定要充足，人工光源距离可自由调节，苗床间隙可随植株的长大逐渐扩大，注意应提前设计水肥循环系统。

3）环境控制系统（照明设备、温湿度控制、空气环流机等）

在生产运营中，光照和温度调控成本最高，占总成本的 30%～50%。生产中应根据不同作物及生产方式选择合适的光源，常用的高亮度电光源主要有高压钠灯、金属卤化物灯等，节能光源有发光二极管和激光灯等。在温湿度控制系统中，自然光利用型植物工厂的加温、降温与玻璃温室相同，利用暖风机或锅炉热水供暖系统加温，用通风降温、遮阳降温等降温。对于人工光源型植物工厂，以热泵空调设备为主，近来也多采用上述加温、降温方法，达到节能降耗的目的。

4）肥水控制设备（含 CO_2 施肥系统）

肥水控制系统是作物栽培的核心系统之一，包括培养液的 EC、pH、消毒、溶氧量的检测感应器部件，为了节约生产成本，肥水管理一般采用消毒循环利用的方式。

除此之外，根据生产需要还可以配备光合强度、蒸散量、叶面积、叶绿素含量等检测感应器，通过对植物栽培环境的检测和监控，将数据传输到中央计算机，由中央计算机对作物生产环境进行调控。

第三节　植物工厂发展存在的问题和发展方向

一、存在的问题

由于植物工厂的特殊性，在建造时就决定了其造价高、生产成本高的特性，特别是人工光源型植物工厂运营成本更高，商业运营比较困难，要选择高产值、高产出的产品才能盈利，故大范围普及还存在问题。另外，植物工厂研究开发更多偏向硬件使用配置，对于植物生长发育等研究不到位。

二、发展方向

1）适合的种类及品种

由于植物工厂生产运营成本高，栽培普通种类及品种要盈利十分困难，必须选择开发高产、高效、优质、高价值的种类和品种。

2）提高自动化程度

由于植物工厂运营成本较高，通过提高栽培系统的自动化程度可以有效降低生产成本，如播种、分苗、移栽、收获、包装生产环节的自动化，以及水肥管理的自动化和精准化水平。并且通过自动化管理可以提高整个生产过程的稳定性，产品质量也能有较大提高。

3）高效低耗设施的研发

温度、光照控制是植物工厂运营中成本支出最多的两个方面，特别是人工光源植物工厂光源成本更高。温度的调控可采用新型节能设备（如空气热能泵）等设施，光源可采用新型节能光源，或是在阳光条件好的区域发展自然光源和人工光源并用型植物工厂，降低能源成本。

参考文献(第一章至第八章)

包满珠，2011. 花卉学. 3 版[M]. 北京：中国农业出版社.

高丽红，别之龙，2017. 无土栽培学[M]. 北京：中国农业大学出版社.

江胜德，2006. 现代园艺栽培介质：选购与应用指南[M]. 北京：中国林业出版社.

李式军，郭世荣，2011. 设施园艺学. 2 版[M]. 北京：中国农业出版社.

刘士哲，连兆煌，1994. 蔗渣堆沤过程的变化特征与"有效 C/N 比值"的应用研究[J].华南农业大学学报，15(4)：7-12.

刘士哲，黄之栋，杨家书，2001. 现代实用无土栽培技术[M]. 北京：中国农业出版社.

刘燕，2016. 园林花卉学. 3 版[M]. 北京：中国林业出版社.

王华芳，1997. 花卉无土栽培[M]. 北京：金盾出版社.

王久兴，宋士清，2016. 无土栽培[M]. 北京：科学出版社.

王振龙，2014. 无土栽培教程. 2 版[M]. 北京：中国农业大学出版社.

王忠，王三根，李合生，2000. 植物生理学[M]. 北京：中国农业出版社.

Chang R, 1990. Physical Chemistry with Applications to Biological Systems[M]. New York: Macmillan.

Ikeda H, 1985. Soilless culture in Japan[J]. Farming Japan, 19(6): 35-45.

Ito T, 1994. Hydroponics. In Horticulture in Japan[M]. Tokyo: Asakura Publishing Co.

Kratky B A, 2005. Growing lettuce in non-aerated, non-circulated hydroponic systems[J]. Journal of Vegetable Science, 11(2): 35-42.

Leoni S, Pisanu B, Grudina R, 1994. A new system of tomato greenhouse cultivation: High density aeroponic system(hdas)[J]. Acta Hort. (361): 210-217.

Morgan J V, Tan A, 1983. Greenhouse lettuce production at high densities in hydroponics[J]. Acta Hort. (133): 39-46.

Park K W, Kim Y S, Lee Y B, 2001. Status of the greenhouse vegetable industry and hydroponics in Korea[J]. Acta Hort. (548): 65-70.

Schrevens E, Cornell J, 1993. Design and analysis of mixture systems: Applications in hydroponic plant nutrition research[J]. Plant and Soil, 154(1): 45-52.

Stanghellini C, Kempkes F L K, Knies P, 2003. Enhancing environmental quality in agricultural systems[J]. Acta Hort. (609): 277-283.

Verwer F L J A, 1978. Research and results with horticultural crops grown in rockwool and nutrient film[J]. Acta Hort. (82): 141-148.

第二篇　无土栽培实例

第九章　月季无土栽培

第一节　切花月季无土栽培

一、切花月季品种概况

目前，月季花的育种主要在欧洲和美国进行，我们所见到的品种有90%以上都出自上述两个地区。这些地区拥有许多著名的月季育种公司，如法国的玫昂（Meilland）公司、荷兰迪瑞特（De Ruiter）公司、荷兰西露丝（Schreurs）公司、荷兰橙色多盟（Dummen Orange）公司、德国坦陶（Tantau）公司、德国科特斯（Kodes）公司、英国大卫奥斯汀（David Austin）玫瑰公司等，这些公司每年向国际市场提供数以百计的具有专利权的品种，引领世界月季生产和消费的潮流。此外，国内的花卉研究机构、大专院校及月季生产公司也不断推出适销对路的月季新品种。当前的月季育种公司越来越重视专用品种的选育，如适应某一地区或某种生态类型，或者具有对某种病害的垂直抗性，或者花型、花色或芳香迎合特定的消费群体等。

近年来，国内用于生产的切花月季品种更新速度加快，新品种进入市场的成熟期从2～3年缩减为1年，每年有10～30个新品种进入市场，持续生产的不到30%。一方面是紧跟国内外流行品种的变化趋势，另一方面引种渠道拓宽和追求新、奇、特、芳香及其提质增效的愿望加强，花卉公司不断引进新品种，增强在国内外市场的竞争力。

切花月季流行品种指在一定时间和区域内普遍受消费者喜爱的品种，可根据各国主要花卉市场各品种的交易量判断，从国际花卉市场的流行品种看，受各国传统文化和消费习惯的影响，不同地区的流行品种不同。在日本市场主要以浅色品种为主，如朱米莉亚、蜜桃雪山、假日公主等；在俄罗斯、迪拜市场以红色大花品种为主，如卡罗拉、玫昂红等；澳大利亚冬季流行品种为卡罗拉、黑魔术、玫昂红、传奇等；我国依然以红色为主，如卡罗拉、黑魔术、传奇等，复色、黄色、紫色、粉色、白色等也有需求。近年来，新、奇、特、芳香品种更受青年消费者的追捧，如粉蝴蝶、黄蝴蝶、雾化泡泡等，在花卉市场引领花卉品种的高价位。

二、栽培品种

(一)红色系品种

黑魔术：深红色，高心剑瓣大花型，切枝长度为70～90cm，土壤栽培年切花产量为

90～120 支/m²。花瓣为 30～35 片，瓶插寿命为 7～8 天，叶光亮、革质，刺中等多；抗白粉病，对霜霉病的抗性中等偏强，易感染灰霉病；低温适应性强，夜温低于 8℃时，生长仍旺盛但畸形花增多。该品种在夏季温度高于 30℃时会出现平头现象。此外，花色受温度变化影响较大。

卡罗拉：鲜红色，花径为 13～14cm，高心卷边大花型，花瓣为 40～45 片；切枝长度为 70～90cm；土壤栽培年切花产量为 80 支/m²，瓶插寿命为 8～10 天，叶较小，革质，多刺，抗病性强，外花瓣易出现黑边；采花周期长，枝条粗壮可提高 1～2 叶节位剪花；少见无土栽培。

红拂：花为鲜红色，花径为 12～14cm，高心卷边大花型，花瓣较厚，花瓣为 40～45 片；切枝长度为 60～80cm；土壤栽培年切花产量为 70～90 支/m²，瓶插寿命为 12～14 天。

传奇：花为黑红色，花径为 10～12cm，高心阔瓣大花型，花瓣较厚，花瓣为 40～50 片；切枝长度为 60～90cm；荷兰模式栽培年切花产量为 160～180 支/m²，云南基质栽培为 200～220 支/m²，瓶插寿命为 10～12 天；适应云南昆阳、通海、罗次、陆良等气候环境。

召唤：花为砖红色，花径为 10～12cm，高心阔瓣大花型，花瓣为 35～45 片；切枝长度为 50～80cm；荷兰模式栽培年切花产量为 180～200 支/m²，云南土壤栽培为 90～120 支/m²，瓶插寿命为 10～12 天；适应云南昆阳、通海、罗次等气候环境。

新娘：花为红色，花径为 10～12cm，高心阔瓣大花型，花瓣为 40～45 片；切枝长度为 50～80cm；荷兰模式栽培年切花产量为 180～200 支/m²，云南土壤栽培为 90～120 支/m²，瓶插寿命为 10～12 天；适应云南昆阳、通海、罗次等气候环境。

莎萨九零：红色，高心卷边大花型，切枝长度为 50～70cm，花瓣为 50～60 片，叶大革质光亮，刺中等，年切花产量为 110～130 支/m²，瓶插寿命为 13～15 天，抗病性强。

法国红：鲜红色，高心卷边大花型，切枝长度为 50～70cm，花瓣为 45 片，叶大革质光亮，刺中等，年切花产量为 100～120 支/m²，瓶插寿命为 10～11 天。抗病性中等，对低温的适应性较差，夜温低于 8℃时生长缓慢，节间变短，盲枝增加。

香格里拉：花为红色(1～4 轮花瓣为红色、中心花瓣为桃红色)、有光泽，高心卷边大花型，花苞高 5～6cm，花径为 10～12cm，花瓣为 50～60 片，花色纯正，茎秆粗壮直挺，枝长 50～80cm，瓶插寿命为 9～10 天，基质栽培年切花产量为 200～220 支/m²。该品种为荷兰西露丝公司专利品种。

卡马拉：花为深红色，花径为 10～12cm，高心阔瓣大花型，花瓣较厚、有金绒光泽，花瓣为 35～45 片；切枝长度为 60～90cm；土壤栽培年切花产量为 160～180 支/m²，荷兰基质栽培年切花产量为 200～220 支/m²，瓶插寿命为 10～12 天；适应云南弥勒、建水等气候环境。

玫昂红：花为红色，无香味，大花型，花瓣数为 30～50 片，切枝长度为 60～90cm；花色稳定，花型在低温或高温期稳定性强，低温有少数枝出现盲枝，皮刺中等；土壤栽培枝长 60～80cm，花期为 60～80 天，瓶插寿命为 10～12 天，鲜花产量为 60000～80000 支/亩；抗病性强；切花均匀度好，在日本市场有销售。该品种为法国玫昂公司专利品种。

荣耀：花为红色，无香味，大花多心形，花瓣数为 45～60 片，切枝长度为 60～80cm，花色稳定，花型在低温或高温期稳定性强；土壤栽培枝长 60～80cm，花期为 55～75 天，瓶插寿命为 12~15 天，荷兰栽培年切花产量为 220~240 支/m²，抗病性强。该品种为法国玫昂公司专利品种。

珍爱：花为红色，大花型，株高为 85~100cm，植株粗壮均匀，无皮刺，有叶片为 15~17 片，产量中等。该品种为荷兰橙色多盟公司专利品种。

（二）粉色系品种

大桃红：玫红色，高心卷边，花瓣数为 50~55 片，植株直立高大，枝长 60~90cm，瓶插寿命为 8~10 天，土壤栽培年切花产量为 110~120 支/m²。

王妃：花为桃红色，大花型、无香味，花瓣数为 45~60 片，花色稳定，皮刺较少，枝长 70~100cm，生长期为 55~75 天，瓶插寿命为 10~12 天，荷兰基质栽培年切花产量为 170~190 支/m²；适应云南昆阳、通海、玉溪、罗次、陆良、弥勒、建水等多气候环境。

苏醒：花为粉红色，高心卷边，花瓣数为 45~55 片，植株生长强健，叶片浓绿，皮刺较少，枝长 50~80cm，瓶插寿命为 8~10 天，云南土壤栽培年切花产量为 110~130 支/m²。

粉蝴蝶：花为粉/橙色，特异中型花，1~4 轮外花瓣为橙/粉色，中央花瓣多心、橙黄心粉边，形似蝴蝶，株高 50~80cm，叶片深绿，花枝有叶 11~15 片；生长较慢，抗病性差，需要加温条件栽培；在无土基质和加温条件下栽培年切花产量为 200~220 支/m²；适应云南弥勒、通海等气候环境。

戴安娜：花为粉红色，高心卷边，花瓣数为 45~55 片，切枝长度为 60~80cm，叶片浓绿，皮刺少，瓶插寿命为 12~14 天，土壤栽培年切花产量为 120~130 支/m²。植株生长健壮，抗病性强。

粉红雪山：花为浅粉红色，高心卷边特大型，花瓣数为 40~55 片，瓶插寿命为 10~14 天，切枝长度为 60~90cm，大叶、光亮、革质，刺中等偏少，土壤栽培年切花产量为 20 支/株，无土栽培年切花产量为 200~240 支/m²。

甜蜜雪山：1~2 轮花瓣边带有粉绿色，中心花瓣橙红色，高心卷边大花型，花瓣数为 40~55 片，瓶插寿命为 10~14 天，切枝长度为 40~90cm，大叶、光亮、革质，刺中等偏少，土壤栽培年切花产量为 20 支/株，无土栽培年切花产量为 200~240 支/m²。

粉佳人：花为粉红色，高心阔瓣大花型，花瓣数为 35~45 片，瓶插寿命为 12~14 天，切枝长度为 60~80cm，大叶、光亮、革质，刺中等偏少，土壤栽培年切花产量为 120~130 支/m²。

粉荔枝：花为粉色，高心卷边、多心大花型，花瓣数为 45~55 片，花瓣微皱、边缘波状，瓶插寿命为 10~12 天，切枝长度为 55~75cm，土壤栽培年切花产量为 140~160 支/m²。

迷恋：花为粉红色，1~2 轮花瓣粉绿色，高心阔瓣大花型，花瓣数为 30~40 片，切枝长度为 50~70cm，土壤栽培年切花产量为 90~120 支/m²，瓶插寿命为 10~12 天。

玛利亚：花为粉红色，高心剑瓣大花型，花瓣为 30~35 片，芬得拉芽变，土壤栽培切枝长度为 60~80cm，年切花产量为 20 支/株。瓶插寿命为 9~10 天，叶中等大小、革质，刺中等偏少，抗病性中等。该品种为德国坦陶公司品种。

影星：深粉色，高心卷边大花型，切枝长度为 60～80cm。土壤栽培年切花产量为 18 支/株。花瓣为 45 片，瓶插寿命为 7～8 天，大叶革质、抗病性强；栽培容易，产量高，注意增施有机肥。

粉可爱：花为亮粉红色，高心卷边、多心大花型，花瓣为 72～76 片，叶片深绿色，基质栽培切枝长度为 60～70cm，年切花产量为 200～220 支/m²，瓶插寿命为 14～16 天。该品种为法国玫昂公司专利品种。

甜梦：花为粉色(怀旧色)，多心、卷边特大花型，有香味，花瓣数为 40～50 片，瓶插寿命为 12～14 天，切枝长度为 60～90cm，大叶、光亮、革质，刺中等偏少，荷兰栽培年切花产量为 160～180 支/株。该品种为荷兰迪瑞特公司专利品种。

粉钻：花为浅粉色，卷边大花型，花瓣数为 45～50 片，瓶插寿命为 10～12 天，切枝长度为 60～90cm，荷兰栽培年切花产量为 180～200 支/株。适应云南昆阳、通海、玉溪、罗次、陆良、弥勒、建水等多气候环境。

火云：花为橙粉色，高心卷边大花型，花瓣数为 40～50 片，瓶插寿命为 10～12 天，切枝长度为 60～90cm，荷兰栽培年切花产量为 200～220 支/株。该品种为荷兰迪瑞特公司专利品种。

大富贵：花为粉红色，中心花瓣边缘有白线，花瓣数为 30～40 片，瓶插寿命为 10～12 天，切枝长度为 50～80cm，荷兰栽培年切花产量为 200～220 支/株；适应云南昆阳、通海、罗次等气候环境。该品种为荷兰迪瑞特公司专利品种。

维多利亚蜜桃：花为橙粉色，特异花型，花型新颖，花瓣数较多，瓶插寿命为 12～14 天，切枝长度为 50～80cm，荷兰栽培年切花产量为 120～160 支/株；在云南基质栽培试验品种性状稳定，产量较高，年切花产量为 200 支/株，国内外流行品种。该品种为荷兰橙色多盟公司专利品种。

(三) 紫粉色系品种

冷美人：花为紫红色；高心剑瓣大花型，土壤栽培切枝长度为 60～80cm，年切花产量为 20 支/株。花瓣为 30～35 片，瓶插寿命为 9～10 天，叶中等大小、革质，刺中等偏少，抗病性中等。该品种为荷兰西露丝公司培育。

紫皇后：花为粉紫色，高心卷边大花型，花瓣数为 40～45 片，切枝长度为 60～80cm，瓶插寿命为 10～12 天，刺中等偏少，大叶、革质、光亮，年切花产量为 18 支/株，抗病性强。

阿尔曼多：花为粉紫色，高心卷边大花型，花苞高 4.5～5.5cm，花径为 10～11cm，花瓣为 55～60 片，枝长为 60～80cm，瓶插寿命为 13～15 天，基质栽培年切花产量为 200～240 支/m²。

海洋之谜：花为淡紫色有香味，高心卷边大花型，花苞高 3～4cm，花径为 10～11cm，花瓣为 55～60 片，茎秆无皮刺，枝长 50～60cm，瓶插寿命为 10～14 天，基质栽培年切花产量 220～240 支/m²。

紫银光：花为浅紫色带乳白晕，无香味，花瓣数为 25～45 片，花色稳定，花型在低温或高温期稳定性强，低温有少数枝出现盲枝；土壤栽培枝长 60～80cm，花期为 55～75

天,瓶插寿命为 10~12 天,无土基质栽培年切花产量为 6 万~8 万支/亩(160~180 支/m²),抗病性强。该品种为法国玫昂公司专利品种。

(四)黄色系列品种

假日公主:花为橙黄色,高心卷边大花型,切枝长度为 60~80cm,土壤栽培年切花产量为 100~120 支/m²。花瓣为 40 片,瓶插寿命为 7~8 天,大叶、革质,少刺,抗病性中等;对白粉病抗性较差,注意预防。

蜜桃雪山:橙色(香槟色),高心卷边大花型,切枝长度为 60~80cm,无土基质栽培年切花产量为 200~240 支/m²。花瓣为 40~55 片,瓶插寿命为 10~14 天,大叶、革质,少刺,抗病性中等。

黄蝴蝶:橙黄色,中型花,1~4 轮外花瓣橙/粉色,中心花瓣多心形,橙黄色,单头/多头,株高 50~80cm,叶片深绿,花枝有 11~15 片叶;生长较慢,抗病性差;在无土基质和加温条件下栽培年切花产量为 200~220 支/m²,瓶插寿命为 10~12 天。该品种为英国大卫奥斯汀公司培育品种,适应云南弥勒、通海等气候环境。

金枝玉叶:花为黄色,高心阔瓣大花型,花瓣为 35~45 片,枝长为 60~90cm,叶片深绿色,多皮刺,土壤栽培年切花产量为 100~120 支/m²;瓶插寿命为 10~12 天;适应云南昆阳、通海、罗次等气候环境。

琥珀:花为浅黄色,高心阔瓣大花型,花瓣为 35~45 片,枝长 60~90cm,叶片绿色,土壤栽培年切花产量为 100~120 支/m²;瓶插寿命为 10~12 天;适应云南玉溪、宜良等气候环境。

金香玉:花为黄色有红晕,高心翘角中花型,易开,花瓣为 50~55 片,枝长为 50~80cm,叶片深绿色,多刺,土壤栽培年切花产量为 110~120 支/m²;瓶插寿命为 10~12 天。

皇冠:花为黄色,高心翘角卷边中大花型,花瓣为 35~40 片,枝长 50~70cm,叶片深绿色、有光泽,多皮刺,土壤栽培年切花产量为 110~130 支/m²;瓶插寿命为 10~12 天。

凯特林娜:黄色,特异大花型,花型新颖,花瓣数较多,瓶插寿命 10~14 天,切枝长度 40~80cm,土壤栽培年切花产量为 120~160 支/m²;在云南基质栽培试品种性状稳定,产量较高,年切花产量为 200~260 支/m²。该品种为荷兰橙色多盟公司专利品种。

凤蝶:深黄色,多心、波状卷边大花型,花瓣数为 40~50 片,瓶插寿命为 12~14 天,切枝长度为 60~90cm,大叶、光亮、革质,刺中等偏少,荷兰栽培年切花产量为 200~220 支/m²;在玉溪测试品种性状稳定,奥斯汀系列品种,国内外花卉市场的流行品种。

玉蝴蝶:花为浅橙黄色,中型花,1~4 轮外花瓣浅橙色,中心花瓣多心形,橙黄色,单头,株高 60~90cm,在无土基质和加温条件下栽培年切花产量为 200~220 支/m²,瓶插寿命为 10~12 天。

(五)白色系品种

坦尼克:纯白色,高心阔瓣大花型,花型优美,花径为 12cm,花瓣为 40 片。叶片深绿,切枝长度 60~80cm。土壤栽培年切花产量为 120~140 支/m²。植株健壮,抗病性中等。夜温低于 8℃时,盲枝增加,冬季无产量;夏季采花周期短,产量高。

雪山：白色，高心卷边特大花型，花瓣数为 65～70 片，瓶插寿命为 10～15 天，土壤栽培切枝长度为 60～80cm，大叶、光亮、革质，刺中等偏少，年切花产量为 20 支/株，无土栽培年切花产量为 200～240 支/m²；对灰霉病抗性差，注意预防，此外增施有机肥和保持充足的肥料。

白荔枝：花为乳白色，多心、1～5 轮花瓣波状卷边，具有香味，花瓣数为 40～50 片，瓶插寿命为 12～14 天，切枝长度为 50～80cm，云南土壤栽培年切花产量为 80～100 支/m²，荷兰岩棉栽培模式年切花产量为 160～180 支/m²；该品种为奥斯汀系列品种。

芬得拉：淡香槟色，高心剑瓣大花型，切枝长度为 60～80cm，土壤栽培年切花产量为 90～120 支/m²。花瓣为 35 片，瓶插寿命为 9～10 天，叶中等大小、革质，刺中等偏少，抗病性中等。

(六) 复色系品种

桃红雪山：花为桃红色，高心卷边大花型，切枝长度为 60～80cm，无土基质栽培年切花产量为 200～240 支/m²。花瓣为 50～60 片，瓶插寿命为 10～14 天，大叶、革质，少刺，抗病性中等。

糖果雪山：花为桃红/白色，高心卷边大花型，切枝长度为 60～80cm，年切花产量为 200～240 支/m²。花瓣为 40～55 片，瓶插寿命为 10～14 天，大叶、革质，少刺，抗病性中等。

双色粉：花为白底粉红边，高心剑瓣大花型；土壤栽培切枝长度为 70～90cm，土壤栽培年切花产量为 90～120 支/m²。花瓣为 35 片，瓶插寿命为 7～8 天，叶大、革质，刺中等，抗病性中等。

红袖：花为黄底粉红边，高心阔瓣大花型；土壤栽培切枝长度为 60～90cm，年切花产量为 120～130 支/m²。花瓣为 45～50 片，瓶插寿命为 7～10 天，叶大、革质，刺中等，抗病性强；适应云南昆阳、通海、罗次等气候环境。

诱惑：花为白底深粉红边，高心阔瓣大花型；土壤栽培切枝长度为 60～90cm，年切花产量为 90～100 支/m²；荷兰岩棉无土栽培模式年切花产量为 180～200 支/m²。花瓣为 45～50 片，瓶插寿命为 13～15 天，抗病性中等；适应云南宜良、玉溪、罗次等气候环境。

魅惑：花为白底红边，高心阔瓣大花型；土壤栽培切枝长度为 60～90cm，年切花产量为 90～120 支/m²；荷兰岩棉无土栽培模式年切花产量为 200～220 支/m²。花瓣为 40～45 片，瓶插寿命为 13～15 天，抗病性中等；适应云南昆阳、通海、罗次等气候环境。

红唇：卡罗拉芽变，花为白底粉红边，花径为 7～11cm，阔瓣中大花型，花瓣为 35～45 片；切枝长度为 70～90cm；土壤栽培年切花产量为 90～110 支/株，瓶插寿命为 12～15 天，植株皮刺为斜直刺，刺的基部颜色微红，刺尖颜色微黄，在茎的中上部无刺，茎的中下部刺的数量中等；植株生长旺盛，抗病性强。

艾莎：花为白底粉红边，大花型，花瓣数为 45～55 片，花色稳定，皮刺较少，枝长50～80cm，有叶片为 14～17 片，花期为 55～75 天，瓶插寿命为 10～12 天，无土栽培年切花产量为 200 支/m²；适应云南昆阳、通海、玉溪、罗次、陆良、弥勒、建水等多气候环境。

金辉：花色为黄底粉边，花瓣圆形、边缘波状，花瓣数为 44～48 片，花径为 10～13cm；切枝长度为 60～100cm，叶卵圆形、深绿色，叶缘复锯齿，顶端小叶叶尖急尖形、革质、较大，植株皮刺为斜直刺，黄绿色，生长旺盛，抗病性中等，土壤栽培年产切花 90～120 支/m²；瓶插期为 8～10 天。云南云秀花卉有限公司专利品种。

惊鸿：花为绿黄底窄红边，花瓣圆形、边缘波状，花瓣数为 45～50 片，花径为 10～12cm；切枝长度为 50～80cm，土壤栽培年产切花为 90～120 支/m²；瓶插期为 12～15 天；适应云南昆阳、通海、罗次等气候环境。

嫣然：花为粉白底窄粉红边，高心阔瓣，花瓣圆形、边缘波状，花瓣数为 40～45 片，切枝长度为 50～80cm，土壤年产切花 90～120 支/m²；瓶插期为 12～15 天；适应云南昆阳、通海、罗次等气候环境。

射手座：花为红/白双色，大花型、无香味，花瓣数为 30～45 片，花色稳定，枝长 60～80cm，花期为 55～75 天，瓶插期为 10～12 天，荷兰岩棉温室栽培模式年切花产量为 240 支/m²。该品种为荷兰西露丝公司专利品种。

幸运女神：花为紫红带暗花边，无香味，大花型，花瓣数为 45～50 片，花色稳定，花型在低温或高温期稳定性强，低温有少数枝出现盲枝；土壤栽培枝长 60～80cm，花期为 55～75 天，瓶插期为 12～14 天，土壤栽培年产切花 90～120 支/m²，无土基质栽培年切花产量 180～200 支/m²，抗病性强。该品种为法国玫昂公司专利品种。

（七）多头系列品种

妩媚芭比：花为红紫色，花瓣着色均匀，花瓣数为 48～56 片，花径为 5.5～6.5cm；切枝长度为 75～85cm，花枝分枝高 55～60cm，每枝花蕾数为 3～6 个，植株生长旺盛，抗病性中等，土壤栽培年切花产量为 40～45 支/m²；鲜切花的瓶插期为 15～18 天。该品种为通海锦海农业科技发展有限公司专利品种。

迷雾泡泡：花为紫红色，花苞扁圆形、心瓣下凹，花瓣着色均匀、波状边，多头，株高 50～80cm，有叶片 15～17 片；土壤栽培年切花产量为 40～45 支/m²，鲜切花的瓶插期为 12～14 天；适应云南宜良、昆阳、通海、玉溪等气候环境。

粉雾泡泡：花为紫粉色，花苞扁圆形、多心，花瓣波状边，多头，株高 50～80cm，有叶片 15～17 片；土壤栽培年切花产量为 45～50 支/m²，鲜切花的瓶插期为 12～14 天；适应云南宜良、昆阳、通海、玉溪等气候环境。

巧克力泡泡：花为巧克力色，花苞扁圆形、心瓣下凹，多头，株高 60～90cm，花枝粗壮，有叶片 14～17 片；土壤栽培年切花产量为 45～50 支/m²，鲜切花的瓶插期为 12～14 天；适应云南昆阳、通海、玉溪、罗次、陆良、弥勒、建水等多气候环境。

霓虹泡泡：花为红色，高心阔瓣，多头，株高 60～90cm，花枝粗壮，叶片绿色有光泽；年切花产量为 50～60 支/m²，鲜切花的瓶插期为 12～14 天；适应云南昆阳、通海、玉溪、罗次、陆良、弥勒、建水等多气候环境。

狂欢泡泡：花为黄背/红面双色，高心阔瓣卷边，多头，株高 60～90cm，花枝粗壮，叶片绿色；土壤栽培年切花产量为 50～60 支/m²，鲜切花的瓶插期为 12～14 天；适应云南昆阳、通海、玉溪、罗次、陆良、弥勒、建水等多气候环境。

浪漫泡泡：花为香槟色，花苞圆瓣、卷心，瓣波状、卷边，多头，株高 60～90cm，花枝粗壮，叶片绿色；土壤栽培年切花产量为 50～60 支/m²，鲜切花的瓶插期为 12～14 天；适应云南昆阳、通海、玉溪、罗次、陆良、弥勒、建水等多气候环境。

水果泡泡：花为粉红色，花苞扁圆形、心瓣下凹，瓣波状，多头，株高 60～90cm，花枝粗壮，叶片绿色；土壤栽培年切花产量为 50～60 支/m²，鲜切花的瓶插期为 12～14 天；适应云南昆阳、通海、玉溪、罗次、陆良、弥勒、建水等多气候环境。

橙色芭比：花为橙色，花瓣着色均匀，花瓣数为 48～56 片，花径为 5.5～6.5cm；切枝长度为 75～85cm，花枝分枝高 55～60cm，每枝花蕾数为 6～12 个，花植株生长旺盛，抗病性中等，土壤栽培年切花产量 40～45 支/m²；鲜切花的瓶插期 15～18 天。

多头蝴蝶：粉/橙色，中小型花，1～5 轮外花瓣橙/粉色，中心花瓣多心形，橙黄色，多头，株高 45～60cm，抗病性差，易感白粉病，在无土基质和加温条件下栽培，年切花产量为 140～160 支/m²；英国大卫奥斯汀玫瑰公司培育品种，土壤栽培较难种植，无土基质栽培和加温及环境调节控制，花形、花色及品质较好。

梦幻芭比：花为黄色，花瓣数为 54～68 枚，花瓣圆瓣形，瓣微后卷，花径为 4.8～6.0cm；花枝分枝高度为 40～50cm，每枝花有蕾数 6～15 个，花头较齐；植株生长旺盛，抗病性强，土壤栽培年切花产量为 40～45 支/m²，鲜切花的瓶插期为 18～20 天。该品种为通海锦海农业科技发展有限公司专利品种。

粉红女郎：花为深粉色，花瓣数为 35～38 片，花瓣圆瓣形，瓣微后卷，花径为 2.5～3.0cm；花枝分枝高度为 35～45cm，每枝花有蕾数 6～12 个，花头较齐；植株生长旺盛，抗病性强，年切花产量为 40～45 支/m²；鲜切花的瓶插期为 18～20 天。

流星雨：花为玫红/黄色，玫红花瓣有黄拉丝和不规则黄斑块，瓣数为 35～42 片，花瓣圆瓣形，瓣后卷，花径为 3.0～4.5cm；花枝分枝高度为 25～35cm，每枝花有蕾数 6～8 个，花头高矮不齐；植株生长旺盛，抗病性强，年切花产量为 40～45 支/m²；鲜切花的瓶插期为 14～16 天。

猩红泡泡：花为红色，花心下凹，小花瓣波状、卷边，多头，株高 60～90cm，花枝粗壮，叶片绿色有光泽；土壤栽培年切花产量为 50～60 支/m²，鲜切花的瓶插期为 12～14 天；适应云南昆阳、通海、玉溪、罗次、陆良、弥勒、建水等多气候环境。

香香公主：花为浅粉色，花心下凹，小花瓣波状、卷边，多头，株高 60～90cm，花枝粗壮，叶片绿色有光泽；土壤栽培年切花产量为 50～60 支/m²，鲜切花的瓶插期为 12～14 天；适应云南昆阳、通海、玉溪、罗次、陆良、弥勒、建水等多气候环境。

惊艳泡泡：花为白背/橘红双色，高心小阔瓣，多头，株高 60～90cm，花枝粗壮，叶片绿色有光泽；土壤栽培年切花产量为 50～60 支/m²，鲜切花的瓶插期为 12～14 天；适应云南昆阳、通海、玉溪、罗次、陆良、弥勒、建水等多气候环境。

鸳鸯泡泡：花为白底/红拉丝或红斑块色，高心小阔瓣形，部分花瓣白底红拉丝或红斑块，多头，株高 60～90cm，花枝粗壮，叶片为绿色；土壤栽培年切花产量为 50～60 支/m²，鲜切花的瓶插期为 12～14 天；适应云南昆阳、通海、玉溪、罗次、陆良、弥勒、建水等多气候环境。

樱桃泡泡：花为桃色，高心小阔瓣卷边，多头，株高 60～90cm，花枝粗壮，叶片绿色；土壤栽培年切花产量为 50～60 支/m²，鲜切花的瓶插期为 12～14 天；适应云南昆阳、通海、玉溪、罗次、陆良、弥勒、建水等多气候环境。

　　欢乐泡泡：花为红色，高心小阔瓣卷边，多头，株高 60～90cm，花枝粗壮，叶片绿色；土壤栽培年切花产量为 50～60 支/m²，鲜切花的瓶插期为 12～14 天；适应云南昆阳、通海、玉溪、罗次、陆良、弥勒、建水等多气候环境。

　　粉泡泡：花为粉色，1～3 轮花瓣边缘粉绿色、锯齿波形，多头，株高 60～90cm，花枝粗壮，叶片为绿色；土壤栽培年切花产量为 50～60 支/m²，鲜切花的瓶插期为 12～14 天；适应云南昆阳、通海、玉溪、罗次、陆良、弥勒、建水等多气候环境。

　　珊瑚泡泡：花为橘黄色，高心小阔瓣，多头，株高 60～90cm，花枝粗壮，叶片为绿色；土壤栽培年切花产量为 50～60 支/m²，鲜切花的瓶插期为 12～14 天；适应云南昆阳、通海、玉溪、罗次、陆良、弥勒、建水等多气候环境。

　　红泡泡：花为红色，高心小阔瓣，多头，株高 60～90cm，花枝粗壮，叶片为绿色；土壤栽培年切花产量 50～60 支/m²，鲜切花的瓶插期为 12～14 天；适应云南昆阳、通海、玉溪、罗次、陆良、弥勒、建水等多气候环境。

　　丁香泡泡：花为紫红色，花苞扁圆形、心瓣下凹，瓣波状，多头，株高 60～90cm，花枝粗壮，叶片为绿色；土壤栽培年切花产量为 50～60 支/m²，鲜切花的瓶插期为 12～14 天；适应云南昆阳、通海、玉溪、罗次、陆良、弥勒、建水等多气候环境。

　　果汁泡泡：花为橘红/橘黄色，高心小阔瓣，外花瓣为橘红色、中心花瓣为橘黄色，多头，株高 60～90cm，花枝粗壮，叶片绿色；土壤栽培年切花产量为 50～60 支/m²，鲜切花的瓶插期为 12～14 天；适应云南昆阳、通海、玉溪、罗次、陆良、弥勒、建水等多气候环境。

　　白泡泡：花为白色，高心小阔瓣卷边，多头，株高 60～90cm，花枝粗壮，叶片为绿色；土壤栽培年切花产量为 50～60 支/m²，鲜切花的瓶插期为 12～14 天；适应云南昆阳、通海、玉溪、罗次、陆良、弥勒、建水等多气候环境。

三、生长习性

　　1）切花月季对生长环境的要求

　　切花月季适应在栽培基质疏松、光照充足、温度和湿度适宜及空气流通的环境中生长，大部分品种对光照、温度、湿度、栽培基质、水肥及其 EC、pH 的要求基本相同。最适宜的生长发育温度白天为 24～27℃，夜间为 12～18℃，当白天温度高于 32℃时植株生长和切花的品质受到影响；当温度低于 5℃时多数植株生长缓慢，低于 0℃时花易受冻害。最适宜的相对湿度为 60%～70%，当湿度高于 80%时易诱发灰霉病、霜霉病等病害，而低于 50%时又会诱发红蜘蛛和白粉病的危害。月季喜欢散射光照，适宜的光照度为 50000～70000lx，当光照度低于 8000lx 时植株生长和花芽分化受到影响；月季生长需要光照时间为 12～16h，当光照时间低于 6h 时花芽的分化受影响，易出现盲芽。因此，切花月季生产需要有大棚温室设施、环境调节控制设备、栽培容器(种植槽、盆)、基质及水肥一体化控制设备等，为其生长创造良好的生长环境。

2) 开花习性

切花月季种苗经过 90～100 天的栽培，大多数种苗都能正常开花，在适宜的生长发育环境中能连续多年开花，反复进行切花生产。目前，国内外切花月季采用无土基质栽培生产，通过智能化手段对大棚内的温度、湿度、光照、水肥等生长环境进行调节控制，有效地提高鲜花产量和品质，实现鲜切花产品的周年均衡生产。

3) 形态特性

切花月季不同品种的株高、叶型、腋芽形态、腋芽发枝及生长速度、花色花型、瓶插时间等均有差异。根据株高及其切枝长度，将栽培品种分为长枝型、中枝型和短枝型品种，长枝型品种切枝长度在 60cm 以上，中枝型品种切枝长度为 50～60cm，短枝型品种切枝长度在 50cm 以下；植株顶端和基部的叶由 1～3 片小叶组成，每枝各有 2～4 片，中部的叶由 5～7(～9) 片小叶组成，长枝品种有 15～24 片，中长枝品种有 15～17 片，短枝品种有 11～15 片；枝条顶端的芽最早发育为花芽并开花，花以下的 1～6 个腋芽依次抽发新枝并依次增长，形成花芽并开花；植株中部上的腋芽发枝形成的切花枝随节位的升高而变短；植株中部、基部的腋芽发枝形成的花枝质量差异不大，但从中部到基部花枝开花的时间依次延长，栽培时可以根据这些特性进行修剪，调节开花期或切花枝的长度。

切花月季在生产和销售时根据花色分为红色系、粉色系、白色系、黄色系、紫色系、复色、双色系等；根据花枝上花头的数量分为单头品种和多头品种；单头品种又分为大花型、中花型、中小花型，大花型花径在 10cm 以上，中花型为 8～10cm，中小花型为 6～8cm；多头品种为小花型和中小花型，花径均在 6cm 以下。切花月季根据品种对温度环境的适应性分为高温型品种、低温型品种和广适应型品种，一般多花瓣大花型品种对温度的适应性较强，反之对温度的适应性较差，温度较高的地区可选择花瓣多的大花型品种，而温度较低的地区可选择花瓣适中的大花型品种。

四、无土栽培系统

(一)温室大棚

温室大棚为月季创建良好的保护地和生长环境，是切花月季无土栽培生产不可缺少的设施。温室大棚建造的高度、大小、结构及其朝向主要与当地的气候、光照、地形等自然环境、经济条件及技术水平有关。

云南切花月季主产区为昆明、玉溪、红河、楚雄、曲靖等地，位于东经 101°～104°、北纬 24°～25°，海拔为 1400～2000m，年平均气温为 13.8～15.2℃，年日照时数为 2000～2200h，年均降水量为 800～1000mm，无霜期为 230～270 天，区域内极端低温度为-2℃，极端高温度为 32℃；昆明、曲靖、楚雄局部地区极端低温度为-4℃，昆明、红河局部地区极端高温度为 38℃。建设温室大棚主要考虑温室大棚冬季和夜间加温、雨天加温排湿及夏季降温的生产成本。一般温室大棚越高降温效果越好，但冬季需要加温的成本更高，在云南滇中南部地区海拔 1400～1600m(亚热带地区)，降温成本高于加温成本，因此需要综合考虑。此外，建设温室大棚的地方还需要考虑水利、电力、交通及冬春季多雾、少光照等影响因素。

目前，云南切花月季无土栽培的温室大棚结构为肩高 5～6m、总高 7.6～8.4m、跨度 9.6～12.6m、长 100m 的蝶形连体钢结构温室或锯齿形连体钢架大棚。连体温室大棚的建设面积越大，建设成本越低，温室大棚内受外界自然环境变化的影响越小，越有利于月季的栽培管理。因此，一般温室大棚建设面积在 2 万～3 万 m^2。温室大棚包括主体结构及覆盖材料、天窗与侧窗开启系统、加温及降温系统、内遮阳系统、雾化系统、环流风机系统、智能控制系统、灌溉系统、水肥系统等；此外，在欧美花卉生产发达国家还有补光系统、CO_2 浓度补充系统和生产物流系统等。

1. 主体结构及覆盖材料

温室大棚的主体结构由各种热镀锌型材（包括立柱、拱杆、纵管和拉杆等）、水槽、连接件、连接卡等组装拼接而成。

覆盖材料主要包括不同品牌、不同厚度的塑料薄膜材料，切花月季生产应用的塑料薄膜材料主要考虑塑料的透光率、散射功能、过滤紫外光功能和防滴功能等。目前，国内一般选用 PO 膜和 PE 膜，少量选用阳光板。PO 膜有常规膜、散射功能膜和防滴膜，该种膜强度及延展性更好，更为牢固，在温室大棚的抗风及温室骨架的热胀冷缩等情形下表现较好；PE 膜也有常规膜、散射功能膜和防滴膜，另外正在开发玫瑰专用膜。近年又推出以色列吉尼嘉膜，具有月季专用的功能膜，如针对红色品种的专用膜，有过滤紫外光、防月季花瓣黑边或焦边的功能；针对复色月季品种的专用膜，有 65%紫外透过率增加花瓣色彩的对比强度。

2. 天窗与侧窗开启系统

温室是一个半封闭系统，依靠覆盖材料形成与外界相对隔离的室内空间。一方面，要通风换气创造切花月季生长优于室外自然环境的条件；另一方面，室内产生的高温高湿和低 CO_2 浓度，通过通风换气来调控，创造切花月季生长的最佳环境。温室大棚的天窗、侧窗开启系统采用自然通风系统，具有经济节能、运行效率高、环境控制能力强、操作控制简便等特点，是温室不能缺少的系统。

温室大棚的天窗、侧窗开启系统包括卷膜器、卷膜杆、齿条、薄膜等。通过韩式电动卷膜器传动卷膜轴管或电机带动齿条，将天窗、侧窗棚膜打开或关闭，实现自然通风，该电机内配有限位开关，打开、关闭到位后可自动停止，也可手动打开或关闭通风口棚膜。

根据对温度（降温和保温）、湿度及风向的设计要求，选择不同的开窗方式和开窗面积的大小，一般温暖（或较热）、风较大的地方选择蝶形双面开窗，侧窗选择双层卷膜开窗；而较凉爽、风较小且有规律的地方选择蝶形单面或锯齿开窗，侧窗选择双层卷膜开窗。

3. 加温及降温系统

温室大棚是生产型建筑，加热及降温系统是根据切花月季生长所需要的温度范围来设计配置，即白天温度控制在 24～28℃，夜间温度控制在 12～18℃。合理设计配置温室大棚的加热及降温系统可有效降低生产运营成本以及投资成本，从而提高经济效益。

国内外切花月季生产温室大棚加温系统主要包括加温锅炉、供热(暖)管道、供热循环泵、加温管等。加温锅炉根据加温热源不同分为天然气锅炉、燃煤锅炉、柴油锅炉、酒精锅炉、电加温锅炉等；其加温方式又分为光管散热和风机盘管加热两种。目前，国内主要的加温方式是光管散热，即通过热水封闭式循环和管壁散热加温。根据加温要求和设计，在温室大棚内栽培种植槽的下方、上方和大棚的侧面铺设加温管道，加温管道主要有铁管或铝合金管。热风循环是根据加温要求和设计，在温室大棚内栽培种植槽(床)上方和大棚侧面铺设热水管道，并通过风机盘管加热，将加热的风不断均匀地吹排到温室大棚内，形成闭合式的热水加温循环，加温管道主要有加厚的塑料膜管或合金薄壁管等。加温系统主要是在冬季和夜间低温时，将温室大棚内的温度提升到 14～26℃，满足月季生长对温度的要求。此外，通过加温可控制湿度，抑制月季病害的发生。

湿帘风机降温系统是利用水的蒸发使空气中的显湿转化为潜热来实现降温。当需要降温时，启动风扇将温室大棚内的空气强制抽出，形成温室大棚内微负压，与此同时，室外空气因负压而被吸入室内，湿帘被供水系统均匀淋湿，室外空气穿过湿帘进入温室大棚，由于水在蒸发时的吸热使穿过湿帘的空气温度降低，冷空气流经温室大棚吸收室内的热量后，经风扇排出，从而达到温室大棚降温的目的。空气干燥时，理想工作条件下可保证温度不高于 30℃。根据当地夏季气温和温室大棚面积设计湿帘-风机降温面积，一般在温室大棚内部隔断通道两侧墙上设置 1.8m 高通长铝合金湿帘，在温室大棚南北山墙上每跨温室大棚安装排风扇。目前，云南切花月季生产温室大棚主要通过湿帘-风机降温系统降温，此外还有雾化降温系统。

4. 内遮阳系统

内遮阳系统可从多方面改善室内切花月季生长环境，夏季遮阳幕能反射阳光，从而有效阻止阳光进入室内，配合顶窗使用能达到降温目的，保护切花月季免遭强光灼伤。也可根据各种切花月季对阳光的需求，使用不同遮阳率的遮阳幕。在冬季该保温遮阳幕可以有效阻止红外线外逸，减少辐射热量流失，达到节能目的，该系统有效节能 40%，大大降低冬季运营成本，提高经济效益。

温室大棚的内遮阳系统包括铝箔内遮阳保温幕、减速电机、齿轮齿条、铝合金拉幕杆、推拉杆、传动轴管、电机座、托/压膜线、推拉杆滑轮、挡网卡、保温兜等。通过控制箱启动减速电机，减速电机驱动传动轴运转，通过传动轴转动齿轮传动齿条，由齿条带动推拉杆及驱动杆，在幕线上平行移动，驱动杆带动幕布使活动端慢慢展开或闭合，通过减速电机内的限位装置，使开启、闭合到位自动停止，也可根据切花月季对阳光的需要，手动控制调节遮阳幕开合所需位置。

切花月季生产选用铝箔内遮阳保温幕，为国内外生产的密闭透气型铝箔内遮阳帘膜，如上海斯文森牌、山东绿地牌、常州迈希尔等，内遮阳率为 55%～85%，一般根据当地的光照度和温度选择内遮阳网。内遮阳网安装在温室大棚内的上端，主要调节光照度、温度，将光照度调节在 50000～70000lx，为月季生长发育创造适宜的光照环境。

5. 雾化系统

雾化系统包括高压泵、过滤器、电控部分、管路组成、喷头等。使用普通水，通过水泵加压进入过滤系统输送到雾化喷头，高压水流在喷头处形成雾状水滴喷出。其主要功能是加湿和降温，对相对湿度较低的地区和自然通风好的温室尤为适用，不仅降温成本低，而且效果明显，能降温 3～10℃；可将湿度控制在 60%～75%。雾化系统安装在内遮阳保温幕下方，雾化系统与控制系统连接组成自动控制喷雾。

6. 环流风机系统

温室大棚的环流风机系统包括环流风机、电线、控制器等，该系统与控制系统连接，自动工作。环流风机连续空气循环可以提供均匀的气流运动，可以保持良好的叶表面微环境，避免在高湿点产生病害。环流风机用于平衡温室内温度、湿度和 CO_2 浓度的均匀性，在室内形成适宜气流运动，从而保证温室内月季生长的均匀性和切花品质的一致性。

7. 灌溉施肥首部

灌溉施肥首部包括水罐、水泵、变频系统、营养液回收循环利用系统、压力罐、砂石过滤器、叠片过滤组、配水罐、电磁阀等，其中水罐又包括储水罐、肥料罐、回收肥水液罐等。其他配电系统要求三相四线制，提供照明系统和动力系统，为保证温室大棚生产的顺利运行和安全用电，温室大棚应配备一个综合配电箱，防护等级为 IP45。电控箱放置于温室大棚内部，以便设备操作及维修等工作的顺利进行。

（二）水肥和环境智能控制系统

水肥系统和环境控制系统国外主要有 Priva 或 HortiMax 等世界顶尖的温室环境及水肥控制成套产品，设备安全、可靠，为月季生长提供精准的水肥及环境控制，Priva 为英文界面操作系统，HortiMax 为英文/中文界面操作系统；国内有北京奥拓、成都智棚、上海华维、风前科技、昆明虹之华等开发的水肥系统或环境控制系统。智能控制系统如 Priva 或 HortiMax 等在首部配置，与其他首部设备组成过程控制系统进行温室的切花月季生长环境调控和水肥一体化管理，包括水肥回收、消毒循环利用等管理。

1. 智能控制系统的组成

智能控制系统是通过气象站及温室内传感器采集数据，进行分析，然后反馈到风机、湿帘等设备上，通过这套系统可以达到最优的效果，从而进行科学种植，提高综合效益（图 9.1）。

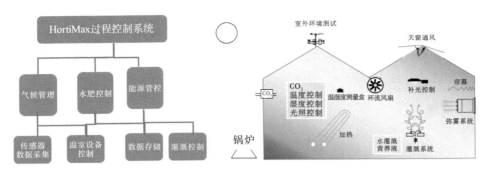

图 9.1   智能控制系统组成图

2. 智能控制系统

CX500 过程控制器能实现气候管理、水肥控制、能源管控等。根据各个园区的特点进行不同的分区，控制系统可做到适用于不同种植品种和种植模式的气候、灌溉、能源的集成控制，带来更加平衡的结果，从而节约能源。例如，在气候管理这一部分，根据种植的温度要求，自动调节天窗的开合角度，遮阳网的拉幕位置，湿帘风机、补光灯和 CO_2 气泵的开合；再如水肥控制，根据种植需要，设定灌溉启动程序，按要求配置营养液并灌溉到温室中。

国外应用的是先进的五要素气象站——室外气象站，可以测试室外的温度、风速、风向、光照和降雨量等功能，气象站可设置相应的经纬度来读取相应的日出日落时间，如图 9.2 所示。

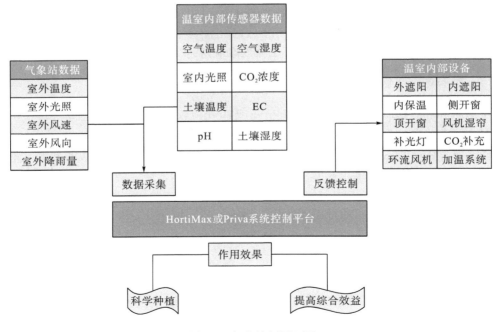

图 9.2   智能控制原理图

　　智能控制系统传感器的测量精度误差为5‰，气象站的精准度为90%。温湿度传感器、CO_2浓度传感器带机械风扇，风速为2m/s，可实时监测流通空气的温湿度和CO_2浓度；室内光照传感器能直接反映光照能量值。Priva或HortiMax的室内传感器包括温度传感器、湿度传感器、光照传感器、CO_2浓度传感器、土壤温度传感器。这些传感器的最大优势在于精度和耐用性，测量误差小于5‰，气象站精度高于90%。温湿度传感器也与普通的物理温度计、湿度计一样，内含干球和湿球两种温度计，并携带机械风扇，提供最精确的温湿度值。数据精准是后期控制合理的基础，因系统通过这些精准数据给继电器准确信号，指挥天窗、遮阳网、湿帘风机、加温机、CO_2气泵、补光灯等设备。

　　控制系统是通过气象站和传感器的读数来实现自动化控制温室的。首先以开窗通风为例，气象站上3m/s这个数值显示的是风速，当实时风速超过18m/s时，系统会通过继电器给开窗电机指令，强制关闭天窗，保护设备安全。气象站还通过两个方向的对比，自动判别顺风面和背风面，实现不同的控制。一般来说，顺风面的开窗角度会小于背风面的角度。对于高端玻璃温室，采用双向顶开窗的开窗方式，具备自动判别风向功能，是非常必要的。

　　控制系统的开窗逻辑为当满足了开窗的温度条件后，系统会根据内外温差，选择适合的开窗角度。内外温差指外部气象站测得的温度和内部温度传感器读数的差值，当温差较大时，开窗角度会减小；当温差较小时，开窗角度会增大。

　　下面以切花月季为例说明温控开窗的逻辑。切花月季生产的最佳生长温度为26℃，温度传感器的实时读数为32℃，系统经过分析，发现温室温度高于切花月季的最佳生长温度，就会给开窗电机一个信号进行开窗通风，并且做到背风面角度大于顺风面角度，当温室内部温度降低到26℃后天窗会自动关闭；如果开窗通风后温室内部温度仍然高于26℃，系统经过分析，再给雾化电机或湿帘风机一个信号，开启水雾化或者湿帘风机，直到温室内部温度降低到26℃后自动关闭各种设备。

　　在气象站中有两个光照参数，即光照度和光合积累量，两者都是对花卉生长非常重要的自然因素。控制系统可通过实时的光照度随时调节遮阳网的拉幕位置。当光照度较低时，只需要拉开20%的遮阳网即可，若光照太强，花卉无法承受，就可以拉开80%的遮阳网。

　　3. 灌溉控制系统——水肥（包括供水肥和水肥回收）

　　灌溉控制系统（图9.3、图9.4）包括清水控制系统、施肥机、配肥箱（母液桶A、B、C）、肥料搅拌器、施肥通道及流量传感器EC/pH、电磁阀等；水肥回收包括回收管网、回收罐（池）、粗渣过滤器、砂石过滤器、肥水回收处理机等。施肥机依据脉冲控制原理，对电磁阀进行连续反复开关，实现间隔律动式加肥，对切花月季所需水分和养分综合协调管理，利用管阀将水分和养分同时输送到植物根部，适时、定量地给切花月季生长提供水肥供应，做到精准均匀地控制水肥。施肥机根据切花月季的不同生长期配制不同的母液，再根据基质湿度、温度、照度等自动调整灌溉水量参数，多区自动定时、定水量轮灌；依EC与水流量传感器反馈，闭环控制，线性连续调整加肥量，根据pH与水流量传感器反馈，闭环控制，自动调整酸（碱）量，实时显示全区域电磁阀状态、EC、pH、肥当前值、累积值及历史趋势图。灌溉控制系统可设置不同的流量(0～100m/h)、电磁阀(20～50 个可扩展)、吸肥通道(1～3 个)、加酸(碱)通道(1 个)、EC 检测范围(0～3mS/cm，双 EC)、pH 检测范围(0～14)(双 pH)。此外，紫外消毒机对生产水肥回液进行消毒处理，又回到配肥罐重新调整液肥配比，进行循环应用，一般有 80%的水肥回液循环利用。

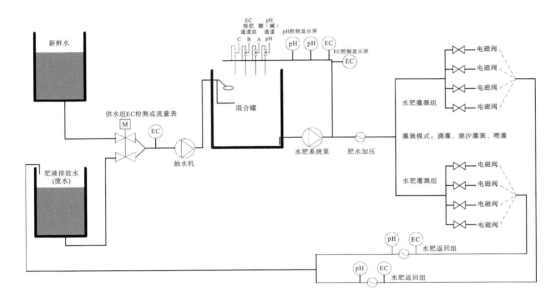

图 9.3　灌溉控制原理图

图 9.4　灌溉控制系统

（三）温度控制系统

温度控制系统包括热电联产、锅炉、加温管道、热量储存罐、管道温度分流调控中心、分流管道、温室大棚散热管道(加温管)。加温是云南提高月季产量和品质的主要手段,温度控制系统是无土栽培必选的配套设备(图9.5、图9.6)。

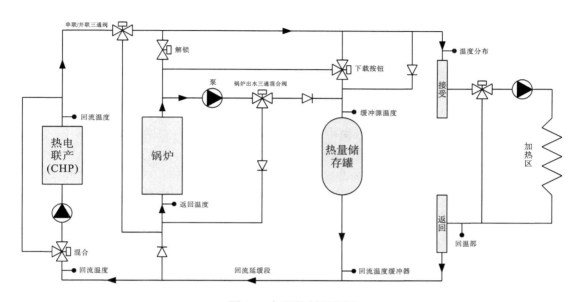

图9.5 加温控制原理图

图9.6 加温机、加温主管道及大棚内月季加温分管道图

五、种植系统

1. 种植系统的分类

切花月季无土栽培系统有种植槽栽培系统、基质栽培条带和盆式种植栽培系统。种植槽栽培系统选用滴灌带进行水肥灌溉，同一条种植槽内的植株、基质和水肥互相连通，病虫害通过种植槽及基质、水肥互相传播，但设施投资成本较低；基质栽培条带和盆式种植栽培系统采用滴剑进行水肥灌溉，植株、基质和水肥以基质栽培条带或盆为单位，条带之间或盆之间相对独立，方便病虫害的控制，但设施投资成本较高。荷兰主要采用岩棉基质栽培条带栽培切花月季，少量选用椰糠基质栽培条带栽培切花月季；厄瓜多尔采用种植槽栽培系统和椰糠盆式种植栽培系统进行切花月季的生产。目前，国内主要采用种植槽栽培系统进行切花月季的生产。

种植槽用塑料复合材料制成，云南市场上有国内生产和国外进口两种产品。其中，国内产品价格较便宜，但质量有待提升，进口产品主要为以色列玛帕尔种植槽，规格为30cm×40cm×30cm、25cm×40cm×25cm、20cm×40cm×20cm（图9.7）。云南主要采用空心砖及石棉瓦支撑种植槽，少量应用铁管材或三角铁架子支撑种植槽，种植槽的高度为40～45cm，倾斜角度为1.5%，每条种植槽适宜的长度为25～50m，最佳长度为25m；温室大棚内安装种植槽的槽间距为90～100cm，一般宽9.6m的联栋拱大棚，每个拱安装7～8条种植槽。

图 9.7 玛帕尔（Mapal）及椰糠栽培系统图

2. 滴灌系统

种植槽栽培系统主要用滴灌带进行水肥灌溉（图9.8），滴灌带有以色列耐特菲姆滴灌带、北京绿源滴灌带、上海华维公司滴灌带等，每条种植槽安装两条滴灌带，选用滴头间距为15～20cm、压力补偿范围为 0.4/3.0～2.5/3.0 bar[①]的滴灌带；云南无土栽培选用较多

① 1 bar = 10^5Pa。

的是以色列耐特菲姆滴灌带。此外，基质栽培条带和盆式种植栽培系统选用滴剑，每盆用2～3根滴剑，或每株用1～2根滴剑。

图9.8　滴灌系统

3. 基质配制及处理

云南切花月季无土栽培基质主要是椰糠。椰糠是椰子外壳纤维经粉碎加工而成的一种纯天然的有机质介质。国内市场上销售的椰糠基质全部从国外进口，主要有挪威捷菲椰糠、印度冉美椰糠、斯里兰卡椰糠等。市场上购买的椰糠基质有不同规格，含有不同浓度的盐分(如高 K^+、Na^+)和酸碱性，直接应用于切花月季栽培将严重影响其生长。因此，应选购颗粒直径为 0～6mm 的椰糠基质，还应对椰糠基质进行必要的配制处理：先用水浸泡基质块并弄散、弄松，与硝酸钙、硫酸镁等混拌进行脱盐处理，再用水多次冲洗，调节基质内的 pH 到 5.5～6.5、EC/盐度(mS/cm)小于 0.2，达到切花月季适宜生长的最佳范围，即可应用。此外，椰糠通常还与 10%珍珠岩混拌均匀后再利用。基质处理好后，先在种植槽内底层放置 8～10cm 厚的公分石或陶粒作排水层，再将处理过的椰糠基质放满种植槽，并弄平整。

4. 营养液配制及管理

椰糠基质具有疏松、透气、保水、保肥和碳化较慢的特点，但基质内几乎没有植物生长所需要的营养元素，因此，需要配制全营养元素液肥，根据切花月季的需肥特点及其生长特性制定全营养元素的基础肥料配方，再根据切花月季的不同生长期、生长势、产量及季节等做肥料配方的调整。以现在应用的椰糠基质全营养肥液，人工配制 1000L 母液为例：首先，按配方准确称量各种肥料，用 5～10 倍水溶解或稀释各种肥料(硼肥用酒精或热水溶解)，再按先大量元素，后少量和微量元素的顺序放入 A/B 罐，一边放一边用水搅拌，直至 1000L 母液刻度；自动化配肥机根据施肥需要自动配制母液。母液配制后通过管网供肥系统和滴灌滴头或滴剑供到植株根部的基质中。肥料母液和施肥液都应放置在避光处保存，放置在温室大棚内控制系统的首部，肥料母液和施肥液现配制现施用。

根据切花月季的不同生长期配制 pH 为 5.5～6.5、EC 为 1.5～1.7mS/cm 的液肥，苗木生长期液肥 EC 为 1.2～1.5mS/cm，每天施肥 8～10 次，每次 3～5min，水肥排量为 50%～60%；进入采花生长期液肥 EC 为 1.5～1.7mS/cm，每天施肥 5～8 次，每次 5～10min，水肥排量为 30%～50%；夏季根据生产计划和产量增加每天的施肥次数，冬季根据生产计划和产量减少每天的施肥次数。

六、环境管理

1) 环境设施设备的维护和保养

温室大棚内的环境设施设备直接调控温度、湿度、光照等环境因素，环境因素不良会影响切花月季的生长及其产量和品质，做好温室大棚环境设施设备维护和保养能为切花月季创造最佳的生长环境。例如，夏季高温期大棚需要天窗和侧窗正常开启、遮光和降温系统等的正常运行来降温；而冬季大棚需要天窗和侧窗正常关闭、保温和加温系统等的正常运行来保障作物生长需要的温度。因此，必须做好温室大棚环境设施设备的维护和保养。

2) 切花月季最佳生长环境调节控制

根据切花月季生长对温度、湿度、光照、CO_2 等环境的需求，开启温室的环境设施设备，为切花月季创造最佳生长环境。大棚内温度白天为 24～28℃，夜间为 12～18℃，相对湿度为 60%～70%，散射光控制在 50000～700001x，CO_2 浓度提高到 $700×10^{-6}$～$800×10^{-6}$。在这样最佳的环境中切花月季生长快、产量高、品质好，能给企业生产带来较高效益。

七、植株管理

无土基质栽培切花月季根系和植株都处在良好的环境中，表现为肥水充足，植株生长快，每次鲜花的生产采收周期为 45～50 天；切花单位面积产量高，是普通设施栽培的 2～3 倍。因此，需要加强对植株的管理。

1) 苗木及定植

选择和培育根系发达、无病无虫、粗壮优质的基质丸(袋)苗木，苗木定植前用杀虫剂和杀菌剂浸泡 10～15min，捞取后晾干待定植。定植前检查基质中的 pH 和 EC 是否符合标准，基质浇透水后在定植槽中平整，滴灌系统滴水均匀。按设计密度和株行距定植，一般双行定植，株距为 17～20cm，平均定植 10～12 株/m，按温室大棚内的面积测算 7～8 株/m²；定植深度基质丸根系部分与椰糠基质埋平，定植后将基质与根部稍压实，之后浇水 3～5 天，待长出新根后进行水肥管理。

2) 折枝及修剪管理

无土基质栽培切花月季，因后期鲜花采收留桩较矮，发出的新枝大部分培养成切花，仅有少部分培养成营养枝。因此，前期营养枝培养非常重要，一定要留够充足的营养枝，为后期高产稳产奠定基础。苗木定植后经过 70～80 天生长，植株高达 50～60cm 时折枝，使其尽快发出新枝，连续多次折枝，培养出充足的营养枝；将植株上第一次出现的花蕾摘除，待第二次和第三次花蕾发出时再折枝培养营养枝，基部发出枝再用同等方法培养营养枝。这种方法培养营养枝，中上部枝叶茂密，光合营养面较大，植株基部枝叶少，对红蜘蛛防治也有较好作用，但折枝时易将枝条折断。

无土基质栽培切花月季植株发出较多时对营养的消耗也较大，需要及时剪除细弱枝和消除侧芽侧蕾；栽培三年以上的植株还需要注意更新和培养主枝，清除植株基部的干枯枝和细弱枝，适当多留营养枝；一般修剪留桩高度1～2个5小叶，粗壮枝留2个5小叶，中庸枝留1个5小叶，仅为培养骨干枝留3个5小叶。

八、病虫害防治

无土基质栽培切花月季，由于有加温条件和其他环境控制系统，对温室大棚内温度、湿度、光照、CO_2等栽培环境有较好的调节控制作用，因此，病虫害发生及危害较少。

(一)设施设备的环境调节控制

利用温室大棚配置的自动化环境控制设施设备，对温室大棚内的环境进行调节控制。例如，湿度过大时，通过自动加温汽化和自动开窗除湿抑制灰霉病、霜霉病；在干旱时通过加湿抑制红蜘蛛产卵和白粉病孢子散发，加温加湿能有效促进植株生长发育并抑制病虫害，从而提高产量和品质，减少病虫害防治成本。

(二)加强病虫害检查和预防

每天对切花月季生产区进行病虫害巡查，采花和修剪时也要关注病虫害发生情况；若发现病虫害，采用定点防治方法，将病虫害控制在发病初期。病虫害高发期提前预防，减少病虫害暴发和蔓延对切花月季的危害，如切花月季植株茂密和进入花蕾期后，植株的抗病性较弱，偶遇连续下雨天和夜间湿度较大时，提前加温排湿和喷洒杀菌剂防治灰霉病和霜霉病。

(三)农药防治

农药有不同的药剂类型，如粉剂、乳油、水剂等。选择价格较低的粉剂防治病虫害易留下药斑、药渍，而选用价格较高的水剂和乳油类型则不会产生药斑、药渍，从而不会影响切花的外观品质；一般在营养枝上用粉剂型，在切花枝上用水剂和乳油防治病虫害，可保证质量，降低防治成本。无土基质栽培切花月季的目标是优质高效，各个生产环节都要考虑产品的质量，因此，进入采花期后农药主要应用水剂和乳油类型。

云南切花月季主要病害有霜霉病、灰霉病、白粉病，虫害主要是红蜘蛛、蓟马等。

1. 霜霉病

症状：灰白色霜霉层，叶片容易脱落；腋芽和花梗出现病斑或出现裂口，切口枯死，病斑为紫红色、中芯为灰白色，叶萎蔫脱落，新梢及花蕾枯死。

发病规律：病菌以卵孢子越冬越夏，以分生孢子侵染。孢子萌发温度为1～25℃，最适温度为18℃，高于21℃萌发率降低，26℃以上完全不萌发，26℃时24h孢子死亡，病原孢子从叶背面的气孔侵入，侵入时需要有水滴存在，侵入过程持续3h左右。侵入后温度为10～25℃、空气湿度为100%时，经过18h开始形成新的孢子。

发生地区：云南昆明、玉溪、曲靖等地，温棚（室）中主要发生在6～9月（雨季）；秋、冬季夜间大棚内湿度过大也易发生此病。光照不足、植株生长密集、通风不良、昼夜温差大、湿度高、氮肥过多时病害极易发生。

致病因子：温度和湿度是影响病害发生和流行的重要因子。孢囊梗、孢子囊的产生及游动孢子的萌发均需雨水和露水。因此秋末大棚内低温、高湿、昼夜温差大、夜间湿度大的情况下，有利于霜霉病的发生和流行。地势低洼、通风不良、肥水失调、光照不足、植株衰弱等情况也有利于病害的发生。

防治方法：首先，加强温棚和田间水肥管理，创造有利于月季生长和抑制病菌生长的环境，大棚增加通风设施或者加温设施，在高湿度时减少植株叶片上的水分，抑制病害发生；其次，综合运用药剂保护和治疗等措施，才能有效地控制霜霉病的发生和蔓延。智能温室大棚可利用环境控制系统，通过加温、循环风机和开窗排湿等方法，高温汽化水珠降低棚内的湿度，抑制病菌孢子萌发。农药防治选用80%烯酰吗啉粉剂，生长期和花期喷施，20g兑入15kg水（750～1000倍液）、噁霜锰锌（64%噁霜灵8%、代森锰锌56%）；粉剂，小苗期喷施，20g兑入15kg水（750～1000倍液）叶面喷施；在每次修剪折枝后，半用量式波尔多液（1:0.5:200），间隔7～10天喷一次，连续喷2次，预防霜霉病的发生。

2. 灰霉病

发病规律：病菌以菌丝或菌核潜伏在病部越冬，产生分生孢子侵染，繁殖温度为2～21℃，最适为15℃，空气湿度大和叶片上有水是发病的必要条件，在1～2日内即可发病，嫁接时为保湿覆盖，通气不良易发病，露地栽培雨多时易发病，栽培过密易发病。

灰霉病发生地：在云南滇中地区周年发生，每年5～9月高温多雨期间发病较重，冬春干燥期间发病较轻。切花月季在采收后储藏、运输期间，因花朵呼吸产生的热量不易散发，易发生灰霉病，花瓣产生病斑腐烂。

防治方法：首先，大棚内的湿度调节控制是防治该病的主要措施，降低温棚（室）内空气湿度，减少叶面保湿时间，温棚（室）中注意通风，湿度不宜过高，在切花时期温棚（室）内的空气湿度控制在70%以下。智能温室大棚可通过环境控制系统，利用加温、循环风机和开窗排湿等方法，高温汽化水珠降低棚内的湿度，抑制病菌孢子萌发。

　　药剂防治：选用 40%嘧霉胺悬浮剂,50%扑海因 1000～1200 倍液、25%EC 菌思奇 1500 倍液防治。棚内通风排湿,使棚内湿度降到 80%以下。

3. 白粉病

　　症状：侵染月季的绿色器官,叶片、花器、嫩梢发病重。明显的特征是感病部位出现白色粉状物,生长季节感病的叶片出现白色的小粉斑,逐渐扩大为圆形或不规则形的白粉斑,严重时白粉斑相互连接成片。老叶比较抗病。叶柄及皮刺上的白粉层很厚,难剥离。花蕾染病时,表面铺满白粉层,花朵畸形。

　　发病规律：白粉病是真菌病害,病原菌丝体侵染幼嫩部位,产生新的病菌孢子,借助风力等方式传播。多施氮肥、栽植过密、光照不足、通风不良都会加重该病的发生;灌水方式、时间均影响发病,滴灌和白天浇水能抑制病害的发生。云南春季 3～5 月和秋季 9～10 月发生较多,春季为害较重,温室大棚内栽培周年发生。温室大棚内 2℃以上时便可发生白粉病。夜间温度低于 16℃、相对湿度为 90%～99%时,有利于孢子萌发及侵入;白天气温高,湿度低于 40%时,有利于孢子的形成及释放。

　　防治方法：首先,加强栽培管理,改善环境条件。栽植密度合理、通风透光,降低湿度,利用环境控制系统,白天增加湿度抑制孢子形成和释放,夜间降低湿度抑制孢子萌发及侵入。其次,减少侵染病源,剪除病枝、病芽和病叶。

　　药剂防治：在发病初期用 80%白粉净水剂 1000～1500 倍液、25%嘧菌酯悬浮剂 1000～1500 倍液防治,小苗和营养枝用 55%星粉净粉剂 1000～1500 倍液、15%粉锈宁可湿性粉剂 1000 倍液防治。喷洒农药应注意药剂交替使用,以免白粉菌产生抗药性。

4. 红蜘蛛

　　云南滇中地区主要有朱砂叶螨(*Tetranychus cinnabarinus*)、二斑叶螨(*Tetranychus urticae*)(俗称红蜘蛛)等。成虫体长为 0.3～0.5mm,有暗红、朱红、绿色、黄色、褐色等多种体色,有 4 对足,背和足上生有细毛,刺吸式口器。繁殖力极强,一年能发生 10～20 代,可进行两性生殖或孤雌生殖,条件适合时每 7 天可以繁殖一代。

　　症状：初期叶正面有大量针尖大小失绿的黄褐色小点,后期叶片从下往上大量失绿卷缩脱落,造成大量落叶。有时从植株中部叶片开始发生,叶片逐渐变黄,不早落(苹果叶螨)。

　　发生规律：螨类在叶背吮吸汁液,主要通过空气飘散或爬行传播和人为携带传播。干旱高温时是繁殖高峰,植株和空气湿度高于 85%时危害大大减轻。保护地中全年均可危害,一般在缺水缺肥、植株生长不良、叶子发黄的地方先出现。在大棚内首先点状发生,最早危害植株基部的叶片,随后蔓延扩散从枝叶一直危害到花头。

　　防治方法：保持大棚内的湿度合适。定期检查大棚内的螨虫发生及危害情况,发现危害及时采取措施防治,把螨虫控制在发生初期(出现个别植株点状分布时)。结合整枝修剪,发现有螨虫的枝叶及时清除,集中处理。大棚内对零星发生红蜘蛛的植株一定要及时喷施农药防治。对连续发生红蜘蛛的棚区,每次整枝修剪后,选用杀虫、杀卵类的农药,43%联苯肼酯稀释 1500～2000 倍液和 30%乙螨唑稀释 3500～4000 倍液交替使用,重打 2～3 次农药,彻底杀死红蜘蛛的虫体和卵;防治红蜘蛛药剂与防治病药剂相结合,打药后关闭大棚(闷棚)直到新枝为 40～50cm,再根据生长势调节棚内温度和湿度。

药剂防治:幼螨、若螨、成螨可用阿维菌素类农药,18%喹螨醚悬浮剂 2500～3000 倍液、30%宝卓悬浮剂 2500～3000 倍液、1.8%阿维菌素 1500～2000 倍液等防治;43%联苯肼酯稀释 2000～2500 倍液和 30%乙螨唑稀释 4500～5000 倍液交替使用。

5. 蓟马

危害月季的蓟马主要有花蓟马(*Frankliniella intonsa*)等。体长 1～3mm,雌成虫呈淡褐至褐色、雄成虫呈淡黄至黄色、若虫呈乳白色至淡黄色。蓟马是锉式口器,通过啃食花瓣、嫩叶、嫩茎摄取养分;花瓣受害轻时不易被发现,危害重时花瓣变褐,花朵逐步萎缩成球状,切花失去商品价值。

发生规律:在温棚(室)内周年发生危害,蓟马以各种虫态在月季上越冬,每年高峰期为 3～11 月,云南昆明地区在 3～4 月高温干旱期间危害比较严重;12 月至翌年 2 月(冬季)危害减轻。在一般生活史里,产卵于花蕾里,从卵到成虫经历四个若虫阶段。在成熟之前,若虫两次离开植株钻入土壤。成虫有翅,有很强的飞行能力。蓟马特别喜欢危害香味浓的花朵,采花期主要在花瓣中危害,无花时转移危害新梢、幼叶。蓟马生长繁殖较快,在 20℃、25℃下完成一代繁殖分别需要 28 天、25 天。

防治方法:由于有花蕾的保护以及若虫有两个阶段进入土壤,防治较为困难。及时剪除有虫植株和花朵、及时清理温棚(室)内的废花,并集中销毁,从而减少温棚(室)内的虫源。

药剂防治:蓟马活动性较大,药剂有吡虫啉、啶虫脒、高效氯氰菊酯、溴氰菊酯等;在花蕾前期用吡虫啉类药剂,如吡虫啉、蓟虱灵 1500～2000 倍液与 60g/L 艾绿士 2000 倍液、菜喜 1500～2000 倍液交替防治;蓟芽敌为 20mL 兑入 15kg 水中(750～1000 倍液),成本低,效果较佳;在修剪后的墙面表层土壤撒 3%呋喃丹每亩(1 亩≈666.67m^2)1.0～1.5kg 或高效氯氟氰菊酯与锯木拌撒表层土壤等杀虫。

九、采收及包装运输

(一)采收标准

采收标准主要是依据昆明国际花卉拍卖交易中心制定的开放标准,开放标准分为 1～5 度(图 9.9)。此外,根据品种特性和采收季节,采收标准可以适当调整,如花瓣数少的品种适当早采,夏季气温高时适当早采,冬季气温低时采收成熟度要大些。过早或过晚采收都会影响切花的瓶插品质。

多头月季品系,用于贮藏或远距离运输时,采收期相对较早,一般在 1/3 的花朵花萼松散、花瓣紧抱、开始显色时采收。用于近距离运输或就近销售时,采收期相对较晚,一般在 2/3 的花萼松散、1/3 的花朵花瓣松散时采收。

图 9.9　采收标准及开放度

注：开花指数 1-萼片紧抱，不能采收；开花指数 2-萼片略有松散，花瓣顶部紧抱，不适宜采收；开花指数 3-花萼松散，适合于远距离运输和贮藏；开花指数 4-花瓣伸出萼片，可以兼做远距离和近距离运输；开花指数 5-外层花瓣开始松散，适合近距离运输和就近批发出售。

（二）采收时间及方法

采收同一品种同一批次切花开放度要求基本相同。切花月季采收时间和采收次数因季节而异，春季、夏季、秋季一般每天采收 2 次，分别在 6:30～8:00 和 18:00～19:30 进行，冬季一般每天早上采收 1 次。采收时要使用正确的采收方法，根据植株整体株型，在花枝着生基部留 1～2 个 5 小叶腋芽处剪切，切花枝较短的留 1～2 个 3 小叶处剪切。剪切后尽早插入含有"可利鲜"保鲜剂的容器中，先预冷然后放到冷库冷藏 6h 后出库进行分级包装。

（三）整理分级

同一批次的切花月季在采收完成后运入分级车间进行整理和分级。分级包装车间要求光照充足、地面平坦光滑，配有分级、包装桌、剪切刀、去叶片和皮刺的工具、保鲜包装等设施。整理的工作包括去除下部 15～20cm 的叶片、皮刺、枝上的腋芽及病叶等。然后根据采收切花的长度、花朵的大小、花茎的粗细、花茎弯曲与否、茎叶平衡状况以及病虫害等对切花月季进行分类，按照昆明国际花卉拍卖交易中心标准或参照出口目的国的标准划分等级。

分级后的单头切花月季 20 支或 10 支一扎，包装成束的花，花头全部平齐或分为两层。分为两层包装时，上下两层花蕾不能相互挤压。花束茎基部应平齐，花枝长度相差不超过

5cm。多头月季 10 支捆成一束。包装成束的花，每支花中最长的花头应平齐。花束茎基部平齐，每束花花枝长度相差不超过 5cm。用带有散热孔的锥形透明塑料袋包装成束，最后将切花下部放在"可利鲜"保鲜剂中，准备移到冷库预冷。

切花月季的分级标准，主要根据昆明国际花卉拍卖交易中心标准按切花长度和外观分为 A、B、C、D 四个等级；有些无土基质栽培生产企业将切花月季分为 AA、A、AB、B 四个等级。

切花月季品种极其多，瓶插时出现的"弯头"、"蓝变"（出现在红色品种）或"褐变"（多出现在黄色品种）以及不能正常开放等是世界性保鲜难题。经分级包装的切花应在初包装完成后第一时间运入冷库中预冷，去除田间热，减弱切花的呼吸作用，延长切花瓶插寿命。冷库温度为(5±1)℃，空气湿度为85%～90%。在预冷的同时切花应吸收含硫代硫酸根(STS)或硫酸铝的预处液，时间最少为 4～6h。8-羟基喹啉柠檬酸是切花月季有效的保鲜剂成分，其主要作用是杀菌，防止茎基维管束堵塞；同时使保鲜液 pH 降至 3.5 左右，微生物难以生存。通常，在贮藏或远距离运输之前通过在冷库预冷同时吸收预处液处理，或者在贮藏或运输结束后用瓶插液处理，都是切花月季采后保鲜的有效措施。

(四)包装运输

切花月季包装方法是扎成一层或两层圆形或方形花束，一般每扎花束 20 支，大花头和部分发往日本的切花每扎 10 支(根据销售商要求而定)。各层切花反向叠放箱中，花朵朝外，离箱边 5cm；小箱为 10 扎或 20 扎，大箱为 40 扎；装箱时，中间需捆绑固定；纸箱两侧需打孔，孔口距离箱口 8cm；纸箱宽度为 30cm 或 40cm。

外包装的标识必须注明切花种类、品种名、花色、级别、花茎长度、装箱容量、生产单位、采切时间等。

切花月季运输有两种方式，即用包装纸包装后横置于纸箱中的干运和纵置于水中运输的湿运。远距离运输多采用干运；近距离运输可以用湿运。整个运输过程创造低温环境很重要，在高温时期要求温度控制在 10℃左右，其他时期要求在 5℃左右。在夏季或切花运输温度高时，需在包装箱内放冰袋等蓄冷剂，进行降温保鲜运输。

第二节   盆 栽 月 季

月季是我国的传统名花，广泛种植在世界各国。月季花期长、花形美、花色多样，不仅是绿化的优良花卉，还适宜盆栽观赏。微型月季是现代月季中的一个特殊类群，也称钻石月季、迷你月季，因其株型矮小紧凑，叶片、花朵小巧可爱而得名。近年来，微型月季发展迅速，已成为欧美、日本花卉市场最受欢迎的盆栽花卉之一。随着世界切花盆栽化、微型化的发展趋势，微型月季以其小巧美观、运输方便、花头众多、花色丰富多彩、香味怡人、四季开花、容易组合、观赏功能多样等特点而备受关注。盆栽月季是国际市场上一类发展成熟的盆栽产品，市场上微型月季多被包装成高档的礼品式花，或摆放庭前、院内，触手可及，闲暇时或施肥浇水，或剪枝造型，情趣盎然。在欧洲、北美和日本，微型月季已被作为盆栽花卉而进行大规模商品化生产。日本从1988年开始引进微型月季品种，日本不满足于种植欧洲的品种，自己培育出植株及花径更小的品种。微型月季曾在2006年前后从欧洲引入我国，但当时生产和消费市场都不太成熟，种苗管理无序，推广效果不佳，陷入低价竞争，后逐步淡出市场。2013年，花卉产业向家庭消费市场转型，微型月季又重新进入从业者的视线。2014年起，国内企业开始引进欧洲品种和生产技术，谨慎选择种植客户，逐步打开市场。

一、种类与品种

月季种类很多，可分为杂种茶香月季、丰花月季、壮花月季、藤蔓月季、微型月季、灌木月季六大类。各品种月季生长发育习性各有不同。有的表现很好，有的却不发根或发根很少，有的枝叶虽旺，但开花不勤，整形困难，表现不出品种特性。因此，选择合适的品种是进行月季盆栽的关键。

盆栽月季的品种一般应具高度适中、株型紧凑、密枝丛生、花繁叶茂的特点。微型、丰花等类型植株较矮、分枝较多、开花数量大、花梗较短，并能在整个生长期不间断地开花，且容易整形，可最大限度地增加其观赏价值，较适宜盆栽。花色纯正、花形优美、香浓宜人且在整个生长期不间断开花的品种应是首选。

现在，市场上的微型月季品种主要来自荷兰迪瑞特、阿曼达等欧洲月季育种公司。2015年，云南玉溪迪瑞特花卉有限公司开始向市场投放微型月季种苗，主要面向云南和西昌等地，主推品种有20多个，其中黄色的皮卡丘、橙色的辛巴、大花黄橙复色的跳跳虎、红色的睡美人都是较受欢迎的品种。西安华鼎农业拥有荷兰阿曼达公司玫瑰星（Star Roses）系列月季品种的销售权，先后引进了红色、深粉色、浅粉色、黄色、橙色和白色6个品种以及10个品种的母本，均是品种特性类似、相对好种植的，其中红色品种闪红星、粉白双色品种粉星和红黄双色品种响星在欧洲都属于明星产品。玫瑰星系列分为小叶品种和大叶品种两大类。小叶品种适应的盆径为9~12cm。大叶品种叶片较厚、抗病性和耐运输能力更强，适合栽种在盆径为12~15cm的盆器中。

二、生长习性

微型月季株高一般不超过30cm，多分枝；树冠伞形或球形；茎细，粗度不超过0.4cm，茎和枝上着生钩状皮刺；新叶略显红色，老叶亮绿色；花朵小，花径不超过3cm，开花甚密，常数朵簇生，排列成聚伞花序，也有单生；花型有重瓣和单瓣；花色丰富，有红、橙、黄、白、粉等单色，也有双色、间色、复色、混色等。有些品种在开花过程中不断变色，有些品种在不同光照条件下花色也有所变化。

微型月季的适应性较强，尤其是耐寒性，其耐热性也较强，在长江流域，从4月上旬至11月上旬可连续多次进行花芽分化，不间断开花。喜温暖，生长适宜温度为白天23~

25℃，夜间 18～20℃。喜光，但对光周期不敏感。和其他类型的月季相比，夜温需求较高，最低温度为 15℃，商品苗栽培最好能保持在 18℃。15℃ 以下的温度如果持续时间过长会延长生长发育期，温度降到 5℃ 以下时，植株会落叶进入休眠状态。当白天温度高于 30℃ 时，开花时间会明显缩短，对开花质量也有较大影响。在夏季有些花朵会褪色，相反冬季温度光照不足，对软腐病的抵抗力会下降，所以商品化生产者在夏天要遮光 50%～60%，在冬天尽量充分利用太阳光。微型月季对土壤要求不高，以富含有机质、排水良好的酸性土为宜，微型盆栽月季最好使用草炭土。

月季喜日照充足、空气流通的环境，需要在较长的日照条件下培养才能花大色艳。因此，月季的摆放位置一定选通风向阳处，否则易徒长、感病。尤其在生长季节，以每天保持 6h 光照为宜，否则，枝干生长细弱，叶片嫩黄，花小色暗只长叶不开花，即便结了花蕾，开花后花色不艳也不香。但是在强光下暴晒对花蕾发育也十分不利，花瓣易枯焦，观赏价值低。月季性喜疏松肥沃、富含有机质的微酸性基质。

三、种植方式和观赏形态

目前，盆栽月季种植方式主要有三种。一是苗床喷灌种植。二是潮汐式灌溉种植，采用世界上最先进的普瑞瓦(Priva)系统，自动控制大棚光照、温度、水量等影响植物生长的因子，使用三层遮阳网。三是传统盆器种植，放置地上。采用这类方式的大多数为农户或小企业，所占比例不大，属于零散种植，欠缺品种优势。

目前，市场上的盆栽月季观赏形态主要有两种。一是小型(微型)盆栽，盆口直径为 9～10cm，每盆栽种 3～4 株种苗，包装运输方便，为大宗消费品。二是采用嫁接方式生产的树状盆栽月季，产品类型有两种：一种是树径超过 6cm 的大树，是园林绿化中的高端、资源型产品，数量极少；另一种是小型化的树状盆栽月季，采用进口砧木进行嫁接，砧木直径为 1～2cm，适合中高档消费，生产门槛较高，属长线产品。

四、无土栽培设施

传统土壤栽培微型月季易传播病虫害，产品的包装和运输较为困难，很大程度上阻滞了微型月季市场化的进程。与传统的花卉栽培相比，无土栽培技术具有节约水肥、植株品质好和机械化程度高等特点，在盆栽月季的规模化生产上也具有广阔的应用前景。

微型盆栽月季采用基质栽培，主要设施设备为智能温室系统(图 9.10、图 9.11)，包括通风、温度、湿度自动控制系统，活动苗床潮汐式灌溉系统，水肥自动回收利用系统(图 9.12)，Priva 计算机自控系统和施肥机等。采用紫外线消毒系统以及水肥全封闭循环灌溉方式，对环境无污染，零排放。

图 9.10　智能温室(1)

图 9.11　智能温室(2)

图 9.12　水肥自动回收利用系统

五、花盆的选用

花盆的选择会直接影响月季的生长质量。

定植盆为黑色塑料盆。要求盆底开孔良好，具有很好的排水透气功能，盆底有 8 个直径为 0.5cm 的圆孔。小花型的微型月季盆栽，花盆规格控制在 10.5～12.0cm。

六、基质配制及处理

传统的土壤栽培微型月季易传播病虫害，产后的包装和运输较为困难。无土栽培以节约水分及养分、产品质量好、产量高、清洁卫生、病虫害少、节省劳动力、便于自动化管理等特点逐步取代了土壤栽培。栽培基质和营养液是微型盆栽月季无土复合基质高效栽培的关键环节。

适宜植物生长的基质必须具有四个方面的性质：①供给水分；②供给养分；③保证根际的气体交换；④为植株提供支撑。基质的化学性质主要通过基质的 pH 和养分含量来影响植物的生长发育。

盆栽月季对水、肥、气具有较高的要求，栽培基质要有较高的保水、透水、保肥能力及较好的透气性，这对基质的理化性质要求较高。基质的理化性质主要有比重、容重、孔隙度、pH、EC、总盐量、阳离子交换量和基质的有效养分含量等。基质的营养状况可以通过施加营养液加以调节，但对于物理性质，种植后很难调节，因此在基质选择时要着重考虑基质的物理性质。基质的理化性质是否适宜是无土栽培的基础，直接影响植物的生长发育。基质容重为 0.1～0.8g/cm³ 对作物栽培效果较好，且基质容重较小有利于盆花产品的生产、流通和消费。

适宜微型盆栽月季无土基质的优化物理性状为：容重为 0.12～0.19g/cm³，比重为 1.6～1.9g/cm³，含水量（风干基质）为 6%～16%，总孔隙度为 90%～94%。

目前大规模盆栽月季生产使用泥炭、椰糠和珍珠岩混合基质，基质的 pH 影响养分的溶解和植物的有效吸收。月季生长适宜的 pH 范围是 5.5～6.5，EC 为 2。

基质在使用之前需要经过泡水浸透处理。使用干净的水，并把水的 pH 调至 5.5。基质泡水需要完全浸透，其程度为用手轻捏基质能流出水。在基质的浸泡过程中不需要添加任何东西。

填充基质到盆里时要注意基质的松紧度，以盆被填满、基质填充疏松为宜。基质过紧会影响根系的透气性和吸水能力。

填充好基质的盆摆放整齐之后要尽快浇水（pH 为 5.5）。浇水一定要浇透，要让基质的含水量达到 100%。

七、营养液配制及管理

1. 营养液配方

营养液的成分及用量见表 9.1。

表 9.1　营养液的成分及用量

营养液成分	用量/(mg/L)
$CaCl_2$	20
$Ca(NO_3)_2 \cdot 4H_2O$	422
NH_4NO_3	143
KNO_3	255
KH_2PO_4	70
K_2SO_4	245
$MgSO_4 \cdot 7H_2O$	122

2. 营养液配制

营养液的配制方法为先配制浓缩营养液（或称母液），然后用浓缩营养液配制工作营养液，也可以直接配制工作营养液。在配制过程中以不产生难溶性物质沉淀为指导原则。

3. 营养液管理

生长初期，营养液的 EC 约为 1.5mS/cm，随着植株的生长，营养液 EC 可提高至 2.2mS/cm。整个生长期营养液的 pH 均调整为 5.5～6.5。夏季每天供液 7～10 次，冬季每天供液 3 次。

八、微型盆栽月季的栽培管理

(一)生产周期

微型月季的生产可分为五个阶段。第一阶段为茎扦插生根,将茎段下部浸在激素和生根粉中处理后,把4~5个插条分别种植在盆径为10.5~12.0cm的花盆中。为使插条更好地生根,可在盆口覆上塑料膜或玻璃板等,并注意遮阴。14天后进入第二阶段,移除覆盖物,控制昼夜温度,全光照条件下进入植株生长期。第三阶段要注意水肥和温度控制。第四阶段的主要工作是调整植株之间的距离,这是提高开花品质的关键,12cm的花盆间距需要调整两次,保证足够的空间,时间控制在种植4周之后到开花之前,并应及时清理枯黄叶片。第五阶段是确定收获及运输时间。

(二)扦插生根

从母株采摘插条时母株留2cm左右的老桩。剪下的枝条应及时进行喷水保湿处理。剪芽时只能使用带有5个以上叶片的芽点,芽枝长为3cm左右。并且过老(木质化严重)和过嫩的芽点不能使用。剪下的芽点应该及时进行喷水保湿处理以防止芽条脱水。将剪掉的枝条去掉最上部的5枚小叶复叶的一个芽,从下一个5枚小叶的复叶开始剪取。先在芽上部3~5mm处剪掉,再在芽下部10~15mm处剪掉,这样就得到一个插穗。插穗扦插时需要使用商品生根粉,将插穗底部在生根粉中蘸满整个切面。插条应及时进行扦插。扦插时芽条叶片统一顺往一个方向。扦插芽条时深度为2.5cm,叶片不能插到基质里面。插穗插到淋湿、消过毒的花盆内,每盆扦插4个插条。如果相邻的营养钵距离很近,扦插时要考虑叶片之间尽量不要重叠。在实际生产中多采取两种方法:一是顺式,即所有插穗都按同一方向扦插;二是对角线式,即4根插穗分别插到4个对角点,可使长出的芽均匀一致,分布合理。扦插时要把叶芽露出基质表面,如果插得过深,会影响发芽甚至不能发芽。为使插条更好地生根,可在花盆上覆盖塑料膜和无纺布以保湿,并注意遮阴。

当扦插一个品种结束后,要插上标牌,在标牌上写上品种名称和扦插日期。

另外,扦插前一天要对苗床进行喷雾,目的是淋湿基质。扦插时再进行喷雾,目的是保持插穗叶面始终处于湿润状态。

14天后,移除覆盖物,控制昼夜温度,使之处于20~23℃,全光照条件下进入植株生长期。3~4周时可进行植株的第一次修剪整理,即将长到15~20cm的植株全部修剪至3~4cm,为植株的统一生长开花创造条件,修剪的残枝还可作为二次扦插的材料。随后要注意水肥和温度控制。为了获得良好的生长和开花效果,10.5cm的盆栽还要注意二次修剪。

在整个扦插、生根、炼苗的过程中需要保持21℃的温度和70%的湿度。并且在整个扦插、生根、炼苗的过程中不需要浇水和施肥。

（三）苗期管理

在温度和湿度比较适合的情况下，一般 8 天即可生根，两周长出幼芽，三周时幼苗长到 3cm 高。在此基础上，一般 40 天后即可结束育苗期，进入生长发育阶段。

1. 温度

在小苗的养殖过程中温度控制为 21℃。

2. 湿度

在小苗的养殖过程中湿度控制在 65%。

3. 光照

光照是生产高品质月季的关键，也是盆栽月季生长的最基本条件，采用高压钠灯保证每一个角落的光照度维持在 10000lx 左右，为光合作用提供最佳的光照水平。

在小苗期的时候光照在第一个星期应控制在 30000lx 以内，以免晒伤叶片。一个星期之后光照可以控制在 40000～60000lx。

4. 肥水

每次给小苗浇水的时候都应该浇肥，肥料浓度应控制在 EC 值为 1.8、pH 为 5.5。浇肥的频率为晴天每天一次，阴天可间隔一天。

（四）成品期管理

微型月季结束育苗期后进入相对稳定的生长发育时期。在生产管理上，主要应注意光照、水分、温度、施肥、株型调整等问题。

小苗养殖阶段完成之后，采完插条 2 周，应该把成品搬至成品区。并且把花盆间距拉开（疏盆），拉开距离的标准为叶片能够互相接触到。这是提高开花品质的关键，12cm 的花盆间距需要调整两次，保证足够的空间，时间控制在种植 4 周之后到开花之前，并应及时清理枯黄叶片。

1. 温度

成品养殖阶段的温度为夜间 20℃，白天不超过 25℃。但是生产中随季节变化，即使在同一昼夜之内，温度也会有 20℃以上的差异，这对微型月季的生长不利，需要从设施角度进行调整和管理。

在高温（昼温 32℃、夜温 26℃）条件下，花枝变短，节间数变少，开花提前，花径变小，花质量下降，叶面积变小，单株鲜质量及干质量均明显减少。夏季要适时降温，温室栽培的可通过开启遮阳网或遮阴纱、启动风机水帘达到降温目的。

夜间加温可以加快月季的发育，在夜间的前半夜保持较高的温度（17℃），同时后半夜降低温度（9℃），对月季的生长发育并无不利影响，而且比整夜保持较高温度或前半夜低温后半夜高温对生长开花的促进作用更明显。

2. 湿度

成品养殖阶段的相对湿度在 50%～75%比较合适，最适湿度为 65%。湿度过低则叶片不舒展，花蕾小，开花时间短；湿度过高影响光合作用，植株生长弱，容易发生各种病害。冬季和初春温度低，温室通风条件差，极易造成湿度过高的现象，夏秋季阴雨连绵的天气也容易引起湿度过高，因此要注意加大通风量，冬春季当温室内达到 20℃时开始通风，以降低湿度，此时浇水要选择在晴天 9:00～15:00。浇水和喷药时要打开通风口，尽量不在阴天进行。

3. 光照

在成品阶段光照应控制在 40000～80000lx。

4. 肥水

浇水是盆栽月季管理中很重要的一项工作。月季缺水会引起叶片和花萎蔫，甚至造成植株死亡。月季浇水要遵循"见干见湿，不干不浇，浇则浇透"的原则。在整个生长季，浇水次数取决于天气状况和营养土持水量。浇水时间因季节不同而不同，夏秋季以早晨为宜，初春和冬季宜在中午。夏季应避开中午高温时段浇水，因夏季高温蒸发量大。忌干燥脱水，浇水时要做到"见干见湿"，每次浇水保证浇透，且无积水，否则会降低土壤通透性，影响根部代谢功能，严重时会出现烂根现象。

根据植株的不同生长期，盆栽月季的浇水也有所不同。在萌芽和展叶发枝的营养生长期，适当增加水量。花芽分化期，要适当控水，以防徒长不孕蕾。进入孕蕾期要多浇水，以利花蕾发育。开花期则要适当少浇水，防止花早谢。进入休眠期要少浇水。

每次给成品浇水的时候都应该浇肥，肥料浓度应该控制在 EC 值为 1.8、pH 为 5.3。浇肥的频率为晴天每天一次，阴天可间隔一天。

在整个生长发育期间，肥料管理至关重要。微型月季的施肥主要有固体控释肥和液体肥料两种。由于其花盆较小，要想满足生长发育的需要，必须能够持续地供给营养物质。控释肥一般可以满足 3～4 个月的肥效，在育苗时每钵加入 3g，3 个月后再追肥，控释肥氮、磷、钾的比例以 20：10：15 为宜。液体肥料是专门的营养液，其最大特点是适合性、专一性强，具体包括营养液的组成、各成分的配比、营养液的浓度以及管理方式等。施肥、浇水和湿度管理在实际生产中是密切相关的几个管理手段。通过浇水的方式进行施肥，浇水是决定温室湿度大小的关键因素。

5. 株高控制

微型月季在生长发育过程中要进行 1～2 次株型调整。当扦插的微型月季第一次开花后，植株容易徒长，枝条虚高，要进行修剪。初次修剪可将钵面以上留 2～3 个芽，或 4～5cm 高度以上的全部剪掉。修剪后的植株一周即可萌发新芽，在温度适宜的条件下，40 天左右可再长出花蕾。

植物生长延缓剂具有延缓植物生长、抑制茎秆生长、缩短节间而不影响细胞数目、控制株高、促进植物分蘖、增加植物抗逆性等效果。用 300mg/L 多效唑（PP333）灌根和 700mg/L 多效唑（PP333）叶面喷施月季有较好矮化效果，可使叶色浓绿，株型饱满，观赏价值更高。但若浓度过高，会使盆栽月季节间长大幅缩短，导致株型过矮，并且叶片变小甚至出现褶皱，花径变小，严重影响观赏价值。

6. 花期控制

1）修剪和温度

决定开花时间最重要的因素是修剪时间和栽培温度。微型月季一般是每 2～4 株栽植在 8cm×9cm 大小的营养钵内，经过 1～2 次修剪后，即完成生长发育达到商品花要求。在实际生产中，初花仅有 4 朵，修剪一次后，能达到 6～8 朵，修剪两次以上，就可以一次开花 10～15 朵（花序）。修剪后枝条最上端的芽伸长，经过两周左右长到 3～6cm 高时，开始孕育花蕾，经过 25～45 天即可再次开花。

月季为中日照植物，完全可在自然条件下人工控制花期。控制花期主要根据其成花期反推留芽时间，通过修剪进行。月季成花期一般为 25～45 天，各地因气温、品种的不同而异。气温较高的地区或季节其成花期较短，反之，成花期较长；丰花月季、微型月季、地被月季成花期较短，大花月季成花期较长。根据期望开花时间及当地气候确定生长期及开花期。在生长期及时打掉花蕾，促发新枝，使植株尽快成型，加强肥水管理和病虫害防治。进入开花期，增施磷钾肥，继续剪除开大的花蕾以确保开花一致。

温度对月季枝条生长发育有明显影响，气温高时花芽形成快，生长期温度在 18～30℃，月季从修剪到开花的时间随温度升高呈线性缩短。

2）光照

光照是月季生长的必要条件，通过调控光照可以控制月季的花期。光照时间影响月季侧芽的萌发以及同化物质的积累和运输，生产上一般通过补光措施来增加光照。如果采用 650～750lx 补光，日照时间延长到 12h 以上，花芽的败育现象就很少发生，开花日期大幅度提前，并且花茎增长，花朵增大，产量也明显增加。而在夏季高温地区，一般要进行适当的遮光，但在月季抽芽时要保证足够的光照。光照度增加提高了月季的光合速率，为花的发育提供充足的营养。

3）植物生长调节剂的应用

植物生长调节剂也可以参与调控月季的花期，研究表明，在月季的展叶期喷洒或浇灌乙烯利，可以延长或促成月季开花。在月季发育早期（小绿芽期），用 75mg/L 的多效唑药液喷洒，可延长花期。用 1～10mg/L 的 1-甲基环丙烯熏气处理数小时也能有效延长盆栽月季的观赏寿命。以 500 倍液的多效唑液对盆栽月季土壤浇灌和以 800 倍多效唑液在新生枝端喷洒，结果可比未经处理的提前 15～20 天开花。

九、病虫害防治

病虫害防治坚持以预防为主、防治结合的原则，控制其发生和蔓延。一般每 7 天交叉使用杀菌剂(500～800 倍液百菌清、多菌灵、甲基托布津)进行病害防治。

1. 霜霉病

霜霉病在盆栽月季中非常普遍,而且冬季温室内湿度高的时候最容易暴发和侵染。防治霜霉病应该采取定期高压喷雾防治的方法。防治方法为每周各喷一次锐扑和金雷多米尔1000 倍液,两种农药交替使用。

2. 白粉病

白粉病主要危害月季新梢嫩叶。开始发病时,嫩芽新梢的叶片出现白粉状斑点,随着白斑的不断扩大,叶片停止生长,卷曲皱缩,逐步蔓延遍及新枝、花柄、花蕾各部位,最后遍及全株。此病自 3 月中下旬开始,直到气温低于 5℃时停止。温室栽培全年都可发病。

防治方法:①选择较抗白粉病的品种。②在温室栽培的月季应注意通风,控制湿度,控制发病条件。③药剂防治。常用 25%三唑酮(粉锈宁)可湿性粉剂 1500～2000 倍液,或50%苯莱特(丁菌灵)可湿性粉剂 1500～2000 倍液。发病期可喷 50%托布津可湿性粉剂500～800 倍液;盆栽月季上面的白粉病通常在 2～6 月容易暴发。防治白粉病应该采取定期高压喷雾的防治方式。防治方法为每周喷一次醚菌酯 1000 倍液。发病时喷施 15%三唑酮 800～1000 倍液效果显著。

3. 黑斑病

黑斑病又名褐斑病,常因高温高湿、氮肥施用过多、植株生长繁茂等引起。发病初期,叶面出现黑色或褐色小点,以后逐渐扩大成为墨水瓶盖大小的近圆形黑色斑块,并稍向上隆起,可使叶片枯落。

防治方法:及时摘除病叶,以减少病源,对重病株重度修剪,清除病茎上越冬病源。应改进浇水方式和时间,从盆沿浇入,避免喷浇,防止病菌入侵。药剂防治的方法为夏季刚展新叶时,开始喷药,一般 7～10 天喷 1 次。使用药剂有 50%多菌灵可湿性粉剂 500～1000 倍液、75%百菌清可湿性粉剂 500 倍液、80%代森锌可湿性粉剂 500 倍液,或 70%甲基托布津 1000～1200 倍液。

4. 红蜘蛛

红蜘蛛是月季栽培中主要的虫害。温室内 4 月开始发生,在夏季天气闷热时繁殖很快,先出现在植株下部的老叶背面,叶片出现黄褐色小点,并向叶缘发展,但叶面并不卷曲。受害严重时整株叶片呈灰白色,脱落,植株生长极弱。红蜘蛛每年发生次数较多,且对药物易产生抗性,因此给防治带来很多困难。

防治方法:采用毒杀和定期预防的方式。毒杀是对有虫害的区域进行高压喷雾毒杀;定期预防是每两个星期对整个温室进行高压喷雾防治。毒杀用 1000 倍液的爱卡螨进行,预防用 3000 倍液的爱卡螨进行。发现红蜘蛛时也可用溴螨酯防治,该药长效低毒,对月季生长较为安全,也可用 4%阿维菌素 2000～3000 倍液、三氯杀螨醇 800 倍液防治,交叉用药效果较好。

5. 蚜虫

蚜虫常危害月季嫩梢、嫩叶、花苞，吸取植株养分，使叶片萎缩、卷曲，严重时叶片枯萎、死亡。其排泄的蜜露还会招致多种病害。

防治方法：可在冬眠期修枝整形时，剪除带有虫卵的枝条；保护蚜虫天敌蚜茧蜂、食蚜蝇、瓢虫、草蛉等。看到蚜虫时直接用吡虫啉1000倍液对染虫植株进行喷雾即可。

6. 青虫

青虫相对比较容易防治。看到青虫时直接用甲基阿维盐1000倍液对染虫植株进行喷雾即可。一定要注意不要让飞蛾进入温室，遮阳也可以有效地防治青虫危害。

7. 蓟马

蓟马对盆栽月季的危害较大，蓟马防治应该以预防为主。预防时每周喷雾一次1000倍液的艾绿士。

十、分级包装与运输

盆栽属于鲜活产品，运输时间过长常会导致叶片发黄，花朵褪色或脱落、花苞不能正常开放、病虫害快速蔓延等一系列问题。这些问题会导致盆栽月季在运输后生长状态和观赏价值大打折扣。所以包装和运输尤为重要。

(一)出圃标准

(1)花盆内不能有黄叶、病叶。
(2)达到出圃日期，夏天4个月，冬天6个月。
(3)开花数不能超过总花苞数的30%。
(4)达到理想株型。

(二)包装

1. 包装前准备

(1)停止浇水。盆栽月季在包装运输的前一天要停止浇水。如果没有停止浇水，极度潮湿的土壤不能固定住盆栽月季根系，从而月季的根系会因运输工具的摇晃颠簸而受到破坏，严重影响月季的生长；当天浇水也会增加月季的重量，加重运输负担。

(2)盆栽选择。选择优质、健康、生长旺盛的盆栽月季进行包装。对于长途运输，盆栽月季要有非常好的品质，须达到出圃标准，再装入包装箱中，装入数量视盆栽月季的大小而定。

(3)包装材料的选择。专用塑料袋应选用质地柔软的材料，下径大于花盆盆径3～4cm，上径要根据盆栽月季的长势而定，高度应该比植株叶片和苞片高出3～5cm。包装箱的纸板要有足够抗颠簸和抗压的硬度。包装箱的净高度以植株连盆高度再加上4～6cm为宜。包装箱内箱的长度和宽度应该以盆径的倍数来计，以一两个人能方便搬运的尺寸、重量为宜。

2. 包装

带盆包装是一种常见的包装，指带着花盆进行包装。大部分盆栽月季适合带盆包装。第一步，挑选出达到出圃标准的月季。第二步，套袋。根据月季的长势，将塑料袋从月季的盆底顺势往上套；将塑料袋的下开口留在花盆处，将塑料袋的上开口顺势往上提，上开口一定要高于植株苞片，以保护植株上部叶片。这样自然而然地把叶片、枝条向上、向中间靠拢，以避免叶片和枝条被打折的情况。给月季地上部套塑料袋，目的是在装箱时，防止月季叶片受损、防止月季盆花之间的叶片摩擦以及月季与包装箱内壁的摩擦，减少月季在运输过程中所受的损伤。套完袋之后，一定不要在植株上部进行封口。这是为了让月季装箱后还能够呼吸和通风透气，减少密闭对月季造成的伤害。第三步，装箱。由于月季为多年生草本植物，叶片和茎秆都比较脆嫩，所以装箱时选择竖放。注意一个箱子不要装太多盆，避免折伤叶片和苞片。

3. 包装箱的标志内容

包装好后，还应该做好包装箱标志内容的描述工作，以确保搬运时工人们能够按要求操作，减少月季运输后的损伤。

(1)包装箱上应标明产品名称、包装数量和质量等级等。

(2)包装箱上应该有向上或请勿倒置、小心轻放和防潮防雨等标志。

(3)在运输月季时应给予温度要求标识。

(4)标志的内容应符合国家法律法规。

(5)标志的内容应通俗易懂、准确、科学。

(6)标志的一切内容不应模糊、脱落，应保证消费者购买时易于辨认。

(7)标志所使用的汉字、数字、图形和字母应字迹端正、清晰，字体高度不应小于1.8mm。还可以根据客户的需要对盆栽月季进行组盆或精品包装。

4. 运输

(1)运输方式。盆栽月季的运输方式有三种：汽车运输、铁路运输和空运。目前，汽车运输是盆栽月季运输最主要也是最流行的方式，运费仅为空运的1/4～1/3，并且可以把装卸的损伤降到最低。铁路运输和空运的盆栽月季，最终还需要汽车运输的周转，才能到达目的地。近年来，由于公路比较通畅，汽运物流比较方便，大多数盆栽月季生产者选择了汽车运输。汽车运输的第一步要选好车辆。最好选择厢式车、大篷车等可封闭的车。厢式车和大篷车具有较大的密闭空间，盆栽月季装上车之后，可以封闭起来，这样就不会因为外界的环境变化而影响盆栽月季的生长状态和观赏价值。运输时，盆栽月季应保持在空气循环、温度稳定的环境里，这就要求运输车辆应该有通风装置。冬、夏两季运输，车辆还应该有保暖和制冷装置，以减少对货物的伤害。春、秋两季的气温与月季生长温度基本相同，所以运输车辆可以没有恒温装置。装车时，应轻抬轻放。注意不能将箱子倒置。运输时间要尽可能短，最好不超过 3 天。因为盆栽月季在包装箱中的时间越长，恢复所需的时间越多。如果时间太长就无法恢复。

（2）到货处理。盆栽月季到达目的地后应该立即除去包装，将植株放入有光照的环境中。先小心地打开包装箱，将盆栽月季挨个取出。然后将塑料袋轻轻取下，注意不要过于用力，以免损伤植株叶片。不管采用哪种包装和运输方式，都应该适合该种盆栽月季的特性，都应该在时间及路线上完全匹配。利用更合适的时间和更低的经济成本，提供最快捷、最令人满意的服务。当然，盆栽月季的质量涉及栽培、包装、运输等多个环节，每个环节都需要用科学的态度去对待，才能在长期的生产、销售、包装运输中探索出更好的办法，使盆栽月季在运输后还能最大限度地保证质量，得到消费者的充分认可。

参 考 文 献

蔡艳萍，汪有良，2003. 人工复合基质对微型盆栽月季生长发育影响的研究[J]. 江苏林业科技，30(3):12-15.

刘和风，孟吉强，代经亮，2009. 微型月季出口生产管理[J]. 中国花卉园艺(18)：44-45.

武荣花，李勇，牛小花，等，2010. 盆栽月季栽培技术研究进展[J]. 河南农业科学，39(12)：144-148.

妍然，2017. 迷你盆栽月季：发展迅速市场推广需有序[J]. 中国花卉园艺(15)：18-19.

第十章　百合无土栽培

百合泛指百合属的所有种类，全世界约有野生百合 115 种，主要分布于北半球温带地区，原生地多为林缘、溪边、沟谷等有相对遮阴的潮湿环境。百合栽培历史悠久，根据百合栽培品种与其原始亲本间的衍生关系，英国皇家园艺学会和北美百合协会将百合分为九大类，包括亚洲百合杂种系、欧洲百合杂种系、纯白百合杂种系、美洲百合杂种系、麝香百合杂种系、喇叭形杂种和奥瑞莲杂种系、东方百合杂种系、其他杂种和百合原种。其中东方百合、亚洲百合、喇叭百合和麝香百合(又称铁炮百合)为花卉百合中最常见的种间杂种系，由其互相杂交又育成东方-喇叭百合杂种系(OT 百合)、铁炮-亚洲杂种系(LA 百合)等多个杂种系。百合是球根花卉中最重要的种类，在全世界范围内栽培广泛。根据用途，观花百合可分为切花百合、盆花百合及庭院百合三类，我国栽培的百合类型以切花百合和盆花百合为主，庭院百合有少量栽培。

荷兰是全球花卉百合育种和种球生产的核心地区，荷兰的六大百合育种公司每年能够向市场推出 80～100 个百合新品种。中国目前栽培的品种以荷兰品种为主。随着花卉市场中各类花卉品种的类型越来越丰富，百合育种家也培育出了数千个新品种百合以满足不同的消费需求。近四十年来，在中国栽培的百合品种经历了由以亚洲百合、铁炮百合为主发展到以东方百合为主，再到以东方百合、OT 百合以及其他杂种系百合为主的流行趋势。

百合是鳞茎类花卉，地下鳞茎肉质，鳞片卵形或披针形，多为白色或浅黄色。根分为肉质根和纤维状根两类，肉质根吸水能力强，还可储藏养分，根长约 20cm，纤维状根分布在土壤表层，与茎秆同时枯萎。茎秆绿色，有些种类茎表面有暗紫色斑点或条纹。叶片散生或轮生，轮叶组百合为轮生。叶片形态丰富，从线形、条形、披针形到卵形均有。花为两性花，花瓣和花药同为 6 枚，柱头 1 枚。花瓣颜色多样，有白、黄、橙、红、紫、绿、黑及各种中间过渡色。百合花型以碗形或喇叭形为主，部分品种花瓣端部至中部会反卷。百合花除亚洲百合和 LA 百合外，其他杂种系的花朵有香味，尤其以喇叭百合和 OT 百合香味浓烈。

百合的生育周期一般可分为花芽分化期、抽茎期、现蕾期、开花期、种球膨大期和枯萎期六个时期。各个杂种系百合的花器官分化均在冷藏期间完成，相同杂种系品种分化所需的时间大体相同。百合鳞茎内顶端生长点的分化进程可以分为营养生长期、花原基分化期、花被分化期、雄雌蕊分化期、整个花序形成期五个时期。在 3～5℃条件下，亚洲百合和铁炮百合在低温冷藏 30d 后生长点体积逐渐扩大，当鳞茎顶端变为半球形时表明花芽开始分化。东方百合冷藏 45d 后花芽开始分化。铁炮百合花序形成时间约为 30d，亚洲百合为 45d，东方百合为 55d。抽茎期是百合栽培到土壤或基质中后开始发芽长出叶片，同时茎秆快速生长的一段时期，抽茎期持续 25～30d，之后花蕾萌出，植株进入现蕾期。现蕾期为花蕾出现到植株开花前的时期，在现蕾期时，花苞继续膨大，植株也继续长高，此时期为 30～50d。蕾期的长短由品种、栽培环境的温度、湿度、光照以及种球冷藏时间等条件决定。花期是指从植株的第一朵花开放到同株最后一朵花凋谢的时长，一般 3～5 个花头的百合花期约为 12d，使用保鲜剂处理可适当延长鲜花的观赏期。百合花凋谢后植株的营养开始集中供应给种球，如果植株健康并且土壤养分充足，气候条件合适，则百合可萌生出新种球，新种球的大小取决于母株的健康程度以及环境的适合程度，种球膨大期为60～75d。

第一节　切花百合

一、品种介绍

百合杂种系较多，各杂种系育成品种数量和市场占有率各不相同。适宜作为切花的杂种系主要有亚洲百合和东方百合。亚洲百合的代表品种有布鲁勒、精粹、金球、白天使等；东方百合的代表品种有索邦、西伯利亚、蒂伯、马龙、维维安娜等。亚洲百合和东方百合是所有百合杂种系中育成品种最多的杂种系，除此之外，铁炮百合、OT 百合、LA 百合也有一些切花品种在国内广为栽培。

1. 亚洲百合杂种系

该杂种系总体株高较其他杂种系矮，叶片为窄披针形，总叶片数较多，生育期短，通常为 9～11 周。花色丰富，为所有百合杂种系中花色最多的杂种系，但花径偏小，通常仅有 10～15cm，无香味，蕾期要求光照充足，光照不足容易消蕾及花色变浅。亚洲百合易养殖，繁殖快，耐寒性较好，在东北地区可露地越冬。

（1）布鲁勒。由荷兰育成的亚洲百合杂种系品种，生长期为 68～75d，温室内植株高可达 90～110cm，叶片呈条状披针形，花瓣呈橘黄色，花头直立向上，无香味，抗病性强，株型紧凑，适应性广，适宜做切花。

（2）精粹。荷兰品种，生长期为 78～86d，温室内种株高可达 100～120cm，花瓣呈橘红色，花瓣中下部有少量紫黑色斑点，花头直立向上，抗病性强，株型紧凑，适应性广，适宜做切花。

（3）白天使。荷兰品种，生长期为 65～75d，温室内植株高可达 95～110cm，花瓣呈纯白色，柱头呈白色，花头直立向上，叶片条状披针形，株型紧凑，品种耐热性强，适应性广，适宜做切花。

2. 东方百合杂种系

叶片宽大，多为阔披针形，甚至卵形或椭圆形，生育期长，一般为 13～17 周。花头直立、横生或向下，花色少，仅有粉、白两个色系，另有粉白、粉黄、白黄复色的类型，花型以中花型、大花型居多，香味强烈。东方百合耐热性、抗病性较其他杂种系差，种球生长慢，但其观赏价值高，是百合切花中栽培量最大的类型。

(1) 索邦。该品种是最早进入中国市场的粉红色系东方百合品种，于 20 世纪 80 年代末在荷兰育成，2004 年开始在中国销售，其在市场受欢迎程度经久不衰，至今仍是栽培面积最大的东方百合品种之一。该品种花瓣呈粉色，花头直立向上，中等花型，需肥量不大，栽培适应性好，是优良的百合切花品种。

(2) 西伯利亚。该品种是全世界最流行的东方百合白色系品种，20 世纪 90 年代引入中国栽培。该品种叶片较宽大，呈深绿色，花型规整，花为纯白色，花瓣上乳突较多，生育期在 115d 以上，是晚花型品种。

(3) 蒂伯。该品种是粉花品种中栽培量仅次于索邦的品种。花型中等，花瓣宽，花为浅粉色，花瓣中下部至基部紫红色斑点和乳突较多，生育期为 100～110d。

(4) 马龙。是近年来流行的东方百合粉花品种，花较大，花径可达 20cm 左右，花型独特，花色深粉，生育期为 100d，栽培适应性良好。

(5) 维维安娜。玫红色流行品种，市场栽培量不大，该品种花瓣窄且长，颜色纯正，为均一的玫红色，花瓣上乳突极少，在南方市场受欢迎，生育期为 110d。

3. 铁炮百合

植株高 90～150cm，叶散生，披针形或矩圆状披针形，花为喇叭形，仅有白色，花苞呈绿色。铁炮百合花香宜人，是欧美国家复活节不可缺少的花卉。该杂种系的植株需肥量少，抗病性强，耐湿，喜光照，种球生长快。

(1) 白天堂。该品种为铁炮百合中的著名品种，花瓣为纯白色，花型优美，香味宜人，花头横生，种球繁殖系数高，生长较快，耐热性较好。在日本和欧洲市场较受欢迎。

(2) 雪皇后。花为纯白色，花苞较长，约为 15cm，但花径不大，喇叭形花冠，花头横生，植株抗病耐热性较好。

4. OT 百合

OT 百合由东方百合和喇叭百合作亲本杂交育成，该品系继承了喇叭百合的优良基因，花色比东方百合丰富，植株健壮、高大，花大，部分品种花径可达 20～25cm，香气浓烈，植株耐热性较好，对土壤的适应性良好。生育期短，通常为 12～14 周。但同规格的种球较其他杂种系开的花头数少，围径 16～18cm 的种球能开 3 个花头。

(1) 木门。荷兰品种，植株高大，粗壮，株高可达 150cm 以上，叶片较大，生育期为 12 周左右，花为浅黄色，碗形，香味浓烈，围径 16～18cm 的种球可生产出花头数 4～6 头的切花。该品种是目前黄色系 OT 百合的主流品种，市场占有量较大。

(2) 黄天霸。OT 杂种系中著名的黄色品种，因其栽培适应性优良，在国内各百合切花主栽区均有栽培。该品种植株强壮，叶片大，花呈黄色，花瓣光滑，花径较大，香味强，是花篮用花的主要花材。

(3) 罗宾娜。该品种为目前 OT 杂种系中栽培量最大的粉色系品种。植株随种球围径增大而增大，叶片窄而长，花呈深粉色，香味较强，花径较同色系的东方百合品种大，生育期为 13 周。

(4) 黄丝带。又叫黄色风暴，是最早进入中国市场的 OT 百合品种，花为明黄色，是 OT 百合中黄色最纯正的品种，香味较强，但花径较小，叶片较细，重茬后花头较多，会影响切花的整体质量，近年来逐渐被黄天霸、木门等品种替代，种植量减少。

5. LA 百合

LA 百合是由铁炮百合与亚洲百合杂交而成的新型杂种系。该品系植株强壮，叶片比亚洲百合大，花色丰富，主要遗传自父本亚洲百合，花型以中型花居多，也有一些大花型品种。花头直立性较好，大部分品种没有香味，少数有淡香。种球适应性较好，对栽培环境的适应强。

(1) 爱神。荷兰品种，植株株高 110～130cm，花朵较大，大花型的黄色 LA 品种，花色明亮，花头直立性较好，抗病、抗逆性较好。

(2) 对联。荷兰品种，植株直立性较好，叶片宽度介于亚洲百合和铁炮百合之间，花瓣中上部为粉色，中下部为白色，基部有紫红色斑点分布，花序紧凑，为 2010 年后引入中国的 LA 百合品种。

二、生长习性

百合喜柔和光照，抽茎期过度遮阴会引起花茎徒长，蕾期光照不足会引起花蕾脱落，花头数减少；而光照过于充足，光照太强，会使植株健壮矮小，同时也会发生花蕾坏死。百合的生长适温为白天 20～25℃，夜晚 12～15℃。白天温度低于 15℃ 易造成植株生长缓慢，株高不足，叶片短小，花蕾不能生长；而温度超过 33℃ 则易发生叶片扭曲，花苞畸形。百合喜肥沃、疏松和排水良好的砂质土壤，土壤 pH 为 5.5～6.5。百合较耐空气干燥，高于 40% 的相对湿度即可健康生长，但适宜的空气湿度为 50%～80%，栽培基质在开花前需要保持持续湿润而不积水，以利于花器官的生长发育。

三、无土栽培系统

切花百合的无土栽培采用基质栽培系统，常见箱式栽培或种植床栽培。在箱式栽培和种植床栽培中，基质可以每茬更换，避免土壤连作带来的病虫害及土壤退化问题。

1. 箱式栽培

箱式栽培最好选择在有人工照明及加温的温室中进行，如果条件具备则可实现周年生产。箱式栽培所用的栽培箱为 60cm×40cm×20cm 的黑色塑料箱。栽培一季后经清洗和消毒后可重复使用。栽培时先在箱中放置 3cm 厚的基质。

根据种球规格和品种特性的不同，按照每箱 9～12 粒的密度摆放种球，然后覆盖 8～10cm 厚的基质，浇透水放入黑暗环境中催芽。催芽温度 10～12℃，时间大约 3 周。当种球的芽长到 8cm 以上时将栽培箱移入温室，按照不同杂种系的特点进行管理。

2. 种植床栽培

采用种植床栽培的种球同样需要经过催芽处理，因种球出芽后可马上种植到种植床，所以催芽箱内的种球密度可较箱式栽培密度高，以标准百合栽培箱每箱放置百合种球80～100粒进行催芽。催芽温度为10～12℃，催芽周期为2周，当茎生根刚开始萌发时即可将种球移栽到种植床的基质中。与箱式栽培相比，种植床栽培的种球要提前种到基质中，避免根长后移栽对根造成损伤。种植床的长、宽可根据温室大棚具体的操作条件设计。

四、基质配制及处理

泥炭是目前百合无土栽培中使用最广泛的基质材料。不同来源的泥炭理化性质差别较大，每一茬种植前均需对基质的理化性质进行检测，主要检测指标为基质pH、EC等。百合栽培常用的大部分泥炭pH多在3.5左右，栽培时可根据百合的杂种系类型调配适合的pH。亚洲百合和铁炮百合基质的pH需要在6～7，东方百合基质的pH需要在5.5～6.5，OT百合可适应pH为5.5～7.0的基质。百合植株在整个生长过程中都需要控制pH的高低，若pH过高，会影响植株对铁、磷、锰的吸收，pH过低会使植株吸收过多的铁、锰、硫，并抑制钙、镁、钾的吸收，导致百合元素"中毒"或发生缺素症状。百合根系对基质的EC敏感，种植前需确保栽培基质的EC等于或低于1.5mS/cm，当基质的EC达到2mS/cm时，百合根系会被灼伤，进而影响茎秆的高度。

种植过一轮后的泥炭经过消毒和补充新基质后可循环使用。基质的消毒采用蒸汽消毒法，将旧基质密封后以70～80℃的温度处理1h，即达到消除病菌、害虫的目的。如需加入珍珠岩或蛭石来改良基质的透气性和排水性，则应检验珍珠岩或蛭石中是否含有氯化物和氟化物，含氯或氟的基质不能用于百合栽培，氯或氟易造成百合叶片灼伤，类似叶烧病。

五、栽培环境管理

1. 光照

百合生长的最佳光照度为20000～30000lx，光照太强会使植株的株高变矮。百合切花在下种后需进行适当的遮阴处理，以促进植株达到足够的株高。遮阴天数一般为21～28d，晴天时遮去80%的日光，东方百合的遮阴天数较其他杂种系百合稍长。植株进入现蕾期后，亚洲百合、铁炮百合和LA百合所需的光照度在20000～30000lx，因此当室外光照度达到100000lx时，需遮去50%～60%的光，而东方百合和OT百合仅需20000～25000lx的光照度，应进行60%～70%的遮阴处理。亚洲百合和铁炮百合是需要长光照的种类，冬季生产这两个杂种系的切花需补光，以防止盲花和花蕾败育的情况发生。补光时间可根据种植所在地的日照时长确定，如东方百合每日需16h光照，若白天光照时长12h，则需补光4h。

2. 温度

不同杂种系百合生长的最适温度差别较大。但总的来说，百合在白天 15～25℃、夜晚 12～15℃的条件下都可以健康生长。亚洲百合和 LA 百合的最适生长温度为白天 15～20℃、夜晚 10～15℃，如果白天空气温度超过 25℃会使这两个杂种系的植株生长过快，发生徒长。如能将白天温度控制在 15℃左右，温度波动不超过 3℃，则能确保亚洲百合的茎秆粗壮并且有足够的高度。东方百合和 OT 百合需要的温度稍高，以白天 18～25℃、夜间不低于 12℃为宜。白天温度过高会造成东方百合叶片黄化，温度过低且湿度较大时会造成大面积落叶，相较之下，OT 百合的适应性更好，可以耐受白天短时 30℃的高温天气，因此，东方百合栽培环境需要的温度调控较其他杂种系更精确。铁炮百合耐寒性较强，夜间可耐 8～10℃的温度，但低温会使植株的生长变慢，花苞发育受影响。

3. 水分条件

百合根系不深，有营养吸收功能的基盘根和茎生根分布在基质层的中部和上部，因此百合适合箱式栽培。在百合切花整个生长期中，需要保持基质的湿润，尤其在现蕾后，缺水会导致植株高度不足。灌溉用水的 EC 值要保持低于 1.0mS/cm，pH 为 6.5～7.0。灌溉方式主要采用滴灌，如果栽培过程中由于施肥等因素造成基质 EC 升高，可采用浇水灌溉的方式稀释排出多余的盐分，但浇水不能过于频繁。通过滴灌给水的基质仅需湿润，即基质潮湿可手握成团而不滴水。百合栽培过程中除了根系需水外，合适的空气湿度也是确保切花质量的必要条件之一。栽培百合切花的温室、大棚空气湿度保持在 80%～85%，湿度变化幅度越小越好，湿度的稳定有利于花器官和叶片的伸展。如果空气湿度波动过大，会造成百合叶片的蒸腾作用紊乱，表现在叶片上的症状为：轻者叶表面产生突起或皱缩，重者则会发生烧叶。冬季的温室空气湿度可达 95% 以上，此时必须降低空气湿度，但是通风除湿需缓慢进行，避免除湿过程中温度下降。水分管理应视天气情况、基质的温湿度、植株的生长时期等因素的变化灵活掌握。

4. 施肥管理

百合在抽茎前不需施肥，随着抽茎后植株生长速度加快，需肥量增加即开始施肥。百合无土栽培使用的肥料为水溶性肥料，肥料与水同时供给植株，水中氮元素的浓度不宜过高。在切花的不同生长阶段可使用不同配方的复合肥料，抽茎后至现蕾前每 2 周施肥 1 次，以氮、磷含量高的复合肥为主；现蕾后每周施肥 1 次直至切花采收前 2 周停止施肥，以磷、钾含量高的复合肥为主，蕾期还可喷施叶片肥 1～2 次，以补充微量元素。每次滴灌施肥的浓度应稍低，以"薄肥勤施"的方法防止基质表面的肥料富集，提高肥料利用率。不同杂种系的百合品种由于生育期长短差别较大、形态差别较大，施肥要求有所不同。切花常用的肥料有磷酸二氢铵、硝酸钙、硫酸钾、硫酸镁、硝酸铵等。亚洲百合、铁炮百合和 LA 百合所需的营养液中各元素浓度为：钾 1.0～1.2mmol/L，钙 1.2～1.5mmol/L，镁 0.8mmol/L，氮（包括硝态氮和铵态氮）2.0mmol/L，磷酸盐 0.15mmol/L；东方百合和 OT 百合中的浓度为：钾 1.3～1.5mmol/L，钙 1.8～2.0mmol/L，镁 1.0 mmol/L，氮 3.0mmol/L。总的来说，因为东方百合和 OT 百合的植株高大，生长周期长，所需的肥料更多。

由于肥料为水溶肥，在施肥后要注意监测基质的 pH，使其稳定在 6.0～6.5。除了常规的大量元素肥外，百合生长中还需要铁、硼、锰、铜、锌等微量元素肥料，这些肥料对叶和花的质量至关重要，可在植株蕾期喷施适量叶面肥弥补微量元素的不足。

六、病虫害防治

百合常见的病害主要为病毒病、真菌病和虫害。

病毒病是危害百合最严重的病害之一，由蚜虫和继代种植的种球上携带的病毒而致病，表现的症状有花瓣花色斑驳、植株矮化、丛生、黄花、茎秆扁化长出丛簇叶等，导致百合花观赏价值降低而不能成为商品。百合常见的病毒有百合无症病毒、黄瓜花叶病毒、百合斑驳病毒、郁金香碎色病毒等。百合感染病毒后没有药剂可以防治或解除病害，也就是说百合植株一旦感染病毒，发病后只能销毁，以防病株再感染其他健康的植株。所以在种植前应先对百合种球进行检测，切花生产只能选用健康不带毒的种球。

真菌病因致病菌和致病部位不同，有叶枯病、茎腐病、疫病等多种类型。常见的茎腐病由百合镰刀杆菌引起，在百合植株上表现为发病株自下而上叶片发黄萎蔫，茎秆腐烂，种球从上而下腐烂，造成植株死亡。茎腐病为土传病害，种植前需要对基质进行严格消毒。百合疫病同为土传病害，在基质和空气湿度过大且种球携带疫霉菌时容易发生。疫病发展速度快，受害部位呈褐色水浸状病斑，之后病斑快速发展成灰绿至暗绿色，最后引起植株倒伏。因此一旦发现病斑就应马上施药，进行多次灌根处理可控制病情。叶枯病、灰霉病为气传病害，在棚内湿度较大且通风不良时易发生，其症状为叶片出现红褐色病斑，严重时叶片枯萎下垂至全株枯死。预防这类病害的发生需要对栽培环境进行严格控制，使用广谱杀菌剂(如苯菌灵、代森锰锌)等农药可对真菌类病害进行防治。

百合常见的虫害主要是由蚜虫、根螨等造成的危害。蚜虫是将病毒传给百合的害虫，百合感染病毒前可能有蚜虫接触过病株。蚜虫一般在春秋两季容易暴发，因此在蚜虫繁殖季来临前，要采取预防性措施，提前喷洒农药或采取生物防治措施防止蚜虫对植株产生影响，常见的灭蚜虫农药有吡虫啉等。根螨是来自土壤的寄生虫，寄生于百合种球的鳞片表面，吸食百合种球中的营养，其不仅影响百合植株的生长，还会造成病斑使栽培基质中的病原菌侵入百合种球，使百合感病。因此，栽培前应选择没有螨虫的健康种球。

七、采收与分级

适宜的切花采收时间直接关系到百合的观赏价值和瓶插寿命。百合植株有两个花苞显色时就可开始采收。采收宜在清晨温度低时进行，切下的花枝应在 30min 内送入2～3℃的冷库里进行降温处理，待冷却至 2～3℃时再进行分级和包装。切花依照花苞数目作为分级条件，一级花每支花至少有 5 个花苞，二级花每支花至少有 3～4 个花苞，下一个级别的切花枝长要比上一级短 5cm。先将经过 2～3℃预冷处理 4h 的切枝基部

10cm左右的叶片摘除，然后按照花蕾数、长度、花苞品质、损伤程度进行分级，分级情况如下。

（1）一级花。花序完整，花苞均匀，叶片健康无损伤，茎秆直立、粗壮结实。亚洲百合花枝长度大于80cm，花苞5朵或以上，花苞长度大于8cm；东方百合花枝长度大于100cm，花苞10朵或以上，花苞长度大于12cm。

（2）二级花。花型较完整，花苞均匀度一般，叶片无严重损伤，茎秆直立性稍差，较一级花茎秆细，亚洲百合花枝长度为50～80cm，花苞数为3～5朵，花苞长度大于8cm；东方百合花枝长度为70～100cm，花苞数为6～10朵，花苞长度大于1cm。

（3）三级花。花型不完整，花苞数量少，成熟度不一致，花苞较小，叶片有损伤，茎秆弯曲不直，细弱。亚洲百合花枝长度为30～50cm；东方百合花枝长度为50～70cm。

八、包装与运输

分级后百合切花需放置在冷凉的暗环境中进行失水软化处理，以减少捆扎包装对切花的损伤。经过软化的叶片和花苞即可进行包装。10支捆成一束剪去基部长短不一的茎秆后套上塑料包装袋。短距离运输可直接干运，到达目的地后马上取出用保鲜剂处理。长距离运输应在2～3℃的冷库中先进行保鲜处理2h，再用有制冷设备的保鲜运输车进行运输，冷藏运输车的最佳贮运温度为2℃左右。

九、花期调控

百合种球需要经过低温休眠才能生长发育，新种球一般在0～4℃储藏8～12周后即打破休眠。百合种球在低温条件下还可长期储藏，在-1℃的百合专用冷库中储藏时间长达240d。因此，种植者可提前计算好切花何时上市，根据百合品种不同的生育期安排栽培时间。在光温可控的温室中，由百合种球的定植时间可以确定开花时间。低温处理温度越低，开花越迟；低温处理时间越长，花期越提早。一般说来，春、秋、冬三个季节的切花生育期要比夏季切花生育期长5～15d。如果花苞发育缓慢，可适当增加光照加速开花。在冬季切花生产中，常因光照不足需要补光，补光可从现蕾后开始，每天将光照时间延长到14h可促进花苞的发育。在补光的同时应结合加温才能更好地控制花期。

第二节　盆栽百合

一、品种介绍

盆栽百合的品种没有切花百合品种丰富，目前常见的仅有东方百合、亚洲百合和铁炮百合三个杂种系的品种，并且以亚洲百合品种居多。

1. 东方百合杂种系

(1) 八点后。该品种为 2004 年育成的荷兰品种，株高 40～50cm，叶片呈椭圆披针形，花瓣为深粉色，内瓣上紫红色乳突较多，花型优美，花苞直立。

(2) 新波。株高 40cm，叶片呈披针形，花瓣为纯白色。

2. 亚洲百合杂种系

(1) 矩阵。荷兰品种，植株矮小，株高仅 20～25cm，叶片条状披针形，数量较多，花苞直立，花瓣为红色，栽培适应性较好。

(2) 柠檬小精灵。荷兰品种，株高 40cm，叶片呈条状披针形，花瓣为亮黄色，生育期在 10 周左右。

3. 铁炮百合杂种系

(1) 纯洁美洲。株高 65cm，叶片呈披针形，花瓣为纯白色，生育期为 15 周。
(2) 白光辉。株高 40cm，叶片呈披针形，花瓣为纯白色，生育期为 14 周。

二、生长习性

与切花百合相同。

三、无土栽培系统

盆栽百合的无土栽培采用基质栽培系统，以花盆栽培。常用花盆口径为 10～19cm，盆高度为 16～20cm，花盆材质没有限制，但以泥盆为宜。种球可在上盆后进行催芽处理，每盆呈"品"字形放置 3 个规格一致的百合种球，种植深度为 8cm，种球越大，花蕾数越多。种球放好后填充 8cm 厚的基质，浇透水放置于 10℃的黑暗环境中 2 周进行催芽。东方百合选用围径为 14cm 的种球，亚洲百合和铁炮百合选用围径为 12cm 的种球进行盆花生产。当芽长达到 5cm 左右时移入大棚或温室进行日常管理。

四、基质配制及处理

盆栽百合的栽培基质要求有良好的保湿与透气能力，颗粒大小和空隙分布均匀。基质可以用泥炭、珍珠岩和细沙按 2∶1∶1 的比例混合配制，也可用泥炭和椰糠配制，pH 调整到 5.5～7.0，亚洲百合和铁炮百合 pH 为 6.0～7.0，东方百合 pH 需调整到 5.5～6.5。配好的基质要经过消毒处理才能使用。如条件允许，可采用蒸汽消毒的方式，将基质以耐高温薄膜密封，把蒸汽输送到基质，使基质从表面到中心的温度达到 60～80℃并保持 30min 以上可达到消毒的目的。药剂消毒可使用商品农药"棉隆"混匀潮湿基质，以干净的塑料膜密封两周后揭膜，再次混匀后放置 1 周即可使用。

五、栽培环境管理

1. 光照

光照对百合株高的影响较大，光照越充足植株越矮，光照不足时植株会徒长，茎秆细弱，但是光照太强会发生烧叶，所以盆栽百合要把握好适合的光照才能生产出高质量的盆花。光照度的范围宜为 5000～12000lx，光照度随着植株长高而逐渐增加。夏季百合盆花生产要进行遮光处理，在上午 11 时至下午 4 时，亚洲百合和铁炮百合需遮光 50%，东方百合需遮光 70%，以防强光照灼伤叶片。盆花蕾期光照不足会使植株落蕾，阴天或冬季可在温室内安装补光灯进行补光。每 30m² 安装 1 盏具有特殊反光罩的高压钠灯，从每天傍晚 6 时开始补光 4～6h。

2. 温度

盆花温度管理可参考切花的方法，但应注意东方百合需要白天的温度不低于 15℃，否则会导致落蕾和黄叶。在环境温度高于 25℃时应及时通风降温，以免植株徒长造成株高过高。

3. 水分条件

盆栽百合的栽培基质需保持湿润，湿度以手握成团不滴水为宜。切忌一次性浇大量水，否则会使基质温度降低引起种球腐烂。浇水后要保持空气流通，空气湿度应稳定在 70%～80%，避免湿度剧烈变化使叶片皱缩。

4. 施肥管理

盆栽百合较喜肥，但茎生根形成期不用施肥，即在定植一个月后可开始追肥。可参考的配方为硫酸铵 1.18mmol/L、硝酸铵 7.29mmol/L、磷酸钙 1.18mmol/L、硫酸镁 2.23mmol/L、硫酸钙 1.45mmol/L、肥料盐类总计 2666mg/L。在施用大量元素肥的同时还应注意微量元素的补充，如磷、铁、硼、锌等。植株蕾期时，可施用 0.2%～0.3%的磷酸二氢钾作叶面追肥，每两周施肥一次，至商品上市前两周停止。

另外，盆栽百合因在株高方面需要矮化，在植株有徒长趋势时可配制 0.1%的丁酰肼（B9）（92%可溶性粉剂）溶液进行喷施，喷施时要注意均匀性，现蕾后即停止喷药。整个蕾期可喷施矮化剂 2 次，间隔需 10d 以上。

六、病虫害防治

盆栽百合常见的病害主要为灰霉病和立枯病，防治方法可参照切花百合。

七、包装与运输

盆栽百合在第一个花苞显色时即可上市，上市前需清除黄叶，使花盆保持清洁，保持栽培基质潮湿。包装可用专用包装盒，一盆一盒。如需长距离运输，需在运输过程中增加适当的光照，运输环境的温度要控制在 2～5℃，温度的波动不能太大，否则会影响百合花的观赏天数。

八、花期调控

盆花百合的花期调控与切花百合有相似之处，都可以通过冷藏种球，计算好产品的上市时间来合理安排种球的种植时间。如果花期比预计时间延迟，可采用提高温室温度的方法促进花苞成熟。加温的天数和提温的高低因品种和栽培设施的差异而有所不同，总的来说温度高、湿度适宜的环境催花速度更快。大规模生产百合盆花时，可按需要进行分批加温处理。

参 考 文 献

陈元镇，2002. 花卉无土栽培的基质与营养液[J]. 福建农业学报，17（2）：128-131.

崔光芬，杜文文，段青，等，2016. 蕾期干旱胁迫对百合切花品质的影响[J]. 应用生态学报，27（5）：1569-1575.

郭蕊，赵祥云，王文和，等，2006. 百合花芽分化的形态学观察[J]. 沈阳农业大学学报，37（1）：31-34.

贾文杰，马璐琳，丁鲲，等，2012. 百合生长期茎流特征及其与环境因子的关系[J]. 西北植物学报，32（12）：2498-2505.

李守丽，石雷，张金政，等，2006. 百合育种研究进展[J]. 园艺学报，33（1）：203-210.

刘小溪，吴丽芳，张艺萍，等，2011. 百合育种趋势及技术研究进展[J]. 浙江农业科学，52（2）：287-290.

龙雅宜，张金政，张兰年，1999. 百合：球根花卉之王[M]. 北京：金盾出版社.

穆鼎，2005. 观赏百合：生理、栽培、种球生产与育种[M]. 北京：中国农业出版社.

王祥宁，李淑斌，陈朋丛，等，2010. 百合种球长期冷藏库的设计及应用效果[J]. 农业工程学报，26（7）：147-151.

徐秉良，梁巧兰，徐琼，2004. 百合病毒病的发生与症状类型[J]. 植物保护，30（5）：62-65.

赵统利，朱朋波，邵小斌，等，2008. 日光温室内不同栽培部位和着生位置切花百合叶片光合作用的比较[J]. 江苏农业科学，36（4）：156-158.

第十一章 香 石 竹

第一节 切花香石竹

一、香石竹的地理分布和生产贸易现状

（一）石竹属的种类及地理分布

石竹属为石竹科一、二年生或多年生草本，全球有 600 余种，广布于北温带，主要分布于欧亚大陆，尤其是地中海地区，少数分布于北美和北非。据《中国植物志》记载，我国石竹属有 17 个种、1 个亚种、9 个变种，多分布于北方草原和山区草地，大多生于干燥向阳处，有些种生于林缘或林下、荒漠及半荒漠。新疆是我国本属植物的分布和分化中心，共有 11 个种、1 个变种，且其中有 8 个种仅分布于新疆。

我国石竹属依据花簇生、单生或成疏聚伞花序、花梗长短、花瓣齿裂或繸裂等形态特征分为 4 组，即簇花组、齿瓣组、石竹组和繸裂组。簇花组主要种有：须苞石竹（图 11.1）、日本石竹。日本石竹花簇生成头状，花梗极短或几无梗，叶片呈卵形至椭圆形，宽 1.0～2.5cm，苞片呈椭圆形，长为花萼的 1/3～1/2，花萼呈筒状，长 1.5～2.0cm，顶端齿裂，瓣片为红紫色或白色，倒钝三角形，长 6～7mm，顶缘具齿，爪与萼筒近等长，花药为粉

图 11.1 须苞石竹

红色。须苞石竹的花也是簇生成头状，花梗也是极短或几乎无梗。而叶片为披针形，宽1cm以下，苞片呈卵形，与花萼等长或稍长；花萼呈筒状，长约1.5cm，裂齿锐尖，花瓣具长爪，瓣片呈卵形，通常为红紫色，有白点斑纹，顶端齿裂。这两种切花的植株高度达到切花香石竹的高度。

齿瓣组主要的种有：簇茎石竹、狭叶石竹、细茎石竹、高石竹、多分枝石竹。石竹组主要的种有香石竹。繸裂组主要的种有针叶石竹、长萼石竹、准噶尔石竹、繸裂石竹、玉山石竹、瞿麦(图11.2)、长萼瞿麦、大苞石竹。其中，石竹、长萼瞿麦和瞿麦在我国分布最广，遍及多数省(区、市)。其中香石竹又名康乃馨，为世界四大鲜切花之一，是风靡全球的著名花卉。

图11.2 瞿麦

(二)香石竹的种类及地理分布

香石竹别名康乃馨、麝香石竹，石竹科，石竹属，为多年生宿根草本植物。香石竹是著名的"母亲节"之花，也被称为"诚挚的爱"与"幸福祥和"之花，代表慈祥、温馨、真挚、不求回报的母爱。香石竹原产于地中海地区、南欧及西亚，现广泛栽培于中纬度平原和低纬度高海拔地区。香石竹可周年开花，花茎挺直且长，花朵更大更饱满，花色也十分丰富，用途广泛，插花、束花、捧花、花篮等都能体现其高雅娇艳的特点。香石竹产花量大，栽培的经济效益较高，在当前农业结构调整中，因地制宜，根据市场经济的发展规律，发展香石竹种苗业和切花业，是农业持续高效、致富农民的好途径。

香石竹的品种极多，植株特点、花型、花色千变万化，分类方法也各不相同。按用途可分为盆花(花坛)香石竹和切花(花店)香石竹两大类。前者在150年前风靡一时，目前仅有少数品种，但有增加的势头；后者是目前主要的栽培和应用品种。按着花方式(花序)可分为单头香石竹或大花香石竹和聚花(多花、小花)香石竹。单头香石竹为一茎一花保留1枝1花，植株高度为90～120cm，叶片呈长剑形，节数为15～22节，花径为7～9cm，花瓣数为55～70瓣。多头香石竹为一茎多花，3～7朵，植株高度为80～100cm，叶片呈长剑形，节数为18～23节，花径为3～7cm，花瓣数为16～30瓣，吸水性和保鲜性较单头类型好。按花茎大小可分为大花（8～9cm）、中花（5～8cm）、小花（4～6cm）和微型花（2.5～3cm）。按花色可分为：①纯色香石竹，花瓣无杂色，主要有白、桃红、玫红、大红、深红至紫、乳黄至黄、橙等色；②异色香石竹在一种底色上有两种以上不同的色彩，自瓣基直接向边缘散布斑点或斑痕；③双色香石竹，在一种底色上只有一种异色自瓣基向边缘散布；④斑纹香石竹，花瓣边缘有一圈很窄的异色，其余为纯色。按起源主要分为西姆系和地中海系两大类。我国大约于1910年在上海开始引种生产，到20世纪50年代迅速发展，20世纪80年代以西姆系列品种为主，近年又引进欧洲品种，并进行脱毒快繁扩大推广。目前市场上流行的香石竹品种如下。

1. 单头类型品种

马斯特：花呈红色，花瓣边缘齿裂中等。花苞极大，枝条直，产量高，花期较集中。植株微矮，切花枝条较短，切花产品主要供应国内市场，是我国目前栽培面积最大的品种（图11.3）。

图11.3　马斯特

红袖：花呈红色，花瓣边缘齿裂中等。花苞大，产量高，生长速度中等，株高中等，抗性中等。

红色恋人：花呈桃红色，花瓣边缘齿裂浅，植株高，产量和抗性中等，生长速度中等。

小桃红：花呈桃红色，花瓣边缘齿裂浅，抗性强，生长速度快，产量中等，植株高度中等，生长速度中等。

理想：花呈粉色，花瓣边缘齿裂浅，抗性强，生长速度中等，产量中等，植株高度中等，生长速度中等。

粉黛：花呈粉色，花瓣边缘齿裂中等，抗性强，生长速度中等，产量中等，植株高，生长速度中等。

佳农：花呈鲜黄色，花瓣齿裂浅，花苞大，叶片长而宽，枝条直而粗壮，植株高，产量高。定植后苗的恢复期长。

自由：花呈浅黄绿色，花苞中等大小，花朵直径为 8cm；花瓣边缘齿裂微浅，数量微少，波状。叶片为中等长度，微卷曲。株高中等偏矮，茎粗，枝条直。开花的早晚性为中等，产量高，花期集中。

达拉斯：花呈桃红色。花瓣边缘为深齿裂，呈"毛边"状，花苞极大。叶片小而斜向上生长。植株很高，枝条直，植株紧凑。产量高，花期特别集中。

白雪公主：花呈纯白色，花瓣边缘齿裂中等，花苞大。植株高大，枝条粗壮，微弯。产量高，生长速度快，花期集中，抗性强。

兰贵人：花色为镶边复色类型，白底紫边，花苞中等大小。植株微矮，枝条直。产量高，花期集中。

俏新娘：花色为镶边复色类型，浅绿黄色底，红色镶边。花朵大，花瓣边缘齿裂浅而少，波状；花苞钟形，筒粗，微长。叶片为线形，叶长，微窄。植株高，节间长中等，枝条硬，不易折断，灰绿色，蜡粉质多，枝条上整枝着生芽。开花的早晚性中等。产量高，花期集中。

狂欢：花色为镶边复色类型，黄底红边，植株高，抗性强，生长速度中等，产量中等（图 11.4）。

图 11.4　狂欢

云红 1 号：花呈红色，没有色斑；花径大于 8cm；花冠高度为 4cm，花型重瓣，花瓣表面为波状，边缘锯齿状，缺刻深度中等，花瓣长 5.6cm、宽 3.8cm。花苞大，花色纯正、花瓣数合适、花型好，略有香味；花萼无花青苷显色，枝条直立、较均匀，枝条硬、长；生长势强；与目前最流行的主栽品种马斯特相比，花苞直径增大 12%，花枝增长 26%。4

月中旬种植，生育期为 132 天，与近似主栽品种马斯特相同；6 月下旬种植，生育期为 190天，比近似主栽品种马斯特晚 12 天；每平方米每茬产切花 250 支左右；抗病性较强。突出优点为花苞极大，花农称其为"超级马斯特"；切花枝条长(图 11.5)。

　　云红 2 号：花呈红色，没有色斑；花径大于 8cm；花苞大，花色纯正、花瓣数合适、花型好，有香味；切花枝条直立、均匀，枝条较硬、长；与马斯特相比，花枝增长 20%，花朵直径增大 3%，花色更亮，花瓣边缘为深而细的毛边，综合性状优于马斯特。4 月中旬种植，生育期为 132 天，与近似主栽品种马斯特相同；6 月下旬种植，生育期为 161 天，比近似主栽品种马斯特早 17 天。每平方米每茬产切花 240 支左右；抗病性较强。突出优点为花亮红色、大花苞和长枝条(图 11.6)。

图 11.5　云红 1 号　　　　　　　　　　　　　图 11.6　云红 2 号

　　云之蝶：白底石榴红边的复色品种；属极早生品种，4 月中旬种植，生育期为 119 天，与近似主栽品种兰贵人相同，比同类型市场流行品种俏姑娘早 43 天；6 月下旬种植，生育期为 156 天，与近似主栽品种兰贵人相同，比同类型市场流行品种俏姑娘早 57 天；该品种扦插生根率、成苗率均高，繁殖系数高，深受花农欢迎，具有良好的市场发展前景。在香石竹主产区通海、江川、晋宁、宜良、嵩明及银川、兰州等地示范栽培，表现适应性广，产量高，每平方米每茬产切花 260 支左右，抗病性强，花色纯正，花色搭配协调、比例合适，花瓣数恰当，花型好，有香味；枝条直立、均匀，枝条硬且长；适应采后处理的操作和运输；瓶插寿命长，容易栽培，因而深受企业和花农欢迎，能与市场流行品种奥林匹克媲美，种植面积迅速扩大(图 11.7)。

　　云恋蝶：淡黄色底淡粉色边复色品种；枝条直立、均匀，枝条较硬、长；花较大，花色纯正、两种颜色搭配协调、比例合适，花瓣数合适，花型好，有香味；花萼无花青苷显色；属极早生品种，4 月中旬种植，生育期为 118 天，比近似主栽品种兰贵人早 1 天；6月下旬种植，生育期为 148 天，比近似主栽品种兰贵人早；每平方米每茬产切花 245 支左右；抗病性强。突出优点为花色新颖，国内现无此类型的复色品种(图 11.8)。

图 11.7　云之蝶　　　　　　　　　　图 11.8　云恋蝶

云蝶衣：橙色底粉红色花边；枝条直立、均匀，枝条较硬、较长；花较大，花色纯正，两种颜色搭配协调、比例合适，花型好，有香味；属极早生品种，4 月中旬种植，生育期为 130 天，比近似主栽品种兰贵人晚 11 天；6 月下旬种植，生育期为 169 天，比近似主栽品种兰贵人晚 13 天；该品种扦插生根率、成苗率均高，繁殖系数高。抗病性强；每平方米每茬产切花 250 支左右。突出优点为花色新颖，国内现无此类型的复色品种（图 11.9）。

图 11.9　云蝶衣

2. 多头类型品种

桃红芭芭拉：花呈红色，株高 66～78cm，花朵直径为 4.7～5.7cm，花苞为圆柱形，长 2～3cm。花瓣边缘锯齿浅，花瓣数为 30～40 枚。切花枝条长，硬而挺直。植株高，生长快，直立性好（图 11.10）。

深粉芭芭拉：花呈粉红色，株高 61～74cm，花朵直径为 4.4～5.4cm，花苞为圆柱形，长 2～3cm。花瓣边缘锯齿中等，花瓣数为 22～34 枚。开花的早晚性中等(图 11.11)。

图 11.10　桃红芭芭拉

图 11.11　深粉芭芭拉

浅粉芭芭拉：花呈粉红色，株高 67～87cm，花朵直径为 4.6～6.0cm，花苞为圆柱形，长 2～3cm。花瓣边缘锯齿中等，花瓣数为 27～36 枚。开花的早晚性中等(图 11.12)。

图 11.12　浅粉芭芭拉

太子：花色为复色类型，鲜紫红色底镶紫粉色边。花朵直径为 5～6cm；花苞圆柱形，长近 3.0cm。花瓣边缘齿裂浅，花瓣数为 21～35 枚。叶片长宽中等，叶微卷曲。切花枝条长 41～50cm。开花的早晚性中等。

　　斯佳丽：花为边缘复色类型，底色为深橘红色，黄白色镶边。花瓣边缘呈锯齿状，齿裂数量中，瓣数为36～50枚，花苞圆柱形，裂苞少。叶形狭长，色浓绿，叶中度卷曲，蜡质多。植株高，茎粗中等，柔韧性好。

　　流星：花呈白色，花瓣上有红色条纹。株高65～75cm，花朵直径为4～5cm，花苞为圆柱形，长2～3cm。花瓣边缘锯齿浅，花瓣数为31～45枚。开花的早晚性晚（图11.13）。

　　托马斯：花呈红色，株高60～71cm，花朵直径为4～5cm，花苞为圆柱形，长2～3cm。花瓣边缘锯齿浅，花瓣数为24～33枚。开花的早晚性中等。

　　紫蝴蝶：边缘复色类型，花瓣上主要颜色为紫红色，带白色花边，花瓣基部为深红色。株高54～75cm，花朵直径为3～4cm，花苞为圆柱形，长2～3cm。花瓣边缘锯齿浅，花瓣数为21～27枚。开花的早晚性早（图11.14）。

图11.13　流星　　　　　　　　　　　　图11.14　紫蝴蝶

　　桑巴：边缘复色类型，花瓣上主要颜色为黄色，带红色花边，花瓣边缘锯齿浅，生产速度快，植株高，抗性强。

（三）香石竹产业化现状

　　在国际花卉贸易中，切花是主要贸易和流通的产品，贸易量占国际花卉产品贸易总量的80%左右。香石竹在市场上极为常见，这不是因为大众对这种花情有独钟，而是因为种植者找到了周年生产的办法。花商只要能获得稳定供应，就会设法把它们用于各类产品。相对于其他切花种类，香石竹属于产量高、成本低、易于栽培的种类，而且其具有花型、花色丰富，保鲜期（观赏期）长等优点，对于生产者、销售者和消费者来说是物美价廉的大众花卉。因此香石竹在各类切花中的售价相对较低，市场占有率较高，在各种花卉成品（如花束、花篮等）中应用的比例都较大。

1. 国内外香石竹的生产及贸易概况

香石竹是哥伦比亚第二大出口切花，在哥伦比亚出口的花卉总量中，香石竹占17%。2021年，香石竹总量达51785t，价值2.56亿美元，与2020年相比，价值增长了25%，总量增长了23%。哥伦比亚香石竹出口的主要市场是美国，占总量的44%，其次是日本和荷兰，分别占15%和11%。

哥伦比亚、德国、美国、墨西哥和肯尼亚等国的香石竹切花主要采取大型农场的形式进行大规模经营。这种大规模经营的特点是利用发达国家雄厚的资本以及先进的技术进行大规模集约化生产。对于发展中国家来说，生产资本和先进技术来源于发达国家，利用发展中国家便宜的劳动力和当地得天独厚的气候资源进行大规模经营。其经营面积在4~70hm²，雇佣劳动力人数在20~200人。这种大规模经营的基础是具有国际性的销售网络，否则不易实行。荷兰、日本等国主要采取家庭式中小型经营，农户的设施面积平均在3000~5000m²，劳动力来源以家庭为主，不足的部分雇用临时工或者短工。当然也有的农户经营面积达到5000~15000m²，但是所占比例非常小。从经营形式看，除了专业经营以外，有些农户还实行复合式经营(同其他农作物组合经营)或者采取兼职经营(除花卉种植外再兼任其他职业)。

我国的大规模香石竹切花生产是从20世纪80年代中期以后开始的，主要产地有上海、云南、广州等。近年来，我国的香石竹切花生产经营规模也在不断扩大。除了发展较早的上海以及广州外，云南的香石竹切花生产发展也非常迅速。由于云南具有得天独厚的地理资源和气候资源，非常适合香石竹的生长发育，所以在云南发展香石竹生产非常有利。一直以来，香石竹都是云南省鲜切花的优势种类。

从目前的生产经营形式来看，我国的香石竹生产经营方式基本上属于企业式集体经营、个人承包的生产方式。也有很多的个体农户采用从大企业处采购种苗再自行种植，最后由大企业收购成品切花或者通过批发市场转卖的方式。每个生产单位的生产面积为0.33~2hm²，基本上属于中小型经营。这种形式的经营风险较小，也容易转轨，因此市场的竞争力较强，但切花质量并不高。近年很多外国资本进入我国的花卉产业，从事大规模的香石竹生产经营，其方式与哥伦比亚及肯尼亚的生产方式基本相同，主要采用外国资本以及先进技术，利用我国的劳动力和天然资源从事生产经营。

虽然云南香石竹种苗生产技术取得显著进展，但还存在诸多问题亟待解决。农业农村部花卉产品质量监督检验测试中心(昆明)对云南香石竹切花种苗进行的抽检结果显示，切花种苗的外观质量合格率从以前的70%~80%上升为100%，但种苗的整齐度、根系或基盘状况、已有症状的病虫害状况三项指标表现较差，整体质量还需要继续提高。

2. 香石竹的消费市场

美国、欧洲、日本是世界花卉业消费的主体。以德国、法国、荷兰为代表的欧洲花卉市场是世界最大的消费市场，占整个世界花卉消费的80%，每年鲜花消费92亿美元。以美国为中心的美洲花卉市场占世界花卉贸易的13%。美国虽然人均花卉消费额不高，但由于人口众多，国民花卉消费水平越来越高，使其成为世界最大的花卉消费市场之一。亚洲的花卉消费以日本等为中心。国民生活水平的提高及人口的增加，使日本成为重要的花卉消费大国，日本的花卉消费占世界花卉消费的 6%。近几年日本的花卉消费渐趋稳定，总量有所增长，但由于国民财富的积累以及贸易自由化的实行，日本花卉不断向高、新、奇及多样化发展，其市场发展趋势令世界瞩目。

欧洲的购买习惯较少以节日为中心，欧洲销售的花卉有一半以上都属于自用购买；即使是买作礼物，也往往出于非正式的目的，如用于庆祝生日或送给派对的女主人。美国和日本的花卉消费主要以节日为中心。从我国的花卉消费内容来看，香石竹在节日庆典的装饰用花中占有最大比例，其次是礼品用花。随着母亲节等节日习惯传入我国，香石竹的消费习惯也在我国得到迅速普及，这也是促进我国香石竹切花生产快速发展的重要因素之一。

从消费市场的切花种类以及销售量来看，香石竹的生产量几乎同菊花、玫瑰以及唐菖蒲的生产量不相上下，已经成为我国的四大主产切花之一。特别是由于近年荷兰等国在华投资兴建香石竹切花生产基地，再加上我国国民经济的持续稳定发展，香石竹的切花消费量必将不断增加。

二、香石竹的生长发育过程

1. 香石竹的植物学形态特征

香石竹是多年生植物，切花生产中作一、二年生栽培。茎直立，多分枝，株高 30～100cm，全株无毛，粉绿色，茎叶光滑，微具白粉，茎硬而脆，节处膨大，茎基部木质化。叶对生，线状披针形，全缘，基部抱茎，灰绿色，长 4～14cm，宽 2～4cm，顶端长渐尖，基部稍成短鞘，中脉明显，上面下凹，下面稍凸起。花单生，或 2～5 朵簇生；原种香石竹一般为单瓣花，花瓣为 5 枚。栽培的香石竹多数为重瓣花，花的排列方式为圆拱形，花的形状为圆形，花瓣表面皱褶，花色有白、红、黄、紫、复色及异色镶边等；苞片有 2～3 层，紧贴萼筒；花萼为圆柱状，萼筒端部 5 裂，裂片为广卵形；花瓣多数，倒广卵形，具爪，内瓣多呈皱缩状；具有香气；子房为长菱形（纺锤形），子房下部微白，子房表面光滑；花柱为 2～4 枚，柱头有绒毛；花期为 4～7 月，温室栽培四季均可开花，主要花期为 5～6 月和 9～10 月。香石竹根纤细，多分枝，根系长度一般可达 40～50cm。种子千粒重 1.7g。

2. 香石竹种子萌发及其特性

香石竹种子（图 11.15）萌发所需要的条件是足够的水分、适宜的温度和充足的氧气，对光照不敏感，种子在有无光照条件下都能够萌发，覆土黑暗条件促进种子萌发（图 11.16）。香石竹种子在 15～30℃发芽率达 90%以上，其中以 25℃最适于种子萌发，种子萌发温度范围具有宽适性。播种繁殖一般在 9 月进行。播种于露地苗床，播后保持盆土湿润，播后 5 天即可出芽，10 天左右即出苗，苗期生长适温为 10～20℃。当苗长出 4～5片叶时可移植，翌春开花。也可于 9 月露地直播或 11～12 月冷室盆播，翌年 4 月定植于露地。

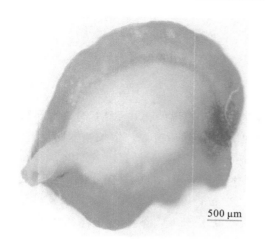

图 11.15　香石竹种子

图 11.16　实生(种子)苗

香石竹种子萌发及幼苗生长受到盐胁迫的效应较大，随盐胁迫浓度的升高，种子的发芽率呈下降趋势，表明盐分对种子萌发有一定的抑制作用。当盐浓度大于 0.4%时，种子的发芽率开始迅速下降，且随着盐浓度的增加而迅速下降到30%以下，当盐浓度大于0.8%时几乎没有种子萌发。发芽指数和活力指数同发芽率一样也随着盐浓度的增加而下降，但下降幅度较大。当盐浓度大于等于 0.6%时，活力指数与发芽指数下降率达 60%以上。香石竹属于轻度耐盐性植物，其耐盐性较差。因此，在香石竹播种过程中要注意控制盐害，以确保较高的发芽率。

3. 香石竹营养生长及其特性

营养生长是指绿色开花植物根、茎、叶等营养器官的生长。当绿色植物营养生长到一定时期以后，便开始形成花芽，以后开花、结果，形成种子，进入生殖生长。生殖生长是指植物的花、果实、种子等生殖器官的生长。在香石竹生长发育过程中，营养生长的周期为3～7个月，香石竹不同品种生长速度也不同，如紫蝴蝶定植后3～4个月便可开花，新娘181天左右开花，莫扎特需要235天左右开花。同时茎叶生长速度也与季节相关，通常春夏季每4～7天长1对新叶，秋季7～10天长1对新叶。当3～4个月后，叶片分化出10～20对叶后，茎顶形成花芽。

4. 香石竹生殖生长

香石竹的花朵，通常在新生枝条完成10～20节生长之后，顶芽形成花蕾。而实际上在香石竹展 8 对叶时，顶芽叶原基的分化已停止，此时第 8 对叶的分化已完成，并开始了花芽的分化。所以从形态上看，植株生长在 7 个对叶以下为营养生长阶段，在8 个对叶以上进入生殖生长阶段。香石竹从花芽分化开始到花蕾的形成大概需要30 天时间。夜间 5～12℃低温有利于促进花芽分化。香石竹从摘心之后到开花，在不同季节需 3～7 个月。

三、香石竹生长发育的环境条件

1. 温度对香石竹生长发育的影响

香石竹喜凉爽，不耐炎热，可忍受一定程度的低温。当温度在 0～21℃时，香石竹种苗芽的生长随温度升高而加快；当温度高于 22℃时，随着温度升高，生长速度逐步下降；当温度高于 45℃时香石竹生长基本停止，处于休眠状态。气温处于 15～20℃时，香石竹芽从刚萌动开始计算，需 25～30 天的时间就可以生长出一根标准的芽条。同时温度处于 0～22℃时，每升高 10℃，香石竹生长速度加快 0.25cm/d；当在 22～45℃时，温度每升高 10℃，香石竹的生长速度下降 0.18cm/d。若夏季气温高于 35℃，冬季低于 9℃，其生长十分缓慢甚至停止。

温度对香石竹花芽的发育也有影响，花芽分化到现蕾的时间，温度为 10℃时需要 40 天，20℃时需要 17 天；从现蕾到开花需要的时间，温度为 10℃时需要 100 天，20℃时需要 33 天。高温降低花的大小，当温度上升到 16℃以上花的质量下降。生产高质量的香石竹切花必须有冷凉温度和高光照条件。在世界大多数地区高质量香石竹花的生产都需要有鼓风和湿垫蒸发冷却系统。

2. 光照条件对香石竹生长发育的影响

光照对植物来说非常重要，它对植物的作用主要是利用光能把无机物变成有机物，供给自身生长所需，若要植物生长得好，必须使植物充分利用光照来产生更多的有机物。强光照显著促进香石竹植株的伸长生长，香石竹植株株高由缓苗期至生长前期无明显差异，进入营养生长中期，植株的伸长生长受光照度的影响表现出较明显的差异，光照越强，植株伸长生长速度越快。光照度的强弱对香石竹植株侧芽的发生影响较大，较强的光照条件有利于大棚内香石竹侧芽的发生。强光对植物的生长有促进作用，对叶片的形态结构有明显影响。随着光照度的下降，香石竹的植株变矮，侧芽发生数越来越少且较瘦弱、细长，植株较瘦弱，叶宽度减小，抗倒伏能力减弱。

香石竹是一种高光强植物，对光照敏感，适合香石竹光合作用最低的自然光照度为 $2.15 \times 10^4 lx$，即使在光照度较强的夏季，由于覆盖物与落尘的吸收反射、建筑骨架结构遮光及大棚内雾气、水滴等因素的影响，到达大棚内的光照减弱，室内光照度一般只有室外的 75%。因而遮阴只能是轻度的，大棚栽培应选用透光率高的塑料薄膜。在香石竹营养生长初期应当给予较强的光照度，必要时可以增加电照，有利于植株的健壮生长，加强植株营养生长后期的抗倒伏能力，营养生长中后期，较强光照有利于植株侧芽的发生。所以在香石竹营养生长期间调节光照度，可以在一定程度上增加产量并提升产品的品质。

光照度决定香石竹花芽分化的快慢。低光照度时，花芽分化慢且形成叶片多；高光照度时，花芽分化快且叶片较少。花蕾的发育快慢不受光照度的影响。低光照度会使植株变弱，导致质量差和等级低。温室条件只要不是极端温度，一般不用遮阴。扦插繁育前 7～10 天需要适当遮阴。

3. 水分对香石竹生长发育的影响

香石竹根系为须根系，介质长期积水或湿度过高、叶片表面长期高温，均不利于其正常生长发育。低光照度下降低有效水含量可使植株生长健壮，但是如果极端地控制浇水也会使花直径减小。因此，生产高质量的香石竹产品，最好采用自动化灌溉控制系统。另外还应注意水质及水分含盐量的问题。当基质中氯化钠浓度大于 0.6% 时，地上部分的高度急剧减小。根的长度变化也呈现出相同的趋势，当氯化钠浓度大于 0.6% 时，根长也急剧减小。从根尖的颜色变化来看，当氯化钠浓度大于 0.4% 时根尖颜色呈褐色，说明根尖的生长受到影响。随着氯化钠浓度的升高，香石竹种苗的根系活力呈下降趋势，表明盐分对根系的生长有抑制作用。在氯化钠浓度大于 0.4% 时，香石竹的根系活力开始迅速下降，且随着氯化钠浓度的增加而迅速下降到 40% 以下，根系活力受到较大影响。因此，应定期检测可溶性盐含量，可用淋溶基质法降低可溶性盐的含量。

4. 基质营养对香石竹生长发育的影响

香石竹喜保肥、通气和排水性能良好的基质，适当的氮肥可以明显促进香石竹株高、生物产量及养分含量的增加。在低光照地区，硝态氮肥比铵态氮肥更合适，可避免低温造成的植株软化和毒害作用，但过量的硝态肥也会使植株生长衰弱。适当施用磷肥可促进植株的生长发育，提高观赏品质。适当增加磷肥可增加植株的磷含量，还可促进植株对氮、钾等养分的吸收。但当磷肥超过一定量时，植株对养分的吸收又会减少，磷肥利用率降低。每次每株 0.235g 的磷肥（P_2O_5）用量是最佳用量，这能有效促进株高、干物质积累和养分含量的增加。

适宜其生长的基质 pH 是 5.6～6.4，pH 大于 7 的碱性基质易与铁、锰、锌、硼等微量元素发生反应，而发生营养亏缺。pH 小于 5 的酸性基质，易造成根系生长不良而影响肥水的吸收。基质偏酸，可用生石灰或生活垃圾（以煤渣为主）来调节；基质偏碱，可用有机肥料或硫黄调节。pH 对香石竹红花色素的影响明显，在酸性条件下该色素较稳定。金属离子 Ca^{2+}、Cu^{2+} 对色素有增色作用。色素耐光性良好，耐热性较差，只能在 50℃ 以下受热。H_2O_2、Na_2SO_3、苯甲酸钠对其有严重的破坏作用，食品中常有的氯化钠、蔗糖对其也有一定影响：低浓度（<1%）有增色作用，高浓度（>1%）则有明显的降解颜色的作用。

四、香石竹无土栽培

香石竹的采穗母本栽培中，基质栽培存在基质连作障碍的现象，严重影响其产量和质量。由于受真菌、细菌和温湿度的影响，常引起扦插穗的根腐、茎腐，尤其在高温高湿的 5～8 月，严重影响香石竹的生根，导致香石竹的扦插成苗率低。因此，提高香石竹扦插穗的质量是香石竹种苗生产的关键技术。与传统的土壤栽培相比，无土栽培为香石竹根系生长提供了良好的环境，并有效控制和及时供给植物生长所需的营养元素，保证其正常发育，增强其抗性，利于减少病虫害的发生，从而降低植株的死亡率，提高产量。

(一)营养液

1. 香石竹采穗母株营养液

1)香石竹采穗母株营养液的组成

营养液配方组成和浓度控制是无土栽培生产中的重要技术环节。它不仅影响作物的生长,而且涉及经济而有效地利用养分的问题。不同作物要求不同的营养液配方,目前发表的配方很多,但大同小异,因为最初的配方源于对土壤浸提液的化学成分分析。营养液配方中,差别最大的是其中氮和钾的比例。配制的方法是先配出母液,再进行稀释,可以节省容器便于保存。香石竹采穗母株营养液配方见表11.1。

表 11.1 营养液配方

药品	用量	浓度/(mol/L)
A 液 95% Ca(NO$_3$)$_2$(硝酸钙)	4.92kg	0.25
38% H$_3$PO$_4$(磷酸)	0.46L	0.04
EDTA-Na$_2$(乙二胺四乙酸钠盐)	56.40g	0.00035
FeSO$_4$·7H$_2$O(硫酸亚铁)	41.60g	0.00035
B 液 H$_3$PO$_4$(磷酸)	1.34L	0.12
KNO$_3$(硝酸钾)	1.72kg	0.108
K$_2$SO$_4$(硫酸钾)	0.56kg	0.037
KH$_2$PO$_4$(磷酸二氢钾)	1.00kg	0.125
MgSO$_4$·7H$_2$O(硫酸镁)	1.06kg	0.113
MnSO$_4$(硫酸锰)	5.40g	0.00000484
ZnSO$_4$(硫酸锌)	1.34g	0.00008
NaB$_4$O$_7$·10H$_2$O(硼酸钠)	20.00g	0.0005
CuSO$_4$·7H$_2$O(硫酸铜)	2.00g	0.000076
Na$_2$MoO$_4$·2H$_2$O(钼酸钠)	1.20g	0.00000099

注:表中用量为配制 50kg 母液的用量。

2)香石竹采穗母株营养液的配制技术

在栽培槽中定植香石竹,将上述营养液稀释 100 倍进行滴灌,每天供液 5 次,每次 3min,即可在香石竹采穗母株上进行多次采穗。采穗母株采用无土栽培的方法,感病死亡率降低 5%~15%,插穗产量提高 10%~20%,扦插成苗率提高 10%~30%,种苗健壮,商品价值高。

无土栽培成功的关键在于管理好所用的培养液,使之符合最优营养状态的需要。无土栽培所用的培养液可以循环使用。地表水及渗出的营养液通过种植槽底部排入回收管道,注入回收池中,经过滤沉淀,由动力泵抽进回收液调节池内,在进入回收液调节池前需经过紫外线消毒器消毒杀菌。采用紫外线消毒法进行回收液的消毒,该方法是目前全世界公认的绿色杀菌消毒方法,其功能具有纯物理特点,不会产生二次污染或改变物体的化学、物理性质，杀菌效率可达 99%。杀菌的广谱性是最高的，它能高效率杀灭几乎所有的细菌、病毒，运行安全、可靠，运行维护简单，费用低。

营养液经过植物对其中离子的选择性吸收，某些离子的浓度降低得比另一些离子快，各元素间比例和 pH 都发生变化，逐渐不适合植物需要。因此，通过回收液池内安装的 EC 感应器、pH 感应器的探测，自动定量调节 A 营养液和 B 营养液注入废液调节池中，将废液调节至适宜的浓度，调节好的营养液又可泵入供液管中供植株吸收利用。

2. 香石竹切花的营养液组成

陈琰芳等(1990)认为适合香石竹切花的营养液成分为：大量元素 $Ca(NO_3)_2$ 634g/kL、KH_2PO_3 204g/kL、NH_4NO_3 20g/kL、$MgSO_4$ 185g/kL、KNO_3 429g/kL、K_2SO_4 44g/kL；微量元素 Mn 0.41g/kL、Zn 0.20g/kL、Cu 0.01g/kL、Mo 0.05g/kL、B 0.02g/kL、Fe 1.90g/kL；生产中可以使用化肥以降低成本，最佳施肥量有机肥为 14.4kg/m³，无机复合肥为 0.96kg/m³。

(二)基质

由于香石竹喜肥、极不耐涝，所以基质材料选用陶粒、草炭，陶粒采用粒径为 3~8mm 的破碎陶粒。基质栽培与土壤栽培对植株死亡率的影响极显著，当灌浇稀释 100 倍营养液和清水时，陶粒：草炭=1：1 的植株死亡率与其他处理相比最低，可能因为陶粒作为无土栽培基质，其保水排水透气性能良好，且保肥能力适中、化学性质稳定、安全卫生、本身无异味、很少滋生虫卵和病原物，其不足是本身的吸水性较差。草炭的保水保肥性能好，因此陶粒与草炭配合使用能获得良好的栽培效果。基质具有良好的孔隙度、协调的水汽比和良好的通透性，因此根际温度能够较长时间保持在适当的水平，进而改善了根系合成细胞分裂素、吸收矿质营养、改善膜功能等生理功能，使营养器官迅速增大，增强了香石竹的抗逆性和抵抗病虫害的能力，提高了其成活率与产量，提升了品质。因此陶粒：草炭=1：1 的基质配比适合栽培香石竹母本。

香石竹切花无土栽培用的基质有陶粒、岩棉垫、木屑、炉渣等。岩棉是无土栽培的主要介质之一，在国际上，岩棉栽培面积居无土栽培总面积的首位，荷兰最多，日本第二。国产园艺岩棉是用 60%的玄武岩、20%的石灰粉和20%的焦炭混合，在 1600℃条件下燃烧制成纤维，加入黏合剂、吸水剂，压制成板材，并制作成组培苗块、育苗块、栽培垫出售。它的持水量、容气量适中，无离子交换力，无营养，偏碱性，因此易于进行水肥管理。岩棉栽培主要的供液方式是滴灌，岩棉在冬天可以提高植株根部的温度，有利于根系对营养物质的吸收，同时，岩棉中营养成分的供应也是土培所不及的。这一点对于冬天在温室中生产花卉节省能源、缩短植株的生长周期是非常重要的。在一定时间内，相同株数岩棉栽培的产花量远远高于土培，采花期提前一个月。

另外，汪天等(2000)用木屑和炉渣作为基质，在苗期，由于所配基质由木屑与炉渣组成，木屑的容重小于炉渣，木屑的比例多，有利于空气在基质中的运动，并且有很好的贮水性，但容重过小，易造成倒伏。苗期的基质以木屑为主，营养生长和开花期基质可稍加大炉渣的比例。锯末与炉渣配比以 3：1 为好。

（三）无土栽培的方法

1. 扦插

1）扩繁生产用种

优质种苗是香石竹生产成功的关键。优质种苗首先应具备原品种的优良特性，直接从国外引进的母本上打头扦插的一代苗或经脱毒的组织培养苗都能达到上述要求。将原种种苗定植栽培形成母本植株（图 11.17），从母本植株上采芽扦插，生根后作为鲜切花生产用种苗。母本数量一般为采穗量的 1/30～1/25。采穗母本的定植时间根据采穗量和生产上用苗时间而定，一般在 9～10 月进苗栽植。在生产扩繁的过程中，应采取严密的措施防止病毒再次感染：①建立母株园，母本圃应设立在离香石竹生产地较远的大棚内，建离地高床，泥炭、草炭、砻糠灰、珍珠岩等混合作基质，尽可能用滴灌给水，营养液栽培；②母株园要用防虫网覆盖，防治蚜虫传播感染；③扦插繁殖区域基质、水分要经常消毒，隔离切花生产区域。

图 11.17　香石竹母本

2）扦插时期

香石竹可在温度适宜的四季进行扦插繁殖。生产中扦插繁殖以 1～3 月为宜，尤以 1 月下旬至 2 月上旬效果最好，此时用作插穗的侧芽生长健壮，质量最好；同时，这段时间扦插可以控制植株在第二年元旦和春节开花。而 3 月扦插的成活率也较高，但此后生长不如 1～2 月扦插的好，作为补植需要可在此时进行扦插。扦插温度为 10～13℃，前期 7～10 天适当遮阴、灌水，20 天后生根，再经 10 天后可进行分栽，生根时间需 30 天左右，3～4 月为 25 天，5～7 月为 20 天左右。昆明地区 6～9 月为雨季，过分潮湿，易发生叶斑病和插条腐烂。

3）插条的采集

扦插需在温室内进行，从生长强健、开花整齐、具有粗壮节短枝条的母株上选取插穗。在强健枝条中部选生长粗壮、长势旺盛、叶片青绿的做插条，标准插条的长度为 12～14cm，而且有 3～4 对叶片。采插穗时应采取"掰芽法"，两手同时进行，即一手拿主枝干，一手拿选作插穗的芽，将老叶片和芽同时向外剥下，使基部完整并带有节痕，适当除去尾叶（注意勿伤及顶端生长点）。蘸上生根粉扦插或储藏在冷库中需要时取出扦插。

4）基质的处理

种子萌发和扦插苗生长所用基质必须排水良好并且多孔通气。扦插基质为珍珠岩与草炭的混合基质，pH 为 6.0～7.0，珍珠岩颗粒规格为直径 0.1 cm。基质铺放厚度为 5cm，扦插深度为 1～2cm（图 11.18），基质要进行消毒，扦插前将基质用干净的水均匀拌好，并用木板刮平。基质的湿度标准为：用手捏，能成团，手伸直后轻轻振动手腕，成团的基质能够裂开。铺在苗床上的基质要疏松，以增加基质中的孔隙度，有利于种苗的生根，同时也便于扦插，经验证明，扦插香石竹的苗床最好是活动的，一旦积水可以马上滤出，或在准备时就将苗床做成具有一定的倾斜度，这样可以大大提高安全系数。

图 11.18 香石竹扦插基质

扦插基质的比例为珍珠岩∶草炭＝5∶1 时生根率最高。珍珠岩属无机基质，透水性和透气性能很好，但离子交换能力差，草炭属有机基质，离子交换能力强，并具有一定的缓冲能力。有机基质和无机基质配合使用，给植物根系生长创造所需的最佳条件，因此在香石竹种苗扦插基质珍珠岩中加入草炭能提高其生根率。

5）扦插

香石竹插床可用高床或地床，用珍珠岩、砻糠灰作扦插基质，插床底部填 2～3cm 直径的石粒或煤渣，以利排水。从母本茎中部 2～3 节萌发的侧芽作插穗，侧芽长 10～12cm、8～10 片叶时，掰下侧芽整理，保留 6～8 片叶，顿齐基部，50 芽一把，用皮筋捆好，蘸上生根粉。扦插时宜浅插不宜深插，只要芽插进地里不倒即可。一般扦插芽深度为1.0～1.5cm，若插得太深，易茎腐死亡。然后以2.0～2.5cm行株距插入已准备好的扦插床，并立即浇透水，用遮阳网遮阴。以后根据天气喷水，保持叶面湿润，新根发出后不再遮阴，插床温度保持在15～20℃，14～15天开始生根，25～30天可起苗移植（图11.19）。

图11.19　香石竹扦插苗

扦插用的生根粉是保存扦插生根的关键因素，在香石竹扦插繁殖的过程中，由于受真菌、细菌和温湿度的影响，常会引起插穗的根腐、茎腐，尤其是在高温高湿的5～8月，烂根现象突出，严重影响生根，导致香石竹的扦插成苗率低。因此，在生根粉中加入杀菌用的甲基托布津和农用链霉素，使插穗的抗菌、抗病能力增强。常用的生根粉为萘乙酸10份，吲哚丁酸1～2份，甲基托布津80～120份，链霉素15～30份，滑石粉6000～6400份，甲基托布津采用含量为70%的可湿性粉剂。链霉素采用含量为72%的农用链霉素，滑石粉为市购产品。配制生根粉的方法为先将萘乙酸和吲哚丁酸配制成0.15%～0.2%的溶液，再将甲基托布津、链霉素与滑石粉混合成载体，之后在溶液中加入混合载体，充分搅拌，自然干燥，即得生根粉。生根粉中的萘乙酸诱导产生的根较少而粗，而吲哚丁酸作用产生的不定根细而长且呈纤维质，在生根粉中将两者按比例配合使用后，生长出的根长而粗壮，生根效果极好，种植后大量吸取养分。

6）扦插后的管理

（1）水分管理。扦插后管理是提高成活率的重要环节，温度、湿度的控制是扦插成活的关键。扦插后必须浇透定根水使基质与插条基部密结，以利于吸水成活。扦插初期适当遮阴，防止阳光直射。从扦插之日起，5～10天内，穗条的叶片上保持湿润，视天气情况适量喷水，有喷灌条件的，一般间隔20min喷雾10s，没有喷灌条件的可用喷壶喷洒。以保证所喷水分全部落在叶片上为基本原则，尽可能地避免水分落入穗条下面的基质中。自扦插之日起，10 天后，基部的愈伤组织逐渐形成，基质与插穗的结合也较紧实了，喷水的次数不变，逐渐减少喷水的量，以保证叶片不萎蔫为原则。

香石竹极不耐涝，基质中的水分稍微偏高，极易造成根部腐烂，经验证明，根部积水时间超过 12h，将造成 60% 以上种苗的根部变褐色，超过 24h 所有的种苗都无法幸免于难，特别是扦插已经生根或愈伤组织形成期。一旦发现基质积水，立即采取措施：减少喷水次数甚至暂停喷水以降低种苗环境湿度，同时，加盖遮光网以降低温度，确保种苗不萎蔫。基于珍珠岩有迅速滤水的作用，可以采取更加快捷的措施：将苗床倾斜，水分可在 10~20min 内滤出。

（2）起苗。一般在苗根长 2~3cm，根系发育比较完整时起苗前两天喷一次杀菌剂及磷酸二氢钾，起苗时必须剔除部分不健壮的苗，每 100 株一袋包装好，每袋注明品种、数量、等级、产地等（图 11.20）。

图 11.20　起苗

2. 定植

大棚及温室栽培定植的时间取决于市场。在生产中，一般以 6 月中下旬到 7 月上旬为多。切花上市期为 10 月上旬至翌年 2 月。其次在 9 月下旬至 10 月上旬也有一个定植高峰期，该批切花产品主要是针对 5 月母亲节的消费市场。

一般在春季定植的，从定植到开花，所需的时间短；在夏季和秋季定植的，定植到开花所需的时间长。在夏季气温高的季节开花的，采花期短而集中；在气温较低的冬春两季开花的，采花期长而分散。定植的株行距主要有以下几种：10cm×15cm、10cm×20cm、15cm×15cm 或 100m^2 种植株数分别为 6600 株、5000 株和 4400 株。生产上多见另一种株行距的定植方式，即 10cm×10cm×20cm，为宽窄行种植，相当于 10cm×15cm 的株行距，以这种株行距种植的，在人工整枝抹芽时更便于操作，通风透光性也好。

在定植之前，应该安装好遮阳网。种植畦在定植前的2～3天，应浇一次透水，到定植时，让种植畦的基质处在一定的湿润状态下定植。看基质的干湿程度是否合适，一般是用手握就能够把土握成团，松开手，土团落到地上能散开，就表明基质含水量合适。定植方法分为张网后定植和张网前定植两种。张网后定植为先将1层网或3层网(网格为10cm×10cm)紧贴畦面，拉平、拉紧，固定好，3层网的应保持各层网之间的网格必须对整齐(图11.21、图11.22)。依网孔位置定植香石竹种苗。张网前定植则用定植绳或定植框进行定植，定植绳或定植框上有定植的长宽标记，依标记定植。为减少枯萎病(根腐、茎腐)的危害，必须进行浅植。定植时以土刚好盖住根系，上部根略露出土面为宜，避免基质覆盖住茎基部。一般基质细碎的，栽种要浅；土粒较粗大的，可略微深栽。栽后应马上浇透定根水。栽后保持遮阴4～7天。若有条件，采用对新栽苗进行喷雾降温保湿的方法来代替遮阴，可提高香石竹的成活率，有利于香石竹尽快发根恢复生长。

图11.21　定植

图11.22　香石竹张网定植

3. 肥水管理

用75%遮阳网遮光7～10天，定植后浇透水，第二天和第三天及时扶苗补水，畅喷水，以后7天注意及时补水，保持空气湿度和基质湿度，保障植株叶片不脱水不萎蔫，经过7～10天苗成活后，开始正常的营养生长，揭遮阳网、浇水、补水时注意天气变化，一般晴天隔一天浇一次水，阴天根据基质湿度情况而定，保持充足的水分，基质水分保持田间持水量的60%～70%，要避免湿度过重，保持植株能吸收到充裕的水分。早上浇水要好于傍晚浇，这更符合香石竹一天中水分蒸腾量的变化，傍晚浇水，表土长时间处于湿润状态，对香石竹不利。不能垂直叶面浇水，叶面湿度过高很容易引起茎叶病害。应进行植株的行间浇水，注意采取以低而平的位置和角度给水，做到尽可能少地弄湿植株叶片。香石竹的水分供应方式提倡使用滴灌系统，其能做到表土湿度较低，中层基质较湿润，这样既保证了香石竹生育所需水分，又有利于降低基质和空气湿度，抑制病害发生蔓延。

浇水量和次数因季节、气候和栽培基质和植株生长发育期的不同而不同。一般对富含腐殖质的种植基质，夏季在连续晴天时每天一次，春季每2天一次，秋季每3天一次，冬季每7天一次，每次每平方米灌水量约为10L。而对于以疏松物质为主要成分的基质，则应提高浇水频率。若为台式栽培，浇水量以能见到台下有水流出为度。

氮是香石竹生长发育所需的大量元素之一，就台式栽培来说，每100m^{2}一年栽培的香石竹需要施入10.0kg的氮素肥料。最适叶内营养水平为3.33%～4.19%（氮元素与植株叶片干物质的百分比）。在低光照下，施用硝态氮肥可使植株的茎秆强壮。但是过多的氮肥反会使植株的茎秆脆弱。香石竹含氮量低或含铵态氮高，会促使花萼脆弱进而裂开。需要注意的是，在高温蒸汽灭菌时，过高的温度（90～100℃）能致死硝化菌，而氨化菌仍存活，导致发生游离氨的毒害。因此，应避免高温过剩消毒。同时在进行了基质消毒处理后，先施入含有硝化细菌的有机肥料，再使用硝态氮肥。

钾会影响香石竹切花的产量、品质、枝长和寿命。台式栽培一般每100m^{2}一年生香石竹对氧化钾的需要量为11.0kg。最适的叶内营养水平为2.79%～4.00%。香石竹植株体内钾的含量除了在生育最终期外，一直是不断增加并逐渐累积的，在中后期达到高峰。因此钾肥只适作追肥施用。尤其是在生育后期必须追施大量的钾肥。

磷也是香石竹生长发育所需的大量元素之一。台式栽培每100m^{2}一年生香石竹所需的五氧化二磷为3.7kg。最适的叶内营养水平为0.26%～0.40%。香石竹植株体内磷的含量在生产初期达到高峰，以后基本保持一定水平。磷对香石竹生育初期的影响极大，在这个时期保证磷充足，后期即使缺乏，对香石竹生育也影响极微。因此，在香石竹栽培中，磷肥仅采用施底肥的方式施用。

氧化钙最适的叶内营养水平为1.13%～1.64%。台式栽培每100m^{2}一年生香石竹氧化钙的施肥量是11.4kg。在香石竹的旺盛生长期，基质中盐分高，钾、铵态氮多时，植株对钙的吸收受阻。若植株出现缺钙症状时，根部施肥结合根外追肥同时进行。

香石竹叶片内硼含量低于0.02‰～0.025‰时，植株就会表现多种缺硼症状。最适的叶片内营养水平含量为0.03‰～0.1‰。当基质pH高时，每次灌水时，在1L水中施0.5mg硼。

根据上述香石竹所需几种重要元素的施入量及具体各种化肥的有效成分含量，提出以下两种施肥配方供种植者参考（按100m^{2}一年用量计算）：配方1为硝酸铵13.0kg、过磷酸钙22.5kg、硝酸钾24.4kg、硝酸钙20kg、硼酸200g；配方2为尿素9.6kg、过磷酸钙22.5kg、硝酸钾24.4kg、硝酸钙20.0kg、硼酸200g。

施用时，过磷酸钙作基肥一次性施入基质的整个耕作层，其他肥料作为追肥全年分40次施用，夏季每5天1次，春季和秋季每7天1次，冬季每10天1次。具体方法是，将每次要施的肥量兑入1000kg的水中，均匀施在100m^{2}的种植床上。若种植的基质过于疏松或保水保肥能力差，建议使用配方1，并且在总施用量不变的前提下，增加施肥次数。

4. 植株调整

1）张网

张网是为了使香石竹的茎能正常伸直生长，张网前先在畦边以 1.5m 距离打桩一根，桩长 1.2m 插入土中 30cm，打桩时必须纵向拉一根绳，使每畦桩排列在一条直线上。一般使用的网由尼龙绳编织而成，网格尺寸为 10cm×10cm。张网在摘心结束、苗高 15cm 时进行，每畦同时张 3 张网，第一层网在 8～10cm 处固定，第二、三层网随植株伸长逐渐升高（7～10 天调整一次），每层相距 20cm 左右，每次升网后，理苗一次。

2）摘心、疏芽

香石竹一经摘心就会从节上发生侧芽，通过摘心可以决定开花枝数和调节花期。因此，合理摘心是香石竹栽培的重要技术环节。定植后的第一次摘心是为了增加分枝数，以后的摘心是为了调节开花期。第一次摘心一般在定植后 3～4 周茎开始伸长时进行，对于容易发生侧枝的品种，一般在第 4～5 节摘心；对于不易发生侧枝的品种在第 6～7 节摘心；普通品种在第 5～6 节摘心。摘心即摘取植株单茎上的生长点，摘心时应双手操作，避免提升植株导致损伤根系，操作时一手捏住所摘芽的茎节基部，另一手捏住顶芽向侧面下压摘取顶端部分，但需注意，必须把生长点摘除，避免摘假。香石竹的第二次摘心一般在第一次摘心后 30 天左右侧枝生长有 5～6 节时进行。经过两次摘心，每株香石竹可有 6～10 个开花侧枝。香石竹摘心的时间最好在晴天中午前后进行，以利于伤口愈合，摘心后要及时喷药防病。

根据不同栽培类型、不同品种的性状及对花期的要求，可采用多种方法摘心，不同摘心方法对花的产量、质量、开花时间有不同的影响，常见的摘心方法有三种。①单摘心法。对植株主茎只进行一次摘心，促进植株萌发 3～4 个侧枝形成开花枝，这种方法从定植到开花的时间较短，而采取相应的管理措施后，第二批花产量较高。为了争取提早开花，摘心期可在定植后 20～28 天内进行，摘心过晚会推迟开花。单摘心的方法主要应用于大花型品种的短期栽培，特别适应早熟品种，有利于提早采收第一批花。这种摘心方法的缺点是花期比较集中，第一批花与第二批花有明显的间隔期，并形成两个采花高峰，要做到均衡供花比较困难。②双摘心法。主茎摘心后，当侧枝生长至 5 节左右时，对全部侧枝再进行一次摘心，使单株形成的花枝数达到 6～8 枝，这种摘心方式使第一次收花数量较多，时间又比较集中，而下一批花茎的生长势弱，开花延迟，常常用于 4～5 月定植，11 月进入收花高峰的冬季花为主的栽培方式。双摘心法通常适用于晚花性品种。摘心时间的早晚同样对花期早晚产生影响，可以采取分批摘心的方法，均衡花的采收期。③半单摘心法。为了解决既要提早采花又要均衡供花之间的矛盾，在一次摘心与二次摘心的基础上改良为半单摘心的方法，即在第二次摘心时，留一半侧枝不摘心，促其提早开花；另一半侧枝进行摘心，使其延缓开花。这样处理，使二次摘心的侧枝开花花期处在第一批与第二批花高峰期的中间，基本达到均衡采花的要求；而通过调整摘心时期或摘心节位的高低，又可影响花期的早晚。第二次半摘心法，摘心的侧枝数量一般要求为每株 1～2 个，并选上部的侧枝摘心，摘心量过多会使整株切花的质量受到影响。

　　疏芽也可叫作抹蕾。花枝的疏芽与疏蕾香石竹侧枝顶芽形成花蕾后，在顶花蕾以外的侧芽很容易发育成侧花蕾或营养枝。为使其花朵大、枝条均匀、枝条直，需及时摘除不需要的侧芽、侧蕾，并注意从侧边摘除，以免伤及枝条，造成枝弯，俗称"弯脖子花"。关于摘芽，要将第 7 节以上的侧芽全部摘除，7 节以下的侧枝保留上节位发育良好的 1～2 个侧芽，其余侧芽尽早摘除。对于多头香石竹，为了使侧花蕾开花整齐，并改善切花的花序构型，一般将顶花蕾摘除。疏芽是一项连续性的工作，一般 3～5 天进行 1 次。

　　5. 花期调整

　　花卉的花期调控技术即用人为的措施使植物提前或延后开花，又称催延花期技术，也称花期调节。花期调控技术可细分为促进栽培技术和抑制栽培技术两种。使开花期比自然花期提早者称为促成栽培技术；使开花期比自然花期延迟者称为抑制栽培技术。对花卉的花期进行调控具有重大的意义，一方面通过促成和抑制栽培可打破花卉开花的季节限制，从而达到周年供花的目的；另一方面，在人工调节花期的过程中，由于准确安排栽培程序可缩短生产周期，加速土地利用周转率，还可获取有利的市场价格；此外，使花期不遇的杂交亲本在同一时期内开花，以方便杂交。在现代花卉生产中，为了满足大众对花卉的需要，在国内尤其是"十一"、"五一"、元旦、春节等节日用花，需要数量大、品种多、质量高的花卉，而且是应时开花，因此，花期调控技术成了理想的栽培手段，日益受到花卉生产者的重视，成为经常应用的花卉生产技术措施之一。花期调控的主要途径有温度处理、光照处理、药剂处理及栽培措施处理四种。

　　(1) 温度处理。温度对打破植物休眠、春化作用、花芽分化与发育、花茎伸长均有决定性作用，控制温度来调节花期主要是通过温度的作用调节休眠期、成花诱导与花芽形成期、花茎伸长期等主要进程，从而实现对花期的控制。通过对植物进行相应的温度处理可提前打破休眠，形成花芽，并加速花芽发育，从而达到提前开花的目的，反之，可达到延迟开花的目的。

　　(2) 光照处理。一般花卉在植株长成到开花需要一个光周期诱导阶段，在此期间，花卉即使处在非常适合的温度条件下，若光照时间不合适也会影响花芽的形成，导致不能如期开花甚至开不了花。这与花卉在原产地长期形成的适应性有关。植物对光照的需求是不同的，有些植物需要长日照才能开花(称长日照植物)，有的植物却需要较短的日照才能开花(称短日照植物)，因此，对于这些类型的花卉，可以通过人为控制光照时间来控制其花芽分化或发育的进度，从而达到调节花期的目的。

　　(3) 药剂处理。植物花芽的分化与内源激素水平关系密切，因此运用一些植物生长的激素解除休眠、促进或抑制花卉提早或延迟开花。常用的促进花卉提早开花药剂有赤霉素、生长素、细胞分裂素、乙烯利等。此外，应用脱落酸及多效唑可抑制某些观赏植物的花芽形成，使植株延迟开花。

　　(4) 栽培措施处理。不需要特殊环境诱导，在适宜条件下只要生长到一定大小即可开花的种类，可以通过改变种植期调节开花期。采用修剪、摘心、水肥控制等措施，可有效地调控花期。对于一年中可多次开花的月季、香石竹、一串红等花卉来说，可通过修剪、摘心等技术措施预定花期。

香石竹可通过调节光照时间、种植期以及修剪和摘心等方法来调控花期，使其适应人们的需求。现代香石竹品种有一个较宽的光周期和气候适应范围，是一种兼性长日照植物，它的花芽在长日照条件下比短日照条件下形成得更快。新梢形成 6～8 对叶后才能感受光周期诱导。低光照度时，花芽分化慢且形成叶片多；高光照度时，花芽分化快且叶片较少。通过调节光照度来调节开花时间。

低温贮藏扦插苗，可调节栽植期，以控制切花上市期。方法是将生根的扦插苗每 100 株装 1 个塑料袋，在 2℃条件下遮光贮藏，可贮藏 50 天左右，再取出栽植。

摘心方法可以决定香石竹的开花数并能调节开花时期和生育状态，可摘心 1～3 次，最后一次摘心称为"定头"。第一次摘心在定植后约 30 天，即幼苗在 6～7 节时进行；第二次摘心通常在第一次摘心后发生的侧枝长到 5～6 节时进行；最后一次摘心则是根据不同的品种和供花时期而定，如需在 12 月至翌年 1 月开花的，一般在 7 月中旬定头，而要求"五一"节盛花的摘心务必在 1 月初结束。为保证切花品质，摘心一般不超过 3 次，每株香石竹植株保留 3～6 个侧枝即可，将其余侧枝从基部剪除。

五、香石竹常见病虫害及防治方法

(一)主要病害及其防治

香石竹病害的发生相当严重。首先是病害种类多，涉及真菌性病害、病毒性病害、细菌性病害和线虫性病害等。在香石竹病害中，枯萎病、叶斑病、锈病和香石竹斑驳病毒病为香石竹上的重大病害，对生产影响大，防治不当容易造成流行和大面积危害。

1. 枯萎病

引起该病害的病原是尖孢镰刀菌石竹专化型。目前世界上已报道有 11 个小种，只有 2 号生理小种在全世界的香石竹种植区有分布。该菌能够在 4～35℃（25℃为最适生长温度）、pH 为 2～9 的条件下生长（pH 为 6 时最适合生长），对光照没有特别要求，致死温度为 65℃，10min。该菌对氮源和碳源的要求不高，无论是蛋白胨中的有机氮还是硫酸铵中的无机氮，无论是单糖形式的葡萄糖还是多糖形式的淀粉都能被利用，该菌对营养和环境的要求并不高，具有广泛的适应能力。

枯萎病在香石竹整个生长发育期间都可发生。该病引起的症状为植株的先端变弯，呈钩状，多数或病植株一侧的枝叶变黄、萎蔫，再变成枯萎状最后植株枯死呈现灰白色，田间常见植株半边枯死或整株枯死病菌在基质和病株中存活，通过根和茎基部侵入植株（图 11.23、图 11.24）。病害还可借助带病的插条进行传播蔓延。在高温的夏季发展极为迅速，危害最严重。

防治方法：用溴甲烷等化学药剂进行基质消毒；选用抗病品种和健康有保证的苗；合理施用肥料，控制氮肥，增施磷肥、钾肥有利于防病，后期用多菌灵等药剂处理，有利于控制该病的发生，发现病株应及时挖除烧毁，用 0.1%福尔马林对病穴基质消毒。

图 11.23　香石竹枯萎病（一）　　　　　　图 11.24　香石竹枯萎病（二）

2. 叶斑病

叶斑病俗称斑点病、黑斑病或褐斑病，病原为半知菌亚门交链孢属的链格孢菌，生孢子梗呈曲折状，褐色，成丛着生，有分隔 1～4 个。顶端着生分生孢子，分生孢子链状着生，倒棍棒形，暗褐色，有纵横分隔，分隔处常溢缩。

叶斑病主要危害叶片、枝条和花蕾。叶片受害后，出现淡绿色，水渍状斑点，后逐渐扩展成圆形或椭圆形病斑，染病较重的，叶部病斑愈合成片，可使叶片枯死。枝条病斑发生在节上，病斑逐渐扩大，环割茎部，使上部枯死，病部上面常有粉状黑色霉层，其上的黑色霉层可存在很久，最后干枯的枝条呈稻草色。在花蕾上病斑呈圆形，黄褐色水渍状，甚至花瓣也可有黑褐色病斑黑色霉层。花柄感病能引起花蕾枯死。花蕾感病时，花瓣不能正常开放，并向一侧扭曲，形成畸形花。

病菌的菌丝体在病株上越冬，借风雨传播，从气孔和伤口侵入植株，在 2～26℃能发病，最适温度为 20℃。分生孢子在 18～27℃时开始萌发，通过风雨传播，从气孔、伤口或直接侵入，潜育期为 10～60 天。所以温室栽培周年都可发病，露地栽培在 4～11 月都可发病。露地栽培比温室栽培发病多。

防治方法：清除病株残余物，集中烧毁，以消灭侵染源，避免淋浇，温室注意通风换气，以减少病菌的扩散侵染，每周喷施一次代森锌和代森锰锌等药，预防植株发病，除摘掉病叶烧毁外，喷施 50% 扑海因 1000 倍液，有较好的防治作用。

3. 锈病

病原为石竹单胞锈菌，主要危害茎、叶和花萼，夏孢子堆呈黄褐色，散生，圆形、椭圆形至不规则形，外被白色薄膜，薄膜破裂后散出黄色或黄褐色的菌粉，即病原菌的夏孢子；冬孢子堆深黑色，散生，圆形或椭圆形，多形成于叶片基部或老叶上，外被白色薄膜，薄膜破裂后散出深黑色的菌粉，即病原菌的冬孢子；香石竹锈病夏孢子在 5～

40℃内均可萌发。其中 5～28℃时，夏孢子的萌发率随着温度的增加而增加；28℃是香石竹锈病夏孢子萌发的最适温度；28～40℃时，夏孢子的萌发率随着温度的增加而逐渐降低。湿度对香石竹锈病夏孢子的萌发起着非常重要的作用，只有当环境的相对湿度达到 100%时夏孢子才能够萌发，且在有水滴存在的条件下夏孢子的萌发率显著提高。1%葡萄糖液或无菌蒸馏水更有利于香石竹锈病夏孢子的萌发，夏孢子的致死温度为 42℃、20min 或 43℃、10min。

叶片感病，初期呈水渍状小斑点，后为褪绿色黄斑，随着病情发展，病斑逐渐形成近圆形隆起的疱状物，即夏孢子堆。后期受害植株形成大量的黑褐色孢子堆即冬孢子堆。叶上两面生，叶片背面明显多于叶片正面，且病斑能够跨越主脉继续侵染。此病可降低植株活力和切花质量，严重时引起叶片枯萎和植株死亡。植株须保持 9～12h 潮湿状态才能发病，在昼夜温差大的季节棚内易结露滴时，易发该病。

防治方法：作为预防措施，每周喷克菌丹 400 倍液和代森锰锌 400 倍液或用 80%代森锌 400 倍液、90%福美双 500 倍液。发现植株感病后，采用以下药剂处理：30%百科 700倍液，每 5 天一次；19%嗪胺灵 700 倍液或 10%敌力脱 2500 倍液，每 10 天一次，或三唑酮 500 倍液，每 7 天一次。

4. 病毒病

香石竹病毒病在世界各地香石竹栽植区广泛发生，常引起香石竹生长衰弱、花朵变小、花瓣出现杂色、花苞开裂等症状。

(1) 香石竹斑驳病。病原为香石竹斑驳病毒，通常不显症。毒粒子为球状，这种病毒发生较普遍，感染该病毒的植株新叶上产生花叶或褪绿斑驳，但不明显，有时还产生坏死斑。病株表现为生长不良的症状。这些特征常需要与健康植株比较才能看得出来。该病毒主要通过汁液、根部接触以及切口、刀具等传播，但昆虫不能传毒。

(2) 香石竹叶脉斑驳病。病原为香石竹叶脉斑驳病毒，病毒粒子呈线条状，植株感病害后，会在花瓣上形成碎色，尤以红色大花品种更为明显。在幼苗期症状不明显，冬季老叶往往呈隐症。香石竹叶脉斑驳病毒可通过汁液传播，如在剥芽、摘花等操作过程中，可通过工具和手传播；桃蚜也是重要的传毒介体。

(3) 香石竹坏死斑点病。病原为香石竹坏死斑点病毒，病毒粒子呈长线状。通过汁液和桃蚜传播。先从植株中下部叶片表现症状。典型症状为病株中部叶片呈灰白色，有淡黄色坏死斑驳，或不规则条斑或条纹。下部叶片症状同中部，但常表现为紫红色。随着植株生长症状向上蔓延，严重时叶片枯黄坏死。

(4) 香石竹蚀环病。病原为香石竹蚀环病毒，病毒粒子为球状。可在有的香石竹品种上产生轮纹状、环状或宽条状坏死斑，幼苗期较为明显，高湿季节隐症严重时很多灰白色轮纹斑可愈合成大病斑使叶片卷曲、畸形。除汁液和蚜虫能传毒外，摩擦（如植株的枝条或地下根部互相摩擦、接触）、嫁接以及操作工具等都能传毒。

香石竹病毒病与其他植物病毒病一样，有其自身的发生和流行特点，主要表现在：①带毒种苗是田间最重要的初侵染和再侵染源；②带病汁液、剪刀器具和人的手指是病害在田间扩散的重要途径；③蚜虫和线虫也是部分香石竹病毒的传播介体；④无性繁殖方式是病毒逐年积累以至于病毒病逐年加重的重要原因；⑤完全抗病毒的香石竹品种目前尚未获得。

香石竹病毒病的综合治理有以下方法。①建无病毒母本园，以供采条繁殖。在病区生产切花的基地，最好专门建立无病毒母本园，专供采条繁殖用，以免因插条带毒传播病害。可以利用茎尖培养法脱毒或热处理法脱毒，获得脱毒苗，然后以无毒苗作为繁殖母本。②培育抗病良种。可采用抗病育种、基因工程方法培育出抗病优质新品种。③加强检疫，控制病害的发生。对从国外引进的香石竹组培苗要进行严格的检疫，检出的有毒苗要进行彻底销毁或处理后再种植。④防治传毒昆虫。香石竹病毒病多由蚜虫传毒，可以选用马拉松、西维因、氧化乐果或抗蚜威(辟蚜雾)等杀虫剂喷雾防治，防止昆虫传播病毒，以控制病害传播蔓延。⑤处理染病植株。发现病株要及时拔出并彻底销毁，或者将染病植株控制在30℃保持5天，使植株逐渐适应后，把温度提高到38℃保持2个月，可使植株体内病毒量减少。必要时可喷3.95%病毒必克可湿性粉剂600～800倍液或者7.5%克毒灵水剂800倍液。⑥搞好卫生管理，控制病害的蔓延。发现病株应及时清除并销毁。在扦插、摘心、整枝及切花等操作过程中，所用的工具都要用磷酸肥皂等清洗消毒。对于工作人员，可用3%的磷酸三钠溶液洗手，然后再操作。最好先接触健株，后接触病株，尽量减少病害的人为传播。

(二)主要虫害及其防治

1. 鳞翅目害虫

危害香石竹的鳞翅目害虫有多种，其中以夜蛾科昆虫和菜粉蝶(青虫)为主。主要驻食生长点、嫩叶和花蕾，多发生在每年的8月。

防治方法：清除棚内外杂草，在卵的孵化盛期和幼虫的低龄期，用52.25%农地乐1000～1500倍液或每亩用百树得乳油23～30mL兑水均匀喷雾，其他杀虫剂(如除尽、威敌和万灵等)也有较好的效果。

2. 潜叶蝇

使用扦插苗进行短期栽培，植株的叶片表面蜡粉质较多，一般不会受潜叶蝇危害，只是在第一茬花采后，由于光照不够，基部新发的嫩芽的叶片蜡粉质少，易受潜叶蝇的危害，受害叶片可见弯口曲口的白色线状隧道。

防治方法：1.8%爱福丁3000倍液、1.8%阿巴丁3000倍液、15%灭蝇胺5000倍液，或巴丹1000倍液进行交替使用，对防治潜叶蝇有较好的效果。

3. 红蜘蛛

虫体长约0.5mm，呈红色或橙色，幼虫为淡绿色，卵圆形，刚产的卵为白色，破卵前为橙色，雌虫在夏季为黄色，冬季为暗红色，成虫在叶基部或茎之间危害。被害叶片呈黄色小斑点，后逐渐扩展到全叶，该虫的出现与低湿高温(15～30℃)有关，气温高时，一个月为一个周期。

防治方法：每 5 天打一次药，并须用 2～3 种不同药交替使用，即 57%克螨特 1.5mL/L、三氯杀螨醇 1g/L 或 108 阿巴丁 0.5mL/L。

4. 蓟马

蓟马危害嫩叶和花瓣，若虫、成虫用锉吸式口器锉破寄主表面细胞吸取汁液，早晚及阴天常爬到叶面上，使茎叶的正反两面出现失绿或黄褐色斑点、斑纹，使叶组织变厚变脆。植株上部扭曲，花瓣组织坏死，出现失色斑纹，深色花较明显，影响切花品质。久旱不雨有利于该虫害发生。

防治方法：①人工防治，清除花圃周围杂草，秋后翻盆换土等；②保护和利用天敌，如花蝽、草蛉、赤眼蜂等；③药剂防治，防治该虫至少要选 2～3 种药交替使用，如 40%氯化乐果 1000～1500 倍液或 2.5%鱼藤精 500～800 倍液。

5. 蚜虫

常在 4～5 月小春作物收获时大量发生，大多发生在心叶部位，以刺吸式口器刺入植物组织内吸食汁液，致使植物生长缓慢，叶片卷曲畸形。蚜虫还是多种香石竹病毒病的携带者和传播者。

防治方法：50%抗蚜或可湿性粉剂 1500～2000 倍液、40%乐果乳油 800～12000 倍液或氧化乐果 40%乳油 1500～2000 倍液喷雾，也可用 20%灭蚜烟剂 0.25/亩熏烟。

6. 其他生理性病害

1) 裂苞

在香石竹产花期，香石竹的一些大花品种在开花时花萼破裂(通称为裂苞)，失去商品性，严重影响经济效益。各品种间对裂萼的敏感性不同，其主要原因是在成花阶段低温引起花萼内部产生额外生长中心。夜间温度急速下降，促使这些生长中心繁殖，花萼本身不能维持这些增生而导致萼裂，昼夜温差幅度过大也易促进裂萼，含硼低或铵态氮含量过高都会促进花萼脆弱进而裂开。

为防止花萼破裂，须提高夜间温度，白天充分换气，使昼夜温差缩小；适当浇水，避免基质从过干急剧地变成过湿；同时应尽量选择不易裂苞的品种，可以在即将开花的 1～2 周内，用塑料带捆卷花萼部成钵状，或用 30～50mg/L 的赤霉素处理黄豆大小的花蕾，也有减少花萼破裂的效果。

2) 花头弯曲现象

花芽分化期化肥用量过多，营养过剩，或者日照时间短、温度低，就会出现花头弯曲。抹芽时禁止垂直向下抹蕾，避免抹伤主茎皮层和叶梢，尤其是抹靠近主花蕾的侧蕾时更应注意，否则会在主花蕾基部造成伤口，会造成花蕾弯曲生长，俗称"弯脖子花"。

第二节　盆栽香石竹

一、盆栽香石竹分类

　　香石竹根据观赏用途可分为切花品种和盆栽品种，过去以鲜切花作为主打市场，现如今作为盆花也是一大卖点。随着国外园艺品种及知名园艺公司进入中国，国外香石竹盆栽新品种也被引入我国，市场销量较好，深受广大消费者喜欢。近年来我国的园艺育种专家也在香石竹盆花育种上取得了一定的成绩。

　　香石竹盆栽品种要求植株高度适宜，株型美观。通常开重瓣花，花色多样且鲜艳，气味芳香，植株矮壮紧凑、花球大，颜色丰富靓丽。按着花方式(花序)可将香石竹分为常花香石竹(独头香石竹)和聚花(多花、小花)香石竹。前者保留1枝1花；后者1茎多分枝、多花。按花茎大小可分为大花(8～9cm)、中花(5～8cm)、小花(4～6cm)和微型花(2.5～3cm)。按花色可分为：①纯色香石竹，花瓣无杂色，主要有白、桃红、玫瑰红、大红、深红至紫、乳黄至黄、橙等色；②异色香石竹，在一种底色上有两种以上不同的色彩，自瓣基直接向边缘散布斑点或斑痕；③双色香石竹，在一种底色上只有一种异色自瓣基向边缘散布；④斑纹香石竹，花瓣边缘有一圈很窄的异色，其余为纯色。

二、盆栽香石竹流行品种介绍

　　香石竹盆栽品种根据生长特性从销售角度可分为康乃馨型和香石竹型。康乃馨型叶质较厚，呈蜡质；叶色表面灰白，花型大，茎干粗，抗性强，耐储运。香石竹型叶质较薄，无蜡质；叶色浓绿，花型小，茎干纤细，抗性弱，不耐储运。它们的共同点是株型紧凑、植株矮小，发枝多，花苞多，花色多，色彩艳丽。

　　目前盆栽香石竹在市场上流行的共有20多个品种。图11.25～图11.32为部分品种。

图 11.25　非凡

图 11.26　激情

图 11.27 玲珑

图 11.28 传奇

图 11.29 缥缈

图 11.30 夜舞

图 11.31 优雅

图 11.32 雨露

三、盆栽香石竹生长习性

香石竹为多年生草本陆生植物,喜空气干燥、通风良好、日照充足的环境,耐寒,不耐旱。忌高温多湿,最适生长气温为 19~21℃。喜欢偏酸性土壤,栽培土壤要求保肥、通气、排水良好。

（1）光照条件。香石竹属积累性长日照植物，喜阳光充足。除育苗期和盛花期外，无须担心强光危害，且借助辅助光可增加花冠直径和花色鲜艳度。

（2）温度条件。香石竹喜凉爽，不耐炎热，可忍受一定程度的低温。若夏季气温高于35℃，或冬季气温低于9℃，都会出现生长缓慢甚至停止现象。

（3）水分条件。香石竹根系为须根系，土壤或介质长期积水或湿度过高、叶片表面长期高温，均不利于其正常生长发育。

（4）栽培基质条件。香石竹喜保肥、通气和排水性能良好的栽培基质，适宜生长的土壤 pH 为 5.6～6.4。

四、盆栽香石竹无土栽培

（一）盆栽香石竹无土栽培基质种类及配制

1. 无土栽培基质种类

无土栽培为香石竹根系生长提供了良好的环境，并有效控制和及时供给植物生长所需的营养元素，保证其正常发育，增强其抗性，减少病虫害的发生，从而降低植株的死亡率，提高产量。

基质材料包括有机材料和无机材料两大类。有机材料来源很广，包括各种农作物泥炭、秸秆、炭化稻壳、麦壳、玉米芯、花生壳、棉籽壳、菇渣、椰子壳、树皮、锯末、刨花、甘蔗渣、酒糟、废棉花、芦苇末、废纸浆、中药渣、豆渣、菜籽饼、棉籽饼、豆饼、畜禽粪便以及城市垃圾等。无机材料主要有陶粒、河沙、炉渣、蛭石、珍珠岩等。一般选取廉价易得、无重金属污染、理化性状良好且性状较稳定、营养全面的基质，可根据当地资源优势因地制宜地选择。

栽培基质是决定植株存活的重要因素。目前国内常用的无土栽培基质是砂粒、砾石、蛭石、珍珠岩、泥炭。①砂粒。用直径小于 3mm 的砂粒作基质。②砾石。用直径大于 3mm 的天然砾、浮石、火山岩等作基质。③蛭石。蛭石为云母类矿物，具有良好的缓冲性，不溶于水，并含有可被花卉利用的镁和钾。④珍珠岩。珍珠岩是硅质物质，主要用于种子发芽，将其与泥岩、沙混合使用，效果更好。⑤泥炭。泥炭透气性能好，又有较高的持水性，可单独作基质，也可与炉渣等混合使用。此外，炉渣、砖块、木炭、石棉、锯末、蕨根、树皮等都可作基质，不过在使用前应洗净消毒。香石竹的无土栽培多采用无土轻型基质，基质为炉渣、发酵锯末。炉渣 pH 为 6.8，容重为 0.78g/cm^3，总孔隙度为 54.7%，其中大孔隙为 21.7%；锯末 pH 为 6.2，容重为 0.19g/cm^3，总孔隙度为 78.3%，其中大孔隙为 34.5%。

2. 基质材料的处理

对有机基质材料的处理要求易分解的有机物要大部分分解，酚类等有害物质要大部分降解，病原菌、虫卵和杂草种子要杀灭，所以，有机基质材料在使用前必须进行高温灭菌、破碎与堆制发酵处理，即形态和大小不符合要求的农业废弃物要经过破碎处理，如农作物秸秆在堆制发酵前要切至长 1.0~2.5cm、菇渣在堆制发酵前要破碎等；有机材料在使用前必须通过堆沤发酵降解，以除去酚类等有害物质，杀灭病原菌、虫卵和杂草种子等；具有较高碳氮比的基质材料(如农作物秸秆、锯末、芦苇末等)一般用加氮发酵的方式来降低基质原料的碳氮比。在新鲜稻草中添加一定量的有机肥和氮素化肥进行发酵，结果表明，发酵过程中碳氮比下降，EC 值升高，氮、磷、钾、钙、镁的总含量减少，各养分速效态含量除氮外均增大。为了加快基质发酵速率，可以添加有效微生物，对菇渣进行发酵时，每立方米菇渣加入 0.2kg 发酵微生物(百成生物菌肥)。

无机基质材料的处理较简单。河沙在使用时只需过筛除去较大的石砾。炉渣使用前需打碎过 1~2cm^2 筛。基质如呈碱性，可用清水冲洗，使其 pH 达到 7 以下。商品陶粒、蛭石、珍珠岩等不必处理可直接使用。

3. 无土栽培基质配制

有机基质可以单独使用，也可以两三种配合使用。有机基质都有其特点，其透气性、保水性、pH、微量元素含量、分解速率均不相同，将基质混合可以起到各组分性能互补的作用。有机基质具有较高的盐基交换量，缓冲能力较大，容重小，孔隙度大，若与无机基质材料复配更能优化其理化性状，所以，常在有机基质中加入一定量的无机基质，如河沙、炉渣、蛭石、珍珠岩等。基质混配时，有机物与无机物之比按体积计最大可达 8：2，有机质占 40%~50%，容重为 0.30~0.64g/cm^3，总孔隙度大于 85%，碳氮比为 30 左右，pH 为 5.8~6.4，总养分质量浓度为 3~5kg/m^3。有机基质材料如果在发酵前已经对其组分进行了配制，充分发酵后若其理化性状适合作物栽培，可直接作为基质使用；若发酵后其理化性状不适合作物栽培，那么需与其他材料混合后使用，如菇渣发酵后其全氮、全磷、全钾含量较高，不宜直接作为基质使用，应与河沙、炉渣、珍珠岩、蛭石等无机基质混合使用，且菇渣比例一般不超过 70%。

香石竹无土栽培较为理想的基质配比为泥炭：珍珠岩：陶粒=5：1：1。此外，常用栽培基质还有珍珠岩、陶粒、蛭石、煤渣等。通常使用一些疏松性的物质(如珍珠岩、泥炭、陶粒等)与含腐殖质的土壤混合后使用，有机肥最佳施肥量为 14.4kg/m^3，无机复合肥为 0.96kg/m^3。不同配比的基质对植株的生长有较为明显的影响，尤其是在苗期，由于所配基质是由泥炭与陶粒组成，陶粒的容重小于泥炭，陶粒所占比例大，有利于空气在基质中的运动，并且有很好的贮水性，但容重过小易造成倒伏。因而苗期的基质以陶粒为主，营养生长和开花期基质可稍加大泥炭的比例。基质配比必须有科学性，并根据不同基质理化性质及香石竹生物学特性进行配比，否则混合基质生长效果不如单一基质。此外，配制混合基质还应因地制宜，选择资源丰富，价格便宜，能满足根系养分、水分以及空气供应的材料为基质。

(二)盆栽香石竹无土栽培营养液配方

1. 营养液配制原则

营养液的组成必须含有植物生长所必需的全部营养元素，现已确定高等植物必需的营养元素有 16 种，碳主要由空气供给，氢、氧由水与空气供给，其余 13 种由根部从土壤溶液中吸收。所以营养液均由含有这 13 种营养元素的各种化合物组成。含各种营养元素的化合物必须是根部可以吸收的状态，也就是可溶于水呈离子状态的化合物。通常都是无机盐类，也有一些是有机螯合物。营养液中各营养元素数量比例应符合植物生长发育要求。营养液中各营养元素的无机盐类构成的总盐分浓度及营养液总体生理酸碱性的反应应符合植物生长要求。组成营养液的各种化合物，在栽培植物的过程中，应在较长时间内保持其有效状态。组成营养液的各种化合物的总体，在被根吸收过程中产生的生理酸碱反应比较平稳。

营养液是影响香石竹生长发育的主要因素。由于香石竹喜较干燥的环境，故营养液和水分的供应多用滴灌方式进行。

2. 营养液配方

大量元素 $Ca(NO_3)_2 4H_2O$ 7.6mmol/L、$MgSO_4·7H_2O$ 2.2mmol/L、KH_2PO_4 4.6mmol/L、$(NH_4)_2SO_4$ 1.4 mmol/L；微量元素 $MnSO_4·H_2O$ 0.0426mmol/L、$Na_2Fe-EDTA$ 0.2 mmol/L、H_3BO_3 0.0749mmol/L、$ZnSO_4·7H_2O$ 0.0495mmol/L、$CuSO_4·5H_2O$ 0.00188mmol/L、$(NH_4)_6MO_7O_{24}·4H_2O$ 0.0000162mmol/L（营养液的 pH 为 6.5）。营养液所含的营养元素成分已完全满足香石竹生长的需要，而且各种营养元素的含量及配比也适宜，是香石竹无土栽培可采用的优良营养液配方。营养液对香石竹植株生长和根系发育的促进作用最大。含有较高浓度磷和锌的营养液有利于香石竹的生长。

营养液的浓度和供应量应视具体情况而定，定植初期浓度低而量小，旺盛生长期浓度高而量大。每日供液 4～5 次，平均每株日供液 200～400mL。要定期测定基质的 pH、EC 值，根据测定结果，对营养液进行调整。定植初期，营养液 EC 值约为 1.0mS/cm；旺盛生长至开花期逐渐提高到 1.8～2.0mS/cm；夏季高温时，由于水分蒸发量大，营养液浓度应适当降低。此外，营养液的 pH 应调整至 5.6～6.4。

3. 营养液的配制

水质对营养液的配制影响较大，必须选用无害的水源来配制营养液。经人工净化的自来水一般都可用于无土栽培生产用水，没有污染的河水、井水、山沟水也可用于无土栽培。最好先测水的钙含量，确定是软水或硬水，以便选择营养液配方。在配制营养液时，应先测定水的电导率，然后换算成配制的营养液电导率。

目前无土栽培除微量元素多采用化学试剂，铁配成螯合铁外，其他大量元素的供给多采用工业用品。目前我国已能生产所有无土栽培的专用化肥，如硝酸钙、硝酸钾、磷酸二氢钾、硫酸镁以及螯合微肥等，并已经在生产上广泛应用。在无土栽培用肥时，为降低成本，要选用价格较低的，但应尽量选用纯度高、杂质较少的肥料。如果选的肥料杂质过多，酸碱度不稳定就会失败。在配制时要注意肥料的纯度，确定所选盐类的养分含量百分率达到配制要求。

无机盐溶解的原则是要避免各种盐类在溶解过程中互相作用而重新沉淀。在配制营养液的许多盐类中，以硝酸钙最易和其他化合物起化合作用，如硝酸钙和硫酸钾混在一起容易产生硫酸钙沉淀，硝酸钙的浓溶液和磷酸盐混在一起也容易产生磷酸钙沉淀，故硝酸钙要单独溶解使用。其他大量元素肥料和微量元素肥料可以混合施用。

(三)选择容器、定植

首先，为了美观度及后续的培育效果，应根据香石竹的不同品种、植株的高矮以及具体的形态选择外形、色彩适宜的容器。其次，在放入花卉前，需要先行给予定植、摆放处理，即把容器洗干净，放入少量基质，将植株的根系按照伞状放入，并在根系周围填满基质，使二者可以紧密结合，这样可以使根系充分与基质接触，还可以保证植株的稳固，随后将营养液浇入即可，保证在填充了基质后，营养液可以没及根系的 1/2～2/3。最后，固定植株，对叶片和枝条进行整理，喷洒少量水，确保叶面始终处于湿润状态。后续的管理养护与香石竹盆栽方式一致。

五、盆栽香石竹管理

(一)花盆、基质选择及上盆

1. 花盆选择

盆规格为 10～20cm，塑料盆。

2. 基质选择

香石竹适合栽种于保肥力强、通气性好、排水性能佳、营养丰富呈微酸性的土壤。栽培香石竹的土壤一般需改良后使用，采用人工混合配制的基质栽培最佳。基质可以单独使用，也可以混合使用，混合使用的基质按一定比例配制，进一步增强各单基质的优良理化性质，改善基质的保水保肥能力及透气性。

盆栽香石竹常用基质主要有腐叶土、泥炭、树皮屑和木屑。此外，常用栽培基质还有珍珠岩、陶粒、蛭石、煤渣等。在栽培过程中通常使用一些疏松性的物质(如珍珠岩、泥炭、陶粒等)与含腐殖质的土壤混合后使用，使土壤孔隙度达 3%～5%，pH 为 5.6～6.4，基质需经过消毒，不含有毒物质、病菌和虫蛹，有利于香石竹根系生长。

3. 基质配比

基质主料为泥炭、珍珠岩、陶粒。基质配比为泥炭：珍珠岩：陶粒=5：1：1，加上 $1.25kg/m^3$ 复合肥，EC 值为 1.2～1.5mS/cm。栽培基质装于盆器内，陶粒放最底一层，上面放泥炭与珍珠岩按 5：1 比例拌匀。盆器紧密排列于墙面，墙面铺置地布，每亩 4000 盆，每盆定植 4 株种苗。

基质对植物来说主要有四个功能：提供水分、供应营养、提供根部需要的空气以及起支撑作用。因此基质好坏或调配是否得当对植物生长有关键性影响，且影响持久。一般几乎不可能在栽培过程中更换基质，所以在种植之前一定要根据花卉的生长特性选择适合的基质。表 11.2 介绍了几种不同配比的基质组分。

表 11.2　基质组分数据对比表

基质	总孔隙度/%	自由孔隙度/%	持水孔隙度/%	渗透速度/(cm/h)
细沙	36.2	2.5	33.7	49.5
黏土(10am)	37.5	1.8	35.7	5.5
珍珠岩	77.1	29.8	47.3	18.7
蛭石	80.5	27.5	53	9.0
泥炭土/蛭石(1∶1)	74.4	24.3	50.1	10.7
泥炭土/珍珠岩(1∶1)	74.9	23.6	51.3	10.0
黏土/泥炭土(1∶1)	59.1	6.3	52.8	10.0
泥炭土/蛭石/珍珠岩(1∶1∶1)	76.4	27.8	48.6	7.2
泥炭土/蛭石/珍珠岩/沙(2∶2∶1∶1)	61.6	12.8	48.8	25
沙/泥炭土(1∶1)	56.7	9.4	47.3	23.2
黏土/泥炭土/珍珠岩(1∶1∶1)	58.5	7.9	50.6	10.2

从表 11.2 可以看出：①单组分的基质，其透气性和保水性都不如配制后的基质理想，所以现在的栽培基质一般都是用两种或两种以上的成分混合配制而成。②黏土是传统种植中使用的主要基质，但黏土自由孔隙度的值很低，只有 1.8%，非常不透气，现在花卉栽培基质配制中已经不用或只用很少比例的黏土，而采用透气及保水性都很好的基质，如泥炭土、珍珠岩、陶粒等。

(二)株型培养

株型的培养需要从幼苗开始进行，主要是摘心，就是打掉枝条，当幼苗长出 6～9 对叶片时，进行第一次摘心，保留 4～6 对叶片，两个侧芽；待侧枝长出 4 对以上叶时，第二次摘心，每侧枝保留 3～4 对叶片，最后以每个植株有 7～9 个侧枝为好。孕蕾时每侧枝只留顶端一个花蕾，顶部以下叶腋萌发的小花蕾和侧枝要及时全部摘除。第一次开花后及时剪去花梗，每枝只留基部两个芽。经过这样反复摘心，有利于植株增加分枝，使株形优美，植株圆整，花繁色艳，提高盆花的观赏价值。

(三)开花培养

当植株长出 6～9 对叶时，从第 4 对叶以上摘去顶梢。通常留 2 个侧芽，其余的去掉。待侧芽发展成枝再次摘心，保持每株有 7～9 个整齐的侧枝，冬季着花。植株摘心后续发枝条需 5 个月左右才能开花，以此可以调控花期。夏季气温上升，植株长势渐弱，应禁肥。至立秋随天气转凉，可渐次追施逐次加浓的液肥 4～5 次。此时生长较快，为集中养分供各主枝开花，各枝上长出的侧芽以及以后萌发的侧蕾均应剥除，每枝基部发生的 2 个侧芽可以适当保留，以便主枝花头剪去后，侧芽萌发新枝，再度开花。10 月初，室温保持 15～20℃，严防昼夜温差超过 8℃。注意通风，保持光照充足，1～2 月即可陆续开花，花期可延长 5～6 月。生长过程中可喷施促使开花的叶面肥料，一周一次；全日光照可促使开花，冬季根据市场需求，若有条件可适当加温到 20～25℃，增加光照时间，促其提前开花。

（四）光照

因香石竹喜阳光，除苗期、盛花期外，要尽量保持充分的光照。香石竹盆花是累积性长日照植物。日照累积时间越长，越能促进花芽分化，进而提早开花、增加花量、提高开花整齐度。冬季低温弱光和连阴天时，可适当人工加光。如长期处于弱光条件下，叶片、枝条、花茎将会变得细弱易折断，并易诱发各种病害。塑料大棚内加遮光率为70%的遮阳网，遮阳网的开关时间在不同的季节各不相同，春秋季节为10:30～17:30，夏天为10:30～16:30，冬天为9:00～17:00。在大棚栽培中，光照度对杂交石竹的生长发育有较大的影响。适当遮阴可加快幼苗生长速度，遮光率为70%的遮阳网条件下植株生长较好，叶片数多，叶片较宽大，生长适中，不徒长。而在石竹快速生长阶段，在强光下生长良好，弱光照下植株生长变慢，分蘖减少，开花延迟，植株细弱。所以在香石竹盆花生产中，秋季育苗阶段可以适当遮阴，在种苗定植到营养钵后的快速生长阶段，宜采用全光照。

（五）温度

香石竹盆花是喜冷凉花卉，生长发育的最适温度为19～21℃，夜温以9～10℃为宜。昼夜温差过大则叶窄、花小、分枝弱。夏季大于35℃不利于植株生长，较低的温度有利于矮化、株型饱满，花期也相对较长。白天温度保持在18℃左右，晚间在12℃为宜。冬季小于9℃时生长缓慢，甚至停止生长或表现异常。生长适温为15～20℃，冬季夜间温度为7～10℃。不同品种对温度要求有一些差异，如黄色系品种生长适温为20～25℃，开花适温为10～20℃，而红色系品种要求较高，低于25℃则生长缓慢，甚至不能开花。

（六）水分

盆土持水量宜保持在70%～80%。盆土过湿或棚内湿度过高均不利于生长，易诱发真菌、细菌性病害。冬季光照时间短、强度弱时，适当控水可防止生长过于细弱。提高盆土质量，有利于创造根系需要的良好环境。冬季低温，蒸发少、需水少，浇水宜少。春季、夏季气温高，蒸发大、需水多，可勤浇水。浇水前检查叶片，如果新鲜脆嫩，卷叠时易折断，说明不缺水；叶片可以折叠起来则说明水分少，需及时供水。或检查盆土，用一根干净的细杆或竹竿插到盆底，转动几下后拔出。如有土黏在杆上，可以不浇水；如无土黏附或很少，应立即浇水。也可手捏表层2cm以下盆土，如呈粉状说明干旱，如呈片状或团状说明不干旱。每次浇水量以刚见盆底有水流出为度。浇水时应尽量注意少沾叶面，即浇根不浇叶，以预防病害。水质以EC值小于0.5为宜。土壤以肥沃疏松的砂壤土为宜，向根部浇水，不可垂直向叶面浇水，有条件可以采用滴灌方式。雨季要及时排水，防止水涝。

（七）施肥

盆栽香石竹喜勤施肥，除施基肥外，在花蕾形成时，还需追施液肥几次，可用有机液肥与0.3%磷酸二氢钾溶液交替施用。春插新苗可用腐殖质含量高的君子兰土与素面沙土各半掺匀搓细，上内径为10cm的小盆养护。经两次摘心，植株生长充实，于7月中用加肥培养土换上内径为20cm的植盆莳养，盆底垫一些碎盆片做排水层，放少量长效基肥。

盛夏放防风避雨、疏阴凉爽处，忌旱防涝。每年春季换盆一次，适度整枝修剪。顺其习性细心管护，可多年观赏。盆栽香石竹施用硝态氮、铵态氮各半生长更佳，开花提早。夏季气温上升，植株长势渐弱，应立即禁肥。至立秋随天气转凉，可渐次追施逐次加浓的液肥4～5次。

生长期用 20：20：20 水溶性复合肥浇盆栽香石竹，开花期用 10：30：20+2MgO 水溶性复合肥，肥和水的比例为(1：800)～(1：1000)，在塑料缸里面装好水，然后将复合肥放入进行搅拌，搅拌均匀后用量杯进行浇肥，一盆香石竹大概浇 50～60mL，一周浇一次，浇肥之前注意观察土壤的湿度，过于干燥会导致烧苗，过湿会导致烂根。

开花期适宜的基肥选择会提高香石竹的根系活力与叶片叶绿素含量。不同的基肥施用量对香石竹根系的活力和叶绿素含量有不同的影响，农家肥和有机复合肥、无机复合肥混用能显著提高香石竹的根系活力，施用基肥和不施用基肥根系活力在香石竹种植 90 天后差异达到最大值，为 $61\mu g/(g \cdot h)$。基肥的选择在香石竹种植过程中有重要作用。随着植株的生长，不同基肥条件下种植的香石竹根系活力的差异不断减小。叶绿素是绿色植物中主要的光合色素，其含量与植物的生存、生长密切相关，叶绿素含量与栽培条件有着密切关系，尤其与氮素水平关系密切。增施氮肥可明显增加叶绿素含量和叶面积指数，延长叶片功能期，提高光合效率。施肥作为重要的农业措施，影响土壤肥力、产量和品质性状的同时，也会改变作物叶片叶绿素含量，进而影响光合碳同化过程。研究施用适宜的基肥，对香石竹叶绿素含量的变化影响也是显著的。种植 60 天时，施用基肥和不施用基肥间叶绿素含量的差异达到最大值，为 0.49mg/g。研究还发现，在 3 个生长时间点上，香石竹根系活力在种植 60 天时最高，随后逐渐降低，这与香石竹的草本特性相反，叶片叶绿素含量随着植株的生长逐渐升高。当种植 120 天时，不同处理间的叶绿素含量差异消失。

六、病虫害防治

(一)香石竹病害

1. 叶斑病

病原为半知菌亚门交链孢属的链格孢菌，该病菌靠风雨和气流传播，从气孔和伤口侵入。病害主要发生在叶部，老叶容易感病。严重时茎、花蕾上都可发生。病害始发于叶片下部，产生淡绿色水渍状不明显的小圆斑，以后扩大为 3～5mm 的大斑。病斑为圆形、椭圆形或半圆形，后呈紫色，有些品种边缘内部有紫色环，随着病情的发展，叶部病斑愈合成片，斑点之间组织变黄以后随病斑逐渐扩大，中央枯死变为灰白色，边缘为褐色。后期病斑上产生粉状黑色霉层，病部扭曲，病叶枯萎下垂倒挂于茎上，但不脱落。茎上病害多在节上发生，病斑初期为灰褐色，病斑进一步发展环割茎部形成干腐。花蕾上病斑为圆形，呈黄褐色水渍状，感病后造成叶枯、茎腐、花形不正，严重时花蕾枯死。该病在多雨天气或潮湿且不通风的环境下易发生。该病菌主要在病株的病残体上越冬。

防治方法：①选育或使用抗病品种。②采用无病插条或组培苗进行繁殖。③加强养护管理，大棚要保持通风、透光，避免从植株上方浇水；增强植株的抗病能力；选用无病植株栽培，及时清除病原体，减少病菌来源；合理施肥与轮作，种植密度要适宜，以利于通风透光，降低湿度；注意浇水的方式，避免喷灌；盆土要及时更新或者消毒。④消灭初侵染源，彻底消除病残落叶及病死植株并集中烧毁。⑤药剂防治，在发病初期及时喷杀菌剂，如 47%加瑞农 600～800 倍液、40%福星 8000～10000 倍液、10%多抗霉素 1000～2000 倍液或 6%乐比耕 1500～2000 倍液。

2. 枯萎病

病原为两种，一种为香石竹尖镰孢菌，另一种为假单孢杆菌，属半知菌亚门镰刀菌属。真菌尖镰孢菌引起的枯萎病病菌在土壤和病株中存活，通过根及茎基部侵入。植株在整个生长期内都可以发病。发病初期，植株顶梢生长缓慢，根部病变后导致植株逐渐枯萎死亡。幼株受害后，颈部变软，容易倒伏。幼株常常是植株的一侧枯萎，另一侧正常生长，造成畸形株。根部枯死后，病变后的地上部叶色由深绿变成淡绿，最后变为稻草色。细菌假单孢杆菌引起的枯萎病病菌随病残体在土壤中越冬，通过根和茎部的伤口侵入。感病植株在短时间内突然枯萎，叶色变成灰绿色，根系很快腐烂，病株很容易从土中拔出，感病植株下部可出现纵向裂纹，潮湿且高温时裂纹中出现菌溢，剖开病茎可见维管束变褐。两种病菌引起的病在高温、高湿条件下发生严重，多发生于气温高于 27℃ 的夏季，黏性潮湿土地，过量施用肥，排水不好。病菌主要在病株残体或土壤中越冬，可在土壤中存活数年，通过根、茎侵入植株体内进行危害。

防治方法：①选用抗病品种，不同品种的发病有显著差异。因此，利用抗病品种是可行的防治措施。②减少侵染源，选用无病株繁殖和栽培。香石竹时常用扦插繁殖，插条成为病害的传播途径之一，应从无病枝条上选取健康枝条用于繁殖。③减少病源，发现病株及时销毁，高温期浇水适量，减少土壤中病菌积累，也不用病残体堆肥返回土中。实行轮作，更换无病土壤，必要时进行土壤处理。④加强管理，适时播种，尽量避开高温期。注意防涝排水，控制土壤含水量。⑤在尖镰孢菌常发生地区，选用 58%苯来特 1000 倍液、50%克菌丹可湿性粉剂或多菌灵 500 倍液于种植前浇灌土壤，或者用敌克松进行土壤消毒；在假单孢杆菌常发生的地区，选用 95%细菌灵、77%可杀得可湿性粉剂 500 倍液于种植前浇灌土壤。⑥注意排水防涝，控制土壤含水量。⑦避免损伤根系，减少病菌侵入途径。

3. 香石竹灰霉病

该病是大棚、温室种植香石竹的一种常见病害。其症状是椭圆形、棕色、大而湿的斑点，随后其上生长一层灰棕色霉菌，花瓣及整朵花随之腐烂，也可感染茎、叶及花蕾，主要发生在花瓣和花蕾上。感病的花朵最初从花瓣边缘开始出现灰褐色水渍状病斑，随后若干花瓣因灰霉病真菌的生长而纠缠在一起。如果环境潮湿，花瓣很快腐烂，上面有灰色霉状物。花蕾发病时，有水渍状不规则斑，发软、腐烂，也会产生灰色霉状物。该病菌以菌核形式在病株残体或土壤中越冬。当气温为 20℃ 左右、湿度大于 60%时，此病发生严重。

防治方法：①烟雾法(适用于温室、大棚)，每亩用 10%速克灵烟剂每次 200～250g 或用 45%百菌清烟剂 250g，熏 3～4h。②粉尘法(适用于温室、大棚)，可于傍晚喷施 10%灭克粉尘剂、5%百菌清粉尘剂或 10%杀霉灵粉尘剂，每亩每次 1kg，9～11 天 1 次，连续使用或其他防治方法交替使用 2～3 次。③喷雾法，可用 50%速克灵 2000 倍液、50%扑海因(异菌脲)1000～1500 倍液、50%甲基托布津 500 倍液、50%硫悬浮剂 200～300 倍液或 2.5%敌力脱乳油 4000 倍液(隔 20 天 1 次)，隔 6～8 天喷 1 次，共喷 3 次。④增温通风，且不直接喷淋植物，以保持温室内低湿度。⑤及时清理病株、病叶，集中销毁，减少侵染来源。⑤种植前用福美双、敌克松等杀菌剂进行土壤消毒处理，防止土壤带菌。⑥发病前喷施保护性杀菌剂，如绿得保 600 倍液、75%的百菌清 800 倍液等；发病时喷施治疗性杀菌剂，如 70%甲基托布津、50%溶菌灵 800 倍液、50%多菌灵 500 倍液、50%扑海因 1000 倍液等。

4. 立枯病

立枯病又称茎腐病、基腐病。以菌丝体随病残体或以菌核在土中越冬，且可在土中腐生 2～3 年。菌丝能直接侵入危害，通过水流、带菌肥料、带菌土、农具传播。病菌发育适温为 24℃，最高为 40～42℃，最低为 13～15℃，适宜 pH 为 3.0～9.5。播种过密，间苗不及时、温度过高易诱发此病。播种或栽植过深、温度较高，土壤过湿易诱发此病，露地栽培时也易发病。尤其在温暖多雨季节连作地发病重。

其症状为起初近地面的茎基部生暗褐色椭圆形或不规则形水渍状病斑，后变黑产生黏滑性湿腐或软腐，叶片逐渐变成灰白色；当病部形成环状腐烂时，全株突然萎蔫，引起扦插苗大批死亡。湿度高时，病部或根茎处土表出现蛛丝状菌丝或褐色小菌核。

防治方法：①苗床或育苗盆消毒。用 20%甲基立枯磷乳油 1200 倍液或 95%绿亨 1 号精品 3000 倍液，喷在过好筛的 50～60kg 基质中，喷后拌匀，用塑料膜覆盖 2～3 天，然后把基质填回苗床，浇水后扦插或播种。②扦插深度以 10mm 为宜，扦插介质应通透性好，扦插后保持适宜的土壤温湿度，轻浇水，增强土壤通透性，促苗迅速生长，以减轻发病。③采用避雨栽培法。④发病后及时喷淋 20%甲基立枯磷乳油 1200 倍液或 95%绿亨一号精品 3000 倍液，也可在发病期用 40%五氯硝基苯粉剂 500g 兑水 400L 淋溶于土壤中。⑤扦插或移栽前将木霉菌营养液倒入圃地土壤中，可有效抑制该病发生。

5. 香石竹病毒病

香石竹病毒病有香石竹叶脉斑驳病、香石竹斑驳病、香石竹坏死斑病、潜隐病、香石竹蚀环病等。病毒病常引起香石竹生长衰弱、花枝短、花朵变小、花瓣出现杂色等。系统花叶花瓣上有碎色杂纹、花苞开裂等。特别是在大红色品种上更为明显，随着植株的生长，病毒症状加重。冬季老叶往往呈隐形。五种病毒都可通过汁液、蚜虫、园艺工具传播。除斑驳病毒外，其他病毒还可通过昆虫传播。

1) 香石竹斑驳病

病原为香石竹斑驳病毒。病毒粒子为球状，这种病毒发生较普遍，通常不显症，但有些品种上会表现叶片斑驳或碎色，严重时会降低鲜切花的产量和品质。

2) 香石竹叶脉斑驳病

病原为香石竹叶脉斑驳病毒。病毒粒子呈线条状，可产生系统花叶，花瓣上形成碎色，特别是在红色大花品种上尤为严重。冬季老叶往往隐症。

防治方法：香石竹病毒传播途径主要有扦条种苗的带毒传播、农事操作的机械传毒、介体昆虫的传播。为此，防治措施也针对上述三个方面。

(1) 生产单位所用繁殖扦条必须从无病毒植株上摘取，将繁殖母株与生产切花的栽培地分开，设立无病毒母本园专供摘取繁殖扦条。不要在切花生长地上摘取扦条。上海园林科学研究所采用茎顶培养法培育无病毒母株取得成功。茎顶大小为 0.2～0.7mm，其脱毒率可达 50%以上；茎顶苗经过病毒鉴定，将无病毒植株采用茎段培养或者防虫温室里进行扦插繁殖，建立起无病毒母本园；以母本园植株作为繁殖材料，获得大量优质种苗。这种办法生产的香石竹具有苗壮、花大、花色鲜艳等特点。在香石竹切花生产过程中一定要注意田间卫生管理、扦插、整枝、摘心以及切花的采摘等操作过程，对工具和手指经常采用肥皂等消毒，减少接触传染。防治介体蚜虫可以采用马拉松和西维因等杀虫剂，也可以起到减轻病害发生的作用。

(2) 发现病株，立即拔除。母本种源圃与切花生产圃分开设置，保证种园圃不被再侵染。修剪、切花等操作工具及人手必须用 3%～5%的磷酸三钠溶液、酒精或热肥皂水反复洗涤消毒，以防病毒传播。

(3) 蚜虫尚未迁飞扩散前喷洒 40%氧化乐果乳油 2000 倍液或 2.5%溴氰菊酯乳油 2000 倍液杀灭。

3) 香石竹坏死斑点病

病原为香石竹坏死斑点病毒。病毒粒子呈长线状，典型症状为病株中部叶片呈灰白色，有淡黄色坏死斑驳，或不规则条斑或条纹，下部叶片症状同中部，但常表现为紫红色。随着植株生长症状向上蔓延，严重时叶片枯黄坏死。

4) 香石竹蚀环病

病原为香石竹蚀环病毒。病毒粒子为球状，可在有的香石竹品种上产生轮纹状、环状或宽条状坏死斑，幼苗期较为明显，高湿季节隐症。严重时很多灰白色轮纹斑可愈合成大病斑，使叶片卷曲、畸形。

防治方法：①严格执行植物检疫制度，防止新病毒传入。②建立无病毒母本园，利用茎尖组培获得无病毒苗。③加强花圃卫生管理，所用工具和手都要消毒。④防治传毒昆虫，控制病毒的传播。严格执行检疫制度，防止病害传染。⑤此病经常由蚜虫传播，可用氧化乐果、马拉硫磷等喷雾。⑥控制病虫害传播，发现病株及时清除，焚烧处理。

6. 香石竹疫病

该病菌属半知菌丛梗孢目葡萄孢属，主要危害叶片、花、茎秆。叶片和花受害后，植株生长弯曲，最后枯死。在潮湿条件下，病部产生灰色霉层。病菌侵染茎秆，使茎秆腐烂变色，并产生许多深褐色菌核。该病菌主要在土壤中的病残体上越冬。

7. 锈病

该病主要危害叶片，也危害茎和花萼。受害部位最初出现淡色小突起斑，后四周呈黄色。发生严重时，造成叶和茎扭曲。香石竹锈病分布较广泛，为世界性病害，高温高湿的环境条件容易引发该病。

防治措施：加强温室通风透气，尽量保持温度在 15℃左右；繁殖育苗时，应从无病植株上采插穗条；避免同大戟属植物(如一品红等)邻近种植；发病后，及时摘除病叶，并集中销毁；采用 20%萎锈灵乳油 400 倍液喷雾或 20%粉锈宁乳油 2500 倍液喷雾。具体措施如下。

(1)建立无病毒基地。在病区生产切花的基地，最好专门建立无病毒母本园，专供采条繁殖用，以免因插条带毒传播病害。可以利用茎尖培养法脱毒或热处理法脱毒，获得脱毒苗，然后以无毒苗作为繁殖母本。

(2)培育抗病良种。中国石竹抗病性较强，可采用抗病育种、基因工程方法培育出抗病优质新品种。

(3)加强植物检疫。严格执行检疫制度，防止病害扩展到无病区，如前几年我国从荷兰引进了大批香石竹的小苗，经检测蚀环病毒率达 56%，致使此病在我国许多城市发生。

(4)防治传毒昆虫。香石竹病毒病多由蚜虫传毒，可选用马拉松、西维因、氧化乐果或抗蚜威等杀虫剂喷雾防治，以控制病害传播蔓延。

(5)处理染病植株。将染病植株控制在 30℃保持 5 天，使植株逐渐适应后，把温度提高到 38℃保持 2 个月，可使植株体内病毒量减少。必要时可喷洒 3.95%病毒必克可湿性粉剂 600～800 倍液或者 7.5%克毒灵水剂 800 倍液。

(6)花圃卫生管理。发现病株应及时清除并销毁。在扦插、摘心、整枝及切花等操作过程中，所用的工具都要用磷酸肥皂等清洗消毒。对于工作人员，可用 3%的磷酸三钠溶液洗手，然后再操作。最好先接触健株，后接触病株，尽量减少病害的人为传播。

8. 其他生理病害防治

1)花萼破裂症状

该病主要发生于大花品种。破裂原因为成花阶段昼夜温差大，低温期浇水施肥过多，氮、磷、钾三要素不平衡，尤其是磷肥过多、缺硼等因素。

防治措施：提高夜间温度，白天充分通风换气，使昼夜温差缩小；适当控制水分，避免低温时期土壤湿度过大；选择不易裂苞的品种；低温季节减少施肥量，忌大肥、大水、使肥水均匀供给；对花萼易破裂的品种而言，在开花前的 1～2 周用塑料胶带在花颈部包卷成钵状，可有效地减少花萼破裂。

2)花朵侧突症状

花冠不整齐，花瓣向一侧突出，使整个花蕾不能均衡一致地绽开。主要原因为营养过剩、温度过低、日照时间过短或患叶斑病等。

防治措施：补光升温，控制营养，防治病害。

（二）香石竹虫害

香石竹虫害主要有蚜虫、螨和蓟马等。蚜虫造成受害植株不规则的卷叶和营养不良。受侵害的植株叶片变厚变脆，卷曲且凹凸不平，嫩茎稍扭曲畸形。受蓟马危害的植株常引起花瓣褪色、卷叶，被害叶片部位凸凹不平，有银白色、黑褐色花斑。受虫害植株花量减少、花期缩短，且易传播病毒。防治方法：①保护利用寄生蜂类、捕食性瓢虫类等天敌。②利用蚜虫对黄色的趋性，用涂有不干性黏胶的黄板诱杀有翅蚜。③药剂防治。40%氧化乐果、50%辛硫磷1500倍液，吡虫啉、莫比朗2000倍液，1.8%爱福500倍液杀蚜虫；5%尼索朗、特螨克威2000倍液，5%卡死克1500倍液，速螨酮4000倍液杀螨；40%乐果乳油1000倍液、25%亚胺硫磷乳油600倍液等杀蓟马。由于蚜虫、螨、蓟马易产生抗药性，因此防治时要轮换使用不同的药剂。④增强温室通风，降低温室湿度，减少虫害的发生或减轻虫害的发生强度。

1. 蝼蛄

危害症状及特点：以成虫在土层危害，啃食根、茎，造成大量缺苗，并拱成隧道，造成根土脱苗、苗木失水而死。4～5月危害最重。

防治措施：①深翻园土，适时中耕，清除杂草。②利用灯光进行诱杀。③毒饵诱杀，90%的敌百虫10倍液拌炒麦麸、谷壳或者豆饼50g，制成毒饵，傍晚撒于苗床或根际周围进行毒杀。④药剂防治。可用5%锐劲特悬浮剂1500倍液或90%敌百虫800倍液浇灌。

2. 蓟马

危害症状及特点：主要危害叶和花。若虫、成虫用锉吸式口器锉破寄主表面细胞吸取汁液，造成被害幼叶卷褶，老叶产生灰白色斑点，花受害后花瓣褪色，枯死。虫体细小，活动隐蔽，危害初期不易发现，吸茎叶汁液，常传播病毒性病害。若虫、成虫多在叶柄、叶脉附近锉吸危害。早晚及阴天常爬到叶面上。被害叶片常出现灰白色条纹或者斑，造成卷叶以致枯死。久旱不雨有利于其发生。

防治措施：①人工防治。清除花圃周围杂草，秋后翻盆换土等。②保护和利用天敌。如花螨、草蛉、赤眼蜂等。③药剂防治。首选40%七星宝乳油800倍液，也可喷40%氧化乐果1000～1500倍液、50%杀螟松1000倍液、25%西维因400倍液或2.5%鱼藤精500～800倍液；用50%杀蜡硫磷等内吸剂1000倍液，50%乙酰甲胺磷和25%西维因与水（1：2：1000）混合液喷杀；喷施杀灭菊酯倍，或敌敌畏乳油倍；埋施锑灭克颗粒剂。

3. 桃蚜

大多发生在心叶部位，以刺吸式口器刺入植物组织内吸食汁液，致使植物生长缓慢，叶片卷曲畸形。蚜虫还是多种香石竹病毒病的携带者和传播者。

危害症状及特点：蚜虫多发生在高温、通风透气差的时候，繁殖迅速。幼叶被害后，向反面翻卷，呈不规则卷缩，最后干枯脱落，其排泄物诱发煤污病。

防治措施：①保护利用天敌。常见的有瓢虫、草蛉、食蚜蝇等。选对天敌无大害的内吸传导药物，如3%的天然除虫菊酯、25%鱼藤精、40%硫酸烟精800～1200倍液及氧化乐果均可。②药剂防治。蚜虫大发生时可以用3%莫比朗乳油2000～2500倍液、32%杀蚜净乳油1000～2500倍液或2.5%蚜虱灭乳油1500～2000倍液等。③用黏虫板诱蚜。在温室或者花卉栽培地，于有翅蚜迁飞的高峰期，用黄色黏虫板可诱杀到大量有翅蚜。④蚜虫3～4月繁殖，4～5月高峰，春季干旱期发生严重，11月产卵越冬，该虫分泌物经常诱发煤污病，更为严重的是此虫能传播病毒病。⑤50%辛硫磷乳油2000倍液，80%敌敌畏乳油1000倍液，或20%杀灭菊酯2000倍液，另外还可用一遍净（杀蚜虫效果最好）1500倍液等。⑥棉铃虫、青虫、夜蛾用90%万灵可溶性粉剂1000～3000倍液，5%抑太保1000～3000倍液，20%三唑磷800～1200倍液，80%敌敌畏乳油800～1200倍液等。青虫在9～11月危害最严重，12月也有。

4. 红蜘蛛

当红蜘蛛寄生在叶片上时，叶表面出现擦痕状伤痕，叶片变色。

防治措施：主要用药为40%三氯杀螨醇1000倍液，也可用40%乐果乳油1000倍液，该药有内吸传导作用，能兼治其他刺吸式害虫。具体措施如下。

（1）综合防治技术。改良土壤结构、合理轮作。香石竹喜肥沃、排水良好的土壤。在栽种前要进行深耕，加入人工介质，改良土壤结构，并加足基肥。

（2）选择健康无病优良的种苗。香石竹育苗通常采用扦插法。采取插穗作繁殖材料时，一定要从健康、粗壮、无病害的母株上采条。如果繁殖床内的沙土受污染，则需消毒或更换扦插基质。引种观察圃和采穗圃覆盖防虫网，防止害虫侵入而感染病毒，导致种性退化，也可通过茎尖脱毒组培繁殖生产用苗。

（3）加强肥水管理。合理浇水、施肥，施用的有机肥一定要充分腐熟，以减少侵染源。若施用无机肥料，一定要注意各元素之间的平衡。香石竹喜肥，从幼苗栽种到切花收获全生育期都要保证其养分充足。注意排水防涝，控制土壤含水量。香石竹在高温高湿条件下易发病，要注意通风通气，在生长过程中会不断发生分枝，要进行合理地摘心、抹芽、增加通风透光，减少病虫害发生。

七、盆花出圃标准

（1）花盆内不能有黄叶、病叶、杂草。

（2）达到出圃日期，夏天4个月，冬天6个月。

（3）开花数不能超过总花苞数的30%。

（4）花繁叶茂、花色艳丽、植株饱满，达到理想株型。

八、包装、运输及到货处理

盆栽香石竹属于鲜活产品，运输时间过长常会导致叶片发黄，花朵褪色、脱落，花苞不能正常开放和病虫害的快速蔓延等一系列问题。这些问题会导致盆花香石竹在运输后生长状态和观赏价值大打折扣。因此，盆栽香石竹的包装和运输尤为重要。

(一)包装

1. 包装前的准备

(1)停止浇水。香石竹盆花在包装运输的前一天要停止浇水，以免土壤极度潮湿，无法固定住盆栽香石竹根系，致使根系随着运输工具的摇晃颠簸而受到破坏，严重影响香石竹的生长；当天浇水也会增加香石竹的重量，加重运输负担。

(2)选择优质、健康、生长旺盛的香石竹盆花进行包装。对于长途运输，香石竹盆花需要有非常好的品质，达到出圃标准后再装入包装箱中，装入数量视香石竹盆花的大小而定。

(3)包装材料的选择。应选用质地柔软的专用塑料袋。下径大于花盆盆径3~4cm，上径要根据香石竹盆花的长势而定。高度应比植株叶片和苞片高出3~5cm。包装箱的纸板要有足够抗颠簸和抗压的硬度。包装箱的净高度以植株连盆高度再加上4~6cm为宜。包装箱内箱的长度和宽度应该以盆径的倍数来计，以一两个人能方便搬运的尺寸、重量为宜。

2. 包装方式

1)带盆包装

带盆包装是一种常见的包装，指带着花盆进行包装。大部分香石竹盆花适合带盆包装。第一步，挑选出达到出圃标准的香石竹。第二步，套袋。根据香石竹的长势，将塑料袋从盆底顺势往上套；上开口一定要高于植株苞片，以保护植株上部叶片。这样，自然而然地把叶片、枝条向上向中间靠拢，避免叶片和枝条被打折。给香石竹地上部套塑料袋的目的是防止香石竹叶片在装箱时受损，防止植株之间的叶片摩擦以及香石竹与包装箱内壁的摩擦，减少香石竹在运输过程中所受的损伤。套完袋之后，一定不要在植株上部进行封口，这是为了让香石竹装箱后还能够呼吸和通风透气，减少密闭造成的伤害。第三步，装箱。由于香石竹为多年生草本植物，叶片和茎秆都比较脆嫩，所以装箱时应选择竖放。每箱不宜装太多，视盆花大小而定，避免折伤叶片和苞片。

2)脱盆包装

脱盆包装是指将花盆脱去，仅留下土球的一种包装方法，特别适合香石竹盆花的长途运输。脱盆包装的优点是能比较长时间地保持土壤湿润，并且能减轻运输的重量，减少运输成本。第一步，选择出圃达标的植株。第二步，脱盆套袋。先用手捏一捏花盆，使盆壁与盆土分离。然后用手握住植株基部的茎，往上用力，慢慢拔起，拔出之后，用小编织袋套好土球，打活结，但不要让盆土漏出。给根部土球套好编织袋之后，再给植株地上部套上塑料袋。根据香石竹的长势，将塑料袋从盆底顺势往上套。将塑料袋的下开口留在土球处，将塑料袋的上开口顺势往上提，塑料袋的上开口一定要高于植株叶片，以保护植株上部叶片。第三步，装箱。香石竹抗损伤的能力较弱，所以装箱时需垂直放置。

3）缠绕包装

缠绕包装是一种特殊的包装，指将植株的枝叶进行一定程度的缠绕后再包装的方法，可以带盆进行，也可以脱盆进行。但香石竹盆花植株较为矮小，不适合缠绕包装。需要注意的是，香石竹盆花在长途运输时，应该在箱子内侧四个角上支一些支杆，避免箱子在运输过程中受到挤压，植株受到损害。冬季运输，除了给香石竹本身套袋外，还应该在箱子的外侧加一些塑料布、保温棉等，以保温防冻。夏季则不需要加保温棉。

3. 包装箱的标志内容

包装好后，还应该做好包装箱标志内容的描述工作，以确保搬运时工人们能够按要求操作，减少香石竹运输后的损伤。

（1）包装箱上应标明产品名称、包装数量和质量等级等。

（2）包装箱上应该有向上或请勿倒置、小心轻放和防潮防雨等标志。

（3）在运输香石竹时应给予温度要求标识。

（4）标志的内容应符合国家法律法规。

（5）标志的内容应通俗易懂、准确、科学。

（6）标志的一切内容不应模糊、脱落，应保证在消费者购买时易于辨认。

（7）标志所使用的汉字、数字、图形和字母，应字迹端正、清晰，字体高度不应小于1.8cm。还可以根据客户的需要对香石竹盆花进行组盆或精品包装。

（二）运输

香石竹盆花的运输方式有三种：汽车运输、铁路运输和空运。目前，汽车运输是香石竹盆花最主要的运输方式，运费仅为空运的1/4～1/3，并且可以把装卸的损伤降到最低。铁路运输和空运的香石竹盆花，最终还需要汽车运输的周转，才能到达目的地。汽车运输最好选择厢式车、大篷车等可封闭的车。厢式车和大篷车具有较大的密闭空间，香石竹盆花装上车之后，可以封闭起来，就不会因为外界的环境变化而影响其生长状态和观赏价值。运输时，香石竹盆花应保持在空气循环、温度稳定的环境里，这就要求运输车辆应该有通风装置。冬、夏两季运输时，车辆还应该有保暖和制冷装置，以减少对货物的伤害。春、秋两季的气温与香石竹生长温度基本相同，所以运输车辆可以没有恒温装置。装车时，应该轻抬轻放，注意不能将箱子倒置。运输时间要尽可能短，最好不超过3天。因为香石竹盆花在包装箱中的时间越长，恢复所需的时间越长。如果时间太长就难以恢复，影响商品品质。

（三）到货处理

香石竹盆花到达目的地后应该立即除去包装，将植株放入有光照的环境中。先小心打开包装箱，将香石竹盆花挨个取出；再将塑料袋轻轻取下，注意不要过于用力，以免损伤植株叶片。接着，小心地去掉编织袋，将土球放入大小匹配的花盆中即可。花枝较长的香石竹盆花去除包装后，应该用铁丝将花枝固定住。不管采用哪种包装和运输方式都应该适合香石竹盆花的特性，在时间及路线上完全匹配。香石竹盆花的质量涉及栽培、包装、运输等多个环节，每个环节都需要用科学的态度去对待，才能在长期的生产、销售、包装运输中探索出更好的办法，最大限度地保证香石竹盆花的质量，得到消费者的充分认可。

参 考 文 献

柴一峰，2012. 香石竹组织培养技术研究[D]. 南京：南京农业大学.

陈学军，翟付顺，2004. 草本花卉在我国农业观光园中的应用[J]. 河北农业科技(6)：4.

陈琰芳，贾文薇，刘春，1990. 香石竹无土栽培研究[J].园艺学报，17(4)：304-308.

陈自新，苏雪痕，刘少宗，等，1998. 北京城市园林绿化生态效益的研究(3)[J]. 中国园林，14(3)：53-56.

董连新，2009. 新疆野生石竹种质资源收集、保存、评价及利用研究[D]. 南京：南京林业大学.

董新红，宋明，2001. 种子寿命研究进展[J]. 生物学杂志，18(6)：7-9.

方少忠，曾献军，吴敬才，等. 1999. 无土栽培香石竹越夏试验(简报)[J]. 福建农业学报，14(S1)：107-109.

傅佩霞，2004. 浅谈城市园林绿化的基本功能[J]. 引进与咨询(2)：18-19.

高立鹏，2010. 北京都市型现代花卉产业及其发展对策研究[D]. 北京：北京林业大学.

郭阿君，岳桦，2003. 观赏植物挥发物的研究[J]. 北方园艺(6)：36-37.

郭志海，2007. 香石竹的保护地育苗与栽培管理技术研究[J]. 安徽农学通报13(19)：228-229.

胡平，胥凌峰，2005. 盆栽香石竹生产技术[J]. 中国花卉园艺(10)：16-17.

李进昆，桂敏，张玲敏，等，2013. 香石竹采穗母本无土栽培基质和营养液试验研究[J]. 江苏农业科学，41(5)：130-132.

李娟，肖斌，2010. 香石竹常见病虫害及其防治方法[J]. 现代园艺(5)：45-46.

李配银，2007. 切花香石竹的摘心与整枝修剪[J]. 新农村(9)：17.

李赛群，肖光辉，王志伟，2013. 有机生态型无土栽培的基质和施肥技术研究进展[J]. 湖南农业大学学报(自然科学版)，39(2)：194-199.

梁莉，李刚，2002. 名花栽培技艺与欣赏：牡丹[M]. 延吉：延边大学出版社.

梁巧兰，陈刚，徐秉良，等. 2013. 康乃馨锈病病原生物学特性研究[J]. 植物保护，39(4)：56-60.

林沛林，李一平，龚日新，2012. 无土栽培营养液配方与管理[J]. 中国瓜菜，25(3)：61-63.

林天杰，黄建春，龚宗浩，等，2000.稻草发酵过程理化性质变化及其作为栽培基质的研究[J].上海农学院学报，18(2)：101-106.

刘凤荣，2004. 花卉与养生[J]. 山西农业(1)：51-52.

刘寅，2011. 天津滨海耐盐植物筛选及植物耐盐性评价指标研究[D]. 北京：北京林业大学.

卢珍红，张玲敏，宋杰，等，2011. 基质配比对香石竹扦插成苗的影响[J]. 北方园艺(24)：87-89.

纳玲洁，李艳琼，冯翠萍，等，2005. 玉溪市香石竹主要病虫种类及防治技术[J]. 西南园艺(1)：34-35.

潘敏芳，吴敬才，赵金生，等，2000. 香石竹基质栽培技术的初步研究[J]. 福建农业科技，31(1)：39-40，38.

潘文，龙定建，唐玉贵，2003. 几种常见花卉的花期调控技术[J]. 广西林业科学32(4)：204-206.

潘远智，2004. 温度对香石竹种苗芽生长的影响[J]. 西南园艺(6)：20-21.

裴雁曦，郝建平，乔淑梅，等，1999. 无土栽培香石竹营养液筛选研究[J]. 山西农业科学27(3)：66-68.

彭婧，薛书浩，2014a. 拉萨市香石竹切花优质高效栽培技术[J]. 现代农业科技(19)：188-189.

彭婧，薛书浩，2014b. 香石竹切花栽培中常见病虫害及防治措施[J]. 北京农业(下旬刊)(S9)：86.

沈允钢，王庆锋，1978. 光合作用：从机理到农业[M]. 上海：上海科学技术出版社.

唐昌林，鲁德全，1996. 中国植物志[M]. 北京：科学出版社.

田希武，胡德秀，2001. 城市植被在城市生态环境中的效应[J]. 陕西水力发电，17(2)：60-62.

汪天，郁书君，傅玉兰，等，2000. 香石竹、非洲菊有机生态型无土栽培应用技术的研究[J]. 沈阳农业大学学报，31(4)：386-388.

王国莉，2009. 低温和水杨酸对香石竹切花保鲜效果的研究[J]. 江苏农业科学，37(1)：266-268.

王辉，孔宝华，李凡，等，2007. 香石竹枯萎病菌的生物学特性研究[J]. 植物保护，33(1)：68-71.

王继华，陆琳，唐开学，2004. 香石竹尖孢镰刀菌 PCR 检测[J]. 西南农业大学学报(自然科学版)，26(4)：417-419.

王建红，1998. 香石竹主要病虫害防治[J]. 中国花卉盆景(7)：4-5.

王金，2013. 日光温室香石竹切花栽培技术[J]. 青海农林科技(1)：73-75.

王军，2017. 无土栽培花卉的培育方法和管理技术研究[J]. 农村经济与科技，28(4)：26.

王庆，2012. 深圳地区高尔夫球场园林植物造景研究[D]. 长沙：中南林业科技大学.

王文成，郝明会，2011. 香石竹组培脱毒与快繁技术[J]. 吉林蔬菜(1)：66.

王秀美，2001. 香石竹塑料大棚栽培技术[J]. 山东林业科技 31(4)：32-33.

吴晓蕾，赵慧琴，张媛，2007. 环境控制对设施花卉花期调控影响的研究[J]. 内蒙古农业大学学报(自然科学版)，28(3)：302-305.

夏民安，2001. 花卉有抗污染的特殊本领[J]. 绿化与生活(1)：11.

徐爱东，2004. 切花香石竹的摘心整枝修剪技术[J]. 农村百事通(23)：32-33.

徐海平，蔡良华，赵永银，等，2008. 康乃馨常见病虫害及其综防技术[J]. 上海农业科技(2)：91-92.

杨俊杰，付红梅，2008. 温室香石竹叶斑病的发生及防治[J]. 农业工程技术(温室园艺)，28(8)：62.

杨凯，孙迎坤，谭雯，等，2013. 盐胁迫对香石竹种子萌发及幼苗生长的影响[J]. 北方园艺(22)：86-88.

杨艳容，2006. 花卉花期调控技术研究[J]. 襄樊职业技术学院学报，5(6)：13-14，16.

姚连芳，1993. 香石竹栽培繁殖技术[J]. 河南科技，12(7)：12-13.

张爱莲，杨小华，徐祥文，等，2009. 香石竹主要栽培品种及其特性[J]. 农业科技通讯(8)：206-208.

张继，黄玉龙，姚健，等，2004. 香石竹(康乃馨)红花色素稳定性研究[J]. 西北师范大学学报(自然科学版)，40(3)：64-66.

张素芳，胡书红，2007. 香石竹优质种苗的扦插繁殖技术[J]. 北方园艺(6)：190-191.

赵云杨，2009. 香石竹主要栽培品种及其特性明[J]. 中国林业品质资源，9(1)：78-79.

赵正雄，关文灵，2006. 供氮水平对香石竹生长发育和养分吸收的影响[J]. 西南农业大学学报(自然科学版)，28(2)：213-214.

赵正雄，关文灵，2007. 不同供磷水平对香石竹生长发育和养分吸收的影响[J]. 北方园艺(1)：97-98.

郑京津，2012. 香石竹栽培技术[J]. 湖北林业科技，41(1)：68-70.

郑奕，姚永康，周志疆，等，2009. 有机废弃物生产园艺基质的研究[J]. 江西农业学报，21(9)：160-162.

周旭红，莫锡君，龙江，等，2008. 多头香石竹组培快繁研究[J]. 北方园艺(1)：196-197.

周旭红，莫锡君，王继华，等，2011. 香石竹开花结实生物学研究[J]. 西北植物学报，31(11)：2198-2203.

周叶林，陈文海，金国林，等，2002. 香石竹栽培技术[J]. 浙江林业科技，23(5)：52-55.

Cruden R W, 1977. Pollen-ovule ratios: a conservative indicator of breeding systems in flowering plants[J]. Evolution, 31(1)：32-46.

Dafni A, 1992. Pollination Ecology[M]. Oxford:Oxford University Press.

Dafni A, Hesse M, Pacini E, 2000. Polen and Pollination[M]. Berlin: Springer-Verlag.

第十二章　非洲菊无土栽培

一、植物学特征

非洲菊，别名扶郎花等。属菊科多年生常绿草本植物，全株被细毛，株高 30～60cm。根为肉质根，通常可生长到 1m 或更长，自然条件下可产生主根和无数侧根，在受容器等压力情况下，生长初期的主根是可识别的，生长后期会盘旋呈不规则形态。须根的数量代表根系统质量，初期须根分布于基质表面，而后向下渗透，2～3 年疏松基质中根尖部分分生出许多须根，根系长度可达 80～100cm（图 12.1）。

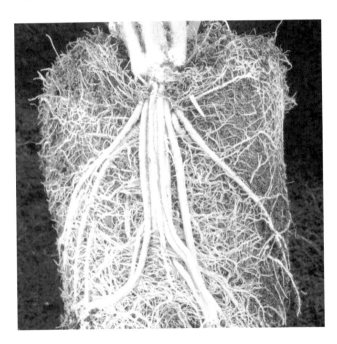

图 12.1　非洲菊根系

叶聚生于根茎部，呈莲座状，生长初期为圆形，随着生长叶片羽裂变深，叶片形态多样，有长椭圆形至长圆形，倒披针形。叶片长 10～25cm、宽 5～8cm，叶顶端短尖或钝圆，基部渐狭，边缘不规则羽状浅裂或深裂，裂片边缘具疏齿，圆钝或尖，叶上表面有泡状突起或无，叶面颜色为浅绿色、绿色或深绿色，叶下表面为灰白色，有清晰叶脉，主脉对叶片起主要支撑作用，叶上表面有绒毛或无（图 12.2）。

图 12.2　非洲菊叶片

非洲菊为雌雄同株植物，同一小花上有雄蕊和雌蕊，为典型的菊科植物特征。由许多小花组成单生头状花序，着生在杯形海绵状的花托上，花大而质厚，直径为 8～15cm，由两类小花构成，一类为舌状花，形状较大，1～2 轮或多轮，倒披针形或带形，端部 3 齿裂，有白色、黄色、红色、粉色、紫色等，着生于花序边缘，排列成一轮至数轮，花冠上部舌状单向伸展，长 3～5cm，下部连接小花冠，舌状花具有雌性功能，雄蕊退化不产生花粉，花瓣数因品种而异，通常超过 50 瓣。另一类小花为管状花，与舌状花同色或异色，端部 2 唇状，着生于花托或花盘内轮，也称盘状花，带有较小管形花冠，花冠在开花之前通常呈现黄色，后续开放后形成两个以上小舌状花瓣，与舌状花一样具有相同丰富的颜色，形状相对较小，长 1～2cm，位于外面几轮的管状花，雌雄蕊发育完全，但只具有雄性功能，即便雄蕊有花粉，柱头也似乎不接受自身的花粉而授精，而中间的管状花只具有雄蕊，雌蕊退化。在舌状花和管状花（花盘）间会产生雌雄同体的小花，可产生花粉和柱头具有可授性，小花的短舌状花构成半重瓣花序。舌状花基部具 200 根以上的冠毛，管状花基部具约 60 根冠毛。花盘即花心因小舌状花色而异呈现不同颜色，实际上待成熟后，会呈现不同形状的绿色或褐色两种颜色（图 12.3）。

非洲菊花序开放属于雌蕊先熟型，通常是外轮的舌状花先行开放成熟，而后是花盘内部的雄性管状花开放散粉，致使自花授粉比较困难，但利于种间杂交育种。非洲菊花序分为三种类型：自交不育型、部分自交可育型和自交可育型。自花授粉可育率约占 35%，不同品种间结实率差异性显著。自花授粉可育率较低的植株杂交授粉可育率也较低，结实率最高时期在 5～6 月，花心大的花序比花心小的花序能产生更多的种子。

花梗高出叶丛，直立圆柱形无叶，花梗长 50～80cm，花梗基部有长短不一的花青苷显色或无。花托下部的总苞片呈卵形或披针形，以鳞状排成数轮，通常为绿色，内轮苞片末梢花青苷显色或无。

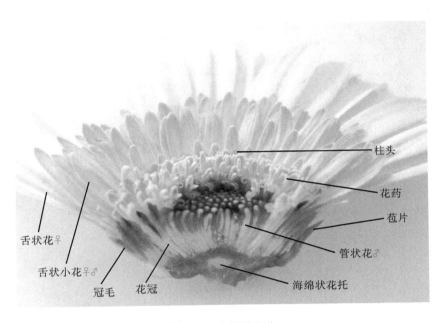

柱头
花药
苞片
管状花♂
海绵状花托
舌状花♀
舌状小花♀♂
冠毛　花冠

图 12.3　非洲菊花序

非洲菊种子为黑褐色瘦果，呈长椭圆形，纵向具细条纹，顶端短尖着生冠毛，种子长约 1cm，千粒重 3～5g，种子寿命短，生活力仅有数月，通常在种子成熟后即行播种。

非洲菊栽培种通常为二倍体，染色体组成为 2n=2X=50，通过秋水仙碱处理的多倍体品种也存在。

二、非洲菊产业现状

非洲菊栽培历史悠久，其于 1878 年在南非德兰士瓦被发现并移栽到英国邱园。随后，欧洲、日本选育出用于切花和矮生盆栽品种，花期几乎全年不断。非洲菊栽培品种很多，根据栽培形式可分为盆栽品种和切花品种；根据花朵直径大小可分为大花品种和小花品种。

中国非洲菊种植始于 20 世纪 80 年代初，因花色多、周年开花、产量高、适应性强而受到种植者欢迎，全国各地均有种植，花色主要有红色、黄色、粉色、橙色、白色、紫色。近两年市场流行品种主要有鸿运当头、热带草原、红色妖姬、红色风暴、玲珑、水粉、阳光路、白马王子、妃子、紫晶，种植量最大的是鸿运当头、阳光路和玲珑，占总种植面积的 70%以上，近年来拉丝系列、复色、盆栽等品种市场需求量处于上升趋势。

非洲菊种苗以组培苗为主，种苗生产供应商主要集中在云南、上海、山东。云南生产量最多，占全国的65%以上，年均生产销售组培苗超过3500万株，产品主销云南、山东、福建、上海等省市。

自20世纪80年代引进非洲菊种植以来，非洲菊已发展成为云南主栽花卉之一，主要集中在云南昆明、玉溪、楚雄等滇中地区。

非洲菊全国各地均有种植，种植面积超8万亩，年产切花100亿支。种植面积最大的是云南晋宁，其次是山东临沂、福建三明，上海、江西、安徽、贵州等地的栽培面积逐年增加，东北三省、新疆等地也有种植。

三、品种选择

非洲菊属异花授粉植物，自交不孕，其种子后代易发生变异。目前大部分非洲菊 (*Gerbera jamesonii* Bolus) 商业品种来源于 *G.jamesonii* Bolusex Adlam 和 *G.viridifolia* S.C.H 的杂交后代 (Hansen, 1985)，几乎全是二倍体。20世纪80年代以来，德国、波兰、荷兰、西班牙等国家进一步开展非洲菊的育种和品种改良，选育出适宜本国气候和环境条件的优良品种。在多年的非洲菊栽培历史中，经过园艺工作者长期不懈努力，不仅筛选出了许多高产优质的栽培新品种，还培育出了不少抗性较强、能在冬季开花的品种。荷兰育成的品种在全世界占有很大的市场比例。

随着生物工程技术的发展及花卉产业"高品质，高效益"发展的客观需要，非洲菊的育种工作也逐步受到更多研究者的青睐。我国非洲菊的引种最早可以追溯到20世纪40年代，但真正作为鲜切花大规模引进和栽培是在20世纪80年代以后，用于栽培的非洲菊品种比较少，相当一部分主栽品种已经落后，且大多来自国外，不同程度地存在对低纬度高原气候不适应、品种退化快、土传病害发生较多等问题。由于知识产权保护等问题，在新品种、好品种的引进方面面临诸多限制，严重制约了国内非洲菊花卉产业的发展。云南省农业科学院花卉研究所从1997年开始进行非洲菊新品种的选育研究，先后选育新品种40余个，申请品种和数量居全国第一。在非洲菊育种上取得了显著进展，其中农业农村部授权品种27个，秋日获得欧盟授权，成为我国获得欧盟授权的第一个花卉品种。此外，上海市林业总站、上海市花卉良种试验场、上海市林木花卉育种中心、昆明煜辉花卉园艺有限公司、昆明缤纷园艺公司、贵州省园艺研究所、云南锦科花卉工程研究中心有限公司和云南云科花卉有限公司等多家单位也先后开展了非洲菊新品种选育工作。即使如此，与国外育种公司相比，国内的非洲菊育种体系仍有较大差距，面对国内市场的大量需求和倡导自主创新、自主知识产权保护现状，培育的新品种尚不能满足当前市场需求。

非洲菊品种选择取决于各国的消费习惯和应用场景，目前国内种植的非洲菊品种通常为标准型品种，随着花卉电商的不断兴起，非洲菊消费方面得到深度挖掘，越来越多的年轻人开始偏好新奇的品种，如复色系列、蜘蛛系列(拉丝系列)、迷你型等品种，其价格是普通品种的2~3倍，所以在选择品种方面要对未来的消费趋势进行预判，不断引领市场需求，获得更多产品利润(图12.4~图12.6)。

图 12.4   不同非洲菊类型

图 12.5   迷你型复色系品种(荷兰橙色多盟公司)

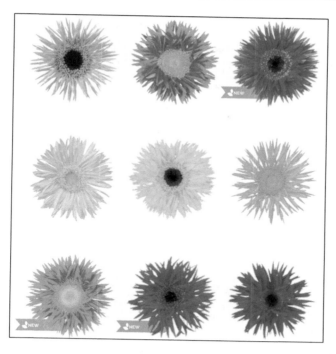

图 12.6　蜘蛛型系列品种(荷兰橙色多盟公司)

非洲菊品种按花径大小分为标准型(花径为 11～13cm)和迷你型(花径为 7～8cm),按花形可分为宽瓣平面型、细丝瓣型和球状型,按用途分为切花型、盆花型和庭院型。非洲菊切花产量因品种和栽培方式而异,不同品种差异较大。一般来说,标准型年产量为 230～250 支/m^2(基质栽培)和 250～380 支/m^2(基质栽培),瓶插寿命为 12～14 天;迷你型年产量为 250～270 支/m^2(基质栽培)和 310～330 支/m^2(基质栽培),拉丝迷你型部分品种年产量为 350～400 支/m^2(基质栽培)和 500～550 支/m^2(基质栽培),瓶插寿命为 13～17 天。

四、非洲菊种苗繁殖技术

非洲菊的繁殖方法有有性繁殖和无性繁殖两种。有性繁殖方法也称播种法,无性繁殖方法主要有组织培养法和分株法。非洲菊的传统繁殖方式为播种法和分株法。由于非洲菊为异花传粉植物,自交不孕,其种子后代必然会发生变异,变异类型普遍表现为花梗变细、变软,花形变小,切花价值大大降低,因此非洲菊切花型品种一般采用无性繁殖,有性繁殖用于矮生盆栽培型品种或育种。目前主要是用组织培养法,该方法在短期内可生产出大量、整齐、无毒、均匀的健壮种苗,而且组培苗具有质量好、变异小、体积小、便于运输等特点,可实行周年商品化生产,是目前非洲菊繁殖的主要方式。

(一)有性繁殖

有性繁殖方法一般用于非洲菊新品种选育,如前所述,非洲菊属雌蕊早熟型异花授粉植物，用一个花序的花粉与另一个花序进行授粉，必然会影响杂交授粉。杂交授粉采用毛刷，授粉后要用保护网袋套住花序，几周后产生种子。单个花序可获得上百粒种子，不同品种和季节会有差异。事实上，切花种苗生产通常不采用这种技术，因为不同亲本的变异特性会产生性状分离的变异后代，难以保持杂交后代一致性。非洲菊种子细小，一般盆播，以过筛的腐叶土或泥炭土为基质，将种子均匀播上，然后盖上一层薄薄的粗沙或过筛的泥炭，置于 20～22℃空气湿度较大的遮阴处，8～12 天发芽，播种后 3.0～3.5 周进行疏苗，一般经过 3～4 个月，小苗长至 4～5 片真叶时方可移栽。

(二)无性繁殖

无性繁殖主要采用分株和组织培养两种方式繁殖，可以保持亲本的遗传和表型特征，获得稳定纯合的遗传系。分株法增殖率太低，伤口容易感染病毒，产量和质量均不理想。所以，传统繁殖方法难以满足非洲菊规模化生产的需要。

1. 分株繁殖

2 年生以上植株可进行分株繁殖，平均每株可分出 2～6 株新植株。分株通常在植物营养休眠期进行，一般在 4～5 月。将老株连根拔起清理叶片和根系，用锋利的小刀在根茎部切割分株，每个新株应带 4～5 片真叶，用抗隐花试剂处理后进行栽植。栽植时不宜过深，以根颈部略露出基质表层为宜(图 12.7)。

图 12.7　分株繁殖

2. 分株扦插

区别于分株繁殖方法，从亲本分离出新植株，将不定根系完全剪除，留有一对叶片和部分根茎。插条要浅植，叶片削短，如果使用雾化系统，叶片可全部剪除。但这种方法植株成活率低，不像完整植株那样无病原体，这种技术很少使用。

3. 微型插条分株

经重度修剪根系的植株种植于泥炭中，停止灌溉使之停止生长，保持大棚内温度为

25～30℃，相对湿度为 85%，在短时间内植株就会产生 40～50 个幼芽。当新植株有 2 片叶片时就可分离植入加温基质中，2～3个月后就可从亲本中分离出来新植株并作为生产用苗移植。这种方法的优点是可以从每株亲本中获得大量的新植株，但存在技术经济局限性，而且产生的植株开花较慢等问题。

4. 组织培养繁殖技术

理论上，非洲菊植株上的任何器官均可诱导产生愈伤组织。皮耶克（Pierik）于 1973 年率先采用非洲菊离体花托和花萼诱导出芽；1974 年，穆拉希格（Murashige）用非洲菊的生长点作外植体培养得到侧芽。近年来，随着市场需求的扩大，非洲菊的组织培养研究日趋深入，不少研究者对非洲菊花托、叶片、茎段、花瓣等不同器外植体的培养效果进行了比较研究，以幼小花托为外植体的效果最佳。因此，生产上一般以花托为外植体进行种苗生产（图 12.8）。

非洲菊外植体诱导出芽后，每个月进行一次试管增殖，4～5 个月后，进行壮苗生根培养，1 个月的时间就能生出幼嫩的根。非洲菊组培苗的诱导、增殖继代及生根培养的培养基主要采用 MS（Murashige and Skoog）培养基，各培养基均添加食用白糖 25～30g/L，琼脂 6～7g/L，pH 为 5.5～6.0。培养室湿度应控制在 45%左右，雨季时要用除湿器进行除湿，控制好湿度，湿度过高，空气中的细菌容易滋生，增加污染的概率，湿度过低会使培养瓶内的水分蒸发过快，影响营养吸收和生长。非洲菊培养室的温度应控制在 20～24℃。温度过高组培苗生长加快，组培苗过于幼嫩接种时易受机械伤害，增殖系数也会相应下降，同时潜在的微生物活动会加快，污染呈上升趋势，超过 30℃后极易灼伤组培苗。温度过低非洲菊生长缓慢，培养时间成倍增加，10℃ 以下时，易发生冻害。光照度为 2000～2500lx，光照时间为 8～12h/d。

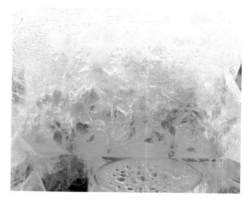

图 12.8　优质原种脱毒繁育

1）外植体的采摘

采摘季节一般以春季较好，时间以晴天 9:00～10:00 最佳。采摘外植体的非洲菊植株必须生长健壮，无病虫危害，品质较好，外植体的部位一般选择花托。由于品种不同，花托的大小存在差异，因此不能以花托大小判断适宜的外植体，应以花托下部的总苞片包裹的花心刚露出或花心露出的直径不大于 0.7cm 为宜。花托摘取后迅速放入有瓶盖容器瓶中带回室内处理。

2）外植体消毒

把采摘的外植体带回室内，先用洗衣粉水清洗，再用清水冲洗干净后，在超净环境下，用刀片切除花梗与舌状花边缘，先放入质量百分浓度为 0.1%的氯化汞溶液消毒 12～16min，再放入质量百分浓度为 2%的次氯酸钠溶液中消毒 10min，之后用无菌水冲洗 3～4 次，再用镊子拔去花托上的所有舌状花，用解剖刀切除花萼边缘及花托底部 0.2～0.3cm 的厚度即为所需的非洲菊外植体。

3）诱导培养

消毒灭菌后的花托用解剖刀剔除萼片后，转入 MS+BA10mg/L+IAA 0.5mg/L 的培养基中进行不定芽诱导培养，每 30 天用相同的诱导培养基更换一次，直至诱导出芽。

4）继代增殖培养

在无菌条件下，将花托诱导出的不定芽分切后转入 MS+BA0.3～1mg/L+NAA0.05～0.1mg/L 的增殖培养基中，增殖培养 15～20 天后，重新转入增殖培养基中，继代培养 2～3 次后，选择增殖稳定、无污染、无虫害的母瓶进行正式生产扩繁。只有母瓶合格，才能保证后期生产顺利开展，母瓶的质量是保证产品质量和产量，以及降低生产成本的关键。在生产上一般 2 年左右更新一次母瓶，继代时间过长，增殖系数下降，组培苗中潜在的细菌和残存的病毒就会呈上升趋势。

5）生根培养

将增殖丛生苗 1cm 以上的不定芽切下，插入 1/2 MS+IBA0.4mg/L 的生根培养基中，培养 2 周左右，即有白色根系形成。生根炼苗时间主要集中在 9 月至翌年 4 月，种苗的销售旺季主要集中在 2～5 月。

6）组培苗过渡移栽

将生根培养后高 2～4cm、健壮、苗色浓绿的有根小苗从瓶内取出，洗去附着于根上的培养基，放入质量百分浓度为 0.1%的多菌灵溶液中消毒 1～2min 后，移栽至装有腐殖土、红土、珍珠岩的体积比为 2：1：0.5 的育苗袋中，栽后浇足水。

前期保持 85%的相对湿度，以后逐渐降低湿度和增加光照。控制大棚温度在白天为 20～25℃，夜间为 16～20℃，湿度为 75%～85%。按常规进行浇水、施肥管理，同时进行常规病虫害防治。

7）组织培养的影响因素和解决方法

（1）培养基。自 20 世纪 70 年代以来，人们一直在进行非洲菊组织培养的研究，培养基配方无疑是最为关键的。研究表明，不同品种的非洲菊对培养基要求差异很大。因此，必须筛选与非洲菊主栽品种相匹配的各类最适培养基配方，对不同品种必须使用不同的培养基，才能取得最佳效果。根据不同品种相应地使用不同的培养基是一个复杂的过程，需要在培养基渗透压、光照、激素种类、浓度、组合等方面进行调整，以筛选出最优培养基配方。

非洲菊组培苗的工厂化生产要根据实际情况采取对应的措施，做到预防为主，及时发现，及时处理，避免损失扩大。不同厂家的药品有一定的差异性，特别是激素和凝固剂的影响最为明显，因此，不要频繁更换生产过程中使用的药品厂家。灭菌好的培养基一般应在 15 天内使用完，以免培养基失水过多而变硬，影响组培苗对营养的吸收。

（2）玻璃化。玻璃化苗的出现是植物组培技术应用于工厂化育苗的极大障碍，因而试管苗的玻璃化是植物组培过程中亟待解决的问题，而激素的种类、浓度及培养基的含水量与瓶内湿度对玻璃化苗的产生有重要影响。植物试管苗玻璃化现象在组织培养中普遍存在，由于在非洲菊的组培过程中，其体内在各个阶段积累了高浓度的激素，导致在后期体内激素浓度过高而产生玻璃化现象。特别是在 7～8 月高温、多湿季节里非洲菊更容易发生试管苗玻璃化问题。细胞分裂素 6-BA 较 KT 容易诱导玻璃化苗的发生。另外，无论是培养基含水量过高还是瓶内湿度过大，都会引起玻璃化苗的产生。已经发生玻璃化的种苗很难恢复，只能剔除。

继代次数对玻璃化无明显影响，对出现玻璃化的种苗，可通过适当增加光照度、延长光照时间、增加糖和琼脂浓度、降低培养温度等方法来改善；采用青霉素含量 80 万单位配制 64mg/L 的青霉素对于减轻玻璃化苗效果最好；外植体诱导试管苗时，2～4mg/L 的 6-BA 与 2～5mg/L 的 KT 诱导的试管苗几乎没有玻璃化苗，而试管苗继代增殖过程中，0.2～1.0mg/L 的 6-BA 也不会产生玻璃化现象；在培养基中可适当增加琼脂用量，利用其固定和敛收水分的作用，使培养瓶中水分状况达到适宜，使用透气性封口膜，分装培养基经过 15～20min 冷却后封口，可降低培养基含水量及瓶内湿度，达到减少玻璃化苗产生的目的。

（3）褐化。在诱导愈伤过程中，受材料基因型、生理状况和培养条件等因素影响，外植体会发生不同程度的褐化，严重影响诱导愈伤分化、再生芽形成。因此，解决非洲菊诱导愈伤过程中的褐化问题具有重要意义。有试验表明，外植体在褐变发生前 POD 活性升高，褐变发生后酶活下降；总酚含量随着褐变增强而逐渐提高，同时 PAL 活性与总酚含量呈显著正相关，说明非洲菊外植体褐变时总酚与褐变密切相关，PAL 参与了褐变的发生过程。因此，为防止组培过程中的褐化，添加抑制褐化的试剂应选择在 POD 活性开始下降，PAL 活性和总酚含量开始显著上升之时。由于非洲菊含酚类物质多，外植体受伤后分泌的酚类物质被氧化成醌类物质，扩散到培养基内，抑制其他酶的活性，进而毒害外植体。

选择 Fe 盐加倍培养基和 1/2MS 培养基能减轻褐化，但它所有成分都减半能减少褐化产生。在非洲菊组培过程中，频繁更换培养基，在培养基内加入一定量的 PVP（polyvinyl pyrrolidone，聚乙烯吡咯烷酮）、维生素 C 等可有效地抑制褐化现象，在添加抗褐化抑制剂试验中，0.5g/L PVP 对防止外植体褐变效果较好。另外，对目前组培中常用的防褐化剂活性炭（activated carbon，AC），虽有较强的吸附能力，能吸附外植体表面所形成的多酚氧化物，但因 AC 除能吸附多酚氧化物外，还能吸附培养基中的营养成分，使外植体由于得不到应有的养分而逐渐衰竭、变褐乃至死亡。

（4）污染。苗壮则污染率低，反之则高。污染发生初期，真菌比细菌更难处理，真菌是毁灭性的，发生后控制难度大。细菌污染仅通过接触后传播，如交叉接苗，培养基表面水的流动，相对比较容易控制，由于只是生长在培养基的局部，不会造成组培苗的死亡，通过清除污染的材料，可很大程度地抑制细菌生长，大大减少损失。真菌污染时，真菌生长速度极快，并将组培苗包围，导致其无法吸收营养而慢慢死亡。因此，真菌污染时要及时清理，污染严重时要及时对培养室进行熏蒸，并适当降低培养室中的空气湿度。目前市面上有部分抑菌类药品销售，也有相关的科学研究报道，采用抗生素以及相关的抑菌剂来控制细菌污染。但抗生素的种类很多，且具有一定副作用，同一种抗生素对不同植物具有不同的效果，要做好预备试验，选用较适合的抗生素种类和浓度。

(三)种苗质量标准

优质切花非洲菊种苗(图 12.9)宜选择从育种单位的原种繁殖的生产种，不宜选择从田间地头打芽进种繁殖的种苗。种苗必须满足质量优良，不携带虫害、病毒和土传病害等质量标准。如果切花出口，目标市场最好选择购买已包含专利费的种苗，这样一旦大批量生产出高品质的鲜花就不会受到限制。云南省大部分从荷兰进口种苗，其种苗企业必须获得品质和资格认证。用于组培增殖的原种来源于严格隔离栽培条件下生长的不带病毒的母株，并且每年更新，其栽培管理须高效和严格，基本上杜绝病虫害。其种苗选择要达到如下标准(表 12.1)。

(1)品种纯正。花色花形等品种特征与描述一致，有规范的品种名称、商标及生产公司标识，对花色及品种真实性愿意承担种苗货值以内的责任。

(2)质量优良。种苗生长健壮、无畸形，叶片舒展、叶色油绿、无徒长或老化的迹象，叶柄附着的绵毛白而密，是生长旺盛的标志，苗龄适中，叶片已出现羽裂，植株根系发达但不缠结，无单边偏缺，须根数量多，色白，根系无腐烂现象。

(3)清洁度高。叶片无药斑、污点，下层叶片无萎黄现象，采用无土栽培基质，基质表面无青苔着生。

(4)无任何病虫害。叶片无焦斑、黑斑或其他任何病斑；叶片上无咬伤斑点或缺口，叶片背面无白粉虱成虫、若虫及虫卵，叶片内无斑潜蝇危害的隧道。生产商苗圃内无白粉虱、斑潜蝇、红蜘蛛、蛞蝓等任何非洲菊的重要害虫，无病毒危害症状。

图 12.9 非洲菊种苗

表 12.1　非洲菊种苗质量等级指标

种苗类型	级别	苗高/cm	根系长/cm	新根生长数量/条	叶片数/片
组培苗	一级	11～15	7～10	≥6	4～5
	二级	6～10	3～6	≥4	3
分株苗	一级	11～15	7～10	≥5	5～6
	二级	6～10	3～6	≥3	3～4

五、温室及设施

不是所有温室结构和普遍设施都完全适合非洲菊种植和小气候环境，种植者必须选择和创造一个适合的温室来栽培，实际上主要取决于外部的气候因素(如温度、相对湿度、降水量、光照度和风速等)和经济因素。这里仅限于描述非洲菊种植所需的不同类型的温室和设施，考虑到上述提及的标准和自身经济条件，企业可选择不同组合和可能的技术。

温室建造时，要考虑的基本问题是位置、尺寸、朝向、结构及覆盖材料等。

1. 位置

温室位置的基本要求：远离道路、房屋、城镇和林木，同时也要考虑土地平整度、基质理化性质、排水性、基质颜色(通常黑土吸收更多太阳辐射能)、电能、水源质量和数量等。温室的位置直接影响光照对植物生长的影响，有学者研究了不同太阳辐射波长对植物生长的影响(表 12.2)，通常情况下通过植物光合作用能量转换的能量只有 2%～3% 为有效能(图 12.10)。

表 12.2　不同太阳辐射波长对植物生长的影响(Tesi，1977)

辐射光	波长/nm	对植物的影响
短波紫外线(UV-C)	190～280	微生物死亡
中波紫外线(UV-B)	280～315	植株高度降低
长波紫外线(UV-A)	315～380	花色素增加和叶片增厚
蓝紫光	380～490	利于光合作用和趋光性启动
黄绿光	490～595	光合作用有效性降低
红橙光	595～760	光合作用和光周期最大效率
短波红外线	760～2500	植物生长热效应提高
中长波红外线	>2500	只对环境长期影响

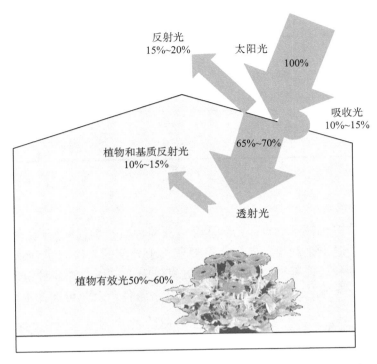

图 12.10   通过植物光合作用能量转换的能量只有 2%～3% 为有效能

2. 温室尺寸

温室的尺寸主要取决于外部气候特征（光线），非洲菊为喜光植物，需要大量的光照，特别是在冬季。一般倾向于建造尽可能宽大的单体温室，以使由结构造成的阴影量最小。温室顶部必须有必要的开口，目的是利于空气循环并尽可能减少病虫害发生（如害虫和葡萄孢菌等）。肩高（至沟槽处）至少 2.5m，在北欧国家顶部倾向度为 40%～45%，地中海国家顶部倾向度为 20%～30%，随着倾向度增加，植物可利用光线增加，同时也导致温室失去更多的热量。

3. 温室朝向

在比利时光照条件下，尼森（Nisen）研究了关于温室朝向太阳光和顶层形状的重要性。阐述了在理想的光照条件下 16 种温室屋顶对太阳辐射的直接作用，从表 12.3 可以看出，规则的屋顶植物可最大限度地利用有效光线，非对称形状的屋顶也可很好地利用光线，但通常不推荐温室使用。还可以看出，东西方向的温室具有一定的优势，如可更好地利用冬季的阳光，并且在夏天可以限制阳光辐射量（夏季需要降温），适用于以角度大于 15° 进入温室的太阳辐射，如果太阳辐射角度低于 15°，它的光线将直接到达温室的侧面，而屋顶几乎可以反射所有的光线。

表 12.3　3m 跨度的温室屋顶特征

序号	性状及倾斜度	屋顶表面积/m²	表面积和跨度长(3m)的相关系数
1	对称双坡，倾斜度为 5°	3.02	1.01
2	对称双坡，倾斜度为 10°	3.05	1.02
3	对称双坡，倾斜度为 15°	3.10	1.03
4	弧形，主轴高 40cm	3.24	1.08
5	对称双坡，倾斜度为 25°	3.32	1.11
6	弧形，主轴高 70cm	3.36	1.12
7	椭圆形，主轴高 70cm	3.60	1.20
8	对称双坡，倾斜度为 35°	3.66	1.22
9	弧形，主轴高 105cm	3.90	1.30
10	椭圆形，主轴高 105cm	4.08	1.36
11	不对称双坡，倾斜度为 25°和 55°	3.80	1.27
12	捻弯，主轴高 115cm	4.20	1.40
13	不对称双坡，倾斜度为 25°和 65°	3.98	1.33
14	不对称双坡，倾斜度为 35°和 55°	4.18	1.39
15	圆形，主轴高 150cm	4.70	1.57
16	不对称双坡，倾斜度为 35°和 65°	4.52	1.51

4. 结构及覆盖材料

　　温室的结构一般由木材或金属制成，考虑到质量和耐久性，钢铁材料的使用越来越多。金属架构的尺寸和厚度是根据抵抗自身重量、风力、雪载和地震活动等来计算的。

　　覆盖材料是温室最重要的原料之一，覆盖材料表面通常发生温室内外环境的能量交换，因此温室内的热量和光质与其质量(理化性质和光传导性能)密切相关，Tesi(1977)总结了不同覆盖材料的透光率和反射率表达(表 12.4)，覆盖材料持续时间主要取决于材料特性、气候条件和骨架结构类型等，金属架构使用塑料薄膜时要用热镀锌钢管，热镀锌对于防止覆盖材料破裂非常重要。用于非洲菊栽培的覆盖材料通常有以下几种。

表 12.4　不同覆盖材料的透光率和反射率表达(Tesi, 1977)

材料名称	厚度/mm	可见光 (380~760nm)			太阳总辐射光 (330~2500nm)			红外光 (2500~35000nm)	
		直射光		散射光	直射光		散射光		
		透光率/%	反射率/%	透光率/%	透光率/%	反射率/%	透光率/%	透光率/%	反射率/%
聚乙烯	0.10	91	8	90	91	8	89	79	2
耐久性聚乙烯	0.10	89	10	86	88	9	82	76	4
聚氯乙烯	0.10	92	7	91	91	7	89	6	32
乙烯-醋酸乙烯酯	0.10	92	8	76	91	7	75	39	3

材料名称	厚度/mm	可见光(380~760nm)			太阳总辐射光(330~2500nm)			红外光(2500~35000nm)	
		直射光		散射光	直射光		散射光		
		透光率/%	反射率/%	透光率/%	透光率/%	反射率/%	透光率/%	透光率/%	反射率/%
光滑玻璃	3.40	91	8	91	89	8	88	1	12
聚甲基丙烯酸甲酯面板(蜂窝状)	8.00	87	13	70	82	12	63	1	7
聚碳酸酯(蜂窝状)	6.00	78	17	62	77	16	59	3	9
聚酯(波纹状)	1.30	87	—	—	73~78	—	—	4	—
聚氯乙烯(波纹状)	1.10	87	—	75	—	—	5	—	—
聚甲基丙烯酸甲酯面板(波纹状)	2.20	92	—	—	86	—	—	1	—

(1) 玻璃。分为直射光玻璃(有光泽玻璃)和散射光玻璃(毛玻璃)两种,第一种适合于光照少的环境,第二种常用于常年光照充足的环境,带来均匀光扩散。双层玻璃已有使用,缺点是价格昂贵。有种热玻璃表面附有金属氧化物,可以减少红外光从温室内部向外部扩散,这通常能保持夜间温度更高,这种玻璃可以节省20%~25%的能量,但成本是普通玻璃的1.6~1.8倍,一般来说,直射光玻璃(有光泽)的透光率为89%~92%。

(2) 聚甲基丙烯酸甲酯面板。与直射光玻璃一样具有很好的透光性,耐久性强,在光照不足的国家被普遍使用。荷兰研究表明聚甲基丙烯酸酯面板使用15年后透光率仅减少2%,温室可保持良好热量,从而节省能源消耗,能让最好的光辐射到达植物,耐受冰雹等强烈冲击和耐擦刮。然而,这种聚合材料在屋顶下会引起结露问题,并且难以处理,而且在地中海环境下使用10~12年后易受其特性影响而破裂,瓦楞板制成更适合于地中海环境,而蜂窝状制成更适合于北欧环境。

(3) 双向聚氯乙烯(PVC)面板。具有很好的耐久性,双向的过程增强了它的耐冲击性,它具有与玻璃相同的光透射性能,并且可以保证抗紫外线能力达十年以上,如前所述它的最大缺点是结露问题,因此,建议增加屋顶的倾斜度和使用特殊的防结露产品。因其抗冲击和抗紫外线特性,在热气候环境下比聚甲基丙烯酸酯面板更适用。

(4) 塑料薄膜。有不同厚度(0.05~0.10mm)可供选择,最常见的也是成本最低的是聚乙烯,还有由聚氯乙烯和乙烯-醋酸乙烯酯制成的薄膜,它们的光透性,以及对太阳辐射的吸收和反射都与玻璃不同,而且它们的热特性、抗老化性和耐冲击性也有很大不同。它们的红外线(热射线)屏蔽能力得到了改善,从而增加了其在温室中的保温能力,在冬季尤其重要。但与此同时,由于白垩易进入塑料微孔,难以用水清洗,因此不适合用白垩糊涂层覆盖。

（5）PO膜。透光性高达91%，具有散射光功能。防流滴、消雾持续效果良好，能明显减轻因流滴产生的植物病害，但并非完全不出现水雾，根据季节和栽培环境的变化多少会有些出入。产品拥有超长的使用寿命，0.15mm的PO膜可使用6～8年，可减少人工和材料成本。另外，PO膜保温效果好，能有效锁住白天日照余留的辐射热量，让温度不易流失，大幅减少冬季寒冷天气的加温成本。表面采用防尘技术处理，在下雨过后能把表面堆积的尘埃冲走一大部分，充分持久地保持高透光性。PO膜虽然耐硫黄性能有所提高，但并非完全耐硫黄，为了保证薄膜的使用寿命，尽量不要采用硫黄熏蒸。

上述材料都会造成结露，这对非洲菊花朵有害，不同覆盖材料会产生不同的影响。玻璃材料会产生一层水雾或水滴，当屋顶倾斜度为15°～30°时，水滴不会滴落而向下滑动，当这些水滴遇到铁质材料变冷后才会滴落。耐久性聚乙烯(PE)膜和聚甲基丙烯酸甲酯面板会形成更大的球状雾滴脱落，防止雾滴的薄膜也可购买到，但由于其表面活性剂是通过冷凝逐渐去除，这种效果也十分有限。当温室中的温度和湿度较高时，雾滴发生更快，如果发生特殊的温度和湿度，则易形成雾。为了防止这个问题，有必要对温室进行通风，通过顶部开窗抽出湿气，同时保持基地供暖，水雾经常发生在没有顶开窗的温室里。

5. 外遮阳系统

温室中气象因素的调节无疑对栽培成功至关重要，下面阐述优质生产所需的设施设备。非洲菊不能忍受超过30℃的强烈日光照射，因此在炎热和阳光充足的日子里遮阳是必要的。安装外部遮阳系统会产生双重效果，减少温室内光照度和温度，从而减少叶片蒸腾作用导致的水分损失（图12.11）。遮阳系统的主要优点是允许足够的光合作用必需的太阳辐射可见光（380～760nm）通过，尽可能屏蔽热辐射的短红外线（不可见光）（760～

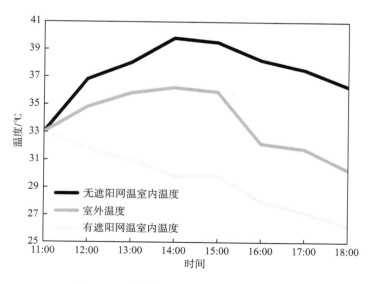

图12.11 外遮阳网对温室内温度的影响

2500nm）。黑网安装于温室顶部，不平行于屋顶倾斜度，便于顶部窗口打开，利于空气从内部向外部流动。研究表明，市场上最好的遮阳网是聚酯纤维，因为它们在减少光照特别是红外光辐射上效果更好，这种辐射光是不可见的而且只产生热量。

关于刚性覆盖材料（例如玻璃），在冰雹概率很小的环境中，可以使用特殊的遮光剂，它们能产生与光照度成正比的效果，随着光照度增加而逐渐变黑，反之亦然。也可使用白垩粉涂剂方案。这两种方案对防止太阳辐射效果明显，因为可以反射大量的短红外线辐射。在雨水较多的地区使用白垩粉涂剂时，建议在溶液中加入黏合剂。

6. 内隔热系统

内隔热系统最好的材料是一层透明并穿插着铝箔条的聚酯纤维薄膜，既可确保冬季温室内较低的热量向外排放，又可达到夏季白天遮阴的效果。这种膜由不同的比例、分层和颜色组成，并具有抗冷凝特性，通常放置 2.5～3.0m，与种植床平行，高度位于沟槽处，侧面与温室密封形成隔墙，其使用及移动通常由定时器或计算机控制的交换机自动完成，分别直接连接到光电池和热传感器，并放置于温室外。根据质量和标准，这些设备可以节能 40%～60%。通常情况下，幕布在日落后关闭，第二天早晨缓慢打开。在阳光明媚，没有外遮阳系统的情况下，种植者也常采用这种方式给植物遮阴。如果温室使用了密封膜，在没有充分开启侧面和顶窗时形成了减少空气流动的环境，可以使室内温度比室外温度高 10℃。表 12.5 说明了有无内部隔热层的钢架大棚每月不同温度加温成本存在较大差异，内部隔热系统对无加温冷天的室内温度影响较大，可以在 22 时至翌日 4 时保持 4℃的夜温（图 12.12）。

表 12.5　意大利北部钢架大棚每月不同温度的加温成本差异　　（单位：Euro/m^2）

| 月份 | 温度 | | | | | | | | | |
	13℃	14℃	15℃	16℃	17℃	18℃	19℃	20℃	21℃	22℃
一月	1.61	1.76	1.91	2.05	2.20	2.35	2.50	2.64	2.79	2.94
二月	1.41	1.56	1.70	1.85	2.00	2.14	2.26	2.44	2.58	2.73
三月	0.87	1.01	1.16	1.29	1.45	1.60	1.73	1.89	2.04	2.19
四月	0.26	0.41	0.56	0.70	0.85	1.00	1.12	1.29	1.44	1.59
五月	0.00	0.00	0.00	0.12	0.28	0.43	0.56	0.72	0.87	1.01
六月	0.00	0.00	0.00	0.00	0.00	0.00	0.00	0.13	0.28	0.43
七月	0.00	0.00	0.00	0.00	0.00	0.00	0.00	0.00	0.00	0.07
八月	0.00	0.00	0.00	0.00	0.00	0.00	0.00	0.00	0.09	0.23
九月	0.00	0.00	0.00	0.00	0.01	0.16	0.29	0.45	0.60	0.75
十月	0.18	0.32	0.47	0.68	0.76	0.91	1.06	1.20	1.35	1.50
十一月	0.95	1.10	1.25	1.38	1.54	1.69	1.85	1.98	2.13	2.27
十二月	1.47	1.61	1.76	1.91	2.05	2.20	2.35	2.50	2.64	2.79
年总计	6.75	7.78	8.81	9.98	11.16	12.48	13.71	15.25	16.81	18.49

无内部隔热层

续表

月份	温度									
	13℃	14℃	15℃	16℃	17℃	18℃	19℃	20℃	21℃	22℃
一月	1.13	1.23	1.34	1.44	1.54	1.64	1.75	1.85	1.95	2.05
二月	0.99	1.09	1.19	1.29	1.40	1.50	1.58	1.71	1.81	1.91
三月	0.61	0.71	0.81	0.90	1.02	1.12	1.21	0.33	1.43	1.53
四月	0.18	0.29	0.39	0.49	0.60	0.70	0.78	0.90	1.01	1.11
五月	0.00	0.00	0.00	0.08	0.20	0.30	0.39	0.50	0.61	0.71
六月	0.00	0.00	0.00	0.00	0.00	0.00	0.00	0.09	0.20	0.30
七月	0.00	0.00	0.00	0.00	0.00	0.00	0.00	0.00	0.00	0.05
八月	0.00	0.00	0.00	0.00	0.00	0.00	0.00	0.00	0.06	0.16
九月	0.00	0.00	0.00	0.00	0.01	0.11	0.21	0.32	0.42	0.52
十月	0.12	0.23	0.33	0.47	0.53	0.64	0.74	0.84	0.95	1.05
十一月	0.67	0.77	0.87	0.97	1.08	1.18	1.29	1.39	1.49	1.59
十二月	1.03	1.13	1.23	1.34	1.44	1.54	1.64	1.75	1.85	1.95
年总计	4.73	5.45	6.16	6.99	7.81	8.73	9.60	10.68	11.76	12.95

有内部隔热层

注：按甲烷 Euro 0.23/m³ 计算。

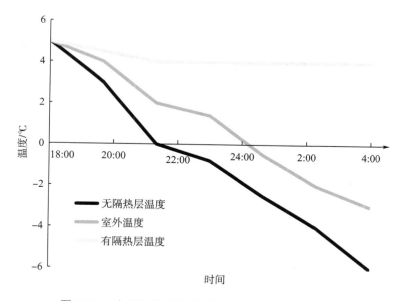

图 12.12　内部隔热系统对无加温冷天的室内温度影响

　　鉴于植物对高温的敏感性，最好的解决办法是安装双层系统，即外遮阳系统和内隔热系统，内隔热系统有时可作为遮阳膜使用，但前提是温室结构要具备良好的通风性能。

7. 通风系统

通风系统促进大棚内外空气交流，棚外干燥和冷凉的空气替代棚内潮湿和温暖的空气，为此，通风装置可以处理水蒸气和热量，也可改进空气流动从而刺激植物蒸腾作用。通风装置对非洲菊非常重要，特别是在冬季潮湿和阳光不足的环境，除了保持干燥外，还通过降低相对湿度来改善植株的生理状态，并可以避免一些病害发生（如白粉病），而且生长环境中二氧化碳水平更均衡，夏天温度也会降低一些。

温室通风有自然通风和采用风扇的人工通风两种，自然通风因温室内外热量导致的气压而有所差异，气流取决于风速和风向以及温室的结构特点，产生了所谓的"壁炉效应"或自然对流。多个单元组成的温室，随着单元数量的增加侧面通风率就会降低。自然通风来自顶开窗和侧开窗，顶开窗通风是非常重要的。为了避免气流快速经过植株，建议侧开窗高于植株水平，并且从顶部至下开放。

温室风扇比通风口效率低，可以提高一点蒸腾作用，循环室内空气和防止冷点，但内部风机不会去除过量的水蒸气。强制通风可以采用以下三种方式：风扇安装于侧墙，将空气从外面吹进温室；风扇安装于侧墙，将空气抽出吹向外面；风扇安装于温室内，促进空气循环。考虑到非洲菊栽培中温度突然变化带来的相关问题，后两种方式比较适宜，第三种方式可以更好去除叶片周围的湿气，该系统通过适当的方法可以用于低容量化学处理带来的影响。

8. 降温和加湿系统

水蒸发时会产生湿度，从液态转变为气体或蒸气，这种转变从周围环境吸收热量，温室内温度降低、湿度增加。每克水从液态变为蒸气要吸收 600cal（2500J）的热量，实际上，水蒸发吸收温室内空气的热量通过顶开窗去除。

降温系统由湿帘（图 12.13）和风机（图 12.14）同时调节。降温系统由不同数量的风扇和湿帘组成，风扇数量取决于温室大小，湿帘由一种蜂窝状特殊纸质材料制成，其表面具有较高的蒸发能力，通常放置在与风扇相对的墙上，湿帘靠置于上方的喷水头保持湿度。在中小型温室（1000～2000m²）温度为 38℃ 和外部相对湿度为 43% 的条件下，温度可以降低 60%～80%。为了使系统更有效，建议温室顶部涂一层白垩粉。

温室环境湿化是通过中高压（20～60atm）雾化系统实现的（图 12.15），雾化器喷头设置于植株上的大棚天沟处，雾化目的是增加湿度，水滴经高压转化为悬浮于空气中的微小颗粒，像雾一样缓慢传播以免弄湿叶片和花朵。使用具有先进过滤技术和脱钙质和盐分（反渗透系统）的雾化系统是非常重要的，为防止喷头故障和堵塞，建议利用雨水和最大值不超过 200～250μS 的脱盐水（淡化水）。安装通常配有温湿度计，可自动检查和调节温室内的温度和相对湿度。为提高系统效率，需半关或全部关闭侧窗。替代雾化的系统是气化，可以在低压下工作，会形成更大的雾滴弄湿花朵和营养体。雾化系统对降低叶片温度效果明显，可降低温度 2～4℃，对非洲菊而言，该系统建议在种植后的营养生长阶段使用。

图 12.13　湿帘

图 12.14　风机+保温膜

图 12.15　雾化系统

9. 二氧化碳系统

二氧化碳对植物的基本功能众所周知，碳是植物营养必要元素，但只有在气态下才能被植物利用，二氧化碳经叶片气孔吸收。二氧化碳是绿色植物唯一的碳素营养，就是通常说的碳素肥料。植物叶片吸收二氧化碳后经光合作用合成糖释放氧气，反应式为 $6CO_2+6H_2O+$ 光能 $=C_6H_{12}O_6+6O_2$，反应产生的糖量取决于光照度、光质、可用水、温度、相对湿度等因素。

上述生化反应还有直接或间接影响植物叶绿素含量的其他因素，如铁、镁、氮、锰、硫等。温室中的二氧化碳可以通过甲烷、丙烷等燃气燃烧器，煤油、汽油等燃料推进器，或植物下的高压二氧化碳液体管道等供给。二氧化碳设施类型取决于可支持的成本、温室类型和加温燃料，甲烷和丙烷燃料可能要使用排放烟雾的锅炉，因为它们不排放二氧化硫、乙烯和一氧化碳等有毒气体，使用合适的燃料非常重要，当使用或燃烧适合的燃料时，烟气非常纯净，仅由二氧化碳、水蒸气、空气及微量的其他气体组成，这样的暖气不需要任何处理就可直接用于二氧化碳富集。硫是首先要考虑的风险，燃料中的硫都会经燃烧后产生二氧化硫损伤植物，因此，丙烷、丁烷、甲烷等低硫燃料适合二氧化碳富集，丙烷和丁烷混合物不适用于二氧化碳富集，煤、木材、重油绝对不能直接用于二氧化碳富集，因为这些烟气会对植物和人体造成严重伤害。使用合适的燃料也不能完全确保烟气中没有有毒物质，例如，由于燃烧过程中缺氧造成的不完全燃烧产生不饱和烃，其中之一就是乙烯（C_4H_4），对植物非常危险，另一种危险的化合物是一氧化碳，对人类是致命的。

温室中二氧化碳的管控不太容易，尤其是要对植物起到最大的积极作用，通常白天很好自动分配，7:30～9:00 和 15:00～17:00 启用，这段时间的温度和光照比较合适。需要考虑的是，当温室中没有配备二氧化碳传感器而二氧化碳值超标时，会导致操作工人感到恶心并呕吐。要深入解释温室中二氧化碳使用量和光照、水分、温度、相对湿度等因子的相关性是极为复杂的，这并不是本书的目的。但可以肯定，对非洲菊而言，二氧化碳量是整个冬季、春秋季大部分时间限制植物光合作用的一个因素。在夏季，尤其是在温暖的环境中提供二氧化碳没有太大作用，因为温度超过 30℃时限制光合作用的因素不是二氧化碳，而是温度本身。

10. 加温系统

加温（图 12.16）是非洲菊生产中极为重要的因素，特别是在寒冷和潮湿环境中。可以肯定缺乏热量将严重限制其产量和质量，在一些情况下影响栽培的经济性。加温的方式有多种，但最为常见和有效的是温水管、热气系统和热风机。

(1) 温水管。由一个或多个锅炉产生的温水流经管道均衡加温，锅炉多少取决于温室大小，管道由镀锌铁或黑色 PVC 制成，镀锌管通常较昂贵。加温管放置于植物基部，在潮湿期间使其干燥，既给植物本身加温又给周围空气加温。为了提高加温设施使用效率，可以在植物上方增加安装分配系统(二级系统)，以便更均匀地给环境加热，通过温室顶开窗快速排出湿气。非洲菊栽培中同时使用地面加温系统和二级加温系统是最为合理及合适的方式，对葡萄孢菌病害的控制特别有利。

图 12.16 非洲菊栽培叶面上、下加温系统(法国)

(2)热气系统。系统热量是由热气系统分配的，这个装置放置于离地面 2.0～2.5m 的地方，由许多小钢管结构组成，热水通过该结构，经强力风扇把热水汽吹进塑料管道，在温室周围散发热量。它的主要作用是降低凝结在温室侧面和屋顶的湿度，增加植物间空气流动，从而增加叶片气孔处的气体交换，不让热空气与花直接接触这一点非常重要，这种热气系统非常适合与暖水管系统相结合。

(3)热风机。热风机由燃烧器、锅炉、一个或多个风扇及热空气分配管组成，不同类型的热风机已商业化，较常见的是带轮移动式和悬挂于温室上的固定式。与气热系统相比，温室内相对湿度会更低，热量分布更均匀，热风机的末端每一个发生器都安装了一条侧壁有孔的透明塑料管，延伸到温室对面墙壁。采用这种方式，整个温室内都均匀分布热空气，由于热量更好扩散，可以节约 25%～30%的能量。

11. 灌溉系统

灌溉系统的基本系统是向植物输送水，此类更先进的系统还可以施肥和抗寄生虫。基于非洲菊基质或无土栽培的系统非常多，以下介绍最为常见的几种。

(1)叶面上喷灌系统。系统由坚硬的塑料管制成，直径通常为 1.27cm 或 1.91cm，在压力作用下，圆形喷嘴将水均匀喷洒在植物上。这种灌溉系统也可置于与排水槽等高的位置，以便喷嘴将水均匀喷洒在下面的植株上。灌溉管应安装在通道内，便于检查和维护。这个系统不建议使用于非洲菊，或仅在植株开花前可以使用，因为在温暖时期会保持较低温度，限制苗过量蒸腾。当温室温度较高时，湿度会很低，由于过量蒸腾导致叶片收缩。当非洲菊开始开花时，会在花朵和植株上产生负面影响，湿度大尤其会导致白粉病、根腐病等病害发生。

(2)叶面下喷灌系统。这个系统的水管放置于地面，经非洲菊种植行间，喷嘴与用于喷洒叶片的喷嘴相同，可以均匀喷洒整个植株叶片，只有当植株完全干燥时才能进行各种灌溉。这个系统的主要缺点是在基质和叶组织间形成一个非常潮湿的微环境，利于葡萄孢菌的侵袭，特别是秋冬季阳光不足的时期，幼小花蕾易受感染致干枯和死亡，并且导致真菌病害蔓延，损害根颈部和整个根系。基于这些原因不建议使用这种系统，而温暖、阳光充足和相对湿度较低的国家可以酌情使用。不管是叶面上喷灌系统，还是叶面下喷灌系统，都需要经常维护，特别是盐水或碳酸氢盐含量高的水容易堵塞喷头。

12. 滴管系统

滴管系统是最普遍和最经济的给水系统，主管置于叶片下，与上面喷灌管的区别在于，滴管系统通常沿种植行安装两根管子，一排一根，每个出水孔对应一棵植株(间距为20～25cm)。该系统适合各种环境，即便是在光照不足的寒冷国家，也可消除真菌病害的风险。但与喷洒系统不同，该系统一个明显的缺点是长时间的水滴会在基质中形成锥形孔，因此只有部分根系能够吸收充足水分，减少了根团的大小和根系可伸展的基质体积。此外，与喷灌系统相比，滴管系统由于水压较低，更容易形成水孔堵塞，因此管道放置非常重要，水孔不能平放在基质表面，而是沿着侧面放置，便于水流通过。

13. 滴箭或毛细管灌溉

这种方式主要用于无土栽培，最近也应用在基质栽培上。它与滴管有很多相似之处，不同之处是主管和植物间有一条小毛细管，通常流量为 2.0L/h(约 33mL/min)，这条管子的末端连接一个类似箭头的支撑杆，利用合适的方向将水流引向适当的方向。这种设施比以前更加灵活和实用，在种植过程中能够轻松移动滴箭，种植者可以精确计算出每个植株的需水量。肥料混合器通常与该系统连接，可以自动控制灌溉的数量、时间和频率，同时可以检测 pH 和 EC 值。

这个系统的缺点之一是毛细管和喷头容易堵塞，特别是使用盐水和碳酸盐含量高的水，或者是同时使用抗虫粉剂药品进行防治时。栽培非洲菊时，很多种植者都使用这种自我补偿系统，在每一个分配节点都有一个压力平衡器，灌溉期间能让毛细管(通常每个分配点 4 个)均匀可控地分配水量。有时毛细管的末端弯曲成锯齿形穿插在小支柱上，可调节每条毛细管的水量到 25mL/min，但它不能解决堵塞的问题。由于阳光作用的温暖天气中，毛细管会软化并从分配点断开，如果主管和毛细管的质量不好，4 根毛细管有 1 根断开，其他 3 根的溶液量将受影响；如果 4 根毛细管有 1 根堵塞，也会发生这种情况。

六、环境参数

如前所述，非洲菊在阳光充足、温度不太高、昼夜温差变化小、相对湿度适中的环境条件下生长最好。从这个意义来说，栽培是为了更高的经济效益，即便是植物经过了遗传改良，也只能在温室环境中实现。随着温室投资和技术水平的不断提高，非洲菊切花产量和品质也在不断增长和提升。至今，非洲菊有很多潜在的生态区域可以栽培，因为温室技术和机械化水平已经让其栽培没有太大困难，而市场是最明显的限制因素。种植的可行性取决于对生产成本的精确计算，因为要面临来自邻近种植者或其他国家种植者的竞争，主要归因于市场全球化，其切花产品销售相对容易，即便是距离种植者数千公里也不存在问题。

（一）温度

种植于温室的非洲菊会连续开花，其产量取决于光照度和温度。对于后者，生长环境、栽培基质、白天和夜晚都有较为合适的温度，考虑到非洲菊起源地，白天适宜温度为 26～30℃（最大值），夜晚适宜温度为 15～16℃（最小值），当温度为 8～10℃时，营养生长停滞，植株停止生长，这称为最低生理温度，但植株不会死亡，只是既不会产花也不会生长。当温度为 0～4℃并持续一段时间后植株通常会死亡。试验表明让种植基质保持在 16℃左右可以得到满意的结果（Tesi，1977）。研究表明，同时影响非洲菊生长的因素有很多，但气温影响更大，主要取决于基质温度。表 12.6 是温度对三个不同品种的非洲菊产量和营养反应的影响研究结果，基质温度从 13℃增加到 22℃，而白天气温保持恒定在 16℃，夜间在 13℃，可以看出随着温度的增加，每一个品种产量倍增，花梗长度也明显变长，而花梗重量和花朵直径没有显著增长。气温主要影响从现蕾到花朵成熟的时间和第一生长阶段花梗的生长速度，基质温度则主要影响新花芽形成所需时间、花梗总长度、最后生长阶段花梗的生长速度。

表 12.6　不同温度对产量的影响

品种	温度/℃			每株花产量/支	花梗长度/cm	花梗重量/g	花朵直径/cm
	白天气温	夜间气温	基质温度				
Gallant	16	13	13	10.0	45.8	15.4	8.6
	16	13	22	20.9	53.0	16.3	8.8
Frederello	16	13	13	8.5	31.5	15.0	8.6
	16	13	22	22.2	44.3	15.6	9.1
Labiro	16	13	13	7.5	30.3	23.8	8.4
	16	13	22	13.4	41.5	26.6	8.2

（二）光照（光周期反应）

非洲菊属于短日照开花植物，假设影响其生长的其他因素（如温度、水分、肥料等）保持恒定，意味着非洲菊在每天日照时数较低的情况下（不足 10～12h）也能产出大量花朵，但是，这些仅仅是趋向于真正光周期的平均数据。事实上，每一个品种开花方式略有不同，因此也有不同的光周期反应，众所周知，高产量的条件是散射光而非直射光。关于日照时数（光周期），美国研究人员发现，种植于温室的三个非洲菊品种有不同的光周期反应（表 12.7），随夏秋和秋冬两个时期的日照时数而变化，当一天的日照时数由 16h 降低到 8h 时，Appleblossom 品种的产花量没有显著变化，而 Orange Nassau 和 Fabiola 两个品种反应更积极一些，产花量倍增。这证实了大部分非洲菊品种在光照时数相对较低情况下也有较好的产花量。此外，还观察到在冬季 7～8h 短日照且伴随着小于 13℃的低温也会促进新花芽生长，当光照时数和光照度逐渐增加时会产生很多新花芽。这些现象部分解释了非洲菊在早春数月期间开花量增加，其特征是光照时间较短，白夜温度温和。这一切可以证明，如果在白天较长的夏季人工缩短光照时间、夜间温度保持在 13℃，可以提高很多非洲菊品种的产量。在夏季高温不能控制的国家，即便是人工缩短光照时间(利用全遮光系统)，产量也不可能获得增长。

表 12.7　三个非洲菊品种不同日照产量

时期	品种	每株产花量/支		
		长日照	自然日照	短日照
夏秋季 (22/6～12/11)	Appleblossom	15.0	15.1	15.1
	Orange Nassau	6.0	8.1	14.8
	Fabiola	7.9	9.6	15.3
秋冬季 (16/11～2/4)	Appleblossom	10.1	7.9	10.9
	Orange Nassau	3.9	4.4	10.9
	Fabiola	1.4	4.5	6.9

(三)光辐射强度

尽管非洲菊为喜光植物，但它不耐直射和超过 50000～60000lx 的太阳热辐射。基于这个原因，根据不同栽培环境，夏天温室需要利用特殊的遮阳网遮阴，可以减少 25%～70%直接热辐射水平，采用这种方式，其叶片颜色、花梗长度、花朵大小和颜色及整株状态等都有所改进。在光照度较低的国家(如北欧国家)，冬季切花产量与光照时数密切相关，人工增加夜间温度仍不能成功弥补较低的光照水平，需要等到二月下旬产量才会增加，在这些地方白天可以增加人工光源加以调节。例如，在美国，一些非洲菊品种从 10 月到翌年 3 月利用人工高压钠灯(3800lx，16～24h/d)处理可以增加产量 20%～30%。其原因是提高了光合速率，而不是植物的光周期反应的结果。事实上，更高的产量水平并不是由于日照时数的增加而是光合作用的改善，因为在增加人工光源之前它已经产生了限制产量的光合作用。

在欧洲斯堪的纳维亚半岛非洲菊种植采用人工光源较为普遍，在德国北部也用了很多年，在荷兰也开始使用固定人工光源，在冬季占了 10%的种植面积。补光成本较高，每平方米为 8～12 美元，但人工光源能提高冬天花品质、提高产量和实现周年供应高品质切花，尽管光照度对非洲菊的影响还没有官方科学的研究数据，但这些关键点已有所描述：非洲菊为短日照植物，每天光照时间不需要超过 10～12h，建议正常补光时间从 7:00 至 17:00～19:00，补光时间在 9 月中旬至次年 3 月中旬，最适宜的光照度为 5000～6000 lx，3500～4000 lx 也可取得良好效果，如何达到最经济光照度仍是一个值得研究的课题，另外，平衡好光照和温度也非常重要。额外光照会刺激植株生长，但花芽数量并没有增加，只有当温度达到一定的水平花芽量才会大幅增长。

欧洲通常选用高压钠灯，LED 灯也在研究应用，其将成为未来更节能环保高效的光源应用，但目前还没有系统的非洲菊使用 LED 灯的研究参数。选择高压钠灯安装，要结合对环境数据进行采集和分析来积累种植经验，并进行自动化应用以达到最佳种植效果和合理的投入产出，切实提高种植水平和盈利水平。具体参数为：电子高压钠灯 600W（功率可调），工作电压为220VAC±10%，功率因数为0.98。

　　供电需求三相四线电源（灯功率 650W/盏），考虑供电线路平衡及电力负荷的安全裕量，光源高效率运行时间为10000h，镇流器故障率为10000h（<10%），设计寿命10年，总故障率低于50%。

　　（四）二氧化碳肥料

　　温室环境利用二氧化碳会使非洲菊产量增长并提高品质，Schreurs 公司通过试验研究证实，大多数非洲菊品种最适宜的二氧化碳浓度为600～800ppm[①]。从图12.17可以看出，当二氧化碳浓度增加到 350～400ppm 时，切花产量增幅达到最大；当二氧化碳供给超过这个水平，其产量增幅变小；当二氧化碳浓度达 600～800ppm 时，产量停止增长。例如，当二氧化碳浓度从 150ppm 增加到 330ppm（温室窗户开启）时，其增产效果是从 350ppm 增加到 800ppm。在光照、光周期和二氧化碳都满足的条件下，不同品种的反应有所不同。但是对于大多数品种而言增加二氧化碳浓度产量一定会增加，特别是一些性状也会改变，如花瓣颜色更鲜亮、花梗变长且更硬朗、花朵变大、瓶插期更长、叶片更亮绿。

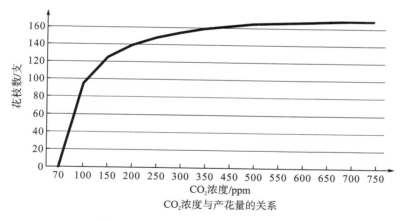

图 12.17　不同 CO_2 浓度与产花量的关系

　　荷兰试验研究证实，当二氧化碳水平超过 800ppm 会导致一些品种出现灰斑和黄化斑块，甚至叶片死亡，产花量明显减少。而其他一些品种当二氧化碳水平超过 1200ppm 时，仅有叶片发生轻微变色。当二氧化碳水平至少超过 1400ppm 时，对个别品种的产量没有影响，实际上表现出小幅增长。另有品种则相反，随着二氧化碳浓度增加，植株既没有受到伤害，产量也没有明显变化。因此并不知道每一个品种对二氧化碳供给的反应，但温室中二氧化碳浓度超过 600～800ppm 后再增加供给是没有太多价值的。影响植物生长和产量的光照、光周期、温度、相对湿度和水分等其他因素都会与二氧化碳相互作用，这给管

---

① 本节中 ppm 是数量份额，表示 10-6。

理温室中二氧化碳供给量会带来问题。

(五)相对湿度

非洲菊与其他植物一样,最佳的相对湿度主要取决于季节。总而言之,在温暖而干燥的月份,当温室中相对湿度降低到30%~40%时,将会对光合作用、蒸腾作用和产量产生影响,在这期间需要保持相对湿度恒定在60%~85%,以使得植物不会由于过量蒸腾而完全关闭气孔,若气孔关闭会导致因缺乏二氧化碳光合作用停止,不再产生多糖。

另外,在冬季尤其是寒冷和多云天气,当相对湿度大于85%~90%时,同样会导致气孔关闭,很容易受葡萄球菌的攻击。在冷凉气候或冷凉季节的白天和夜间高湿度条件容易发生。由于傍晚温度下降,夜间会保持较高的相对湿度直到第二天早晨阳光照进温室变暖,如果阳光稀少,温室的空气也会整天沉闷潮湿。当温度较低时,很多种植者都不想通风换气,因此没有任何措施来改善温室气候。

湿度差是发现正常湿度水平的一个重要参数,湿度差的含义是在一定温度和压力下空气饱和所需的水蒸气数量,湿度差增加导致空气变得干燥。如表12.8所示,阴影区域为不同温度下非洲菊适宜的湿度差值。

表 12.8   非洲菊在不同温度下适宜的湿度差值

温度/℃	湿度差									
	95%	90%	85%	80%	75%	70%	65%	60%	55%	50%
16	0.7	1.4	2.0	2.7	3.4	4.1	4.8	5.5	6.2	6.7
17	0.7	1.5	2.2	2.9	3.6	4.3	5.0	5.8	6.5	7.2
18	0.8	1.5	2.4	3.1	3.8	4.6	5.4	6.2	7.0	7.7
19	0.8	1.6	2.5	3.3	4.1	4.9	5.7	6.5	7.4	8.2
20	0.9	1.7	2.6	3.5	4.4	5.2	6.0	6.9	7.8	8.7
21	0.9	1.8	2.7	3.7	4.6	5.5	6.4	7.4	8.3	9.3
22	1.0	2.0	2.9	3.9	4.9	5.7	6.8	7.7	8.8	9.7
23	1.0	2.1	3.1	4.2	5.2	6.3	7.3	8.3	9.3	10.3
24	1.1	2.2	3.3	4.4	5.5	6.5	7.7	7.7	9.8	10.9
25	1.2	2.3	3.5	4.7	5.8	6.9	8.1	9.3	10.4	11.5
26	1.2	2.5	3.7	4.9	6.1	7.4	8.5	9.8	10.9	12.2
27	1.3	2.7	3.9	5.2	6.4	7.7	9.0	10.3	11.6	12.9
28	1.4	2.8	4.2	5.5	6.7	8.2	9.5	10.9	12.3	13.6
29	1.4	2.9	4.4	5.8	7.3	8.6	10.1	11.5	13.0	14.4
30	1.5	3.0	4.7	6.2	7.6	9.1	10.6	12.1	13.6	15.2

注:表中95%~50%指相对湿度。

植物叶片气孔内的细胞间隔内相对湿度几乎为100%,湿度差为0,会促成气孔打开,蒸汽从叶片释放到植物周围的空气中,直接影响相对湿度和光合作用。非洲菊适合的湿度差值为3.0~6.0g/m³,当湿度差高于6.0g/m³时产生水压,植物气孔关闭,叶片温度增加,这种情况发生后，由于蒸腾作用可能降低植物本身温度。当湿度差低于 $3.0g/m^3$ 时，叶片气孔会保持关闭，气孔内相对湿度与外部环境没有明显差异。当湿度差高于 $6.0g/m^3$ 时，要采用遮阴、抽气机、风扇、自然通风、降温系统和雾化系统等方式来降低温度和增加相对湿度。在冬天高湿度天气经常有湿度差低于 $3.0g/m^3$ 的情况，因此要升高大棚温度，降低相对湿度，此时开启顶开窗是很重要的，在这个过程中，建议将升高温度和利用风扇通风排除过量的水汽和过多的热量相结合，从而保持所需的温度。

七、无土栽培开放系统

无土栽培是在人工条件下而非在传统基质上的种植技术，其使浇水更精准，并使用了营养技术。这种技术可分为两大部分：①有机质栽培系统，如稻壳、泥炭、椰糠或纤维等；②无机质栽培系统，如矿物质或合成原料（岩棉、玻璃棉、珍珠岩、浮石、泥炭等），它们的主要功能是固定根系。两种系统中供水系统和排水系统都可能被使用，开放系统营养液只使用一次，封闭系统营养液收集循环使用。

目前，选择无土栽培的种植者逐渐增多，主要是因为无土栽培具备以下优点：栽培密度大，产量增加，优质稳定的质量标准，种植者专业化能力提高，溴甲烷消毒存在的潜在风险消除，传统耕地耙地和基肥使用减少，植物残体所致的病菌攻击危险减少，植物有更好的检疫状态和化学药品使用需求减少，更好地控制 EC 值和 pH 等环境参数延长植株生产周期，通过排水系统控制参数来改变营养供应以达到优化生产的目的，也可以通过外部气候因子控制营养供应，在基质贫瘠和难以操作的边缘地区具有良好栽培效果的可能性，通过施肥比例系统可以优化灌溉和肥料供给，使栽培技术自动化达到非常先进的水平，提高工作效率，采收简单，通过加温增加产量，克服在单一栽培条件下的"基质疲劳"现象。

无土栽培的缺点主要体现在：投资大，回收期长，无土栽培一次性投入大，购买栽培基质价格高，要求配备灌溉和营养液检测系统，使用不带病菌的种苗。技术风险高，由于基质中不含营养，营养液的 EC 值、pH 和各种元素的比例必须控制精确并要满足非洲菊的需求，否则容易出现缺素症。需要保持良好的环境卫生，严格各项操作规程，基质和灌溉水被病菌污染后，同样会造成病害的大面积传播。回收营养液的消毒及其营养比例的调整需要较高的技术和操作经验。

（一）基质选择

非洲菊栽培基质的选择必须谨慎，要充分考虑以下基本参数：种植者未来的产品定位，无有毒元素，无病原体（特别是根部），优良的理化性质，具备基质内部及排除液体的盐分、pH 控制设施，单位成本低，平衡及最佳的水/空气比率容易获得，水均匀分布，管理容易，pH 为 5.0～6.5 和低 EC 值，整个栽培周期内理化因子稳定。在上述参数中，必须特别关注可能的毒性含量和致病元素，可能在一定程度上给植株带来负面影响，理化性质是基质选择的基础性条件，在植物生长过程中几乎是不可能改变的。另外，建议避免在输入酸性营养液时使用易碎的材料，防止它们沉入花盆底部，产生对根部有害的黏泥。

1. 基质的物理特征

(1)透气量。基质内空气存在是非常重要的，它直接影响植物的新陈代谢和生长，基质颗粒之间的自由空间决定了被根系吸收的空气和氧气的潜在数量。而且，空间内氧气循环是消除根系呼吸作用产生的二氧化碳的基础，当基质中的氧气低于 2%时就会导致根系生长减弱，基质温度每增加 10℃就会导致根呼吸率倍增，导致氧气消耗二氧化碳产生。在无氧和缺氧条件下持续几天，根系部分死亡，可能发生严重反应。无氧条件下间接的影响是根系产生乙醇和乙烯等有毒物质，缺乏还原硫和锰元素。基质内空间充满空气后就可避免上述问题，空气含量不能低于基质总体积的 40%～50%，根据一些研究人员的研究表明，当灌溉后空气含量将会流失 20%～25%，实际上，基质内空隙和空间相对较小，这一点至关重要，在施肥后其水分保持能力会持续很长时间。

(2)持水性。表示水排放后基质保持水的量，基质必须保证有足够水量，在水分不足的环境下，避免根系腐烂和根系窒息。持水能力与空隙率(大孔和微孔)直接相关，一般来说，为了避免失效，空隙率应该保持在基质体积的 35%～50%。

2. 基质的化学性质

(1)pH。pH 的重要性在于影响栽培基质中可利用营养元素，如果同一种基质碰到 pH 为 5.0～6.0 的普通营养液，并不会降低其理化性质，从这个意义上讲，必须除去对基质敏感的碳酸盐数量。事实上，碰到酸性溶液，其溶解能力就会增强，植物整体就会催化碱性反应倾向，保持更高的 pH(7.0～7.5)，如果试图降低营养液 pH(小于 5.0)，这种现象就会增加。pH 属于基质的一个不断变化的指标，需要实时监测与调控，对原始基质酸碱度的分析可作为在使用过程中基质酸碱度调节的参考。

(2)电导率(EC)。电导率是指基质在未加入营养液之前基质本身具有的电导率，其单位为 mS/cm，它表明基质内部已电离盐类的溶液浓度，反映基质中原来带有的可溶性盐分的多少。当电导率过低(小于 0.37mS/cm)时需施肥，过高(超过 2.5mS/cm)时则需淋洗盐分，非洲菊栽培通常要求电导率大于 1.0mS/cm。基质中水溶性盐的分析，对了解盐分动态、对作物生长的影响以及拟定改良措施具有十分重要的意义。基质中水溶性盐的分析一般包括全盐量测定、阴离子(Cl^-、SO^{-2}、CO^{-2}、HCO^{-3}、NO^{-3})和阳离子(Na^+、K^+、Ca^{2+}、Mg^{2+})的测定。

(3)阳离子代换量(CEC)。阳离子代换量是指在一定的酸碱度下，每 100g 基质能够代换吸收阳离子的毫摩尔数，单位为 meq/100g，其反映基质对养分的吸附能力。通过阳离子代换，可以将过量的金属营养离子暂时固定下来，而后再缓慢释放，使植物根系得以吸收利用，起到短时期储存营养液的效果，大多数有机栽培基质具有较大的 CEC 值，天然无机基质的 CEC 值相对较小，沸石、椰糠等基质较为特殊。一方面，适当的阳离子代换能力能起到保存养分、减少损失和对营养液的酸碱度及反应有缓冲的作用；另一方面，基质的阳离子代换量过大，对营养离子的吸附能力过强，会加大作物对营养液的吸收难度，同时也不利于营养液各组分消耗情况的准确检测与控制。CEC 值一般以 6～15meq/100g 为宜。

栽培基质合理的理化指标见表 12.9。

表 12.9 栽培基质合理的理化指标

物理特征	占总体积的百分比	化学特征	数值
通气量	25%～40%	pH	5.0～6.0
持水性	35%～45%	CEC	6～15meq/100g
自由空隙率	15%～25%	C/N	≥50～80
		盐分	200～400μS

3. 常用无机质

1) 岩棉

岩棉是公认的较理想的无土栽培基质，是由 60%的辉绿岩、20%的石灰石和 20%的焦炭混合，先在 1500～2000℃的高温炉中熔化，在离心和吹管作用下，将熔融物喷成直径为 3～10μm、长 5～10cm 的细丝，再将其压成容重为 80～100kg/m³ 的岩棉片，冷却后加工处理而成。

岩棉容重约为 0.08g/cm³，不利于植物支撑，孔隙度大，总孔隙率在 90%以上，吸水能力强，充分浇水后，岩棉基质中水和空气的比例非常有利于植物根部的生长。与其他基质相比，植物更易从岩棉中吸取较大比例的营养液，岩棉可以安全地进行浇灌，大量的液体可冲洗出不需要的营养成分。

早期生产的岩棉 pH 较高，加入少量的酸，1～2 天后 pH 就会降下来。岩棉还是一种完全无菌的惰性基质，不含病菌和其他有机物，阳离子代换能力弱，除对 pH 略有影响外，不会改变供给的任何营养液，也不会妨碍植物对营养液的利用。但岩棉也存在一些缺点：成本高，这是岩棉发展的制约因素；可能对人的皮肤有刺激；回收也是一个未解决的难题。

2) 陶粒

通常园艺上所用的膨胀陶粒又称多孔陶粒或海式砾石，是用大小比较均匀的团粒状陶土，在 800～1100℃的高温陶窑中煅烧制成，具有一定孔隙度，呈粉红色或赤色。

膨胀陶粒的粒径变化较大，可根据具体的栽培对象在 2～25mm 进行选择，容重为 0.5～0.78g/cm³，总孔隙率大，其排水通气性能良好，质地坚硬，可重复利用。但由于陶粒的粒径较大且中空多孔，在浇水的时候容易漂浮，不适合栽培根系较细的作物。

膨胀陶粒的化学成分和性质受陶土原料成分的影响，如丹麦产膨胀陶粒的主要成分为二氧化硅、三氧化二铝、三氧化二铁等，而日本产品中的铁含量则相对较低，碳氮比(C/N)低。膨胀陶粒具有较好的化学稳定性，安全卫生，病菌含量少，有一定的盐基代换量，在生产加工过程中添加植物所需要的各种微量营养元素，在湿润状态下，植物根系可直接吸收利用，陶粒本身价格虽高于珍珠岩、蛭石等基质，但因其耐用、可重复利用性好，故实际使用价格并不高。

3）珍珠岩

常用的珍珠岩并不是由天然火山熔岩直接形成，而是指膨胀珍珠岩，由火山玻璃质熔岩经破碎、筛选出特定粒径颗粒，经过预热以及瞬间加热至 1000℃ 以上，岩石颗粒剧烈膨胀而成。珍珠岩的容重小，孔隙度较大（93%），有较强的吸水能力，吸水量可达自身重量的 3～4 倍，但保水性稍差，珍珠岩性质稳定、坚固、质地轻、清洁无菌，本身所含养分不能被植物吸收利用，阳离子代换量低，保肥性稍差，pH 为 7.0～7.5，主要成分为二氧化硅、三氧化二铝、三氧化二铁、氧化钙、氧化锰、氧化钠、氧化钾。应注意，珍珠岩是一种较易破碎的白色基质，容重小，在重复使用过程中物理形变严重，表层易滋生绿藻，作育苗基质时常和其他基质混用，浇水时容易浮起。

4）蛭石

蛭石为云母类次生硅质矿物，是一种水合镁铝硅酸盐，由一层层的薄片叠合构成，其主要成分为二氧化硅、氧化镁、三氧化二铝、氧化钾、二氧化钛和三氧化二铁等，经高温膨胀后的蛭石其体积是原来的 16 倍，是很好的隔热隔音材料。

蛭石的容重很小（0～0.25g/cm³），孔隙度较大，每立方米可吸水 100～650L，为自身重量的 2～8 倍，能通过人为调节保持较为理想的水汽比，无土栽培用的蛭石的粒径为 1～7mm，通常在 3mm 以上，用作育苗的蛭石可稍细些。由于蛭石颜色比其他基质好看，在实际应用中使用较多。蛭石一般为中性至微酸性，化学稳定性差，重复使用时易分解变形。其组成成分中含有可供花卉吸收利用的矿质元素，能提供一定量的钾，以及少量的钙、镁等营养物质。蛭石的 EC 值为 0.36mS/cm，对营养液变化和重金属污染具有较高的缓冲能力。

4. 常用有机质

1）泥炭

泥炭是一些植被经过长期复杂的生化反应过程所形成的部分分解有机混合物。泥炭的种类较多，根据形成的地理条件、植物种类和分解程度可分为低位泥炭、高位泥炭和中位泥炭三大类。低位泥炭分化程度高，常作为基质的改良剂；高位泥炭常用于非洲菊栽培，也取得了较好的效果，如藓类泥炭即发得泥炭。

泥炭的结构随形成类型、条件以及分解情况的不同而呈现出多样化，主要有海绵状、纤维状、小块状和颗粒状等，泥炭的容重平均值为 0.42g/cm³，一般为 0.15～0.50g/cm³，泥炭容重小，吸水、通气性较好，但它是一种疏水性物质，完全干燥后，短时再吸水能力差，因此泥炭不适合做单一的栽培基质，常与石砾、珍珠岩以及蛭石等透水性强的基质混合使用。

泥炭主要由有机质构成，含有一定量的灰分和水分，其主要有机组分包括纤维素、半纤维素、腐殖酸、黄腐酸、木质素、蜡质等。泥炭的 C/N 值高达 170 左右，pH 一般为 3.0～6.5，酸性较强，EC 值较高，具有较强的阳离子代换能力。虽然泥炭是迄今为止世界各国普遍认为最好的一种无土栽培基质，但其属于短期内不可再生资源，长期开发必将造成资源枯竭，损毁地貌，随着人们环保意识日益增强，寻找泥炭的替代物势在必行。

2）椰糠

椰糠是椰子加工的副产物，长纤维素纤维，椰糠的 C/N 平均值为 117，EC 值为 0.4～6.0mS/cm，pH 为 4.5～5.5，偏酸，具有较强的营养液缓冲能力，与泥炭相比，基质容重约为 0.08g/cm³，松泡多孔，总孔隙率高达 94%，保水和通气性能良好，与同一级别的藓类泥炭相当，其表面蜡质含量低，亲水性能又比普通泥炭好，椰子纤维含有更多的木质素和纤维素，半纤维素含量很低，避免了其迅速氧化分解，其本身所含可供植物利用的矿质元素含量很低，但磷和钾的含量却很高。早在 1997 年梅罗（Meerow）就证实了椰糠具有众多优点，是泥炭的有效替代物。

3）碳化稻壳

稻壳是水稻产区最常见的有机废弃物，是水稻产区加工时的副产物。无土栽培使用的稻壳是经过炭化处理的，称为炭化稻壳或炭化砻糠，容重为 0.15g/cm³，总孔隙度为 82.5%，大小孔隙都比较适中，通透性好。持水性能差，炭化稻壳不带病菌，氮、钾、钙养分含量丰富，pH 为 6.5 左右，如果炭化稻壳在使用前没有经水冲洗过，炭化形成的碳酸钾会使其 pH 升至 9，故使用前应用水冲洗，可与其他任何基质材料配合使用。近些年，关于生稻壳在无土栽培上的应用逐渐被重视。

4）锯木屑

一般锯木屑的化学成分为：炭 48%～54%、戊聚糖 14%、纤维 44%～45%、木质素 6%～24%、树脂 1%～7%、灰分 0.4%～2%、氮 0.18%。容重轻、吸水保水性较好，无土栽培基质的锯木屑不应太细，长度小于 3mm 的锯木屑所占比例不应超过 10%，一般应有 80% 的长度在 3.0～7.0mm。

锯木屑 C/N 值很高，使用前必须进行堆沤，单独使用时要补充大量氮肥，否则易造成植株缺氮。其多与其他基质混合使用，基质偏酸性，pH 为 4.2～6.0，可与碱性基质（如灰）混合使用。锯木屑作为栽培基质受到越来越多的关注，但其含有大量杂菌及致病性微生物，需经过适当处理和发酵腐熟才能应用。

（二）无土栽培方式

1. 非洲菊盆式栽培

非洲菊切花植株栽在各个花盆中，栽培容器可选用口径为 19～21cm、高为 18～20cm 的塑料盆，盆底要平，且至少要有 4 个小洞，以便排水，每盆所盛基质的容积为 3.5～4.0L。支架高 55～60cm，种植床宽 65cm，放两排花盆，盆边与盆边之间横向间隔 25cm，纵向靠紧摆放，过道宽 50～60cm。主要种植基质为"椰糠+泥炭"（1∶1），装至与盆口相平，将植株上盆，种植深度为根部稍高于基质面，然后将盆置于温室内的架子上，插入滴管，启动滴灌系统（图 12.18）。

盆式栽培分为肥水回收循环利用和肥水非回收循环利用。肥水回收循环利用系统要求在盆底下部安装回收槽，可以选择塑料管制品和铁铝制品集水槽，收集到的肥水通过回收管道流到肥水回收池，经消毒处理和肥料二次配比，再循环利用（图 12.19、图 12.20）。肥水非回收循环利用系统则是直接将种植盆置于地面，地面上铺设黑色地布，防止杂草生长和清洁栽培环境，种植产生的废液也可用地面塑料薄膜收集后用于园林或更粗放的作物栽培。

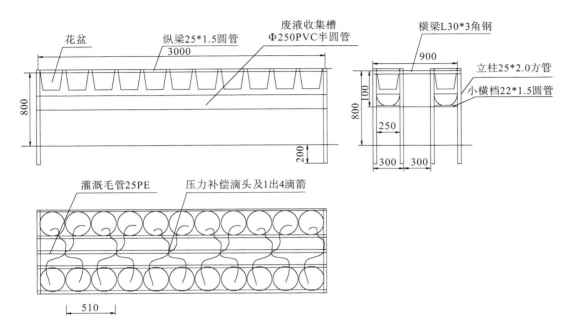

图 12.18　非洲菊盆式栽培图（单位：mm）

图 12.19　非洲菊肥水回收循环利用盆栽模式（意大利）

图 12.20　非洲菊肥水回收循环利用盆栽模式(云南)

　　盆式栽培的方法也在不断改进，传统的栽培盆通常侧面无通风孔，云南省农业科学院花卉研究所研究采用控根容器、热镀锌铁种植架及回收槽模式种植非洲菊(图 12.21、图 12.22)，效果较为理想，容器高 30cm，直径为 25cm。控根容器栽培非洲菊的主要优点为空气压力减少侧面次生根向外生长现象，避免因盆壁温度变化造成根系腐烂，减少主要病害疫霉病传播，减少化肥农药使用量，人工操作方便。荷兰采用侧面无孔的黑色塑料盆(25cm×20cm)种植，安装回收系统、加温系统、补光系统等设备，产量和品质较高，对肥水管控更为精细(图 12.23)。

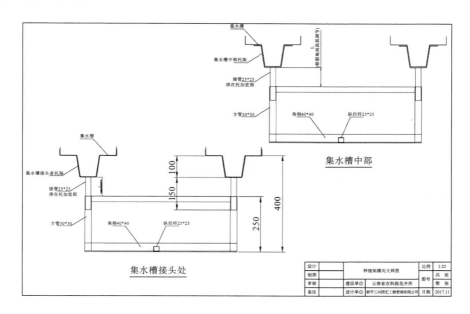

图 12.21　热镀锌铁架种植床和回收槽

图 12.22　无肥水循环的控根容器栽培模式(种植 4 个月后)

图 12.23　非洲菊补光+加温盆栽模式(荷兰)

2. 非洲菊槽式栽培

非洲菊槽式栽培与切花月季栽培类似(图 12.24),采用的基质槽可根据投资和实际情况而定,目的是实现肥水回收和经济实用,常见的是使用黑色专用塑料槽,规格为 25cm×

80cm×25cm，厚度为 0.7mm，种植槽置于用水泥空心砖等砌成的平台上，平台高度通常为 20～25cm。种植槽需设置 1.5%的坡度，每条无土种植槽配一个下水口，种植槽侧面每隔 30cm 使用 1 根固定销固定，防止侧面凸起不平。专用槽抗紫外线辐射、抗蒸汽消毒、抗化学与酸剂，适用于各种基质和各种排水系统，安装简便，在切花种植中广泛应用，荷兰和中国云南部分非洲菊种植也采用槽式模式（图 12.25、图 12.26），但对肥水循环利用的消毒处理技术和病害控制技术要求较高。

图 12.24　非洲菊种植槽与月季栽培方式相似（云南）

图 12.25　非洲菊槽式栽培（荷兰）

图 12.26 非洲菊槽式栽培(云南)

3. 无土栽培灌溉

无土栽培的灌溉均需采用滴灌系统,滴管头的出水能力为 1~2L/h。一天中灌溉量及灌溉次数依外界环境变化而变化。另外,为保证每天有新鲜的水流过基质,必须每天多给 30%~40%的回收水(要通过每天的测量来判断)。每天太阳升起后 1h 开始灌溉,太阳落山前 3h 停止灌溉。天晴时,夏天每 45~60min 灌溉一次,冬天每 1.0~1.5h 灌溉一次,每次每株灌水 70~150mL。晚上要保证一定的干燥程度。灌溉营养液的 pH 宜保持在 6.0~6.5,EC 值以 1.5~2.0 为好。EC 值和 pH 需要每天测定,出现异常时及时调整。

表 12.10 及表 12.11 是非洲菊专用的营养液配方,配方 1 来自荷兰,配方 2 是根据配方 1 定出的肥料种类及实际量,浓度较原配方有所调整。

表 12.10 非洲菊无土栽培营养液配方(配方 1)

大量元素	浓度/(mmol/L)	微量元素	浓度/(μmol/L)
一氧化氮	11.25	铁	35.00
一氧化磷	1.25	锰	5.00
一氧化硫	1.25	锌	4.00
铵	1.50	硼	30.00
钾	5.50	铜	0.75
钙	3.00	钼	0.50
镁	1.00	—	—

表 12.11　非洲菊无土栽培营养液母液配方示例(配方 2)

肥料		用量	浓度/(mol/L)
A 罐用水 300kg	十水硝酸钙	17kg	0.228
	硝酸铵	—	—
	硝酸钾	5.2 kg	0.152
	硝酸	2.3L	0.04
	乙二胺四乙酸二钠	395g	0.0005
	七水硫酸亚铁	291.5g	0.0005
B 罐用水 300kg	硝酸	6.7L	0.12
	硝酸钾	4.2kg	0.122
	磷酸二氢钾	6kg	0.125
	硫酸钾	3.2kg	0.05
	七水硫酸镁	10.6kg	0.1
	硫酸锰	13.5g	—
	硫酸锌	6.7g	0.00009
	十水硼酸钠	148.5g	0.000074
	五水硫酸铜	9.75g	0.000076
		6g	—
稀释后灌溉液	pH	6.0~6.5	—
	EC	1.7mS/cm	—

4. 无土栽培的优缺点

(1)优点。①避免病害的传播。可把病害降到最低限度，植株分盆种植，减少了疫霉菌等基质有害病菌的传播机会；使用基质栽培，避免地栽时的基质问题，减少疫病及根、茎腐烂病的发生；植株叶片多悬挂，株体较松散，药效均匀，降低了病虫害发生率，如无土栽培非洲菊上的白粉虱、红蜘蛛发生量少于基质栽培，灰霉病、煤污病等的发生率也显著低于基质栽培。②栽培环境易调控。不受地下水位起伏变化的影响，不受基质结构(如排水性、基质成分、干扰层)的限制。使用滴灌施肥系统，水分易控制，营养液供应平衡。可及时回收多余的水分、营养液，保证温室内相对湿度不至于太高。③提高产量和质量。无土栽培的产花量一般比基质栽培高 20%~30%，整齐度、优质率显著提高，畸形率下降，花朵大、颜色艳，花枝长而粗壮，瓶插期长。

(2)缺点。①投资大、回收期长。无土栽培一次性投入大，购买栽培基质价格高，要求配备灌溉和营养液检测系统，使用不带病菌的种苗。②技术风险高。由于基质中不含营养，营养液的 EC 值、pH 和各种元素的比例必须控制精确并要满足非洲菊的需求，否则容易出现缺素症。需要保持良好的环境卫生，严格各项操作规程，基质和灌溉水被病菌污染后，同样会造成病害的大面积传播。回收营养液的消毒及其营养比例的调整需要较高的技术和丰富的操作经验。

八、非洲菊切花栽培

(一)种苗选择

1. 颜色配置

切花非洲菊品种很多,花瓣有红色、橙色、黄粉色、白色,花心有黄色、黄绿色、黑色等,其因色彩对比鲜明、产量高而备受消费者喜爱。应根据花色等品种特性结合市场需求选择具体种植品种。

2. 种苗类型

生产上应选择组培苗,以 4～7 叶 1 心的组培苗为佳,种苗过大、过小均会影响质量和成活率。

3. 种苗数量

根据温室面积及确定的株行距安排好栽种品种和数量,最好能一次种完,统一管理。

(二)移栽时间

非洲菊为全年开花植物,全年均可种植,在 20℃以上的温度条件下,非洲菊定植后 3～4 个月可采花。4～5 月为较理想的定植期,稍微延后亦可,春季的气候条件较好,是最佳种植时间,但在夏季开花往往价格较低,夏季种植可以在冬季到来以前有一个好的价格,因此在夏天种植到秋冬季收获较合理。10 月后定植,气温下降明显,小苗生长非常缓慢,发棵也较慢,不能形成足够的营养体,越冬抗寒能力差,易出现低温危害。非洲菊移栽时间以早春移栽、栽种一年半后换苗最为理想,若栽培时间超过两年,其切花的产量和质量都将随移栽时间的增加而下降。

(三)移栽后管理要求

1. 小苗期肥水管理

小苗定植后需精心管理。由于小苗本身比较脆弱,移栽时根系及茎、叶易受到损伤,需要一个良好的环境使其恢复生长。

定植后要浇透水,一方面可提高基质的含水量,利于吸收水分;另一方面可促使根系与基质的接触。缓苗期可用喷头进行喷灌,将整个栽培床浇湿以增加植株周围的湿度,改良植株周围的微气候;气温高的时期,每天保证喷灌 2～3 次,增加湿度的同时有降温作用。早春时节,早晚要适当保温,温度超过 25℃时,应及时通风降温,晴天需适当遮阴。

定植 5～7 天小苗成活后,可施少量的低浓度营养液,以促使其生根长叶,肥料以氮肥、钾肥为主,切忌浓度过高。一般肥料总浓度控制在 2%～3%。

2. 成苗期肥水管理

若温度适宜, 定植后一个月左右非洲菊进入旺盛生长期。此时期的管理应根据气候条件来定。

由于劳动成本增加, 且滴管等材料费相对下降, 建议使用滴灌带灌溉, 每株以 400mL/d 为宜。阴雨天灌水量可减半。

非洲菊为喜肥宿根花卉, 属典型的氮、钾型营养植物。特别是切花品种, 要求其氮、磷、钾的比例为 15∶8∶25, 只要在 5～30℃ 即可周年开花, 因而在整个生长期内需肥量很大。从幼苗到花芽分化时, 至少要保持 15 片叶才能开出高质量的花。因此, 肥水管理方面按下述方法进行。

(1) 春季、秋季生长适宜期。应大肥大水促进生长。成苗期应增施有机肥和氮肥, 促使植株充分长叶, 以满足营养生长之需。一般以 0.06%的磷酸二氢钾、0.08%的尿素再加以适量液体肥料, 每周追施一次, 这样定植后两个月即可看到小花蕾。

(2) 夏季高温期或冬季低温期。应以保根促壮为主, 适当控制浇水, 控制氮肥, 增施磷肥、钾肥, 及时摘除老叶, 夏季光照过强需适当遮阴。若高温或偏低温引起植株进入半休眠状态, 则停止施肥。

3. 肥水管理原则

非洲菊生长旺盛, 应充足供水, 灌溉的水温最好与气温相一致, 一般最低为 15℃。水温过低会引起根部病害, 适宜的土温和相对湿度及通气也很重要, 一般最佳湿度为 70%～85%。浇水时间最好在清晨或日落后 1h。浇水量视天气和基质情况而定, 冬季和阴天尽量避免水量过多。雨水、自来水和井水都可用来灌溉, 但水的含盐度越低越好, 水的 pH 为 5.5～6.0 有利于植株对肥的吸收。非洲菊只要温度适宜, 一年四季均可开花, 因而需要在其整个生长期不断进行施肥以补充养分。需要注意的是, 夏季为各类病虫害滋生的高峰时节, 若氮肥过多, 叶组织柔嫩易病, 所以春夏之交应控制氮肥用量, 以浓度稀而多次施用为宜。在花期, 应提高磷肥、钾肥的施用量, 每 100m² 每次用硝酸钾 0.4kg、硝酸铵 0.2kg 或磷酸铵 0.2kg, 夏季 5～7 天施肥 1 次, 冬季 10～15 天施肥 1 次。使用含微生物的复合肥通过微生物作用改善基质含肥状况, 效果较好。施肥量应灵活遵循 "苗期少施、孕蕾多施, 浓绿少施、黄瘦多施, 冬夏少施、春秋多施" 的原则。在适宜的光照和温度下, 600～800mL/m³ 的二氧化碳浓度对非洲菊的生长有促进作用, 所以可以采用二氧化碳施肥技术。

4. 温度、光照和湿度管理

非洲菊喜温暖、阳光充足、空气流通的栽培环境。植株生长期最适温度为 20～25℃, 白天不超过 26℃, 夜间在 10～15℃。种植初期较高的温度可以促进植株生长。在适宜的温度下, 植株可以不休眠而继续生长开花。秋季、冬季光照时间短, 过低的温度会导致花朵质量差。一般白天至少为 15℃, 晚上不低于 12℃ 可以保持花卉生长开花。冬季温度为 5℃ 左右可保持植株存活。根际加温可促进其产花, 但对花径的增大作用不显著, 最适根际温度为 19～22℃, 根温为 20℃ 时切花的产量与质量都较高。种植初期较高的温度可以促进植株生长，每天 12h 以上的光照可提高产花率，增加花色的鲜艳程度。温度的调节可通过加热、通风、遮阳等措施来实现。冬季光照不足应增强光照，夏季光照过强应适当遮阳，防止光照过强引起日灼病，由高温引起休眠。一般来说，在 8:30 以前、17:00 以后及阴雨天应把遮阳网打开，让阳光直射植株，中午光强的时候，保持 40%～60% 的透光性即可。空气湿度为 80%～85% 较理想，如果高于 90% 会造成花朵畸形。在夏季，由于温度高，光照往往会加大植株的蒸腾作用，导致基质干燥、植株缺水。通过遮阳、通风来降温，同时喷雾增加湿度。

5. 剥叶与疏蕾

1）剥叶

非洲菊除幼苗期外，整个生长期为营养生长与生殖生长同时进行，即边开花边长叶，若叶片过于旺盛，花数会减少，甚至只长叶不开花，若叶片过少或过小，开花也会减少，花朵变小，花梗变短。因此，需剥去病叶与发黄的老叶，每个分株留 3～4 片功能叶，将重叠于同一侧的多余叶片剥去，使叶片均匀分布，利于透光，如果植株中间的新生小叶密集，功能叶相对少，应适当摘去中间部分小叶，保留功能叶，控制过旺的营养生长，让中间的幼蕾也能充分采光。

2）疏蕾

疏蕾的目的是提高切花品质，使花更具商品性。方法是在幼苗刚进入初花期未达到 5 片功能叶或叶片很小时，将花蕾摘除，以保证足够的营养发育。当同一时期同一植株发育程度相当的花蕾具有 3 个以上时，摘除多余的花蕾；当切花价低时，应尽量少出花，积蓄养分。

（四）综合管理措施

（1）田间操作与卫生。要注意室内通风良好和保持叶片干燥，在浇水和施肥时不要将水、肥溅洒在叶片上，避免采用淋浇的方式给水。适时适量灌水，避免田间过湿或积水而诱发各种根茎部病害。及时清除棚内棚外的杂草，不为害虫提供越冬场所。及时拔除感病植株，摘除病叶，同时配以药剂处理，以控制病害的进一步蔓延。每次采花后，应当用保护性药剂对植株喷雾处理。非洲菊喜温暖、阳光充足和空气流通，应及时清洁棚膜，随温度变化及时通风换气和排湿。

（2）设施管理。定期检查温室大棚的隔离措施，控制害虫的侵入；温室大棚设施的设计建造应考虑足够的通风除湿能力；采用合理的灌溉系统，避免弄湿植株；设置黑光灯和黄黏板，定期调查虫情，科学预测害虫的发生规律；冬季应解决好闷棚保温与通风除湿的矛盾。

（3）药剂组合防治。定期喷洒保护性广谱杀菌剂和杀虫剂，与针对具体病虫害的治疗性药剂的使用相结合，一般 1 周用药 1 次，如处于发病感染期则 4～5 天用药 1 次，连用 3 次；防治同一种害虫，要交替使用不同类型的杀虫剂或复配使用；定期进行大棚熏蒸。

（4）小苗期管理。非洲菊栽种后，需要一段时间的缓苗期，约两周内成活，四周内长出新叶后才能进行正常的营养生长。由于小苗本身比较脆弱，移栽时根系及茎、叶易受到损伤，需要一个良好的环境使其恢复生长，因此小苗定植后必须精心管理。定植后的当天要浇一次透水，一方面可提高基质的含水量，利于吸收水分，另一方面可促使根系与土粒的接触，但小苗期的水分管理原则为不宜太湿或太干。缓苗期可用喷头进行喷灌，将整个栽培床浇湿以增加植株周围的湿度，改良植株周围的微气候。随后要注意保持适宜的温度及湿度，早春时节，早晚要适当保温，温度超过 25℃时，应及时通风降温，晴天需适当遮阴。定植后每天应逐株检查，及时剔除带病植株，补上健壮小苗，将埋住小苗颈部及埋入心叶的基质拨开。栽得过浅的要培土，进行浅中耕促发新根，并施少量的低浓度营养液，加快生根长叶。

(5)成苗期管理。种植后 1 个月左右，非洲菊就进入旺盛生长期，一般 7～10 天长出一片新叶。此时须及时锄草松土，松土时注意不要损坏植株根系；并喷施百菌清 500～600 倍液或甲基托布津 800～1000 倍液 2～3 次防病。在每次基质追肥前要松土，增加基质的通透性，以利根系对养分的吸收。根据气候条件确定水肥管理，在春季、秋季生长适期，应大肥大水促进生长；在夏季高温期或冬季低温期，则以保根促壮为主，适当控制浇水，控制氮肥，增施磷肥、钾肥，及时摘除老叶。夏季光照过强时需适当遮阴。注意防治病虫害。

(6)花期管理。非洲菊定植后 3～4 个月即进入花期。非洲菊为周年开花的植物，在适宜的环境下生长旺盛，生殖生长与营养生长同时并进，边长叶边开花。一年以上的植株会长出大量叶片及分化出子株，过多的叶片会消耗很多养分，而且叶片相互覆盖造成下部较老的叶片光照不足，不能起到制造养料的作用，也影响植株之间的通风，易发生病虫害。所以在生育期内合理摘叶不仅可协调营养生长与生殖生长的关系，还可增强植株的通风透气性，使心叶与花蕾光照充分，发育良好，有利于植株的生长，提高产量和质量。

非洲菊花期管理的具体做法是"以促为主，促控结合"。因植株进入花期后，一方面花茎伸长、花朵开放需要大量的养分，另一方面叶片过于繁茂需要适当控制生长。花期管理的好坏对花的产量和质量影响极大。幼苗进入初花期由于养分积累少，开出的花朵细而弱，此时不宜留花。为保持植株养分的平衡，保证有足够的营养生长，对未达到 5 片以上较大功能叶片的植株，要及时摘除花蕾，同时去除黄叶、花叶及病叶，以减少养分消耗，促进形成较大营养体，为丰产优质打好基础。对成龄开花植株，若叶片已经过多，应及时摘去老叶，否则会造成"隐蕾"，还会造成花枝减少、花梗变短。每一植株的叶片、花蕾和花茎数应有一个合理的比例，要保证一个花蕾能正常发育开花，一般需 3～4 片叶提供光合产物，一株一年生非洲菊植株能在盛花期的一个月里产 5～6 朵花，则单株合理的绿叶数为 15～20 枚；二三年生非洲菊植株能在盛花期的一个月里产 7～8 朵花，则单株合理的绿叶数为 20～25 枚。过多的叶片应人工摘除，摘叶时一定要根据植株自身的生长情况进行。在确保每一株丛中的每一分株留 3～4 片功能叶的基础上，摘去病叶、黄叶以及已被采掉花的那片老叶，将重叠拥挤在同一方向的多余叶摘掉，摘叶时注意不要伤及小花蕾。若过多叶密集生长时，应从中去除小叶，使花蕾暴露出来。在盛花期，还应注意及时摘除过多的幼小花蕾、花茎，疏掉畸形蕾和弱小拥挤蕾，提高切花品质。摘时除去劣留优外，保留的花蕾在发育程度上要有梯度，以便能依次开花，均衡上市。

花期肥水管理以磷钾肥为主，有限制地搭配施用氮肥。浇水、施肥时不要从叶丛中心浇水，否则易引发病害。注意栽植地卫生管理，枯叶病株及时清除，拔除病株后，植穴应进行基质消毒。

非洲菊植株在生长及产花一段时间后，由于施肥、灌溉再加上管理不善等，基质会板结，透水透气性下降，杂草丛生，这时管理的有效措施是人工松土、除草，松土时注意不要损伤植株根系。

低温季节，基质的湿度不能太大，否则极易感染基腐病一类的真菌病害，还应防治灰霉病。夏季花期要注意遮阳及通风降温，冬季花期要注意保温及加温，尤其应防止昼夜温差太大，以减少畸形花的产生。

九、常见病虫害及防治

(一)非洲菊主要病害防治方法

1. 白粉病

发病时在叶面出现白色粉状物，严重时全叶布满白色霉点(图 12.27)。初期，受害部位出现褪绿斑点，以后逐渐变成色粉斑(覆盖白色粉状物)，后期病斑变成灰色。受害植株叶片凹凸不平，卷曲干枯。

图 12.27　白粉病危害症状

发病规律：一般温暖潮湿的天气，气温为 20～25℃，湿度达 80%～90%易发病，该菌孢子耐旱能力强，高温干燥时也可萌发，病菌以闭囊壳或菌丝在受害叶、茎残体上越冬。病菌主要通过空气气流和雨水的溅泼传播。该病在整个生长期都可发生，尤以 5～6 月最重。植株下部叶片比上部叶片发病重，湿闷郁闭的环境比通风透光的环境发病重。

防治方法：加强棚内通风透光，加强水肥管理，增强植株抗病力，注意不要过量施用氮肥。在植株生长末期，彻底清除病叶、烧毁病株，避免连作。可用特富宁、三唑酮、 世高、硫黄粉、氟硅唑、丙环唑、苯醚甲环唑、戊唑醇、烯唑醇等喷雾防治。发病时喷施70%甲基托布津1500倍液或75%粉锈宁可湿性粉剂1000~1200倍液，或以500倍多菌灵防治。喷药时，叶的两面、茎的前后左右均需喷到，每隔10~15天喷1次，连续喷2~3次；以10%百菌清烟雾剂、20%棚菌速克烟雾剂或20%百腐烟雾剂进行熏烟防治，每隔7~10天防治1次，连防2~3次，效果良好。

2. 灰霉病

发生灰霉病时花朵上出现斑点，花朵中心腐烂，呈现出灰棕色的尘埃状真菌软毛。以菌丝体和菌核在土中腐生，菌丝能直接侵入寄主，通过水流、农具传播。种植过密、栽植过深、温度过高、湿度过高、持续时间长易诱发本病。天气、基质干燥时病害停滞。

防治方法：通过调控灌水次数和植株叶片密度来降低湿度，减少病害发生。控制湿度是防治灰霉病的关键，为防止水蒸气在花朵上凝结，温室中的温度要逐渐升高，不要突然升高；将密植的、生长过密的叶片疏除；增加通风透气。发病初期用甲基托布津、多菌灵、百菌清、防霉宝、农利灵等进行叶面喷雾。

3. 非洲菊疫病

非洲菊疫病是非洲菊最严重的病害之一，整个生育期可发病，一般采花期受害严重，开花期受害最重。病菌从地面根颈部侵染，受害部位变软，呈水渍状，皮层变褐腐烂，整个植株易拔起，具霉腥味。发病初期地上部植株叶片萎蔫，基部叶片变为紫红色，或植株叶片颜色变黄变软，后期整株死亡。湿度大时病部表面长出稀疏的白霉，即病原菌的孢囊梗和孢子囊，粉色、黄色品种易发病。该病又称根腐病。

发病规律：病菌由隐地疫霉和恶疫霉引起，病菌以卵孢子随病残体在基质中越冬，翌年借雨水飞溅到寄主上，病菌从近地面的茎基部侵染，向下延伸到根部，也可由无性繁殖材料传播。疫霉在5~33℃均可生长，生长适温为25~30℃，温室内可周年发生。温暖梅雨季节，排水不畅、低洼处发生严重。

防治方法：该病单靠化学防治难以取得理想效果，应采取化学防治结合多种农业措施，才能达到良好防治效果。从无病地区引进种苗或组培苗；选用抗病品种；及时清除病株和周围病土；发病重的棚室基质应进行消毒，杀死基质中的病原菌；作高畦加强排水，改喷灌为滴灌。发病前喷洒58%甲霜灵锰锌可湿性粉剂800倍液或64%杀毒矾可湿性粉剂500倍液、72%杜邦克露可湿性粉剂700倍液，对上述杀菌剂产生抗药性地区可改用60%灭克可湿性粉剂900倍液。发病初期用58%乙磷铝锰锌400倍液灌根，之后7天用64%杀毒矾粉剂500倍液灌根效果显著。该菌易产生抗药性，要采用综合防治措施，杀菌剂要轮换交替使用方可见效。

4. 非洲菊根腐病

病菌从基部侵染，向下蔓延至根部，受害部位呈水渍状，浅黑色变软腐败（图12.28）。死亡率很高，是一种毁灭性病害。

图 12.28　根腐病

　　根腐病主要侵害植株的地下部分。发病植株一般在气温升高尤其是久雨天晴时，叶片整体迅速萎蔫，死亡。病原为隐地疫霉，属鞭毛菌亚门，孢子囊为倒梨形，卵孢子为黄色，呈球形。具有寄生性和腐生性，生长适宜温度为 25℃。在非洲菊的整个生长期主要表现为植株叶片突然萎蔫，变为紫红色，拔病株时茎和根部出现水渍状软腐而变黑色，腐烂现象显著，病部易被折断，最后根部皮层腐烂脱落，露出变色中柱，病株根系呈黑褐色，病根皮层剥离，须根少，主根和侧根呈褐色腐朽，解剖病部，维管束组织褐变坏死。病株叶片初期中午萎蔫，早晚可恢复，陆续枯萎；严重时，整个植株很快呈青枯状死亡。

　　根腐病与疫病的主要区别在于高温高湿时，根腐病在病部可产生粉红色孢子堆，而疫病则在病部表面长出稀疏的白霉。根腐病根部变褐，主根和侧根呈褐色腐朽，维管束坏死；疫病则是根颈部变褐，形成水渍状腐烂，极易拔起。根腐病发病初期，病株叶片初期中午萎蔫，早晚可恢复；疫病侵染的植株叶片迅速失水萎蔫，早晚不可恢复。

　　发病规律：根腐病由尖孢镰刀菌引起。整个生育期均可发生，尤其是小苗定植后，浇水漫灌、低温多湿的情况下容易发生。基质和植株是该病主要初浸染源。大棚内 8 月更易发生，冬季由于地温偏低，病菌的活动力受到抑制，发病率较低。高温高湿的天气，质地黏重的基质，都会促进病原菌的增殖和传播，降低非洲菊根系的抗病能力，容易引起根腐病的大面积发生。此外，基质骤然干湿交替或频繁中耕松土，会造成植株根部伤口多，病菌从伤口侵入，发病重。

　　防治方法：选用抗病品种。定植时尽量浅栽，使根茎高于土表 1.0～1.5cm 或局部使用珍珠岩等无菌基质；对幼小植株定期喷施药剂；注意控制基质湿度，特别是气温低于15℃时，基质不能过湿；还应注意棚内温度，降低空气湿度，加强通风透光，增强植株的抗病能力；种植床不进行中耕处理，防止损伤根系。发现病株，随时拔出烧毁，以免传播病菌。并须挖除病土，对局部基质进行消毒，换填新土。在上年发生此病的种植地，用敌克松、甲基硫菌灵、多菌灵和百菌清灌根；可用 50%福美双、50%多菌灵和 75%百菌清等 800～1500 倍液防治，7～10 天喷 1 次。

5. 斑点病

该病主要发生在叶片、花朵上，最初产生几个圆形或不规则形褐色病斑；感病开始时出现紫褐色到茶褐色的小斑点，斑点呈同心圆状扩大(图 12.29)。老病斑可见褐色小斑点，即病原菌分生孢子器，严重影响观赏。病菌以分生孢子及菌丝体在病叶上越冬，分生孢子随雨水淋溅传播，一般下部叶片先发病，氮肥使用过多、阴湿、阳光不充足、排水不良、多雨易发病。在 5 月下旬以后，当气温达 20℃以上时开始发生，7～9 月较严重。

图 12.29 斑点病

防治方法：发现病叶、病株及时铲除，集中销毁，消灭传染源。收获后彻底清除病残体，集中烧毁或深翻土地，减少初侵染源；发病初期喷施 2.5%腈菌唑乳油 300 倍液、75%百菌清可湿性粉剂 500 倍液、40%多菌灵 800 倍液等，每隔 10 天左右喷施一次。

6. 非洲菊菌核病

非洲菊菌核病为真菌核盘菌属的一种。病害从茎基部发生，使茎秆腐烂。初期，病部呈现水渍状软腐、褐色，逐渐向茎和叶柄处蔓延。后期在茎秆内外均可见到黑色鼠粪状的菌核。该病的典型症状是病部迅速发生软腐，并密生白色絮状物，或有黑色鼠粪状物产生。

发病规律：病菌以菌核在病残体和基质内越冬，翌年产生子囊孢子侵染危害。前茬种植十字花科作物时发病严重。雨季发病严重。该病通过病株与健康株间的接触和基质内菌丝体的生长蔓延传播。

防治方法：选择排水良好的疏松基质种植，株行距不宜过密，以便通风透光。避免与十字花科作物轮作。及时清除病株，减少侵染源。用 25%粉锈宁可湿性粉剂 2500 倍液、50%农利灵可湿性粉剂 1000 倍液，或 70%甲基托布津可湿性粉剂 800～1000 倍液喷雾防治。

7. 煤污病

叶片上初生灰黑色至炭黑色霉污菌菌落，分布在叶面局部或在叶脉附近，一般着生在叶背。

发病规律：煤污菌以菌丝和分生孢子在基质内及植物残体上越过休眠期，翌春产生分生孢子，借风雨、蚜虫、飞虱等传播蔓延，白粉虱虫口密度大时易发病。

防治方法：加强通风换气，适当降温排湿，防止湿气滞留；发病初期及时喷 50%甲基硫菌灵 800 倍液，65%甲霜灵可湿性粉剂 1000 倍液，喷洒隔 7～10 天 1 次，防治 1～2 次。同时，加强对蚜虫、飞虱的防控可减少此病的发生。

8. 立枯病

与根茎腐病症状相似。叶子先发黄，后变红褐至灰褐色，然后逐片枯死，根茎部变黑色腐烂状，偶尔可见粉红色分生孢子。苗期受害重，病菌主要侵染幼苗根茎部，致病部变褐，皱缩，潮湿时上生白霉状物，植株染病后叶片干枯，造成整株死亡，根茎部有时呈腐烂状，叶片萎蔫。

防治方法： 严格基质消毒；定植时尽量浅栽，使根茎高于土表 1.0～1.5cm；注意控制田间持水量在 70%～80%，特别是气温低于 15℃时，基质不能过湿；及时销毁病株。可喷淋五氯硝基苯 600 倍液或菌核净 600 倍液消毒。

9. 病毒病

植株叶片上有不明显的黄绿色斑，新叶变窄、变厚、变硬、生长衰弱，切花数减少，叶面呈花叶状，可见轮纹症状，有时花瓣上也产生斑纹。

防治方法：及时预防和杀灭传毒昆虫，切断毒源，控制病毒病传播危害。主要传毒昆虫有蚜虫、白粉虱、叶螨、介壳虫、斑潜蝇等。随时清除花圃及其周边杂草，用 10%磷酸三钠对切花剪等刃物消毒。喷药防治发现个别植株感病后，立即用 20%病毒 A 或 20%病毒毙克或 30%高效展叶灵、20%病毒威等 300～500 倍液+0.2%磷酸二氢钾或 0.1%硼砂或喷施宝等进行叶面喷药施肥，连喷数次，待症状消失后，停止用药。

(二)非洲菊主要虫害及其防治

危害非洲菊的虫害主要有白粉虱、红蜘蛛、斑潜蝇、蚜虫、蓟马等。生产中要以预防为主，综合防治，通过选用抗病虫品种，做好环境调控，合理使用肥水，增设防虫网，张挂诱虫黄板等措施，降低病虫发生率。

1. 白粉虱

白粉虱在夏季种植后易出现，会通过通风设备进入温室。一年四季均可危害植株，引起多种病害(如煤污病等)，使叶片褪绿，影响切花的品质。白粉虱的生命周期只有几天，但繁殖率十分惊人，尤其是在天气暖和时(图 12.30)。

图 12.30　白粉虱

防治方法：防治措施应以预防为主。种苗、残茬作物和杂草带虫是白粉虱传播的重要途径，所以新茬定植前要彻底清除杂草、前茬作物，并空地一段时间。引进种苗和盆花时，要仔细检查是否有若虫或卵，是否缺失的叶片较多。一旦一个温室被白粉虱感染，其作物的进出就要很小心，以防其他温室都被感染。温室要插黄板，以便于随时监测。一旦发现虫害，要及时采取措施，尽可能地压低虫口密度。田间要定期巡视，检查生长情况和是否有病虫发生。大棚门口悬挂白色或银白色的塑料条，可以拒避成虫的侵入。

白粉虱对农药易产生抗性，防治时要轮换用药。用菊酯类的药物效果最好，如扑虱灵 800～1000 倍液喷施 1～2 次；功夫 500 倍液加吡虫啉 1500 倍液效果更佳或敌杀死 300 倍液防治或敌敌畏原液熏蒸。可喷洒 2.5%溴氰菊酯乳油 3000～4000 倍液、10%扑虱灵 1000～1500 倍液，或 20%速灭杀丁乳油 3000～4000 倍液，每 10 天 1 次，连喷 3 次。

可采取熏蒸、熏烟、高温密闭喷雾等多种方法防治。

2. 红蜘蛛

红蜘蛛是非洲菊栽培过程中需重点防治对象，在比较干燥的季节最易发生（图 12.31）。幼虫喜食幼叶和幼嫩花蕾，成虫喜食老叶，并于叶背面产卵，在叶片和花上结网。受红蜘蛛危害的植株表现为叶片收缩、硬化，叶面失去光泽，叶背黄褐色，使花朵不能完全发育或开花前花瓣畸形变为褐色，并有许多小白斑，花朵的舌状花瓣萎缩变形，导致其完全丧失观赏价值。

图 12.31　红蜘蛛危害症状

防治方法：一旦发现应立即采取措施加以除灭。当田间感染后很难根治，应以防为主。可用联苯肼酯、螺螨酯、炔螨特、阿维菌素、哒螨灵、尼索朗等喷雾防治。治疗时用敌敌畏 500 倍液加 500 倍乐果、40%三氯杀螨醇 1000 倍液或 50%尼索朗 2500 倍液、倍乐霸 1500 倍液或虫螨光 3000 倍液喷施。

3. 斑潜蝇

斑潜蝇的危害有两种症状，成虫危害叶片产生白色的斑点，幼虫危害叶片产生白色的食道（图 12.32）。

防治方法：斑潜蝇生命周期大约为 24 天，预防阶段需每 7 天喷一次药，每 20 天喷洒阿巴丁 1500 倍液、潜克 2000 倍液等药剂防治，用黏虫黄纸进行防除和虫口密度监测。治疗时每 7 天对叶片喷洒两次药，农药可用 40%乐果乳油 1000 倍液、40%氧化乐果乳油 1000～2000 倍液、50%敌敌畏乳油 800 倍液、50%二溴磷乳油 1500 倍液、40%二嗪农乳油 1000～1500 倍液。

图 12.32　斑潜蝇危害花朵症状

4. 蚜虫

非洲菊春秋季节容易感染蚜虫，蚜虫引起叶片变形，常发生在幼苗期及初花期，蚜虫排泄的代谢物使真菌滋生，成为某些真菌生长发育的寄主，危害严重时会导致植株枯萎死亡，并会传播病毒。

防治方法：一般采用吡虫啉（艾美乐、康福多）、阿维菌素、灭蝇胺、噻虫嗪（阿克泰）、螺虫乙酯、多杀菌素（菜喜）和菊酯类等喷雾防治。此外，定期叶面喷施，用乙酰甲胺磷、20%蚜螨灵、40%氧化乐果、50%杀螟松等防治。

5. 蓟马

蓟马危害使舌状花瓣上出现白色的斑块和小条斑，花头也可能变形、顶花畸变，叶片上出现浅银灰色斑点。由于有花蕾的保护作用防治较为困难。

防治方法：及时剪除有虫植株和花朵，及时清理温棚（室）内的废花并集中销毁，从而减少温棚（室）内的虫源。在温室中熏蒸农药是最好的防治方法，也可用乙基多杀菌素、吡虫啉（艾美乐、康福多）、灭蝇胺、噻虫嗪（阿克泰）、呋虫胺等喷雾防治。

蓟马熏蒸可以在早上或傍晚温室内温度稍高时进行以达到良好药效。切花运输前用溴甲烷再次熏蒸可以基本达到出口检疫要求。每亩用 80%敌敌畏 300～400mL 熏蒸 1h，关闭大棚 8～10h；可用吡虫啉类农药如 5%吡虫啉 1500～2000 倍液、5%蓟虱灵 1500～2000 倍液、250EC 杰将 1500～2000 倍液喷雾防治，此外，傍晚用 38%乙酰甲胺磷 1000 倍液+24%万灵 1500 倍液，在大棚内空中喷雾后，关闭大棚 8～10h 防治。

6. 夜蛾科害虫

甜菜叶蛾等夜蛾科害虫的幼虫钻食花心和叶片，造成花朵畸缺而失去商品价值。

防治方法：采用防虫网隔离栽培，用黑光灯在夜蛾科害虫多发季节诱杀成虫。剪除叶片上的卵块和幼虫。在幼虫 3 龄前，药剂可用 50%辛硫磷乳油 1000～1500 倍液、10%虫除尽 2000～2500 倍液喷雾防治, 高龄幼虫可采用有机磷+菊酯类杀虫剂复配进行防治, 5～7 天 1 次，连续 3 次，可达良好效果。

7. 蛞蝓

蛞蝓取食叶片、幼嫩的花蕾和幼芽，在叶片上形成大量的孔洞，并有叶脉残留，影响叶片的生长及花的产量。土面多湿时，最容易发生蛞蝓的危害(图 12.33)。

图 12.33　蛞蝓危害症状

防治方法：疏除过密的叶片，防止地面总是处于潮湿状态，一次浇水后，待土面干后再浇；用密达蜗牛灵颗粒剂以 400g/亩撒施。

(三)病虫害综合防治管理技术

非洲菊生长旺盛，应充足供水，花期灌水，叶丛中心尽量不要沾水，以免引起花芽腐烂，最好使用滴灌。同时，灌溉的水温最好与气温相一致，一般最低为 15℃。水温过低会引起根部病害，适宜的土温、相对湿度及通气也很重要，一般最佳湿度为 70%～85%。浇水时间最好在清晨。浇水量视天气和基质情况而定，冬季和阴天尽量避免浇水过多。需要注意的是，夏季为各类病虫害滋生的高峰时节，晴天要保持大棚通风，避免棚内温度升高，导致基质和植株蒸发的水分在棚内积累，温湿度变化过大，病害容易发生。若氮肥过多，叶组织柔嫩易病，所以春夏之交应控制氮肥用量，以浓度稀而多次施用为宜。

非洲菊主要病害有根腐病、叶斑病、灰霉病等。大部分是由基质所带的病原菌引起，可通过整地时对栽培基质消毒、避免连作、浅植、降低空气湿度、定期喷施杀菌剂和严格栽培管理技术等措施进行预防。非洲菊的虫害主要为白粉虱、蚜线螨、甜菜叶蛾、蚜虫、潜叶蝇等。一旦发生病虫害应及时清理病虫害危害的叶片或花朵，严重时整株拔除，并将清理物及时带离大棚，同时喷施化学药剂进行防治。为提高防治效果，延缓抗药性产生，农药要轮换使用。在喷雾防治时，应做到全面细致，以减少残留虫口。

十、切花采收和采后保鲜贮运

（一）切花采收及分级标准

1. 非洲菊切花的采收

商品切花采收的适宜时期随切花品种而异，也因季节、环境因素、市场远近和特殊消费需要而改变。过早过晚都会缩短鲜切花寿命。一般情况下，在能保证切花最优品质的前提下，宜尽早采收。

非洲菊的采收期通常以舌状花瓣刚刚开放、能看到两个环状雄蕊时为宜。非洲菊切花的分级标准适用花葶长度、成熟度等指标划分规格。以成熟度划分规格的表示方法见表 12.12。

表 12.12　非洲菊成熟度划分的表示方法

代码	描述
1	舌状花瓣未完全展开，管状花未充分开放，花粉管未伸出。在此阶段采收，成熟度太低，切花不易开放或开放不好，为不适宜采收阶段
2	舌状花瓣展开，花粉管未伸出。适宜夏秋季远距离运输销售
3	舌状花瓣充分展开，最外围花粉管伸出且散落出花粉。适宜冬春季远距离运输销售
4	舌状花瓣充分展开，2～3 层花粉管散落出花粉。适宜冬季国内市场销售
5	舌状花瓣充分展开，大部分花粉管伸出且散落出花粉。此阶段采收，成熟度过高，不适宜远距离运输销售，但可在当地市场销售

采收通常在清晨或傍晚进行，此时植株挺拔，花茎直立，含水量高，瓶插寿命长。采摘时应用手抓住花茎中下部来回旋折或向外方向拉瓣，可从花葶基部与植株短缩茎节处折断。采收操作时注意不要将花梗折断，采切花葶不带叶片；携带病菌的花枝要及时剔除，避免从花圃带出的病菌在采后流通过程中蔓延，使切花失去商品价值。

2. 非洲菊切花的分级标准

非洲菊切花按照长度、成熟度、花径等指标进行分级。切花非洲菊的分级可以参照表 12.13 所示的标准进行，同时根据销售市场要求，参照相关标准进行调整。

表 12.13　　非洲菊切花质量等级划分标准

特征	一级品	二级品	三级品
花色	花色纯正、鲜艳、具光泽，无褪色；花形完整，外层舌状花瓣整齐，平展	花色纯正、鲜艳；花形完整，外层花瓣整齐，较平展	花色一般，略有褪色；花形完整，5%的舌状花瓣分布不整齐
花葶	挺直、强健，有韧性，粗细均匀；长度大于等于60cm	挺直，粗细较均匀；长度为50～59cm	弯曲，较细软，粗细不均衡；长度为40～49cm
采收时期	外围花朵散出花粉		
装箱容量	每10支捆为一扎，每扎中切花最长与最短的差别不超过1cm		

(二) 切花的采后生理和保鲜

非洲菊切花因为花枝空心、木质化程度低，采后贮运和瓶插过程中易出现花头下垂、花茎弯曲现象，此外，非洲菊切花无叶片保留，瓶插过程中本身不能进行光合作用。因此，提供适宜的营养物质、维持疏导组织的畅通、保持水分的供应成为非洲菊切花采后生理的研究重点。

1. 非洲菊切花的采后生理

切花采后生理主要涉及呼吸作用、水分代谢、乙烯代谢等过程。非洲菊切花茎秆中空，对脱水较为敏感；切花瓶插时，导管容易受细菌侵染而堵塞，采后贮运和瓶插过程中会出现花头下垂、花茎弯曲现象(通常称弯茎)，这对非洲菊切花的观赏价值有很大的影响。

非洲菊失去观赏价值的情况主要有以下几种：①在瓶插过程中插入水中的花葶基部腐烂，花瓣出现萎蔫，花茎出现软化。②花葶基部没有腐烂现象，但是导管中细菌繁殖，引起导管堵塞、花葶吸水困难，导致花瓣萎蔫、花茎软化等。③管状花花药发生霉变、舌状花出现斑点，进一步扩大到整朵花腐烂。

2. 非洲菊采后保鲜技术

非洲菊采切后不能缺水，应在第一时间内插入水或保鲜剂中进行预处理，防止萎蔫弯头。

保鲜剂对鲜切花的保鲜作用主要表现为：抑制微生物的繁殖，补充养分，抑制乙烯的产生和释放，抑制切花体内水解酶、蛋白酶等的活性，防止花茎的生理堵塞，减少蒸腾失水，提高水的表面活力等。因此，一般保鲜剂的主要成分有三类：提供营养物质的糖类、抑制微生物繁殖的杀菌剂以及乙烯拮抗剂等。

(1)营养物质。切花脱离母体后，其营养物质供应的途径被切断，而外源糖可以补充切花的养分需求、促进切花开放、延迟切花萎蔫、增大花径、使花色鲜艳，同时能够抑制乙烯产物生成。蔗糖在切花瓶插液中的应用最为广泛，非洲菊切花瓶插液中采用的蔗糖浓度多为2%～5%，但也会采用10%蔗糖浓度。0.5%壳聚糖对非洲菊具有较好的保鲜效果。

(2)杀菌剂。8-羟基喹啉硫酸盐(8-HQS)或 8-羟基喹啉碳酸盐(8-HQC)是非洲菊切花瓶插液中常用的一种广谱性杀菌剂，其浓度一般为200mg/L。其他杀菌剂如次氯酸钠、水杨酸、二氧化氯(ClO_2)、正二氯异氰尿酸钠也与8-HQS有着相同的杀菌作用。一些无毒、低价的抗生素也被应用到非洲菊切花保鲜中，如四环素以及高浓度的链霉素、利福平等能有效抑制细菌的繁殖，促进切花吸水，增大花枝鲜重和花径，因此能显著延长非洲菊切花寿命。

（3）乙烯拮抗剂。乙烯拮抗剂（如 $AgNO_3$）除了能抑制乙烯产生外，还对防止非洲菊切花的折梗、茎秆过早腐烂有显著效果。此外，1-甲基环丙烯（1-MCP）等新型乙烯拮抗剂也广泛应用于非洲菊保鲜中，在非洲菊切花生产中可采用 $100\sim200$ nL/L 的 1-MCP 进行预处理。

（4）保鲜剂示例。非洲菊切花的花梗较细弱，容易发生折梗现象。为此，可在瓶插前用 1000mg/L $AgNO_3$ 或 60mg/L NaClO 预处理 10min；另外，也可用 7%蔗糖+200mg/L 8-HQC+25mg/L $AgNO_3$ 溶液作为预处理液。在非洲菊瓶插过程中，若加入 20mg/L $AgNO_3$+150mg/L 柠檬酸+50mg/L $Na_2HPO_4\cdot2H_2O$ 或 30g/L 蔗糖+200mg/L 8-HQS+150mg/L 柠檬酸+75mg/L $K_2HPO_4\cdot2H_2O$ 等瓶插液，可延长瓶插寿命。

（三）包装和贮运

1. 包装

目前，非洲菊的包装方式主要分为两种：内置纸盒包装和非内置纸盒包装（图12.34、图12.35）。

图12.34　荷兰非洲菊带水采收包装

内置纸盒包装能有效降低运输过程中对非洲菊花瓣的伤害，常用于非洲菊出口产品的包装。采用内置纸盒包装时，每盒10支或20支。

图 12.35　荷兰非洲菊纸盒包装方式

非内置纸盒包装常见于国内市场。采用非内置纸盒包装时，每朵花的花头用锥形塑料袋套袋，依品种、品质、长度等级捆绑成把，每把 10 支或 20 支，基部以绳索或橡皮筋绑紧，每把花束于基部切齐；各层切花以反方向堆在箱中，花朵朝上，花朵离箱缘 8cm；装箱后，中间需以绳子或打包带捆绑固定；封箱时需以胶布粘牢，纸箱两侧需打孔，两侧打孔处宜距箱口 8cm，以便搬运。包装上的标志必须注明切花种类、品种名、花色、级别、花茎长度、装箱容量、生产单位、采切时间等。

2. 贮运

切花的贮藏和运输是调节供需和异地交易的重要途径。非洲菊在包装贮运前可以采用含糖的溶液或保鲜剂进行预处理，并在包装贮运前进行预冷，以除去田间热和呼吸热，减少运输中的腐烂和凋萎。

低温冷藏是鲜切花保鲜贮藏中最常用的一种方法，适宜的低温可以降低呼吸强度，抑制微生物的生长，延缓切花衰老进程，从而延长切花寿命。非洲菊切花贮藏条件要求严格，一般温度为 2～4℃，相对湿度为 90%，湿藏一般可保存 4～6 天，干藏只能保存 2～3 天。

非洲菊运输温度要求在 2～8℃，空气相对湿度保持在 85%～95%。近距离运输可以采用湿运（即将切花的茎基用湿棉球包扎或直接浸入盛有水或保鲜液的桶内）；远距离运输可以采用薄膜保湿包装。非洲菊运到目的地后，花梗基部变干，可以用干净的小刀斜切一小段花梗，再浸入干净的保鲜液中，如果没有保鲜液，也可以使用低浓度的氯化物（如氯化钾）溶液。

参 考 文 献

陈晓刚，陈忻，梁结玲，2007. 优化壳聚糖保鲜液对非洲菊切花保鲜的影响[J]. 食品科学，28(10)：545-548.

单芹丽，曹桦，赵培飞，等，2017. 非洲菊新品种'红袍'[J]. 园艺学报，44（3）：607-608.

单芹丽，杨春梅，李绅崇，等，2014. 基质和植物生长调节剂对非洲菊生根的影响[J]. 西南农业学报，27（1）：307-310.

高艳明，李建设，李晓娟，2006. 非洲菊花托组织培养的研究[J]. 西北农业学报，15（4）：200-202.

何家涛，2005. 非洲菊花托离体繁殖的研究[J]. 西北农业学报，14（6）：109-111，118.

胡松华，2004. 年宵花卉栽培与选购实用指南[M]. 北京：中国林业出版社.

金波，1998. 鲜切花栽培技术手册[M]. 北京：中国农业大学出版社.

李绅崇，2015. 切花非洲菊生产技术规程（上）[J]. 中国花卉报（5）：1-3.

李芸瑛，巫燕娜，黄胜琴，2006. 烯效唑（S-3307）对非洲菊切花保鲜的影响[J]. 热带亚热带植物学报，14（4）：340-344.

刘延江，2006. 园林观赏花卉[M]. 沈阳：辽宁科学技术出版社.

龙雅宜，1994. 切花生产技术[M]. 北京：金盾出版社.

鲁雪华，林勇，郭文杰，1996. 非洲菊小花托的离体培养[J]. 亚热带植物通讯（2）：21-24.

乔永旭，2013. 非洲菊切花保鲜的研究[J]. 江苏农业科学，41（9）：258-259，273.

裘文达，严成其，倪建钢，等，2004. 非洲菊栽培技术[M]. 北京：中国林业出版社.

任永波，陈开陆，王志民，2006. 百合·非洲菊栽培技术[M]. 成都：四川科学技术出版社.

王春彦，高年春，张效平，等，2003. 非洲菊幼花离体培养研究[J]. 江苏农业科学，31（1）：47-49.

王蒂，2004. 植物组织培养[M]. 北京：中国农业出版社.

王国良，吴竹华，汤庚国，等，2001. 根际加温对无土栽培非洲菊冬季产花的影响[J]. 园艺学报，28（2）：144-148.

王红梅，2000. 非洲菊的组培快繁技术研究[J]. 甘肃农业科技，31（10）：42-43.

王家福，2006. 花卉组织培养与快繁技术[J]. 北京：中国林业出版社.

王荣华，赵警卫，2009. 非洲菊切花采后生理及保鲜技术研究进展[J]. 安徽农业科学，37（31）：15398-15400，15404.

韦三立，2001. 花卉组织培养[M]. 北京：中国林业出版社.

文素珍，任敬民，伍健威，2010. 保鲜剂对非洲菊切花保鲜影响的研究[J]. 佛山科学技术学院学报（自然科学版），28（2）：85-89.

吴岚芳，黄绵佳，蔡世英，2003. 非洲菊切花活性氧代谢的研究[J]. 园艺学报，30（1）：69-73.

吴丽芳，李绅崇，杨春梅，等，2009. 非洲菊新品种高效繁殖和生产技术研究[J]. 江西农业学报，21（8）：84-85，90.

幸宏伟，秦华，2005. 保鲜剂对瓶插非洲菊切花的生理影响[J]. 西南农业大学学报（自然科学版），27（2）：244-247.

杨博，曹秀婷，王政，等，2012. 昼夜温差对非洲菊试管苗生长的影响[J]. 西北林学院学报，27（2）：88-92.

于有国，张军和，2011. 非洲菊特征特性及其鲜切花温室栽培技术[J]. 现代农业科技（11）：218-219.

张安文，高贵珍，闫启云，等，2007. 非洲菊科研究进展[J]. 安徽农业科学，35（17）：5157-5158，5203.

张献龙，唐克轩，2004. 植物生物技术[M]. 北京：科学出版社.

赵敏，陈翠果，梁伟玲，等，2016. 环保型保鲜剂对非洲菊切花生理特性的影响[J]. 江苏农业科学，44（2）：335-337.

郑秀芳，李名扬，2001. 非洲菊花托培养和植株再生[J]. 西南农业大学学报，23（2）：171-173.

郑秀芳，王桔红，李名扬，2002. 影响非洲菊离体培养器官分化的因素[J]. 江苏林业科技，29（1）：29-31.

Hansen H V, 1985. A taxonomic revision of thegenus Gerbera（Compositae, Mutisieae）sections Gerbera, Parva, Piloselloides（in Africa）, and Lasiopus[J]. Opera Bot, 78: 5-36.

Mercurio G, 2002. Gerbera Cultivation in Greenhouse[M]. Benevento: Sannioprint.

Tesi R, 1977. Effect of soil heating and spacing on Gerbera flowering[J]. Acta Horticulturae（68）: 115-120.

第十三章 盆栽菊花

一、种类与品种

盆栽菊花按栽培形式分为多头菊、独本菊、大立菊、悬崖菊、艺菊、案头菊等栽培类型；按花瓣的外观形态分为园抱、退抱、反抱、露心抱、飞午抱等栽培类型。不同类型的菊花又有各种各样的名称。一般用于盆花生产的菊花品种要求长势稍弱，过强的长势不利于后期控制株型。

二、生长习性

盆栽菊花的适应性很强，喜凉，较耐寒，生长适温为18~25℃，喜光照，也稍耐阴，较耐旱，忌积涝，喜地势高、土层深厚、富含腐殖质、疏松肥沃、排水良好的壤土。在微酸性到中性的土中都能生长。

三、栽培系统

(一)保护栽培的材料和设施

1. 塑料温室

与玻璃温室相比较，塑料温室的透光率要低一些，并且气候的控制比较困难，在光照度高的暖热地区，采用塑料结构是适宜的，在现代温室中，通风的可能性有多种，塑料在使用3~5年之后，由于透光率及强度变差，造成环境恶化，必须定期更换。

2. 玻璃温室

玻璃具有非常高的透光性，玻璃温室特别适合温暖与寒冷的条件。在玻璃温室中栽培盆栽菊，其气候及环境因素容易控制，且操作方便，所生产的产品质量非常好，缺点是投资高。

(二)加热系统

1. 热风器

"直接式"热风器是低成本的温室加热器之一，用煤油、丙烷或天然气作燃料。一架庞大的风扇从温室中抽取空气到燃烧室，然后返入温室。

在购置加热器时，要结合温室的体积甚至热空气的分布对热风器的型号及制造厂商进行严格的筛选。

2. 热空气加热器

间接式热空气加热器有一间密封的燃烧室，使得燃气与热空气分离，并将热空气喷进温室，一般来说，它所产生的热空气的数量高于直接式热风器。热空气通过装在加热器上的可以调节的网栅，或者通过分布于温室的用打孔的聚乙烯制造的送风袋送进温室。热风器的数量要根据温室体积以及每台热风器所能控制的范围进行精确计算后才能确定。

3. 管道式加热

上述加热方式所存在的问题可以用中央加热系统克服，该系统利用锅炉将水加热，然后通过温室内的管道系统进行循环，将热量送达室内。通过安装在温室内不同部位的输热管，可以将热量均匀地分散到整座温室，效果很好。热水加热系统中产生的热转换的阻塞，可以通过计算机控制系统克服。

4. 移动式(辅助式)管道加热

移动式(辅助式)管道加热系统被广大盆栽菊种植者所采用。在这一系统中，加热管道与支撑网架连接在一起，也有将其与二氧化碳发生器的管道连在一起悬挂在温室的屋顶，其高度可以进行调节。各种加热系统各具优缺点，但最重要的是满足植物对热量的要求。该种加热方式的另一优点是支撑网的提升不再由手工操作，缺点是费用较高。

(三)降温系统

最简单的降温方式就是打开温室的天窗，但是在很多情况下，仅靠这种方式是不够的，安装电动风扇可以从温室外吸入凉爽的空气而降低温室内的温度，这是十分必要的。

通过调节风扇的速度可以调整风扇的进风量，为了提高降温的效果，可以在风扇的后面安装水帘，该装置在降温的同时，还可以保持温室内空气的湿度。过量的热量可以通过安装在与风扇相对方向的百叶窗排出。这种降温方式称为水帘-风扇系统，在室外温度通常高于温室内所容许的最高温度的地区，常采用这种降温方式。但室外的相对湿度不应高于70%，因为在这种情况下降温的效果很差。

(四)补光系统

为了进行长日照处理，当每天的夜间时间超过8h时，就应该进行补光。

通常采用150W的白炽灯进行补光，每9m^{2}安装一盏，在正常情况下，如果此灯安装在地面以上2.5～3.0m处，在盆栽菊的冠层处测定，这样一盏灯所射出的光照度约为70lx。安装灯具时，必须注意苗床的两端受光是否充分、光线是否被其他物体如加热和灌溉管道等遮挡。此外，非常重要的是应该定期清洗灯具。周期性补光一般每半小时为一周期。在一些温室中，在营养生长阶段安装高压钠灯来进行补光，特别是在冬季的中期。为了缩短营养生长期和增强植株的体质，常采用这种方法，即每12～15m^{2}安装一盏600W的高压钠灯。

（五）遮光及保温

1. 遮光处理

遮光设备的安装与否，取决于温室所处的纬度。从栽培方面来考虑，必须对遮光材料进行选择。

黑色塑料膜下的温度在阳光充沛的地区会明显增高。盆栽菊花栽培所需的各种遮光材料发展得很快，其质量越来越好，价格也越来越昂贵。其中最好的一种材料是铝箔，用作外遮光；而最好的内遮光材料是一种黑色的纺织物，它以波浪的方式张开或收闭，这种材料既有隔绝屋顶光线的功能，又能让水汽透过，起到降温和遮光的作用。对于温室气候控制来说，遮光设备或遮光帘只是作为光的调控所用，它们可以起短日照的作用；黑色塑料帘的透气性与透水性很差，并且塑料会吸收光能而引起温度升高，这种热量会辐射到下部的作物上，使得遮光帘下的气温升高到作物所不能承受。同一温室中倘若新栽插的植株紧靠在老的植株旁边，在遮光处理下，新老两种植株同时处在遮光帘下，在两茬作物之间应该悬挂可移动的垂直帘将其隔开，在遮光帘关闭之后，应对新种的植株补充照光，开始时为 3h。

2. 遮光

除了遮光帘之外，还有一种保温帘用来防止温室中热量的散失。保温帘可以节约大量的能量，特别是在一年中较冷的季节的夜晚。将保温帘作为遮光帘来使用，其效果不好，因为它并不具备隔断光线穿透的能力；而遮光帘虽然作为节能方式特别有效，但其效果不如保温帘，当然，在白天，遮光帘不能以节能目的使用。帘的开启与关闭应采用机械控制或自动控制。

在温暖、阳光充沛的天气，对刚种植的插穗，有时也用遮光帘来减轻阳光辐射，在采收切花时，为了保护刚采摘的鲜花和改善工人的操作环境，可以关闭部分遮光帘。但应注意不要过度。在用遮光帘对作物进行遮光时，作物所接受的阳光较少，若持续时间较长，则会有所反应，即生长趋缓。遮光帘在打开时所覆盖的面积常常大于收花或新种植的插穗的面积，在注意遮光影响作物生长的同时，还应注意这样做对于花色的影响。如红色、淡紫色、紫色等色彩强烈的花，当植株产生过量的糖分时，花色会变得更深，糖分可以转化成色素。因此，高光照与较低的温度是比较理想的。为了保持白边品种的双色特征，需要白天光照较弱而晚间保持较高的温度。

四、基质配制

一般草炭、椰糠、珍珠岩均可作为基质材料。常用材料为 65%草炭+35%珍珠岩或 100%的椰糠。也可选用进口泥炭和珍珠岩或水洗椰糠进行混合，比例为 80%的进口泥炭+20%的珍珠岩或水洗过的低盐分椰糠。对于没有大棚等设施的生产，应因地制宜地选用当地的园土。为避免连作障碍，可在园土中加入适量的秸秆等。基质详见图 13.1，基质扦插见图 13.2。

图 13.1　无土栽培基质

图 13.2　基质扦插

五、花盆选用

花盆根据品种和种植要求合理选择，保证整个生育期能正常生长。独头菊选用3～5寸（1寸≈3.33厘米）口径的塑胶或陶制花盆；一盆多花和并盆种植的可用5～7寸的花盆。将混合好的基质装入花盆内，要求装平花盆口，排放整齐，种植前先浇透水待用。

六、营养液配制

盆栽菊母本肥料配方详见表13.1，盆栽菊肥料配方详见表13.2，肥料通用名详见表13.3。

表 13.1　盆栽菊母本肥料配方

液肥配方	母本专用				
	(A)液	加水 700kg		(B)液	加水 700kg
Ca+NH4NO₃		12.7kg	KNO₃		38.6kg
注：CaNO₃+14·NH₄NO₃			KH₂PO₄		12.2kg
Ca(NO₃)₂·4H₂O		10.0kg	MgSO₄·7H₂O		3.3kg
Fe·EDTA(13%)		1.3kg	Mg(NO₃)₂·6H₂O		33.3kg
Na₂MoO₄·2H₂O		0.009kg	MnSO₄·H₂O		0.19kg
			H₃BO₃		0.14kg
			CuSO₄·5H₂O		0.02kg
			ZnSO₄·7H₂O		0.03kg
稀释浓度	EC：1.6				

表 13.2　盆栽菊肥料配方

液肥配方	盆栽专用			
	(A)液		(B)液	
Ca+NH4NO₃	1kg	KNO₃		30kg
注：CaNO₃+14·NH₄NO₃		KH₂PO₄		9kg
Ca(NO₃)₂·4H₂O	37kg	Mg(NO₃)₂·6H₂O		16kg
Fe·EDTA(13%)	1.4kg	MnSO₄·H₂O		0.188kg
Na₂MoO₄·2H₂O	0.009kg	H₃BO₃		0.144kg
		CuSO₄·5H₂O		0.025kg
		ZnSO₄·7H₂O		0.028kg
稀释浓度	EC：2.5			

表 13.3　肥料通用名

化学式	名称
$Ca+NH_4NO_3$（注：$CaNO_3+14 \cdot NH_4NO_3$）	硝酸铵钙
$Ca(NO_3)_2 \cdot 4H_2O$	硝酸钙
$Fe \cdot EDTA(13\%)$	螯合铁
$Na_2MoO_4 \cdot 2H_2O$	钼酸钠
KNO_3	硝酸钾
KH_2PO_4	磷酸二氢钾
$MgSO_4 \cdot 7H_2O$	七水硫酸镁
$Mg(NO_3)_2 \cdot 6H_2O$	硝酸镁
$MnSO_4 \cdot H_2O$	硫酸锰
H_3BO_3	硼酸
$CuSO_4 \cdot 5H_2O$	硫酸铜
$ZnSO_4 \cdot 7H_2O$	硫酸锌

七、剪条扦插

（1）扦插苗床。要选择地势高燥、排水良好、通风透光、水源方便的地方，可砖砌或用木板做成。栽培基质可用草炭、珍珠岩。苗床和基质必须进行消毒，用高锰酸钾 4000 倍液将基质和苗床浸润半小时后，再用清水冲洗一次即可，每次扦插前都要进行消毒。苗床上面要安装喷雾头。

（2）扦插时间。4～5 月。

（3）插穗处理。大部分种苗公司都已蘸过生根粉，可以直接扦插在盆土中，如未做生根剂处理的需用吲哚丁酸进行浸泡处理，一般 3～5min 即可（提前一天进行浸泡，浸泡后放置冷库中备用）。插穗见图 13.3。

图 13.3　盆栽菊插穗

（4）扦插方法。插穗长 5cm 左右，并有 3～4 个节间，剪口位于节下，用利刀将伤口削平，剪去下部 1～2 片叶。再将插穗插入 1/3 左右，插后用手指轻压基部，使土壤与插穗密切结合，用喷壶浇足水。4～5 月扦插的苗 25 天左右生根，6～8 月扦插的苗 15 天左右生根，每盆中扦插 3 棵，扦插后需及时浇透水，第二天早晨再浇一遍水。用 1.5 丝的地膜覆盖整个苗床，四周压严实，不要漏风，高温季晴天需要遮阴，以免菊苗灼伤（图 13.4），根长到 2～3cm 时要及时出床上盆。苗扦插后一般在 7～10 天后生根，当大部分根系长到 1.5cm 左右时可以揭开地膜，然后浇一遍水，第二天上午可以摘心，一般留 4～5 片叶即可，摘心后喷杀菌剂，以防伤口感染，EC 值控制在 0.8～1.2mS/cm。以后每隔 5～7 天浇一遍肥，肥料浓度逐渐增加。

图 13.4　无土栽培覆膜

(5)光照控制。扦插后当日照时间小于 14h 时需要补光，照度为 60lx，直到营养生长结束。当侧枝长到 8cm 左右时可以考虑停灯。

八、栽培管理

(一)苗期管理

(1)温度。生长适温为 16～28℃。盆栽菊花生长的夜间温度应保持在 17～18℃；若低于 14～15℃，开花时所产生的问题就会有所增加，如花的形成推迟，大多数对温度敏感的品种，还会发生二次营养生长及叶丛生的现象。

(2)湿度。最合适的相对湿度是 75%～85%。相对湿度的最佳水平为 80%左右，过高或过低都会对作物的生长起抑制作用。

(3)光照。苗期应保持在营养生长的环境中，当自然光照每天短于 16h 时，应该在夜间利用人工光照补光或间断补光。通常每天补光 4～6h。最佳光照度为 40000～60000lx。

(4)浇水。定植后不能缺水，生根后可轻度缺水，使植株稍致木质化，控制生长，使后期花形更整齐，但不能过于缺水，否则会使株型矮化，提前开花。小规模生产可采用人工浇水，规模稍大时可采用潮汐式灌溉。不建议用喷淋方式浇水，尤其是在后期。

(5)施肥。苗期一般不需要施肥，只对长势株施用少量速效化肥，促其长出新叶，如有的品种根芽出土缓慢，可酌施氮肥，促其早日生出健壮的根芽。

(二)采收插穗

1. 采收方法

母本植株在栽植 10～14 天后，此时它的根系已发育良好，且长有 5～6 片叶片时应摘除顶心。如果生长条件合适，摘除顶心的时间可以更早些，摘除顶心的时间越早，侧芽出生得越一致；在生长良好的情况下，每星期可以采收两次插穗。插穗的长度应该相对一致，可采用一种专门设计的小刀，采收上部插穗时，将刀片开口的一面对着生长点的一侧，用手指压住刀片进行采摘，而下部的插穗可借助手腕的力量将其轻轻分开。在摘除插穗后，主茎上至少要保留 2 片叶片，盆栽菊没有生成不定芽的能力，侧芽由叶柄发育而成，因此，母本植株存在因采摘或修剪过度而死亡的危险。在某种情况下，不定芽(所谓枝条)可以在埋在土壤中的主茎部位产生，近根部位生成的插穗不应采用。

2. 采收频率

采收频率对插穗的一致性(如长度、茎粗、生物量)有好处，还可以促进插穗在栽插后的生长与发育；当采收频率过低时，从生长较高的主茎上采收的插穗叶片较多，在这种情况下，花芽分化提早的概率较高。有规则地进行采收可以提高产量并增加繁殖系数，同时可以改善母本植株的生产性能。这种采收方法便于安排劳力，并且有规则采收的插穗比较新鲜。每星期采收 2～3 次，对某些品种来说尤为重要，应特别注意。长势旺盛的植株在打头后会很快得到恢复。为了防止操作通道被挤塞，应及时提升支撑网，并将通道内的侧枝剪去。

3. 分级

对插穗进行分级是没有必要的，在采收频繁、及时的情况下，插穗是足够均匀的，然而在某些情况下，必须对插穗进行分级，一般根据茎的粗细及长短进行划分(叶面积也是划分的标准之一)。

4. 采收期

在插穗质量不减退的前提下，从母本株上采收插穗的时间最多为 14～16 周，超过 16 周，插穗的生根可能发生问题，花芽的分化也可能提前。母本植株在正式采收插穗之前要有 4～5 周的土壤准备期，以提供母本株的定植、摘心，此后开始采收插穗，这就意味着为了保持插穗采收的持续性，下一茬母本株在上一茬母本株采收结束前的 5 周就应该进行定植。当然这仅仅是对那些不打算购买生根苗的生产者而言。

插穗在采收之后，应立即用吲哚乙酸生根粉进行处理。在插穗被放进塑料袋之前，在插穗基部 1.0～1.5cm 处蘸上生根粉，也可以在将插穗栽插到催根基质之前立即蘸上生根粉。

5. 包装

通常将每 25～50 株插穗装入一个塑料袋，然后依次装入纸盒、箱子或其他包装容器中。在温度为 2～4℃时，大部分品种的插穗以这种包装方式可以保存 15～20 天。保存时间还受到品种特性、栽植季节和其他一些因素的影响。

(三)成品期管理

1. 温度

适宜的夜间温度为 16～20℃，日温为 22～25℃。一般情况下盆栽菊花在 15～30℃都可以正常生长。温度会影响盆栽菊花的生长和花芽分化。白天的温度会影响植株的伸长，而夜间的温度则影响花芽分化的数量。开花的时间取决于环境的平均温度，即白天温度与夜间温度的平均数。在营养生长阶段，平均温度较低，则植株更为紧凑且生长不良；夜间温度对花芽的发育有着显著影响，25℃ 以上的高温会抑制花芽的生成并推迟开花期，低于 15℃ 的低温也会产生同样的影响。夜间温度较低所带来的影响是过度的营养生长，植株较高，由于反应较慢而开花推迟，花梗较长，植株较为健壮，花色比较浓郁。

2. 湿度

最合适的相对湿度为 75%～85%。倘若相对湿度降到 60% 以下，即使时间不长，也会增加应力的危险，由于环境中相对湿度较低所引起的植物过高的蒸腾作用，会对植物造成伤害，如叶片灼伤、幼小叶片发育不良。相对湿度过高也有害，长时间保持较高的相对湿度(90%～95%)，真菌与细菌侵染危害的可能性增加。湿度较高时，可以用通风结合加热的方法来降低湿度水平。

3. 光照

盆栽菊花是短日照植物,但盆栽菊花在整个生育时期中,有长日照时期与短日照时期。依品种不同,一般在 6～8 片叶时即可停灯,使其进入花芽分化期。一般营养生长时间要短于切花生产 15～25 天。

(1)长日照阶段。插穗定植后,植株开始进入营养生长阶段,在此期间,需要长日照,每天的日照时数不得低于 16h,可以是自然光照,也可以是人工补光。

(2)短日照阶段。为了使盆栽菊花的花芽分化良好,一天至少要保持 13h 的无光时间。

4. 肥水

盆栽菊花需肥量远小于切花菊花,定植后 7～10 天可薄施液肥,用复合肥液淋施;以后每 7～10 天施肥一次。前期以氮肥为主结合磷钾肥,后期以磷钾肥为主,中间适当使用硝酸钙、硫酸镁即可,注意每次施肥后用清水洗净叶片,防止得病。

5. 株型控制

生长调节剂的使用对植物来说有着极强的阶段性,在不同的阶段使用会有不同的结果。如使用太早,某些品种的叶片会受影响,以后会影响植物的发育,主茎下部叶片丛生,而对小气候产生不良的影响;相反,使用时间过晚,会对花色起负面的作用。

生长调节剂的使用已成为现代盆栽菊花栽培技术的一个组成部分,这一措施对于植物生长的抑制作用特别明显。为了控制株型可以适当地喷丁酰肼 1500～2000 倍液,以后每隔 5～7 天喷一次,浓度逐渐增加。

九、病虫害防治

(一)真菌病害

真菌可以分成两种,一种是叶斑病的病原菌,另一种是组织寄生菌,后者是从植物的内部影响植物的,所以防治起来更加困难。对真菌病害的防治一般采用预防为主的办法。通过以下栽培措施可以显著减少真菌病害:一是避免长时间的空气湿度过高;二是让潮湿的作物尽快干燥,增加支撑网的高度、打去赘芽等保护性的措施应该在干燥的气候条件下进行,这样伤口能很快干燥,而在伤口暴露的情况下,真菌的孢子容易萌发。

盆栽菊的真菌病害有以下几种。

(1)黑斑病。黑斑病很容易识别,可以在近土壤表面的植株叶片或茎的表面观察到棕色或黑色的斑点。受到黑斑病影响的盆栽菊的典型症状是生长扭曲,在一边长出小花,表现在花上,发病一般是从花的基部开始,出现黑色的腐烂点,真菌在其侵染的部位产生大量孢子,很快地向潮湿的地区扩散,侵染更多的植株。现在由于加强了防治,黑斑病已成为偶发性的病害。

(2) 灰霉病。灰霉病是一种为大家熟知的常发性病害。这种真菌的孢子几乎普遍存在，潮湿的部位、作物的伤口、坏死的植株及干燥的组织都是灰霉病菌的入侵点，叶片、茎、花都可以受到侵染。受到侵染的部位常产生一种灰棕色的绒毛，灰霉病的孢子也能够直接侵染小花表现出胡椒色的症状。

(3) 霉病。这种真菌性病害会在盆栽菊花的叶片及茎上生成白色的病斑，大部分发生在植株生长不良和空气湿度水平相对较低的情况下。特别是在土壤十分干旱时，植物很快就会受到霉病菌的侵染。然而霉病并不常发生，可能是因为定期喷施防治白锈病药剂的结果。

(4) 茎腐病。这种真菌容易散布在土壤的表面，茎腐病的侵染仅限于靠近地表植株的茎部，同时，在茎的表面或在与土壤接触的叶片上出现棕黑色的褪色症状。瘦弱的植株，或者是栽植后短时间的通风不良，都有利于这种真菌病害的发生。由于土培带根苗的引入，茎腐病已不再是大的问题。

(5) 锈病。盆栽菊花可被两种不同种的锈病所侵染，即白锈病及普通锈病(棕锈病)。后者的真菌会在叶面上产生棕色的孢子而形成脓包，这种锈病比较容易控制并且不容易发生。而白锈病的防治比棕锈病困难得多，白锈病的症状是在叶片上部边缘出现枯绿色的下陷的斑点，之后发展为灰色到枯棕色。盆栽菊花的新叶特别容易受锈病的感染。白锈病的病斑与灰霉病不同，它的孢子不常存在，无须通过受创的伤口渗透到叶片中，只要孢子萌发的条件(主要是水分)成熟，孢子或菌丝就能穿透叶表进入叶组织中。白锈病的最终解决办法是培育出大量的抗白锈病的品种。

(6) 叶斑病。叶斑病的症状是在叶片上出现棕色、略显圆形、直径为 0.5～2.0cm 的斑点，它特别容易发生在发育完整的叶片上。在湿度高的情况下，病害会迅速扩展。叶斑病侵染的危险在于其限制了防治白锈病方法的采用。

(7) 枯萎病。根腐病菌是从带菌的土壤侵入植株的，这种侵染也可以通过带病母株上所采摘的插穗而扩展。不良的土壤结构会促进病害的扩展；受到侵染的母株常常会在作物的最后阶段开始萎蔫。最初，较下部的叶片边缘发黄，之后完全死去。受到侵染的植株其萎蔫只发生于植株的一半，在此情况下，茎的一部分组织呈现出枯棕色的褪绿症状。

(8) 维管束病。在盆栽菊中，一些维管束病害的生理小种是大家熟悉的，其维管束病与枯萎病的症状非常相似，植株萎蔫一边的叶片，从底部向上颜色转成黄色到枯棕色，生长受到抑制。与枯萎的不同点首先是维管束的颜色为棕色，这是维管束病最重要的症状；其次是维管束病的症状大部分在早期可以观察到。不同的品种对维管束的敏感性存在着很大的差异。对维管束病的病原真菌进行防治十分困难，最好的办法是进行土壤蒸汽消毒。

(9) 根腐病。灌溉不当加上不良的土壤结构是根腐病发生的基本原因。在某些时候，这两种因素会造成土壤中水、气平衡的失调。土壤中杀虫剂的存在是根腐病侵染的另一个原因，由于杀虫剂伤害根系，根腐病菌可以通过伤口进入根系或者侵染根尖，再由根进入茎部。在植物生长的最初几个星期以及短日照时期的第一阶段，该真菌主要出现在上部。根腐病的特点是根系发育不良，根的表皮很容易剥去。根系发育不良最终导致植物生长受阻。

根腐病菌通常存活在结构不良，水表波动较大，且不经常消毒的土壤中，受害的植株最初在下部的叶片枯萎，出现黄色斑点，以后逐渐向上部的叶片扩展。叶片的颜色呈暗色或带有淡蓝色，有时叶脉呈黄色。根上出现淡红色到棕色的斑点，最终根系和茎的基部变成黑棕色，茎部木质化。

（二）病毒病

对盆栽菊来说，烟草病毒病的症状表现在叶片上和花上。在叶片上形成淡绿色的圆环，在小花上则产生淡色的斑点，有时会形成畸形花，该病毒可以由蚜虫传播。在周年栽培中，这种病毒较少发生。

（三）细菌性病害

（1）细菌性茎腐病。这种病害会在茎的外皮生成光滑的、红棕色的条纹，在后期转变成黑色，最终茎秆全部变成黑色，因此，该病害又称为"假的黑茎病"。受到该病菌侵染的植株的叶片经由叶柄而受到影响，最终发展成红棕色的枯斑。受害植株的茎部，细菌分泌出红棕色的黏液，最后黏液变干形成颗粒状的毛状物。细菌的侵染通常发生在植物的生殖生长阶段，即开花阶段。为了避开其侵染，应尽可能避免空气湿度过高与土壤温度过高的叠加。

（2）细菌性萎蔫病。细菌性萎蔫病通常发生在茎的基部或中部，它在该部位生成长长的水渍状病斑，最终变成黑色或棕黑色。茎的内部表现出棕色的褪色症状，在严重的情况下，植株会整株萎蔫，受害地区的植株出现整片倒伏。对于这种病害的防治，应注意气候条件的控制，避免温度和湿度过高，以及植株过于瘦弱。

（3）冠瘿病。该病害可以从植物根部所形成的菌瘤识别，也会发生在植物的叶片上或茎部，一般会在打边心时摘去。在气候温暖的地方要特别注意对冠瘿病的防治。

（四）害虫和寄生虫

盆栽菊花可被许多种昆虫和寄生虫所侵害，在温室和温室土壤中，确保前茬作物没有寄生虫的残留是最重要的。在温室准备种植新的作物之前，应将老的作物残茬和杂草全部清除，必要时，在缺乏蒸汽消毒的条件下，应用杀虫剂对土壤进行处理。

（1）叶线虫。叶线虫的危害近年来仅有零星发生，通常是采用已受到侵害插穗的结果。叶线虫的侵害可以从叶片上出现黄棕色、形状不规则的斑点而加以识别。侵害的部位可以通过叶脉而扩展。叶线虫在周年栽培的情况下并不难防治。

（2）根线虫。根线虫会在盆栽菊花、烟草和黄瓜的根上生成菌瘤，由于自生线虫的侵害造成根系腐烂，近年来有发展的趋势。一旦受到线虫的侵害，根上会出现卵形、直径为1mm 左右的红棕色斑点，在斑点的中心部位略有下陷，不褪色，呈条纹状。由于根线虫对根系的伤害导致伤口成为真菌的侵入点，可以在实验室中对土壤进行检测来确定根线虫是否存在。

（3）夜盗蛾。夜盗蛾是夜蛾的幼虫，这种幼虫不活动的时候呈弯曲状，它们取食的主要部位是茎基部的下部叶片（偶尔会取食植株的上部），取食时间主要是夜间。夜盗蛾是大蚊（无腿）或者长腿双翅蚊的幼虫。它们对盆栽菊花的伤害主要在茎部。这两种昆虫的危害都与新翻耕的牧草有一定联系。

(4)蚜虫。取食盆栽菊花的蚜虫有多种，像取食辣椒属植物一样，蚜虫也喜欢取食植株的幼嫩部分，它们常常躲藏在生长点及芽孢和小花之间。蚜虫还传播烟草病毒和 B 病毒。

(5)潜叶蝇。潜叶蝇会对盆栽菊花造成严重的损伤，它们会在叶片中造成弯曲的灰白色虫道，严重降低了切花的商品价值，并且产生昂贵的防治费用及严重的出口问题。只有采用健康的植物材料，在刚开始观察到病斑或潜叶蝇的成虫迁飞时，就立即进行防治。在温室中，盆栽菊花的全生育期潜叶蝇都可以同步存在，要彻底灭除至少要连续治理 4 周，此后还要进行预防。

(6)青虫。各种青虫都会危害盆栽菊花，它们会在叶片、茎和花上取食。最为典型的是卷叶蛾及佛罗里达蛾两种。卷叶蛾是小的幼虫，当它们从叶片或茎上取食时，吐出的丝会把叶片卷在一起。近年来，对佛罗里达蛾的防治越来越普遍，而对卷叶蛾的防治十分困难。青虫的颜色为淡绿色到暗绿色，长约 1cm。它们主要的取食部位是嫩叶及嫩芽，要找到青虫的蛾子非常困难，蛾子为灰棕色，白天都躲藏起来。这种虫害在高温季节会发生得很快。

(7)蛞蝓。在缺乏定期的土壤消毒的情况下，蛞蝓所造成的危害特别严重。在盆栽菊花上发生危害的最普遍的种是小蛞蝓，其主要取食部位是叶片。

(8)红蜘蛛。盆栽菊花对红蜘蛛非常敏感。这种微小的昆虫喜欢生活在叶片背面。然而，当红蜘蛛的群体增加时可以遍布整个植株(包括在花中)，它们会在植物的不同部位之间吐丝结网。受红蜘蛛危害的盆栽菊花叶片颜色变成暗灰色。

(9)蓟马。蓟马仅仅生存在盆栽菊花侧枝的顶部，这种昆虫非常小，要找到它非常困难。蓟马主要取食植株的幼嫩部位，从而造成叶片和小花畸形，并在叶片上留下淡色的斑点。这种斑点也出现在花色为深色的品种的小花上。

参 考 文 献

毕晓颖，夏秀英，吴世新，2007. 切花菊"神马"日光温室栽培技术研究[J]. 北方园艺(7)：94-96.

崔再兴，孙文松，2010. 符合出口标准的切花菊关键栽培技术集成[J]. 辽宁农业科学(3)：98-99.

杜红梅，张效平，2002. GA3 处理对春菊花期的影响及其生物学效应[J]. 上海交通大学学报(农业科学版)，20(4)：307-311.

杜忠友，王文华，梁华强，等，2009. 贵阳地区出口切花菊栽培及管理技术[J]. 贵州农业科学，37(3)：129-130，132.

李剑，焦景才，李红卫，等，2003. 切花菊插穗生产管理技术[J]. 北方园艺(3)：50-52.

李久进，马赞留，2009. 出口切花菊设施栽培技术的应用[J]. 农业科技通讯(12)：219-220.

李新，王庆蒙，王明，2010. 切花菊大棚周年栽培技术[J]. 北方园艺(10)：78-79.

罗凤霞，周广柱，2001. 切花设施生产技术[M]. 北京：中国林业出版社.

倪月荷，汪觉先，2000. 菊花栽培与鉴赏[M]. 上海：上海科学技术出版社.

王彩侠，戴思兰，2000. 不同日长对切花秋菊生长发育的影响[M]//中国观赏园艺研究进展. 北京：中国林业出版社.

吴建设，曾惠兰，黄敏玲，等，2003. 切花菊花期控制与优质栽培技术[J]. 福建果树(4)：59-61.

吴文新，王洪铭，2001. 菊花花期调控技术的研究概况及展望[J]. 福建农业科技，32(3)：21-23.

吴小芹，吴少华，2000. 鲜切花病虫害防治技术[M]. 北京：科学技术文献出版社.

吴应祥，1991. 菊花[M]. 北京：金盾出版社.

夏宜平，2000. 切花周年生产技术[M]. 北京：中国农业出版社.

肖敏，陈清，2008. 切花菊生产中的养分管理[J]. 中国花卉园艺(20)：35-36.

徐品三，毕晓颖，安利佳，2002. 日本切花菊生产和需求现状[J]. 世界农业(10)：38-40.

Whealy C A, Nell T A, Barrett J E, et al., 1987. High temperature effects on growth and floral development of Chrysanthemum[J]. J. Am. Soc. Hortic. Sci., 112(3)：464-468.

第十四章 高 山 杜 鹃

一、杜鹃花的概况

杜鹃花是当今世界上最著名的花卉之一，是公认的名贵观赏花卉，被列入"中国十大名花"，被誉为"花中西施"。杜鹃花属（*Rhododendron* L.）是一个大属，全世界有近900种（不包括种以下的分类等级）。其分布很广，最南界是澳大利亚昆士兰州，仅有1种，北美洲有20多种，欧洲9种；主要分布在亚洲，东亚与马来西亚的种类最多（占世界总数的90%以上），是杜鹃花属的分布中心，也是杜鹃花生物多样性最富集的地区。中国除新疆和宁夏外，全国各地均有分布。据统计，我国共有杜鹃花约570种，其中特有种约420种。我国西南的横断山区和东喜马拉雅地区是杜鹃花的现代分布和分化中心，此区域分布的杜鹃花植物种类占世界总数的60%以上，仅我国云南、西藏和四川三个地区的杜鹃花植物就占世界总种类数的40%。

二、高山杜鹃的概念

高山杜鹃是丰富的杜鹃花资源中的一大类，指杜鹃花属中的常绿杜鹃亚属和杜鹃亚属中的常绿杜鹃种类，以及由这两大亚属的杜鹃花经过杂交所培育的栽培品种的总称。高山杜鹃因其硕大的花序、鲜艳的色彩、优美的花姿、漂亮的株型而深受人们的喜爱。

近年来，一些引自德国、比利时和荷兰的高山杜鹃盆花受到了国内高档盆花市场的热捧。为实现高山杜鹃盆花的国产化生产，云南、河北、江苏和山东等地的多家企事业单位都开展了高山杜鹃的品种引进及筛选、栽培技术和花期调控等国产化生产技术的研发工作。

三、高山杜鹃的主要品种

品种的更新是产业发展的灵魂，世界上杜鹃花产业发展取得较大成就的国家或地区均以当地的自然环境条件为基础，以品种引进为前提，以杂交育种为主要技术手段来培育杜鹃花的新品种。1980年以后，欧美的杜鹃花育种者每年都在推出新品种，杜鹃花是仅次于月季的木本花卉。国内种植的高山杜鹃品种基本依赖于国外引进，数量较少。

（1）*R.* 'Anah Kruschke'，中文译名安娜，耐-26℃低温，10 年生长高度为 1.8m，花为淡紫色，晚花，植株长势强健，全光照下生长好，耐热（图 14.1）。

图 14.1　*R.* 'Anah Kruschke' 花序照

（2）*R.* 'Anne Rose Whitney'，中文译名安妮，花为深玫瑰红色，可在全光照下生长，但遮阴条件下生长更好。

（3）*R.* 'Catabiensis Grandiflora'，中文译名玉兰，花为丁香色，花序饱满，非常耐寒（图 14.2）。

图 14.2　*R.* 'Catabiensis Grandiflora' 花序照

（4）*R.* 'Gomer Waterer'，中文译名古姆·瓦特，叶簇光亮而美观，花蕾微带玫瑰色，花为白色，株型美观，抗晒，耐-26℃低温。

（5）*R.* 'Lord Roberts'，中文译名主·罗伯茨，重要的杂交亲本，植株生长旺盛，叶绿且有光泽，花为深红色，易繁殖（图 14.3）。

图 14.3　*R.* 'Lord Roberts' 花序照

(6)*R.* 'Moser Maroon'，中文译名莫泽栗，树型大而密集，叶为深绿色，带光泽，花为红色，带红褐色斑点，平坦而分离的花瓣呈现出一个五角星形的效果(图 14.4)。

图 14.4　*R.* 'Moser Maroon' 花序照

(7)*R.* 'Marie Fortier'，中文译名玛丽，花为红紫色，5～6 月开花，喜阴，为耐寒杂交种(图 14.5)。

图 14.5　*R.* 'Marie Fortier' 花序照

（8）*R.* 'Red Jack'，中文译名红·杰克，株型浓密而圆润，叶片为卵形，浓绿，春末至夏初开花，花朵呈漏斗形，花为亮红色（图 14.6）。

图 14.6　*R.* 'Red Jack' 花序照

（9）*R.* 'Germania'，中文译名锦缎，耐-26℃低温，植株紧凑，10 年生长高度为 1.2m，花序圆润，花冠平展，深粉色，中央浅色，花瓣边缘褶皱（图 14.7）。

图 14.7　*R.* 'Germania' 花序照

（10）*R.* 'Roseum Elegans'，中文译名紫水晶，耐-32℃低温，10 年生长高度为 1.8m，叶深绿色而有光亮，花为粉丁香色，植株株型美观而紧凑，长势快，耐热、耐冷且耐湿（图 14.8）。

图 14.8　R.'Roseum Elegans'花序照

（11）R.'Christmas Cheer'，中文译名圣诞快乐，耐-23℃低温，10 年生长高度为 1.2m，花蕾为红色，花为桃红色，直径为 5cm，开后渐褪为淡粉色，开花极早，植株枝叶茂盛，株型好，抗晒。常作圣诞节用花（图 14.9）。

图 14.9　R'Christmas Cheer'花序照

（12）R.'Cosmopolitan'，中文译名丽都，耐-23℃低温，10 年生长高度为 1.5m，叶簇光亮而美观，花为粉红色，开后渐变为淡粉色，花瓣上有棕红色斑点（图 14.10）。

图 14.10　R.'Cosmopolitan'花序照

（13）R.'Cunnigham's White'，中文译名坎宁安之白，耐-26℃低温，10年生长高度为 1.2m，叶为深绿色，花蕾为桃红色，花为白色，花中有淡黄色眼，多花，植株株型开展，耐轻碱。

（14）R.'Jingle Bell'，中文译名门铃，矮生型品种，枝叶茂密，花始开为橙色，慢慢褪色成黄色，仅留下喉部的红色(图14.11)。

图 14.11　R.'Jingle Bell'花序照

（15）R.'Kokardia'，中文译名阔卡迪，花为锦葵紫色，具有宝石色红斑点及一个暗灰色紫斑，中晚期开花。

（16）R.'Scintillation'，中文译名粉千金，为常用杂交亲本，叶片极具特色，叶色为深绿色，蜡质，有光泽，茎秆粗壮，枝干强健，叶簇大，花序约15朵花，花色为柔和的粉红色，喉部有喇叭形的金青铜印记(图14.12)。

图 14.12　R.'Scintillation'花序照

（17）R.'Tortoisehell Orange'，中文译名玳瑁橙，花大，花色为深透明的橙色，植株直立，叶细长(图14.13)。

图 14.13　*R.*'Tortoisehell Orange'花序照

(18)*R.*'Wilgens Ruby'，中文译名红宝石，耐-26℃低温，10 年生长高度为 1.5m，叶簇美观，花为深红色，带红褐色斑，植株紧凑(图 14.14)。

图 14.14　*R.*'Wilgens Ruby'花序照

(19)*R.*'Delta'，中文译名三角洲，植株直立而浓密，叶大而革质，椭圆形，叶色浓绿，花为明亮的粉红色，有黄褐色斑纹(图 14.15)。

图 14.15　*R.*'Delta'花序照

（20）*R.*'Halfdan Lem'，中文译名哈夫丹，耐-21℃低温，10 年的生长高度为 1.5m，叶为深绿色，花为红色，花序大而紧实，植株强健，生长迅速（图 14.16）。

图 14.16 *R.*'Halfdan Lem'花序照

（21）*R.*'Markeeta's Prize'，中文译名玛科塔的奖品，叶片革质，深绿色，花为猩红色（图 14.17）。

图 14.17 *R.*'Markeeta's Prize'花序照

（22）*R.*'XXL'，中文译名红粉佳人，花为复色花，外围为粉红色，中心为白色，植株强健，长势快（图 14.18）。

图 14.18 *R.*'XXL'花序照

(23) *R.* 'Nova Zembla'，中文译名诺娃，花为红色，植株生长强健，但需种植地排水良好(图 14.19)。

图 14.19   *R.* 'Nova Zembla' 花序照

四、高山杜鹃的生物学习性

高山杜鹃为亚热带山地或高原植物，主要分布在海拔 2500～4000m 的山地阴坡的冷杉林中或林缘草坡上。高山杜鹃性喜凉爽温润的半阴环境，不耐高温，生长适温为 15～25℃，超过 35℃时生长不良，表现为生长缓慢，开花困难，在高温状态下很难形成花蕾。以上介绍的引进品种一般能耐-10℃的低温，但应尽量控制在 10℃以上。土壤最适 pH 为4.0～5.0。当 pH 高于 5.5 时生长受阻，高于 6.5 时植株就会生长不良甚至死亡。大多数高山杜鹃品种既怕涝又怕旱，对水质的要求也较为严格，水的 pH 以 5.0～6.5 为宜。一般需要40%～60%的光照，忌强光照射，强光直射会使叶片的正常代谢机能受损，造成灼伤致使生理失调。尤其在夏季强烈光照下，温度急剧增加，光合作用停止。

五、高山杜鹃的繁育

(一)种子育苗

高山杜鹃种子细小，无休眠期，一般在翌年春季播种。

1. 播种方法

采用育苗盘进行播种。播种基质配比为细草炭：蛭石=2：1(体积比，本书提及此类比例均为体积比)。在播种前一天装基质，将育苗盘铺满基质，抹平基质表面后浇足水过夜。次日上午将种子放于纸上后均匀抖落于基质表面(图 14.20)。播种后及时进行喷雾。喷雾完成后盖上无纺布以保湿。播种后的 20～30 天内，可直接喷水在无纺布上，一般早晚各喷一次，保证无纺布的湿度，避免基质干水。气温保持在 20～25℃，夜间不低于15℃。播种后 15 天左右种子露白后开始注意无纺布的喷水次数，天气晴朗时仍保证早晚各一次，阴天时减少一次。

图 14.20　高山杜鹃播种

播种后 1 个月左右种子长出 1～2 片真叶后，可以适当揭开无纺布炼苗，一般揭开时间为 17:00 以后至次日 11:00 以前。炼苗 2 周后去除无纺布。去除无纺布后，需有适当遮阴，适宜的光照为 15000～20000lx。穴盘基质湿度保持在 60%～80%，适当的干水有利于种苗扎根生长。每 7～10 天喷一次叶面肥，喷施 0.05%的磷酸二氢钾溶液。每 10～15 天可喷施 50%多菌灵 1200 倍液或 75%百菌清 1000 倍液，以防苗期猝倒。

2. 移栽

播种后 2 个月左右，种苗长出 3～4 片真叶时可进行移栽。采用 128 目的穴盘进行移栽。移栽基质配比为细草炭：蛭石：珍珠岩=2：1：0.5。移栽后每 7～10 天喷一次叶面肥，选用 N：P：K=32：10：10+TE 的复合肥按 0.1%喷施。每 10～15 天喷一次杀菌剂，防治方法为喷施 50%多菌灵 1200 倍液或 75%百菌清 1000 倍液。每 15～20 天喷一次杀虫剂，防治方法为 90%敌百虫 2000 倍液。

3. 二次移栽

播种后 6 个月左右，待种苗长满后穴盘二次移栽。此时可采用 32 目的穴盘进行移栽。移栽基质为粗草炭：珍珠岩=2：1，并按 2.5kg/m³ 的比例混拌入缓效控释肥。移栽后，每 10～15 天喷一次叶面肥，选用 N：P：K=20：20：20+TE 的复合肥按 0.1%喷施。每 15～20 天喷一次杀菌剂或杀虫剂(图 14.21～图 14.23)。

图 14.21　高山杜鹃一年生实生苗

图 14.22　高山杜鹃一年生实生苗特写

图 14.23　高山杜鹃二年生实生苗

(二)组织培养

目前，国内主要采用组织培养的方式来进行高山杜鹃的种苗培育。

1. 外植体选择

选择生长旺盛、无病虫害的植株作为采集外植体的母株。一般在每年 5～6 月和 9～10 月采集外植体。以侧芽开始萌动的半木质化枝条作为外植体，采集的外植体应当天消毒，否则需瓶插保鲜；若需长途运输 2～3 天，应用保湿材料包扎。

2. 外植体消毒

先剪去外植体上叶片，保留约 1cm 长的叶柄，之后将外植体剪成带 1～2 个侧芽，或 1 个顶芽的茎段，用 0.5%洗衣粉水清洗，之后清水漂洗干净，确保洗去表面的绒毛和黏液。在超净工作台上，根据外植体清洁程度，用 2%次氯酸钠溶液(附加 0.5% Tween-20)浸泡消毒 8～10min，灭菌水漂洗两遍后置于接种盘。切去侧芽旁的叶柄，只保留其基部，确保不伤到侧芽。0.1%氯化汞溶液(附加 0.5% Tween-20)浸泡消毒 12～18min，之后灭菌水漂洗三遍，置于接种盘，晾干备用。

3. 接种与培养

在超净工作台上，将已消毒外植体的两端各切去 2～3mm，竖直接入诱导培养基，诱导侧芽和顶芽(图 14.24)。适宜的诱导培养基为 WPM+6-BA 1mg/L+NAA 0.1mg/L，pH 为 5.4，糖 30g/L，琼脂 6g/L。将无菌芽苗切成小段，每段带 2～4 个叶片，竖直接入增殖培养基；或将外植体上萌发的顶芽和侧芽切下，竖直接入增殖培养基(图 14.25)。转接周期为 50～60 天，培养代次不宜超过 30 代。适宜的增殖培养基为 WPM+ZT 1～2mg/L+NAA 0.01mg/L，pH 为 5.4，糖 30g/L，琼脂 6g/L。切取生长健壮、形态正常的增殖苗植株上部 1.5～2.0cm，竖直接入生根培养基(图 14.26)。适宜的生根培养基为 WPM+IBA 0.5～0.75mg/L+NAA 1～1.5mg/L，pH 为 5.4，糖 30g/L，琼脂 6g/L。诱导培养、增殖培养和生根培养的培养温度为 22～26℃，光照度为 2500～3000lx，光照时间为 12h/d。

图 14.24　高山杜鹃外植体进瓶后发芽情况

图 14.25　高山杜鹃组培丛生芽

图 14.26　高山杜鹃组培苗生根

4. 炼苗

将合格的生根无菌苗移至遮光率为 60%～70% 的大棚内炼苗一周，避免阳光直射。栽培基质为草炭（颗粒尺寸为 0～5mm）、珍珠岩（颗粒尺寸为 0～5mm）按 6∶1 的体积比混合，基质 pH 为 4～5，栽培容器为 128 目穴盘。将经锻炼的无菌苗从容器中小心取出，在清水中洗去根部培养基，整株速蘸 75% 百菌清可湿性粉剂 800 倍液后，栽入浇透水的穴盘（图 14.27）。刚移栽至两周，光照度为 5000～6000lx，湿度为 60%～80%，温度为 23～28℃，视土壤中水分蒸发情况浇水，并根据苗萎蔫情况向苗上洒水，保持植株新鲜。第三周开始，逐步增加光照度，最大光照度不高于 40000lx，湿度为 60%～80%，温度为 23～28℃，视土壤中水分蒸发情况浇水。第四周开始，每周喷施 70% 甲基托布津可湿性粉剂 800 倍液一次和全营养素叶肥 500 倍液一次（图 14.27～图 14.29）。

图 14.27　高山杜鹃组培苗过渡后 1 周

图 14.28　高山杜鹃组培苗过渡后 1 个月

图 14.29   高山杜鹃组培苗过渡后 2 个月

(三)扦插繁殖

除了播种、组培快繁以外，扦插繁殖也是高山杜鹃繁殖的一种常用方法，但高山杜鹃的扦插繁殖难度大，常规的扦插繁殖生根率极低或不生根，需要有设施才能保证扦插成活率。

1. 苗床准备

在苗床上搭建拱棚，在拱棚上面覆盖塑料膜，在苗床上铺设厚度为 12～15cm 的扦插基质，在扦插基质下面铺设地热线，扦插基质为泥炭和珍珠岩的混合物，泥炭与珍珠岩的体积比为(1∶4)～(1∶3)，将苗床上的基质平整后浇透水，再用 1000mg/L 的次氯酸钠溶液对苗床及拱棚内地面消毒。

2. 插条选择

采集 3～5 年生无病虫害的高山杜鹃植株作为插条的母本材料，于 9～10 月从该母本材料上剪取当年生的半木质化枝条为插条材料，剪 7～8cm 的茎段为插条，所述的插条上有 2 个以上的节点，顶部保留 2～3 片完整叶片(图 14.30)。

图 14.30   高山杜鹃扦插枝条

3. 扦插前的生根处理

将插条基部蘸 0.8%～1.0% IBA+2%～4%的甲基托布津配制而成的生根剂 10～20s 后自然风干，或将插条基部浸泡在 0.015%～0.02% IBA+1%～2%甲基托布津配制而成的生根剂中 24～36h 后自然风干。

4. 扦插

将用生根剂处理过的插条插入准备好的苗床基质中 5～6cm，使距离插条基部的第 1 片叶片离基质表面 2(±0.3)cm(图 14.31)。

图 14.31　高山杜鹃扦插操作情况

5. 扦插后管理

(1)基质水分和环境湿度管理。在扦插后立即对基质喷雾浇透水，并采用间歇喷雾方式进行后续水分管理，基质的土壤含水量为60%～65%，从开始扦插到扦插苗长根保持空气湿度在80%以上(图 14.32)。

图 14.32　高山杜鹃插条扦插后 3 个月

(2)光照和温度管理。扦插后采用自然光全光照处理，白天的气温控制在 18～25℃，夜间的气温控制在 12～18℃，基质温度全天保持在 18～22℃。

(3)病虫害防治。扦插后，采用质量分数为 50%甲基托布津 1000～1500 倍液喷雾扦插苗，每隔 10～15 天喷施一次，并及时清除染病插条。

(4)养分管理。在插条长根前，每隔 5～15 天喷施一次 0.1%～0.5%的尿素，待插条长出根后，每隔 10～15 天用 0.1%～0.5%尿素和 0.1%～0.2%的磷酸二氢钾喷施一次；扦插苗形成直径为 1.5～3.0cm 的根团时，移栽至苗钵中(图 14.33)。

图 14.33　高山杜鹃插条扦插生根情况

六、高山杜鹃的无土栽培技术

(一)设施要求

根据高山杜鹃的苗龄可选择不同设施进行种植。1～2 年生的幼苗，适宜选择四周开阔、通风条件良好且光照充足的塑料大棚或智能型温室种植(图 14.34、图 14.35)；3 年生及以上的种苗可以选择搭建有遮阳网的露地种植(图 14.36、图 14.37)。

图 14.34　高山杜鹃组培苗移栽完成的盆苗

图 14.35　高山杜鹃 2 年生种苗

图 14.36　高山杜鹃 3 年生种苗

图 14.37　高山杜鹃 4 年生种苗

(二)基质选择及配制方法

生长基质对植物的生长速度与品质有很大的影响，是种植成功的关键。栽植高山杜鹃的基质应疏松透气且排水良好。高山杜鹃的无土栽培常选用泥炭、椰糠及珍珠岩等作为基质。根据高山杜鹃种苗的苗龄，其栽培基质的配比有所差异。比如，一年生种苗用基质选用细泥炭及细椰糠，按 1∶1 的体积比进行混合，并按 2.5kg/m³ 的比例混拌入控施肥(N∶P∶K=21∶5∶12)。而 2～3 年生种苗用基质则选用粗泥炭及粗椰糠，按 1∶2 的体积比进行混合，并按 5kg/m³ 的比例混拌入控施肥(N∶P∶K=21∶5∶12)。

(三)种植时间及方法

高山杜鹃的组培苗种植时间以每年 3～4 月为宜。以直径 10cm 的花盆为栽培盆，将基质装至距花盆口 3～4cm 处，在盆中央打种植穴后，将高山杜鹃组培苗(图 14.38、图 14.39)放入种植穴内，用基质压实植株，注意植株种植深度不宜过深，以距离盆土 2～3cm 为宜(图 14.40、图 14.41)。

图 14.38　待移栽的高山杜鹃组培苗

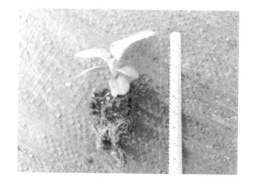

图 14.39　待移栽的高山杜鹃组培苗特写

图 14.40　高山杜鹃组培苗移栽

图 14.41　高山杜鹃组培苗移栽完成的盆苗特写

（四）温湿度控制

高山杜鹃种苗生长发育最适宜温度为 15～25℃，极限温度最高不超过 35℃。正常生长温度在 30℃ 以下，若高于 30℃ 其生长会受到影响，长时间高温会导致萎蔫，开花困难，在高温状态下很难形成花蕾。夏季持续高温时要及时遮阴，以免发生高温伤害。高温地区的种植者应采取一些遮阴措施以及利用降温系统来控制温度。休眠期温度应控制在 10℃ 以上。要注意避免霜冻，霜冻能使植株受到损害，尤其是盆栽的幼苗。高山杜鹃种苗营养生长期生长环境的空气相对湿度为 70%～90%。

（五）光照

高山杜鹃在适当遮阴的条件下生长良好。对于大多数高山杜鹃而言，一般需要 40%～60% 的光照，忌强光照射，如强光直射会使叶片的正常代谢机能受损，造成灼伤致使生理失调，尤其在夏季强烈光照下，温度急剧增加后，其叶片的光合作用会停止。在气候较热或多风的地方，有必要进行部分遮阴。光照度需求在 40000～60000lx，最佳光照度为 40000lx，大于 70000lx 时需进行遮阴，根据光照度适时遮阴。

（六）浇水

高山杜鹃喜冷凉湿润的气候，喜排水良好的土壤，怕旱忌涝，积水易烂根，缺水则生长不良。为改善北方干燥的气候环境，可在生长期对枝叶及其周围环境喷水以提高空气湿度。灌溉的水质要求 pH 为 6.0 左右，EC 值为 0.5mS/cm 以下。为保持适宜的土壤酸碱度，应在生长季节浇 2～3 次 pH 为 3.0～3.5 的灌溉水（图 14.42、图 14.43）。

图 14.42　高山杜鹃肥水灌溉系统　　　　图 14.43　高山杜鹃浇水系统

（七）肥料选择及使用方法

施肥应掌握 "薄肥勤施" 的原则。氮、磷、钾的施用比例在不同生长阶段是不一样的。生长初期可以磷肥、钾肥为主，刺激根部生长；随后，逐渐增加氮肥比例；至生长末期，适当降低氮肥的比例，增加磷肥、钾肥，以增强植株抗性。

在无土栽培中，自组培苗定植后，3～4 月新叶展开后每隔 10～15 天喷施一次氮、磷、钾均衡肥(N：P：K=20：20：20+TE)，促进枝条生长；7~8月减少氮肥含量，可喷施磷钾肥(N：P：K=10：10：20)，9月中下旬增加磷钾肥配比，可喷施高磷钾肥(N：P：K=10：30：20)。此外，每隔2~3个月补施一次缓效控施肥(N：P：K=20：20：20+TE)，保证盆基质的 EC 值为 1.5~2.0mS/cm。

(八)整形修剪

1. 第1次修剪形成一级分枝

在 3~4 月高山杜鹃组培苗植株高度达到 8~15cm 时进行修剪(图 14.44)，在植株顶芽萌发至 4~5cm 时(图 14.45)，在新梢(即春梢)基部 2~3cm 处剪除该新梢(图 14.46)，以促进其新梢下方的侧芽萌发形成一级分枝(图 14.47)。

图 14.44　炼苗生长后 6~10 个月的高山杜鹃组培苗　图 14.45　株高为 10~15cm 的高山杜鹃盆栽苗

图 14.46　1 次修剪后的高山杜鹃盆栽苗　图 14.47　1 次修剪后萌发出一级分枝的高山杜鹃盆栽苗

2. 疏枝处理

修剪约 1 个月后(5~6 月)对新发出的分枝进行疏枝处理，保留 2~3 个分枝，去除其余分枝。

3. 第2次修剪形成二级分枝

第 2 次修剪为 8~9 月，在植株的一级分枝顶上再次发出新梢(即二级分枝)时进行。

在该新梢长至4～5cm时再次重复第1次修剪的步骤，以促进二级分枝萌发；对于一些顶芽下方已具有2～3个饱满侧芽的植株也可以采取直接摘除顶芽的方式进行(图14.48)。

图14.48　2次修剪后萌发出二级分枝的高山杜鹃盆栽苗

4. 再疏枝处理

在10～11月再次进行疏枝处理，保留2～3枝二级分枝，后剪除其余二级分枝；在第二年的3～4月，重复进行以上修剪步骤，促进三级分枝、四级分枝的形成，在第三年重复同样的整形修剪，即能培育出枝条繁茂、株型较好的高山杜鹃盆花用种苗(图14.49)。

图14.49　基本成型的高山杜鹃盆栽苗

开花后(5月中旬)要尽快清除已开的花，注意不要损伤花柄下的新芽，以促进更好萌枝。修枝一般在春季花谢后及秋季进行，剪去多余的新枝、枯枝、斜枝、徒长枝、病虫枝及部分交叉枝，避免养分消耗。

(九)换盆

当高山杜鹃植株的根系生长出盆底时就需要进行换盆。换盆口径应以大于植株冠幅的4/5，且不超过冠幅大小为宜。换盆时间以每年10月至翌年2月为佳。换盆基质可选用粗泥炭及粗椰糠，按1：2的比例进行混合，并按5kg/m^{3}的比例混拌入控施肥(N：P：K=21：5：12)。换盆时，将盆苗脱盆后去除1/3～1/2外层基质团，敲松剩余基质团后，剪除过长根系，将植株基质球放入70%甲基硫菌灵可湿性粉剂800倍液中浸泡10～15min后，再进行移栽。移栽时注意植株直立不歪斜，添加基质至距离盆口 3～5cm 处即可。

　　一般移栽时，盆中的基质不要压得太实，以便透气，且要保持一定的湿度。移栽后在阴凉处放 15 天，缓苗后再移到半阴半阳处。刚定植的幼苗不能急于修剪，待根系发育良好、发新芽时就可以修剪。修剪时必须剪去顶芽，促其分枝。此时应注意施肥。如果分枝不好，应进行第 2 次修剪，继续施肥，并增加氮肥的用量。

七、病虫害防治

　　高山杜鹃的叶多革质或被毛，病虫害相对较少。夏季高温多雨，高山杜鹃易感病，其病以真菌性病害为主。虫害以蚜虫、红蜘蛛、介壳虫、金龟子和蛴螬较为常见。

　　(一)病害

1. 枝枯病

　　该病发病期主要在 5～9 月的高温高湿阶段。

　　发病初期顶梢叶片枯萎，嫩枝凋萎、弯曲；随着病害发展，枝干表面出现红褐色的溃疡病斑，并生成大小不一的纵向裂纹；后期植株顶梢枯死，叶片脱落，茎干干枯变成褐色，最终枯萎死亡(图 14.50)。环境湿度大时，枝干病部表面生成许多黑色小粒点，为病原菌的分生孢子器。该病原菌为小新壳梭孢。

图 14.50　高山杜鹃的枝枯病症状

　　防治方法：在 5～9 月，保证植株基质湿度，切忌过干。每隔 10～15 天喷施 70% 甲基硫菌灵可湿性粉剂 800 倍液，注意喷施植株全株，尤其注意喷施植株茎段部分。平时注意加强植株养分管理，生长健壮的植株较不易感病。伤口有利于病原菌的侵入，修剪枝条时应及时给工具消毒，避免交叉感染。

2. 炭疽病

　　炭疽病主要危害叶片。叶尖或叶面生椭圆形至不规则形浅褐色病斑，边缘深褐色较宽，大小为 5～13mm,其上散生黑色小粒点,即病原菌分生孢子盘(图14.51)。该病多于 7～8 月发生,长途调运时也于 11 月发病。病斑上的小黑点叶面上多为分生孢子盘,叶背面多为子囊壳且可发生在生长季节。病菌以分生孢子盘在病株上病落叶上越冬,翌年气候条件适合时,病菌在病组织上产生大量分生孢子,借风雨传播,从伤口侵入。湿度大时易发病,连续长时间下雨易流行。

图 14.51   高山杜鹃的炭疽病症状

防治方法:平时注意精心养护,控制好环境的湿度和通风。发病初期喷洒 1∶1∶100 倍量式波尔多液或 47%加瑞农可湿性粉剂 700 倍液、12%绿乳钢乳油 500 倍液、25%炭特灵可湿性粉剂 500 倍液、50%使百克可湿性粉剂 800～900 倍液、50%施保功可湿性粉剂 1000～1200 倍液、53.8%可杀得 2000 悬浮剂 900～1100 倍液,先将部分清水倒入容器中,加入药粉,充分搅拌,再加入其余清水,搅匀后喷雾。此外还可选用 10%世高水分散粒剂 3000 倍液。

3. 叶斑病

叶斑病又称褐斑病,是杜鹃花常见的重要病害之一,在国内外很多地方均有发生。该病危害叶片,造成植株生长衰弱,叶片枯黄早落,严重者造成整株死亡。发病初期,叶片上出现许多红褐色的小斑点,以后逐渐扩展成为较大的不规则的黑褐色病斑,直径可达 5～8mm。发病后期,病斑组织中央变成灰白色,在潮湿条件下,病斑正面着生许多黑褐色的小霉点,即病菌的子实体。病斑正面色彩深,叶背面色彩较浅,发病严重时病斑互相连接,叶片几乎无绿色,枯黄并提早落叶。

该病原菌以菌丝在病叶或病株残体上越冬,翌年 4 月下旬产生大量的分生孢子,由风雨传播,从伤口侵入植株,在 5 月中旬开始出现发病症状。6 月上旬雨季来临,气温升高,湿度大,分生孢子萌发快,病害发展迅速,为第 1 个发病高峰期。8 月上旬、中旬,气温更高,降雨更多,成为第 2 个发病高峰期。

防治方法:秋季彻底清除病落叶,5 月中旬摘除出现叶斑病症状的病叶,将带有病原菌的叶片挖土深埋。4 月下旬用 70%甲基托布津可湿性粉剂 1000 倍液向植株喷雾,每隔 15 天左右喷 1 次,连续喷 3 次,可起到良好的防治效果。

4. 黄化病

黄化病是一种生理病，表现为植物缺乏某些营养元素使植株黄化。杜鹃花表现出缺铁、缺钾、缺磷症状。缺铁时，幼叶出现叶肉褪绿变黄，叶脉暂时保持绿色，叶片形成绿色网纹。随着病害逐渐加重，全叶变成黄色至黄白色，仅主脉还呈绿色。后期叶边缘和叶尖变成褐色并逐渐枯死。缺钾时，叶片出现斑驳的缺绿区，叶尖出现较大面积的坏死区，叶边缘也有不同程度的坏死，部分叶片卷曲皱缩，茎的节间变短，与缺铁不同的是全叶不会均匀黄化。缺磷时，叶片呈现暗灰绿色并有坏死斑点，老叶微带红色，嫩叶变薄。

针对杜鹃花缺元素的情况，在 4 月下旬向植株喷洒硫酸亚铁 500 倍液和磷酸二氢钾 500 倍液按 1∶1 混合后的药液。向叶片正反两面喷雾，同时用上述药液灌根，双管齐下。20 天以后重复上述的方法再施一次肥。再经过 20 天以后，黄化叶片逐渐转绿，植株萌发出大量健康的新枝叶，长势良好。濒临死亡的植株也不断萌发新枝叶，呈现复苏状态。应当注意的是，硫酸亚铁不宜经常用来灌根，施用 2～3 次就可以了，以免植物因土壤中硫及有效成分过多而中毒，叶面喷雾可多次进行。叶面喷雾比灌根的作用效果快，营养元素能直接被叶片吸收。灌根一方面是为了改变土壤的酸碱度，另一方面可以增加土壤中的营养元素。

(二)虫害

1. 蚜虫

该虫害发生期主要为 3～4 月及 11～12 月。虫体集中在嫩叶及花蕾部位，大量虫体刺吸汁液后会导致叶片皱缩、生长畸形，严重时还会导致次生病害，引起煤污病的发生（图 14.52）。

图 14.52　高山杜鹃蚜虫危害情况

防治方法：在温室或大棚内放置黄板，注意黄板上的蚜虫数量。在蚜虫出现初期，每隔 7～10 天喷施 10% 吡虫啉 1200～1500 倍液或 20% 抗蚜威 1000 倍液。平时注意大棚通风，以减少虫害发生。

2. 红蜘蛛

该虫害发生期主要为7～9月，高温干燥的环境易引发红蜘蛛虫害。虫体聚居在叶片背面，以刺吸汁液为食。虫害会造成叶片点状失绿、泛黄，严重者整株植株叶片失绿，呈缺肥状，更甚者叶片转黄而脱落。

防治方法：在虫害发生初期，每隔7～10天喷施2.5%高效氯氟氰菊酯1000～1200倍液，注意喷洒叶背。

3. 介壳虫

该虫害发生期主要为7～9月，在高温干燥的环境下易发生。虫体聚居在叶簇中央或茎段上，以刺吸汁液为食（图14.53）。严重虫害会引起次生病害煤污病的发生，严重影响植株的观赏价值。

图14.53　高山杜鹃介壳虫危害情况

防治方法：在虫害发生初期，每隔7～10天喷施2.5%高效氯氟氰菊酯1000～1200倍液，注意喷洒叶簇中央及茎段。

4. 金龟子

该虫害发生期主要为5～7月。虫体以幼嫩叶片为食，危害结果为叶片缺损，不完整，严重影响植株的观赏价值（图14.54）。

图14.54　高山杜鹃金龟子危害情况

防治方法：在虫害发生初期，每隔 7～10 天在 16:00～17:00 喷施 2.5%高效氯氟氰菊酯 1000～1200 倍液，喷施完后封棚杀虫。

5. 蛴螬

该虫为金龟子幼虫，其虫害发生期主要为 8～11 月，以植株茎部及根为食，危害结果为植株茎部髓部空心，严重者会导致植株死亡。

防治方法：在虫害发生初期，每隔 7～10 天采用 2.5%高效氯氟氰菊酯 500～800 倍液进行灌根处理，或结合换盆措施，将待换盆植株的基质球浸泡至 2.5%高效氯氟氰菊酯 1000～1200 倍液中处理 10min，杀死虫体后再进行换盆处理。

八、花期调控

为配合市场需求，需要高山杜鹃提前开花。不同品种的高山杜鹃开花时间不同，对环境的感应也有所不同。所以要选择一些花期比较早的品种，同时选择具有良好的株型、足够数量且发育良好花芽的盆花。做花期处理前，要保证植株有 2～3 个月的休眠期，以整齐开花。根据调控花期需要，可将盆花放置于 5～8℃的冷库中，进行人工强制休眠处理（图 14.55、图 14.56）。冷库中要注意保持适当的光照和空气湿度。

图 14.55　高山杜鹃盆花入库前装箱　　　　图 14.56　高山杜鹃盆花冷藏处理

根据品种制订相应的花期调控计划。如果要进行长途运输，需要先将幼苗放至 10℃的温室内静置 12h 左右，防止温度变化剧烈导致闪苗。闪苗是指植株叶片呈水渍状，并逐渐变褐变黑。在包装箱内静置 12h 后将苗取出，由于长途运输，幼苗极度缺水，叶片呈微微下垂或水平姿态，此时不能浇水，应当进行叶面喷水，两天后可以浇一次透水，也可以使用浸盆方法使基质完全吸水。保持温度在 10℃左右，维持一周，光照保持在 50%左右，如果植株上部的叶片由上垂姿态转为上扬姿态，表明高山杜鹃已经适应新环境，此后可按照计划进行花期调控。

在高山杜鹃结束休眠或逐步适应温度环境后，需要缓慢进行加温。刚结束休眠后的花芽苞片抱合紧闭，外层密被一层褐色茸毛。此时期的温度是调控开花的关键。如果初期的温度上升过快，则有可能导致内层小花败育。所以，在目标花期前 5 周，需要进一步加温，此后一直保持在 20～22℃。处理一周后，花朵逐渐呈圆锥状，在尖部出现白色茸毛，花朵顶部有明显的黏稠物质。在花朵逐步露色后，如将高山杜鹃移至低温环境中，极易造成花朵停止生长，以后即使升温也不能顺利开花。在花朵下层小花也露色后，可将高山杜鹃移至低温环境中，保持温度在 15℃左右，在上市前两天进行 20～22℃ 的温度处理，可保证花朵完全开放。在花期调控的前期保持弱光照，后期应该尽可能使高山杜鹃接受全光照，并每周转盆一次，使花朵均匀受光，否则会开花不整齐，造成偏冠现象。人工补光的目的是保证花色纯正，如补光不足，花朵颜色会偏淡。补光的光源以钠灯为好，在距植株 2m 的上方。在目标花期前 4～5 周，于 5:00～8:00、17:00～21:00 补光。在目标花期前 3 周，小花已经钻出花苞，需要及时补光，如果遇到阴天或光照不足，需要 24h 补光(图 14.57、图 14.58)。

图 14.57　高山杜鹃盆花加温处理

图 14.58　完成催花处理的待售高山杜鹃盆花

九、产品分级

高山杜鹃按植株状况，花生长状况，枝叶状况，病虫害、肥害、药害、生理病害，机械损伤及开放程度几个方面来分级。盆花在满足基本要求的前提下，合格品分为一级、二级、三级，具体产品等级划分见表 14.1。

表 14.1　高山杜鹃产品等级划分

评价内容	等级		
	一级	二级	三级
植株状况	植株长势、整体感好；株型匀称，无缺陷，花盖度大于等于 85%	植株长势、整体感较好；株型匀称，无缺陷；花盖度为 70%～84%	植株长势、整体感一般；株型允许稍有缺陷，但缺陷应不影响整体观赏效果，花盖度为 51%～69%
花生长状况	花苞饱满；成熟度一致；分布均匀；花色纯正	花苞饱满；成熟度较一致，分布较均匀；花色较纯正	花苞较饱满；成熟度基本一致；分布基本均匀；花色较纯正
枝叶状况	枝条健壮；叶片整齐、匀称；叶色深绿，完整有光泽，无干尖、焦边现象	枝条较健壮；叶片较匀称；叶色深绿，较有光泽，可有轻微干尖、焦边现象	枝条正常；叶色较绿，有光泽，无焦边，可有轻微褪绿或少许干尖
病虫害、肥害、药害、生理病害	无病虫害、肥害、药害、生理病害	有轻微病虫害、肥害、药害、生理病害	有少许病虫害、肥害、药害、生理病害
机械损伤	无机械损伤	无机械损伤	花苞无机械损伤，叶片可有轻微的不影响整体观赏效果的机械损伤
开放程度	小于 10% 开放	小于 15% 开放	小于 20% 开放

高山杜鹃盆花产品规格与代码由植株高度、冠幅、花苞数量三个指标组成。规格与代码见表 14.2。

表 14.2　高山杜鹃产品规格与代码

植株高度		冠幅大小		花苞数量	
代码 A	植株高度/cm	代码 B	冠幅/cm	代码 C	花苞数量/个
70	>65	101	>100	25	>23
65	60~65	100	90~100	22	20~23
60	55~60	090	80~90	19	17~20
55	50~55	080	70~80	16	14~17
50	45~55	070	60~70	13	11~14
45	40~45	060	50~60	10	8~11
40	35~40	050	40~50	07	5~8
35	<35	040	<40	04	<5

十、包装与运输

高山杜鹃在长途运输前需要进行植株补水、吹干、捆扎、装箱等几个步骤。为保证植株在长途运输期间持有充足水分，在装箱运输前需要给杜鹃花盆花浇透水，之后风干植株表面的水汽，避免植株在运输过程中发生病害。高山杜鹃花蕾发育成熟后，花蕾节间非常脆弱，稍有不慎就可能折断，影响整体的观赏效果。因此在运输前要将其包装好，花蕾发育完成还没有开始吐色之前可以将整株高山杜鹃连盆一起装入专用塑料包装袋（图 14.59），紧密地平放在木箱内，层叠装满，使其被搬动时不会在箱内晃动而受损伤。如果花蕾已经张开，露出颜色，则只能将其装入专用塑料网袋内，直立装入箱内，要特别注意禁止木箱倒立（图 14.60）。包装及搬运时，要注意尽量不要碰撞花蕾，以免损伤，并且注意保暖，尤其是在北方地区，春节期间室外温度很低，不可将高山杜鹃从温度高的地方突然移到温度低的地方，防止已开始开放的花蕾受到冻害，运输过程中温度应保持在 6℃ 以

图 14.59　高山杜鹃的网袋包装

图 14.60　高山杜鹃的装箱

上。对于高山杜鹃小苗，在运输过程中要注意保护好叶片、芽、枝及根系和原土团，可用小纸箱包装，纸箱下层垫一薄层三合板或塑料膜，将小苗整齐排列保持直立，对根部用喷壶喷水保湿，并向叶面喷一些水，在纸箱四面打小孔若干，给纸箱盖上遮阳网，在运输过程中要注意勿受阳光直射，随时检查箱内小苗情况，尽量缩短运输时间。

参 考 文 献

白宵霞，李志斌，2014. 高山杜鹃病虫害防治[J]. 中国花卉园艺(16)：40-42.

陈睿，鲜小林，万斌，等，2011. 高山杜鹃特征特性及盆栽技术[J]. 现代农业科技(18)：234-235.

丛群，梁华山，2015. 高山杜鹃养护管理[J]. 中国花卉园艺(16)：37-38.

郑宝强，王雁，冯艺佳，2010. 北京地区高山杜鹃花期调控[J]. 中国花卉园艺(10)：34-36.

付小军，2005. Bioplant 公司高山杜鹃盆花生产技术[J]. 中国花卉园艺(6)：16-18.

黄茂如，强鸿良，1984. 杜鹃花[M]. 北京：中国林业出版社.

李卫华，邓国文，2011. 从高山杜鹃的开花过程推想延长花期的简单方法[J]. 中国花卉盆景(3)：26-27.

李志斌，白霄霞，李萍，2008. 高山杜鹃栽培技术[J]. 农业科技通讯(8)：186-187.

李志斌，白霄霞，李振勤，2009. 高山杜鹃盆花后期管理[J]. 中国花卉园艺(6)：30.

刘晓青，苏家乐，李畅，等，2013. 高山杜鹃品种春节催花效应比较[J]. 江苏农业科学，41(9)：167-168.

戚海峰，舒大慧，石姜超，等，2013a. 高山杜鹃在园林景观中应用[J]. 中国花卉园艺(6)：56-58.

戚海峰，舒大慧，石姜超，等，2013b. 高山杜鹃园林栽培[J]. 中国花卉园艺(8)：26-27.

王守中，1989. 杜鹃花[M]. 上海：上海科学技术出版社.

武忠康，宋鹏，2016. 高山杜鹃的引种选育栽培[J]. 山东林业科技，46(3)：77-79.

解玮佳，2014. 欧洲高山杜鹃品种[J]. 中国花卉园艺(24)：44-45.

解玮佳，2015. 比利时跨国运输杜鹃关键步骤[J]. 中国花卉园艺(24)：36-37.

解玮佳，李世峰，2015. 高山杜鹃杂交育苗[J]. 中国花卉园艺(2)：26-27.

解玮佳，李世峰，2017. 云南高山杜鹃花种质资源与开发利用[J]. 园林，34(4)：20-25.

解玮佳，李世峰，彭绿春，2017. 高山杜鹃新品种选育[J]. 中国花卉园艺(12)：44-45.

解玮佳，李世峰，彭绿春，等，2016. 滇中地区高山杜鹃盆栽苗修剪[J]. 中国花卉园艺(8)：35.

杨礼传，邰永东，贺捷，等，2005. 高山杜鹃花病虫害防治初步研究[J]. 四川林业科技，26(6)：65-69.

张明丽，2005. 高山杜鹃露地园林栽培[J]. 中国花卉园艺(6)：19-21.

张长芹，2008. 云南杜鹃花[M]. 昆明：云南科技出版社.

David G L, 1961. Rhododendrons of the World[M]. New York: Vail-Ballou Press.

Reiley H E, 1992. Success with Rhododendrons and Azaleas[M]. Portland: Timber Press.

Veen V T, 1969. Rhododendrons in America[M]. Portland: Kist & Dimm.

第十五章 盆 栽 茶 花

一、茶花品种分类与主要盆栽品种介绍

(一)茶花品种分类

茶花品种的分类有很多方法，有的按山茶属的种类分为华东山茶、云南山茶、茶梅、金花茶、油茶等；有的按花瓣的形态分为全文瓣、半文瓣、武瓣；有的按花瓣的多少分为单瓣、半重瓣、重瓣。本书采用《国内外茶花名种识别与欣赏》(高继银等 2007)中的分类方法，将茶花品种分为四大品系，即红山茶品系、云南山茶品系、其他杂交种品系和茶梅品系。

(1)红山茶品系。指由红山茶原种衍生出来的一系列品种，约占茶花品种总数量的80%以上。其主要特点是叶片光滑、光亮，中等大小，稠密，花色多种多样，花径中等，花朵稠密，植株圆整，生长旺盛。可通过扦插、嫁接繁殖，扦插繁殖容易，苗木以扦插繁殖为主；品种适应范围较广；主要用于街道、社区、庭院绿化及盆栽观赏。

(2)云南山茶品系。指由云南山茶原种派生出来的茶花品种以及含有云南山茶血统的一系列杂交种，约占茶花品种总量的10%。其主要特点是叶片大，叶面粗糙，叶齿尖，质厚，花大色艳，枝稀叶疏，树体高大，生长旺盛。可通过扦插、嫁接繁殖；云南山茶原种品种扦插繁殖成活率较低，苗木以嫁接繁殖为主；品种适应范围较窄；主要用于社区、庭院绿化及盆栽观赏。

(3)其他杂交种品系。指杂交亲本中没有红山茶或云南山茶品系的杂交种，占茶花品种总量的6%～7%。其主要特点是叶片小，叶面粗糙，花不大，花朵稠密，植株紧凑，生长极旺盛。可通过扦插、嫁接繁殖，苗木以扦插繁殖为主；适应范围较广；主要用于街道、社区、庭院绿化及盆栽观赏。

(4)茶梅品系。指由茶梅品系衍生出来的一系列品种。常绿小灌木或小乔木，其特点是叶片小，叶面具光泽，花小，花朵稠密，植株紧凑，发枝旺盛，生长缓慢。可通过扦插、嫁接繁殖，苗木以扦插繁殖为主；适应范围较广；主要用于庭院、街道草坪绿化带中孤植、地被、绿(花)篱及盆栽观赏。

(二)茶花品种性状描述

1. 花型

根据《国内外茶花名种识别与欣赏》，将茶花的花型归纳为六种，即单瓣型、半重瓣型、托桂型、牡丹型、玫瑰重瓣型、完全重瓣型(图15.1)。

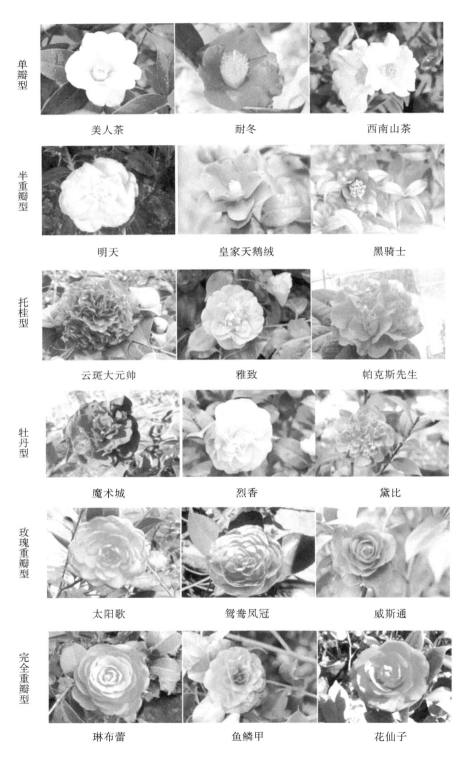

图 15.1 茶花花型示例

（1）单瓣型。花瓣呈单轮排列，一般为 8 枚左右，花瓣形状规则或不规则，雌雄蕊发育完全，通常能结果实。

（2）半重瓣型。花瓣数多于 8 枚，呈两轮以上排列，花瓣形状规则或不规则，花心有明显雄蕊外露，偶尔可以结果实。

（3）托桂型。大花瓣 1～2 轮，平伸或呈波浪状，花朵中部的雄蕊几乎全部瓣化（小花瓣），簇拥呈球状，有时会有小花瓣与雄蕊混生的情况。

（4）牡丹型。花朵厚实，花瓣形状不规则，曲叠耸立，形似牡丹。

（5）玫瑰重瓣型。花瓣多轮层叠，整齐排列，通常呈覆瓦状，花朵全开放后花心凹陷处可见少量雄蕊。

（6）完全重瓣型。花瓣多轮，呈覆瓦状、星状、螺旋状或珠心状层叠排列，花心无雌蕊或雄蕊。

2. 花径

国际茶花协会制定的茶花花径标准如下：微型花（miniature）小于 6cm；小型花（small）为 6～7.5cm；中型花（medium）为 7.5～10cm；大型花（large）为 10～13cm；巨型花（very large）大于 13cm。

3. 花期

茶花的花期指从第一朵花开放至最后一朵花凋谢的一段时期。生产上往往以盛花开始的时间为准。茶花的花期分为三类：早花，12 月底之前盛开；中花，1 月 1 日至 3 月下旬盛开；晚花，4 月 1 日以后盛开。

对于特早、特晚开花的品种，通常用"极早"或"极晚"来表述。对于开花时间较长的品种，则用"早至中""中至晚""早至晚"来表述。

（三）主要盆栽品种介绍

茶花品种众多，但适宜于盆栽的品种并不是很多。繁殖容易、生长快速，株型紧凑，观赏性状好等是盆栽品种需要具备的重要特征。经过多年的观察，作者筛选得到一些适于盆栽的品种（图 15.2），各品种性状见表 15.1。

二、生长习性

茶花一年萌发、抽枝、放叶 2～3 次，最多的可达 4 次。主要是春、夏两次。春季抽的枝叫春梢，夏季抽的枝叫夏梢。春梢量多而粗长，夏梢量少而细短，冬季休眠不抽梢。因此，在栽培的过程中，春梢的萌芽和生长最为关键。茶花的萌芽和生长因地区气候、土壤条件以及品种的不同而有所不同。总的来说，开花早的品种萌芽、抽梢较早，开花晚的品种萌芽、抽梢较晚。

3 月中旬至 4 月下旬，茶花开始萌芽，以 4 月上旬为高峰，整个生长期为 55～70 天。5 月中旬以后，嫩枝逐渐木质化，长度一般在 10～20cm，部分长势强的品种可达 30～40cm。

克瑞墨大牡丹	皇家天鹅绒	花仙子
太阳歌	烈香	鱼鳞甲
春节	琳布蕾	贝拉大玫瑰
迪斯	云斑大元帅	曹汉铃
春迷茫	牛西奥雕石	玛丽安

图 15.2　部分适宜盆栽的茶花品种图片

表 15.1 适宜盆栽茶花品种性状描述

品种名	花色	花型	花径	花朵稠密	花期	叶色	叶型	株型、长势
克瑞墨大牡丹	艳红色，芳香	牡丹型	大型	稀疏	中	浓绿	椭圆，叶脉清晰，先端叶齿明显	紧凑，生长旺盛
皇家天鹅绒	黑红色，泛绒光	半重瓣型	大型至巨型	稠密	中至晚	浓绿	长尖，厚革质	立性，生长旺盛
花仙子	红色至暗红色，瓣缘有锯齿	完全重瓣型	大型	稠密	早至晚	浓绿	椭圆，呈弓背状	紧凑，生长旺盛
太阳歌	粉红色	玫瑰重瓣型	大型	稠密	早至晚	浓绿	椭圆	紧凑，生长中等
烈香	淡粉红色，极芳香	牡丹型	中型	稠密	中至晚	淡绿	基部近卵圆形，先端尾尖，叶齿钝	开张，生长旺盛
鱼鳞甲	暗红色，瓣中线偶见白条纹，绒质感	完全重瓣型	中型至大型	稠密	中至晚	浓绿	椭圆，厚，嫩枝橙红色	开张，生长旺盛
春节	粉红色	玫瑰重瓣型	微型至小型	稠密	中至晚	灰绿	狭心形，先端尾尖，基部心形	植株立性，生长旺盛
琳布蕾	深粉红色，倒卵圆形，先端尖	完全重瓣型	中型	稠密	中至晚	浓绿	阔椭圆形，叶齿细	立性，枝叶稠密，生长旺盛
贝拉大玫瑰	黑红色，泛蜡光	完全重瓣型	巨型	稠密	早至晚	浓绿	长椭圆形，厚	紧凑，生长旺盛
迪斯	红色	完全重瓣型	中型至大型	稠密	中至晚	浓绿	窄椭圆，叶齿尖	紧凑，生长旺盛
云斑大元帅	艳深红色，白色云斑	拖桂型至牡丹型	大型至巨型	中等	中至晚	浓绿有黄斑	中等大小，薄	立性，生长中等
曹汉铃	白色，花心为嫩粉红色，瓣上偶有红条纹	半重瓣型至完全重瓣型	大型	中等	早至晚	淡绿	椭圆形	开张，生长中等
春迷茫	嫩粉红色，花瓣边缘变深珊瑚红色	玫瑰重瓣型至完全重瓣型	小型至中型	稠密	中至晚	浓绿	略波浪状	紧凑，生长旺盛
牛西奥雕石	嫩粉红色	玫瑰重瓣至完全重瓣型	大型	稠密	早至晚	浓绿	椭圆，略扭曲	立性，生长中等
玛丽安	红色，具清香味	托桂型至牡丹型	中型至大型	中等	早至中	浓绿	阔椭圆	立性，生长中等

新梢停止生长后，枝顶及枝上部叶腋内的芽开始逐渐分化成花芽并形成花蕾，花芽分化在 6 月中旬至 8 月下旬结束，且大多形成于春梢上。如枝顶及枝上部叶腋内的芽不分化成花芽，则会在夏季进行第二次萌芽和生长，以 7 月下旬为高峰期，整个生长期为 50 天左右。夏梢多出现在 2~3 生幼龄植株，一般生长在树冠外围和上部，少量夏梢枝顶可形成花芽。秋梢在 9 月上旬开始生长，11 月下旬终止，秋梢一般不能分化花芽。12 月至翌年 3 月，茶花不再萌芽和抽枝放叶。

三、茶花种苗繁殖

茶花种苗的繁殖方法有扦插、嫁接、播种等，最常用的是扦插和嫁接。扦插繁殖的方法不仅能够保持优良品种固有的性状和特性，且与嫁接苗相比，扦插苗的寿命长、繁殖系数高，长势整齐，便于管理，价格便宜，能满足生产与科研的需要，是最理想的种苗繁殖方法。

然而，传统的茶花扦插繁殖方法基本依赖繁育工作者的经验操作，扦插繁殖操作随意性大、生根率不稳定，根系质量较差，自动化管理程度低，无法满足工厂化、规模化繁育和日益增长的良种市场需求。改善根系质量、提高扦插繁殖生根率、缩短育苗周期、克服茶花扦插繁殖操作随意性大、解决自动化管理程度低等问题，已成为实现茶花工厂化、规模化良种繁育，良种快速推广过程中亟待解决的关键问题。

全光照育苗方法自动化管理程度高，育苗周期短，是实现标准化、工厂化、规模化育苗的首选方法。下面就茶花的全光照扦插育苗做详细介绍。

1) 苗床准备

苗床可建在无色透明的塑料大棚内，大棚内安装高压弥雾自动喷雾装置。苗床底层铺3～5cm 厚的珍珠岩，在珍珠岩上铺地热线，地热线上再覆盖 8～10cm 厚的扦插基质。扦插基质要采用透水性较强的基质，可用泥炭和珍珠岩按体积比为 2：1 或 3：2 混合而成，将苗床上的扦插基质平整后浇透水备用。

2) 插穗的选择与剪取

6～7 月，选择无病虫害的茶花植株作为母本材料，从母本植株上剪取当年生的、半木质化至木质化的枝条为插穗。一般来说，在枝条由绿色转为棕色后即可采穗，此时伤口愈合速度快，断面易于形成愈伤并分化出不定根，成活率高。选择枝条时，最好选择树冠外围受到充分光照的枝梢或叶腋饱满萌芽的枝条，插穗的腋芽要饱满健壮，节间、叶片没有虫害(图 15.3)。

(a)枝条的选择

(b)插穗的处理

(c)苗床扦插

(d)扦插苗生根

(e)扦插苗取苗

(f)移栽后的扦插苗

图 15.3　茶花扦插繁殖

3）插穗处理

每个插穗保留 1 个茎节、1 个叶片和 1 个腋芽。插穗以中部数节为最好，通常 1 个节间可以剪 1 个插穗（图 15.3）。留 2～3 片叶的，可适当将叶剪去一半。插穗下端可以剪成平口，也可剪成 20°～30°的斜面。插穗剪好后，可用橡皮筋将 20～30 支插穗绑为一扎，基部对齐，将绑成扎的插穗在质量分数为 0.1%的甲基托布津溶液中浸泡 5～10min 后取出自然风干 5～6min。

4）扦插

插条处理好后，需要对其用激素进行处理，激素是促进生根最有效的手段，用来促进生根的最佳激素浓度是几乎要达到使植物中毒的浓度，所以应在不伤害植物的前提下，尽可能地使用最高的激素浓度。运用适宜的植物激素如吲哚丁酸来处理插穗，能够促进生根，缩短生根时间，提高成活率，有利于幼苗的健壮生长。激素的使用方法有浸泡法和速蘸法，不同方法使用的激素浓度不一样。一般来说，浸泡法使用激素浓度较低，所需时间长；速蘸法使用激素浓度较高，所需时间短。在实际生产过程中速蘸法的应用更为广泛。

激素处理完后便可进行扦插。扦插时，将插条一直插到有叶柄的地方，有 1～2cm 露在外面，苗床上插穗的株行距应该根据品种的叶片大小来考虑。一般以插穗上的叶片前后左右不重叠为度。通常中小叶片品种行距为 8～10cm，株距为 2～3cm。大叶品种则应按叶片的长度和宽度相应地增大行距（图 15.3）。

5）扦插后管理

加强扦插后的管理是加速插穗生根成活和幼苗健壮生长的关键。扦插后的管理工作包括温度管理、水分管理、光照管理、病虫害防治、养分管理等。

（1）温度管理。整个扦插繁育期间，扦插基质温度全天保持在 20～25℃，如温度不够，可用地热线进行加温；气温不宜超过 35℃，高于 35℃时需要启用高压弥雾自动喷雾装置来降温。

（2）水分管理。从扦插至插穗生根，塑料大棚保持封闭状态，利用高压弥雾自动喷雾装置，将塑料大棚内空气相对湿度控制在 85%以上，插穗生根后至移栽前，利用高压弥雾自动喷雾装置，将塑料大棚内空气相对湿度控制在 70%～85%。

（3）光照管理。整个扦插繁育期间，将光照度控制在 30000～50000lx；以散射自然光为宜，不宜见强光和直射光。

（4）病虫害防治。整个扦插繁育期间，每隔 10 天用质量分数为 0.1%的甲基托布津溶液和质量分数为 0.1%的百菌清溶液交替喷施，并及时清除染病插穗。

（5）养分管理。整个扦插繁育期间，不需要进行施肥。待插穗生根后，每隔 15 天用浓度为 0.1%～0.15%的全水溶性肥料进行叶面喷施，全水溶性肥料中的 N：P：K（质量比）可以为 15：30：15 或 15：15：15。

全光照扦插育苗为一种适宜工厂化、规模化的茶花良种繁育新方法。采用这种方法，茶花的扦插繁殖生根率达到 85%以上，繁育周期短，扦插后 90～100 天即可进行移栽，且种苗根系直径达 2～4cm，种苗品质优良，有利于提高种苗移栽成活率。

四、基质的选择及配制

无土栽培主要包括水培、雾培和基质培等方式，其中基质培是无土栽培最主要的形式，90%以上的商业性无土栽培都采用基质培方式。因此，无土栽培基质的研究是无土栽培的基础和关键。

无土栽培基质的主要功能是支持、固定植株，并为植物根系提供稳定协调的水、气、肥环境。只要能满足上述条件，都可以充当无土栽培基质。目前，国内外通用的无土栽培基质主要有草炭、珍珠岩、锯木屑、椰糠、蛭石等。由于不同的基质具有不同的特性，不同植物对基质的需求也不一样，目前还没有发现任何单一的基质能够适应所有植物的生长。

生长基质是种植成功的关键，它对植物的生长速度与品质有很大的影响。选择茶花栽培基质应注意以下几点。

(1) 茶花属于喜酸性植物，基质或混合后的基质应呈酸性，pH 为 4.0～5.5。如果基质或混合后的基质 pH 高于 5.5，茶花的根系将很难吸收铁。因此，在栽培过程中应始终保持 pH 为 4.0～5.5。同时，种植者也应注意肥料的使用，它可导致基质 pH 的变化。

(2) 基质或混合后的基质应疏松透气。茶花根系的生长需要基质有良好的透气性，如果土壤中不含足够的空气，其根的发育将是缓慢的，甚至不能生长。

(3) 基质或混合后的基质应有良好的透水性。种植者通常给植物足够的水分，多余的水应排出盆外。如果排水不良，基质过湿，将降低土壤中的空气含量，影响根系生长。不透水的原因可能是栽培基质选择不对，或者盆的型号不对。

(4) 基质或混合后的基质应始终保持稳定的质量，收缩率要低。由于茶花的培育周期长，基质的收缩可能成为问题。如果基质收缩快，将会造成盆中的基质在培育后期剩下一半，植物在盆中就会松动。种植者应选择收缩慢的比较稳定的基质。

草炭是一种优良的基质改良剂。草炭的容重较小，透气性好，收缩缓慢，有机质含量高，缓冲作用强，且酸性较强(pH 为 4～5)，但透水性不是很好。草炭与其他透水性好的基质(如珍珠岩、粗椰糠等)混合使用，是种植茶花的上好基质之一。但种植者需要注意，虽然椰糠的透气性能良好，但许多椰糠存在收缩性差以及含盐分较高的问题，需要对搭配的比例进行深入研究。

作者经过多年的无土栽培基质研究，发现用草炭和珍珠岩按照 3：2 或草炭和陶砾按照 2：1 体积比混合后，与对照红土或纯腐殖土相比，均能有效促进茶花的生长(图 15.4、表 15.2)。当然，在茶花的无土栽培过程中，也可选用其余基质配比后使用，选择基质的标准就是所选材料易于获取，价格便宜，基质的物理性质(如容重、比重、孔隙度、气水比)适宜，化学性质(如 pH、EC 值)稳定，并能够为茶花根系提供稳定协调的水、气、肥环境。

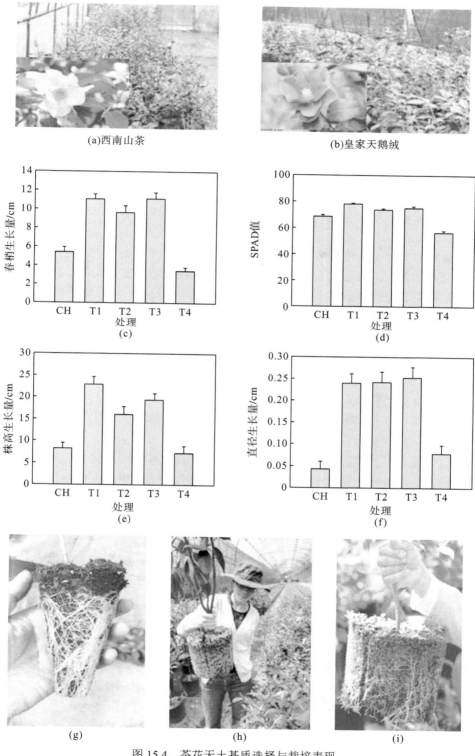

图 15.4 茶花无土基质选择与栽培表现

注：SPAD 为 soil and plant analyzer develotrnent 的缩写，是叶绿素含量的单位。

表 15.2 栽培基质选择

处理	配比(体积比)
CK	园土
T1	纯草炭
T2	草炭：珍珠岩(3∶2)
T3	草炭：陶砾(2∶1)
T4	草炭：珍珠岩：沙子(3∶2∶1)

五、花盆的选择及上盆

(一)花盆的选择

首先，花盆的大小与茶花植株的大小要相称，把小苗种在大小合适的盆内，为根系提供内外空气交换的条件，满足根系伸展的余地，植株才能正常生长。大苗小盆，根系没有生长空间，植株生长缓慢；小苗大盆，植株与花盆不成一定比例，不仅浪费栽培基质，还会因盆土过多而将小苗根系埋在盆土中，植株根部的排水性、透气性大大降低，植株往往因缺氧导致烂根，生长也会比较缓慢。一般来说，大株茶花的树冠蓬径可大于盆口直径 1～2 倍，1～2 年生茶花小苗用盆径为 10～13cm 的花盆栽种即可，视茶花的生长状况选择适宜大小的花盆。

其次，对于花盆的材质，不要迷信"瓦盆较好，塑料盆透气性差"的说法。塑料盆具有价格低廉、轻便、容易运输等多方面的优点，广泛应用于现代的无土栽培中。只要选用的栽培基质得当，塑料盆同样可以栽培出高品质的茶花。

最后，对于花盆形状的选择，适宜选用盆口较宽、深度较浅的花盆。高的、深的花盆不适宜种植茶花。这是因为盆栽茶花的根系为须根系和浅根系，粗的直根相对很少，宽且浅的花盆适宜其根系的生长。

(二)上盆

上盆时间以冬季 11 月或早春 2～3 月，梅雨期的 5 月下旬～6 月上、下旬，秋季的 9～10 月为宜。北方地区，春季解冻后，温度升至 10℃以上时较适宜，秋季在霜冻前为宜。春季为茶花由半休眠进入生长期的过渡时期，在这段时间里上盆、换盆，即使根系受到损伤，伤口也容易愈合，能较快地萌发新根。秋季植株所积蓄的大量养分还未动用，气温渐低，茶花生长日趋缓慢，即进入半休眠，在此期间，上盆、换盆均较为适宜。萌芽期及盛夏的高温季节因枝叶蒸发量大不宜上盆。

上盆时，先在盆底垫少量栽培基质，放入适量的栽培基质后将山茶花苗植入盆中，保持根系舒展后加土至距盆口 1cm 左右，压实基质(图 15.5)。上盆后浇透水，上盆后 3～5 天内采取遮阳措施，其后即可转入正常养护。因所用无土栽培基质疏松，透水、透气性好，不黏重，不板结，无须每年换土换盆。待基质最外层四周与盆壁接触处布满根系后再进行换盆。

(a)换盆步骤1　　　　　　　(b)换盆步骤2　　　　　　　(c)换盆步骤3

图15.5　茶花换盆过程演示

六、盆栽后的环境控制管理

大多数茶花在温和的气候条件下生长良好。种植者可利用温室或大棚来调节生长环境，然而不同阶段植株生长环境的温度还是有差别的。本节将叙述一些基本知识，但这也不是一成不变的，需要种植者在实际栽培过程中进行适当的调整。

（一）光照条件

茶花的生长需要合适的光照，但是又怕高温烈日直射。在栽培过程中，应遵循茶花"忌烈日，喜半阴"的经验，但经过一定的驯化作用，其在夏季也能适应较强的阳光。一般来说，叶片越大、越多，需要遮阴的程度越高，但在以前的研究或报道中并没有给出适合茶花生长的具体光照度。

许多种植者通常会长期采用一种遮阴率为70%～90%的遮阳网进行遮阳，但由于各地的光照度本身就有很大差异，统一用某种遮阳网并不合适。很多种植户为了避免茶花出现灼伤的情况，往往过度遮阴，茶花出现徒长、花芽分化少或不分化、花色变淡的情况。光照过强时叶片容易发黄，严重者甚至被灼伤，严重影响观赏性状。作者经过多年的生产实践，提出"两种生长阶段两种种植模式"的种植策略，即在茶花的幼苗期（首次开花之前），适宜放置在散射光下进行管理，光照度可以控制在30000～50000lx，既可以使幼苗生长健壮，叶片呈亮绿色，又不至于出现叶片灼伤的情况；在茶花的花芽分化关键期至开花期，可适当加强光照度，将光照度控制在50000～65000lx，可以促进花芽分化，使茶花花色更加鲜艳，花期延长。

（二）温度控制

适宜的温度是茶花生长的重要条件之一。茶花喜温暖湿润气候，大部分品种生长最适宜的温度为 18～25℃。不同品种对极限高温和极限低温的耐受度不一样，绝大部分品种能适应 30～35℃的高温，但生长缓慢，在此情况下种植者应采取一些遮阴措施以及利用降温系统来控制温度。温度超过 30℃是不提倡的，温度超过 35℃则会给茶花生长带来一些损害。高温会造成生长缓慢、开花困难、花品质降低。茶花的花期和休眠期集中在冬季，经常会遇到极端低温天气。虽然茶花能耐一定的低温，但种植者要注意避免霜冻，霜冻会使植株受到损害，特别是对低温霜冻反应敏感的云南山茶系列的茶花和幼嫩的枝叶，温度低于 0℃植株可能会受冻害；在茶花的开花期，如果花蕾已经开放，气温低于-2℃，花瓣会受冻结冰，但如果低温时间不长则对未开放的花苞影响不大，待温度适宜时，花苞照样正常开放。

(三)水分管理

在盆栽茶花的养护管理中，浇水是最主要的管理操作。浇水时应充分考虑茶花的习性、植株的大小、季节气候、栽培基质的质地、栽培环境等条件，然后决定浇水的次数和方法。

茶花叶片多，叶片面积大，蒸腾作用快。茶花喜湿度较高，也喜湿润的土壤。因此，不仅要给盆栽茶花补足水分，还要提供合适的湿度，适宜的湿度为60%～70%。在 3 月上旬～5 月底，茶花开始萌发新梢，每周浇 2～3 次透水；6 月上旬～7 月底是茶花进行花芽分化的时期，要适当控制水分，使土壤偏干，以利于营养生长向生殖生长转变，每周浇 1～2 次透水；8 月～翌年 12 月底，可每周浇 2～3 次透水；翌年 1 月～2 月底，茶花植株处于半休眠状态，每周浇 1 次透水，使盆土稍干。值得注意的是，采用草炭和其他无土基质混合后，虽然保水透气性都很好，但草炭和椰糠的特性是干透后一次性很难浇透水，需要在其半干半湿的时候浇水。

(四)施肥管理

茶花的施肥问题较多，每个种植者对于施肥都有自己的方法。茶花施肥应坚持"薄肥勤施"的方法，春梢生长期适当追施氮肥，在花芽分化期追施磷、钾肥。夏季气温高少施肥；秋季追施低氮肥高磷肥、钾肥；冬季施基肥，以利次年萌芽开花。

肥料可分为长效肥料和可溶性肥料两种。

(1)长效肥料。这种肥料可在定植前掺进土壤，也可以在定植后使用。目前比较常用也容易获得的是控释肥，可以找到氮、磷、钾配置比例不同和不同阶段使用的控释肥。控释肥的肥效可以维持 3～6 个月，这种肥料很容易使用，且因为其外面有包衣，肥料缓慢释放，不容易烧苗，好控制。因此在茶花的无土栽培过程中，推荐使用这种肥料。这种肥料的释放速度与基质的温度和湿度密切相关，需要定期对肥料的释放速度进行检测，且目前大部分依靠进口，价格较贵。

(2)可溶性肥料。这种肥料可在每次浇水时施用，量不必大，可做到带水带肥，比一次大量施肥要好。

下面以云南昆明地区为例，对无土栽培茶花的肥料使用做简单介绍。

(1)1 月初，施一次肥效为 6 个月的控释肥，将花盆表层 2～3cm 的无土栽培基质与控释肥混合均匀。可采用氮、磷、钾的比例为 20∶10∶10(质量比，后同)，控释肥的用量为 2.0～3.0g/L 基质。

(2)1 月～3 月初，每 20～30 天用质量分数为 0.1%～0.15%的全水溶性肥料进行根部和叶面喷施 1 次。全水溶性肥的氮、磷、钾比例可采用 20∶20∶20。

(3)3 月中旬～5 月底，每 10～15 天用质量分数为 0.1%～0.15%的全水溶性肥料进行根部和叶面喷施 1 次。全水溶性肥的氮、磷、钾比例可采用 30∶10∶10。

(4)6 月初，再施一次肥效为 6 个月的控释肥。可采用氮、磷、钾的比例为 20∶10∶10，控释肥的用量为 2.0～3.0g/L 基质。

(5)6 月初～8 月底，每 10～15 天用质量分数为 0.1%～0.15%的全水溶性肥料进行根部和叶面喷施 1 次。全水溶性肥的氮、磷、钾比例可采用 15∶30∶15。

(6)翌年 9～12 月，每 15～20 天用质量分数为 0.1%～0.15%的全水溶性肥料进行根部和叶面喷施 1 次。全水溶性肥的氮、磷、钾比例可采用 20∶10∶20。

七、茶花的修剪和整形

1. 修剪目的

茶花作为多年生观赏花卉，年年生长发枝，它的修剪整形是一项非常重要的栽培技术措施。合理的整形修剪可使树形美观，枝叶茂密，便于造型，有利于茶花的光照和通风，防止病虫害发生，调节营养生长与生殖生长的平衡，保证植株生长健壮，使养分更加集中，花朵开得更大。合理地修剪整形还有利于盆栽高大茶花的矮化，促使老弱的茶花恢复活力，修剪幼苗还能多发分枝。

2. 修剪时间

茶花一年四季都可以进行修剪整形。从季节上来说，冬季和春季都需要进行轻微修剪整形。如需要重剪或短截，最好在早春茶花未萌动发芽前进行。当然，还要根据各地区气候和植株生长习性而定。冬春季修剪整形利于茶花矮化、造型、复壮。花芽形成后或花芽膨大之前不要修剪，等到花蕾比较明显后才能进行修剪，起到疏蕾作用。

3. 修剪原则

先剪下部，后剪中部、上部；先剪树冠内，后剪树冠外。剪口部位不留残桩，剪口面要有 45°斜面。修剪部位应在叶芽以上 0.5～1.0cm 处，保留枝条向外的侧芽。不同树形采用不同的修剪方法。具体修剪案例见图 15.6。

八、病虫害防治

病虫害防治是茶花栽培过程中不可或缺的一项工作。在茶花的病虫害防治过程中必须遵循"预防为主，综合防治"的原则。

　　　（a）修剪前　　　　　　　　　　　　　　　　（b）修剪后

图 15.6　茶花修剪示例

（一）病害

1. 炭疽病

　　该病由赤叶枯刺盘孢菌侵染茶花叶片造成。这是茶花的主要病害，病症多出现于叶缘、叶尖和叶脉两侧。初现暗绿色斑纹，后逐渐扩大成不规则大斑，颜色由褐色变为黑色，严重时可扩散到整个叶片，引起大量落叶（图 15.7）。

图 15.7　炭疽病

防治措施：彻底清除病叶，冬季剪除病枯枝；在每年发病期前用杀菌剂预防，每半个月一次；加强栽培管理，科学除草施肥，在春季可增施磷肥、钾肥，如在叶片展开前喷施0.15%的磷酸二氢钾水溶液。

2. 枯枝病

枯枝病是由病原真菌侵染茶花嫩枝或老枝后引起的一种病害，主要发生在春季，受害枝条坏死，叶片由绿色变为淡黄色，从顶部向下逐渐干枯脱落，最后整个枝梢干枯死亡（图15.8）。

图15.8　枯枝病

防治措施：冬季剪除病枯枝、无用的不定芽和细弱枝，集中烧毁，减少病原菌的附生场所；带病植株隔离并烧毁；植株萌芽抽梢之前用甲基托布津、百菌清等杀菌剂进行预防；多施磷肥、钾肥，少施氮肥。

3. 根腐病

根腐病因土壤通气不良、根系感染病原真菌而引起。病株叶片变黄，梢尖干枯，叶片脱落，逐渐死亡，根系腐烂、变黑。

防治措施：清除病枝，集中销毁；改良基质透气性和透水性；发病植株用百菌清或甲基托布津等杀菌剂灌根；病情严重的植株集中销毁。

4. 花腐病

花朵感染该病后，花瓣基部出现棕褐色斑点，继续迅速扩大，使花朵变为褐色，直至枯萎。

防治措施：开花前用多菌灵或甲基托布津喷洒花蕾；摘除病花并烧毁。

5. 疮痂病

该病为真菌引起的病害，多发生在春末和秋季。主要表现为叶片背面有褐色块状突起，导致叶片枯黄掉落。

防治措施：预防为主，春季新梢萌发期多喷洒杀菌剂会有一定效果。

6. 灰斑病

主要表现为叶片先端和叶缘出现不规则褐斑，渐渐扩大，然后溃烂、萎缩、干枯，最后脱落。

防治措施：用 50%甲基托布津 800 倍液+灭病威 500 倍液、敌克松 800 倍液+70%代森锰锌 600 倍液、75%百菌清 600 倍液+50%多菌灵 600 倍液等配方交替喷施，效果明显。

7. 黄化病

春季发病较严重，叶片出现块状黄斑，逐渐变黄，最后叶片脱落，植株生长严重受阻。

防治措施：在春梢萌动前清除病枯枝，喷洒杀菌药剂。剪除病枝并烧毁。

(二) 虫害

1. 蚜虫

防治措施：在蚜虫发生盛期，用 50%磷胺乳剂 1000 倍液或 50%乐果乳剂 1000 倍液喷洒茶花植株，每 3～5 天喷洒一次，连续 3 次，可消灭蚜虫。

2. 介壳虫

防治措施：①人工防治，此虫大多数成群集中，可在发生周期数量不多时，直接在枝叶上压杀虫体；②药剂防治，在介壳虫孵化初期蜡质介壳未形成前，用杀介壳虫的药剂按要求进行喷洒，隔 7～10 天喷一次，连续 2～3 次。成虫体有蜡质，药剂喷洒效果较差，可采用软刷刷除，剪去虫枝，烧毁虫叶；③改善茶花的通风透光条件，抑制介壳虫的生长和繁殖。

3. 黑刺粉虱

防治措施：在冬季或早春把有虫枝和叶剪除并集中烧毁，以除虫源；在若虫孵化盛期，可用杀黑刺粉虱的药剂(如氧化乐果、杀螟松等)按要求进行喷洒，隔 7～10 天喷一次，连续 2～3 次，效果良好。

4. 红蜘蛛

防治措施：在高温干旱季节采取遮阴、降温和提高场地相对湿度的措施；发现个别叶片有红蜘蛛时，应及时摘除烧毁；较多的叶片有红蜘蛛时，连续喷洒 40%乐果或 50%氧化乐果 1000～1500 倍乳浊液，连续喷洒 2～3 次，可基本消灭若虫、成虫，但对虫卵无效。

九、茶花花期调控

茶花春末夏初为营养生长高峰期，6月初～8月进入生殖生长阶段，花蕾开始发育，之后经过几个月的生长，茶花集中在12月～翌年4月开放，其中大部分品种的花期在2～3月。市场上销售的茶花盆花主要集中在春节前1～2个月供应。目前，集中在春节期间上市的品种较少，主要有赤丹、烈香、克瑞墨大牡丹等早花品种。为配合国庆节、元旦、春节等节日，需要对盆栽茶花进行花期调控，使茶花提前开花，以供应节日花卉市场。

不同品种的茶花开花时间不同，对环境的感应也有所不同，所以要选择一些花期比较早的品种，并且保证有足够数量发育良好的花芽和商品性状良好的株型。在采取措施前必须根据不同品种制定严格的花期调控计划，才能保证开花整齐。

(一)茶花的花芽分化促成技术

要实现茶花的花期调控，首先必须有足够数量的优质花蕾。每一个幼芽的腋芽原始体，其顶端部分总是发育为叶芽，只有鳞片上的腋芽原始体可能发育为花蕾(图15.9)。茶花的花芽分化集中在6月初～8月，即集中在夏季。这段时间内日照逐渐延长，气温较高，气温越高花芽分化越早。具体的促进花芽分化的措施主要有以下几点。

(1)花芽形成时，应加强对山茶的施肥管理，在花芽分化，花蕾形成、壮大和开花前，应施磷肥或以磷肥为主的混合肥，能促使花芽分化，形成花蕾。一般来说，在花芽分化前期就应追施花芽肥，可采用氮、磷、钾质量比为15：30：15的水溶肥，每隔10～15天施一次，共施3～4次，以增加花蕾形成时所需要的养分，促进花芽分化。

(2)可适当加强光照，将光照度控制在50000～65000lx以促进花芽分化。

图15.9　茶花花芽分化

(3)茶花的花芽分化很大程度上受水分多寡的影响，虽然日常浇水应保证充足的水量，但经过间隔的短暂的干旱处理，能促使植株提前停止营养生长，转入夏季休眠或半休眠状态，从而分化出大量花芽。花芽分化关键期是夏天，正是茶花生长最旺盛的时期，需要勤浇水、多浇水。但是如果希望多开花、开好花，必须严格控制浇水，减少浇水的次数，由原先营养生长期一周 2～3 次减少为 1～2 次，让盆土略干，才能促进花芽分化，多结蕾。

(4) 对于一些幼龄植株或花芽分化困难的品种，也可采用植物激素进行化学调控。可于 3 月底在新梢抽出 3～5cm 时，叶面喷施 200～300mg/L 多效唑和矮壮素的混合液，每周一次，共喷施 4 次。

(二) 茶花的疏蕾

茶花具有多花性、长花期的特点，有些品种不仅花大，而且花多，瓣重而厚，花朵陆续开放，前后达 1～2 个月，甚至更长。要使茶花的花开得艳，而且能持续地开花，就必须疏蕾。如不疏蕾，任其全部开放，就会造成花小、色淡，不仅降低了观赏价值，而且消耗过多养分导致花蕾细小、落蕾，甚至影响植株的生长和来年的开花、萌芽、抽枝。

茶花的疏蕾应在 8 月以后，当花蕾长到黄豆粒大小时进行，能与叶芽明显地进行区分。花芽大而圆，叶芽小而尖。疏蕾时应根据植株的大小、强弱，花蕾的疏密，栽培者的不同需求和植株今后发育的趋势来考虑。大株可以少疏，小株可以多疏或全部摘掉，以利其生长；强壮的植株可少疏，瘦弱的植株可多疏或全部摘除，以利于开好花；以发株为目的的可多疏或全部摘除，以观赏为目的的可少疏或者不疏。

茶花的花蕾多聚生于树冠，以枝梢为最多，其次是接近枝梢的叶腋间，越到枝条的下面花蕾越少。从观赏的角度来说，每根枝条上宜留一个花蕾，其余的可全部摘除。摘蕾时，要多留枝条上部、中部的花蕾，多摘枝条下部的花蕾；要多留枝条外侧的花蕾，全部摘掉淹没在枝条之间或者枝条内侧的花蕾；枝条叶芽间有更多的花蕾，可挑选一个最健壮、最饱满的花蕾留着，其他的花蕾全部摘掉；要四面、上下或多或少地留一些花蕾，而不要集中于一面或者某根枝条上。如果希望观赏满树繁花，可留大小相同的花蕾，使其在同一个时期开花；如果希望陆续观花，则留大小悬殊的花蕾。

(三) 茶花的花期调控

影响茶花花期的主要因素为：①温度，温度高则开花早，持续时间短；温度低则开花晚，持续时间长。②光照，高山杜鹃花蕾开放之前每天最好能有 8 小时的光照，且光照度尽量控制在 50000～65000lx。③湿度，如果温度高，湿度低，茶花凋谢较快，开花时间短，反之则长。

不同品种茶花的开花时间不一样，催花的时间越长则花开得越早。为使花期提前，并在预定时间整齐开放，花蕾形成后需要对其进行冷藏处理，使其提前进入休眠期。茶花的花期调控具体可按以下步骤进行。

1) 催花温室准备

催花温室按常规安装遮阳网、加温设备、加光设备、加湿设备和灌溉设备，满足花期调控期间对不同温度、光照度和湿度的调控需求。

2) 茶花品种和适龄茶花的选择

根据客户和(或)市场需求的开花日期，在目标花期前两个月选择花期较早的品种，并且保证有足够数量发育良好的花芽和商品性状良好的植株。

3) 低温冷藏

要保证开花整齐，茶花必须有 1～2 个月的低温休眠期，可利用冷库来调节休眠时间。低温冷藏时间可根据不同的茶花品种和上市日期制订，一般来说，花期晚的品种要越早开花，需要进行低温休眠的时间就越久，应根据不同品种的特性制定严格的低温冷藏计划，强制茶花进入休眠状态。低温冷藏处理期间，用高压钠灯补光使光照度控制在 8000～10000lx，保持盆土湿润，保持冷库内空气相对湿度为 45%～55%（图 15.10）。

图 15.10　茶花花芽分化及冷藏处理

4) 缓苗处理

经低温休眠后的茶花，需要一个缓苗处理使其适应催花条件，缓苗处理时间为 7～10 天，缓苗处理期间，光照度控制在 20000～30000lx，温度控制在 10～18℃，空气相对湿度控制在 60%～80%，缓苗结束后，开始催花处理。

5) 催花处理

催花温室内的光照度、温度、水分管理如下。

（1）光照度。每天保证有 8 小时的光照度在 35000～55000lx，其余时间则为自然光。

（2）温度。白天温度控制在 20～28℃，晚上温度控制在 12～15℃。

（3）水分。空气相对湿度控制在 60%～85%；按照盆土"不干不浇、浇则浇透"的原则浇水，且每天叶面喷水一次。

上述催花处理 3～4 周，50%以上茶花开花，达到上市销售的商品盆花要求（图 15.11）。

图 15.11　茶花催花过程

6) 组盆

"人靠衣装花靠盆"，花卉卖的就是"眼球经济"，要达到最佳的观赏效果，可挑选合适的盆对商品茶花进行组盆，从感官上大幅提升美感(图 15.12)。

图 15.12　茶花组盆效果

参 考 文 献

高继银，苏玉华，胡羡聪，2007. 国内外茶花名种识别与欣赏[M]. 杭州：浙江科学技术出版社.

刘伟，余宏军，蒋卫杰，2006. 我国蔬菜无土栽培基质研究与应用进展[J].中国生态农业学报，14(3)：4-7.

游慕贤，张乐初，陈德松，2004. 茶花[M]. 北京：中国林业出版社.

张世超，陈少雄，彭彦，2006. 无土栽培基质研究概况[J]. 桉树科技，23(1)：49-54.

第十六章 大丽花无土栽培

第一节 切花大丽花无土栽培

一、大丽花的概况

大丽花（*Dahlia pinnata* Cav.）为菊科大丽花属多年生球根花卉，又名大丽菊、大理菊、天竺牡丹、西番莲、洋芍药、地瓜花、红苕花等。而 *Dahlia* 这一属名，是由著名的瑞典植物分类学家安德烈·达尔（Andrea Dahl）教授命名的，在瑞典语里，它表示"来自山谷"。大丽花原产于中美洲的墨西哥、危地马拉及哥伦比亚一带，现世界各地广为栽培。

大丽花色彩丰富艳丽，花形千姿百态，可与国色天香的花中之王牡丹媲美，而且从夏到秋花开连绵不绝，广受欢迎。大丽花作为世界名花之一，不仅具有极高的观赏价值，而且易于繁殖与栽培，应用范围广泛，既可盆栽又可地植，高秆的品种还可用作切花。此外，其块根内还含有"菊糖"，在医药上有与葡萄糖相似的功效，并能入药，有清凉解毒、消肿的作用。因此大丽花不仅可赏，而且可用，尽管是舶来品，却丝毫不逊于我国的传统名花。

二、大丽花的主要原种与品种分类

（一）主要原种

大丽花全属约有 15 种，大多分布于海拔 1500m 以上的高原地区。

1. 大丽花

大丽花原产墨西哥，系现代园艺品种中单瓣型、小球型、圆球型、装饰型等品种的原种，也是装饰型、半仙人掌型、芍药型等品种的亲本之一。株高为 1.5～2.0m。茎直立，圆柱形，多分枝，平滑，具白粉。叶对生，一回或二回羽状深裂，顶端裂片卵形，叶缘具波状锯齿；表面为深绿色，背面为深灰色；叶轴稍有翼。头状花序直立或下垂。花单瓣或重瓣。花径为 7～8cm。花色为绯红色，园艺品种有红色、白色、紫色。染色体为 2n=64。

2. 红大丽花

红大丽花原产墨西哥，系部分单瓣大丽花品种的原种。株高为 1.0～1.5m，形态与大丽花相似，唯有植株较小。茎细，被白粉。叶对生，二回羽裂，裂片较窄，叶缘具有尖锐锯齿；叶轴有狭翼或无翼。花单瓣，舌状花 1 轮 8 枚，平展，花径为 7～11cm。花为深红色，园艺品种有白、黄、橙、紫等色。染色体为 $2n=32$。

3. 卷瓣大丽花

卷瓣大丽花原产墨西哥，系仙人掌型的原种，也是不规整装饰型和芍药型的亲本之一。株高约为 1.5m。茎为灰色带绿晕。叶一回羽状全裂，裂片宽而扁平，具粗锯齿。花为红色，有光泽，重瓣或半重瓣；舌状花边缘向外反卷呈尖长的细瓣。花径为 18～22cm。卷瓣大丽花为天然杂种四倍体。

4. 麦氏大丽花

麦氏大丽花又名矮生大丽花。原产墨西哥，系单瓣型和仙人掌型大丽花的原种，不易与其他种杂交。株高为 0.6～0.9m。茎细，多分枝且开展。叶二回羽状全裂，顶端裂片长与宽近相等，边缘具少数齿牙状锯齿或不明显的锯齿。花瓣为圆形，堇色。花径为 2.5～5.0cm，花梗长。染色体为 $2n=36$。

5. 树状大丽花

树状大丽花原产墨西哥。株高为 1.8～5.4m，茎多节，上部中空，下部在秋季木质化，呈四角形至六角形。叶二至三回羽状深裂，先端裂片卵形，两端尖狭，叶缘锯齿内曲。花大而下垂，花径为 10.0～17.5cm。舌状花 8 枚，披针形，先端甚尖，花为白色，有淡红紫晕，中心管状花为橙黄色。染色体为 $2n=32$。

(二)品种分类

大丽花品种繁多，且不断增加，因而在栽培管理中对其进行分类非常重要，也有利于品种的识别和推广交流。由于大丽花的花型富于变化，所以各国各地区的分类方法有所不同，至今仍无统一方案。多数国家和地区以植株高度、花径大小、花色、花型为主要依据进行分类，其中又以花型分类居多。

1. 依花型分类

1) 英国皇家园艺学会(Royal Horticultural Society，RHS)分类法

1924 年英国皇家园艺学会将大丽花花型分为 16 种：①白头翁型；②仙人掌型：单瓣仙人掌型、半重瓣仙人掌型、重瓣仙人掌型；③山茶型；④领饰型；⑤球型；⑥单瓣型；⑦星型；⑧小花装饰型；⑨小花牡丹型；⑩装饰型；⑪矮仙人掌型；⑫矮装饰型；⑬矮牡丹型；⑭牡丹型；⑮小球型；⑯矮单瓣型。

2）美国大丽花协会与美国中部州大丽花协会共同制定的正式分类法

1959 年由美国大丽花协会（American Dahlia Society，ADS）与美国中部州大丽花协会（Cetral States Dahlia Society，CSDS）共同制定，将大丽花花型分为 14 种：①单瓣型；②矮生型；③兰花型；④白头翁型；⑤领饰型；⑥牡丹型；⑦仙人掌型；⑧半仙人掌型；⑨整齐装饰型；⑩不整齐装饰型；⑪球型；⑫小型大丽花；⑬小球型大丽花；⑭矮大丽花。

2002 年，美国大丽花协会对大丽花进行了较系统的分类，根据花型分为：①整齐装饰型；②不整齐装饰型；③裂瓣仙人掌型；④直瓣仙人掌型；⑤曲瓣仙人掌型；⑥穗型；⑦球型；⑧微球型；⑨绣球型；⑩星型；⑪水仙型；⑫牡丹型；⑬托挂型、银莲花型；⑭领饰型；⑮单瓣；⑯矮生型；⑰环领型；⑱复瓣环领型。

2006 年，美国大丽花协会在 2002 年大丽花分类的基础上，又增加了兰花型和环领型两种类型，其他分类标准没有改变。

3）世界大丽花协会（The National Dahlia Society，NDS）分类方法

世界大丽花协会根据花型将大丽花分为：①单瓣型；②银莲花型；③领饰型；④水仙型；⑤装饰型；⑥球型；⑦绣球型；⑧仙人掌型；⑨裂瓣仙人掌型；⑩混合型；⑪毛毡型；⑫单兰花型（星型）；⑬双兰花型。

4）国内常见的花型分类方法

我国目前无统一规范，就常见的介绍如下。①单瓣型。花露心，舌状花 1～2 轮，花瓣稍重合，花朵较小，结实性强。②复瓣型。舌状花 3～8 轮，花露心，中央管状花很少瓣化，外轮花宽阔不卷曲。③圆球型。舌状花多轮，大小近似，花瓣呈卵圆形，外轮向后翻卷，不露心，花中心较密，花瓣排列整齐，全花呈圆球形或半圆球形。如红玉镶金、出水芙蓉、朱砂玉等。④菊花型。花瓣狭长，瓣尖带钩，排列整齐，不露心，花较大，如白菊、墨菊等。⑤荷花型。花瓣卵形宽大，平展微内凹，排列整齐，花型中等，不露心，貌似睡莲，如金兔戏荷、银锁莲峰等。⑥装饰型。舌状花多轮，重叠排列呈重瓣花，不露花心，色彩丰富，多复色，大花品种居多。舌状花为平瓣，排列整齐者称"规整装饰型"；若舌状花稍卷曲，排列不甚整齐者称"不规整装饰型"，如花好月圆、丛中笑等。⑦托桂型。外瓣舌状花 1～3 轮花瓣平展，卵形；筒状花发达突起呈管状。花心花瓣紧凑，花心明显。如青山玉珠等。⑧蟹爪型。花瓣较长，向外对折，纵卷而扭曲，不露心。如蟹爪黄等。⑨仙人掌型。花瓣狭长，似披针形，多纵卷呈管状，以披针形向四周伸，花瓣间隙较大，多为大花品种，依舌状花形状又分为直瓣仙人掌型（舌状花狭长，多纵卷呈筒状，向四周直伸）、曲瓣仙人掌型（舌状花较长，边缘向外对折，纵卷而扭曲，不露花心）、裂瓣仙人掌型（舌状花狭长，纵卷呈筒状，瓣端分裂呈 2～3 轮深浅不同的裂片）三种。⑩绣球型。又名小球型、蜂窝型，花部结构与球型相似，唯花径较小，不超过 6cm，舌状花均向内抱蜂窝状，花色较单纯，花梗坚硬，宜作切花，如状元红、红波涛等。⑪牡丹型。舌状花 3～4 轮，平滑扩展，相互重叠，排列稍不整齐，露心，如粉牡丹、桃花牡丹等。

2. 依植株高度分类

我国通常将大丽花株高分为五级。①高大型品种，株高在 2.0m 以上。②高型品种，株高在 1.5～2.0m。③中型品种，株高在 1.0～1.5m。④矮型品种，株高在 0.5～1.0m。⑤极矮品种，株高在 0.5m 以下。

3. 依花色分类

1) 美国大丽花协会依花色分类法

2002 年，美国大丽花协会根据花色将大丽花分为以下类型：①白色；②黄色；③橘黄色；④粉红色；⑤深粉红色；⑥红色；⑦深红色；⑧淡紫色；⑨紫色；⑩淡混合色；⑪青铜色；⑫火焰色；⑬深混合色；⑭杂色；⑮双色。

2) 我国依花色分类方法

大丽花颜色丰富，并且随着日照强度、昼夜温差的不同而有所变化。我国是以北方地区 9 月露地栽培时所开花朵颜色为准，按照我国花卉颜色的习惯方法进行分类。若有中间色的，名称中主色放在后，如粉红色、紫红色、黄白色等，并将其归于该主色系；复色系指花瓣正面由占 1/3 以上的两种或两种以上截然不同的颜色组成。①红色系，如红光、美丽红等；②白色系，如冰盘、白菊等；③粉色系，如粉牡丹等；④黄色系，如黄光辉等；⑤紫色系，如紫风雪等；⑥墨色系，如墨菊等；⑦复色系，如不夜城等。

4. 依花朵直径分类

1) 美国大丽花协会依花朵直径分类方法

2002 年，美国大丽花协会根据花朵直径将大丽花分为 9 种。①巨大花型，花朵直径大于 25.4cm。②大花型，花朵直径在 20.3～25.4cm。③中等花型，花朵直径在 15.4～20.3m。④小花型，花朵直径在 10.2～15.4m。⑤微小花型，花朵直径小于 10.2cm。⑥球型，花朵直径大于 8.9cm。⑦微球型，花朵直径在 5.0～8.9cm。⑧丝球型，花朵直径为 5cm。⑨小单瓣花型，花朵直径为 5cm。

2) 我国依花朵直径分类方法

①大花品种，花朵直径在 30cm（含 30cm）以上，如状元红等。②中花品种，花朵直径在 20～30cm，如端头桃红等。③小花品种，花朵直径在 10～20cm（含 20cm），如红绢等。④迷你品种，花朵直径在 10cm 以下，主要指一些小丽花的品种，适合作花坛、花境和盆栽。

5. 依开花时间分类。

按花期分为三类。①早花品种，自扦插到初花需 120～135 天，如观止、粉狮、深沙、石榴红、红狮玉雪。②中花品种，自扦插到初花需 135～150 天，如白露、红旗、白雪公主等。③晚花品种，自扦插到初花需 150～165 天，如宇宙、武藏、红杏山庄、胭脂点玉等。

三、切花栽培品种

大丽花品种丰富，是全世界品种最多的花卉之一。切花大丽花品种应具有以下几个特点：①植株生长健壮，株型高大，直立挺拔，高度在 80cm 以上。②花枝粗壮、直立坚硬。③花色艳丽、花型优美，最好为重瓣。④花大小适中，花头朝向直立向上。⑤瓶插期长，花朵开放缓慢，花颈不易弯曲。⑥抗逆性强。

目前我国大丽花品种多引自荷兰，品种繁多但较为混乱，且大多用于盆栽或庭院种植，用于切花种植是近年新兴起来的，缺少较为稳定的主栽品种。伯尼之塔、阳光男孩、桑德拉、爱丁堡、戴安娜的记忆、扬帆、韦帕、长野、罗塞拉等品种均可以用于切花生产。

四、生长习性

大丽花原产于北纬 15°～20°，海拔 1500m 以上的墨西哥、危地马拉等亚热带高原地带。原产地日照充足、气候温暖、环境湿润，使其具备不耐寒、忌暑热，喜干燥、凉爽，要求阳光充足、通风良好，喜富含腐殖质、排水良好的砂质土壤，忌积水等生理特性。

(一)温度

大丽花性喜凉爽，在生长期内对温度要求不严，一般在 5～35℃均可正常生长，但以 10～25℃最为适宜。昼夜温差在 10℃以上的地区，生长开花更为理想。夏季温度高于 30℃则生长不正常，开花少。冬季温度低于 0℃易发生冻害。块茎贮藏以 3～5℃为宜。华北地区 9 月是大丽花盛开的季节。7～8 月为雨季，雨水多，湿度高，温度高，大丽花发育不良且花色不艳。大丽花不耐寒，如遇轻霜，在背风向阳的小气候条件下则能照常开花。但若遇重霜，茎叶立即枯萎，花朵凋零。

(二)水分

大丽花对水分比较敏感。其不耐干旱又怕积水，干旱时叶易萎缩变黄，过湿易徒长，积水则肉质块根易腐烂。但其枝叶繁茂，蒸发量大，又需要较多水分。如果缺水萎蔫后不能及时补充水分，再受到阳光光照射，轻者叶片边缘枯焦，重者基部叶片脱落。因此，浇水要掌握"干透浇透"的原则。一般生长前期的小苗阶段，需水量有限，晴天可每日浇一次，以保持土壤稍湿润为度，太干太湿均不合适；生长后期，枝叶茂盛，耗水量较大，尤其是在晴天或吹北风的天气，中午和傍晚容易缺水，应适当增加浇水量，还可叶面喷水，增加空气湿度，利其生长。

(三)光照

大丽花喜阳光充足，若长期放置在荫蔽处则生长不良，根系衰弱，叶薄茎细，花小色淡，甚至不能开花。只有将其栽种在阳光充足处，每日光照在 6h 以上，才能使植株生长健壮，开出鲜艳、硕大、丰满的花朵。若每天日照少于 4h，则茎叶分枝和花蕾形成会受到一定影响，若是阴雨寡照，则开花不畅，茎叶生长不良，易患病。

（四）土壤

大丽花适于在中性（pH 为 6.5～7.5）、排水好和保水性能强的腐叶土/泥炭土和培养土的混合土壤中种植。

五、繁殖方法

大丽花的繁殖方法有扦插、分株繁殖，也可嫁接、组培或播种繁殖。播种繁殖多用于育种，切花生产以扦插和组培繁殖为主。

扦插繁殖一年四季皆可进行，但以早春扦插最好。2～3 月，将块根置于温室内屯苗催芽（即在块根上覆盖沙土或腐叶土，每天浇水保持室温，白天为 18～20℃，夜晚为 15～18℃），待新芽高至 6～7cm，基部一对叶片展开时，剥取扦插。也可留新芽基部一对叶以上处切取，待以后生长留下的一对叶腋内腋芽伸长 6～7cm 时，又可切取扦插，这样可以继续扦插到 5 月为止。保持室温白天为 20～22℃，夜间为 15～18℃，2 周后生根，便可分栽。春插苗不仅成活率高，而且经夏秋充分生长，当年即可开花。6～8 月初可自成长植株上取芽，进行夏插，成活不及春插。9～10 月以及冬季均可扦插并于温室内培养，但成活率均不如春插而略高于夏插。

在生产中，为了在短期内获得大量的植株，常采用组培繁殖。以大丽花茎尖为材料，用洗衣粉清洗表面后用流水冲洗干净，然后在超净台上用 75%乙醇灭菌 30s，再用 0.1%HgCl$_2$（滴加吐温 1～2 滴）灭菌 10～15min，无菌水冲洗 3～5 次，用无菌滤纸吸干水分后接种至诱导培养基 MS+6-BA2.0mg/L+NAA0.1mg/L 中，其中蔗糖为 3%，琼脂为 6～7g/L，pH 为 5.8。于光照度 2000lx、温度 25℃±2℃条件下培养 30～40 天即可诱导出芽，然后接种于相同培养基进行继代培养。待扩繁至所需数量后，取 2～10cm 丛生芽接种于生根培养基 MS+NAA0.1mg/L 中，其中蔗糖为 3%，琼脂为 6～7g/L，pH 为 5.8。10～15 天生根即可出瓶。

六、切花大丽花无土栽培基质及营养液配制方法

（一）大丽花无土栽培基质配制与处理

切花大丽花的无土栽培多采用栽培床进行基质栽培，栽培基质通常采用陶粒、泥炭、蛭石、砻糠、珍珠岩、河沙、锯木屑、炉渣等，多采用混合基质。基质 pH 为 6.5～7.5、通透排水、富含腐殖质均可，如蛭石、锯木屑、沙按体积比 4∶4∶2 配制或者炉渣、泥炭、碳化稻壳按体积比 3∶4∶3 配制。

无土栽培基质在使用前要进行消毒处理，常用的消毒方法有蒸汽消毒、化学试剂消毒和太阳能消毒。蒸汽消毒比较安全，但是成本较高。化学试剂消毒成本较低，但会污染环境。太阳能消毒是一种安全廉价、简单实用的方法。通常在夏季高温或者温室休闲季节，将基质集中堆放，用水将基质喷湿，然后用塑料薄膜覆盖，暴晒 10～15 天，即可达到消毒目的。

（二）大丽花无土栽培营养液配制及处理

营养液是将含有植物生长发育必需的各种营养元素的化合物和少量使某些营养元素的有效性更长的辅助材料，按一定的数量和比例溶解于水中配制而成的溶液。无土栽培主要是靠营养液提供植物所需的养分和水分。无土栽培的成功与否，在很大程度上取决于营养液配方和浓度是否合适，以及营养液管理是否能够满足植物不同生长阶段的需求。因此，营养液是无土栽培的核心部分。不同植物对养分浓度的要求不同，对绝大多数植物来说，所需的养分质量浓度在 2g/L 左右比较适合，营养液的浓度变化与最适浓度之间的差值不能太大，超出根系选择性吸收能力的范围，就会抑制植物生长。因此设计科学、合理的营养液配方是无土栽培成功的关键。

关于营养液配方，自 1865 年克诺普创始后，学术界发表了大量的营养液配方，典型的配方有 Hoagland（1920）、White（1934）、春日井新一郎（1939）、Tumanov 等（1960），其中以美国 Hoagland 研究的配方最为有名，被世界各地广泛采用，后人参照其配方，在使用中进行了研究和调整，从而演变出许多适用于不同植物和栽培条件的配方。目前尚无大丽花的专用营养液配方，现将一些通用型营养液的配方介绍如下。

（1）Knop（1865）古典通用营养液配方见表 16.1。

表 16.1　Knop 古典通用营养液配方

药品名称	化学式	用量/(mg/L)	元素	元素含量/(mmol/L)
四水硝酸钙	$Ca(NO_3)_2 \cdot 4H_2O$	1150	氮（硝态氮）	11.7
磷酸二氢钾	KH_2PO_4	200	磷	1.47
七水硫酸镁	$MgSO_4 \cdot 7H_2O$	200	钾	3.43
			钙	4.88
			镁	0.82
			硫	0.82
合计		1550		

注：当代仍在用。

（2）Hoagland 和 Snyde（1933）通用营养液配方见表 16.2。

表 16.2　Hoagland 和 Snyde 通用营养液配方

药品名称	化学式	两种配方用量/(mg/L)		元素		两种配方元素含量/(mmol/L)	
		1	2			1	2
四水硝酸钙	$Ca(NO_3)_2 \cdot 4H_2O$	1180	945	氮	铵态氮		1.0
硝酸钾	KNO_3	506	607		硝态氮	15.0	14.0
磷酸二氢钾	KH_2PO_4	136		磷		1.0	1.0
磷酸二氢铵	$NH_4H_2PO_4$		115	钾		6.0	6.0
七水硫酸镁	$MgSO_4 \cdot 7H_2O$	693	493	钙		5.0	4.0
				镁		2.0	2.0
				硫		2.0	2.0
合计		2515	2160				

注：世界著名配方，用 1/2 剂量较妥。

（3）Rothamsted 通用营养液配方见表 16.3。

表 16.3　洛桑通用营养液配方

药品名称	化学式	三种配方用量/(mg/L)			元素		三种配方元素含量/(mmol/L)		
		A(pH=4.5)	B(pH=5.5)	C(pH=6.2)			A	B	C
硝酸钾	KNO_3	1000	1000	1000	氮	铵态氮			
磷酸二氢钾	KH_2PO_4	450	400	300		硝态氮	9.89	9.89	9.89
磷酸氢二钾	K_2HPO_4	67.5	135	270	磷		3.7	3.72	3.75
七水硫酸镁	$MgSO_4 \cdot 7H_2O$	500	500	500	钾		14.0	14.4	15.2
二水硫酸钙	$CaSO_4 \cdot 2H_2O$	500	500	500	钙		2.9	2.9	2.9
					镁		2.03	2.03	2.03
					硫		2.03·	2.03	2.03
合计		2517.5	2535	2570					

注：英国洛桑(Rothamsted)实验站配方(1952 年)，用 1/2 剂量较妥。

（4）Hewitt 和 Bolle-Jones(1952)通用营养液配方见表 16.4。

表 16.4　Hewitt 和 Bolle-Jones 通用营养液配方

药品名称	化学式	用量/(mg/L)	元素	元素含量/(mmol/L)
四水硝酸钙	$Ca(NO_3)_2 \cdot 4H_2O$	1181	氮(硝态氮)	15.0
硝酸钾	KNO_3	505	磷	1.33
七水硫酸镁	$MgSO_4 \cdot 7H_2O$	369	钾	5.0
磷酸二氢钠	$NaH_2PO_4 \cdot 2H_2O$	160	钙	5.0
			镁	1.5
			硫	1.5
合计		2215		

注：英国著名配方，用 1/2 剂量较妥。

（5）英国 Cooper(库珀)推荐 NFT 通用营养液配方见表 16.5。

表 16.5　英国 Cooper 推荐 NFT 通用营养液配方

药品名称	化学式	用量/(mg/L)	元素		元素含量/(mmol/L)
四水硝酸钙	$Ca(NO_3)_2 \cdot 4H_2O$	1062	氮	铵态氮	
硝酸钾	KNO_3	505		硝态氮	14.0
磷酸二氢钾	KH_2PO_4	140	磷		1.03
七水硫酸镁	$MgSO_4 \cdot 7H_2O$	738	钾		6.03
			钙		4.5
			镁		3.0
			硫		3.0
合计		2445			

注：用 1/2 剂量较妥。

(6)法国国家农业研究所普及 NFT 营养液配方见表 16.6。

表 16.6　法国国家农业研究所普及 NFT 营养液配方

药品名称	化学式	用量/(mg/L)	元素		元素含量/(mmol/L)
四水硝酸钙	$Ca(NO_3)_2 \cdot 4H_2O$	732	氮	铵态氮	2.0
硝酸钾	KNO_3	384		硝态氮	12.0
硝酸铵	NH_4NO_3	160	磷		1.1
磷酸二氢钾	KH_2PO_4	109	钾		5.2
磷酸氢二钾	K_2HPO_4	52	钙		3.1
七水硫酸镁	$MgSO_4 \cdot 7H_2O$	185	镁		0.75
氯化钠	$NaCl$	12	硫		0.75
合计		1634			

注：法国代表配方，通用于好中性植物。

(7)日本园试配方通用营养液配方见表 16.7。

表 16.7　日本园试配方通用营养液配方

药品名称	化学式	用量/(mg/L)	元素		元素含量/(mmol/L)
四水硝酸钙	$Ca(NO_3)_2 \cdot 4H_2O$	945	氮	铵态氮	1.33
硝酸钾	KNO_3	809		硝态氮	16.0
磷酸二氢铵	$NH_4H_2PO_4$	153	磷		1.33
七水硫酸镁	$MgSO_4 \cdot 7H_2O$	493	钾		8.0
			钙		4.0
			镁		2.0
			硫		2.0
合计		2400			

注：日本著名配方，用 1/2 剂量较妥。

七、切花栽培管理

(一)苗期管理

扦插苗生根后或者组培苗过渡(通常 1 个月)成活后，即可移栽。移栽前施足基肥，栽植密度依品种而定，一般为 30cm×40cm，高大品种的株行距宜大，反之宜小。移栽后立刻浇透水，注意通风，加强光照、温度、湿度管理。

(二)成品期管理

1)整枝修剪

多本式栽培应在主干高 15～20cm 时，留 2～3 节摘心，使其发生 2 对侧枝，可形成

4 枝花枝。也可做两次摘心，每一侧枝再分生一对侧枝。每株保留花枝数量依品种特性及栽培要求而定，通常大型花品种可留 4～6 枝，中小型花品种留 8～10 枝。及时清除无用侧枝及侧蕾。

2) 拉网

切花大丽花要求茎秆挺直，但切花大丽花植株高大、花头沉重而易倒伏。因此，当植株高 20～25cm 时，应及时拉网支撑，以防止因植株倒伏使茎秆弯曲而影响质量。一般用 2～3 层网支撑。

3) 肥水管理

大丽花喜肥，除了在栽植前施足基肥外，还需在孕蕾前、初花期、盛花期追肥 2～3 次。保持土壤湿润，注意排水防涝。

八、病虫害防治

(一) 大丽花主要病害

1. 病毒病

1) 症状

大丽花病毒病有多种，主要有花叶型、矮缩型和环斑型三种。花叶型叶片细小，出现淡绿与浓绿相间花叶或浅黄斑点，严重的叶片变为斑驳，沿中脉及大的侧脉形成浅绿带，即"明脉"。矮缩型植株矮小、朽住不长。环斑型叶上生有环状斑是该病典型症状。在田间临近花期染病的植株，到下一年花叶及矮缩现象出现以前可一直处于隐症。6～9 月发生，发病重的病株率为 20%～30%，严重的可高达 50%～80%，影响观赏。

2) 病原

主要有黄瓜花叶病毒、烟草花叶病毒、大丽花花叶病毒、番茄斑萎病毒。

黄瓜花叶病毒寄主范围较窄，经人工测定的 34 种植物中，仅能侵染 4 科 15 种，局部侵染甜菜、蚕豆等，系统侵染黄瓜、心叶烟、珊西烟、白烟及矮牵牛等。其钝化温度为 70℃以上，体外存活期为 2 天，经桃芽以非持久方法传毒，病毒呈立体球形，大小为 27mm。

烟草花叶病毒呈立体杆状，大小为 300mm×18mm。钝化温度为 80℃，体外存活期为 8 天以上，该病毒经枝叶接触传染，蚜虫不传毒。

大丽花花叶病毒在电镜下粒体呈球形，大小为 47～48nm，在感病植物细胞内有球形或卵球形内含体。

番茄斑萎病毒粒体呈扁球形，直径为 80～96cm，易变形，具包膜，存在于内质网和核膜腔里，有的具尾状挤出物，质粒含 20%类脂、7%碳水化合物、5%RNA。致死温度为 40～46℃，时间为 10min，体外存活期为 3～4h，可系统侵染大丽花、百日草、番茄、辣椒、心叶草、莴苣等。番茄斑萎病毒主要引起环斑型症状。

此外，从大丽花上还检测到烟草环斑病毒、番茄环斑病毒、烟草脆裂病毒及马铃薯 Y 病毒。

3）发病规律

系统性侵染，块根带毒是主要侵染源，蚜虫传播、汁液接触都是生长期病害蔓延的主要原因，此外嫁接也可传播。

4）防治方法

发病重的地区不宜用块根作繁殖材料，块根上的芽也不能作扦插材料。发病不重的地区发现病株及时拔除，可减少病源。花叶型、矮缩型病毒出现频率高的地区要注意防治蚜虫、叶蝉、蓟马、玉米螟等，必要时采取播种法，温室提早育苗，发病率明显降低。番茄斑萎病毒具有不易接触植株生长点的特点，采用茎尖脱毒的方法获取无病毒苗，可取得明显防效。药剂防治：喷洒 40%氧化乐果乳油 1500 倍液或 10%吡虫啉可湿性粉剂 1500 倍液或 50%马拉硫磷、20%二嗪农、70%灭蚜松各 1000 倍液灭虫防病。必要时喷洒 7.5%克毒灵水剂 700 倍液或 3.85%病毒比克可湿性粉剂 700 倍液均有效。

2. 白粉病

（1）症状。大丽花白粉病 9～11 月发病严重，高温高湿会助长病害发生。危害叶片、嫩茎、花柄、花芽。最初在叶背面出现褪绿黄斑点，后逐渐扩大为白粉状斑（即分生孢子），以致蔓延到全叶片及全株叶片上。被害的植株矮小，叶面凹凸不平或卷曲，嫩梢发育畸形。秋后在白粉上长出小黑点。花芽被害后不能开花或只能开出畸形的花。严重时可使叶片干枯，甚至整株死亡。

（2）病原。病原为真菌，蓼白粉菌和菊科白粉菌，均属子囊菌门真菌。前者子囊果大小为 60～139μm，附属丝多，呈菌丝状。子囊为 3～10 个，呈长卵形或椭球形，大小为（49～82）μm×（19～53）μm；子囊孢子为 3～6 个，个别为 2 个或 8 个，大小呈（17～33）μm×（14～17）μm。无性态为白粉粉孢霉，分生孢子单个顶生，呈长圆形，大小呈（27～33）μm×（14～27）μm。自然条件下见到的多为无性态。

（3）发病规律。以菌丝体越冬，翌年温度上升至 18～25℃时，空气湿度高于 70%，菌丝体开始生长，产生大量的分生孢子，借风雨传播，在环境条件适宜时，在大丽花上萌发菌丝，以后又产生大量分生孢子进行再侵染。

（4）防治方法。温室栽培时，要控制温度、湿度，注意适时通风，株行距不要过密。加强养护，使植株生长健壮，提高抗病能力。控制浇水，增施磷肥。在发病初期，及时清除病叶，将病株隔离治疗。在发病季节，每 7～10 天喷洒一次 1000 倍液 5%代森锰锌，或 800 倍液 20%三唑酮，或 70%甲基托布津 1000 倍液。连续防治三次。

3. 灰霉病

（1）症状。花部易受侵害变褐，进而发生软腐，重者花蕾不能开放，上生灰色霉状物（病原菌子实体）。因此，灰霉病也称花腐病。叶上发病，则发生近圆形至不规则形大病斑，病斑常发生于叶缘，淡褐色至褐色，有时显轮纹，水渍状，湿度大时长出灰霉。茎部病斑为褐色，呈不规则状，严重时茎软化而折倒，为大丽花的主要病害。

（2）病原。灰葡萄孢，属半知菌亚门。分生孢子梗细长、分枝，有时近顶部呈二叉状，在短梗上生有分生孢子单细胞，卵圆形，通常产生黑色、不规则的菌核。

（3）发病规律。病菌以菌丝体或菌核在病株上或随病株残体留在土壤中越冬，菌核在适宜条件下长出分生孢子梗，产生分生孢子，引起次侵染。病斑上产生的分生孢子依靠风雨传播，引起载体侵染。当连续几天阴雨连绵、气候潮湿时，灰霉病开始发生，土壤温度低或植株通风不良的地方灰霉病十分猖獗。7～9 月阴雨连天时发病重，病菌寄主范围广泛。

（4）防治方法。由于灰葡萄孢有寄生性也有腐生性，要及时将病花、病叶、病茎剪去，集中烧掉。秋季或早春要彻底清除病残体，以减少侵染来源。及时将病花、病叶剪除深埋。实行轮作，或换用无病菌新土。加强栽培管理，避免栽植过密，以利通风透光。浇水时不要向植株淋浇，以免水滴飞溅传播病菌，雨后注意排除积水。药剂防治：喷洒 1∶0.5∶100 倍式波尔多液或 50%扑海因可湿性粉剂 1000 倍液、65%甲霜灵可湿性粉剂 1500 倍液、40%施佳乐悬浮剂 1200 倍液、80%代森锰锌可湿性粉剂 800 倍液和 43%戊唑醇悬浮剂 4000 倍液，隔 10 天喷一次，连喷 3～4 次即可。

4. 花枯病

（1）症状。花冠发病。在花瓣顶端的部分呈淡褐色，发生圆形或近圆形的斑点，接着在花瓣扩展，花瓣从发病处枯萎，逐渐变褐枯死。外侧花冠发病向内侧花冠发展，导致腐烂花瓣下垂，病花残体上生存的病菌是病害的侵染来源。

（2）病原。花枯锁霉，属半知菌类真菌。该菌菌丝的一些细胞形成小梗，着生不对称无色芽孢子，有力地发射，菌丝常形成锁状融合。

（3）发病规律。在病花或病花残体上生存的菌丝是该病侵染源。病菌在 5～25℃均可生长，最适温度为 20～25℃，重瓣大型花易发病，秋季多雨发病重。

（4）防治方法。温室栽培时，注意通风降低室内湿度，增施磷钾肥，保证充足的氮素营养，提高植株的抗病力。发现病叶、病果及时摘除销毁或深埋。药剂防治：在发病初期可用 70%代森锰锌可湿性粉剂 500 倍液、75%百菌清可湿性粉剂 600 倍液，或 50%扑海因可湿性粉剂 1000 倍液、40%灭菌丹或 50%克菌丹可湿性粉剂 400 倍液、64%杀毒矾可湿性粉剂 400～500 倍液进行喷雾。每亩喷药液 50～60kg，每 7 天喷一次，连续 4～5 次。

5. 白绢病

（1）症状。植株基部发生湿腐，初为褐黑色，以后产生白色绢丝状菌丝体，并形成油菜籽大小的菌核。

（2）病原。齐整小核菌，属半知菌亚门。菌丝为白色，疏松或集结成线形而紧附于基物上，形成菌核，菌核小而齐整，初期为白色，后变成黄褐色，内部为灰白色。

（3）发病规律。病菌以菌丝体和菌核在土壤中和植株残体中存活多年，从植株根颈部侵害寄主。病菌寄主广泛，鸢尾、兰花、芍药、除虫菊、桃、梨等也常被侵害，引起猝倒、根腐、基腐和果腐。

（4）防治方法。拔除病株，在病穴撒布石灰。发病初期用 50%甲基托布津 WP500 倍液或 50%多菌灵 WP500 倍液浇灌病株茎基部，隔 7～10 天再浇灌一次。

6. 细菌褐斑病

（1）症状。主要危害叶片，出苗后 1 个月植株下部染病时，在叶片上生圆形或不规则圆形褐色病斑，大小为 1～5mm，严重的扩至半叶以上，病叶从下向上枯萎下垂，块根生长缓慢，分生受抑制，开花小且少，花柱早衰，严重时植株枯死。

（2）病原。细菌。菌体直或微弯，杆状，极生一根鞭毛。革兰氏染色阴性，氧化酶阴性，过氧化氢酶阳性，严格好气，代谢为呼吸型。生长最适温度为 24℃，细菌生长很慢。该菌有时产生丝状细胞，无黄单胞菌色素，脲酶反应呈阳性，能利用酒石酸盐。这种细菌主要寄生在木质部。

（3）发病规律。该菌在病叶、病枝中越冬，翌年春天遇水从病部溢出，通过遇水飞溅传播，高温、高湿、多雨利于该病发生和扩展。栽培管理不当、偏施氮肥易发病。

（4）防治方法。秋末冬初及时清除病残体。精心养护，不偏施氮肥，适当增施钾肥，提高抗病能力，必要时喷洒医用硫酸链霉素 3000 倍液或 47%加瑞农可湿性粉剂 700 倍液、30%碱式硫酸铜悬浮剂 400 倍液、20%龙克菌悬浮剂 500 倍液，隔 10 天左右一次，防治 1～2 次。

7. 软腐病

（1）症状。染病大丽花块根先在根颈部发生水渍状软腐，进而使整个茎变成灰褐色软状腐烂，并发出恶臭味。

（2）病原。主要由欧氏杆菌属的细菌感染引起。

（3）发病规律。病菌在寄生残体上或土壤内越冬，借雨水、灌溉水和昆虫等传播，从伤口侵入寄主，连作地发病重。土壤湿度大、栽植过密、空气湿度高、施用未腐熟有机肥、土壤黏重等均易发病。

（4）防治方法。选用无病块根作繁殖材料，实行轮作，避免重茬。挖掘时要尽量避免造成伤口。及时防治地下害虫。发现病株要及时拔除销毁，并将茎根连同周围土壤彻底挖除。发病后可喷 72%农用链霉素可溶性粉剂 4000 倍液，每隔约 15 天喷一次，连续喷 2～3 次。

8. 大丽花青枯病

（1）症状。根颈、块根或毛根腐烂。地上部分叶片枯萎，下垂枯死。横切病根、茎，木质部呈黄褐色，并有细菌脓液溢出。

（2）病原。杆状细菌。

（3）发病规律。在高温、高湿、排水不良的环境条件下，病菌大量繁殖。移栽或换盆时，由于根系受伤，极容易使土壤中的病菌侵入植株根部表皮进行繁殖，最终造成根部腐烂。

（4）防治方法。改善栽培基质的理化性质，增强透水透气性。基质和肥料要彻底消毒。栽移苗时注意避免伤根。发病期间，用 0.2%高锰酸钾或 100～200 单位的农用链霉素灌根。

9. 细菌性徒长病

（1）症状。在大丽花块根的根颈处长出瘤状物，在瘤状物上长出刷子样的芽，芽细弱，像豆芽，如用这样的芽做繁殖材料，会造成品种退化，表现为花小、长势弱。

(2)病原。细菌。

(3)发病规律。在连作的地里表现严重，在块根催芽以备扦插时是发病的高峰。

(4)防治方法。发现病株全部清除淘汰。地栽时切忌连作。由于病理不清，尚无根除的方法。

10. 灰斑病

(1)症状。主要为害叶片。初生褐色小斑，后逐渐扩展成灰褐色圆形病斑，大小为3～5mm，病斑边缘为深褐色，中间为灰白色，后期病斑上生有黑色小粒点，即病原菌的分生孢子器，严重时叶上病斑有20～30个，致叶片脱落。

(2)病原。大丽花茎点霉，属半知菌类真菌。分生孢子器呈球形至扁球形，暗褐色，初埋生在表皮下，内生很多分生孢子，成熟后常从孔口成团涌出。分生孢子呈圆形或近圆形，单胞无色。病菌生长适温为25～27℃，分生孢子萌发适温为23～25℃，最高为33～35℃，适宜相对湿度为95%～100%。

(3)发病规律。病菌以菌丝体和分生孢子器在病残体上越冬，翌春产生分生孢子借风雨或灌溉水传播，进行初侵染和再侵染，雨季易发病，连续大暴雨后易流行。

(4)防治方法。秋季清除病落叶，集中深埋或烧毁。发病后及时喷洒1：1：100倍式波尔多液或77%可杀得可湿性粉剂500倍液、47%加瑞农可湿性粉剂1000倍液、75%百菌清可湿性粉剂600倍液。

11. 暗纹病

(1)症状。主要危害叶片。叶缘产生近圆形或半圆形暗绿色轮纹斑，后期病斑变成暗褐色，中央呈灰绿色或灰白色，湿度大时病部产生黑色小斑点，即病原菌分生孢子器。

(2)病原。大丽花生叶点霉，属半知菌类真菌。

(3)发病规律。病菌以菌丝和分生孢子器在病部或随病残体留在土壤中越冬，翌春产生分生孢子借风雨传播，进行初侵染和再侵染。气温高、多雨季节易发病。

(4)防治方法。及时清除病残体，集中深埋或烧毁。发病初期喷洒40%百菌清悬浮剂500倍液或30%氧氯化铜悬浮剂600倍液、47%加瑞农可湿性粉剂600倍液、12.5腈菌唑乳油3000～3500倍液。

12. 轮斑病

(1)症状。叶片上产生褐色圆形或近圆形的病斑，后期病斑中部变成黄褐色或灰褐色，边缘为深褐色，具轮纹。潮湿时可见灰黑色霉层，即病原菌的分生孢子和分生孢子梗。该病多发生在8～9月。

(2)病原。细链格孢，属半知菌类真菌。分生孢子梗直立，或具膝状弯曲，苍褐色至褐色，孢痕明显，有横隔0～3个，光滑。

(3)发病规律。该菌有时随灰斑病侵入，雨天多的年份发病重。

(4)防治方法。精心养护，施足充分腐熟的有机肥，增强抗病力。发病初期喷洒40%百菌清悬浮剂400倍液或50%扑海因可湿性粉剂1000倍液、65%多克菌可湿性粉剂 700 倍液、50%湿保功可湿性粉剂 1000 倍液、15%亚胺唑可湿性粉剂 2000 倍液，隔 10 天左右喷洒 1 次，防治 2～3 次。

13. 菌核病

(1)症状。菌核病又称茎腐病。种植在潮湿带病菌的基质中或花场及盆栽大丽花均可染病，发病速度很快。病菌常侵染主茎或植株基部分枝，初发病时病部呈水渍状，颜色变为灰色，有时可在 1～2 天长满白色棉絮状霉层，有的在茎的一侧产生大量菌核。湿度大或继续降雨时病害会在附近枝叶及花梗等部位扩展，有时叶上产生略具轮纹的水湿状病斑，易穿孔或造成死顶。

(2)病原。核盘菌，属子囊菌门真菌。病部产生的菌核呈鼠粪状，每个菌核产生 1～9 个子囊盘。子囊盘为盘状，初呈浅黄褐色，后变褐色，生有平行排列的子囊和侧丝，子囊呈棍棒状或椭圆形，无色。子囊孢子为单胞，椭圆形，排成一行。该菌除危害大丽花、向日葵等花卉外，还可以侵染油菜、黄瓜、莴苣等多种蔬菜及其他多种草本植物。

(3)发病规律。菌核遗留在基质中或混杂在种子中越冬或越夏。混在种子中的菌核播种时进入田间，或遗留在基质中的菌核遇到适宜的温湿度条件即萌发产生子囊盘，放散出子囊孢子，随风吹到衰弱植株的伤口上，萌发后引起初侵染，病部长出菌丝又扩展到邻近植株或通过接触进行再侵染。

(4)防治方法。实行轮作。从无病株上选取留种或播前用 10%盐水浸种，除去菌核后再用清水冲洗干净，晾干播种。适度密植，及时拔除杂草。设法降低棚内或田间温度，发现病株及时拔除，携出田外集中烧毁，以减少菌核形成。收获后及时深翻、灌水浸泡或闭棚 7～10 天利用高温杀死表层菌核。采用地膜覆盖，阻挡子囊盘出土，减轻发病。采用生态防治法避免发病条件出现。发病初期喷洒 50%速克灵或扑海因或农利灵可湿性粉剂 1000 倍液、70%甲基硫菌灵可湿性粉剂 600 倍液、35%菌核光悬浮剂 600～800 倍液、20%甲基立枯磷乳油 1000 倍液，每隔 8～9 天喷施 1 次。防治次数视病情而定。

(二)大丽花主要虫害

1. 大丽花螟蛾

大丽花螟蛾属鳞翅目螟蛾科，又名玉米螟、钻心虫，为大丽花的一大害虫。该虫分布于华北、东北、西北、华东等地，北方地区受害严重。6 月幼虫孵化后，从花芽或叶柄基部钻入茎内危害，钻入孔附近为黑色，孔外有黑色干粪堆积，受害严重时，大丽花整个茎部几乎被蛀害，不能开花，茎秆上部枯黄死亡。

(1)形态特征。成虫为黄褐色，体长为 13～15mm，翅展为 25～35mm，前翅为浅黄色或深黄色，上有两条褐色波浪状横纹，头胸为黄色。卵呈短椭圆形或卵形，稍扁，长约 1mm，呈黄色或黑褐色。幼虫老熟时体长约为 19mm，圆筒形，头为红褐色，背中央有一条明显的褐色细线。蛹体长约 14mm，黄褐色或红褐色，纺锤形，末端有小钩 5～8 个。

(2)发生规律。幼虫在茎秆内越冬。翌年 5 月中旬成虫羽化。成虫白天静伏叶背等阴处，夜间喜在花芽或叶柄基部产卵，呈块状、鱼鳞状排列，卵期为 4～5 天，5 月下旬幼虫孵化后钻入茎内，钻入孔附近呈黑色。第二、三代幼虫危害分别发生在 6 月～7 月中旬和 8 月中旬～10 月，尤以 8～9 月危害最严重，10 月下旬，幼虫开始在茎秆内越冬。

(3) 防治方法。及时剪除被害茎秆；勿在大丽花种植地附近种植玉米或堆放玉米秸秆；6～9 月每 20 天左右喷施一次 90%的敌百虫原药 800 倍液，可杀灭初孵幼虫。往被害处涂 1∶10 的 80%敌敌畏糨糊，灭杀初蛀入茎的幼虫，对于蛀入深处的大龄幼虫，可向蛀孔注入 50%杀螟松乳剂 400～500 倍液或 20%菊杀乳油 100 倍液。入冬收藏大丽花块根时，应严格检查，确保剪口下橛内不要带虫。

2. 大丽花夜盗蛾

大丽花夜盗蛾为鳞翅目夜蛾科，是危害大丽花的常见害虫。

(1) 形态特征。成虫体长 25mm 左右，翅展为 51mm 左右，全体为灰褐色。剪翅中央有一肾状纹和圆纹，外缘有曲线。卵为馒头状，初为黄白色，后为黑色。幼虫体长 45mm 左右，全体为灰黑色。背线两侧附有黑色斜线。蛹长 23mm 左右，红褐色。

(2) 发生规律。1 年 1 代，一蛹在土壤里越冬。翌年 6 月底成虫羽化外出，交尾后多产卵于杂草叶背，每片数粒至百粒。7 月上旬幼虫孵化，群集叶背啃食叶肉，长大后分散危害，反叶咬成缺刻、大孔洞，甚至吃光。幼虫白天藏在土里或花盆下面，夜间危害。8 月中下旬，幼虫老熟入土化蛹越冬。

(3) 防治方法。清除大丽花附近的杂草，减少滋生和传播条件。危害期在大丽花附近土里或花盆地下捉杀幼虫。幼虫孵化期喷施 90%敌百虫 1000 倍液，或 50%辛硫磷乳油 1500 倍液。

3. 黄蚂蚁

黄蚂蚁咬食大丽花植株根茎皮层，切断茎部形成层中的导管和筛管通道，使植株吸收水分和养分时上下不能连通，影响植株的正常生长，轻者植株生长瘦弱，花朵变小，色泽不鲜艳，重者植株因缺水而萎蔫死亡。蛀食大丽花的块根，受害轻者块根多呈凹凸不平的缺刻状或者呈无数小蛀孔，影响植物生长；重者块根整个被蛀空，只留有薄薄的一层皮层，使块根丧失发芽能力，或造成生长的大丽花大批萎蔫死亡。

(1) 形态特征。黄蚂蚁是社会群体性昆虫，其一个群体中有上亿个体，分为雌蚁、雄兵蚁和工蚁，它们各有分工，其中雌蚁和雄蚁均有翅，唯生殖蚁数量较少，雄蚁营交配后即脱翅死亡。兵蚁头大，下颚发达，善于打架，起保卫作用。工蚁体型较小，数量最多，专门寻找食物。

(2) 发生规律。由于黄蚂蚁食性杂，危害的植物多，因此一年四季都可以找到植物食用，只要外界气温高于 10℃，都有黄蚂蚁危害大丽花。

(3) 防治方法。捣毁蚁窝，驱杀黄蚂蚁。整地时，用辛硫磷 1000 倍液、马拉硫磷 1000 倍液、敌百虫 1000 倍液以及杀虫双等与栽培基质充分混合，再栽种大丽花的块根，保护大丽花块根的正常发芽，减少危害。所施用的有机肥必须发酵、腐熟，或者与农药搅拌混合。利用黄蚂蚁嗜腥、嗜香、嗜甜的特性进行诱杀。

4. 红蜘蛛

高温干燥易遭红蜘蛛危害，虫体常群居叶背的叶脉两侧张结细网，被害叶片出现黄白色圆斑，进而焦枯脱落，影响生长和开花。

（1）形态特征。主要是短须螨。雌成虫体长 0.3mm，橙红色至暗红色，近椭圆形，体背隆起，有 4 对足；雄成虫体长 0.25mm，体扁平，后部渐尖，呈楔形。

（2）发生规律。每年 7～8 月高温、干旱时发生严重；多于叶背近主脉处吸取汁液，使叶片产生褐色斑块，严重时叶片脱落。

（3）防治方法。干燥时期可进行叶面喷水，防止红蜘蛛繁殖。可以喷洒波美 0.5 度石硫合剂、15%扫螨净乳油 2000 倍液等，效果良好。

九、切花采收及采后处理

切花采收的适宜时期是外轮花瓣有 2～3 瓣开放时为宜，冬季切花宜有七成开放时剪切。剪切时基部留 3～4 节，以作为后期新球、籽球发育的营养来源。剪下的花枝立即插入清水中。

切花按长度分级，目前大丽花并没有统一的分级标准，一般分为 3 级，花枝长度通常为 50～70cm。

大丽花不耐贮藏，在 4℃中可保存 3～4 天，需用保鲜液进行处理。

第二节　盆栽大丽花无土栽培

一、盆栽大丽花栽培品种

盆栽大丽花不仅花朵硕大，色彩鲜艳，而且可以控制植株生长和开花期，便于陈设展览。因此，近年来盆栽大丽花的数量日益增多，已逐渐成为主要的盆栽花卉。由于盆栽大丽花受营养面积的限制，所以其品种选择有一些特殊要求。盆栽大丽花一般要求植株健壮、株型矮小、枝叶繁茂、花梗坚硬、花色艳丽，并使不同开花期的各品种通过人工培育可应时开放。

大丽花最早用于盆栽或庭院种植，大部分品种均可用于盆栽，宜选中、矮型品种，高型品种需控制高度。

二、生长习性

见本章第一节。

三、繁殖方法

盆栽大丽花的繁殖方法以扦插和分株繁殖为主。扦插繁殖见本章第一节。分株繁殖在秋季挖出块根，稍加晾晒以后，放入盆中或放在地下冷室，用细沙土覆盖，保持沙土半干状态，室温保持在 3～5℃即可进行休眠。早春 2～3 月将块根装入盆中，上面覆盖一层沙土，浇一次水，放置在暖床上，使床温在 20℃左右催芽，即可用利刀将一块根带一芽分别切开，伤口处涂以木炭粉或硫黄粉后上盆，以防腐烂。将盆放在室内向阳处，保持室温为 20～22℃，当芽长到 15～20cm 时已到 4 月初即可移栽露地或重新上盆，施入底肥，移出室外向阳处，每周施一次藻肥，视盆土干湿情况浇水，一般 6～10 月降霜前开花不断。

四、盆栽大丽花无土栽培基质及营养液配制方法

(一)盆栽大丽花无土栽培基质配制与处理

盆栽大丽花无土栽培基质常用草炭、蛭石、河沙、炉渣和腐熟的有机肥等按比例混合配制，要具有良好的物理化学性能，能够满足大丽花各生长阶段的生理要求，经济实用。

由于盆栽大丽花植株在不同的发育阶段对营养物质的需求不同，所以对栽培基质的配制比例也有不同的要求。①移植苗栽培基质，草炭、蛭石、腐熟有机肥的比例(体积比，后同)为 2：1：0.5。②5 寸(1 寸≈3.33cm)花盆栽培基质，草炭、河沙、腐熟的有机肥的比例为 2：2：2。③10 寸花盆栽培基质，河沙、炉渣、草炭、腐熟的有机肥的比例为 1：1：1：1。

(二)盆花大丽花无土栽培营养液配制及处理

见本章第一节。

五、盆栽管理

(一)苗期管理

大丽花插穗生根后到幼苗定植前及块根分割后到初期幼苗管理，称为苗期管理。

1. 移苗

扦插和播种生根后的幼苗，要及时移栽在 3 寸的花盆内，移栽后立刻浇透水，并进行遮阴，3 天后移至光线充足的地方培育。若在室内移苗，要注意通风，加强光照，温度、湿度不宜过高，温度一般以 18～20℃为宜，否则幼苗易徒长。

2. 浇水

幼苗期若在温室栽培，要适当控制浇水量，不宜多浇，注意通风，夜间的温度和湿度

不要太高，否则易引起幼苗徒长。徒长的幼苗衰弱，抗病虫害能力低。若在室外培育幼苗，由于气温高，蒸发量大，除浇透水外，还要根据情况向叶面喷水，以防萎蔫。

(二)成品期管理

大丽花植株在盆内进行生长发育及开花结实的管理即为成品期管理。

1. 上盆定植及管理

扦插苗生根后即可上盆，盆栽基质应以底肥充足、松软、排水良好为原则，并随植株大小选择相应的盆进行栽植，切勿小苗植大盆，免得盆大、浇水多、根系腐烂。

一般从幼苗到开花时，要换盆3次。多在雨季到来前，将植株最后定植在8寸盆内进行培育。每次换盆时应先施以基肥，增加盆内基质养分。由于养料供应充足，所以通过换盆可使植株矮壮、花大和延长花期。

2. 水分管理

浇水是否恰当，是盆栽大丽花成败的关键。盆栽大丽花浇水不宜过多，否则植株易徒长或引起块根腐烂。因此，浇过透水后，可以等到叶片呈现下垂现象时再浇水，即遵循干透浇透的原则。盛夏高温季节，蒸发量大时，可向叶面喷水2~3次，以喷湿叶面为原则。花蕾出现后，应当根据盆内基质表面见干就浇，但每次浇水量不宜过多，以免烂根。开花时，水分需求量大，浇水量可多一些，但要避免向花上喷水，否则易使花朵早谢。

3. 施肥管理

大丽花为喜肥花卉，但又忌施肥过量，所以最好少量多施，浓度宜先淡后浓。当缺肥时，叶片色泽变浅而叶质薄；施肥过量则叶片边缘发焦、折皱或叶尖发黄。施肥时间大多为晴天的上午。

(1)基肥。基肥的肥效期长，并有抗寒、保温和改良栽培基质的作用，用作基肥的肥料多为迟效性的或分解慢的肥料，如厩肥、人粪尿、麻酱渣、麻籽饼、菜籽饼、碎骨、鱼骨等。在换盆前，可将肥料拌于基质内或垫在盆内基质的底层。过磷酸钙可与饼肥同时施用，如8~10cm的盆，可施用50~100g混合肥料(饼肥：过磷酸钙=2：1)。

(2)追肥。在大丽花生长的旺盛时期，为满足根、茎、叶的生长和花芽分化的需要，必须适时适量追施肥料。用作追肥的肥料多为速效性肥料，常用的肥料有硫酸铵、尿素、硫酸亚铁、过磷酸钙及充分腐熟的人粪尿、饼肥等。气温高于30℃时，不宜施肥。立秋后，随着气温下降，再逐渐增施肥料，每周可施肥水1~2次，并需逐渐提高浓度。在此期间施肥不能间断，否则株茎会呈现不正常的下粗上细或两端细中间粗的现象，既影响观赏效果，又不利于开花。

4. 摘芽及选蕾

盆栽大丽花株高生长至20cm时，要陆续进行摘芽，按需要留取分生侧枝，以保证养料集中供给，促进开花。培育大型独本时，除保留顶芽外，尚需留取靠近顶芽的两个侧芽作为辅助顶芽生长，以防顶芽意外损伤补替顶芽。当顶芽孕蕾后，要立刻将两个侧芽的分生枝摘除，促使花蕾强壮发育，开出硕大的花朵。培育多本时，要多留分生侧枝，待腋芽继续生长孕成花蕾后陆续开放。在一个植株上，越接近顶端的分生侧枝，越易孕成花蕾，因此，可根据开花时间，选留不同部位的侧芽，以保证实时开花。

5. 株高控制

为了便于陈设和观赏，须对盆栽大丽花的植株高度进行人工控制。可采取下述措施：选择矮型大花品种；控水栽培，平时只供应需水量的 80%，午间喷水防旱；多次换盆增加肥力，减少苗期株高生长；盘根曲枝降低植株高度，同时阻碍营养运输而造成抑制作用；针刺节间缩短高度，用细针对茎节间横向刺透，破坏输导组织，使节间向上生长的能力减小；应用生长延缓剂，如在苗高 35～50cm 时，喷洒 200～300 倍液的矮壮素或多效唑。

六、病虫害防治

见本章第一节。

参 考 文 献

陈元镇，2002. 花卉无土栽培的基质与营养液[J]. 福建农业学报，17(2)：128-131.

郭世荣，2011. 无土栽培学. 2 版[M]. 北京：中国农业出版社.

王华芳，王玉华，王四清，等，1997. 花卉无土栽培[M]. 北京：金盾出版社.

苑兆和，2008. 大丽花[M]. 济南：山东科学技术出版社.

春日井新一郎，1939.水耕法に関する研究[J]. 土肥誌，13：669-822.

Hewitt E J, 1952. Sand and water culture methods used in the study of plant nutrition[C]. Sand and Water Culture Methods Used in the Study of Plant Nutrition.

Hewitt E J, Bolle-Jones E W, 1952. Molybdenum as a plant nutrient: II. the effects of molybdenum deficiency on some horticultural and agricultural crop plants in sand culture[J]. Journal of Horticultural Science, 27(4): 257-265.

Hoagland D R, 1920. Optimum nutrient solutions for plants[J]. Science, 52(1354): 562-564.

Hoagland D R, Snyder W C, 1933. Effects of deficiencies of boron and certain other elements:(b) Susceptibility to injury from sodium salts[J].Proceedings of the American Society for Horticultural Science, 30: 288-294.

Knop W,1865.Quantitative untersuchungen uber die ernah rungsprozesse der pflanze[J]. Die Landwirtschaftlichen Versuchs-Stationen, 7: 93-107.

Tumanov I I, Kuzina G V, Karnikova L D, 1960. Growing plants in gravel for research purposes[J]. Fiziologiya Rastenii, 7: 320.

White P R, 1934. Potentially unlimited growth of excised tomato root tips in a liquid medium[J].Plant Physiology, 9(3): 585-600.

第十七章　风　信　子

一、概况

风信子（*Hyacinthus orientalis* L.）又名五色水仙、荷兰风信子。百合科风信子属多年生草本植物，是著名的观赏花卉，它风姿独特、色彩艳丽，深受世界各国人民的喜爱。在荷兰，风信子商品生产业发达，销往世界各地，在花卉业中占有重要地位。在我国，风信子盆花深受消费者的欢迎。特别是其花期在中国农历春节前后，加之特别的蓝色花序，近年来，在中国南方城市作为小型盆栽年销花卉具有巨大的市场前景。

二、形态特征

风信子是多年草本生球根类植物，鳞茎呈球形或扁球形，有膜质外皮，外被皮膜呈紫蓝色或白色等，皮膜颜色与花色相关。未开花时形如大蒜。叶为 4～9 枚，狭披针形，肉质，基生，肥厚，带状披针形，具浅纵沟，绿色有光。花茎肉质，花葶高 15～45cm，中空，端着生总状花序；小花 10～20 朵密生上部，多横向生长，少有下垂，漏斗形，花被筒形，上部四裂，花冠呈漏斗状，基部花筒较长，裂片为 5 枚。向外侧下方反卷。根据其花色，大致分为蓝色、粉红色、白色、鹅黄色、紫色、黄色、绯红色、红色 8 个品系。原种为浅紫色，具芳香。蒴果。花期早春，自然花期为 2～4 月。

三、种类与品种

据熊瑜（2007）（表 17.1）和董立（1985）等报道，风信子属的风信子种下有 3 个变种，原产地都在法国南部、瑞士及意大利，具体如下。①浅风信子。鳞茎外皮为堇色；叶细直立，有纵沟；小花略下垂，花被片呈长椭圆形；一个鳞茎中可抽出多个花茎（英国皇家园艺学会）。②大筒浅白风信子。外观与浅白风信子相似，只是花筒部分膨大，且生长健壮。③普罗文斯风信子。叶浓绿，有较深的纵沟，花茎上小花数少，且小，排列疏松，花筒基部膨大，裂片呈舌状。

风信子属还有以下几个具有观赏价值的种。

（1）罗马风信子，多为变异的杂种，每株能生 2～3 枝花葶，但植株生长势弱，花小（董立，1985）。

（2）天蓝风信子，花葶高 10～20cm，总状花序小，花朵密，20～40 朵，花为蓝色，花冠筒约 1.5cm 长，略下倾。原产于小亚细亚（董立，1985）。

(3) 西班牙风信子花朵小型、钟状，着生在细弱的花梗上，春季开放，淡蓝色至深蓝色。叶片呈线形，具槽，亮绿色。原产于比利牛斯山脉的山坡草地。适合以袖珍式的植物形式种植在岩石园或高台花坛中。

表 17.1　风信子色系与品种

色系	名称	中文名	特点
白色系	White Pearl	白珍珠	性状具鳞茎，多年生。花朵具芳香，蜡质，单瓣，管状钟形，着生于直立生长的花穗上，穗紧密，仲春开放，纯白色。叶片狭披针形，具槽，亮绿色。株高 20～30cm。幅度为 8cm。喜排水良好的土壤，耐浓荫，极耐寒
	Queen of White	雪后	花穗稀
	Garnegie	卡纳吉	花小，穗密，宜花坛、盆栽及晚花促成
浅蓝色系	Bismarck	俾斯麦	花穗粗，宜早花促成
	Delft Blue	蓝色代夫特	性状具鳞茎，多年生。花朵具芳香，蜡质，单瓣，管状钟形，着生于直立的花穗上，穗大而密，早春开放，柔蓝色，具紫罗兰晕。叶片狭披针形，具槽，亮绿色。株高 20～30cm。幅度为 8cm。性喜排水良好的土壤，耐浓荫，极耐寒。宜中花促成
	Pearl Brillant	珠光	花大，宜花坛及晚花促成栽培
深蓝色系	Blue Jacket	蓝夹克	性状具鳞茎，多年生。花朵具芳香，蜡质，单瓣，管状钟形，着生于直立生长的花穗上，穗紧密，早春开放，藏青色，有紫色脉纹。叶片狭披针形，具槽，亮绿色。株高 20～30cm。幅度为 8cm。性喜排水良好的土壤，耐浓荫，极耐寒
	Blue star	蓝星	花穗紧密，宜晚花促成
紫色系	Ostara	奥斯塔拉	性状具鳞茎，多年生。花朵具芳香，蜡质，单瓣，管状钟形，着生于直立的花穗上，穗大，早春开放，紫蓝色，具较深的条纹。叶片狭披针形，具槽，亮绿色。株高 20～30cm。幅度为 8cm。性喜排水良好的中性砂壤土，耐浓荫，极耐寒。宜早中期促成栽培
	Purple voice	紫声	性状具鳞茎，多年生。花朵具芳香，蜡质，单瓣，管状钟形，着生于直立的花穗上，早春开放，微粉紫色。叶片狭披针形，具槽，亮绿色。株高 20～30cm。幅度为 8cm。喜欢排水良好的砂壤土，耐浓荫，极耐寒
	Purple Sensation	紫色感觉	花大，穗紧密，宜早花促成
粉色系	Pink Pearl	粉珍珠	花大，穗紧密，宜早花促成
	Anna Marie	安娜玛丽	花穗大
	Lady Deby	女士礼帽	性状具鳞茎，多年生。花朵具芳香，蜡质，管状钟形，早春开放，柔玫瑰粉色。叶片狭披针形，具槽，亮绿色。株高 20～30cm。幅度为 8cm。性喜排水良好的砂壤土，耐浓荫，极耐寒
	Distinction	出类拔萃	性状具鳞茎，多年生。花朵具芳香，蜡质，单瓣，管状钟形，稀疏地着生在纤细的花穗上，早春开放。叶片狭披针形，具槽，亮绿色。株高 20～30cm。幅度为 8cm。性喜排水良好的土壤，耐浓荫，极耐寒
	Queen of the Pink	粉衣皇后	性状具鳞茎，多年生。花朵具芳香，蜡质，单瓣，管状钟形，具生在直立生长的花穗上，穗紧密，暮春开放，亮粉色至深粉色。叶片狭披针形，具槽，亮绿色。株高 20～30cm。幅度为 8cm。性喜排水良好的砂壤土，耐浓荫，极耐寒。宜晚花促成
	Princess Maria Christina	玛丽亚公主	性状具鳞茎，多年生。花朵具芳香，蜡质，单瓣，管状钟形，着生于直立的花穗上，早春开放，杏粉色。叶片狭披针形，具槽，亮绿色。株高 20～30cm。幅度为 8cm。喜欢排水良好的砂壤土，耐浓荫，极耐寒
	Amsterdam	阿姆斯特丹	早花

续表

色系	名称	中文名	特点
红色系	Jan Bos	简·伯斯	性状具鳞茎，多年生。花朵具芳香，蜡质，单瓣，管状钟形，着生于直立的花穗上，早春开放，鲜鸡冠红色或火红色，中心为白色。叶片狭披针形，具槽，亮绿色。株高20～30cm。幅度为8cm。喜爱排水良好的砂壤土，耐浓荫，极耐寒。宜花坛、早花促成
黄色系	City of Haarlem	海姆之城	性状具鳞茎，多年生。花朵具芳香，蜡质，单瓣，管状钟形，着生于直立的花穗上，穗短而紧密，暮春开放，柔樱草黄色。叶狭披针形，具槽，亮绿色。株高20～30cm。幅度为8cm。喜排水良好的砂壤土，耐浓荫，在5～18℃环境下生长较好
橙色系	Orange Charm	橙色魅力	穗长而紧密

四、生物学习性

风信子习性喜阳、耐寒，适合生长在凉爽湿润的环境和疏松、肥沃的砂质土中，忌积水。喜冬季温暖湿润、夏季凉爽稍干燥、阳光充足或半阴的环境。喜肥，喜肥沃、排水良好的砂壤土。地植、盆栽、水养均可。秋季生根，早春新芽出土，3月开花，5月下旬果熟，6月上旬地上部分枯萎而进入休眠。在休眠期进行花芽分化，分化适温为25℃左右，分化过程为1个月左右。花芽分化后至伸长生长之前要有两个月左右的低温阶段，气温不能超过13℃。风信子在生长过程中，鳞茎在2～6℃低温时根系生长最好。芽萌动适温为5～10℃，叶片生长适温为5～12℃，现蕾开花期以15～18℃最有利。鳞茎的贮藏温度为20～28℃，最适温度为25℃，对花芽分化最为理想。可耐受短时霜冻。云南昆明部分风信子流行品种物候期的比较见表17.2。

表17.2　云南昆明部分风信子流行品种物候期的比较

品种名	种植时间	出苗期	盛花期	开花持续时间/d	
				单花序	100株群体
蓝夹克	2013-11-20	2014-02-04	2014-03-01	19	27
蓝星	2013-11-20	2014-01-24	2014-02-17	12	18
蓝色代夫特	2013-11-20	2014-01-24	2014-02-17	20	25
吉卜赛公主	2013-11-20	2014-01-23	2014-02-17	18	23
吉卜赛女王	2013-11-20	2014-01-28	2014-02-24	17	22
简·伯斯	2013-11-21	2014-01-17	2014-02-11	9	17
紫声	2013-11-21	2014-01-27	2014-02-24	18	25
紫色感觉	2013-11-21	2014-01-14	2014-02-02	18	25
粉珍珠	2013-11-21	2014-01-15	2014-02-04	16	23
白珍珠	2013-11-21	2014-01-15	2014-02-03	18	24
卡纳吉	2013-11-21	2014-01-18	2014-02-11	17	25

以云南昆明地区为例对风信子的生物学习性分析如下。

(1)温度。风信子在不同的生长发育阶段对环境温度有不同要求。鳞茎在6℃的生长条件下生根良好，萌芽适温为 5～10℃，叶片生长最适宜温度为 10～12℃，现蕾开花温度以 15～18℃为最佳，鳞茎储藏则以 20～28℃最为合适，对花芽的分化最为理想。为此，秋季种植的盆栽风信子，11 月搬入棚室后，应维持 5～10℃的越冬棚室温度，待其花茎开始抽出时，再将棚室的温度提升到 22℃左右，即可于 3～4 月开花。到了 6 月，气温渐升，叶片逐渐枯黄，可将鳞茎从花盆中脱出，略行晾干，放置于室内通风凉爽处储藏越夏。另外，风信子在长江流域露地栽培，可以露地越冬，到了初夏茎叶枯黄时，挖出鳞茎晾干，置于室内通风凉爽处过夏。云南昆明风信子品种生长特性比较见表 17.3。

表 17.3 云南昆明风信子品种生长特性的比较

品种名	株高/cm	花序直径/cm	花序高/cm	花序花朵数/朵	香味
蓝夹克	21.46±1.22	6.37±0.09	12.77±0.54	30	+
蓝星	17.87±0.47	7.47±0.05	9.4±1.02	46	+
蓝色代夫特	21.03±0.46	7.43±0.12	11.13±0.25	30	+
吉卜赛公主	21.97±1.51	6.9±0.08	9.4±0.37	24	+
吉卜赛女王	22.03±1.25	6.87±0.05	12.73±0.47	27	+
简·伯斯	19.33±1.84	6.9±0.08	9.86±0.39	40	+
紫声	19.33±0.24	7.10±0.08	10.37±0.34	27	+
紫色感觉	19.1±0.79	6.93±0.09	8.63±1.14	23	+
粉珍珠	20.23±0.39	6.37±0.05	8.93±0.40	49	+
白珍珠	19.8±0.96	6.47±0.05	9.9±0.43	25	+
卡纳吉	24.6±0.85	6.5±0.08	10.27±0.09	33	+

(2) 光照。刚种植的风信子，要放置在阳光下；叶片生长期要求有充足的光照；从花葶抽出到开花前，均需要有较好的光照条件；花朵绽放后，则需将其搁放在半阴的环境中，有利于延长单株开花的时间。水培的风信子，刚开始一个月要将其搁置在暗处，使其能正常发根，抽出花序后，需要移到阳光充足的南向窗前，光照充足可促使水培风信子开花亮丽。

(3) 水分。在不同生长发育阶段，风信子对水分的需求大为不同。无论露地栽培还是盆栽，栽种后都要浇透水；在其叶片生长、花序显现阶段，需要有充足的水分供应；花葶抽出后，每天向叶面喷水 1～2 次，增加空气湿度，以利于花序伸长和花朵绽放；盛花期后，应逐渐减少浇水量；为了保证风信子安全越夏和储藏方便，栽培后期应减少浇水，避免鳞茎发生"裂底"；鳞茎在储藏期间应保持干燥；无论是苗床还是盆土，都要求排水良好，切忌过湿和板结不良。

(4) 栽培基质。露地栽培适宜用疏松通透、富含有机质的肥沃砂质基质，忌过湿或黏重。盆栽宜用泥炭、园土、粗砂等量混合配制的培养基质。为了减少病虫害的发生，露地栽培宜实行轮作，每 3 年轮作 1 次；盆栽风信子原有基质第 2 年不能再混入新配制的培养基质中，要经消毒堆放 2 年后再作培育其他花卉之用。

（5）种球储藏。在 25℃恒温黑暗环境下，选取各品种 100 粒直径为 2.00～2.20cm 的籽球作为实验材料，采用孔径为 0.001m 的纱网袋和塑料打孔袋包装对风信子籽球进行夏眠储存实验，储存时间为 40 天。包装基质湿度分别为 0%、15%、30%，并统计小籽球腐烂率和脱水程度（100 粒籽球干重/鲜重测量脱水程度）。

五、繁殖方式

（一）自然繁殖

1. 种子繁殖

蒴果成熟后，立即脱出种子进行播种；也可将采收的种子沙藏至 9 月再进行播种，覆土厚度约为 1cm，浇足水后置于半阴处，待其发芽出土后逐步增加光照并追施薄肥；翌年夏季进入休眠后挖出小鳞茎，储藏于干燥凉爽处越夏，于秋凉后再重新栽种，需要 4～5 年才能培育成可开花的种鳞茎。此法主要用于培育新品种（林伯年等，1994）。

2. 分球繁殖

6 月份把鳞茎挖回后，将大球和子球分开，大球秋植后来年早春可开花，子球需培养 3 年才能开花。由于风信子自然分球率低，一般母株栽植一年以后只能分生 1～2 个子球，为提高繁殖系数，可在夏季休眠期对大球采用花芽切除，刺激其长出子球。

（二）人工繁殖

为了增加风信子小球（鳞茎）的繁殖系数，可用人工方法促使其多萌生子球。人工方法是通过对母鳞茎的刻伤处理，促进愈伤组织产生不定芽，增加生成量。人工刻伤母球的时间为夏季休眠期，即母球采收后 1 个月左右。以 6 月为宜，此时高温，伤口易于愈合，子球生成多。为了防止伤口感染，刻伤之前，预先将鳞茎浸在升汞 0.1%液中消毒 30min，取出洗净，待晾干后即可进行刻伤。刻伤后，用草木灰撒抹到伤口上。待伤口干燥后将球平铺在湿苔上，放置在温度为 20～30℃的室中治愈，5～8 天后愈伤组织形成，取出储藏于干燥的库内，直至秋季栽种。宜切面向下浅栽。人工刻伤有以下几种方法。

1. 刻伤法

准备刻伤处理的风信子要用成形的鳞茎，可在暮夏正常休眠即将结束时取材。用小刀将鳞茎底部刻成十字形（四分切割）或两个十字交叉（八分切割），其深度为 5mm，为球高的 1/2～2/3，应该切透球根的鳞茎盘。用杀菌剂处理切口表面，然后放进盛有潮湿珍珠岩或蛭石的袋中，并置于温暖、黑暗之处，定期检查。在伤口处产生愈伤组织，形成不定芽，从而产生子鳞茎，之后将鳞茎头朝下放在浅盆中，所用排水迅速的基质可由等量泥炭与粗砂配成。子鳞茎的顶端应该正好低于土面。翌年把切口表面形成的子鳞茎小心地栽种在浅盆里，置于低温温室中管理。每个母鳞茎可产生 15～20 枚子鳞茎。子鳞茎开花需 3～4 年。有实验证明浅切割不伤及顶芽，子鳞茎大，1～2 年可开花。

2. 旋转切割法

(1)每年3～4月挑选基盘根系发达、健壮的母球,以基盘为平面,倾斜30°从基盘内侧旋转切割母球,切割深度为1.4～1.6cm,直径为4.0～6.0cm,并在每次切完后用质量浓度为95%的酒精擦拭刀面。

(2)用硫黄含量为1%的硫黄粉均匀涂抹在步骤(1)的母球切口上,并使切口向上,于正午太阳下风干2～3h。

(3)将步骤(2)的母球平摊于25℃、相对湿度低于50%、通风好的培养室中,连续暗培养繁殖70～75天,直至母球上长出籽球;其间适时观察母球生长情况,及时清除腐烂母球。

(4)从步骤(3)的母球上剥离籽球,得到分生籽球,将该分生籽球包埋于水分质量含量为35%～40%的基质中,并用纱网袋包裹,于25℃下储藏80～90天进行夏眠;所述基质中含有质量比为1%的多菌灵抗菌剂。

(5)于当年的10～11月,将步骤(4)经过夏眠处理的籽球种植在排水良好的砂质土壤中,种植环境要求光照、通风条件好,按照常规对风信子种球移栽、种植方法进行管理,直至第二年6～7月挖出种球。

(6)将步骤(5)挖出的种球于25℃环境中储藏80～90天后,于翌年10～11月将储藏过的种球种植在排水良好的砂质土壤中,种植环境要求光照、通风条件好,按照常规风信子种球移栽、种植方法进行管理,直至第三年6～7月挖出种球,即得到开花风信子种球。

3. 组培法

(1)风信子鳞茎灭菌后在无菌条件下切掉鳞片边缘,将中间部分切成5mm³的小块,以近轴面向上的方式接种于含不同激素配比的愈伤组织诱导培养基上,在温度为(25±2)℃、光照度为1200lx、每天12h光照的条件下进行培养。基本培养基为MS基本培养基,附加3%蔗糖,0.7%琼脂,pH为5.7。培养基中考虑含2,4-D、6-BA、NAA三种激素进行愈伤组织诱导。

(2)将诱导的风信子愈伤组织切成2mm³的小块,接种于含不同激素配比的愈伤组织分化培养基上,比较不同分化培养基对风信子愈伤组织分化的作用。在(25±2)℃、光照度为1200lx、每天12h光照的条件下进行培养。基本培养基为MS培养基,附加3%蔗糖,0.7%琼脂,pH为5.7。培养基中考虑含6-BA、KT、NAA三种激素进行芽分化诱导。

(3)待再生芽长至3cm左右时可将芽切下转入生根培养基中生根,生根培养基为MS培养基含6-BA(0.5mg/L)+KT(1.0mg/L)+NAA(1.0mg/L),附加3%蔗糖,0.7%琼脂,pH为5.7。培养3周后统计生根率。生根后可移入壮苗培养基中壮苗。

(4)经过2周壮苗培养的再生苗经过3天的炼苗,将植株根部的培养基洗净后移栽于疏松、排水良好的砂质土中,定时浇灌1/2MS大量元素的营养液,在温室中成活后可移入大田。

六、风信子无土栽培管理

(一)选购

风信子开花所需养分主要靠鳞茎叶中储存的养分供给，只要选择表皮无损伤、肉质鳞片不过分皱缩、较坚硬而沉重、饱满的种球，就能开出丰硕美丽的花。在选购种头时，要注意以皮色鲜明、质地结实、没有病斑和虫口的为好，通常从种皮的颜色可以基本判断种头开的是什么颜色的花。比如外皮为紫红色就会开紫红色的花，若是白色就会开白色的花，但有些经过杂交育成的品种其颜色较为复杂，有时会分辨不清，需要向经营者询问清楚再购买。购回种头后，用多菌灵泡好，晾干。为了使其打破休眠期，要先放进冷库的最下格冷藏一个月左右，便于日后顺利开花。但从冷库中取出时，最好移放在阴凉的地方七八天后才可播种(英国皇家园艺学会，2000)。

(二)光照

风信子只需 5000lx 以上的光照度，就可保持正常生理活动。光照过弱会导致植株瘦弱、茎过长、花苞小、花早谢、叶发黄等情况，可用白炽灯在 1m 左右处补光；光照过强会引起叶片和花瓣灼伤或花期缩短(英国皇家园艺学会，2000)。

(三)湿度

基质湿度应保持在 60%～70%，过高则根系呼吸受抑制易腐烂，过低则地上部分萎蔫，甚至死亡。空气相对湿度应保持在 80%左右，并可通过喷雾、地面洒水增加湿度，也可用通风换气等办法降低湿度(英国皇家园艺学会，2000)。

(四)温度

温度过高(如高于 35℃时)会出现花芽分化受抑制、畸形生长、盲花率增高的现象；温度过低又会使花芽受到冻害。20 世纪初，花卉种植者们开始在温室中生产风信子并对其进行一定的温度处理。像郁金香和其他球根植物一样，它的种球需要在低温条件下维持一段时间，否则就不会产出高质量的花朵和具有足够长度的茎。风信子的生长过程包括叶形成期、花形成期和伸长期。通过提早花形成期，同时提供最有效的低温期，以促成种球开花。这是种植在地中海地区的风信子可以很早开花的原因。在种球栽植阶段中保持较高的温度就可以加速叶的形成期，于是花形成期也提早了。对风信子施行特殊的温度处理而提早形成花朵，方法之一就是增加种球生长期间的土壤温度。由于这种方法的成本较高，所以很少使用。更为常见的是，种球被提早挖掘出，同时在有空调的房间内作温度处理，从而达到促进花朵形成的目的。风信子在不同的生长发育阶段对环境温度有不同要求。鳞茎在 6℃的生长条件下生根良好，萌芽适温为 5～10℃，叶片生长适温为 10～12℃，现蕾开花适温为 15～18℃，鳞茎储藏适温为 20～28℃，对花芽的分化最为理想。为此，秋季种植的盆栽风信子，11 月搬入棚室后，应维持 5～10℃的越冬棚室温度，待其花茎开始抽出时，再将棚室的温度提升到22℃左右，即可于3～4月开花。到了6月，气温渐升，叶片逐渐枯黄，可将鳞茎从花盆中脱出，略行晾干，放置于室内通风凉爽处储藏越夏。另外，风信子在长江流域露地栽培，可以露地越冬，到了初夏茎叶枯黄时，挖出鳞茎晾干，置于室内通风凉爽处过夏。

（五）种植方式

1. 基质栽培

风信子促成栽培宜选择通透性能好、具有一定保水能力的基质，pH控制在6～7，粗砂、蛭石、泥炭和大颗粒珍珠岩等都可作为风信子促成栽培基质。

（1）基质处理。栽培前，先将基质在烈日下暴晒，然后用800～1000mg/L的高锰酸钾溶液或800～1000mg/L的百菌清溶液将基质均匀喷湿，用塑料薄膜覆盖24h。基质栽培忌连作。

（2）栽植时间。10月上旬。

（3）栽植方式。风信子无土促成栽培的方式分为箱栽、盆栽两种。箱栽用塑料箱或木箱，采用三层基质栽培法，上下两层为粗砂，中层为蛭石。下层粗砂厚度约为5cm，中间蛭石厚度约为6cm，上层粗砂厚度约为3cm，种球栽植于基质的中间部位。盆栽选用泥炭、珍珠岩或粗砂，按1：1的比例等量混合均匀，球下部1/3栽于盆中，2/3露出盆面，以提升其观赏效果。

（4）栽植密度。风信子促成栽培时选择周径在17cm以上的种球，种植密度依盆的大小和种球的规格而定。进行盆栽时，10cm口径的盆每盆栽一个球，15cm口径的盆每盆栽3个球；进行箱栽时，每箱栽50～60个球，每平方米最多不要超过150个球。

2. 水培

水培的风信子植株叶片肥厚，鲜绿美观，白色的肉质根粗壮。选择广口细颈的透明玻璃瓶，瓶口略微小于鳞茎直径，这样可以安稳放在上面。供水培的鳞茎必须大而充实。10～11月往瓶内注满水，将鳞茎放置于口上，如果鳞茎周围有空隙，用棉花塞紧，注意鳞茎基部刚好接触到水面。此外，可加入少许木炭以帮助消毒和防腐。出芽前置于2～6℃冷凉黑暗的环境处，约1个月时间发出白根，开始出芽。此时要把瓶移至阳光充足处，起初每天照1～2h，之后再逐步增至7～8h。同时室温保持在7～10℃，每隔3～4天换水一次。注意要保持水质清洁，自来水应先放置1天再用，以使其中的氯气散逸。风信子一般不加营养液也能正常开花。若加入营养液，浓度以通用型营养液的1/4～1/2为宜。当长至5～6叶即可现蕾，此时温度控制在18℃左右，15天后可开花。开花后放半阴处，可以延长观花期。水培比一般盆栽可提早5～10天开花（周厚高等，2005）。

3. 园林栽培

风信子植株低矮整齐，花期早，花色有红、蓝、白、粉等，鲜艳明亮，具有浓厚的春天气息，并有单瓣和重瓣品种，具浓香，因此适宜园林栽培。选用中小型鳞茎于10～11月种植，当夜晚温度下降到 5～9℃时开始生根，种植间距为 15cm，深 10～20cm。栽后可用草覆盖。庭院栽培可 2～3 年起球更换 1 次。花后摘除残花防止结实，种植地宜有适当遮阴可延长花期。

4. 施肥

无论露地栽培还是盆栽，在苗床和培养土中都必须先施足基肥；生长季节每半月浇施 1 次氮、磷、钾均衡的稀薄有机肥，但不要让肥液污染叶面，以免引起叶部病害；家庭盆栽可用 0.2%的尿素加 0.1%的磷酸二氢钾混合液；开花前后各追施 1 次 0.3%的磷酸二氢钾溶液，可促成开花良好，有利于花朵凋谢后，孕育小球膨大（郭志刚和张伟，1999）。为提高花质量，可在叶片生长期喷施 0.2%尿素，现蕾期喷施 0.2%磷酸二氢钾溶液（徐振华等，1998；高运茹，2012）。

七、病害防治

（一）病虫害

风信子的主要病害有黄腐病、白腐病、软腐病等，储藏期间有青霉病。其主要虫害为根虱等，宜及时拔除病株，采取种球消毒、土壤消毒、储藏中通风换气等措施。

1. 风信子细菌性黄腐病

病原为（细菌）黄单孢杆菌，可随雨水、空气和农事操作传播。此病从风信子开花期至秋收期均可能发生。主要危害叶片，叶片染病初期在叶尖处产生狭长的水渍状淡黄色病斑，后向下扩展成褐色坏死条斑；花梗染病，呈水浸状褐色斑，并伴有皱缩枯萎；鳞茎染病，在鳞片上产生黄色条斑，中心部也变黄软腐；横切叶、花梗及鳞茎病部，维管束溢出淡黄色菌脓；从染病鳞茎上长出的叶片、花梗变软下垂，易拔出。发病适温为 25～30℃，高温多湿，容易染病。

防治方法：用福尔马林进行土壤消毒；选用无伤口的鳞茎栽种，可以减少病害的发生；发病初期剪去病部，喷洒 27%的铜高尚悬浮剂 600 倍液，或 70%的农用硫酸链霉素可溶性粉剂 3500 倍液；销毁病株，减少传染来源。

2. 风信子细菌性白腐病

该病于春季开花前后发病。受害部位最初表现为暗绿色斑点，以后软化呈浸水状，全株腐烂。

防治方法：同上。

3. 风信子根腐病

病原为镰孢菌。被害风信子植株矮化，不能正常开花，大部分根腐烂，芽基部叶片也腐烂。

防治方法：土壤消毒，轻度受损部位剔除；用苯来特液浸蘸，浓度为 11.4L 水加 50% 粉剂 31g。

4. 风信子软腐病

病原为欧氏杆菌(细菌)。这种细菌多为寄生性，主要侵染受冻或水分过多的组织。当温度太高或土壤太湿时，另一种侵染形式是从那些早熟根或小籽球剥落处的伤口处感染。这个问题主要是由秋季自然冷处理时土壤温度太高或过湿引起。感染后花不正常，未开放而提前脱落；花梗基部腐烂；被侵染的芽先变白后发黏，具恶臭味软腐；种球变软，种球组织透明并伴随有白色或黄色斑点。这些感染种球同时散发难闻的气味。严重感染的种球不再发芽，而感染不严重的病症是从叶片基部形成一些湿的、暗绿色的长区域。首先是生长受阻，然后是植株萎蔫直至死去。

防治方法：促成栽培中通风好，避免水分过多以及温度过高；摘除并销毁病芽；加强管理，使风信子植株发育良好，增强抗性(张建如和沈淑琳，1984)。

5. 风信子灰霉病

病原为风信子葡萄孢菌。病叶叶尖变色，皱缩、腐烂，覆有灰霉层，在冷湿天气花也会腐烂。

防治方法：避免潮湿天气操作；定期喷药；销毁病株(张建如和沈淑琳，1984)。

6. 风信子青霉病

病原为不同的青霉菌。最初的症状在种植之前就能立刻看见。在根尖受真菌感染部分干枯。切开根基部时可以看见其周围组织呈现浅褐色。在小籽球的脱落处也能看见同样颜色的组织。储藏和以后的种植过程中种球会继续腐烂。被感染种球的芽较短，种球本身根很少或是根本没有根。植株很容易倒伏。这种真菌侵染也发生在种球的受伤部分。受侵染的部分有白色到蓝绿色的真菌生长。其下组织变褐而松软，但这种侵染并不会延伸到根盘，而且对开花质量也没有不好的影响。主要发生在低温贮藏室(17℃以下)，同时湿度高于70%。种球受伤也会引起该病。

防治方法：防止芽早熟或根的形成。在到货后要立即种植；在储藏室内要保持规定的恒定温度并使空气流通。在整个储藏期间要保持湿度在 70%以下。

7. 风信子锈病

病原为单孢锈病菌。危害叶片，产生深褐色冬孢子堆。必要时用布铜素杀菌剂喷洒。

8. 风信子腐朽菌核病

病原为球茎菌核病菌。病菌从鳞茎侵入感染叶片，受害部位产生浅蓝色霉点，表面有小型黑色菌核；芽内部变色腐烂，可见菌丝与菌核，菌核在土中过冬。

防治方法：栽种前，对种球进行严格的杀菌消毒；也可喷五氯硝基苯，然后覆土；发病初期，用 50%苯来特可湿性粉剂 2000 倍液喷洒，或用 50%乙烯菌核利可湿性粉剂

1000 倍液喷洒，每 10 天 1 次，连续 3～4 次；污染的土壤应用热力灭菌。

9. 风信子褐腐病

该病主要危害叶片，在叶缘、叶尖和叶面均会产生半圆形至纺锤形或椭圆形褐色病斑，有时能融合成不规则的大斑；病斑周围失绿变黄，严重时从叶尖向下沿叶缘枯焦，造成全株枯萎。

防治方法：及时清除越夏病残体，集中烧毁；发病初期，喷洒 50%福美双可湿性粉剂 600 倍液，或 50%多硫悬浮剂 800 倍液，或 27%的铜高尚悬浮剂 600 倍液，每 10 天 1 次，连续 2～3 次。

10. 风信子花叶病

病原为风信子花叶病毒、虎眼万年青花叶病毒。主要是通过马铃薯蚜虫、汁液传播。被侵染的植株叶片形成蓝绿色条纹、斑块和小疱斑，伴随花朵减少和萎缩。

防治方法：拔除病株，建立无病留种地；喷洒 50%马拉松 1000 倍液、50%氧化乐果 5000 倍液，杀死蚜虫。

11. 根虱

此害虫生活于受损伤的或有病害的鳞茎根或表皮内，吸食汁液，致使植株生长缓慢。根虱一年可发生十余次。

防治方法：将鳞茎在石灰硫黄合剂中洗涤或用二硫化碳气体熏蒸，浓度为每 $1000m^3$ 用 1100～1900g 二硫化碳，或在稀薄的生石灰水中浸泡 10min。

(二)生理失调

1. 寄生性顶腐烂

位于花序上部的部分发生腐烂，被称作"顶腐烂"，它常常伴随着叶尖端出现褐斑。这种腐烂多由常态下随机存在的寄生物引起，包括在小花受染后才开始被侵染的植物(生理性芽腐烂)或已预先被寄生菌感染的植物(寄生菌芽腐烂)，接着寄生物能引起最初的侵染。

(1)丝核菌。这种真菌从被污染(甚至是在种植前即被污染)的土壤中开始侵染植株。识别的标志是在一些小花上有不规则形状的、亮褐色的锯齿状疤痕。在外部叶片上的发生程度稍微轻一点。而更严重的侵染是斑点变大，植物叶尖变褐，在温室种植时可以看见蜘蛛网状真菌生长痕迹。这种侵染常常区域性出现，当土壤温度上升时侵染加剧。

(2)镰刀菌。这种真菌的侵染发生在种球的根部开始生长时。一旦被侵染，根尖保持白色，而根冠处腐烂。种球的水分供应被中断，导致花序干枯，通常接下来是顶腐烂或是植物发育迟缓。利于真菌生长的主要因素是温度超过 9℃ 以及没有足够的低温处理就移入温室。

(3) 蓟马。蓟马为体小、细长、黑褐色的害虫，其危害的标志是在植株叶片上和花序上有白色的小斑点，这是由于害虫吸食幼嫩的植物组织而引起的。这些被危害的地方变褐从而植株死去，花序干枯死亡，枯死的部分又成为寄生虫的食物来源。这种侵染只发生在生根室，当温度升高时侵染加剧。

防治方法：经常使用新的土壤作为盆土，自然冷处理和生根室要保持规定的温度（袁维蕃，1985）。

2. 生理性芽腐

生理性芽腐呈现出部分花序顶部的小花腐烂的症状。但叶子通常不被损坏。生理性芽腐的先期症状为白色而不是乳白色。它经常在移入室内的过程中或其后不久表现出来。这些染病小花的雄蕊玻璃化、凋谢或枯萎。在温暖、潮湿的温室环境中，这些死去的小花为经常存在于周围的腐败菌、真菌和螨提供了理想的生存条件。如果感染是由欧文氏菌引起的，感染的小花为灰白色（继而变褐）。它们潮湿、发出臭味，最后腐烂（袁维蕃，1985）。邻近的小花也呈现玻璃化。如果感染了青霉菌，病症是呈蓝绿色，小花腐烂。在栽培的最后阶段，特别是在准备将植物投放市场时，真菌会侵染顶部的小花。茎的颜色是褐红色，小花持续为绿色并可见到蓝绿色真菌生长。如果正准备进入市场的风信子处于冷、湿的条件下，就会出现这类问题。

导致生理性芽腐的主要原因是最后一朵小花脱水，这是冷处理过短造成的。这种芽腐是否敏感，要根据不同品种和种球的尺寸来判定。另一个染病原因是常态下存在的青霉菌或欧文氏菌侵染了变干的小花，继而转移到其他临近的小花上。如果未被感染的小花感染真菌，其将变干（盲花）。

防治方法：确保种植种球的生根室和自然处理温度保持在 9℃ 恒温，不是 9℃ 的处理要采取补偿措施；不要过早地将种球移入室内，提供各个品种所需的冷处理；在温室期内保持 23～25℃ 恒温，在种植期间温度降低幅度为 1～2℃，避免温室气候中相对湿度较高而引起的青霉菌侵染。千万不要将水浇灌在花序上，特别是在最后阶段；在运送之前，如不能储藏，不要使盆中的土壤过湿，同时确保植株之间有足够的空气流通（宋军阳，2000）。

3. 顶端变绿

一些花序顶部的小花保持绿色，严重时会遍及整个花的顶部。由于低温处理不当（处理时间太短或温度不合适）会导致失调。

防治方法：在栽培后，按规定的冷处理期和低温进行操作。

4. 花序歪斜

在种球移入温室后，风信子花茎的最上端生长变得歪斜。在风信子大的花序中，一部分花茎及其附着的小花生长比其他部分快。这种性状并不是人们所期望的，这种失调多见于种植较早以及有大花序的风信子中。

防治方法：种植后，使用规定的冷处理和低温标准；保持稍低的温室气温（18～17℃）也能防止花序歪斜的发生（宋军阳，2000）。

5. 顶端开花

与正常生长状态不同的是，位于顶端的小花较低部位的先开花。这类花朵的花序通常短且健壮。这种失调，是将植物移入室内之前没有进行冷处理而造成的。每个品种对这种病症的敏感性各不相同。

防治方法：在种植后，按规定的冷处理和低温标准操作。

参 考 文 献

鲍登，1958. 植物病毒与病害[M]. 俞大发，译. 上海：上海科学技术出版社.

董立，1985，球根花卉[M]. 台北市：银禾文化事业公司.

费砚良，张金政，1999. 宿根花卉[M]. 北京：中国林业出版社.

高运茹，2012. 风信子无土促成栽培技术[J]. 安徽农学通报，18(7)：104-105.

郭志刚，张伟，1999. 球根类[M]，北京：清华大学出版社.

贾文杰，崔光芬，王祥宁，等，2014. 不同风信子品种在云南昆明地区的物候期及生长特性分析[J]. 农业科技与信息(现代园林)，11(8)：75-79.

贾文杰，王祥宁，崔光芬，等，2017. 一种风信子的快速繁殖方法[P]. CN104521527A. 2015-04-22.

林伯年，崛内昭作，沈德绪，1994. 园艺植物繁育学[M]. 上海：上海科学技术出版社.

袁维蕃，1985. 植物病毒学[M]. 北京：科学出版社.

施振周，刘祖祺，1999. 园林花木栽培新技术[M]. 北京：中国农业出版社.

宋军阳，2000. 球根花卉盲花问题综述[J]. 北方园艺(3)：66.

宋兴荣，林洁，郑莉，等，2005. 观花植物手册[M]. 成都：四川科学技术出版社.

王意成，郁宝平，何小洋，等，2002. 新品种花卉栽培实用图鉴[M]. 北京：中国农业出版社.

温广宇，朱文学，2003. 天然植物色素的提取与开发应用[J]. 河南科技大学学报(农学版)，23(2)：68-74.

熊瑜，2007. 风信子栽培与花期调节研究[D]. 上海：上海交通大学.

徐振华，尹新彦，王学勇，等，1998. 风信子无土盆栽技术[J]. 河北林业科技(3)：30-31.

义鸣放，2000. 球根花卉[M]，北京：中国农业大学出版社.

英国皇家园艺学会，2000. 球根花卉[M]. 韦三立，译. 北京：中国农业出版社.

张建如，沈淑琳，1984. 花卉病毒鉴定手册[M]. 上海：上海市园林科学研究所.

周厚高，张施君，王凤兰，2005. 水养花卉[M]. 乌鲁木齐：新疆科学技术出版社.

周萍，2000. 水培风信子的养植管理[J]. 江苏绿化(3)：32.

第十八章　盆栽舞春花

一、盆栽舞春花分类

　　舞春花为茄科矮牵牛属，多年生草本植物，常作一、二年生栽培，是小花矮牵牛与矮牵牛的杂交种，因其遗传性状更接近于小花矮牵牛，且花朵似风铃，数量繁多，被称为"百万小铃"。与普通矮牵牛相比，舞春花的花和叶都不大，但开花量大，花朵更密集，花期更长，且花瓣质厚，花朵更上挺。舞春花有丛生和匍匐类型，株高 15～80cm，叶呈椭圆形或卵圆形，播种后当年可开花。花期长达数月，花冠呈喇叭状，花形有单瓣、重瓣、瓣缘皱褶或呈不规则锯齿等，花色有红、白、粉、紫，有些带斑点、网纹、条纹等。

　　1992 年，日本三得利花卉有限公司(Suntory Flower)育种家和首先育出舞春花第一个商业化品种 Million Bells，因此多个国家也称舞春花为"百万铃"。随后其他育种公司也先后推出自育的舞春花品种。

　　根据株型和花型，舞春花可分为垂吊型、花篱型、紧凑型、重瓣型四大类。①垂吊型，早期舞春花育种的主要类型，枝条可垂到盆边，适合吊挂生产和应用。②花篱型，植株在盆里以篱状生长，花能够覆盖整个栽培容器表面。③紧凑型，植株更紧凑，能够长时间保持好的株型，可用小规格容器生产。④重瓣型，重瓣花植株株型有垂吊型、花篱型、重瓣型。

二、盆栽舞春花流行品种介绍

　　(1)百万铃。日本三得利花卉有限公司所育品种。通过品种名就能想象植株有无数像风铃一样的小花，也体现出品种特性——花量大。除此之外，百万铃适应性强，具有很好的抗热性、抗病性，花期可从春天持续到秋天。

　　(2)诺娃。以色列公司所育品种。该系列开花对光照不敏感，光照达到 10h 即可开花，非常适合早春生产和应用。

　　(3)呼啦。荷兰橙色多盟公司培育的品种。与其他品种不同的是，该品种是目前市场上可见的最大的花的系列，以紧凑型品种为主。

　　(4)庆典。德国育种公司育出的品种，是目前全球销量最大的系列，主要是半垂吊型和紧凑型，生长和开花对低温、低光不敏感，是一个"种植者友好型"系列。

　　(5)变色龙。德国育种公司育出的最新品种，花色可随着温度、光照、花朵开放时间的变化而变化，目前该系列有 8 个花色。

（6）炫彩和幻彩。第一个种子繁殖的舞春花品种，由泛美公司在 2014 年推出，是育种的重大突破。与扦插繁殖品种相比，种子繁殖的品种生产受时间影响相对较小，但是花量也相对较小。

三、盆栽舞春花生长习性

舞春花喜高光照，所以适宜栽植在日照充分的条件下。舞春花在长日照和短日照的状态下花芽都可以分化，但短日照下的舞春花会发生侧芽生长，而且植株矮化，开花紧密。但在日照时间较长的条件下，会呈现出分支少、花大、多开在顶部的情况。光照度应保持在 50000～80000lx，低光照也可能会引起茎伸长和开花少，延长光照时间 12～13h 或暗期打断都可以在短日照条件下加速开花。

在舞春花栽培过程中，特别要注意保持基质良好的排水性，避免积水，为根系提供良好的透气性，以保证根系健康。同时，舞春花对酸碱度敏感，高 pH 易导致植株缺铁而新叶发黄，基质的初始 pH 宜为 5.5～6.0。每隔 2 周对基质进行检测，定期使用酸性肥料或使用螯合铁，保持适宜 pH，以此避免缺铁。

舞春花的耐寒性不高，同时不耐高温，高温多湿环境会导致开花不良或者受阻。生长期间适宜的温度白天为 21～24℃，夜间为 10～14℃，高温可能会导致分枝差、茎伸长和开花减少。植株对灰霉病敏感，避免过分浇水或湿度过大引起的根系疾病，两次浇水之间允许基质稍干，但植株不能萎蔫。舞春花高度需肥。

四、盆栽舞春花无土栽培基质种类及配制

舞春花无土栽培是可代替土壤和有机质向植物提供营养的栽培方式，具有提高工作效率、降低劳动强度、缩短栽培时间、提早开花、无污染环保等优点，有广泛的应用前景。

无土栽培所用基质根据形态、成分、形状可分为无机基质、有机基质和混合基质。无机基质一般很少含有营养成分，包括沙、砾、陶粒、炉渣、泡沫（聚苯乙烯泡沫，脲醛泡沫）、浮石、岩棉、蛭石、珍珠岩等。有机基质是一类天然或合成的有机材料，如泥炭、树皮、锯木屑、秸秆、稻壳、蔗渣、苔藓、堆肥、沼渣等。有机基质使用较少，一方面是由于植物的有机营养理论不清楚，有机成分的释放、吸收、代谢机理不明；另一方面是随着计算机技术、自动化控制技术和新材料在设施中的应用，设施农业已进入全自控新阶段，有机基质的使用可能会给植物营养的精确调控和营养液的回收再利用带来困难。混合基质包括无机-无机混合、有机-有机混合、有机-无机混合。混合基质由结构性质不同的原料混合而成，可以扬长避短，在水、气、肥相互协调方面优于单一基质。从国内外无土栽培研究和生产实践的历史与现状看，生产上运用较多的有美国康奈尔大学开发的四种混合基质，英国温室作物研究所开发的混合物以及荷兰的岩棉、泥炭等。

无土栽培中，对植物生长影响较大的基质物理性质包括容重、密度、总孔隙度、持水量、大小孔隙比以及颗粒粒径等。表 18.1 列出了几种常见基质的理化性质。

表 18.1 基质的酸度及物理性质

基质种类	基质名称	pH	容重/(g/cm³)	总孔隙度/%	大孔隙(空气容积)比/%	小孔隙(毛管容积)比/%	水气比(以大孔隙为1)
无机基质	沙	6.5~7.8	1.5~1.8	30.5	29.5	1.00	1:0.3
	煤渣	6.8	0.70	54.7	21.7	33.0	1:1.51
	椰糠	6.5~9.0	0.07~0.25	133.5	25.0	108.5	1:0.55
	珍珠岩	6.0~85	0.03~0.16	60.3	29.5	30.75	1:1.04
	岩棉	6.0~8.3	0.06~0.11	100.0	64.3	35.71	1:0.55
	小白石子	6.5	0.52	47.0	25.3	21.75	1:1.15
	草炭	3.0~7.5	0.2~0.6	—	—	—	—
有机基质	棉籽壳(种过平菇)	6.4	0.24	74.9	73.3	26.69	1:0.36
	锯末屑	4.2~6.2	0.19	78.3	34.5	43.75	1:1.26
	炭化稻壳	6.9~7.7	0.15~0.24	82.5	57.5	250.00	1:0.43
	泡沫塑料	6.5~7.9	0.01~0.02	827.8	101.8	726.00	1:7.13
	蔗渣	4.68	0.12	90.8	44.5	46.3	1:0.96

将基质按不同比例混合既可降低成本又能促进舞春花的生长,舞春花的最佳基质配比为椰糠+珍珠岩+草炭(体积比为 4:1:1)。

每 3 天测量其生长高度,并对试验数据进行双因素方差分析和显著性检验。得出结论:不同基质栽培的舞春花经 70 天的生长,以珍珠岩+椰糠为栽培基质效果最好。

将基质配比进行多重比较(表 18.2),发现舞春花在试验期内的生长量在"椰糠+珍珠岩+草炭"基质中最大,说明舞春花的栽培基质配比以"椰糠+珍珠岩+草炭"最优。因舞春花与矮牵牛为同一科属,且由小花矮牵牛与矮牵牛杂交培育而来,其生态习性又相近,所以舞春花的栽培基质也适用于矮牵牛。在生产中,因为"椰糠+珍珠岩+草炭"成本明显较高,可以采用"椰糠+草炭"来进行舞春花无土栽培,从而降低生产成本。

表 18.2 不同栽培基质舞春花生长量调查　　　　　(单位:cm)

营养液种类(体积比)	营养液 1 号	营养液 2 号	营养液 3 号	平均值
椰糠+珍珠岩(4:1)	21.1	21.8	19.6	20.8
椰糠+草炭(4:1)	20.4	24.6	26.0	23.7
锯末+珍珠岩(4:1)	15.5	17.5	19.2	17.4
草炭+珍珠岩(4:1)	17.6	17.8	16.2	17.2
椰糠+珍珠岩+草炭(4:1:1)	32.6	40.4	43.5	38.3
椰糠+珍珠岩+锯末(4:1:1)	15.1	15.2	14.6	15.0
椰糠+锯末+草炭+珍珠岩(4:1:1:1)	14.9	17.8	17.1	16.6

五、盆栽舞春花无土栽培营养液配方

营养液为植物生长发育提供所需的养分和水分，其组成原则是：①营养液中必须含有植物生长所必需的全部营养元素，除碳、氢和氧这三种元素是由空气和水提供之外，氮、磷、钾、钙、镁、硫、铁、锰、锌、铜、钼、硼和氯均由营养液提供。②营养液中的各种化合物都必须以植物可以吸收的形式存在。③营养液中各种营养元素的数量和比例应符合植物正常生长的要求，而且是生理均衡的，可保证各种营养元素有效性的充分发挥和植物吸收的平衡。④营养液中的各种化合物在种植过程中，能较长时间在营养液中保持其有效性。⑤营养液中各种化合物组成的总盐分浓度及其酸碱度应适宜植物正常生长要求。⑥营养液中所有化合物在植物生长过程中由于根系的选择吸收而表现出来的营养液总体生理酸碱反应是较为平衡的。

NH_4NO_3 为 21.55mg/kg，KNO_3 为 64.63mg/kg，KH_2PO_4 为 61.59mg/kg，$MgSO_4$ 45.92mg/kg，$CaSO_4$ 为 6.31mg/kg，对矮牵牛、舞春花的生长和发育都较理想。在无土栽培过程中，因花卉品种不同，其最适营养盐含量具有明显的差异，其中矮牵牛的为2717mg/L。在舞春花的无土栽培中，基质的选择、营养液的配比均可按照矮牵牛无土栽培的方法来实施。

营养液的 pH 应为 5.5～5.6，过碱的水质可用磷酸或硫酸进行酸化。营养液的温度应保持在 15～28℃。光照强时液温可高些，光照弱时液温可低些。日常管理中只需经常补充水分防止营养液或基质干涸，每1～2周换一次营养液，最好能将旧液倒出换入新液。

六、盆栽舞春花管理

(一)花盆选择及上盆

幼苗具 6～8 片真叶时即可上盆，用直径为 10～15cm 的盆。盆栽培养土的透水性要好，上盆时要尽量不破坏原土坨，保持根系的完整。上盆后浇透水，放在遮阳条件下一周，缓苗后进行正常管理。上盆基质可以考虑泥炭土或泥炭土和其他基质混合的土壤，原则是土壤疏松、保水性良好的酸性土壤(pH 为 5.5～6.5)为最佳，上盆时需要加入充足的底肥，为使能达到要求的盆型取得开花饱满的效果，每盆应定植 3～4 棵。

(二)株型培养

要控制舞春花的株型和高度，可用植物生长调节剂进行调控，即在快速生长期均匀喷洒 0.1～0.2g/L 多效唑溶液 2～3 次，间隔期为 7～10 天。喷洒后能使叶色浓绿，植株低矮紧凑，只能在开花前喷洒，否则会推迟花期。也可以人工摘心来控制株型，舞春花较耐修剪，第一次打尖应在基部新叶发出之后，去掉上部主茎，出圃前 2～3 周做最后一次打尖处理。当第一朵花现蕾时应进行摘蕾处理，以促其萌发侧枝，待叶基部发生新枝后，剪去上面主枝，以使植株低矮紧凑。

需摘心的品种，在苗高 10cm 时进行摘心，促使侧枝萌发，增加着花量，摘心后喷洒 0.1%百菌清进行消毒。适当修剪，控制植株高度，促使多开花。短日照促进侧芽发生，开花紧密，长日照分枝少，花多顶生。因其较耐修剪，如果第一次销售失败，可以修剪一次，换盆，勤施薄肥，如养护得当，一般不影响质量，仍可出售。

（三）开花培养

关键在于调整繁殖期、适时摘心并调整温度以及应用化学药剂。一般情况下 4 月中旬上盆，7 月出圃；6 月中旬上盆，9 月出圃。

1）促成栽培

1～2 月上盆，保持 20℃左右室温，充分见阳光，使其苗壮成长，加强水肥管理及空气流通，可供"六一"用花，花期可延至 7 月上旬。元旦前后上盆，可供"五一"用花。

由于舞春花扦插后 80 天左右即可开花，可在要求开花期前 80 天左右，在温室扦插，保持 20～25℃室温，生根后降温至 12℃，控制土壤湿度，保持稍干的条件，使根系发育完好，再升温至 20℃左右，其他管理按正常进行。如现蕾较迟，可在插后 60 天浇施 0.1%磷酸二氢钾，每隔 3 天施一次，共 3 次，可起到促进开花的作用。

秋冬季短日照条件下用 10～100mg/kg 的赤霉素溶液处理，可提前开花。

8 月下旬扦插，10 月下旬入保温苗床，11 月下旬开始施肥水，则可提前于 5 月中旬开花。

2）抑制栽培

6 月中旬露地扦插，保持湿度，遮阴，其他按正常养护管理，9 月上旬定植、上盆，10 月正值开花期。

5 月下旬扦插，一切按正常管理，9 月上中旬定植或上盆，则 9 月下旬可开花。

应用摘心的办法，可于开花期前 2～3 周，选健壮植株（开过花或未开花的植株均可）进行摘心处理，摘心后如果温度、光照、水分、肥力等条件适宜，则摘心后 2～3 周即可开花；如果 1 周后尚未见幼蕾，则可施用 0.1%磷酸二氢钾，2～3 次后即可现蕾。

（四）光照

舞春花是喜光照植物，生长期需保持 5000～80000lx 的光照度，低光照可引起茎伸长和开花减少。春夏季长日照条件下开花最好。早春保持夜温为 14～16℃，并延长光照时间超过 12h，利于加速开花。

（五）温度

舞春花上盆后温度宜控制在 20℃左右，不要低于 15℃，温度过低会推迟开花，甚至不开花。生长期温度白天保持 21～24℃，夜间保持 10～14℃，高温会引起分枝差、茎伸长和开花减少，合适的夜温可促进最大分枝和保持良好的生长状态。

（六）水分

土壤过分湿润、通风条件欠佳会导致舞春花霉粉病。因此栽培的过程中，应选择在夏秋季节栽培当天浇 1 次水。平日则保持 2～3 天浇一次水即可。

植株幼小时避免浇水过多，夏季生长旺盛，需充足水分，特别在高温季节，应在早晚浇水，保持盆土湿润。上盆一周后，用 0.2%的磷酸二氢钾喷施叶面肥，每周一次，以上午 8～9 时或阴天为宜，在以后的肥料管理上，应每半个月施磷肥、钾肥一次。

高温炎热天气时应加强肥水管理，浇水以"早浇透晚浇湿，见干见湿"为原则，这样既保证了充足的水分，又有利于根部呼吸，使植株安全越夏。

（七）施肥

盆栽时，小苗生长前期应薄肥勤施，可用"花多多"水溶性肥氮、磷、钾（20：20：20）0.1%～0.2%叶面喷施。施肥不宜过量，生长发育期 15～20 天施一次腐熟的稀薄饼肥水即可。保持 EC 值在 1.8～2.4mS/cm，施用含有微量元素的平衡肥，定期检测 pH，以免 pH 过高引起幼叶变黄，定期使用酸性肥料或螯合铁，以保持适宜 pH。清水定期淋洗可降低盐害。到花期需施用适量的开花肥，自花芽形成之后，可以逐步调整花肥的种类来催花。通常采用的方法是用台湾产复合肥"必旺"和"必开花"配合混用，前期可以按照 4：6 的体积比，后逐步改成 2：8 的体积比浇灌。

七、病虫害防治

（一）病害

常见的病害有白霉病、叶斑病、病毒病、苗期猝倒病。

(1)白霉病。发病后及时摘除病叶，发病初期喷洒 75%百菌清 600～800 倍液。

(2)叶斑病。尽量避免碰伤叶片并注意防止风害、日灼及冻害；及时摘除病叶并烧毁，注意清除落叶；喷洒 50%代森铵 1000 倍液。

(3)病毒病。间接的防治方法是喷杀虫剂防治蚜虫，喷洒 40%氧化乐果 1000 倍溶液。在栽培作业中，接触过病株的工具和手都要进行消毒。

(4)苗期猝倒病。用百菌清、甲基托布津 800～1000 倍液防治。

（二）虫害

舞春花的虫害不多，主要有红蜘蛛、蚜虫和蛞蝓。红蜘蛛可用 40%三氯杀螨醇乳油 1000～1500 倍液、20%螨死净可湿性粉剂 2000 倍液进行防治；蚜虫可用 10%氧化乐果乳剂 1000 倍液、马拉硫黄乳剂 1000～1500 倍液、敌敌畏乳油 1000 倍液或高搏（70%吡虫啉）水分散粒剂 15000～20000 倍液喷洒；夏季盆土湿度过大或连续阴雨天时会导致蛞蝓危害，当发现有蛞蝓、蜗牛危害时，可在盆内撒施适量的多聚乙醛，并控制盆土湿度，以免湿度过高。

八、盆花出圃标准

花盆内不能有黄叶、病叶、枯枝、杂草等。花繁叶茂、花色艳丽，植株饱满，达到理想的冠幅和盆形要求（图 18.1）。

图 18.1 舞春花出圃状态

九、包装、运输及到货处理

（一）包装

1. 包装前的准备

（1）在包装运输的前一天，要停止浇水。如果没有停止浇水，极度潮湿的土壤不能固定住舞春花根系。这样，其根系会随着运输工具的摇晃颠簸而受到破坏，严重影响商品效果；当天浇水也会增加盆土的重量，加重运输负担。

（2）选择优质、健康、生长旺盛、达到出圃标准的盆花进行包装。对于长途运输，还应提前 15 天喷洒 0.2～0.5mmol/L 硫代硫酸银，抑制盆栽植物乙烯产生，减少花朵脱落。套袋后再装入包装箱，装入数量以盆花的大小而定。

（3）包装材料的选择。包装袋应采用质地柔软的专用塑料袋或无纺布袋，包装袋下径大于花盆盆径 3～4cm，上径要根据舞春花盆花的长势而定。高度应该比盆株高出 3～5cm。包装箱的纸板要有足够抗颠簸和抗压的硬度。包装箱的净高度以植株连盆高度再加上 4～6cm 为宜。包装箱内箱的长度和宽度应该以盆径的倍数来计，但以一两个人能方便搬运的尺寸、重量为宜。

2. 包装

第一步，挑选出达到出圃标准的舞春花。第二步，套袋。将塑料袋从盆花的盆底顺势往上套，上开口一定要高于植株高度，以保护植株上部花朵。这样，自然而然地把叶片、枝条向上向中间靠拢，防止叶片和枝条被打折的情况，在装箱时，防止枝条、花朵受损，防止盆花之间的摩擦、盆花与包装箱内壁的摩擦，减少在运输过程中受到的损伤。套完袋之后，不能在植株上部进行封口，这是为了让盆花装箱后能通风透气，减少密闭环境对舞春花造成的伤害。第三步，装箱时选择竖放，每箱的数量视盆花大小而定，一个箱子不要装太多盆，避免折伤枝叶、花朵。需要注意的是，在长途运输时，应该在箱子内侧4个角上支一些支杆，避免箱子在运输过程中受到挤压而损害。冬季运输，除了给盆花本身套袋外，还应该在箱子的外侧加一些塑料布、保温棉等，以保温防冻。

1）包装箱的标志内容

包装好后，还应该做好包装箱标志内容的描述工作，以确保搬运时工人们能够按要求操作，减少舞春花运输后的损伤。

（1）包装箱上应标明产品名称、包装数量和质量等级等。

（2）包装箱上应该有"向上"或"请勿倒置""小心轻放""防潮防雨"等标志。

（3）在运输时应有温度要求标志。

（4）标志的内容应符合国家法律法规。

（5）标志的内容应通俗易懂、准确、科学。

（6）标志的一切内容不应模糊、脱落，应保证消费者在购买时易于辨认。

（7）标志所使用的汉字、数字、图形和字母应字迹端正、清晰，字体高度不应小于1.8mm。

2）运输

运输方式有汽车运输、铁路运输和空运三种。目前，汽车运输为主要的运输方式，通常选择厢式车、大篷车等可封闭的车，厢式车和大篷车具有较大的密闭空间，舞春花盆花装上车之后可以封闭起来，这样就不会因为外界的环境变化而使其生长状态和观赏价值受到影响。运输过程中应保持其在空气循环、温度稳定的环境里。这就要求运输车辆有通风装置。冬夏两季运输，车辆还应该有保暖和制冷装置，以减少对盆花的伤害。春秋两季的气温与舞春花生长温度基本相同，所以运输车辆可以没有恒温装置。装车时，应该轻抬轻放。注意不能将箱子倒置。运输时间要尽可能短。

（三）到货处理

到达目的地后应该立即除去包装，将植株放入有光照的环境。先小心地打开包装箱，然后将舞春花盆花挨个取出。取下包装袋时注意不要损伤植株。不管采用哪种包装和运输方式都应该适合舞春花盆花的特性，在时间及路线上完全匹配。利用更好的时间和更低的成本，提供最快捷和最满意的服务。当然盆花质量取决于栽培、包装、运输等多个环节，每个环节都需要用科学的态度对待，才能在长期的生产、销售、包装运输中探索出更好的办法，最大限度地保证运输后的舞春花盆花质量，得到消费者的认可。

参 考 文 献

冯鋆，2008. 花园里的天使——百万小铃家庭栽培全攻略[J]. 花木盆景（花卉园艺）(5)：9-12.

贾玉玲，张明杰，杨浩，等，2009. 矮牵牛栽培管理技术[J]. 天津农林科技(4)：43.

李晓红，2015. 盆栽矮牵牛的栽培管理技术[J].农业工程技术(温室园艺)，35(1)：38，44.

刘秀丽，2014. 矮牵牛盆花生产及花期调控技术[J]. 吉林蔬菜(10)：42-43.

潘凯，韩哲，2009. 无土栽培基质物料资源的选择与利用[J]. 北方园艺(1)：129-132.

苏平，2010. 无土栽培基质的研究进展[J]. 中国林副特产(6)：97-99.

谢嘉霖，雷幼娥，徐秋华，2005. 花卉无土栽培技术[J].上饶师范学院学报(自然科学版)，25(3)：73-75.

于艳艳，李国强，2013. 舞春花和小花型矮牵牛生产栽培技术[J].中国花卉园艺(10)：34.

俞晓艳，张光弟，庞亚平，2002. 宁夏常见花卉品种无土栽培技术的研究[J]. 北方园艺(6)：36-37.

第十九章　盆栽三角梅

一、概况

(一)三角梅的生产

三角梅又称叶子花、三角花、九重葛、宝巾、刺仔花、南美紫茉莉等，是紫茉莉科、叶子花属的常绿攀缘藤状灌木。三角梅是典型的热带和亚热带花卉，原产巴西、秘鲁、阿根廷等国家，是赞比亚共和国的国花，也是日本那霸市的市花。我国已有将近120年的三角梅栽培历史，20世纪50年代起，我国南方各省的植物园和北方大城市逐步从国外大量引种栽培三角梅品种。三角梅在我国各地均有栽培，多分布于福建、台湾、广东、广西、海南、云南、四川、香港、澳门等地，是三亚市、海口市、北海市、梧州市、三明市、厦门市的市花，也是海南省的省花。三角梅品种多，花色丰富多样，花、叶俱赏，花期较长，一年四季皆可开花，生命力强，耐修剪、易塑形，深受消费者和生产者的喜爱。三角梅除了在热带和亚热带地区露地栽培，植于庭院，或用于花架花廊、绿篱、挡土墙外，更是一种很好的盆栽花卉。目前，盆栽三角梅的生产和应用日益发展，产品形式从传统的大中型造型盆栽到小型精品盆栽不断升级和多样化，生产技术也得到不断的改进、创新。

(二)三角梅类型划分与盆栽品种介绍

我国目前引种栽培的三角梅品种很多，其中原种、栽培种、杂交种等多达上百种。原种主要有：①光叶三角梅。叶片中部最宽，刺直立，初时幼枝与叶有毛，后脱落，花多散生于枝上，花萼管疏生柔毛。②红花三角梅。叶大，刺弯曲，嫩茎与叶有褐色小毛，花萼管密生绒毛，开花时脱落，花苞为紫红色，多数簇生成球，着生于枝的顶端。③秘鲁三角梅。叶基部很宽，表面光滑，花萼管细长，管状平滑无毛。④密节三角梅。植株能直立，节间较密，叶小，叶面有稀疏短毛，刺直立，稀少，仅见于基部，花苞小，生于枝条顶端，或沿枝两侧着生，浅红色。

杂交种主要有：①艳红三角梅。为光叶三角梅与秘鲁三角梅的杂交种，花苞生于枝条顶端，花萼管和雄蕊退化，与花苞同形同色，构成重瓣，似花球。②亮丽三角梅。为光叶三角梅与红花三角梅的杂交种，刺形在双亲之间，叶片呈心形，花萼管多毛。

生产应用上，三角梅按花色分为紫色、茄色、大红、桃红、花叶金心、深红、橙黄、白、双色；按叶色分为全绿、斑叶、金边、银边、洒金、暗斑叶等；按苞片数目多少可分为单瓣和重瓣两大系列，单瓣品种又可细分为大苞片种、中苞片种和细苞片种三小类。栽培品种常以花色结合叶色特征命名。

常见的三角梅品种有：大红(深红)三角梅、金斑大红三角梅、皱叶深红三角梅、金斑重瓣大红三角梅、珊红三角梅、橙红三角梅、柠檬黄三角梅、金叶三角梅、银边浅紫(粉桩)三角梅、樱花三角梅、金斑浅紫三角梅、白苞(色)三角梅、金边白花三角梅、银边白花三角梅、金心三角梅、双色(鸳鸯)三角梅等。

(三)生长习性

三角梅性喜气候温暖、空气湿润、阳光充足、空气清新流通的环境,不耐寒(不同品种安全越冬的低温为 3~7℃),冬季维持 12℃左右才不会落叶。生长的适宜温度为 15~25℃,开花适宜温度为 15~30℃。光照对三角梅的开花至关重要,它是强阳性植物,要求有足够的阳光照射才能正常开花。三角梅对土壤要求不严,耐瘠薄干旱,忌积水,最适合疏松、肥沃、排水良好、富含有机质的砂壤土。

二、三角梅种苗繁殖

(一)三角梅种苗的扦插繁殖

扦插既能保持母本的优良性状,又能提供大量整齐的优质种苗,是三角梅(尤其是三角梅单瓣品种)的主要繁殖方式。

1. 插穗选择

选择半木质化或木质化、生长健壮、无病虫害的枝条剪取插穗,半木质化枝条粗度宜为 0.3~0.6cm,木质化枝条粗度宜为 0.8~1.5cm。用锋利枝剪将枝条剪成带 1~4 个节和 1~2 个叶片的插穗,插穗下部削成 45°的斜削面。

2. 扦插基质

三角梅扦插基质要求疏松透气、排水良好,一般以珍珠岩、草炭按 1∶(0.5~1)体积比混合作为扦插基质。

3. 扦插方法

三角梅一年四季都可扦插,但以春、夏、秋三季为主,冬季扦插要在保护设施中进行。扦插前,插穗在 500~100mg/L ABT(生根粉 1 号)或 2000~5000mg/L IAA(生长素)中速蘸 1~5s;扦插时,入土部分约占整个插穗的 1/2,使一个节接近基质表面,扦插后基质浇透水。

4. 扦插后管理

扦插后遮阳、保温、保湿是插穗生根的关键。春夏季要求遮阳 60%~80%,秋冬季要求遮阳 30%~50%;环境温度为 22~30℃,基质温度为 18~22℃,可铺设地热线给基质加温;湿度为 70%~90%。如没有弥雾及加温设施,可在扦插苗床上扣小拱棚,以保温保湿。生根后,可逐步移去遮阳网及拱棚,抽新梢后即可移栽。

（二）三角梅种苗的嫁接繁殖

嫁接繁殖主要应用于三角梅名贵品种和扦插不易生根的品种，也是进行三角梅一树多花等造型盆景塑造的主要方法。常用的嫁接操作方法都可用于三角梅嫁接，如切接法、芽接法、劈接法等。但需根据三角梅生长习性选择砧木、接穗、嫁接时间，并进行嫁接后管理。

1. 嫁接时间

一般来说，三角梅一年四季都可以嫁接，4～9 月成活率较高。

2. 砧木和接穗的选择

选择生长势强的三角梅种或品种作为砧木。接穗要选择无病虫害的健康枝条，为保证成活率，不采下部的徒长枝或太老的枝条，也不宜采用生长旺期侧芽已萌发的枝条；应选择当年生粗壮、生长充实、芽体饱满的半木质化枝条，剪成长度约为 5cm，且至少带一个饱满芽的小段作为接穗。

3. 嫁接后管理

嫁接要求砧木和接穗的削面平整光滑，嫁接口捆扎紧实，密封严密，不能渗水。嫁接后防止阳光直射和雨水冲洗，嫁接好的砧木应放在半阴场所养护，随时抹去砧木上萌发的新芽或新梢，接穗新梢抽发，长至 5cm 左右时，除去嫁接口处的捆扎膜，并将砧木上的叶片去除。

（三）三角梅种苗的组织培养繁殖

三角梅组织培养是一种不受季节限制，在无菌条件下快速批量生产三角梅种苗的繁殖方式，主要包括外植体选择和消毒、诱导培养、增殖和生根培养四个过程。一般在 4～9 月选择清洁、生长健壮、无病虫害、芽体饱满未萌发的半木质化枝条，将其剪成长度约为 3cm 且带 1 个侧芽的小段作为外植体。外植体清洗之后，用 2%次氯酸钠消毒 8～10min，0.01%氯化汞消毒 10～15min，灭菌水漂洗 3 遍，之后接种在芽诱导培养基上，芽诱导培养基为 MS+6-BA 1mg/L+NAA 0.1mg/L，pH 为 5.8，糖为 30g/L。一般 10～15 天即可诱导出芽，待芽长至约 6cm 长可将其切成两段，每段至少带两个节，接种至增殖培养基上，增殖培养基配方为 1/2MS+6-BA 1～2mg/L+NAA 0.1mg/L，pH 为 5.8，糖为 30g/L，增殖苗长至 6～7cm 高时可转接，增殖系数一般为 3～4。将增殖苗切成约 3cm 高，接种到生根培养基上可诱导生根，生根培养基为 MS+IBA 0.5mg/L+NAA 0.5mg/L，pH 为 5.8，糖为 30g/L，一般 20～25 天即可生根。生根瓶苗经炼苗即可移栽至栽培基质中，栽培基质及穴盘苗管养要求同扦插繁殖。

三、盆栽基质选择及配制

三角梅性强健，耐碱、耐瘠、耐旱、萌芽力强，忌水涝，盆栽关键在于培养良好的根系，一般来说要求栽培基质疏松、透气性强、排水性良好，pH 为 6.0～6.5。三角梅常用的无土栽培基质为草炭、椰糠和珍珠岩三种，根据不同栽培用途按一定体积比混合配制。育苗基质以草炭(纤维和颗粒尺寸为 0～5mm)、珍珠岩(颗粒尺寸为 0～5mm)按 2∶1 的体积比混合配制；盆栽基质以草炭(纤维和颗粒尺寸为 5～25mm)、椰糠(颗粒尺寸为 4～10mm)、珍珠岩(颗粒尺寸为 0～5mm)按 1∶3∶1 的体积比混合配制。

四、花盆选择及上盆

花盆要求盆底滤水性好、材质透气、大小与苗木相称。根据苗木大小选择适宜口径的花盆，根据盆花价格区间和销售档次定位选择不同材质的花盆，使用较多的为硬质塑料花盆。

按 $2kg/m^3$ 的比例在栽培基质中加入控释肥，并搅拌均匀。上盆时将苗木摆放在盆的中间，基质填充到与盆面持平，不必挤压太实，浇水后盆面的土层会自动下沉 3～5cm。浇透水，放置在遮光率为 50%的荫棚内管护约 1 周，之后逐渐增加光照。上盆时苗木可作适当修剪，根系恢复后侧枝上的芽眼开始生长，此时根据株型要求统一摘心，以促进叶芽生长一致。

五、环境条件与栽培管护

(一)光照条件

三角梅喜光，属强光照花卉，一年四季都要给予足够强度的光照，若光照不足，则枝条生长细弱，叶色变淡或脱落，常不开花或花少不艳。光照度为 50000lx 以上时三角梅才能快速生长、开花紧密、苞片着色良好；光照度不足时会有不开花、开花延迟、花朵数较少、开放的花朵苞片变大、颜色变浅等问题发生，严重影响观赏品质。

三角梅是非绝对性短日照植物，一般来说较短的日照时长有利于开花(至少每日光照6h)，但长日照条件下，足够的光照度仍可诱导开花，可作为花期调控的依据。

(二)温度控制

三角梅性喜温暖，不耐寒。大多数三角梅品种要求环境温度在 3℃以上才能安全越冬。短期的低温会使叶片水浸状冻伤，并失水出现焦枯，植株由常绿变为落叶；持续低温会引发枝条冻干，并逐渐下降到根部，以致最后整株死亡。

三角梅花芽分化对温度也是有要求的。短日照条件下，日温在 24～30℃，夜温在 21℃左右时，最适宜三角梅的花芽发育和开花，其开花时间随着日温的升高而提前。在给予短日照的同时，保证温度在 15℃以上，可诱导形成花芽，若温度低于 10℃，三角梅花芽分化基本停止。

（三）水分管理

一般来说，夏秋高温时节，三角梅对水分的需求量较大，应保证供水充足，若水分供应不足，易产生落叶现象，直接影响植株正常生长或延迟开花；进入冬春低温季节后就要控制浇水。总的来说遵循"见干就浇，浇则浇透"的原则。

（四）施肥管理

三角梅开花多，花期长，养分消耗较多，合理的施肥时间和肥料种类配比可使三角梅植株生长健壮、开花繁茂。在上盆时施用基肥的基础上，三角梅营养生长期间，每半月施用 1 次氮、磷、钾(1：1：1)的平衡型叶面肥，浓度为 0.5%；待叶腋出现花蕾时，施用氮、磷、钾(1：2：1)的高磷叶面肥，每半月 1 次，浓度为 0.5%；开花后高磷叶面肥每月施用 1 次，浓度为 0.5%。

六、修剪和整形

三角梅生长较快，顶端优势很强。幼苗长到一定高度需根据造型和培育需要摘心，促使植株下部萌芽，多长枝条，以利培养树形。以后根据培养的盆栽类型和大小，每枝新梢长到一定长度后及时摘心，或采取拉枝、弯枝等措施来控制顶端优势。

生长期应及时剪除三角梅的过密枝、下垂枝、重叠枝、交叉枝、徒长枝，以使植株内部通风透光，枝条分布均匀，养分集中在有效枝条上，促进生长和开花。

七、病虫害防治

三角梅病虫害较少，防治以"预防为主，综合防治"为原则。常见病害为叶斑病，在连续阴雨天后易发生。症状为叶片上有黄褐色小斑点，水渍状，叶片卷曲，严重时大量落叶，整株只剩下枝条。可喷施杀菌剂进行防治。虫害主要为蚜虫和介壳虫等，在光照不良、通风欠佳、高温高湿的环境中易发生。主要危害新梢和叶片，使叶片卷曲、畸形。发生时可用氧化乐果、溴氰菊酯等杀虫剂喷洒。

第二十章　盆栽长寿花

长寿花是景天科伽蓝菜属多年生肉质观叶和观花植物，兼性景天科酸代谢(CAM)植物，又叫矮生伽蓝菜、寿星花、假川莲。长寿花原产于非洲和亚洲，主要分布在气候干燥、昼夜温差很大的马达加斯加，直到 1927 年才由德国人波茨坦(R.Blossfeld)自非洲南部引入欧洲。我国栽培长寿花的时间不长，从 20 世纪 30 年代开始引种栽培，主要栽培于大城市的公园或大学的小温室中，到 20 世纪 90 年代从国外引进新的优良品种后，才开始在公共场所大量栽培，成为一种观赏性强、极有发展潜力的新品花卉。

长寿花花色艳丽、生命期长且养护简易，是一种易于生产的花卉。因为周年都适于上市销售，长寿花在欧洲已成为主要盆栽花卉之一。长寿花有许多用途，例如可作餐桌装饰花，可用于插花，适于花园、庭院和阳台种植，还有小盆装的长寿花最适合作为礼品花送人。

长寿花具有较好的性状，如分枝性强、株型紧凑、开花旺盛，并且可在家中保持 5～7 周的花期。对于消费者来说，它在阳光或荫蔽条件下都能长得好，并且没有必要施肥，只在基质较干的情况下偶尔浇水即可。

一、种类与品种

选择好的品种是至关重要的。不同品种其长势、叶片形态、花期早晚(短日照处理时间长短)、花色、货架期长短等都有不同。现在市场上销售的长寿花可大致分为五个系列。这五个系列的长寿花在用途、生产管理上都有不同之处，种植者在生产之前需要做好品种选择，要选择适销对路的品种。

1. 丰花系列

丰花系列长寿花是品种花色最多的系列。盛花时，繁盛的小花簇拥在一起，有的品种花序甚至可以将植株遮得严严实实，观赏效果十分出色。此系列主要用于 10.5cm 以上盆径盆花生产。繁茂的花序是长寿花主要的卖点，加上其大而丰满的体态、较长的观赏期，长寿花成为窗台、茶几、餐桌等处摆放及组合盆栽的极佳选择。

2. 迷你系列

迷你系列可算作丰花系列的一个分支，其特点是株型小巧、精致，生产周期短且单位面积产量高。此系列主要用于 6cm 盆径盆花的生产。其花期长短同丰花系列相差无几，花色较为丰富。由于株型小巧、美观及低养护需要，迷你系列很适合生活节奏快的上班族栽植，在温度、光照合适的任何地方都能生长良好并开出艳丽的花。

3. 垂吊系列

垂吊系列是长寿花中变化较多的系列，有按直立丰花长寿花的品种方式生产，长成直立状植株的；也有按垂吊类花卉生产方式栽到吊篮中，长成丰满茂盛垂吊花篮的。此系列的品种较少，只有下垂风铃状花与四角星状花两种。多用途、多变化的垂吊系列具有较广泛的应用范围，只需简单的养护便可生长良好，有很广泛的市场销路。

4. 特殊品种系列

此系列的品种颜色比较单一，仅有黄、橘黄、白色等几种。其最大卖点是鹿角状的叶片独特新颖，受到众多追求个性的消费者的青睐。

5. 重瓣系列

重瓣系列是近几年培育出的新品系，是在丰花系列的基础上培育出来的，其微型玫瑰般精致的小花十分招人喜爱。重瓣系列的颜色比较多（图 20.1），且各大长寿花育种公司每年都有不少新品种推出。重瓣系列的单朵小花花期比其他系列长，现在国外重瓣系列的销售量占长寿花全部销售量的四成以上，且这个数量还在不断增长，这也是被众多国内长寿花种植者所看好的一个新的利润增长点。

(a)　　　　　　　　　　　　　　　　　　(b)

(c)　　　　　　　　　　　　　　　　　　(d)

(e)

(f)

(g)

(h)

(i)

(j)

(k)

图 20.1　长寿花部分品种图片

长寿花的花色品种较多，且每年都有不少具有商业价值的新品种推出，但国外长寿花育种公司对新品种的保护比较严格，基本上不对中国出售专利新品种，出售的都是过了保护期的品种和国内已有的品种。

常见品种有：卡罗琳，叶小，花为粉红；西莫内，大花种，花为纯白色，9 月开花；内撒利，花为橙红色；阿朱诺，花为深红色；米兰达，大叶种，花为棕红色；块金系列，花有黄、橙、红等色；四倍体的武尔肯，冬春开花，矮生种。另外还有新加坡、肯尼亚山、萨姆巴、知觉和科罗纳多等流行品种。

二、生长习性

长寿花为多年生肉质草本植物，兼性景天科酸代谢(CAM)植物。茎直立，合轴分枝，株高 10～30cm，株幅为 15～30cm，全株光滑无毛，叶肉质有光泽，单叶交互对生，椭圆形至心形，叶片上半部具圆齿或呈波状，下半部全缘，深绿色。1～5 月开花，圆锥状聚伞花序，挺直，花序长 7～10cm。每株有花序 5～7 个，着花 60～250 朵。花小，高脚碟状，花径为 1.2～1.6cm，花瓣为 4 片，花色有鲜红、深红、橙红、黄、粉白等。

长寿花为短日照植物，对光周期反应比较敏感。喜温暖稍湿润和阳光充足环境，不耐寒。生长适温为 15～25℃，较耐旱，夏季超过 30℃生长受阻需适当遮阴，避免强阳光直射；冬季低于 5℃叶片发红(长期强光照射叶片呈淡紫红色)，花期推迟，持续低温至 0℃易冻死。冬季室内温度超过 25℃会抑制开花，15℃左右则开花不断。花期长，从 12 月开花可延续到次年 4～5 月，因此得名。生长发育良好的植株经过短日照处理(每天光照 8～9h，其余时间遮光处理，20～30 天即可形成花蕾)。长寿花绿期和花期均长，温湿度、日照长度适宜时，可以周年繁殖、开花。

长寿花可以用扦插、播种或组培的方式育苗，一般多用扦插法来繁殖。后两种方法从发芽到开花需要 6～10 个月的时间。温室生产长寿花，从扦插开始到植株开花，最长需17 周，一般为 14 周。由于不同品种的节间距离不同，所以插穗的长度也因品种不同而不同，一般在 5～8cm。要带一对成熟的叶片。

三、无土栽培设施

1. 生产温室

温室或类似温室的保护性设施。

2. 配套设施

1）降温系统
宜采用水帘风机降温系统、雾化降温机、循环通风扇或能起到降温作用的设施设备。
2）加温设备
宜采用天然气加温系统或其他加温设施设备。
3）遮光系统
宜采用活动式遮光系统。夏秋季采用 70%～80%的遮光，冬春季采用 50%～60%的遮光。
4）栽培床架
宜采用移动式栽培床架和床板。
5）灌溉施肥系统
宜采用潮汐式灌溉施肥系统或其他灌溉施肥设备。

四、花盆选用

对于长寿花，盆栽可以使用陶盆和塑料盆，以通透性较好的土陶盆最佳，但置室内不美观，可外套塑料盆或瓷盆，也可直接种在小巧的紫砂盆或塑料盆中，塑料盆更便于机械化系统操作。

花盆直径为 5～23cm，尺寸由种植者选择。

五、基质配制及处理

盆花生产一般将无根插穗直接扦插在其最终要栽植的花盆里，所以其栽培基质和扦插基质是一样的，基质为排水透气、保水保肥、不易分解、不含有害物质、能固定植株、疏松的轻质土。混合基质以泥炭为基础，为了增加基质的透气性，可以增加不同的材料，如珍珠岩、椰糠、稻壳、河沙等。通常以草炭和珍珠岩按 7∶3 的体积比混合，用熟石灰将基质调整到 pH 为 5.5～6.0、EC 值为 0.8～1.2mS/cm。生产者可根据水质情况、生产品种、生产季节对比例进行调整，或再添加蛭石、沙子等无土基质，使其成为排水良好、含养分适中的基质。

基质在使用之前需要经过泡水浸透处理。使用干净的水，并将水的 pH 调至 5.5。基质泡水需要完全浸透，其程度为用手轻捏基质能流出水。在基质的浸泡过程中不需要添加任何东西。

　　填充基质到盆里面的时候要注意基质的松紧度。以盆子填满、基质填充疏松为宜。基质过紧会影响根系的透气性和吸水能力。

　　填充好基质的盆摆放整齐之后要尽快浇水，水的 pH 为 5.5。浇水一定要浇透，要让基质的含水量达到 100%。

六、营养液配制及管理

（一）营养液配方

　　生产和销售中需考虑四个营养阶段以及相应栽培基质的 pH、EC 值和营养液浓度水平。

　　由于每个温室的环境、灌溉方法、栽培品种、基质、生长阶段、季节影响等因素不同，所以很难有统一标准，只能说长寿花有三个不同的肥料需求期：①长日照时期（繁殖）；②短日照时期（第一阶段：花芽形成）；③短日照时期（第二阶段：开花）。

（二）营养液配制及注意事项

　　可以先配制浓缩营养液（或称母液），然后用浓缩营养液配制工作营养液；也可以直接配制工作营养液。在配制过程中以不产生难溶性物质沉淀为指导原则进行。

　　为避免在配制营养液过程中产生误差而影响植物生长，必须注意以下事项：①营养液原料的计算必须确保准确无误；②称取原料时称取数量须准确，并保证所称取的原料名称和实物相符；③建立严格的记录档案，以备查验。

（三）营养液管理

　　在生产过程中，营养液的浓度水平应逐渐提高。在开花之前，营养液浓度应逐渐降低以确保其有最长的采后寿命。栽培基质、营养液以及栽培基质的 EC 值和 pH 等，在不同阶段要予以相应的调控。

七、采条扦插

　　优质的长寿花种苗是生产高品质长寿花所必需的。很多人认为长寿花极易生根，随便拿顶芽或侧枝扦插一下就可以了，其实这种做法极不妥当。这样繁殖出的植株，其长势、花期都不能统一全面地控制，生产出的盆花品质也较差。好的长寿花种苗是由优质的、统一规格的、无病虫害侵染的、健壮的无根插穗生产出来的。

（一）采条母本

　　许多长寿花的生产者会从厂商那里订购生根或未生根的插条。但有的大型生产厂家自己生产长寿花的母本植株，以提供插条。若已得到品种授权，可以购买专门用于采插条的母本，栽培一段时间后移栽到 6 寸盆或更大的容器中。母本的生活环境必须为长日照条件，不能受到开花的诱导，可以采用打破黑暗的方法，夜温保持在 14～16℃，昼温在 17～19℃，光照度至少应在 4500lx。母本需要无病虫害，基质不要过湿。浇水应在早上进行，确保夜间叶片干燥，推荐使用微灌。当侧芽上有 2～3 对叶片时便可进行摘心或将其取下扦插，健康的母本应该每个月都能生出新的插条。

(二)扦插

1. 叶片扦插

将全叶摘下(叶片越大越好)，放在阴凉处晾干伤口，数小时后，将叶柄完全插入湿润的基质中，如叶柄过短，也可将叶片的一部分插入基质中以代替短小的叶柄。此阶段不可过湿，以免叶片染病腐烂。扦插完后将其放在日光稍弱处，温度保持在 20～25℃。3～4 周后根系开始建立，这时可将其放在全日照条件下并可施用低浓度的肥料。再过 7～10 周后便可看见由愈伤组织分化的幼苗，待幼苗长到 15～20cm 时便可将其与叶片分开单独养殖，而叶片可继续产生幼苗。分开的幼苗可作为生产无根插穗的母本苗使用。

2. 顶芽扦插

将准备好的枝条顶芽作为插穗，插条的合适长度为 5～7cm，上面带有 2 对成熟的叶片。扦插时将下部叶片除去，将该茎节插入基质中，扦插时不需要生根激素。基质推荐用泥炭和珍珠岩(或沙)的体积比为 1：1，72 孔或更大些的穴盘比较适宜。若生产空间允许，可以将插条直接插在最后成品苗的花盆中，以节省劳动力。

顶芽扦插一般多用于盆花生产，需要注意的是：长寿花是典型的短日照开花的植物，在扦插繁殖期间一定要使日照时间长于 12.5h，在冬季扦插繁殖时一定要补光。

3. 扦插后管理

可采用断断续续喷雾来保持较高的空气湿度，防止叶片萎蔫。光照度不宜过强，适当遮阴，保持温度在 20～25℃。扦插前几天，喷雾的频率建议在夏季每 10min 喷 10s，冬季每 20min 喷 10s。生根基质的温度以 17℃ 左右为好，基质底部加热更有利于插条生根。在扦插繁殖时期，可以用打破黑暗的方法抑制花芽分化。扦插一周后愈伤组织形成时即可降低喷雾的频率，2～3 周便可生根，之后便可进入生产期管理。

插条常常直接插在花盆里。通常来说，如果种苗健康，环境也不极端，不是必须使用杀真菌剂来保护生根阶段。生根激素也不是必需的，但是对一些生根慢的品种可以使用，它可以加速生根 2～3 天，这样可以与其他生根快的品种保持同样的生长水平，一起进入短日照阶段。可以根据实际情况在开始阶段使用杀菌剂，甚至与生根激素一起施用有较好的效果，之后可能发生丝核菌、疫霉菌和腐霉，因此必须紧密跟踪生长，采取必要的措施。

众所周知，在植物扦插中，插条或插穗没有萎蔫时生根是最好、最快的。虽然长寿花生根容易，但也不要在插穗萎蔫后再扦插，因为这样不仅使生根时间延长，而且易造成生根不整齐，给生产管理带来不便。扦插长寿花时，直接将无根插穗扦插到装好基质的花盆中，务必使插穗与基质紧密接触，这样插穗就不会抽干，最好是扦插完后再浇一次水且务必浇透。浇完后将扦插完的长寿花摆放整齐，盆花的摆放需保持一定间距，在长日照期间，盆之间靠紧，盆距可参考表20.1，其中不同花盆摆放密度不一，具体根据品种、栽培方法和植株特性等确定。

表20.1　花盆密度

花盆大小/cm	单位面积盆数/(盆/m²)
5.5	140～270
7.5	120～160
9	50～55
10	45～50
11	40～45
12	28～34
13	22～26
15	18～22
21	13
23	10

　　为达到标准盆栽尺寸(10cm)，这个生根阶段(或者长日照时期)在夏季大约为3周，在冬季为4～6周(根据品种、环境和植物大小等调整)。

　　生根温度以21～23℃为宜。促进生根，可使用下述方法：①底部加温；②覆盖塑料薄膜；③照明。

　　同时使用加温和照明可以减少生根时间至少1周。用塑料覆盖有一个缺点是难以掌握植物生长情况。如果在覆盖下的植株有病害存在，常常发现较晚并且传播很快。

八、栽培管理

　　扦插到花盆后2～3周，长寿花便可生根，生根后1～2周便可进入旺盛的生长阶段。

(一)苗期管理

　　将长寿花放至遮阴处或盖1～2层遮阳网，使光照度保持在40000lx左右，温度保持在20～25℃，在生根前不可使生根基质干透，特别是千万不可让其插穗末端周围的基质完全干燥，不然将会严重影响生根速度和一致性。

　　一般扦插后2周，长寿花便可生根，只是根系还不是很发达。如果大部分插穗已生根，就将其全部移至全日照条件下或撤去遮阳网，温度保持在18～22℃，再过1～2周后基本已生根，此时要控制好浇水量，尽量遵循"见干见湿"的原则。一般土壤变干时颜色会变浅，且摸起来较硬，这就可以作为浇水的一个标志。当然也可通过观察叶片来判断是否需要浇水，叶片稍有萎蔫时就可以浇水。若是在未出现水分亏缺征象前仍频繁地浇水而使土壤一直保持相当高的湿度,长寿花植株就会长得很高,植株变得软弱、不健壮。通过限制浇水的次数,但水量充足且浇得透的方式,使植株体内保持一个适度的水压,才可以获得高品质的植株。除了控制好浇水量外,施肥也相当重要。长寿花不是太喜肥的植物,中等浓度的肥料便能满足其生长需要。一般扦插后 20~25 天便可施肥。此时浓度不宜高,以氮、磷、钾配比(质量比,后同)为 20∶10∶20 和 20∶20∶20 的肥料为主,在连续使用上述两种配比肥料数次后,可交替使用氮磷、钾配比为 14∶0∶14 和 13∶2∶13 等含钙镁的配方肥料,以防生长过软弱和娇嫩。

(二)成品期管理

经过苗期的栽培管理,长寿花进入生长旺盛阶段。

1. 温度管理

长寿花在营养阶段的最适生长温度为夜温 14.7~16℃,昼温 19.1~21.3℃。在进行短日照处理时控制夜温在 14.7℃,夜温低于 13.3℃或高于 19.1℃均会延迟开花。尤其在夏季处理时由于暗室中的温度很容易高于 19.1℃,造成长寿花因热延迟开花。长寿花在短日照处理早期比晚期对高夜温更为敏感。在晚上 7 点后覆盖黑布,次日晚一点揭开可以较大程度地避免延迟开花。夏季温度过高时要对植株进行遮阴,否则会对植株造成伤害。选择遮光率为 60%~70%的遮光网,若遮光率过高,也容易造成植株徒长。

保持一个稳定的温度范围,即使变化,温差也不能太大,温差大于 3℃则很难控制植物的生长紧凑度。

2. 湿度管理

成品养殖阶段的湿度应控制在 75%~85%,不间断维持这个湿度水平很重要,不在这个范围会增加植物感染真菌的概率,并且会影响株型。

3. 光照和遮阴

长寿花为喜光植物,需要较强的光照(光照度为 3500~4500lx),这样株型才能紧凑,株高才能得到有效控制。长时间的光照不足将导致枝条细长、叶片薄小,甚至会大批落叶,失去观赏价值。高光照度下的长寿花比低光照度下的花量要多,而与光周期效应无关。南方经常会有长时间的雨季造成连续较低水平的光照度,北方冬季、春季光照度低也会严重影响长寿花的长势及后期开花。所以,在阴天光照不足的情况下需要进行人工补光,而 5~10 月温度较高的季节里又需要采用遮阴来降温。光照过强会对植物造成灼伤,光照过弱则容易导致植株徒长。

光照太强叶子会发红,花失色。所以夏季(4 月初~9 月底),长寿花要遮阴或者涂白。遮阴意味着减少光照,在光照度为 60000lx 时开始遮阴,在任何情况下,这一时期的中午都需要遮阴。正常的夏季,10:00~16:00 遮阴是必需的。

另一个时期也是非常重要的,在冬末春初的时候,植物不能一下适应光照,也需要遮阴,中午光照度达到 35000lx 时需遮阴 2~3h。

5～6 月属于长短日照相交替的阶段，日照时间逐渐由短变长，对于长寿花这种对光照较为敏感的植物来说，要及时停止补光，以免引起植株徒长。

4. 水肥管理

长寿花为肉质植物，体内含水分多，相对比较耐干旱。生长期不可浇水过多，但是这并不意味着生产时可使其基质保持干燥，要避免长寿花严重干旱，不要达到萎蔫状态。应根据植物长势和环境状况合理进行浇水，浇水时可根据"干透湿透"的原则，盆土以湿润偏干为好，若基质长时间积水会导致茎部和根部腐烂。总的原则是不能太多水也不能太少水，保持基质湿润。最佳的是雨水，因为其 EC 值很低，pH 为 4～5。这样可以施加所有的肥料并精确控制。

灌溉的最佳方法是从下部浸水或者滴灌，从植株上部给水有很多问题，如水质有问题可能导致叶片出现斑点，或在花芽形成阶段可能导致花被破坏。当花开始开放的时候，禁止从上部给水。

当新的根系达到容器边缘和底部时便可开始施肥，可采用复合肥料，或直接购买体积比为 20：10：20 的商业肥料。有的生产商在中间添加硝酸钙和硝酸钾的混合肥料，以保证长寿花对钙元素的需要。施肥直到花蕾形成为止，以后可一直浇清水。对长寿花施加缓效肥也可以产生理想的效果。

生长期每半月施肥 1 次，用氮、磷、钾配比为 15：15：30 的水溶性复合肥。幼苗上盆定植半月或老株分株半月后可施 2～3 次以氮为主的液肥，促长茎叶，花后可施一次以氮为主的液肥，促其复壮。其余时间除夏季停施外，只能施氮磷钾复合肥，施肥时勿将肥弄在叶片上，否则叶片易腐烂，如不小心弄脏叶面，应用水冲洗掉。长寿花的花期长，要打破花期不施肥的戒律，每月施一次稀薄的氮磷钾肥或 0.2%的磷酸二氢钾溶液，使后期花不致因缺肥而变小色淡。

花前应每周施以磷钾为主的肥一次，以促进花芽的分化。花期以施速效的磷酸二氢钾为主，浓度以 0.2%为宜，每 10 天一次。

5. 摘心处理

较早期的品种要用摘心来增加分枝数、控制株型和增加花芽数量，摘心在 3～9 月进行。现在育出的品种大都分枝性良好，可以省略该步骤。但是从 10 月至翌年 2 月进行摘心，能使花期延后大约两周，因此，可以通过摘心来控制花期。种苗生产中为了获得较多的扦插苗而予以摘心处理。摘心方法有两种，一种方法是早摘心，正常情况下侧枝达到 0.5cm 才摘，夏季留 2～3 对叶摘心，冬季留 3～4 对叶摘心，促进下边侧枝生长；另一种方法是晚摘，此方法用得较多，短日 7 天后摘心，这个方法最大的优点是可以减少生长延缓剂的使用，缺点是摘掉了很多很大的顶端叶片。

一些大型专业生产商通常喷施浓度为 1.9g/L 的 Atrinal(阿托品硫酸/调吥酸，促进花卉侧芽萌发的化学摘心剂)进行处理，尤其是在微型盆栽(6cm 盆)生产中使用，该种处理能使植株产生大量的侧枝和花朵。

6. 株高控制

在环境条件适宜的情况下，长寿花极易徒长，尤其是花枝特别易伸长，长寿花的植株高度影响其质量，尤其是在夏季，有的品种会长得非常高，为了获得低矮健壮的植株和浓密繁茂的花序，必须在生长中期就对其进行相应的控制，否则发现植株或花枝徒长再想方法控制时，已收效甚微。

长寿花的株型与品种有关，营养生长阶段时，一些品种可能会长得很快，植株较高，有的品种可能会在生殖生长阶段比其他品种的花葶更长。所以株高控制的一个重要途径是选择合适的品种。

株高控制的方法有多种，如通过品种选择进行栽培种植控制(如对育苗、整枝时间的选择)，对环境的控制(如对营养生长和繁殖周期的控制、对补光灯的选择)，通过昼夜温差调节以及植物生长调节物质的使用等。在国外商业生产中，一般采用负 DIF(差离值)和施用化学生长调节剂两种方法综合控制其长势。负 DIF 即负的昼夜温差(使夜间温度高于白天温度)，如白天使温度保持在 18℃左右，晚上则将温度提高到 20℃左右(即 DIF=-2)。

一般负 DIF 控高的方法对温控系统要求较严格，并不是每个生产者都能做到。在植株高度控制中，最常用的方法是使用植物生长调节物质，即施用生长延缓剂来缩短茎节间长度，一般常用的几种生长延缓剂为：丁酰肼 B-9、三环苯嘧醇、乙烯利、特效唑以及多效唑等。通常采用矮壮素或多效唑，施用的方法为叶面喷施或土壤浇灌。

通常进入生长期就可喷施生长调节剂以控制其长势，喷施的次数取决于生长调节剂的浓度、栽培的品种(长势旺盛的品种要求次数多)和环境条件(在高温和低光照条件下要求次数多)等因素。

7. 花期控制

长寿花是典型的短日照开花植物，即日照时间需要低于 12h 才能开花，临界日长12.5h，如果能掌握长寿花短日照处理技术，就能控制周年生产。长寿花的花芽分化所需短日照时间因品种不同而存在差异，有的品种需 2 天的短日照，有的需要 14 天或 28 天。在生产中，一般将花芽诱导、花芽分化、花芽发育阶段都保持在短日照条件下，大部分长寿花品种有 21 天的短日照就足够了。如果是在夏天，短日照期间用长日照代替，每多用一天长日照，将会使花期推迟 1~2 天。为了使短日照的效果达到最佳，将短日照持续40 天，40 天以后无论是长日照还是短日照对花期都没影响。

1)生长时间和反应期

植物生长时间因品种、季节、栽培方法、盆的尺寸、摘心和温度环境等不同而不同。在北方气候条件下，植物生长时间为夏季 11 周，冬季 18 周(10cm 盆)。

反应期是指从短日照开始一直到第一次花开的时间。反应期在夏季和冬季也是不同的，差 2~3 周(8~11 周的反应期)。

以荷兰拍卖为标准，反应期是 80%的长寿花植株开花 2~4 朵，但在其他国家可出售的长寿花植株要开花 10~20 朵，所以在其他国家的反应期计算至少要再加一周时间。同一个品种在一年里也有 3 周或者更长的反应期差别。一般讲 10 周的也在 9~12 周这个范围内波动。温度同样影响着反应期。温度低于 18℃或者高于 28℃时，生长速度减缓。温度在 22℃和 28℃时，能加快生长。最佳温度为 18~20℃。

2）暗处理（短日）

长寿花自然花芽分化的时间为 10 月中旬~翌年 3 月中旬，若秋季不人为干涉，它的花期为 12 月下旬~翌年 1 月，具体与长寿花各品种的感应周期有关。若反季节进行开花促成栽培，需进行暗处理，暗处理即整个夏日期间（3 月 15 日~10 月 15 日），植株必须有一个人工处理短日期，以便获得开花的植物。

在花芽形成期，长寿花需要至少 14h 的黑暗期。这个时期至少要 6 周，保持到开花更好，这不会伤害植物，可以改善质量（植株更紧凑）。最初的 6 周必须不被中断，在短日照时必须完全黑暗。黑布的质量要非常好，不能漏一点光，10lx 的光照度也会产生问题，若采用光纤制成且铝涂层的布料更好，不仅可以制造良好的黑夜条件，而且在夏季时可帮助遮光降温，黑布最好不是塑料的，以可"呼吸的"（可以上下交换温度和湿度）为佳。温室外的光源（如街灯、隔壁温室的灯甚至月光）也会影响处理效果。

一般遮光处理在前一天下午 4 点或 5 点开始，持续到第二天上午 7 点或 8 点（注意，短日照处理阶段，光照度不可高于 100lx，否则植株感光，短日照处理即失败）。在用覆盖物遮光进行短日照处理时，千万不可让植株在黑暗中处于 27℃以上或 15℃以下状态，否则短日照处理会相应延长或失败。避免低温可通过加热的方法控制。但降温在夏季似乎比较难办，可以在前一天下午尽可能地推迟短日照遮光处理时间，避免白天的热量积累；第二天早晨也尽可能地推迟撤覆盖物，因为短日照处理的最后 3 个小时中，27℃以上的温度不会对开花产生影响，相反见光前的高温会使长寿花变得易徒长且基部分枝增加。花芽分化及发育的最适宜温度是 21℃，为了生产出较高品质的产品，尽量使植株短日照遮光处理的温度保持在 21℃。

3）照明（长日）

长寿花为短日照植物，其临界夜长是 12.5h，冬天繁殖时必须保持长日照以维持营养生长，必须保持 11.5h 以上的日照时间，冬季（9 月 15 日~翌年 3 月 31 日）长寿花必须照明补光，防止在营养生长阶段花芽的形成。具体有以下两种方法。

（1）循环照明。循环照明电灯泡用 150W，安装的能量必须保证 15W/m²，相当于 100lx。循环照明时间必须为每半小时 10min，持续 3~6h。这类照明也可以一个晚上至少 2.5h 不间断（时间为 23:00~02:00）。

（2）补光。补光可以用 SON-T（400W）灯光。这类照明不仅可以阻止花芽的形成，也会让植株更好地生长，即快速生根，强壮生长，形成更好更多的侧枝。灯光的能量要求为 30W/m²，接近 2000lx。在冬季补光也适用于短日期。补光安装必须保证每平方米的光照度在 2500~3000lx，能在整个短日照时期使用。

在 9 月中旬至翌年 3 月底这段时间半夜加光打破黑暗，通常为 9 月和 3 月加光 1h，10 月和 2 月加光 2h，11 月和 1 月加光 3h，12 月加光 4h。可采用间断式补光，每次亮 8～10min，保持 18～20min 的黑暗。补光时，不一定要用高光照度的光源，只要能使植株感光即可。

长寿花各品种从最初接受短日照到开花，光感应周期为 9～13 周。但长寿花没有菊花那样容易控制花期。对于已知感应时间的某种长寿花来说，冬季开花所需的时间比夏天要长，这是由于温度和光照度不同（表 20.2）。所以对于生产者来说，必须详细记录各个品种在不同环境条件下的感应时间，苗龄大小对开花时间也有重要影响，较老的植株比幼嫩的植株开花更快。

表 20.2　几个长寿花品种的感应时间

品种	花色	感应时间/周
Bingo	深粉色	9～12
Eternity	肉红色	10～13
Fascination	淡紫色	9～12
Garnet	亮红色	10～13
Goldstrike	金黄色	9～12
Royality	锈红色	10～13
Sensation	深粉色	10～13
Tropicana	深柠檬黄色	10～13

九、病虫害防治

（一）虫害

长寿花很容易遭受虫害的侵染，常见虫害有蓟马、红蜘蛛、蛞蝓、蚜虫、夜蛾、菜青虫等。对于这些害虫要以预防为主，在温室或大棚的通风口、出入口处把好关，防止害虫进入温室或大棚。蓟马会传播番茄斑萎病毒，要特别重视。长寿花的花芽和花朵都会产生药害，原则上尽量少使用农药。使用新的农药应先在少量植株上试用。需注意的是，长寿花对许多杀虫剂都比较敏感，尤其是含有二甲苯成分的杀虫剂，采用粉状的杀虫药剂比较安全。

（二）病害

最普遍发生的病害是白粉病、灰霉病和茎腐病。这类病害可以通过调控生长环境来防治，如保持通风、保持适当的湿度和温度、适当的水分管理等。尤其要避免高温、高湿、不通风的环境，这很容易使植株发生腐烂。可用 65%代森锌可湿性粉剂 600 倍液、50%甲基托布津可湿性粉剂 800 倍液喷雾防治。

（三）生理病害

在成花诱导和花芽分化时，过高或过低的温度都会导致不能开花、畸形花，或小花数量减少。光照过强会导致叶色不正常。而乙烯会对任何阶段的植株产生影响，导致不同的症状。水肿病是受感染叶片的外观有似疣的斑点，通常在湿冷季节发生，此时细胞破裂，是在较高的细胞膨胀压力下形成的愈伤组织。锌缺乏症会导致幼叶颜色发白，形状扭曲，叶小，顶端分生组织坏死。

十、分级包装与运输

（一）出货前管理

当长寿花一个花序中有 1/3～1/2 的小花开放时，就可以上市销售。在上市前几天，适当减少营养液水平并且将温度降低到 17℃，可提高上市后的货架摆放时间。出货前 1 个月避免使用影响花苞和叶片观赏效果的药剂和肥料，以免降低其观赏价值。

（二）包装

1. 包装材料

包装材料应能保护产品不受低温危害、高温灼伤和机械损伤。常用的包装材料有两种：一是柔软性较好的透明薄膜袋，二是坚固不易变形的纸箱。

2. 规格

薄膜袋规格应根据盆花株型和花盆的大小确定，宜上口宽下口窄，上口宽度以刚能包住植株而又不会损伤叶片和苞叶为好，下口宽度以能刚好紧套花盆为好。包装箱规格也应根据盆花株型和花盆的大小确定，宜采用直立紧靠排列式装箱。包装箱的高度以稍高于株高为好，常用包装箱高度有 55cm、65cm、75cm 三种规格；长度和宽度以每箱能紧靠排列装 20～24 盆盆花为好。

（三）运输

运输前应定做好各种规格的包装箱和包装袋，装车时采用包装箱，以减少运输过程中受到的机械损伤。运往北方地区的长寿花，装车时必须增设保温措施，以确保在运输途中免受低温冻伤，最佳储运温度为 13～15℃。

（四）产品标识

产品（包装）上须注明产品名称、质量等级、执行标准编号、生产单位（及地址、电话）等。

(五)销售中的养护

如果在小花刚开始全部开放的时候上市出售，在家居环境中也能保持 4～6 周的观赏时间。长寿花对乙烯气体非常敏感，一旦上市后暴露于乙烯中，将会导致花蕾不能正常开放并且使开放的花朵凋谢。所以不要将长寿花和一些能产生乙烯气体的水果、蔬菜等混放在一起。上市销售期间，除给予较好的光照条件和适当的温度外，还要注意放置不能太拥挤，要保持一定的空隙以便于通风，防止病菌危害和由于缺光引起的下部叶片的黄化。销售后在家居环境中也要保持有较充足的光照条件、温度以及通风环境，但长寿花可以忍耐相当程度的干旱，这对于家庭养花来说是比较方便的。

参 考 文 献

王丽勉，2007. 长寿花的商品化生产管理[J]. 中国花卉园艺(12)：22-24.

颜俊，2005. 长寿花品种选择与盆花生产[J]. 中国花卉园艺(16)：12-15.

第二十一章 矾 根

一、概况

矾根为多年生草本，是虎耳草科矾根属、矾根属与黄水枝属的杂交种（又称泡沫花），以及它们之间多次杂交形成的一系列杂交品种的统称。

矾根分布于美洲北部至中部，叶基生，阔卵状，基部呈心形或楔形，掌状浅裂至深裂，在温暖地区常绿，花小，钟状，花径为 0.6～1.2cm，红色、白色或乳黄色，两侧对称。矾根喜中性偏酸、疏松肥沃且排水性好的土壤，不耐积水，喜半阴，较耐阳。

由于具有彩叶（叶色有红、紫、黄、青铜、绿、橘红等多种色彩）、耐寒、耐旱等多种优良特性，矾根已成为美国和欧洲园林中常见的一种林下观赏植物。近年来，随着我国观赏园艺产业的发展，人们对新优花卉种类的关注度空前提高。许多矾根品种从欧美引入中国，应用于花坛、花境和花带的植物配置中，成为园林绿化和家庭园艺市场的一支新秀。

二、品种介绍

矾根的栽培品种主要来自美国，也有以色列、荷兰等国家的育种公司参与矾根的新品选育工作。常见的矾根品种见表 21.1。

表 21.1　矾根叶片色系与品种

叶片色系	英文名	暂译名	特点
绿色系	Kimono	和服	叶片为灰绿色，叶脉为紫红色，叶片掌状深裂
	Strawberry Swirl	草莓漩涡	叶片具有浅色漩涡状条纹
	Paris	巴黎	叶片表面为花白色
	Tapestry	花毯	叶色在春夏季为绿色，秋冬季叶脉中心变为紫红色
红色系	Peach Flambe	桃色火焰	叶片为鲜红色，观赏效果极佳
	Sweet Tea	甘茶	新叶呈橘红色，逐渐变为锈红色和褐红色，叶片掌状深裂
黄色系	Tiramisu	提拉米苏	嫩叶为黄色并伴有红色的叶脉，成熟后叶脉及叶片边缘呈黄绿色，中间为银白色
	Citronella	香茅	新叶为嫩黄色，逐渐变为黄绿色
	Electra	伊莱克特拉	叶片春季为金黄色，夏秋变深，呈深黄色，叶脉呈红色，植株紧凑，较耐湿热
	Lime Rickey	莱姆里基	叶片为黄绿色，边缘呈波浪状卷曲

叶片色系	英文名	暂译名	特点
橙色系	Marmalade	玛玛蕾都	植株直立性强，新叶呈红色，成熟叶片呈橘黄色
	Caramel	饴糖	叶片呈土黄色，泛绿色边晕
紫色系	Plum Pudding	梅子布丁	叶片为紫红色，带浅色条斑
	Palace Purple	紫色宫殿	叶片为紫色，花为乳白色
	Midnight Rose	午夜玫瑰	叶片为深紫色，散布红色斑点
	Obsidian	黑曜石	叶片为墨紫色，植株紧凑
	Shanghai	上海	叶片为灰紫红色，叶脉呈深紫色，直立性好，重复开花性好
混色系	Stoplight	红色信号	叶片外部为浅绿色，内部呈星状紫红色
	Gold Zebra	黄金斑马	叶片边缘为黄色，内部为红紫色
	Cinnabar Silver	朱砂根	叶片呈银灰色，紫色叶脉

三、种苗繁育

矾根的种苗繁育可采用播种、分株、扦插和组织培养进行，其中以组织培养为主要育苗方式。

(一)播种

矾根种子极为细小，播种时将种子与 10 倍体积的细沙混合均匀，撒在盛有基质的专用育苗塑料平盘中，平盘内基质铺设厚度约为 3cm，基质配比为草炭：椰糠=2∶1(体积比)选用纤维长度较短的草炭和椰糠。播种后，用平板轻轻镇压，浇透水后种子即下沉在基质中。将育苗平盘放在光照较好的育苗温室内管护，中途不要干水，适合矾根种子萌发的温度为 18～25℃。播种 2～3 周后，种子即可萌发，此时适当降低浇水频率，每周喷施 1200～1500 倍甲基托布津或多菌灵杀菌剂一次，预防猝倒病。当矾根幼苗长出 3～4 片叶时，将幼苗移栽至 72 目或 128 目标准育苗穴盘中。穴盘中基质配比改为草炭：椰糠为 1∶1(体积比)，仍选用纤维长度较短的草炭和椰糠。养护中每 7～10 天喷施 800～1000 倍平衡性水溶肥一次，当幼苗生长到完全遮盖穴盘孔穴，相邻幼苗的叶片彼此接触时，即达到成苗标准。

需要注意的是，大多数矾根的杂交品种结实率极低，且后代会出现分化，很难保证品种的纯正。仅有从较原始的品种'珊瑚钟'育种而来的品种可以通过播种繁殖，其后代变异较小。

(二)分株

矾根栽培到一定时期(一般半年以上)，基部会发生很多萌蘖，待萌蘖继续生长出根系时，可以将萌蘖带根系从母株上切下进行移栽，从而繁育出新的植株，这种繁殖方式即为分株。分株是矾根的一种较为原始的繁殖方式，大部分矾根品种均可采用分株的方式繁殖，但繁殖周期较长，繁殖系数较低，不利于规模化生产。

（三）扦插

矾根的扦插繁殖与分株繁殖有类似之处，均是采用母株基部产生的萌蘖进行繁殖。不同之处为，扦插繁殖时母株的萌蘖不需要长出根系，而是直接将萌蘖（成熟叶片的叶柄带基部嫩芽）从母株上切下，扦插在基质上，扦插前插穗（萌蘖）用 IBA 速蘸处理，基质配方参考播种育苗的配方。插穗的养护环境为：遮光率 70%～80%，空气相对湿度 80%～90%，白天气温 20～28℃，夜间气温 15～23℃。扦插后的第 7～14 天，插穗基部出现愈伤组织，第 12～25 天开始生根，第 32～48 天根系长满穴盘孔后可进行炼苗（炼苗方法为将遮光率降至 50%～60%，将空气湿度降至 50%～60%），炼苗 7～10 天达到成苗标准。

比起分株繁殖，矾根扦插繁殖可做到一定的规模化和标准化，但需要准备一定数量的母株供采插穗，且有些品种扦插难度较大，成活率较低，如提拉米苏、莱姆里基等浅绿色叶品种。

（四）组织培养

组织培养是近年来矾根种苗繁育的主要方式，其繁殖系数高，成苗率高，种苗品质稳定，不易出现变异，大部分矾根品种都可采用组培的方式进行种苗繁育。

1. 外植体的选取和消毒

在矾根生长季节，取矾根顶芽和腋芽的幼嫩茎段作为外植体，切成 1.0～1.5cm 长，先用 1%洗衣粉水洗刷表面，再用流水冲洗 1h。在超净工作台或无菌室等无菌条件下，将冲洗后的材料浸入 75%酒精中 0.5min，再浸入 2%次氯酸钠溶液消毒 10～15min；或浸入 0.1%升汞水中消毒 6～8min，然后用无菌水冲洗 3～5 遍。

2. 初代培养

将消毒后的材料用滤纸吸收掉表面的水分，用镊子将外植体放置在诱导培养基上，每瓶放置 4 个外植体。以 MS 培养基为基础培养基，培养基内添加 3mg/L 6-BA 和 0.2mg/L NAA，pH 调整为 5.8～6.0。培养温度为（23±2）℃，光照 12h/d，光照度为 4000lx。14～20 天后，即可分化出不定芽，不定芽不断生长和增殖，形成小芽丛。

3. 继代培养

切取分生的小芽丛，在分化培养基上继代培养即可达到小植株增殖效果。在 MS 培养基上添加 1mg/L 6-BA 和 0.1mg/L NAA，植株的增殖倍数因品种和培养基的不同有所差异。一般每个月可以 1:（8～10）的增殖倍数进行增殖，但应注意继代培养次数不宜过多，否则会对矾根基因型稳定性产生不良影响。

4. 生根培养

采用 1/2MS 为生根培养基，生根率可达到 98%以上，根色洁白，主根坚韧，须根多。在生根培养基中，培养 30 天后根长可达 2～5cm。生根培养过程中，小苗除根部生长外，茎部也略有生长，此时叶色和母本叶色会有较大差距，叶色、茎段明显浅于母本。

5. 试管苗移栽

生根 30 天后打开瓶盖，置常温下炼苗 3 天后取出小苗，用流水清洗黏附的培养基，整理根系，植于 128 目标准育苗穴盘中，穴盘内基质配方为草炭：椰糠：珍珠岩=1：1：0.5（体积比），穴盘最好放置在离地苗床上，通过设置双层遮阳网使矾根移栽苗上方光照度保持在 15000～20000lx，2～3 周后改为一层遮阳网，使矾根移栽苗上方光照度提升至 25000～30000lx。

四、无土栽培技术

矾根根系不耐积水，不可采用水培的方式进行种植，且矾根以盆栽生产和销售为主要模式。因此，本书仅介绍矾根的无土栽培技术。

（一）设施要求

矾根盆栽可在较简易的塑料大棚中进行。大棚外部或内部设置一层遮光率为 50% 的遮阳网，遮阳网最好可开合，便于随着日照强度的变化进行遮阴和补光。大棚要有较好的通风装置，至少要有侧卷膜开窗，以利于夏季降温。矾根大棚内夏季温度控制在 35℃ 以下，冬季温度控制在 5℃ 以上。大棚内最好设置离地苗床。若没有苗床，则将地面用地布覆盖，防止杂草生长。矾根无论是摆放在苗床上还是直接摆放在地布上，均要求排水良好，特别是铺设地布，每隔 6～8m 要设置一条深 30cm、宽 40cm 的排水沟。

（二）基质的选择和配制

采用混合基质种植。混合基质通常采用草炭：椰糠（粗）：珍珠岩=6：3：1（体积比）混合配制，也可以用草炭：树皮（细）：珍珠岩=2：2：1（体积比）混合配制。基质内均匀混合释放期为 6 个月的平衡型控释肥（N-P-K 比例为 14-14-14），控释肥施入量为 2.5～3.0kg/m^3。栽培基质的 pH 控制在 5.5～6.5，EC 值在幼苗移栽后 3～4 周内控制在 0.6～0.8mS/cm，之后控制在 1.0～1.2mS/cm。栽培基质可以通过后期施用水溶性肥调整 EC 值，从而满足矾根生长需求。

（三）栽培容器的选择

矾根适合作为中小盆栽观赏，根据不同的生长期，可采用盆径为 100～110mm、120～130mm 两个规格塑料盆栽植，对应的矾根生长期分别为 3 个月和 5 个月。

（四）生产管理

1. 种苗选择

选择 128 目或 72 目穴盘组培苗，要求苗高大于 4cm，具有 5 片真叶以上，外观检测没有病虫害，长势良好。

2. 上盆与定植

将花盆填满基质，轻轻镇压，用竹签或小花铲在基质中央位置挖孔，将种苗放入后用拇指和食指按住种苗基部压实。将种植好的花盆整齐摆放于苗床或地布上，花盆规格为100～110mm，花盆摆放密度为 87 盆/m²，宜将花盆摆放于 12 孔托盘（规格为43mm×32mm×5.5mm）上，确保摆放整齐，便于搬运。当养护超过 2 个月、矾根冠幅大于 12cm 后，可以疏盆，将盆花间隔从托盘中取出，密度降为原来的一半，该密度可以维持到出圃。若需要生产 120～130mm 规格的盆花，则在 3 个月后换盆，继续养护 1～2 个月后达到出圃标准。

3. 水分管理

矾根苗期对水分较为敏感，应保持基质湿润，天气晴朗时 2～3 天浇一次水，但要求加强通风管理，防止猝倒病发生。当真叶长到 8 片以上、冠幅达到 10cm 以上时，需减少浇水，天气晴朗时 4～5 天浇一次水，以"见干见浇，浇则浇透"为原则。其中，非柔毛类矾根（如莱姆里基）水分管理需更精细，基质不宜太干，否则叶缘会干枯；也不能太湿，否则根部会腐烂。

4. 施肥管理

矾根不耐盐碱和高肥。若基质已经混入释放期为 6 个月以上的平衡型控释肥，则整个生长期不用考虑过多追肥，仅在 4～5 月或 10 月气温适宜、矾根长势较快时施入 20-20-20平衡型水溶性肥 3～4 次，浓度以 800～1000 倍为宜；若基质未混入控释肥，则每隔 7～10 天，喷施一次 600～800 倍 20-20-20 平衡型水溶肥，直至出圃前停止。养护中后期每隔10 天喷施一次 0.2%硫酸镁溶液，促进叶片着色，连施 3 次。

5. 温度管理

矾根喜冷凉，不耐高温，我国大部分地区在 3～11 月均适合矾根生长，但以 3～5 月和 9～11 月为佳。通过简单的通风遮阳装置，将大棚内温度控制在白天 23～30℃，夜间15～22℃。

6. 光照管理

矾根喜光耐阴，不同品种之间对光照度要求不同，其中红色叶、紫色叶、黄色叶品种较喜光，生长期保持光照度在 25000～30000lx，出圃前 20 天光照度增至 30000～35000lx以利于叶片着色；绿色叶、黄绿色叶品种较喜阴，生长期光照度保持在 20000～25000lx，出圃前 20 天光照度增至 25000～30000lx 以利于叶片着色，注意防止叶缘晒伤。

7. 整形修剪

矾根为丛生型草本植物，不需要刻意地整形，但枯萎的老叶会影响产品出售。因此，出圃前应将基部枯萎的老叶剪除。

8. 病虫害防治

1）根腐病和茎腐病

矾根不耐涝，浇水过多或基质排水不良易受镰刀菌、腐霉菌等病菌侵染，如有根腐或茎腐病状，可立即用 800～1000 倍恶霉灵、福美双灌根 2～3 次，控制浇水。

2）蜗牛与蛞蝓

矾根幼苗易受蜗牛和蛞蝓的危害，平时注意大棚通风，若发现虫害，采用 2%灭旱螺或 50%蜗克灵拌菜叶做诱饵毒杀。

参 考 文 献

宋杰，李世峰，彭绿春，2017. 滇中矾根品种引进与生产[J]. 中国花卉园艺(8)：42-43.

Heims D，2005. Coral Bells and Foamy Bells [M]. Portland：Timber Press.

第二十二章　秋海棠无土栽培

一、秋海棠概述

秋海棠(*Begonia*)是秋海棠科秋海棠属多年生草本植物，全世界有近 1800 个种，15000 多个园艺品种，常见的栽培应用品种约占其中的 10%。秋海棠属是显花植物第六大属，该属植物喜温暖潮湿环境，不耐寒，惧阳光直射，主要分布在非洲、中南美洲和亚洲的热带和亚热带地区。

1. 国外秋海棠历史渊源

国外关于秋海棠最早的记载是 1649 年西班牙人在墨西哥发现了一种球根秋海棠。1688 年英国人在牙买加发现了尖叶秋海棠，1689 年英国人、法国人先后在西印度群岛发现多种秋海棠植物。1690 年秋海棠被命名为 *Begonia*(即秋海棠属)，以纪念法国植物学家米歇尔·比哥(Michel Begon)。植物学家卡尔·林奈(Carl Linnaeus)于 1753 年将该类植物命名为 *Begonia* 属，中文称为秋海棠属。1777 年英国人布朗(Brown)最早将亮叶秋海棠从牙买加引种到英国皇家植物园(邱园)，使邱园成为当时收集秋海棠种类最多的植物园。而后英国学者又将亚洲秋海棠种类引入欧洲。到 19 世纪中叶，欧洲引种栽培的秋海棠已有200 多种，进入育种的全盛时期。第二次世界大战后，秋海棠被列为重要的观赏植物，在国际花卉市场上占有重要的地位，栽培遍及全世界。

2. 国内秋海棠历史渊源

秋海棠在我国栽培历史悠久，早在宋朝的文献中就有使用，"早秋始花，略似海棠半含"，因此得名，并沿用至今。宋代诗人陆游的《钗头凤》中涉及秋海棠，此时已用于盆栽观赏。明代王象晋的《二如亭群芳谱》详细记载了秋海棠的栽培方法。《本草纲目拾遗》中秋海棠已作为药用资源。我国在 20 世纪 30 年代开始从欧美引进美洲类型的秋海棠及其园艺杂种，并在沿海城市栽培，1980 年后大量引入欧美园艺栽培品种。我国对秋海棠开展品种培育及开发利用起步晚、进展慢，国内对秋海棠属植物的育种研究开始于 20 世纪 80 年代中期，中国科学院昆明植物研究所育成秋海棠新品种 30 余种，云南省农业科学院花卉研究所自 2014 年收集资源，也开始了秋海棠育种工作。

二、秋海棠的分类及栽培品种

(一)秋海棠的分类

秋海棠由于其花朵鲜艳美丽，叶片变化多姿，已成为全球热门的观赏植物。经过人工育种、选种，登记的园艺品种已达上万余个，对其分类较为困难。我国依据观赏特性将秋海棠属植物分为观叶型、观花型和观叶观花兼赏型。英美等国家按形态特征将其分为 8 个类型：根茎秋海棠、块茎秋海棠、竹节秋海棠、四季秋海棠、蟆叶秋海棠、灌木状秋海棠、蔓生秋海棠、粗茎秋海棠。目前，比较公认的分类是园艺家以地下部分形态为依据，将其分为球根、须根、根茎三大类。

(二)秋海棠栽培品种

1. 球根类秋海棠

多年生草本，茎干直立，似灌木状，块茎肉质，冬季休眠，有观叶和观花两种，主要是观花。球根类主要产自安第斯山地区，亲本主要有玻利维亚秋海棠、异叶秋海棠、皮尔士秋海棠、克氏秋海棠、高山秋海棠、红花秋海棠、戴氏秋海棠和鲍曼秋海棠等，它们之间相互杂交选育出美丽多姿，有的还具有芳香味的球根秋海棠。另外在非洲发现的小叶秋海棠和阿拉伯秋海棠使后来的球根秋海棠育种达到了新的里程碑。球根类秋海棠叶片光滑、尖锐，呈浅绿至深绿色。夏季开花，有单瓣、半重瓣、重瓣；花色丰富，有白、淡红、红、黄、橙、粉及多种过渡色；花型有茶花型、水仙型、康乃馨型、月季型、牡丹型、蜀葵型、皱瓣型等。球根类秋海棠是秋季至初霜前最好的盆栽和花坛植物。常见的园艺品种有永恒系列、景色系列、玉照系列、观赏系列、光亮系列、新娘花边、杏黄花边、轻快精灵、金正日花等。

2. 须根类秋海棠

地下部为须根性，是秋海棠中较大的一组，可分为四季秋海棠、竹节秋海棠和灌木状秋海棠。

1) 四季秋海棠

常绿多年生草本，株型茂盛、密集，观花型和观叶观花兼赏型。四季海棠是多源杂交种，由胡式兜状秋海棠、史密特秋海棠和其他秋海棠杂交获得。茎直立，多分枝，肉质、光滑，叶呈卵圆形至广卵圆形，有光泽，边缘有锯齿，绿色、古铜色、深红色，花单性，雌雄同株，花呈粉红色、红色、白色等，整个夏季开花，是良好的花坛花卉。常见园艺品种有鸡尾酒系列、全能、舞会系列、超奥林、大使、神曲、龙翅系列等。

2) 竹节秋海棠

常绿多年生草本，茎通常直立，基部木质化，常作观叶和观花。这类秋海棠多产自巴西。茎细长似竹，空间匀称，节间光滑，故称竹节秋海棠，叶呈卵圆形，不对称，具深锯齿状至浅裂，表面为绿色并生有许多银白色小斑点，状如星星闪烁，新叶尤其明显，甚是美观，所以又叫麻叶秋海棠。花呈鲜红色、橙色、淡粉色、白色等，成簇下垂，姿态优美艳丽，花期从早春至夏季，在温暖的地区可常年观花。常见种或园艺品种有绯红秋海棠、璎珞秋海棠、镜子、橙红、艾琳·努斯、伊丽莎白、莫尔德瑞小姐等。

3）灌木状秋海棠

常绿多年生草本，大多数种类似灌木状，有些肉质，观花和观叶栽培。茎分枝，直立或半直立，叶无毛，有毛或有疣，有光泽或无光泽。花单瓣，较小，花期从春季至夏季。常见种或园艺品种有银星秋海棠、具脉秋海棠、梅多拉、半夜之光、彭妮莱、圣诞节颂歌、冰晶、燃烧的灌丛等。

另外，冬花类秋海棠通常也为须根类，常绿多年生草本，生长缓慢，密集，灌木状，有观叶和观花两类。主要分两个类群：圣诞秋海棠和丽格秋海棠。圣诞秋海棠由小叶秋海棠和阿拉伯秋海棠杂交而成，花通常单瓣，主要观叶。丽格秋海棠是由阿拉伯秋海棠和其他块茎类秋海棠杂交而成，是目前市场上主流的秋海棠观花种类，茎细长、肉质，叶片绿色或铜色并带红晕，长 5～8cm。花单瓣、半重瓣或重瓣，秋末至早春开花。圣诞秋海棠的主要园艺品种有小花、爱我等；丽格秋海棠的主要栽培品种有黄色旋律、富塔、克莱奥等。目前在中国比较流行的丽格秋海棠栽培种是巴克斯系列，由荷兰的科比公司育成。

3. 根茎类秋海棠

大多数为常绿多年生草本。具匍匐、直立或稍匍匐的根茎。主要为观叶。以叶色优美的眉毛秋海棠和毯状秋海棠等亲本杂交获得许多杂种。叶长 7～30cm，叶形多样，叶色极其丰富，有深绿色、黄绿色、银色、铜红色、深紫红色等，有些植物叶片为复色叶，叶片有两种以上颜色，呈不规则分布，形成美丽图案或花纹，还有的叶片上散布着各色艳丽斑点或斑块，花小，单生，通常冬季或早春开花。常见园艺品种有羞怯雄狮、卡雏玛、莴苣叶杂种秋海棠、肯特琼斯、红背。

蟆叶秋海棠是根茎类秋海棠中很重要的一类观叶秋海棠。常绿多年生草本，原产印度东北部，由蟆叶秋海棠与有关秋海棠种类杂交而成。有些包括与块茎类秋海棠和不是真正的根茎类秋海棠之间的杂交，有冬季休眠的趋向。叶片具有鲜艳的色彩，偏斜的卵圆形至卵圆披针形，有时基部裂片呈螺旋排列。花单瓣，早春开花。常见园艺品种有小彩虹、黑爵士、螺旋、新年快乐、海伦·刘易斯、迷你玛丽、银后、圣诞节日、玛瑙斯等，其中螺旋是蟆叶秋海棠栽培品种亚历克斯和铜星秋海棠的杂交品种，是本种的第一个螺旋形秋海棠，于 1883 年育成，是著名的螺旋状秋海棠。株高 25～30cm，株幅为 30～40cm。叶片大，偏斜卵圆形，长 20～25cm，宽 15～20cm，叶面具红毛，淡橄榄绿色，具银玫瑰红色，基部波状具 1～2 个螺旋状卷曲。目前在国内栽培比较多的是皮卡。

三、秋海棠生长习性

秋海棠原产于热带和亚热带地区，大多数生在林下肥沃疏松的腐叶土中、阴湿的岩石或沟谷旁以及茂密的苔藓层中，少数附生于热带的树丛上，喜温暖湿润和散射光环境。但生长在高海拔地区的秋海棠不适合高温多湿的生态条件，适宜夏季凉爽湿润的环境，如原产秘鲁、玻利维亚安第斯山(海拔 2400～3600m)、中美凉爽山谷地带和我国西南地区(海拔 1800～2000m)的秋海棠。

1. 温度

大多数秋海棠在温暖的环境下生长迅速，茎叶茂盛，花色鲜艳。不同种类对生长温度的要求有所差别。球根类秋海棠生长适温为 16～21℃，不耐高温，气温超过 30℃易引起茎叶枯萎和花蕾脱落，35℃以上易发生地下块茎腐烂死亡。块茎的贮藏温度为 5～7℃。根茎类秋海棠生长适温为 20～24℃，冬季温度不低于 10℃，否则叶片受冻，夏季不宜超过 30℃，根茎类较耐寒，能耐-1℃的低温。须根类秋海棠的生长适温为 18～21℃。

2. 光照

秋海棠对光照反应敏感。大多数种类适合在晨光和散射光下生长，在强光下易造成叶片和花朵灼伤。有些用于夏季花坛种植的四季秋海棠品种可以在强光下生长，若光照不足，植株易徒长，株型变散。一些冬季开花的秋海棠如蟆叶秋海棠、毛叶秋海棠、肾叶秋海棠和冬花类秋海棠等冬季阳光充足，株型发育匀称美观，叶片艳丽多彩，花色鲜艳悦目。球根秋海棠冬季光线不足，叶片生长瘦弱，甚至完全停止生长。夏季开花期光照不足，叶片、花数减少，植株矮小，叶片增厚，卷缩，叶色变紫，花苞数减少。因此，光照的强弱直接影响秋海棠的生长和发育。据文献报道，根茎类秋海棠适宜的光照度为 4300～6500lx，而球根类和须根类秋海棠为 20000lx 左右。

3. 水分

秋海棠茎叶柔嫩、多汁，含有丰富的水分。自然生长于湿度较大的林下或沟谷地带。因此，湿润的生态环境对秋海棠的生长极为有利，特别是盆栽秋海棠，需要充足的水分和较高的空气湿度。如温度高、水分供应不足，茎叶易凋萎倒伏，直接影响生长，严重时茎叶皱缩死亡。相反，供水过量，盆内出现积水，易引起根部腐烂，特别是球根类秋海棠，在初夏花期，如盆内太湿或通风不好，块茎常发生水渍状溃烂。块茎休眠期要停止供水，保持干燥。观叶类秋海棠夏季正值茎叶生长旺盛期，除供给足量水分外，每天喷雾数次，模拟相对湿度较高的林下生态环境，相对湿度保持在 50%～60%。这样，茎叶生长繁茂，色泽鲜艳、娇嫩。有几种高秆类秋海棠(如竹节秋海棠、银星秋海棠等)可在水中生长。冬季大多数秋海棠生长缓慢，供水相应减少。

4. 土壤

秋海棠野生于排水好、腐叶土层厚的林下或岩石缝隙中，这对秋海棠根部的生长和发育极为有利。盆栽秋海棠常用堆肥土、腐叶土和粗砂三者混合的混合土壤或配制好的专用泥炭土。若用碱性或黏重、易板结的土壤作为盆栽用土，不利于新根生长，导致茎叶矮小、色彩暗淡，易引起萎黄病。

5. 土壤酸碱度

秋海棠对土壤酸碱度的反应不一样，根茎类秋海棠适合生长于 pH 为 6.5～7.5 的中性土壤中，球根类和须根类秋海棠适合生长于 pH 为 5.5～6.5 的酸性土壤中。

四、繁殖技术

秋海棠种类繁多，其繁殖方法也不同，常用的有播种、扦插、分株和组培。

（一）播种

球根、须根、根茎三类秋海棠均可采用播种繁殖，播种在普通室内或温室内都可进行，播种期根据种类和供花时间而定，常以春季 3～5 月或秋季 9～10 月为宜，由于秋海棠种子特别细小，如四季秋海棠每克种子达 60000～65000 粒之多，近年来许多著名种子公司开始采用包衣种子。播种时可将种子与细土混匀，将种子均匀撒于基质上，秋海棠为喜光种子，播种后不必覆土。为防止浇水时冲散种子，可在播种前将基质浸湿，播种后早晚喷雾，7～40 天发芽，不同种类其发芽速度有所差异。

（二）扦插

扦插是秋海棠最常用的繁殖方法之一。因生长习性不同，可分为茎插、叶插和根茎插。

1. 茎插

茎插常用于须根类秋海棠。茎插繁殖在温室条件下，全年都可进行，以 4～5 月效果最好，生根快，成活率高。常选取健壮的茎部顶端做插穗，10～15cm，带 2～3 个芽，扦插基质用疏松、排水好的细河沙、珍珠岩或糠灰，扦插时插穗以一半为宜，保持较高的空气湿度和 20～22℃室温，插后 9～27 天生根。在茎插过程中，可以使用生长调节剂如吲哚丁酸、萘乙酸等促进插穗生根，提高茎插成活率。

2. 叶插

叶插常用于根茎类秋海棠，如蟆叶秋海棠、马蹄秋海棠和毯状秋海棠等种类。近年来在须根类秋海棠（如竹节秋海棠和银星秋海棠）中试用，叶插以夏、秋季节效果最好。若采用温室栽培，冬季也可进行，但生根缓慢，应选择充分发育的成熟叶片进行叶插。叶插又分为全叶插、锥形叶插和楔形叶插三种，实践表明后两种扦插方式成活率更高。每片小叶上保留一条主叶脉，将小叶插于珍珠岩、蛭石或其他疏松透气的基质中，插入基质长度以 1.0～1.5cm 为宜，三周左右即可观察到枝条生根，2 个月左右幼叶生长即可移栽。

3. 根茎插

此法用于根茎密集的秋海棠，如长袖秋海棠、肾叶秋海棠和圆叶秋海棠等，春秋季将地下根茎剪成 3～5cm 一节，斜插或平放于沙床上，保持室温 20～22℃和较高的空气湿度，使之产生不定根和不定芽，插后 15～20 天长出不定根，30～40 天萌发出不定芽，待形成几片小叶时即可移入小盆养护。

（三）分株

分株是繁殖秋海棠最简便和常用的方法，各类秋海棠均可采用。

1. 球根秋海棠

春季将沙藏或刚度过休眠期的块茎顶部纵切成几块，每块带 1～2 个健壮嫩芽，在切口处撒少量硫黄粉或草木灰进行简单消毒，晾置一段时间，表面略干燥后即可上盆栽种，栽种时不宜覆土太多，以芽茎刚没入表土为宜，并且严格控制盆土和空气湿度，稍干燥为好，盆土过湿会引起块茎腐烂。

2. 须根类秋海棠

在春季换盆时，将植株从盆中轻轻托出，去掉根茎周围多余的基质，使根茎部分露出，然后轻轻分开植株。如根茎处植株较多或芽分布不均，可在植株粘连处用手轻轻掰开，分成带有根系的苗丛，然后上盆栽种。

3. 根茎类秋海棠

分株在温室中可全年进行，以春季结合换盆时进行为最好。将粗壮的根状茎从盆内轻轻托出，选取新鲜具顶芽的根茎，切下长 10cm 左右，伤口涂以草木灰后稍晾干，每盆栽 2～3 段，或者直接将根茎扒开盆栽，根茎上必须带叶片，叶大的种类，每盆叶片数不少于 4～5 片，小叶种类每盆叶片数不少于 8～10 片。在分株操作过程中，尽量保持叶片的完整。盆栽后暂放半阴处养护，此时不宜多浇水，以免根茎伤口受湿容易腐烂。

（四）组培

为了保持秋海棠的优良性状且能快速得到大量幼苗，近年来，人们普遍采用组织培养技术来扩繁。植物组织培养是 20 世纪 30 年代初发展起来的一项新型植物快繁技术，不受环境和季节变化影响，繁殖周期短、速度快。组培秋海棠最成熟的部位是叶片，1968 年秋海棠的离体培养被报道后，国内外陆续采用该技术繁育植株，它不仅为新优品种的商品性快速繁殖开辟了新途径，也对稀有名贵品种的保护起到了积极作用。目前已有 30 多个种通过植物组织培养成功实现了植株再生。近年来，多位国内外研究者采用 MS 培养基，添加不同浓度的 6-BA 和 NAA 等生长激素，就不同种类的秋海棠分化、生根和芽诱导培养基进行了细致研究，取得了较好的成果。

五、秋海棠无土栽培基质的选择与配制

(一)秋海棠无土栽培基质的选择

过去，人们种植秋海棠多采用土壤栽培，夏季植株往往长势较差，且容易产生叶腐病、茎腐病等高温病害。近年来，随着无土栽培技术的应用和推广，许多花卉的繁育与栽培也逐渐向无土栽培模式靠拢。荷兰、丹麦、英国、比利时和美国等国外秋海棠生产企业，在规模性商品生产上均全面采用无土栽培技术，生产出高质量的盆栽秋海棠。

就目前的应用方式来看，秋海棠无土栽培主要有两大类型，即固体基质栽培和液体基质栽培。应依据秋海棠的种类分布和生活习性，选育适合其生长的最佳基质类型。

(二)固体基质栽培

常绿植物在栽培时要求有类似原产地的生长环境。选择盆栽基质时，不仅要考虑其固有养分含量，还要考虑它保持和供给植物养分的能力。因此，盆栽基质必须具备两个基本条件。①物理性质好。盆栽基质疏松、透气，有利于根系生长；保水性好，能够确保充足的水分供植物生长和发育；排水性好，不会因积污浊水导致根系腐烂；此外，基质疏松、质地轻，便于运输和管理。②化学性质好。要有足够的养分，持肥保肥能力强，以供植物不断吸收利用。目前秋海棠中常用的固体基质有以下几种。

(1)腐叶土。腐叶土是由阔叶树的落叶长期堆积腐熟而形成。在阔叶林下自然堆积的腐叶土也属此类。腐叶土含有大量的有机质，土质疏松，透气和透水性能好，保水保肥能力强，质地轻，是优良的盆栽土。腐叶土还常与其他土壤混合使用，适于栽培多数常见花卉，是栽培观叶植物的良好土壤。

(2)泥炭土。泥炭土又称黑土、草炭，由低温湿地的植物遗体经几千年堆积而成。泥炭土含有大量的有机质，土质疏松，透水透气性能好，保水保肥能力较强，质地轻，无病害孢子和虫卵，是盆栽观叶植物常用的土壤基质。另外，泥炭在形成过程中，经过长期的淋溶，本身的肥力有限，在配制使用基质时可根据需要添加足够的氮、磷、钾和其他微量元素肥料。配制后的泥炭土可以与珍珠岩、蛭石、河沙、园土等混合使用。

(3)河沙。河沙是河床冲击后留下的，几乎不含养分，但通气排水性能好，清洁卫生。河沙可与其他较黏重土壤调配使用，以改善基质的排水通气性，也可以作为播种、扦插繁殖的基质。

(4)珍珠岩。珍珠岩是粉碎的岩浆岩经高温处理(1000℃以上)膨胀后形成的具有封闭多孔性结构的物质。其为无菌、白色小粒状材料，保水和排水性能强，不含任何肥分，多用于扦插繁殖及改善土壤的物理性状。

(5)蛭石。蛭石是硅酸盐材料，系高温(800～1100℃)后形成的一种无菌材料。疏松透气，保水透水能力较强，常用于播种、扦插及土壤改良等。

(6)椰糠。椰糠是椰子果实外皮在加工过程中产生的粉状物。保水、排水能力强，回弹性好，矿质元素含量低，但磷、钾含量高。

(7)煤渣。煤渣是经燃烧后的煤炭残体，透气排水能力强，无病虫害残留，作为盆栽基质使用时，要粉碎过筛，选用直径为2～5mm的粒状物，和其他培养土混合使用。

(三)液体基质栽培

除固体基质栽培外，秋海棠也可以通过水培或雾培等液体基质进行栽培。雾培主要应用于科研，生产上不太适用，而水培的应用已较为普及。最常用的液体栽培模式为营养液栽培。周宏艳等(2014)曾依照《现代实用无土栽培技术》设计了不同的营养液配方用于秋海棠栽培，找到了适合秋海棠营养生长和生殖生长的最佳营养比例。有学者对不同栽培液对秋海棠生长的影响进行了细致研究，最终证实用化学方法配制的营养液可满足秋海棠的生长需要，而通过增施肥料来弥补土壤浸出液的营养不足是无法实现的。因此，在秋海棠液体基质栽培中，根据不同类型秋海棠对营养的需求差异，配制相应元素组成和适当比例的液体基质显得尤为重要。

(四)秋海棠无土栽培基质配制

秋海棠繁殖成苗后，不同种类可采用腐叶土、泥炭、蛭石、珍珠岩、炉渣等，依不同比例混合，以有机肥或全营养液供给营养进行栽培。国内多位学者对四季海棠、丽格海棠等种类无土栽培基质配制进行了研究，以选出适合各类秋海棠栽培的最佳基质配方。

1)球根秋海棠基质配方

赵玉芬等(2001)采用腐熟的牛粪作基肥，以"泥炭土+松针+园土+河沙+牛粪"(体积比为4∶1∶1∶1∶2)种植球根秋海棠效果较好。

2)四季秋海棠基质配方

周静波(2007)通过盆栽试验，研究了四种栽培基质土壤、"草炭+珍珠岩"(体积比为2∶1)、"陶粒/蛭石+缓释肥"(体积比为25∶1)对四季秋海棠"鸡尾酒系列"的株高、冠幅、小花数以及地上和地下部的鲜重和干重、根系长度等的影响。结果表明，在四季秋海棠营养生长期和生殖生长期，"草炭+珍珠岩"(体积比为2∶1)的基质最有利于四季秋海棠株高增加、冠幅增大和小花数增多，同时有利于四季秋海棠地上和地下部的生物量增加及植株根系伸长；从不同基质对四季秋海棠碳、氢、氮、硫含量的影响看，除元素氢和氮外，"草炭+珍珠岩"(体积比为2∶1)的基质在其他元素含量方面与对照土壤的差异都十分明显；在不同基质的理化性质方面，"草炭+珍珠岩"(体积比为2∶1)的基质在多项指标上都比较适宜四季秋海棠的栽培。因此认为"草炭+珍珠岩"(体积比为2∶1)的基质是最适合四季秋海棠无土栽培的基质。

赵斌等(2017)以栽培广泛的四季秋海棠幼苗为试材进行盆栽试验。分别选用"泥炭+珍珠岩"(体积比为1∶1)、"泥炭+珍珠岩+松树皮"(体积比为1∶1∶1)、"玉米秆+珍珠岩+松树皮"(体积比为1∶1∶1)、"玉米秆+珍珠岩+松树皮"(体积比为2∶1∶1)、"草秆+珍珠岩+松树皮"(体积比为1∶1∶1)、"草秆+珍珠岩+松树皮"(体积比为2∶1∶1)、"蛭石+珍珠岩+松树皮"(体积比为1∶1∶1)和"蛭石+珍珠岩+松树皮"(体积比为2∶1∶1)八种混合基质，比较四季秋海棠的生长表现差异。结果表明：四季秋海棠在八种栽培基质中，上盆后30～60天时茎均显著增大，60～90天时株高、叶数和叶面积增加最多。"草秆+珍珠岩+松树皮"(体积比为 2∶1∶1)基质处理的表现最佳,在该基质中,分枝数、叶片厚度、开花数、地上部分鲜干质量和相对叶绿素含量均最大。综合评价分析,基质用"草秆+珍珠岩+松树皮"(体积比为 2∶1∶1)替换泥炭,可满足四季秋海棠生长,并且可以用修剪后的草坪草废弃物替换泥炭用于秋海棠的无土栽培基质。

3)丽格海棠基质配方

程龙飞(2008)认为在丽格海棠幼苗期选择"泥炭+蛭石"(体积比为 7∶3)的混合基质,成苗阶段采用"泥炭+蛭石+珍珠岩"(体积比为 3∶1∶1)的基质有利于丽格海棠的生长。李文杰等(2004)认为丽格海棠无土栽培基质以"处理泥炭+蛭石+珍珠岩"(体积比为 2∶1∶1)为最佳,对促进丽格海棠的营养生长效果较好,其次为"处理泥炭+蛭石"(体积比为 1∶1)。

我国可作为栽培基质的原料十分丰富,将这些废弃物生产成有机基质不但可以减少泥炭的用量,还能减小环保处理废弃物的压力,显著降低生产成本,促进经济和环境的可持续发展。孙向丽和张启翔(2010)以菇渣和锯末两种农林有机废弃物作为基质的主要成分栽培丽格海棠,探讨取代泥炭作为丽格海棠栽培基质的可行性,结果表明用"锯末+珍珠岩"(体积比为 4∶1)和"锯末+蛭石"(体积比为 3∶1)两个处理的理化性质的各项指标均在无土栽培基质的理想范围内,用其栽培的丽格海棠"巴克斯"根系生长健壮,生长发育综合表现显著优于对照,两个处理的成本分别比对照降低 27.61%、27.63%,可作为丽格海棠无土栽培的代用基质。孙向丽和张启翔(2011)以玉米秆、小麦秆、菇渣和花生壳四种农业有机废弃物作为基质的主要成分,探讨取代泥炭作为丽格海棠"巴克斯"栽培基质的可行性,结果表明:"玉米秆粉+花生壳粉+珍珠岩"(体积比为 2.5∶2.5∶2)、"玉米秆粉+花生壳粉+珍珠岩"(体积比为 2∶3∶2)、"小麦秆粉+花生壳粉+珍珠岩"(体积比为 2∶3∶2)、"菇渣+花生壳粉+珍珠岩"(体积比为 3∶2∶2)、"菇渣+花生壳粉+珍珠岩"(体积比为 2.5∶2.5∶2)五个基质配方的理化性质的各项指标均在无土栽培基质的理想范围内,用其栽培的丽格海棠根系生长健壮,生长发育综合评价指数显著优于对照,基质稳定性好且成本明显低于泥炭基质,可作为丽格海棠无土栽培的代用基质。

4)根茎类秋海棠基质配方

赵斌等(2017)为摸索"宁明银"秋海棠的最佳栽培基质和光照条件,研究利用四种光强(遮光 45%、60%、75%、90%)和四种无土栽培基质["泥炭+珍珠岩"(体积比为 1∶1)、"泥炭+珍珠岩+松树皮"(体积比为 1∶1∶1)、"腐叶土+珍珠岩+松树皮"(体积比为 1∶1∶1)、"玉米秆+珍珠岩+松树皮"(体积比为 1∶1∶1)]的盆栽试验,比较分析"宁明银"秋海棠的生长表现。结果表明:在遮光 45%条件下,腐叶土、珍珠岩、松树皮同等比例混合的栽培基质中,"宁明银"秋海棠的叶片数、最大叶面积、地上部分鲜重与干重、地下部分干重均表现出最大值,且该条件下植株的相对含水量和根冠比最小,相对叶绿素含量也最高。

(五)秋海棠无土栽培营养液配制

营养液和基质一样,是无土栽培的核心部分。不同植物对养分浓度的要求不同,对绝大多数的植物来说,所需的养分质量浓度以 2g/L 左右比较适合,营养液的浓度变化与最适浓度之间的差值不能太大,超出根系选择性吸收能力的范围,就会抑制植物生长。为此,设计科学、合理的营养液配方是无土栽培成功的关键。

1. 营养液的组成

营养液由大量元素和微量元素组成,根据植物的需要量,从多到少的顺序是:氮、钾、磷、钙、镁、硫、铁、锰、锌、铜、钼。植物吸收各种元素应有一定比例。为保证植物快速健壮生长,必须供给其适当比例与适当浓度的营养液,植物体内的元素含量取决于营养液的盐类,还取决于植物的品种。外界因素(如施肥和气候)也会影响植物体内的元素含量。

2. 常用营养液的配方

营养液是否适合植物生长,最重要的是营养液中各种养分的量和比例是否合适。比例合适的营养液,总体浓度偏高或偏低对植物生命的危害性不是很大,但如果养分离子之间比例不合适,即使其他条件再合适,植物也将受到营养生理缺失症的危害,所以,营养液的配方科学与否是关键。关于营养液配方,自 1865 年克诺普创始后,世界上发表了大量的营养液配方,典型的配方研究者有霍格兰德(Hoagland)、怀特(White)、春日井、道格拉斯(Douglas)、图蔓诺夫(Tumanov)等,其中以美国霍格兰德研究的配方最为有名,被世界各地广泛采用,后人参照霍氏配方,在使用中进行了研究和调整,从而演变出许多适用于不同植物和栽培条件的配方。其中一些重要的和常用的配方如下。

1)通用型营养液配方

通用型营养液配方见表 22.1、表 22.2。

表 22.1　霍格兰和阿农营养液配方

大量元素/(mmol/L)			微量元素/(μmol/L)		
硝酸钾	KNO_3	6.00	乙二胺四乙酸二钠铁	$Na_2Fe-EDTA$(含 Fe 14%)	70.0
硝酸钙	$Ca(NO_3)_2 \cdot 4H_2O$	4.00	硼酸	H_3BO_3	46.3
硫酸镁	$MgSO_4 \cdot 7H_2O$	2.00	硫酸锰	$MnSO_4 \cdot 4H_2O$	9.5
磷酸二氢铵	$NH_4H_2PO_4$	1.00	硫酸锌	$ZnSO_4 \cdot 7H_2O$	0.8
			硫酸铜	$CuSO4 \cdot 5H_2O$	0.3
			钼酸铵	$(NH_4)_6Mo_7O_{24} \cdot 4H_2O$	0.02
总计		13.00	总计		126.92

表 22.2　凡尔赛营养液

大量元素/(g/L)			微量元素/(mg/L)		
硝酸钾	KNO_3	0.568	碘化钾	KI	0.00284
硝酸钙	$Ca(NO_3)_2$	0.710	硼酸	H_3BO_3	0.00056
磷酸铵	$NH_4H_2PO_4$	0.142	硫酸锌	$ZnSO_4$	0.00056
硫酸铵	$(NH_4)_2SO_4$	0.284	硫酸锰	$MnSO_4$	0.00056
			氯化铁	$FeCl_3$	0.112
总计		1.704	总计		0.11652

注:特鲁法-汉普的基本营养液,又称凡尔赛营养液。

2）花卉栽培常用营养液配方

国外应用无土栽培生产花卉较为广泛，已提出各种花卉营养液配方及主要元素浓度（表 22.3、表 22.4）。

表 22.3　一些花卉专用的营养液配方（大、中量元素）

花卉种类	无土栽培方式	化合物编号及组成浓度/（mmol/L）	肥料盐类总计/（mg/L）
月季	温棚切花	(1)2.07，(2)1.88，(3)2.12，(6)1.33，(10)2.01，(11)0.49	1253
菊花	温棚切花	(1)7.10，(4)1.80，(8)3.30，(9)3.60，(11)3.00	3730
香石竹	温棚切花	(1)3.75，(2)4.00，(4)4.08，(5)10.37，(7)1.87，(9)0.13，(10)1.06，(11)1.09	1765
非洲菊	温棚切花	(1)2.25，(2)4.75，(8)1.50，(10)0.25，(11)0.75	1444
玫瑰	温棚切花	(2)11.10，(4)1.70，(7)1.80，(12)2.60，(12)1.90	2769
观叶花卉	温棚切花	(1)2.10，(2)2.00，(3)0.50，(8)1.00，(12)1.00，(12)0.50	1206
中国兰花	盆栽	(2)5.44，(3)2.50，(7)2.30，(12)2.15，(12)0.40	1930
山茶、杜鹃	盆栽	(4)1.00，(8)0.50，(10)1.00，(12)1.00，(12)1.00	793
荷花	盆栽	(1)1.00，(2)0.70，(3)0.44，(8)0.32，(11)0.42	489
百合	盆栽	(4)1.18，(5)7.29，(7)1.86，(10)8.32，(11)2.23，(12)1.45	2666

注：表中各序号所代表的无机盐成分分别为(1) $Ca(NO_3)_2 \cdot 4H_2O$；(2) KNO_3；(3) NH_4NO_3；(4) $(NH_4)_2SO_4$；(5) $NaNO_3$；(6) H_3PO_4；(7) $Ca(H_2PO_4)_2 \cdot H_2O$；(8) K_2HPO_4；(9) K_2SO_4；(10) KCl；(11) $MgSO_4 \cdot 7H_2O$；(12) $CaSO_4 \cdot 4H_2O$。

3. 秋海棠无土栽培营养液配方

秋海棠由于种类繁多，不同种类所需的营养液不同，有些种类有专门的营养液配方（表 22.4、表 22.5）。

表 22.4　铁十字秋海棠无土栽培营养液配方

大量元素/（g/L）			微量元素/（mg/L）		
硝酸钙	$CaNO_3 \cdot 4H_2O$	0.708	乙二胺四乙酸铁	$Na_2Fe\text{-}EDTA$（含 Fe14%）	2000
硝酸钾	KNO_3	0.505	硼酸	H_3BO_3	300
磷酸二氢钾	KH_2PO_4	0.136	硫酸锰	$MnSO_4 \cdot 4H_2O$	150
硫酸镁	$MgSO_4 \cdot 7H_2O$	0.492	硫酸锌	$ZnSO_4 \cdot 7H_2O$	20
硫酸铵	$(NH_4)_2SO_4$	0.264	硫酸铜	$CuSO_4 \cdot 5H_2O$	10
			钼酸铵	$(NH_4)_6Mo_7O_{24} \cdot 4H_2O$	3
总计		2.105	总计		2483

表 22.5　银星秋海棠无土栽培营养液配方

大量元素/(g/L)			微量元素/(mg/L)		
硝酸钙	$CaNO_3 \cdot 4H_2O$	0.945	乙二胺四乙酸铁	$Na_2Fe\text{-}EDTA$（含 Fe 14%）	2000
硝酸钾	KNO_3	0.404	硼酸	H_3BO_3	300
磷酸二氢钾	KH_2PO_4	0.340	硫酸锰	$MnSO_4 \cdot 4H_2O$	150
硫酸镁	$MgSO_4 \cdot 7H_2O$	0.493	硫酸锌	$ZnSO_4 \cdot 7H_2O$	20
硫酸铵	$(NH_4)_2SO_4$	0.132	硫酸铜	$CuSO_4 \cdot 5H_2O$	10
			钼酸铵	$(NH_4)_6Mo_7O_{24} \cdot 4H_2O$	3
总计		2.314	总计		2483

孙金环(2004)成功配制了马蹄秋海棠、帝王秋海棠和竹节秋海棠等 40 余种秋海棠的无土栽培营养液。营养液配方见表 22.6。

表 22.6　秋海棠无土栽培营养液配方

大量元素/(g/L)			微量元素/(mg/L)		
硝酸钾	KNO_3	0.6	乙二胺四乙酸二钠	$EDTANa_2$	20.0
硫酸镁	$MgSO_4$	0.6	硫酸亚铁	$FeSO_4 \cdot 7H_2O$	15.0
磷酸二氢钾	KH_2PO_4	0.2	硼酸	H_3BO_3	6.0
硝酸铵	NH_4NO_3	0.1	硫酸锰	$MnSO_4 \cdot 4H_2O$	4.0
			硫酸锌	$ZnSO_4 \cdot 7H_2O$	1.0
			硫酸铜	$CuSO_4 \cdot 5H_2O$	0.2
			钼酸铵	$(NH_4)_6Mo_7O_{24} \cdot 4H_2O$	0.4
总计		1.5	总计		46.6

国内学者以不同种类秋海棠为材料，设计试验，以筛选最适合的无土栽培营养液配方。

1) 根茎秋海棠营养液配方

张智等(2010)以清水和基质栽培为对照，选用四种营养液配方栽培根茎秋海棠，结果表明，栽培的两种根茎秋海棠在供试的四种营养液配方中静止水培均能正常生长，但以第二种处理(营养液配方见表 22.7)在叶数增加值和植株质量增加值上均明显优于其他处理，同时又能增加株高、叶长、花序数及冠幅的扩展，利于根茎秋海棠形成观赏价值较高的优美株型。

表 22.7　供试营养液配方

大量元素/(mmol/L)			微量元素/(mg/L)		
氮	N	17.3（NO_3^- 16.0+NH_4^+ 1.3）	乙二胺四乙酸铁	$Na_2Fe\text{-}EDTA$	40
磷	$P(H_2PO_4^-)$	1.3	硼酸	H_3BO_3	2.86
钾	K^+	8.0	硫酸锰	$MnSO_4 \cdot 4H_2O$	2.13
钙	Ca^{2+}	4.0	硫酸锌	$ZnSO_4 \cdot 7H_2O$	0.22
镁	Mg^{2+}	2.0	硫酸铜	$CuSO_4 \cdot 5H_2O$	0.08
			钼酸铵	$(NH_4)_6Mo_7O_{24} \cdot 4H_2O$	0.02
总计		32.6	总计		45.31

2) 丽格秋海棠营养液配方

李文杰等(2007)比较了五种营养液配方对丽格海棠的作用效果。试验结果表明霍格兰和施奈德营养液配方(表 22.8)处理对丽格海棠生长发育各项指标(株高、冠幅、叶片数、干重、鲜重、根冠比、开花数、花枝长度、花径)的影响最好，认为霍格兰和施奈德配方是最佳营养液配方。

表 22.8　霍格兰和施奈德配方营养液配方

大量元素/(mmol/L)			微量元素/(μmol/L)		
硝酸钙	$CaNO_3 \cdot 4H_2O$	5.00	乙二胺四乙酸一铁钠盐	$Na_2Fe\text{-}EDTA$	70
	KNO_3	5.00	硼酸	H_3BO_3	46.3
磷酸二氢钾	KH_2PO_4	1.00	硫酸锰	$MnSO_4 \cdot 4H_2O$	2.13
硫酸镁	$MgSO_4 \cdot 7H_2O$	2.00	硫酸锌	$ZnSO_4 \cdot 7H_2O$	0.8
			硫酸铜	$CuSO_4 \cdot 5H_2O$	0.3
			钼酸铵	$(NH_4)_6Mo_7O_{24} \cdot 4H_2O$	0.02
总计		13.00	总计		119.55

3) 四季秋海棠营养液配方

周静波(2007)设计了七种营养液配方，比较不同营养液对四季秋海棠"超奥系列"营养生长和生殖生长的影响，以确定其最适营养液配方。结果表明，日本园试通用营养液配方(表 22.9)对"超奥系列"植株的形态指标、开花指标及生长指标都有显著促进作用，既有利于植株长高、冠幅增大，又有利于花径增加、花数增多，生产上可以采用。

表 22.9　日本园试通用营养液配方

大量元素/(g/L)			微量元素/(mg/L)		
硝酸钙	$CaNO_3 \cdot 4H_2O$	0.945	乙二胺四乙酸铁	$Na_2Fe\text{-}EDTA$(含 Fe14%)	2000
硝酸钾	KNO_3	0.809	硼酸	H_3BO_3	300
硫酸镁	$MgSO_4 \cdot 7H_2O$	0.493	硫酸锰	$MnSO_4 \cdot 4H_2O$	150
磷酸氢钠	$NaHPO_4$	0.153	硫酸锌	$ZnSO_4 \cdot 7H_2O$	20
			硫酸铜	$CuSO_4 \cdot 5H_2O$	10
			钼酸铵	$(NH_4)_6Mo_7O_{24} \cdot 4H_2O$	3
总计		2.400	总计		2483

周宏艳等(2014)还对"比哥系列"秋海棠无土栽培营养液配方进行了研究，通过比较供试营养液对秋海棠形态指标、生物量、开花指标、可溶性糖含量、花色苷含量的影响，筛选出适合其无土栽培的营养液配方(表 22.10)。

表 22.10 "比哥系列"秋海棠无土栽培营养液配方

大量元素/(g/L)		营养生长阶段	生殖阶段	微量元素(通用)/(mg/L)		
硝酸钙	$CaNO_3 \cdot 4H_2O$	0.703	0.937	乙二胺四乙酸铁	$Na_2Fe\text{-}EDTA$(含 Fe 14%)	2000
硝酸钾	KNO_3	0.808	0.808	硼酸	H_3BO_3	300
硫酸镁	$MgSO_4 \cdot 7H_2O$	0.493	0.306	硫酸锰	$MnSO_4 \cdot 4H_2O$	150
磷酸二氢钠	$NaH_2PO_4 \cdot 2H_2O$	0.189	0.189	硫酸锌	$ZnSO_4 \cdot 7H_2O$	20
				硫酸铜	$CuSO_4 \cdot 5H_2O$	10
				钼酸铵	$(NH_4)_6Mo_7O_{24} \cdot 4H_2O$	3
总计		2.193	2.240	总计		2483

4. 秋海棠营养液的使用周期

在整个秋海棠生长过程中,除夏季高温和冬季严寒时每月浇施营养液 1 次以外,其余生长期均应每周浇施营养液 1 次,每次营养液的使用量以盆内的基质全部浸湿为准。同时,在秋海棠的生长旺盛期,除正常浇施以外,每 2～3 天可将营养液直接喷洒在秋海棠叶面上,进行根外追肥,效果显著。

六、栽培管理

(一)苗期管理

秋海棠幼苗在穴盘中长出 1～2 片真叶后,可以开始移栽。由于新生幼苗较弱,新上盆后易发猝倒病,因此前期要多观察,提早预防。施肥管理上,幼苗期应以花卉专用复合肥为主,遵循少量多次的原则。

(二)生长期管理

秋海棠生长期,浇水管理对植株健康生长尤为关键。浇水时应遵循基质"润而不湿"的原则,避免过度潮湿导致植株茎叶生长不良和根部腐烂等现象。为保持其生长状态良好,生长期可间隔 5～7 天根外追肥 1 次,前期宜选择氮肥含量相对高些的肥料,随着植株生长,肥料应选择低氮高磷钾,以促进花芽分化。秋海棠在生长期应多注意其生长环境的变化,既不能强光直射,也不能长期积水,夏天高温时可架设不同规格的遮阳网进行遮阴,多雨时节应采用塑料薄膜进行遮挡并适度补光,冬季可覆盖毛毡毯,有条件的可以增添加温设备。秋海棠生长期不同季节管理的侧重点不同。

1. 春季管理

春季是秋海棠管理最繁忙的季节。盆栽秋海棠,尤其是须根类秋海棠和根茎类秋海棠,盆内土壤板结,透水和透气性差,根系塞满整个盆钵,需要改善根部栽培环境。竹节秋海棠和灌木秋海棠春季正值萌芽发枝的阶段,需要修剪、整形和换盆,新鲜、肥沃、疏松的栽培基质对秋海棠根系和枝叶的生长更有利。

1）换盆

球根类秋海棠属于浅根性植物，春季萌芽时，选用排水好、肥沃、疏松、透气的泥炭土或腐叶土作为栽培基质，有利于根部发育。

须根类秋海棠根系发达，生长旺盛，每年春季需去除宿土，修剪根系，加入新鲜肥沃的栽培基质，保证植株继续健壮生长，正常开花结实，如银星秋海棠、竹节秋海棠、珊瑚秋海棠等植株适当修剪茎叶，可保持其优美姿态。如植株过高，可重剪截短，压低株型，利于新枝萌发壮实。

以观叶为主的根茎类秋海棠（如蟆叶秋海棠、马蹄秋海棠、毯状秋海棠、眉毛秋海棠等），其叶片生长好坏直接关系到观赏品质。每年春季必须换盆，将根茎从盆内托出，把新鲜具顶芽的根茎轻轻扒开，切除老根和腐根，视盆钵大小选用根茎 2～3 段，并加入疏松、肥沃的新鲜栽培基质，这样有利于新根生长和新叶萌发，保证叶茂色美。

2）浇水

春季是秋海棠茎叶生长最为迅速的时期，对水分的要求比较高。球根类秋海棠，春季块茎发根萌芽时，水分消耗不多，此时浇水不宜多，保持盆土湿润即可，过湿易烂根。当长出柔嫩多汁的茎叶时，逐渐增大浇水量。须根类秋海棠，尤其是四季秋海棠和竹节秋海棠，春季处于生长旺盛时期，需要充分浇水，如浇水不及时，植株容易萎蔫，顶端嫩枝下垂，下部叶片变黄枯萎脱落。根茎类秋海棠春季刚栽植时不宜多浇水，先放半阴处，利于根部恢复。待根茎上长出新根和萌发出新叶时，需要充足的水分。同样，盆内只能保持潮湿，不能积水，否则根部易腐烂，叶片萎蔫、变黄。

3）施肥

秋海棠植物生长发育离不开养分，营养不足容易出现缺肥症。球根类秋海棠，春季茎叶生长期每旬施 1 次稀释腐熟饼肥水，花芽形成前增施 1～2 次磷肥。春季为四季秋海棠和竹节秋海棠等须根类秋海棠的生长期，每半月施一次稀释的腐熟饼肥。花芽形成后，停止施用氮肥，增施 1～2 次过磷酸钙或骨粉。蟆叶秋海棠、毯状秋海棠和马蹄秋海棠等根茎类秋海棠，每旬施 1 次稀释的腐熟饼肥或 20：20：20 通用肥，施肥时应注意肥液不要蘸到幼嫩叶片，施肥后向叶面喷水，冲洗干净，以免柔嫩叶面遭受肥液损害。

2. 夏季管理

夏季是秋海棠主要的观花、观叶期。球根海棠正值展示姿、色、香的最佳时期，此时，管理好坏直接关系到观赏品质和效果。四季秋海棠、玻璃秋海棠、珊瑚秋海棠等须根类秋海棠正处于开花盛期；蟆叶秋海棠、虎斑秋海棠和斑叶秋海棠等根茎类秋海棠的叶片艳丽诱人，正值最佳观赏时期。

1）喷水和浇水

夏季高温，大多数盆栽秋海棠除正常浇水外，应经常向叶面喷雾，保持较高的空气湿度。球根类秋海棠夏季正值现蕾开花阶段，温度升高，花朵开放旺盛，浇水以清晨为好，闷热天应向叶面、花朵喷雾，并保持环境凉爽。以观叶为主的铜叶类四季秋海棠、银星秋海棠、玻璃秋海棠等，浇水时应少接触叶面，以免造成水斑，影响观赏品质。根茎类秋海棠在夏季高温季节，应早晚喷雾数次，切忌干燥。

2) 遮阴

秋海棠原产于林下或岩石背阴处，大多数秋海棠种类不耐强光暴晒。夏季正值球根类秋海棠的开花期，不适合夏季高温，但球根类秋海棠对光照反应敏感，光照不足，叶片、花数减少，植株矮小，叶片增厚、卷缩、叶色变紫，需适当遮阴，多见阳光。须根类秋海棠包括四季秋海棠、毛叶秋海棠、白毛秋海棠等，夏季花期遇强光暴晒，叶片卷缩并出现焦斑，需要遮阴。但若遮阴过长或遮蔽度过大，植株易徒长，叶片发白，花色暗淡，无光彩。此时，以间接的散射光最为合适，中午前后遮阴。以观叶为主的根茎类秋海棠，夏季进入生长旺盛期，叶片薄而柔嫩，惧强光暴晒，若遮阴不及时，易导致叶片严重灼伤。若光线不足，叶柄伸长，软弱，株型不均衡，叶色不鲜明。

3) 通风

在大棚保护地栽培的各类秋海棠，均需良好的通风，通过通风降低湿度和温度，减少病害发生，增加商品的观赏价值。

4) 施肥

各类秋海棠在初夏均处于快速生长期或开花初期，均需要营养供给，每半月施一次稀释的腐熟饼肥水或使用花卉专用肥。但在高温的盛夏应暂停施肥，至夏末恢复对须根类和根茎类秋海棠的施肥，浓度可适当降低，早晚进行。

3. 秋季管理

入秋后天气转凉，昼夜温差明显。此时，是秋海棠植物的第 2 个生长旺盛期。同时，秋后即将来临的是严寒的冬季，为此，秋季管理过程中应为冬季管理做好前期的准备。

1) 浇水

秋季气温逐渐下降，天气比较干燥，球根类秋海棠还处于开花末期，浇水不宜过多，适当控制浇水量，秋末地上部茎叶逐渐黄化、枯萎、脱落进入休眠期，停止浇水，保持干燥。对喜湿的四季秋海棠和竹节秋海棠等须根类秋海棠及叶片较大的根茎类秋海棠，除及时浇水外，每天还需向叶面喷雾 1～2 次，保持较高的空气湿度。

2) 施肥

秋季是须根类和根茎类秋海棠由快速生长向缓慢生长的过渡时期。因此，逐渐降低施肥浓度，拉长施肥间隔，能够增强秋海棠茎叶的抗寒能力。

3) 修剪

在南方地区，对株型较高的四季秋海棠可打顶摘心，压低株型，促进分枝。以观茎为主的竹节秋海棠，可剪去弱枝和叉枝，保持主干粗壮挺拔。中等植株的须根类秋海棠(如玻璃秋海棠、白毛秋海棠等)，可适当修剪茎叶，既有利于通风透光，又可保持其优美姿态。对根茎类秋海棠尤其是一些大叶种类(如星叶秋海棠、蟆叶秋海棠和马蹄秋海棠等)，本身叶片数量不多，主要剪除黄叶和老叶；对一些小叶种类(如虎斑秋海棠、诺拉秋海棠和毯状秋海棠等)，叶多密集，除剪除黄叶、老叶外，还需摘除过密、重叠叶片，使株型更加清丽优美。

4. 冬季管理

秋海棠植物原产于热带和亚热带地区，喜温暖、湿润的气候环境，我国大部分地区冬季气候寒冷，入冬后室外气温急剧下降，北方地区常出现-10～-5℃的低温，长江流域地区也在-5～-3℃。一般家庭的室温仅有 5～7℃，这对秋海棠的生长极为不利，必须及早采取防寒措施，以利安全越冬。

1) 防寒

我国地域辽阔，各地自然气候条件差异较大，因此，各地防寒措施不同。南方地区冬季气温都在 0℃以上，露地盆栽只需采用塑料大棚就能安全越冬，家庭室温均在 10℃左右，基本上达到了大多数秋海棠的生长最低温。长江流域地区冬季气温都在 0℃以下，经常出现周期性的-6～-5℃的严寒，而一般封闭式的室内阳台窗台的温度仅在 5～6℃，有时还会出现 2～3℃的低温。因此，平时可采用双层厚窗帘来保温，遭遇寒流侵袭时，可临时搬进室内或开启空调加温。北方地区室外冬季常出现-20～-10℃低温，阳台和居室必须有加温设备，才能使秋海棠植物安全越冬。同时，在室内越冬过程中，要防止昼夜温差过大，伤害秋海棠植物叶片和花朵。

2) 浇水

冬季气温低，大多数秋海棠的生理机能大大减弱，水分消耗也减少。初冬球根秋海棠地上茎逐渐黄化枯萎脱落进入休眠期，如株数不多，块茎留盆贮藏，株数多时，应挖起块茎，稍干燥后放入木筐内沙藏，休眠块茎稍保持湿度即可，贮藏温度以 10℃为宜。对于喜湿的四季秋海棠和绯红秋海棠等须根类秋海棠，严格控制浇水，初冬开始逐步减少浇水，整个冬季以稍干为宜。观叶的根茎类秋海棠，冬季生长节奏显著减弱，需水量少，特别在雨雪天必须停浇，保持稍干燥，以叶片不下垂即可。

3) 光照

冬季光照对秋海棠的生长和越冬都十分重要。促成栽培的球根秋海棠和丽格秋海棠，冬季充足的光照和温度同样重要。若光照充足，花苞能正常开放，开花整齐一致，花色美丽诱人，花期亦长；若光照不足，容易引起花苞脱落，开花受阻，花瓣提早出现萎缩。四季秋海棠、竹节秋海棠在光照充足的情况下，可以开花不断，若光线不足则花色暗淡，无光彩，花瓣边缘提早出现褐斑。蟆叶秋海棠等根茎类秋海棠，若光照不足则叶色变劣，叶片提早老化，变黄脱落。

4) 通风

冬季无论是规模性生产还是家庭养花，通风都十分重要，室内空气不流通，容易造成室内湿度过大，秋海棠茎叶发病率高。晴天无风的午间，稍拉开旁侧玻璃窗换气，一般情况下，每周通风 2 次，雨雪阴天和刮风时应暂停或缩短通风时间。规模性生产必须安装通风排气装置。

七、病虫害防治

秋海棠为多年生草本植物，叶片柔嫩，茎部肉质，在栽培过程中，气温急剧变化，高温多湿、通风不良、土壤带菌和管理不力等原因会诱发秋海棠发生病害和虫害，严重影响其观赏价值。目前常见的病虫害种类如下。

（一）虫害（粉芥）

1）症状

常发生在室温高、通风差的环境中，主要危害竹节秋海棠、银星秋海棠和铜叶秋海棠等竹节状秋海棠，主要危害嫩梢、叶腋和叶片基部，刺吸汁液，造成枝叶扭曲，叶片皱缩，新枝停止抽发，严重时影响植株生长和开花。

2）防治方法

用爱福丁1200倍液喷洒防治；手工杀除。

（二）病害

1. 褐斑病

1）症状

褐斑病危害叶片，常在叶尖、叶缘及中央产生圆形至不规则形病斑，初为紫褐色，后变成黄褐色，病健交界处有明显轮纹，单个病斑直径为0.10～0.27cm，个别长达5.30cm。后期数个病斑可愈合成大斑，引起叶片脱落，甚至秃枝；病部表面常密生黑色小点。

2）防治方法

剪除弱枝，发现病叶及时摘掉，并集中烧毁，以减少侵染源。一旦发现病株，要及时施药防治，用75%百菌清可湿性粉剂600～700倍液或70%甲基托布津可湿性粉剂800～1000倍液。每隔10～15天施药1次，连续用药2～3次，此两种药剂交替使用防效更佳。

2. 叶斑病

1）症状

叶斑病主要发生在秋海棠叶片上，初期叶片上出现小斑点，以后发展成圆形或多边形大斑。在蟆叶秋海棠等观叶类秋海棠的叶面病斑周围有褪绿色环晕，有的病斑出现淡褐色轮纹。在观花类的四季秋海棠叶面病斑上还散生许多黑色小点。严重危害时，叶片枯萎脱落，使整个植株逐渐萎蔫枯死。

2）防治方法

加强盆花管理，注意通风透光，降低栽培环境湿度，及时剪除病叶。发病初期用75%百菌清可湿性粉剂800倍液或50%速克灵可湿性粉剂1000倍液喷洒。每隔7～10天喷1次，连喷2～3次。

3. 灰霉病

1）症状

灰霉病常发生在秋海棠的叶片、叶柄和花上。先是叶缘出现深绿色水渍状的斑纹，逐渐蔓延到整个叶片，最后全叶褐色干枯。叶柄和花梗受害后，发生水渍状腐烂，并生有灰霉。花受害后，白色花瓣上的病斑呈淡褐色，红花瓣则褪色成水渍状斑点。在湿度大的条件下，所有发病部位都密生灰色霉层。病害严重时，叶片枯死，花朵腐烂，并迅速蔓延到其他植株。

2）防治方法

首先要降低室内温度，注意通风透光，减轻病害发生。发现严重病株应立即拔除、烧毁。发病初期用 1∶1∶200 波尔多液或 65%代森锌可湿性粉剂 500 倍液喷洒。

4. 白粉病

1）症状

白粉病是秋海棠常见病害之一，该病多发生在秋海棠叶片、花蕾和嫩梢上。发病初期叶片上出现小黄点，后成为圆形粉状斑，逐渐扩大，相互连接成片，蔓延全叶，病部被一层灰白色粉状物。嫩梢上发病也是先发生粉状斑，以后逐渐扩展到整个嫩梢。被害植株矮小，叶片凹凸不平，枝梢扭曲变形，花蕾不能正常开花或花小，严重时叶片干枯脱落，全株死亡。

2）防治方法

改善栽培环境，注意通风，降低湿度，减少氮肥施用。发现病株要进行技术处理。发病初期用 25%十三吗啉乳油 1000 倍液或 50%甲基托布津可湿性粉剂 1000 倍液喷洒。

参 考 文 献

陈少萍，沈汉国，2016. 四季海棠繁殖与花期控制[J]. 中国花卉园艺(10)：44-46.

程龙飞，2008. 丽格海棠温室无土栽培技术研究[D]. 合肥：安徽农业大学.

池凌靖，李立，2004. 常绿木本观叶植物[M]. 北京：中国林业出版社.

丁友芳，张万旗，2017. 野生秋海棠的引种栽培与鉴赏[M]. 南京：江苏凤凰科学技术出版社.

葛红，2005. 秋海棠：优良的盆栽和花坛花卉[J]. 农村实用工程技术(温室园艺)，25(5)：52-54.

江胜德，2006. 现代园艺栽培介质：选购与应用指南[M]. 北京：中国林业出版社.

李建革，刘敏，王磊，2006. 蟆叶秋海棠快速繁殖的研究[J]. 山东农业科学，38(5)：26-28.

李萍，钱宇华，2007. 几种观花类秋海棠的耐光性研究[J]. 西北林学院学报，22(2)：37-40.

李文杰，方正，贾志国，2007. 丽格海棠无土栽培营养液配方的筛选[J]. 河北北方学院学报(自然科学版)，23(2)：30-33.

李文杰，方正，陈段芬，等，2004. 丽格海棠无土栽培基质的优化筛选[J]. 河北农业大学学报，27(3)：56-59，67.

廖俊杰，夏时云，许继勇，等，2004. 悬垂秋海棠的组织培养(摘编)[J]. 植物生理学通讯，40(1)：74.

卢鸿燕，2007. 观叶皇后秋海棠(上)[J]. 中国花卉盆景(2)：2-4.

苏頔，2012. 百合无土栽培及鲜切花保鲜技术研究[D]. 保定：河北农业大学.

孙金环，2004. 秋海棠的无土栽培与管理[J]. 花木盆景(花卉园艺)(12)：13.

孙向丽，张启翔，2010. 菇渣和锯末作为丽格海棠栽培基质的研究[J]. 土壤通报，41(1)：117-120.

孙向丽，张启翔，2011. 4 种农业有机废弃物对丽格海棠盆花的栽培效果[J]. 东北林业大学学报，39(3)：31-33.

唐凤鸾，黄宁珍，蒋能，等，2013. 突脉秋海棠组织培养及快速繁殖研究[J]. 西南农业学报，26(2)：762-765.

王曦萍，李树和，2011. 玫瑰海棠的组培快繁研究[J]. 北京农业(15)：114-115.

王意成，2003. 秋海棠[M]. 北京：中国林业出版社.

徐菲，柴梦颖，宣继萍，等，2011. 蟆叶秋海棠"光灿"组织培养技术研究[J]. 江西农业学报，23(12)：28-30.

徐锐，2015. 北方秋海棠的越冬栽培管理要点[J]. 花卉(16)：32.

张智，2012. 根茎类秋海棠扦插繁殖与管理[J]. 中国花卉园艺(8)：23-24.

张智，王炜勇，刘建新，2010. 根茎秋海棠水培营养液配方及其适应性[J]. 浙江农业科学，51(2)：297-299.

赵斌，2016. 四种重要秋海棠的栽培生理研究[D]. 湘潭：湖南科技大学.

赵斌，付乃峰，向言词，等，2017. 四季秋海棠无土栽培优良基质的筛选[J]. 北方园艺(9)：79-84.

赵玉芬，及华，刘满光，2001. 球根秋海棠的栽培繁殖技术[J]. 河北林业科技(1)：26-27.

周宏艳，李名扬，史正军，等，2014. 大花海棠无土栽培营养液配方的筛选[J]. 安徽农业科学，42(9)：2565-2567.

周静波，2007. 四季秋海棠无土栽培技术的研究[D]. 合肥：安徽农业大学.

朱玉善，2001. 观花观叶两相宜：秋海棠[J]. 花木盆景(花卉园艺)(10):12.

Abedini M, Golaein B, 2012. Effect of different concentrations of growth regulators on tissue culture of Begonia rex plant[J]. Seed and Plant Production Journal, 28(1)：107-111.

Kubitzki K, 2011. The Families and Genera of Vascular Plants, Vol X [M]. German: Springer Press.

Jain S M, 1997. Micropropagation of selected somaclones of Begonia and Saintpaulia[J]. Journal of Biosciences, 22(5)：585-592.

Twyford A D, Kidner C A, Ennos R A, 2015. Maintenance of species boundaries in a Neotropical radiation of Begonia[J]. Molecular Ecology, 24 (19)：4982-4993.

第二十三章　盆栽多肉植物

　　多肉植物是指植物营养器官的某部分具有发达的薄壁组织用以储藏水分和营养,在外形上显得肥厚多汁的一类植物。较为常见的是景天科、番杏科、夹竹桃科、龙舌兰科、菊科、凤梨科及萝藦科的部分植物,其具有肥厚多汁的外表、鲜艳夺目的颜色和顽强的生命力,深受人们的喜爱。多肉植物是花卉园艺上的概念,有时也称多肉花卉,但园艺学上多肉植物的含义比植物学上多肉植物的含义狭窄。在植物学上多肉植物也称肉质植物或多浆植物,系瑞士植物学家琼·鲍汉在1619年首先提出,意指具肥厚肉质茎、叶或根的植物,包括景天科、仙人掌科、番杏科等50余科,总数逾万种。而园艺学上所称的多肉植物或多肉花卉不包括仙人掌科植物,因此本书提到的多肉植物不包括仙人掌科植物,主要是指番杏科、景天科、大戟科、龙舌兰科、萝藦科、百合科等十几科多肉植物种类。

　　按贮水组织所在不同部位,多肉植物一般分为三大类型。

　　(1)叶多肉植物。叶高度肉质化,而茎肉质化程度较低,部分种类的茎有一定程度木质化,如番杏科、景天科、百合科和龙舌兰科多肉种类。

　　(2)茎多肉植物。贮水组织主要分布在茎部,部分种类茎分节、有棱和疣突,少数种类稍带肉质叶,但一般早落。以大戟科和萝藦科多肉植物为代表。

　　(3)茎干状多肉植物。植物的肉质部分集中在茎基部且膨大,种类不同,膨大的茎基形状各异,以球状或近似球状为主,有时半埋入基质中,无节、无棱、无疣突。以薯蓣科、葫芦科和西番莲科多肉植物为代表。

　　叶多肉植物叶片类型有单叶、复叶等,多数种类为单叶。单叶排列方式有单生、互生、对生、交互对生、两列叠生和排列成莲座状,形状有线形、匙形、椭圆形、卵圆形、心形、剑形、舌形、菱形等。酢浆草科、漆树科、辣木科、橄榄科、豆科、西番莲科多肉植物为复叶,类型有三出叶、掌状复叶、二回羽状复叶和单回羽状复叶等。番杏科有的呈棒形,更多的是由数对对生叶组成球状、扁球状、陀螺状、元宝状等。茎多肉植物的茎几乎没有或极短,很多种类叶贴近地面生长。一般具直立的柱状、球状、长球状或细长下垂的茎,柱状茎的截面通常是圆形,也有三角形或近方形。大戟科和部分萝藦科多肉植物茎有3个到20多个棱,少数种类还具疣突,如萝藦科苦瓜掌的疣突为长圆形,而大戟科斗牛阁的疣突为非常整齐的菱形。茎干状多肉植物膨大的茎基形状多样,如球状(大苍角殿)、长颈酒瓶状(酒瓶兰)、酒瓮状(青紫葛)、陀螺状(孔雀球)、半球形(龟甲龙)、扁球状(笑布袋)、卵圆状(松球掌)、纺锤状(佛肚树)等。而马齿苋科长寿城的茎干犹如纵曲苍老的树桩,姿态古朴典雅,如大戟科的飞龙在膨大的茎干顶端抽出较细的枝条,形状通常为圆柱形或扁平形。

概括来说，多肉植物的特点有以下四点：①适应性强，尤耐干旱。多肉植物的原产地大多位于干旱或半干旱地区，土壤贫瘠，年降水量少而集中。为适应恶劣的自然环境，多肉植物在不断进化的过程中将自身一个或两个营养器官变态膨大，具有贮水功能，一周或者半个月浇一次水也可以存活，比较适合工作繁忙的人群养殖。②形态奇特，种类繁多。多肉植物的形态千奇百怪，或花，或毛，或刺，或棱，给人一种新奇的趣味感；其独特的肉质花器官及退化叶极具观赏性，同时也是识别多肉植物不同品种的重要依据。③易于繁殖，自养自繁。多肉植物除有性繁殖外，还可进行无性繁殖，主要繁殖方式有叶插、枝插、根插及吸芽分生繁殖。其中叶插是最常见的繁殖方式，大部分多肉植物都可以用叶插进行繁殖。吸芽分生繁殖几乎适用于所有多肉植物，具体方式为将长到一定大小的吸芽从母体上切下并移栽即可得到完整新植株。④景天酸代谢，可净化空气。大部分多肉植物通过特殊的景天科酸代谢(crassulacean acid metabolism，CAM)途径，白天气孔关闭，不发生或者极少发生气体交换，但在夜晚进行气体交换，释放氧气且吸收并固定二氧化碳，非常适合在居室中养殖。

一、常见多肉植物品种及生长习性

(一)景天科石莲花属多肉植物

1. 黑王子

黑王子为栽培变种，是家庭盆栽植物佳品。株型为莲座状，匙形叶较厚，生长旺盛时，一株上叶超过100枚，株幅达20cm以上。叶为黑紫色，在光线不足时生长点附近叶呈暗绿色。该品种端庄完美的莲座叶盘和特殊的叶色使其具有很高的观赏性。栽培繁殖简单易行，繁殖可切顶催生蘖芽，也可叶插繁殖，成功率比一般石莲花品种高。夏天有短暂的休眠期，但稍加遮阴和通风节水可安全度夏。早春和秋天是生长旺盛期，可追施液肥，栽培基质不宜过分干燥，否则老叶易枯萎(图23.1)。

图 23.1 黑王子

2. 银明色

该品种原产于墨西哥，小型石莲座属种类，肉色叶十分素净，适合小型盆栽，也可作组合盆景的材料。植株无茎或有短茎，莲座叶盘仅为 6～8cm，肉质呈叶匙形，较厚，肉色被白粉；花序高 15～20cm，小花为玫红色。栽培无特殊要求，要求光照充足，并避免从顶部淋水，可叶插繁殖（图 23.2）。

图 23.2 银明色

3. 吉娃莲

该品种别名"吉娃娃""杨贵妃"，原产于墨西哥。植株小型，无茎莲座，叶盘紧凑，卵形叶较厚，带小尖，长 4cm，宽 2cm，蓝绿色被浓厚的白粉，叶缘为深粉红色。花序20cm 高，先端弯曲，小花约 1cm 长，钟状，红色。该品种叶的排列和叶色近似石莲花，但叶面白粉比石莲花多，叶小而厚，观感像石莲花的微型种类，是一种观赏性很强的多肉植物，栽培较易，推广范围广但生长较慢。夏天应避免浇水和施肥过多，注重薄肥勤施。该品种冬季较耐寒，早春色泽最为浓艳美丽，也是繁殖的好时机，可将壮实叶取下平放，14～30 天即可生根出芽（图 23.3）。

图 23.3 吉娃莲

4. 月影

该品种别名"雅致石莲花"，原产于墨西哥。无茎，老株丛生，莲座叶盘叶片较多，排列紧凑。卵形叶先端厚，新叶先端有小尖，长 3～6cm，蓝绿色被白粉，叶色较暗，叶缘略呈红色。花序高 10～15cm，顶端弯曲，小花铃状，长 1.0～1.2cm，黄色。该品种株型优美紧凑，易群生，是室内盆栽的理想种类。其株型和叶色与普通石莲花非常相似，不同的是其叶偏长，叶先端厚达 0.3～0.4cm，更具肉质的特性(图 23.4)。

图 23.4　月影

5. 鸡冠掌

该品种别名"千羽鹤"，是皮氏石莲花的带化变异品种。原种皮氏石莲花原产于墨西哥，无茎或有短茎，叶紧密地排列成莲座叶盘，叶呈长匙形，蓝灰白色，被浓厚白粉，叶基部狭窄，叶质薄，叶先端有小尖。叶长 3～7cm，宽 2～4cm。花序高 15～35cm，小花铃状，长 0.9～1.2cm，红色。鸡冠掌由无数重叠的叶组成鸡冠状植株，生长比原种快，形态非常别致，不易开花(图 23.5)。本品种为栽培历史悠久的变异种，可供家庭作小型盆栽，也可组装多肉植物盆景，喜阳光充足，一旦阳光不足会迅速返祖退化。栽培较容易且生长快，但夏天怕湿热，应控制浇水，栽培基质通常用素沙土等栽培介质种植，少量追施肥料，当有足够钾肥时生长健壮，宜在春天将老株侧枝切下扦插。

图 23.5　鸡冠掌

6. 姬莲

该品种别名"小红衣"，原产于墨西哥，是一种微型植物，其直径为 2～4cm，叶 30～50 片，叶片短小厚实，相互间密集排列呈莲座状，蓝色带霜。在昼夜温差大和阳光充足的环境里，突出的叶尖和叶缘呈现大红色，难群生。姬莲喜欢阳光充足和通风干燥的环境，生长较缓慢，夏季高温时需避免正午阳光直射，放于通风阴凉处，其他时节可全日照，浇水时应注意避免叶心积水，冬季保持盆土干燥，环境温度维持在 0℃以上。繁殖方式以叶插、播种、顶芽插为主（图 23.6）。

图 23.6　姬莲

7. 锦司晃

该品种原产于墨西哥。莲座叶盘无茎，老株易丛生，大的莲座叶盘可由 100 片以上的叶组成，叶长 5～7cm，宽 2cm，基部狭窄，先端呈卵形且较厚，叶正面微凹，背面圆突，叶先端有微小钝尖。叶为绿色，叶尖端呈微红褐色，全叶披 0.3cm 长的白毛，花序高 20～30cm，小花多，黄红色。栽培较简便，夏天需注意通风和节水，喜光线充足，避免在顶部淋水。繁殖用基部萌生的芽扦插或播种，叶插繁殖较困难（图 23.7）。

图 23.7　锦司晃

（二）景天科景天属多肉植物

1. 铭月

该品种别名"金景天"，原产于墨西哥。具肉质茎，先直立后匍匐；叶披针形，先端有钝尖，长 3.0～3.5cm，宽 1.0～1.5cm，厚 0.6～1.0cm，黄绿色，叶缘稍红；花为白色，高雅美丽。该种是常见的多肉种类，栽培繁殖较容易，喜温暖光照，冬天较耐寒但应避免霜雪伤害，过度寒冷或缺水时叶会皱缩，但温度水肥适宜时即恢复原状。春秋季根据天气情况适当浇水，冬季适当控水，易叶插繁殖（图 23.8）。

图 23.8　铭月

2. 小玉珠帘

该品种别名"圆叶翡翠景天"，为翡翠景天的栽培变种，原种翡翠景天（松鼠尾）原产于墨西哥。小玉珠帘为常绿肉质灌木，分枝从基部抽出，匍匐或下垂，长 50～60cm，粗 0.4～0.6cm。叶呈串珠状排列，近圆形，长 1.0～1.5cm，宽和厚都为 0.7～1.0cm，浅绿色，先端钝圆，较易脱落，叶脱落后接触基质几天后即会生根。花序为顶生伞房状花序，有花 6～12 朵，深紫红色（图 23.9）。本品种和原种翡翠景天的叶排列均呈长长的串珠状，圆叶

图 23.9　小玉珠帘

品种更为秀气，宜在室内作吊挂栽培，喜阳光充足但也耐半阴，在室内散射光条件下生长良好。栽培宜用排水良好的砂壤土等栽培介质，若盆中栽培介质过度潮湿易引起叶脱落，可枝插繁殖和叶插繁殖。

3. 八千代

该品种原产于墨西哥，为矮小肉质灌木，株高 20～25cm，花为黄色，叶呈圆柱形，灰绿色被白粉，生长季节或强烈光照下，叶先端呈红色。叶长 4.0～4.5cm，粗 0.6～1.0cm，叶从五个方向螺旋形自下往上排列，松散地簇生在茎枝顶端，老株或生长不良时茎下部叶易脱落或萎缩，并着生出现很多气生根（图 23.10）。本种是小巧玲珑的盆栽佳品，适合家庭栽培。喜阳光充足，夏天温室栽培条件下需遮阴，冬季耐寒。繁殖用枝插、叶插均可。

图 23.10　八千代

4. 千佛手

该品种别名"菊丸""王玉珠帘"。生长适温为 18～25℃，冬季温度应不低于 5℃，较耐旱，水分管理应适当控水。栽培基质可用泥炭（草炭）、砾石、珍珠岩各一份，属喜光植物，但夏季通常需稍遮阴。施肥方式为薄肥勤施，可随日常浇水施入水溶肥较佳。繁殖方式有种子繁殖、叶插繁殖和分株繁殖，叶插繁殖一般在生长季将植株下部成熟的叶子轻轻掰下平放在潮湿基质上，2 周左右生根萌芽，生根后保持基质潮润，待其再生长后移栽；种子繁殖可在生长季（以秋季为佳，春季其次）播种，播种适宜温度为 18～23℃，播种基质可用"泥炭+蛭石+珍珠岩"，用杀虫杀菌水喷雾浸透后，将种子平播在播种基质表面，覆膜（每天透气 2 h），一周左右出芽，出芽整齐后去掉薄膜，增加光照。分株繁殖可在生长季将植株周边的小植株（或徒长植株的上部枝条）用锋利刀切下，晾一周后栽种在潮湿基质中，一周后正常浇水管理（图 23.11）。

图 23.11　千佛手

5. 耳坠草

　　该品种别名"虹之玉""玉米粒"，性喜温暖及昼夜温差明显的环境，不耐寒，喜光照，有较强耐旱性，无明显休眠期。栽培生长适温为 15～28℃，冬季温度应不低于 5℃。栽培基质一般用泥炭、蛭石、珍珠岩各一份，不宜大肥大水，应见干浇水且浇透，一般一个月施一次有机液肥。繁殖通常采取扦插法，茎插、叶插均可，茎插可利用修剪下来的枝条截成长 5cm 的茎段，在阴凉处晾 3～5 天，待切口处稍干后再插于苗床内；叶插繁殖是从茎上取下完整叶片，放置 3 天后扦插繁殖成苗(图 23.12)。

图 23.12　耳坠草

（三）景天科伽蓝菜属多肉植物

1. 掌上珠

掌上珠原产于马达加斯加岛，茎粗 1.0～1.2cm，高 50～60cm，叶对生，平展，长卵圆形，叶长 13.5～16.5cm，叶宽 4.5～5.5cm，叶两面被稠密浓厚的白粉，冬季尤其显得纯白如雪，非常美丽。叶尖端有芽，能直接再生出带根的小植株。春季叶上白粉变薄，叶间距增大，从中抽出 20～30cm 高的花序，小花钟状，下垂，外绿内淡红，花后全株多会枯死。栽培要求阳光充足，宜用大盆栽植，培养基质宜肥沃疏松，开花前使植株健壮，叶大而质厚，则可产生大量小植株（图 23.13）。

图 23.13　掌上珠

2. 趣蝶莲

趣蝶莲别名"双飞蝴蝶"，原产于马达加斯加岛，植株具短茎，对生叶呈卵形，有短柄，叶长 6～14cm，宽 4～6cm，叶缘有锯齿状缺刻，表皮绿色中带红色，叶缘处红色明显。当生长不良、光线过弱或温度过低时，叶呈暗黄色，叶缘处呈褐色。花时花葶细长，从叶腋处抽出，小花呈悬垂铃形，黄绿色。植株长到一定大小时叶腋处会抽出细长茎，先端有芽，后发育成带根小植株。本种叶大而有光泽，茎上的小植株如翩翩起舞的蝴蝶，室内作吊挂栽培非常有趣（图 23.14）。冬季温度宜保持在 5℃以上，夏季需遮阴并适当节水，防止腐烂。栽培介质宜用中等肥沃基质，栽培盆宜大。

图 23.14　趣蝶莲

3. 褐斑伽蓝

该品种别名"月兔耳"，性喜温暖干燥、阳光充足的环境，夏季应适当遮阴，无明显休眠期。栽培生长适温为 18～25℃，冬季温度应不低于 10℃，否则易产生冻害。栽培介质一般可用泥炭、蛭石、珍珠岩各一份，浇水不能过多或过少，否则会导致叶片脱落，生长季每月施肥一次。繁殖主要用扦插繁殖，在生长期选取茎节短、叶片肥厚的插穗，插穗长宜 5～7cm，以顶端茎节插穗最好，剪口稍干燥后插入沙床，插后 20～25 天生根，30天即可盆栽。繁殖也可用单叶扦插，将肥厚叶片平放在沙盆上，25～30 天可生根并逐渐长出小植株(图 23.15)。

图 23.15　褐斑伽蓝

(四)景天科莲花掌属多肉植物

1. 黑法师

黑法师别名"紫叶莲花掌"，是莲花掌的栽培品种。茎较高，分枝多，叶在茎顶端和分枝顶端集成莲座叶盘，叶盘直径可达 15～20cm，叶为黑紫色，在光线暗时泛绿色，叶顶端有小尖，叶缘有睫毛状纤毛。花集成大的总状花序，小花为黄色（图 23.16）。可用排水透气良好的肥沃基质栽培，冷凉季节易加速生长，夏季温度较高时会休眠，但随着温度下降休眠时间缩短。可在早春剪下莲座叶盘扦插，剩下的茎会群出蘗芽。该品种不易叶插繁殖。

图 23.16　黑法师

2. 清盛锦

该品种别名"艳日辉""灿烂"，喜温暖，不耐寒，无明显休眠期，栽培生长适温为 15～25℃，冬季温度应不低于 5℃，否则易产生冻害。栽培基质一般用泥炭、蛭石、珍珠岩各一份，生长季节浇水宜见干见湿，夏季高温时段和冬季低温时段应控制浇水。肥料宜在生长期施用，15～30 天施薄肥一次。繁殖可在春、秋生长期进行，主要采用扦插繁殖，插穗和剪取莲座状叶丛或单独用叶片扦插均可，易生根（图 23.17）。

图 23.17　清盛锦

（五）大戟科大戟属多肉植物

1. 大戟阁锦

该品种为大戟阁的斑锦变异品种。原种大戟阁原产于南非，其形态为乔木状肉质植物，在原产地株高可达 10m。大戟阁锦有短而粗的主茎及众多分枝，分枝大多垂直向上，表皮为带紫褐色的暗绿色，具棱 4～5 条，棱脊明显突出。髓部大多木质化，从髓部到棱脊边缘斜向平行排列许多维管束，间隔 1cm 左右，维管束部位的表皮色泽不同。顶端有一对刺，紫褐色至灰褐色，全株终生无叶（图 23.18）。大戟阁锦生长强健，株型高大，宜在温室地栽或大盆栽植，是布置多肉植物温室的理想材料，幼年期也可供家庭摆放。春末夏初可追施肥料，冬季温度维持在 5℃以上并保持盆中基质干燥。

图 23.18   大戟阁锦

2. 旋风麒麟

该品种原产于南非。植株低矮，有粗壮的肉质根和极短的主茎，具分枝，分枝 3～7 枝，老株分枝呈匍匐状，长 5～7cm、直径为 1.2～3.0cm，呈 3 棱螺旋状，棱缘强烈曲折，表皮蓝绿色带暗淡的花纹，棱缘上有类似疣突的突起，长 0.5～1.0cm，每个突起上有一对 0.3～1.0cm 长的褐色刺。新生分枝顶端有微小的叶，但易早落。花着生在分枝中上部棱缘上，黄绿色，娇小雅致（图 23.19）。旋风麒麟是大戟属中的小型珍奇种，棱螺旋状在大戟属种类中罕见，多作为植物园样本栽培陈列，其性喜温暖和阳光，培养基质要求排水良好并有一定肥分，可用腐叶土、园土、粗砂等分混合，春、秋生长期定期浇水，冬季控制浇水保持盆中基质干燥，可耐 3℃低温，但若长时间保持低温下枝表皮会呈红褐色，且会皱缩，因而冬季生长温度最好应维持在 10℃以上并适当控制浇水。可扦插繁殖，即从基部切取分枝，干燥数天后插入半潮介质中，保持温暖和半阴条件，待生根后移植，生根较慢。

图 23.19　旋风麒麟

3. 红彩云阁

该品种为彩云阁的栽培品种。原种彩云阁原产于纳米比亚，其形态为多分枝灌木，分枝全部向上生长。具棱，有 3～4 棱，通常为 3 棱，粗 4～6cm，长 15～25cm，但在栽培中分枝较细且更长。棱缘有坚硬短齿，表皮为深绿色有白色晕纹，对生刺红褐色，长 0.3～0.4cm。在分枝上部每棱上都有卵圆形带短尖的叶，叶绿色，叶长 3～5cm，叶质很薄。冬季寒冷时易落叶，翌年 5 月重萌发新叶（图 23.20）。红彩云阁茎叶暗红色，在光线不足或生长特别旺盛时可能带绿色，分枝多、间距小，且垂直向上生长，因此较适合在大型厅堂作为背景成排布置，也可直接在露地栽培，栽培较简单，冬季应保持 5℃以上温度。春、秋生长季应保持一定水分并薄肥勤施，可扦插繁殖。

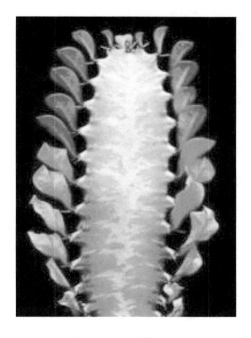

图 23.20　红彩云阁

4. 布纹球

该品种别名"晃玉""奥贝莎"。原产于南非，植株为小球形，球直径为 8～12cm，具 8 棱，较整齐，表皮为灰绿色中有红褐色纵横交错的条纹，顶部条纹较密。棱缘上有褐色小钝齿，雌雄异株，雌株球体较扁，雄株茎呈圆筒形，均为单生。球体顶部棱缘开花，花极小，黄绿色(图 23.21)。大戟属多肉植物球形种类较少，布纹球是最接近球形的种之一，清晰优美的花纹使该品种更具魅力。由于雌雄异株而且雌雄株比例失调，栽培中难以得到种子，因此布纹球在我国栽培已久但仍非常稀少且昂贵。布纹球性喜温暖和充足阳光，过度潮湿和阴暗会造成茎下部着生褐斑。栽培基质要求排水良好的素沙土等，冬季应保持 5℃以上栽培温度并适当维持盆中栽培介质干燥。可采用播种繁殖或切顶繁殖。

图 23.21　布纹球

(六)番杏科生石花属多肉植物

1. 日轮玉

该品种原产于南非，是肉质化程度较高的草本植物，植株易群生。单株通常仅一对对生叶，组成直径为 2～3cm 的倒圆锥体，个体之间大小存在一定差异。叶色为褐色且着色深浅不一，具深色斑点。通常 9 月开黄花，花直径为 2.0～2.5cm。日轮玉是生石花属中较强健的品种，夏季休眠不明显(图 23.22)。栽植培养基质可用腐叶土混 1/4 蛭石，栽培盆需小而深，盆底放纱网和粗粒砂石，利于透水。浇水应按需浇水且避免顶部淋水，夏季需遮阴通风和适当节水，冬季维持 10℃以上的温度。

图 23.22　日轮玉

2. 紫勋

该品种原产于南非。株高 3.0～4.5cm，顶端窗口呈平面或稍圆凸面，平面或圆凸面长 3～4cm，宽 2～3cm，中缝较深。据类型不同，顶端表皮颜色有灰黄色、咖啡色带红褐色、淡绿色带深红斑点等。花为黄色或白色，花径为 2～3cm（图 23.23）。该品种栽培较容易，蜕皮分裂时往往一对叶中产生两对叠生的新叶，从而在一段时间内出现三对叶共存的状态，个体之间颜色差异大。

图 23.23　紫勋

3. 露美玉

该品种原产于南非。植株近似陀螺状，高 2.0～2.5cm，顶端窗口面扁平或稍凸起，近圆形，顶面红褐色中带紫褐色，有紫褐色弯曲树枝状条纹，侧面灰色中带黄褐色。花为黄色，花径为 3.5～4.0cm（图 23.24）。露美玉是生石花属中花较大的种类之一，其顶部花纹别致，观赏性强，在我国大部分地区均较适宜栽培。

图 23.24　露美玉

(七)番杏科棒叶花属多肉植物

橙黄棒叶花，别名"五十铃玉"，原产于南非和纳米比亚接壤处。植株肉质化发达，密集成丛，株丛直径为 10～15cm，根较细。肉质叶呈棍棒状且几乎垂直生长，但在光线不足时会横卧生长并呈稀松排列状。具多肉质叶，叶长 2～3cm，直径为 0.6～0.8cm，顶端增粗呈扁平稍圆凸，叶色淡绿，基部稍呈红色，叶顶部有透明的"窗"。花较大，具花梗，花色为橙黄色稍带粉色(图 23.25)。该种形态奇特，花大色艳，性喜阳光充足，耐干旱，若在植物园中多以珍奇标本陈列，生长期浇水应"见干见湿"，夏季适当节制浇水。多采取播种繁殖或分株繁殖。

图 23.25　橙黄棒叶花

（八）番杏科光玉属多肉植物

　　光玉，原产于南非，植株矮小，肉质化发达，叶形和棒叶花属种类很相似。肉质叶多，排成松散的莲座状，呈灰绿色，棍棒形，先端稍粗，顶部截形，上有透明的"窗"。花单生，通常无花梗（图23.26）。光玉和橙黄棒叶花在株型上相似，但习性略有不同。光玉夏季休眠不明显，冬季不耐寒，宜用小盆种植，不能忍受持续的高温多湿，因此夏季要适度节水并加以遮阴。株型小，花大而美，为室内盆栽佳品。

图23.26　光玉

（九）番杏科菱鲛属多肉植物

　　唐扇，原产于南非，小型多年生肉质草本。有肉质根，无茎或茎极短，叶小且多片，排列成松散的莲座形，叶形近似匙形，先端呈钝圆三角形，肉质比叶下部明显厚，颜色为蓝绿色。花径为1.0～1.5cm，花色为黄红色，花瓣具丝绸光泽。该种小巧玲珑，是一种

图23.27　唐扇

易于推广栽培的番杏科多肉植物，家庭栽培非常适宜(图 23.27)。栽培基质可用腐叶土 2 份、蛭石 1 份混合，夏季需遮阴和通风，冬季维持 10℃以上可以正常浇水，否则应适当节水避免冻害。采用播种繁殖或分株繁殖。

(十)番杏科银叶花属多肉植物

金铃，原产于南非和纳米比亚，植株肉质化发达，无茎。具半卵形叶 2～4 片，呈交互对生状，叶为黄绿色，无斑点，表皮较厚，无花纹，叶背、叶面、叶缘均圆润优美。花从两叶间中缝开放，具短柄，花较大，黄色或白色(图 23.28)。金铃是番杏科中株型奇特又高度肉质化的珍稀种类，栽培较困难，性喜冷凉，生长旺盛期在晚秋到早春、仲春期间。随着新对生叶慢慢长大，老对生叶逐渐萎缩，此时只能在盆边缘浇少量水，且避免喷雾发生病害。栽培基质宜用排水良好的砂壤土等，不宜施过多肥。冬季栽培环境温度宜维持在 10℃以上，夏季注意通风降温。采用播种繁殖。

图 23.28　金铃

(十一)百合科十二卷属多肉植物

1. 青瞳

该品种原产于南非，忌强光，喜充足散射光。株高 10～20cm，多分枝，叶呈三角状，质较硬且螺旋形向上排列，长 4～5cm，宽 0.6～0.8cm，灰绿色至蓝绿色，叶背奇特呈龙骨突状，花序高 20～30cm，花绿色中有褐色中脉。该品种是近年才引入我国的十二卷属种类，叶形和叶色都给人一种雄健的视觉冲击，较适合家庭室内栽培。栽培基质可使用富含腐殖质的草炭土、泥炭土或腐叶土以及透气河沙、山体风化沙、赤玉土、轻石、兰石、珍珠岩等，春秋生长期可施两三次含磷钾的薄液肥。除可将萌发的脚芽撕下扦插外，还可将高大的植株切成几段，分别扦插催生新芽后再扦插繁殖(图 23.29)。

图 23.29　青瞳

2. 康氏十二卷

该品种原产于南非，无茎，肉质叶 20 片左右排列成莲座状，株幅为 8～9cm，单生或偶有基生芽。叶充分开展状，长 3.0～4.5cm，宽 1.5～2.0cm，叶端呈三角形，叶面无毛有光泽，有小突起和白色斑点，叶尖端三角部位正面为褐绿色有浅色方格斑纹，叶背凸起有浅绿色圆斑，叶缘有细齿。花小，花色为白绿色，排列成松散的总状花序，花序高 15～20cm（图 23.30）。该种株型和色彩花纹均较奇特，是十二卷属中的珍稀种，生长习性喜冷凉，生长适温为 16～18℃，冬季栽培环境温度维持在 5℃以上，不能忍受太低的温度。春秋季宜采用半遮阴条件，夏季光线要弱并尽量保持通风降温，强光下会导致叶色发红而生长迟缓，冬季可全光照以获得充足光照。采用分株繁殖。

图 23.30　康氏十二卷

3. 琉璃殿

该品种原产于南非。具有莲座状叶盘，叶盘为 8～15cm，叶约有 20 枚，向一个方向排列偏转呈风车状。叶呈卵圆状三角形，先端急尖，正面凹背面突，有明显的龙骨突，深绿色，有横条凸起在叶背上，酷似一排排琉璃瓦。花序长 30～35cm，白色有绿色中脉（图 23.31）。琉璃殿在我国栽培已久，其株型端庄大方，叶形奇特，是室内装饰的理想种类。常规栽培要求光线柔和适中，太强则叶色发红，太弱则徒长，株型欠优美。栽培基质要求保水性好但不能过于黏重，栽植盆应适宜，不能太小，水分均衡，避免忽多忽少。该品种较耐寒，且对夏季高温闷热天气有一定耐受性。可用基部蘖芽扦插或直接上盆，也可将壮实健康叶直接扦插于基质中进行叶插繁殖。

图 23.31　琉璃殿

4. 毛汉十二卷

该品种别名"万象"，原产于南非。肉质化程度高的叶排列成松散的莲座状，叶从基部斜向上伸，呈半圆筒状，长 2～3cm（人工栽培叶长稍发达），基部宽 1.0～1.8cm，叶端截形，灰绿或红褐色，叶面粗糙，叶端截面上有透明"小窗"。花序长 15～20cm，具小花 8～10 朵，小花长 1.2～1.3cm，花白色有绿色中脉。毛汉十二卷是十二卷属中较名贵的种类之一，适合植物园作标本陈列，也可供部分爱好者于室内栽植。栽培要求光照充足，忌积水涝害，可播种、根插繁殖（图 23.32）。

图 23.32　毛汉十二卷

5. 玉露

该品种原产于南非。植株群生，莲座叶盘为 3.5～4.5cm，绿色几乎呈透明状的叶长 2～3cm，宽 1.0～1.5cm，透明叶两边圆凸，表皮有深色线条，顶端有细小的"须"。花序长 30～35cm，小花为白花色（图 23.33）。玉露株型较小，晶莹可爱，喜散射光照，极其适合室内摆放，光照若过于荫蔽，会造成株型松散、不紧凑，叶片瘦长，"窗"的透明度较差；如光照过强，则叶片生长不良，呈浅红褐色，有时强烈的直射阳光还会灼伤叶片留下斑痕；半阴生长的植株叶片肥厚饱满，透明度高，温度适宜时（15～25℃）生长较迅速，冬季室内温度应保持在 5℃以上。玉露对空气湿度要求较高，空气湿度过低时叶尖的须甚至老叶迅速枯萎。浇水应掌握"不干不浇，浇则浇透"原则，避免积水和雨淋，可避免烂根和叶腐，但也不宜长期干旱，否则植株叶片干瘪，叶色黯淡，缺乏生机。生长期长势旺盛的植株每月施一次腐熟的稀薄液肥或低氮、高磷钾复合肥，新上盆植株、长势较弱植株、休眠期植株则应减少施肥或不施肥，施肥时间宜选择天气晴朗的上午或傍晚。栽培宜用小型浅盆，栽培基质可用较肥沃的砂壤土、泥炭土、培养土和粗沙的混合土等。采用分株繁殖或组培繁殖。

图 23.33　玉露

6. 截形十二卷

该品种别名"玉扇"，原产于南非。其形态和其他十二卷属种类迥然不同，肉质叶 8～12 片排列成左右分开的两列，每叶几乎直立略向内弯曲，一片紧挨一片，通常长 1.8～2.0cm，宽 1.5～2.5cm，厚 0.3～1.2cm，宽度和厚度根据品种不同差异极大，顶部截形，截面稍凹陷，颜色为暗绿褐色，表面粗糙，具微细的小疣突，幼叶的顶端截面稍透明。花序长 20～25cm，花为白色，有绿色中脉（图 23.34）。

图 23.34　截形十二卷

7. 白帝

该品种为条纹十二卷的园艺品种，原种条纹十二卷原产于南非。植株群生，有短茎，莲座状叶盘有叶 30～40 片，叶长 8～9cm，绿色，叶背白色小疣连成间距相等的条纹。花序长 30～40cm，花梗细长，小花 6 瓣，花白色带绿条纹。白帝和原种条纹十二卷的区别较大，白帝叶色为淡绿色或黄绿色，叶上有时有深绿色纵向细条纹，叶色素净淡雅，对光线要求不高，极其适合家庭摆放。栽培可用腐叶土加少许蛭石或疏松园土，分株繁殖（图 23.35）。

图 23.35　白帝

(十二)景天科青锁龙属多肉植物

1. 半球星乙女

该品种原产于南非，全株无毛，株高在原产地为 15～20cm，但驯化栽培后更为低矮。从基部丛生很多分枝，茎和分枝初呈白色肉质状，后变褐色，下部中空。叶无柄，交互对生，叶长 1.0～1.5cm，叶宽和叶厚均为 0.4～0.6cm，正面平，背面浑圆似半球状，肉质坚硬，叶缘呈红色、花白色或柠檬黄色（图 23.36）。本种茎和叶均娇小，叶形较奇特，色彩悦目，适合家庭微型盆景造景，夏季适当注意节水，其余季节常规栽培管理，喜阳光但也耐半阴，宜常修剪，修剪小枝可作为繁殖材料进行扦插育苗。

图 23.36　半球星乙女

2. 钱串景天

该品种别名"串钱景天""舞乙女"，喜阳光充足、凉爽干燥的栽培环境，耐半阴，怕水涝，忌闷热潮湿，夏季高温会休眠。栽培生长适温为 15～25℃，冬季温度应不低于 5℃。栽培介质通常使用泥炭、蛭石、珍珠岩各一份，混合均匀后装盆。9 月～翌年 5 月为生长期，应保持充足阳光，若光照不足会使植株徒长。生长期宜保持栽培基质湿润，但要避免积水；生长期每 15 天左右施薄肥一次。繁殖方式用扦插繁殖(图 23.37)。

图 23.37　钱串景天

3. 青锁龙

该品种原产于纳米比亚。肉质亚灌木，高 25～30cm，茎细易分枝，茎和分枝通常接近垂直向上，叶鳞片排列非常紧密，呈半三角形，在茎和分枝上排列成 4 棱，当光线不足时叶片散乱。花着生于叶腋部，较小。栽培繁殖较容易，通常使用疏松、排水性良好的砂质土壤，可耐半阴，但生长期需充足光照，视天气情况每周浇水 2～3 次，雨季或者温度较高时每周浇水 1～2 次，忌频繁施肥，一个月施一次稀薄液肥即可(图 23.38)。

图 23.38　青锁龙

4. 纪之川

该品种别名"月光"，是青锁龙属"稚儿姿"和"神刀"的杂交种，兼具父母本的优良性状。叶肥厚多汁，常年为灰绿色，层层紧密排列，交互对生，叶基部联合，具微绒毛感，正面扁平，背面棱凸，表面有小绿暗点。花五瓣，乳白色，簇生，伞形花序。叶表皮颜色和表面的细绒毛跟"神刀"相似，排列方式、大小及敦厚圆润的形状跟"稚儿姿"相似，整个株型如一座绿色的方塔(图 23.39)。纪之川株型奇特，清奇高雅，生长较慢，适合做室内小型盆栽，性喜阳光，光照不足时叶片拉长，叶排列呈现间距，夏季生长缓慢但无明显休眠期，应节水和保持通风降温。秋、冬、春三季生长明显，冬季应维持温度在 5℃以上。纪之川喜透气排水良好的栽培基质，可用泥炭土、珍珠岩、煤渣(体积比为 3∶1∶1)均匀混合的盆土，盆表面宜铺薄层干净河沙或浮石加强透气。浇水视天气情况 1 周 1～2 次，注意叶心避免水分残留，否则叶易腐烂；冬季温度小于 5℃时应间隔断水，3℃以下避免浇水。可切顶扦插繁殖，母株会萌生蘗芽。

图 23.39　纪之川

5. 筒叶花月

该品种的原种花月原产于南非。筒叶花月是长期栽培中产生的一个特殊叶型的变种，为多分枝灌木，圆茎肉质为黄褐色，叶互生，茎端密集几乎为簇生，鲜绿色，筒状，长 4～5cm，粗 0.6～0.8cm，叶顶端斜截，截面呈椭圆形，因截面形似马蹄又称"马蹄角"，阳光充足叶片泛红后也称"马蹄红"，又名"吸财树"，为玉树的变种。筒叶花月为中大型植株，栽培基质需具透气性，可使用泥炭混合煤渣等，不耐寒，喜日照充足，光照充足则叶色艳丽，株型紧实美观，日照少则叶色变浅，叶片排列松散、拉长，且枝干欠强健。常规施肥宜施用缓效肥，浇水见干见湿，夏季温度高于 35℃会休眠，应少浇水或不浇水，冬季若温度保持 5℃以上可适当浇水，5℃以下需断水，栽培管理相对简单，繁殖可采用砍头扦插法，晾干切口扦插在微湿的栽培基质等待发根移栽（图 23.40）。

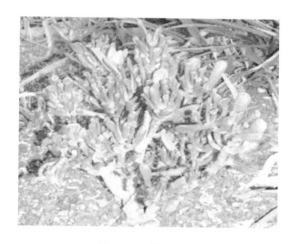

图 23.40　筒叶花月

6. 落日之雁

该品种为花月锦的栽培变种。株高 1.0～1.2 m，茎呈圆形、肉质。叶对生，长卵圆形带短尖，长 3～4cm，宽 2.5～3.0cm，绿色带黄白色斑块，叶缘为红色，对生叶内弯像鸟翅。花较大，白色或淡红色。落日之雁性喜温暖干燥和阳光充足的环境，耐干旱贫瘠，不耐寒，忌积水，在半阴处也可正常生长。生长期每周施 1 次腐熟的稀薄液肥或复合肥，浇水避免盆土积水，在光照和肥水充足条件下生长健壮，品种特性突出，光照不足则徒长、株型松散、叶色绿多黄少。栽培繁殖简单，适合家庭栽培，繁殖结合修剪进行，枝插、叶插均可（图 23.41）。

7. 火祭

该品种别名"秋火莲"，为园艺品种，性喜温暖干燥和阳光充足的环境，光照充足则叶片红，叶间距缩短，植株矮壮，光照少则叶片翠绿植株徒长。夏季高温季节基部叶片有时会枯萎，枝干木质化，应减少浇水或断水，并注意遮阴，秋末至来年春季昼夜温差大时，叶色变为红色，非常艳丽美观。栽培生长适温为 15～25℃，冬季不低于 5℃，栽培介质一般用泥炭、蛭石、珍珠岩各一份均匀混合上盆，生长季施肥一般每月一次，浇水原则为"干透浇透"，但夏季需控制湿度，否则极易腐烂。可在春秋季剪取嫩枝扦插或分株繁殖，嫩枝扦插时切枝阴干 2～3 天，后浅埋于基质中扦插，10 天后浇一次透水，约 20 天生根（图 23.42）。

图 23.41　落日之雁

图 23.42　火祭

二、种苗繁殖

多肉植物繁殖方式可分为有性繁殖和无性繁殖。有性繁殖主要指播种繁殖，多肉植物多数为种子植物，该方法操作简单，能生产大量新植株，但多肉植物的种子大多非常细小，因此播种繁殖有一定难度。无性繁殖主要是利用植物的营养器官（如叶、茎干等）的再生能力来获得新的完整植株，叶插、枝插及分株是多肉植物常用的繁殖方法，该方法可缩短育苗时间，是目前多肉植物繁殖的常用方法。扦插繁殖根据不同种类的植物特性而定，叶插较容易的多肉植物往往具有肥厚多汁的叶片，储存了丰富的营养和水分，具有容易生根的生殖点，如白牡丹、虹之玉、姬胧月和八千代等的叶插效果较好，成活率高，而有些多肉植物叶片较小或较薄，储存的营养和水分较少，更适合枝插，如桃美人、黑王子和熊童子，叶插时难度较大、成功率较低且需要花费更多时间和精力。

种子播种和扦插繁殖准备工作相同，有以下几点。

（1）准备好适宜的容器和种植基质。容器要求不高，普通的育苗盆即可。种植基质要求疏松透气，排水良好，具有一定的保水保肥能力，一般用泥炭土、珍珠岩、蛭石、赤玉土按一定比例混合并保证透气性，也可拌入一定比例的除虫剂等防虫，也可直接购买配比好的商品多肉种植基质。

（2）在育苗盆底部铺一层陶粒便于植物透气吸水，如果没有陶粒，也可用粗煤渣代替，防止盆底通气孔堵死不通透。

（3）把配比好或采购的种植基质装入育苗盆中，保持表面平整疏松无大颗粒，然后喷水或浸透水，在水中可加入杀菌剂进行基质杀菌。浸水应浸泡到基质表面湿润后才能将盆从水中取出，放在一旁备用。如果使用了珍珠岩，宜拨出浸盆后浮于基质表面的珍珠岩，一定比例的珍珠岩可增加种植基质的疏松透气程度。

（4）育苗盆里的基质干湿程度适宜（即盆底不流水时）即可进行播种或扦插。播种时可先将多肉植物的种子倒在白纸上，慢慢用牙签蘸水点种到盆中基质表面，种子禁止覆盖，避免用牙签将种子插进基质中，否则不易生根。播种完成后，育苗盆需覆盖塑料膜或保鲜膜以保持种子发芽所需要的温湿度，并禁止放在阳光下直晒，否则会影响出苗率，待种子出芽后去膜以促进通风透气，并将播种苗逐渐移动到阳光下。

扦插时基质需晾至半干，否则叶片或者枝茎易腐烂。扦插前需准备好扦插叶片或枝茎，即将掰好的叶片或枝茎放在阴凉通风处晾1～2天，直到伤口干燥，以减少叶片和枝茎病菌感染、腐烂等，没有经过干燥的伤口易被病菌侵染而感病。扦插的叶片要保证自然生长的正面朝上，平铺或斜插入种植基质中，但不要将基质压实，否则会导致生根困难。枝插时将枝茎下端插入基质中即可。播种和扦插完成后播种盘或扦插盘应及时贴上标签或插上标牌，标明植物种类，避免遗忘和混淆植物。扦插的育苗盆需要放在有散射光或光线弱的环境条件下，保持通风。北方地区空气较干燥的情况下需要增加湿度，以保证生根；南方地区湿度大时应注意控湿保温，否则会增加感染病害的概率，其间避免直接浇水，若需补水可进行适当浸盆，滴到叶片上的水应及时吸干否则易导致叶片腐烂，补水时间以18:00～20:00最佳，禁止在阳光充足的中午补水。叶插育苗过程中有时会出现只长根或者只长叶的情况，此时可将叶片多停留于扦插环境中一段时间，如果一段时间后仍然只长根不发芽，可先去除根后晾干伤口再次进行扦插管理，叶插生根并长出幼苗后需充足阳光。具体分述如下。

(一)叶片扦插繁殖

多肉植物叶片扦插是多肉植物繁殖的一个重要手段，扦插时间为温度大于15℃的春季、夏季、秋季。首先，选择健康、饱满的母株，掰取植株底部健康完整的叶片，保证有一定的叶片体积，叶片太小所含营养物质有限，因为叶插前期叶片无根，无法从基质中获取营养物质，新芽生长所需的营养完全从母叶中获取。其次，掰取待扦插叶片后，尽量保持母株的周正感，不破坏原本株型，保证观赏性。①叶片的摘取。选择健康的叶片，抓紧叶子，从叶片基部左右晃动，小心摘取，保证所摘叶片生长点完整。需要注意的是浇水后不适合摘取叶子，略微干燥的多肉更容易取下叶片，因为叶片水分过于充足时容易掰断，损坏生长点，不利于叶插。②叶片的处理。刚刚取下的叶片不宜立即叶插，因为伤口没有愈合，直接接触基质面扦插，生长中易感染病虫害，新鲜采集的叶片，先用 1∶1000 的多菌灵浸泡 10min，后单层放在干净的物体上面晾晒 2～3h 促使伤口愈合，再置于干燥通风、温暖和有散射光照射的环境条件下放置 3～4 天或更长的时间，但最长不超过 7 天。待叶片萌发出芽苗和根系后，选择通气良好、既保水又具有良好排水性的基质，将生根叶片叶面向上，叶背朝下，整齐排列在基质面上，在表面轻轻地铺上一层基质，把根埋起来露出小叶片，此时小苗根部发育不完全，蓄水能力较弱，要在保持有一定湿度的环境中培养，可在基质表面喷水增加湿度、补充水分，促进小苗生长旺盛和抗性。上盆后观察盆土表面干后才喷水。一般春天叶插，秋天上盆成活率较高。

(二)组培繁殖

多肉植物中有一部分是珍稀物种，利用常规的种子繁殖或扦插繁殖难以获得种苗，如萝藦科剑龙角属的点美阁授粉方式复杂，并具短缩茎，目前只能通过组培技术获得种苗。另外，景天科十二卷属、伽蓝菜属等的部分品种叶插难度大，生长繁殖慢，无法满足市场需求，采用组织培养技术快速繁殖名优品种是一种行之有效的方法。

1. 外植体的选择和消毒处理

选择合适的外植体是组织培养工作中的第一步，其种类的选择直接影响组织培养的效果。外植体选择时需要考虑培养目的、外植体的培养能力及取材是否会对母株造成影响等因素。多肉植物芽、叶片和花茎均能作为外植体诱导再生植株，然而也各有优点和缺点。若芽尤其是顶芽数量较少，取材时会对母株造成影响，叶片和花茎作为外植体虽不会对植株观赏部位造成损伤，但是由于叶片含水量高，在灭菌后存活率会受到一定影响，而花茎只存在于花期，取材时间比较局限。因此，多肉植物组织培养最适外植体的选择还需要根据多肉植物的种类和实际情况而定。吕复兵等(2000)、林荔琼和刘景春(2003)、丰锋等(2000)以芦荟的顶芽和侧芽为外植体成功诱导出芦荟再生植株。王紫珊等(2014)对多肉植物白银寿品种"奇迹"的花葶和花蕾进行离体培养得出分化能力强弱排列顺序为未发育子房＞花葶上部＞花葶中部及下部。李建民等(2004)、张晓艳和程云清(2007)、苏瑞军等(2014)分别利用狭叶红景天、八宝景天和瓦松叶片成功构建出相应的再生体系。

外植体的消毒灭菌是植物组织培养工作中的第二步，既要求彻底杀死外植体表面的微生物，又要尽可能减少对外植体组织及表层细胞的伤害。常用的灭菌剂有乙醇、升汞(或氯化汞)、次氯酸盐（常用次氯酸钠)等，需根据植物生长环境、取材部位、取材时间等因素选择消毒剂和确定消毒时间。那淑芝等(2003)先用自来水将库拉索芦荟表面冲洗干净，使用 75%酒精溶液浸没 15s，然后用 0.1% $HgCl_2$ 溶液灭菌 5min，在无菌操作台上取芽点。赵娟等(2009)处理褐斑伽蓝叶片时，采用 70%酒精消毒 30s，0.1% $HgCl_2$ 灭菌 15min。宋扬(2014)采用 75%酒精处理冰灯玉露幼嫩花茎 10s，再用 0.1%升汞消毒 7min。目前，多肉植物外植体消毒比较常用的方法是 70%～75%的酒精与 0.1%的氯化汞以不同时间的组合对外植体进行消毒，也有 1.5%～2.0%的次氯酸钠与 0.1%的氯化汞以不同时间的组合对外植体进行消毒。

2. 激素配比对多肉组织培养的影响

激素种类和浓度配比对多肉植物愈伤组织的诱导、组织分化和形成速度有显著的影响。激素的种类及浓度配比需根据培养目的和植物种类而定，多肉植物培养常用的基础培养基为 MS 培养基，试验所需的幼芽诱导培养基、幼苗增殖培养基、生根培养基激素主要添加不同种类和不同浓度的 6-苄基腺嘌呤(6-BA)、激动素(KT)、玉米素(ZT)等细胞分裂素，以及萘乙酸(NAA)、吲哚乙酸(IAA)、吲哚丁酸(IBA)等生长素，并添加适量琼脂和碳源。

3. 试管苗移栽

在多肉植物的组培苗移栽中，栽培基质通常是不同比例的草炭土、泥炭土、鹿沼土、珍珠岩、蛭石及河沙。松塔景天组培苗移栽时在草炭土、蛭石、珍珠岩体积比为 2∶1∶1 的保湿混合基质中有利于根的生长(胡颖慧等，2014)，截形十二卷移栽在湿润蛭石和珍珠岩体积比为 2∶1 的混合基质中即可生长(孙涛和李德森，2002)，黄清俊等(2007)将根长为 1 cm 的万象小苗移栽至新鲜湿润的蛭石，植入后遮阴管理，小苗移栽成活率达到 78%。左志宇等(2007)将克里克特寿组培苗移栽在纯蛭石基质中，比较组培苗是否经过生根培养对其移栽影响，发现经过生根培养的组培幼苗生长期大大提前。

我国多肉植物组培研究尚处于起步阶段，研究主要集中在激素配比对组织脱分化与再分化的影响，关于其他因素对多肉植物组织脱分化和再分化的影响，如不同叶龄、开花程度、组织块尺寸等外植体状态对组织脱分化与再分化的影响如何，不同温度、光照及暗培养等培养环境条件如何影响组织脱分化与再分化的进行，MS 培养基与其他基础培养基在多肉植物组培应用中的比较等进行系统研究的较少，因此目前还没有构建出完整、可应用于实际生产的多肉植物组织培养体系。但多肉植物组织培养技术在绿化植物繁育、珍稀品种以及优良种质资源保存等方面具有广泛的应用前景，因此，要进一步研究和优化多肉植物组织培养技术，推动多肉植物的良种快速繁育以及实际生产应用，应从以下几方面开展：第一，扩大多肉植物离体快繁的种类，特别是要加强对一些稀有种类(如十二卷属植物)、具有较高药用价值种类(如西藏红景天)、具有高观赏特性种类(如乌木)的组织培养与快速繁殖研究；第二，对于一些已经成功进行离体培养的多肉植物，应对其组织培养系加以优化改进，提高试验可重复性、脱毒效果和繁殖效率；第三，开展相关机理基础研究，完善多肉植物组培理论基础，建立针对性更强的多肉植物最优组织快繁体系。

4. 实例：景天科拟石莲属多肉植物组培繁殖技术

1) 外植体消毒灭菌

选择无病无伤、生命力旺盛的多肉植物母株掰取叶片，晾晒 3～5 天使伤口完全愈合作为外植体，若有花茎(其中大部分花蕾已现，但尚未开放)也可同时使用作为外植体。将准备好的外植体在第二天用低浓度洗洁精洗 1 次，后冲洗干净并置于自来水下轻微冲洗，沥干表面水分，置于超净工作台。先用 75%酒精浸泡 10～15s，再用 0.05%氯化汞溶液浸泡 5～6min，无菌水洗 1 次，停留 2～3min，最后用 2.5%次氯酸钠溶液浸泡 3～5min，无菌水洗 3～5 次，每次停留 2～3min，0.05%升汞溶液、2.5%次氯酸钠溶液均添加 2～3 滴 Tween-20。获得无菌外植体。

2）培养基

试验所需的幼芽诱导培养基、增殖培养基、生根培养基以 MS 为基本培养基，添加不同种类和不同浓度的 6-BA 和 NAA，以及适量琼脂和碳源，一般每升添加 25～30g 蔗糖、6.0～7.0g 琼脂，调节 pH 为 5.5～6.0。

3）再生芽苗诱导

将无菌外植体正放斜插于诱导培养基中，材料与培养基的最小斜插角度为 30°～45°，斜插深度以不倒为宜。于 23～25℃、相对湿度 30%～50%的条件下暗培养 10～15 天，后转为光培养，光培养环境温湿度同上，光照度为 1000～1200lx，光照时间为 12～16h/d，培养 10～25 天诱导出大量丛生芽。如"吉娃莲""红腊东云"等景天科拟石莲属诱导丛生芽培养基为"MS＋6-BA 1.5～2.5mg/L+NAA 0.2～0.3mg/L"；"初恋""白牡丹""冬美人"不定芽适合诱导组合是"MS+6-BA 3.0mg/L＋ZT 1.0mg/L＋NAA 1.0mg/L"。

4）再生芽苗的转接和快速增殖

从诱导外植体上整体切取丛生芽，每 2～3 个芽为一丛，用无菌刀片切开，分别转接于增殖培养基继代快速繁殖，每 20 天继代一次。如"特色"等景天科拟石莲属继代增殖培养基为"MS＋6-BA 0.2～0.5mg/L"、NAA 0.1～0.2mg/L。

5）不定芽生根培养

当不定芽繁殖苗增殖至目标数量后，将 1.5cm 以上的植株单株切下，放入壮苗培养基继续培养 20～25 天实现壮苗和实生根生长。壮苗培养基为"MS＋6-BA 0.02～0.1mg/L"、NAA 0.2～0.3mg/L。壮苗培养 15～20 天后转入生根培养基"1/2MS＋NAA 0.2～0.5mg/L ＋活性炭 0.5～3.0g/L"培养 20～30 天。再生芽苗的转接和快速增殖和生根培养的培养条件均为温度 23～25℃、相对湿度 30%～50%、光照度 1500～2000lx、光照时间 12～16h/d。

6）完整植株移栽成活

培养获得的生根瓶苗置于过渡温室内，在自然温度和自然光照条件下放置 5～7 天后，取出植株，洗除培养基，放于阴凉处晾去表面水分，移栽到草炭土、珍珠岩、鹿沼土按 2：1：1 体积比混合而成的无土栽培基质花盆中，栽种时用小棍在花盆的基质开孔，将组培植株根部栽入，栽种深度以盖住植株根部为宜。浇透水，移栽后放入温室，花盆上方搭建遮光率为 70%的遮阳网，此后每天早晚各喷雾 1 次，保持温室内温度为 18～25℃，温室内空气相对湿度为 85%以上。移栽成活后，撤去遮阳网，保持温室内温度为 18～28℃，空气相对湿度保持为 60%～65%，每 3～4 天浇一次透水，每 15 天浇施一次 2000 倍液复合肥，所述复合肥中 N、P_2O_5、K_2O 的质量比为 17：17：17；每周喷施一次 70%甲基托布津可湿性粉剂 1500 倍液；发现蚜虫时，喷施 10%吡虫啉可湿性粉剂 1000 倍液。

本技术显著提高了难扦插繁殖的拟石莲属商品小盆栽的标准化培育速度，解决了种苗繁殖系数和繁殖速度低的问题，降低了生产成本，并能周年生产，加速了商品化进程，较好地保持了品系优势。尤其解决了该属一些利用叶插等传统繁殖方式难以批量生产的高端名品产品的开发，对名优珍稀品种的规模化、标准化商品开发具有较高的经济效益和实际利用价值，技术效果显著。

(三) 分株繁殖

分株繁殖是繁殖多肉植物最简便、最安全的方法。用此种繁殖方法的多肉植物多为百合科植物。分株繁殖可在春天换盆时进行。具体步骤为：从盆中取出多肉植株后，抖掉附着的基质，选择叶基部或茎基部萌发的长到一定大小的健壮、饱满芽或小植株，用刀或枝剪把相连的地下茎断开，直接分株上盆另行种植，栽培基质可用腐叶土或草炭土、粗砂或蛭石各一半混合均匀后使用。保持基质湿润，呈半干状态，放在阴凉通风的地方，一般10天左右开始浇水，多用于十二卷属的植物。

(四) 砍头苗繁殖

选择健康、饱满的母株，首先仔细观察全株，找出合适的砍头点，保证砍头部分具有完整的株型及观赏价值。摘取砍头点下方有碍砍头的叶片，所摘叶片可用作叶插。取完叶片之后的母株用砍头扦插的方法进行繁殖，砍头所用工具要锋利，保证切口平滑以利伤口愈合。将砍头部分放入器皿中，晾干伤口，砍头母株进行正常的养护管理。一般10～30天砍头部分陆续长出须根，生根后的砍头苗埋入装好消毒基质的花盆中正常养护管理。砍头后所剩植株部分伤口愈合一段时间后砍头母株上开始生长多个侧芽。

三、基质选择及配制

(一) 常见栽培基质

常见栽培基质分为有机栽培基质和无机栽培基质两大类，有机栽培基质为植株提供营养，无机栽培基质主要起通气、保水、透水、固根的作用。有机栽培基质主要有腐叶土、泥炭土(又称草炭)、木屑、砻糠灰、草木灰、缓释肥、松磷基等，无机栽培基质主要有赤玉土、鹿沼土、蛭石、珍珠岩、椰糠、绿沸石、植金石、火山石、日向石(轻石)、麦饭石、硅藻土、粗细砂、粗细石子(砾石)、煤球渣等。选择适宜的栽培基质有利于植物的生长发育，因此多肉植物栽培基质采用有机栽培基质和无机栽培基质按所需比例混匀，一般腐殖土或泥炭所占比例偏多，有助于多肉生长，塑造多肉植物的株型。适宜多肉生长的基质应具有以下几个优点：①疏松通风。多肉肉质根需要很多氧气，在板结闷热的泥土中易腐烂，而且氧气不足会滋生大量厌氧细菌。②易排水，同时又有一定的持水性。多肉原生地一般为沙质土，根系不适应长期泡在水里，最适宜生长的环境是使植物长期处于润而不湿的状态，否则也是宁干勿湿。③有亲根性，不易粉碎。亲根性是指根须容易在泥土颗粒上附着，不同时期对泥土颗粒的大小要求不一。刚发根时，可以用微粒的蛭石，而幼苗时转用颗粒稍大一点的，长成老根时，攀附的颗粒可以更大些。颗粒内部是否膨胀疏松也是影响多肉能否生长健壮的因素，所以配制栽培基质时要将颗粒大小混搭，且1～2年换基质。④呈弱酸性，EC宜低。多肉植物喜微酸性基质，EC应保持在0.8～2.0mS/cm。⑤有一定的肥力。多肉对肥料需求不高，在生长期给予低氮高磷钾肥料能更好地促进发育，因为氮能促进植物长枝叶，促进多肉的株型紧凑，而磷促进开花芽分化，钾促进根系生长，但注意应薄肥勤施，避免发生肥多烧根。常见的基质配比(体积比)如下。

(1)泥炭土、河沙、珍珠岩按2∶1∶1配比混匀。该配方泥炭土营养成分高，透气性好，较松软，适合生长初期的小苗生根，加入河沙、珍珠岩可增加基质的透气性，同时也提高了抗菌、排水的能力，成本低，是多数多肉植物生产企业的首选配比方案。

(2)草炭土、珍珠岩、鹿沼土按2∶1∶1配比混匀。该配方草炭土营养成分高，珍珠岩的加入提高了透气性，鹿沼土有很高的通透性、蓄水力和通气性，改良作用好，成本低，专业生产和家庭园艺应用较多。

(3)火山岩、泥炭土按1∶1配比混匀。该配方透气性和排水性都比较好，利于多肉植物生长，生长势佳。

(4)泥炭、蛭石、稻壳炭、轻石按3∶1∶2∶5配比混匀。营养基质适用于排水好的花器以及相对干燥的环境，利于多肉植物小苗生长。

(5)轻石、泥炭、稻壳炭、赤玉土、火山岩按2∶1.5∶1.5∶2.5∶2.5配比混匀。颗粒花土适用于排水欠佳的花器以及相对潮湿、阳光少的环境，利于老桩的塑形。

(6)泥炭、稻壳炭、蛭石、赤玉土按3∶2∶2∶3配比混匀。适用于叶插繁殖，生根快。

(7)园土、腐叶土、粗砂、石灰质材料、谷壳炭按2∶2∶2∶1∶1配比混匀。适用于陆生类型的仙人掌类和茎多肉植物。

(8)园土、腐叶土、粗砂、小陶粒、碎木屑、石灰质按2∶1∶2∶1∶1∶1配比混匀，适用于高地性小型球类和茎干类多肉植物。

(9)园土、腐叶土、粗砂、骨粉和草木灰按3∶3∶2∶1∶1配比混匀，适用于附生类仙人掌类和较大型的叶多肉植物。

(10)砂、园土、蛭石按2∶2∶1配比混匀，适用于生石花等小型种类。

(二)基质消毒灭菌

基质配好后使用前需消毒。消毒方法有蒸气加热和药物消毒两种。蒸气加热即保持基质温度为70℃ 2.0～2.5h或基质温度为90℃ 2.0～1.5h，即可达到消毒目的。药物消毒时，可用杀螟松、马拉松等杀虫剂和百菌清、多菌灵、代森锌等杀菌剂进行消毒处理，配制浓度比栽培管理防治病虫害的药剂量使用稍浓，至少用一种杀虫剂和一种杀菌剂。一般先摊开在太阳下晒2～3天，然后用杀菌剂(如1∶1000的多菌灵)和杀虫剂(如阿维菌素等)完全喷基质至湿润后，用薄膜盖上，继续暴晒2～3天，后揭开薄膜暴晒1～2天完成基质的消毒杀菌。栽培前盆中基质消毒选择适合的花盆进行基质上盆，上盆的基质厚度为3～5cm，装好后抹平，然后用1∶1000的多菌灵喷基质至潮湿但不积水。

四、设施和环境条件

(一)栽培设施

我国大部地区不能终年露地栽培多肉植物,因而宜采用设施栽培。部分多肉植物也可以露天栽培,但病虫害控制较为困难。常用栽培设施有智能温室、温床和薄膜大棚,家庭栽培一般可用玻璃温箱。除了供参观的大型展览温室外,一般温室不宜过高,使得其经济且升温、降温快,光线充足,易形成较大昼夜温差。在冬天无加温设施的情况下,棚顶可用覆盖物或加一层棚内膜以利于保温,栽培效果较好。商品化生产通常使用薄膜大棚栽培,薄膜大棚的保温、保湿和短波光、紫外线的穿透力都比玻璃温室强,故栽培效果好,但其费工大,抵御自然灾害能力差。

花盆可选择泥盆、塑料盆、釉盆和紫砂盆等。泥盆和塑料盆适合育苗和商品化生产,釉盆和紫砂盆适合家庭栽培和展览用。盆要求有排水孔,盆壁宜薄,排水孔大小适宜,大盆的排水孔以小而多为宜,这样可不放垫盆底材料,直接放块纱网后即可栽种,不但省工而且栽培效果好。

(二)温度要求

多肉植物大多分布在热带、亚热带地区,因种类不同和分布地气候条件不同,对温度有多样性要求。根据我国大部地区的气候条件,可以把多肉植物对温度的要求分为以下两个类型。

(1)大多数陆生型龙舌兰属、丝兰属、大戟属(少数种例外)、龙树科、夹竹桃科(棒棰树例外)、国章属、马齿苋属和芦荟属的大部分种类要求较高的温度。气温为 12~15℃时开始生长,低于该温度则生长停滞,冬季基本上处于休眠状态。每年 4~5 月和 10~11 月是生长最旺盛的季节。

(2)大多数附生型番杏科中一些肉质化程度不高的草本或亚灌木、景天科的大部分种类、百合科十二卷属、萝摩科大部分种类、夹竹桃科棒棰树、马齿苋科回欢草属大叶种,最佳生长季节为春季和秋季。夏季生长迟缓,但休眠不明显或休眠期较短。冬季如能维持 5℃以上温度也能生长,但其耐寒性较差。番杏科大部分肉质化程度较高种类、马齿苋科回欢草属中具托叶小叶种、景天科奇峰锦属和青锁龙属"冬型"种、百合科"大苍角殿""曲水之宴""百岁兰""佛头玉""龟甲龙"等均为"冬型"种,生长季节为秋季到次年春季。冬季应维持 5℃以上温度,最好能保持在 12℃以上,夏季气温达到 28℃以上时即进入休眠阶段。

(三)光照要求

光是一切绿色植物进行光合作用的能源。光照度随纬度的降低而增加,随海拔的增加而增加,因此除少数生长在热带丛林中的附生种类外,原产地大多在低纬度高海拔地区的多肉植物对光照要求较高。通过照度计等控制光照或在温室中可通过观察某些"指示植物"来判断光线的强弱,如裸萼球属的"瑞云"在光线过强时表面呈红褐色,过弱时呈绿色并且球体长高，而在生长点处呈绿色，外缘略呈红褐色时说明光线适中。一般多肉植物喜欢通风良好、光照充足的环境，在光照充足时植株叶片肥厚饱满，株型美观紧凑，叶色靓丽迷人。在春秋生长季节可以全日照；夏天休眠期需要通风遮阳，保持空气流通，避免暴晒；冬季尽可能多地给予光照，如果光照不足会导致株型松散、叶片下翻不紧凑，影响其美观，长期光照不足会引起植株死亡。

（四）空气湿度

虽然多肉植物中的大多数种类都能耐较长时间干旱，不会因短期干燥而干死，但多肉植物还是需要水分的。多肉植物原产地旱季明显，但并不是终年无雨，多肉植物旱季时处于休眠状态，而当雨季来临时就迅速恢复生长。由于我国大部分地区采用盆栽方式栽培，盆栽植物必须经常补充水分，特别是在生长旺盛期。但在休眠阶段通常对水分要求较低，适当干燥有利植株抵抗寒冷，因此对于冬季休眠的种类通常采取断水干燥方式越冬。多肉植物由于种类、株型、生长发育阶段的不同，对水分的要求也不同。附生型种类比陆生型种类对水分要求高；幼苗阶段和旺盛生长阶段比生长基本停滞阶段植株对水分要求高；具很多很大叶的多肉植物比株型矮小、非常肉质化的种类对水分要求高。

生产栽培中，多肉植物除根部需要吸收水分之外，空气湿度也非常重要。原产热带雨林的附生型种类，需要较高空气湿度，一些原生地空气湿度高的种类也需要较高空气湿度。南美潘帕斯草原区生长的种类，当地雨水相对较多，杂草灌木丛生，而这些种类本身较矮小，因而经常在相对封闭、空气湿度较高的环境下生存，它们对空气湿度的要求也较高。对于这些对环境湿度要求较高的种类采用相对密闭的设施栽培法，在一定生长期内可达到生长快、表皮颜色丰富且鲜艳的效果。另外，在种子萌芽阶段、幼苗阶段、扦插生根期也需要较高的空气湿度。大多数种类对空气湿度要求不高，但也需一定的空气湿度，特别是遭遇持续无雨、连续刮干热西南风的天气，若空气湿度降至一定数值时多肉植物会落叶、干瘪和缺水，严重时会脱落。在盛夏高温期，温室需要加强通风以利降温，这时空气湿度就会显得不足，冬季加温时也会使整个温室或温室的局部区域空气湿度降低，因而应予以补充。空气湿度过低时会诱发红蜘蛛大量繁殖而对植株造成危害，空气湿度过高时会滋生病害，还会导致多肉色彩变化，因而空气湿度的调节应根据种类、气候、生长阶段来进行，同时还应考虑其他管理措施带来的影响。

（五）空气

植物的生长发育离不开新鲜空气，在原产地，大多数多肉植物在旷野中健康生长。多肉植物中很多种类因不耐强阳光直晒和雨淋的特性宜在温室中栽培，在傍晚时应开启棚膜降低温度并通风透气、补充新鲜空气。夏季特别是江南梅雨期如不注意通风换气，易诱发病害和红蜘蛛，对于夏季休眠的种类，通风就更有必要。基质中有对流空气对根系和植株的生长发育非常重要，因此多肉植物栽培基质不能过于黏重，并注意勤松基质以利透气。

五、栽培管理

(一)施肥管理

多肉植物原生地多为沙漠荒野之地，土壤贫瘠，养分很少，但植物生长肥料是必需的，生长阶段不同，种类不同，对肥料的要求也不同。肥料主要有有机肥和无机化学肥。有机肥如猪粪、牛粪、羊粪、鸡粪堆沤腐熟获得的农家肥、腐殖土、泥炭等，肥效长，易取得，不易引起烧根；无机化学肥有硫酸铵、尿素、复合肥等，肥效快，植物易吸收，养分高，使用不当易伤害植株。使用较多的肥料一般为尿素、磷肥和钾肥，氮元素主要富集在植物枝叶上，所以通过补充氮肥，可促进植物枝叶生长而枝繁叶茂。但施用氮肥过多会造成组织柔软、茎叶徒长，易受病虫侵害，耐寒能力降低；施用不足则植株瘦小，叶片黄绿，生长缓慢，不能开花。常见的氮肥有碳酸氢铵、硝铵、尿素、氨水、硫酸铵等。磷元素主要富集在植物的花和种子上，通过补充磷肥可促进植物花芽分化和种子成熟。钾元素主要富集在植物根茎组织上，补充钾肥可让植物茎秆粗壮，根系发达，增加抗倒伏能力，提高抵御外界侵袭的能力，缺乏钾肥易导致多肉叶片发黄，常用的钾肥品种有硫酸钾、硝酸钾等。微生物菌肥是一种富含高活性有益微生物的新型肥料，使用后能够减少多肉徒长现象，为植株的生长提供全面多效的养分，既能改善根系附近的微环境，又能促进叶片厚实、枝繁叶茂，显著提升盆栽的观赏价值。

有些多肉植物在生长季节可 2～3 周施肥 1 次，如吊灯花属、天锦章属、莲花掌属等植物，大多数多肉植物适宜每月施肥 1 次，少数种类如对叶花属每 4～6 周施肥 1 次，马齿苋科、厚叶草属则每 6～8 周施肥 1 次。苗期主要以氮肥为主，营养生殖期以磷肥、钾肥为主，其他元素为辅，最好以液态形式进行施用以快速起效。可选择专业花肥如"花友""花多多"等，也可直接施用 0.1%～0.3%的磷酸二氢钾或腐熟的有机肥，家庭栽培施用比例控制在 1∶2000 左右，温室栽培环境下 1∶1000 的比例比较合适，施肥时间一般 20～30 天一次，随同浇水一起施下，并根据不同生长时期和生长状态补充对应微肥。施肥时间选择晴天的上午，施肥时注意肥液不要溅到植株上。夏季休眠期和冬季 0℃ 以下禁止施肥，当冬季夜间温度高于 5℃、白天温度高于 15℃ 时，植株能继续生长可正常浇水并适当施肥。施肥时注意植株刚上盆或者生长不良、茎叶有伤口的情况下不适合施肥；自制有机肥要经完全发酵腐熟后才能进行施用，否则容易造成植株的烂根与烧根；扦插后生长一个月以内的小苗不提倡施肥，否则易产生肥害现象。

(二)水分管理

多肉植物水分管理把握"干透浇透"原则，正确的浇水方法保证多肉健康生长，浇水量要合理控制，浇水时间要正确掌握，而且要考虑当地的气候、季节、通风状况、多肉本身的习性和状态、植株大小、基质类型、花盆材质、多肉的摆放位置等。春、夏、秋三季最好在傍晚进行，冬季最好在中午进行。设施完善时宜采用滴灌浇水，人工浇水时沿着花盆边缘浇入，避免水滴到叶片上，若浇到叶片中心，可用工具将水滴吹掉，或者用纸吸干，浇水以"干透浇透"为原则，不可积水。多肉植物幼苗期喜欢水分，若栽培介质干透易造成幼苗弱小、根直接干枯，夏天 30℃ 以上和冬天 0～4℃ 需保持盆中栽培基质微潮，表面基质干即浇水。成株及老桩把握"干透浇透"原则，测试"干透"有以下几种方法。①牙签法，多肉盆里面插一根牙签，过一段时间拔出观察牙签干了就可以直接浇透。②观察法，观察多肉外圈叶片，如果叶片出现轻微萎蔫和发皱则直接浇透水。③触摸法，用手轻轻捏一下叶片，若感觉叶片发软则应浇透水。④掂盆法，把多肉花盆端起来掂一下轻重，若感觉很轻则应浇透水。夏天 30℃ 以上可在晚上或早上温度不高时沿盆边少量给水，不浇透；冬天 0～5℃ 也是少量给水不浇透或断水。38℃ 以上和 0℃ 以下必须断水，保持盆里栽培基质干燥，这样多肉才不容易黑腐和冻死。干旱则植株生长缓慢，叶色暗淡无光泽。生长季初期浇水一定要循序渐进，避免水淋到植株上。

（三）病虫害防治

天气"由冷变暖"和"由热变凉"之时病虫害最易暴发，通常是指夏转秋、冬转春时较为容易暴发，常见的病害主要有黑腐病、锈病、炭疽病、煤烟病等，虫害主要有介壳虫、红蜘蛛、粉虱、蚜虫和黑象甲等。多肉植物病虫害的防治以预防为主，首先应环境整洁，对外来多肉必须严格把关，确定没有病虫害时才放入棚内。多肉植物常用药剂主要有防病治病的杀菌剂（如多菌灵、托布津、百菌清、代森锌等）和杀虫剂（如氧化乐果、杀螨醇、马拉松、杀灭菊酯、阿维菌素等）两类，应对症下药。药剂的浓度掌握要严格按使用说明，特别是杀虫剂，浓度稍浓即产生药害，帝冠和部分大戟科多肉植物对此尤其敏感。

1. 黑腐病

黑腐病成因大多是真菌、细菌感染，栽培环境闷热潮湿则会引起植株腐烂，一旦感染，首先叶片或茎部出现大片的褐色病斑，而后从茎干内部开始腐烂直到全株死亡。如果黑腐是自上而下发生，首先实施砍头至横切面新鲜为止，用来切除黑腐部分的工具完成砍头后必须用 70% 的酒精或高锰酸钾溶液消毒处理以免继续传播；若黑腐病菌感染叶子，则先将黑腐叶子掰掉，后将黑腐茎部用小刀清除，直至将感染黑腐的组织全部清除并喷施杀菌剂。夏天控制浇水量，除加强通风，改善环境外，还可在夏季高温时经常喷洒 50% 的多菌灵等抗菌药物进行防治。

2. 锈病

锈病最严重时会导致植物"破相"。发生锈病时，多肉茎部表皮会出现大块斑点，斑点呈铁锈色或褐色且从茎部向上发展，严重时茎部布满病斑。一旦发现病斑，应立即将发病部分剪除，让其重新萌发新枝，再用 25% 的粉锈灵 1500～2000 倍液、敌锈钠 250～300 倍液、50% 的代森锰锌 500 倍液或 75% 的氧化萎锈灵 3000 倍液等药剂喷洒。防止多肉植物锈病的方法主要是加强通风、摆放不宜过密，植株上不要淋水，盆土、保温箱内部的介质不要过度潮湿，并定期轮流喷施杀菌剂。

3. 炭疽病

炭疽病是危害多肉植物的重要病害，属真菌性病害，多发生在炎热潮湿的季节，尤其是高温多湿的梅雨季节，主要侵害多肉叶片，有时也侵害其茎部，甚至导致多肉死亡。施用氮肥过量也可能引起炭疽病。发病初期叶片出现褐色小斑块，后扩展成为圆形或椭圆形，病斑渐变干枯，严重时茎部产生淡褐色水渍状病斑，并且逐渐扩散到其他部分，整株受侵。发病后应及时清理发病叶片并及时烧毁防止扩散，同时选择喷洒 12.5%烯唑醇可湿性粉剂 2000～3000 倍液、70%甲基硫菌灵可湿性粉剂 1000 倍液或 70%甲基托布津或 60%炭疽福美等溶液，3～7 天喷洒一次，连续喷施三次，并注意通风透气，降低空气温度和湿度，保持盆中栽培基质干燥。

4. 白绢病

白绢病因发病时土壤和被感染的植株上有白色丝状物而得名，属于真菌病害。发病后植株基部和根部腐烂，后期病部组织周围有白色菌丝和褐色小菌核。白绢菌喜高温，生长温度为 30～42℃，10℃以下不易发病，所以白绢病在夏季易高发。长江中下游地区 6 月开始发病，7～8 月趋于严重，9 月基本结束。白绢菌通过菌核在土壤中或病患组织上越冬，当温度和湿度适宜时菌丝便会重新在土壤缝隙或植株残体上生长、蔓延，萌发的菌丝侵入植物的茎部或根部危害。过湿、酸度过大、贫瘠缺肥、黏度高、板结的土壤发病率高。植株轻微感病时用 1%现配硫酸铜液、亮盾、萎锈灵或 25%氧化萎锈灵浇根，严重的应立即拔除病株并烧毁。

5. 煤烟病

煤烟病是多肉植物常见病之一，感病后多肉植物叶片表层出现褐色、灰色、黑色的小霉斑，而后扩大连片，使整个叶面、嫩梢上布满黑霉层，影响植物光合作用，最终导致其枯萎死亡。发病初期可喷施优乐净、多菌灵等避免病菌暴发，平时加强杀虫杀菌，夏季高温时节多注意通风降温，避免该病害发生。

6. 虫害

介壳虫吸食茎叶汁液，导致植株生长不良，严重时出现枯萎死亡，高发期比红蜘蛛早，常常在早春时已大量繁殖，通常出现在多肉植物的下半部分，尤其经常分布在多肉植物的茎部或叶上面，易传染，发现后数量少时，可用毛刷驱除，也可用速扑杀 800～1000 倍液喷杀或吡虫啉或护花神等杀虫药，喷洒完药剂后避免在强光下暴晒，尤其注意通风保湿。红蜘蛛以口器吮吸幼嫩茎叶的汁液，被害叶出现黄褐色斑痕或枯黄脱落，可通过加大环境湿度减少或避免蔓延，配合施用 40%三氯杀螨醇 1000～1500 倍液或阿维菌素、丙锈灵等喷施杀灭。粉虱在叶背刺吸汁液，造成叶片发黄脱落，同时诱发煤污病造成茎叶上有大片难看黑粉，影响植株的观赏价值。应改善环境通风，发生初期可用 40%氧化乐果乳油 1000～2000 倍液喷杀，或用马拉松 500 倍液或乐果混敌敌畏 1000 倍液喷杀，喷药 2 天后再用强力水流将死虫连同黑粉一起冲洗掉。蚜虫常吸吮植株幼嫩部分的汁液，引起株体生长衰弱，其分泌物还招引蚁类的侵害，数量少时可以人工捕杀，危害初期用 40%氧化乐果乳油 1000 倍液喷杀或用德国拜耳-吡虫啉喷杀。

六、盆花出圃标准、包装、标识及贮运

　　根据多肉品种和市场情况，一般具备商品盆花特性的多肉即可上市销售。出圃包装前 2～3 天停止浇水。若没有停止浇水，极度潮湿的基质无法固定住多肉植物根系，会随着运输工具的摇晃颠簸而受到破坏，严重影响植物的生长，另外包装当天浇水会增加盆花重量而加重运输负担。首先应选择优质、健康、生长旺盛的盆花进行包装。具体根据不同的多肉品种和不同的运输方式选择不同的包装方法和包装材料，尽量减少植物在贮藏及运输时的机械损伤，防止水分损失，保持植物最佳的膨压，防止机械损伤。包装箱尺寸应既可节省贮运空间，又能保证足够的通风量，防止植物衰败。盆花先套在专用套袋材料中，再装入包装箱中，装入数量视盆栽植物的大小而定。专用套袋应选用质地柔软的塑料袋等材料，规格下径大于盆径 3～4cm，上径要根据盆栽植物的长势而定，高度应比植株高出 3～5cm。包装箱应有足够抗颠簸和抗压的硬度，净高度应以植株连盆高度再加上 4～6cm 为宜，内箱长度和宽度应该以盆径的倍数来计，但以 1 人或 2 人能方便搬运的尺寸、重量为宜。冬季运输，除了给植物本身套袋外，还应在箱子外侧加一层塑料布、保温棉等以保温防冻，从南往北运适当加几层保温棉，从北往南运则少加。

　　应做好包装箱的标识描述工作，以确保搬运时工人能按要求操作以减少植物运输损伤。包装箱上应标明产品名称、包装数量和质量等级等，以及"向上""请勿倒置""小心轻放""防潮防雨"等标志，不同的多肉植物应给予不同的运输温度要求标识。同一包装箱内的植物品种颜色和规格必须统一，标志内容应符合国家法律法规、通俗易懂、准确、科学，不应模糊、脱落，所使用的汉字、数字、图形和字母应字迹端正、清晰。

参 考 文 献

丰锋，李洪波，吕庆芳，等，2000. 芦荟的组织培养[J]. 西南农业大学学报(自然科学版)，22(2)：157-159.

顾永华，李丕睿，陈梅香，等，2017. 多肉多浆植物繁殖栽培技术研究进展[J]. 现代园艺(23)：6-8.

胡颖慧，马春祥，梁孝莉，2014. 松塔景天组织培养与快速繁殖的研究[J]. 中国林副特产(2)：3-6.

黄清俊，丁雨龙，唐晓英，2007. 珍奇多肉植物万象微型繁殖[J]. 北方园艺(5)：191-193.

黄显雅，严霖，毛立彦，等，2017. 我国多肉植物组织培养研究现状概述[J]. 农业研究与应用，30(1)：45-48.

李建民，李福安，雷梅莉，等，2004. 狭叶红景天的组织培养与快速繁殖[J]. 植物生理学通讯，40(4)：472.

李梦圆，刘晨璐，宋怡，等，2016. 多肉植物繁殖生产状况调研报告[J]. 中国园艺文摘，32(5)：167-168，211.

李小东，2016. 多肉植物组培技术[J]. 中国花卉园艺(24)：29-30.

林荔琼，刘景春，2003.芦荟的组织培养快速繁殖研究[J]. 福建热作科技，28(3)：1-2，17.

刘宏，王燕，2016. 多肉植物的栽培繁育[J]. 现代园艺(14)：24.

柳玉晶，2016. 多肉植物的盆栽种植技术[J]. 林业科技通讯(4)：52-55.

陆静，2016. 多肉植物叶插繁殖技术初探：以白牡丹等多肉植物为例[J]. 绿色科技，18(1)：85-86.

吕复兵，朱根发，陈明莉，2000. 芦荟的组织培养与快繁技术[J]. 北方园艺(4)：32-33.

那淑芝，张东豪，甄占轩，2003. 库拉索芦荟的组织培养和植株快速生根[J]. 植物生理学通讯，39(5)：470.

秦扬，2016. 景天科三个属植物组培体系的建立与植株再生研究[D]. 银川：宁夏大学.

宋扬，2014. 冰灯玉露的组织培养与快速繁殖技术研究[J]. 现代农业科技（18）：164，166.

苏瑞军，邹利娟，吴庆贵，等，2014. 瓦松愈伤组织诱导及植株再生[J]. 中药材，37（1）：1-4.

孙涛，李德森，2002. 截形十二卷的组织培养与快速繁殖[J]. 植物生理学通讯，38（6）：586.

王紫珊，王广东，王雁，2014. 多肉植物白银寿'奇迹'的离体培养与快速繁殖[J]. 基因组学与应用生物学，33（6）：1329-1335.

张晓艳，程云清，2007. 八宝景天的组织培养与快速繁殖[J]. 吉林师范大学学报（自然科学版），28（2）：60-62.

赵娟，王玉国，尹美强，等，2009.植物激素对褐斑伽蓝叶片分化的影响[J]. 激光生物学报，18（2）：200-205.

左志宇，李建希，安晓云，等，2007. 克里克特寿的组织培养与快速繁殖[J]. 植物生理学通讯，43（2）：311-312.